地球信息科学导论

廖 克等 著

科学出版社

北京

内 容 简 介

本书是一部分专题而又较系统地介绍地球信息科学的基础性教科书，分为上、下两篇，共18章。上篇12章为地球信息科学的理论、方法与技术，分别论述地球信息科学的基本概念与理论基础，作为地球信息科学的方法与技术的全球定位系统、遥感、地理信息系统及其应用，地球信息空间数据库技术、空间信息分析模型、可视化方法技术，地球信息标准化与规范化、地球信息共享，地球信息综合制图、地学信息图谱等内容。下篇6章为地球信息科学的应用，分别阐述地球信息科学在区域可持续发展、数字省区与数字城市建设、自然灾害研究、农业信息化、生态环境动态监测与管理等方面的应用，以及中巴资源卫星的应用实例。

本书可作为地理、测绘、地质、生物、海洋、农林等部门及遥感、地图学与地理信息系统专业博士、硕士研究生的教科书，也可作为上述专业的大学本科师生的参考书。

图书在版编目(CIP)数据

地球信息科学导论/廖克等著. —北京：科学出版社，2007
ISBN 978-7-03-018686-7

Ⅰ. 地… Ⅱ. 廖… Ⅲ. 地理信息系统 Ⅳ. P208

中国版本图书馆 CIP 数据核字(2007)第 030866 号

责任编辑：彭胜潮 姚岁寒 韩 鹏/责任校对：鲁 素
责任印制：徐晓晨/封面设计：黄华斌

科 学 出 版 社出版
北京东黄城根北街 16 号
邮政编码：100717
http://www.sciencep.com

北京厚诚则铭印刷科技有限公司 印刷
科学出版社发行 各地新华书店经销

*

2007 年 3 月第 一 版　　开本：787×1092　1/16
2019 年 2 月第三次印刷　　印张：31 3/4
字数：725 000

定价：128.00 元
(如有印装质量问题，我社负责调换)

本书撰稿人员名单

第一章　　廖　克
第二章　　简灿良
第三章　　傅肃性
第四章　　池天河
第五章　　承继成
第六章　　钟耳顺
第七章　　王劲峰
第八章　　何建邦　吴平生
第九章　　杜道生
第十章　　陈毓芬
第十一章　廖　克
第十二章　廖　克
第十三章　崔伟宏
第十四章　池天河
第十五章　周成虎
第十六章　朱鹤健　章　牧
第十七章　廖　克　陈文惠　沙晋明
第十八章　李　虎
全书统稿　廖　克

序　言

　　由廖克院士等 10 多位著名科学家集体撰写的《地球信息科学导论》，即将由科学出版社出版发行。该书为研究生和大学教师、高级工程师提供了一种全新理念和理解的创新成果，是一部难能可贵的教材和自修参考书。这部教材也是为实施国家中长期科技规划和落实"十一五"计划在地球信息科学领域中的一部导向性基础读物。

　　新兴的地球信息科学，作为地球系统科学的组成部分，既要为加深对地球科学规律的认知和理解作铺垫，又要为合理开发和利用资源、保护环境作贡献。随着航空、航天对地观测科学技术的进步，计算机能力和网络技术的发展，数字化与信息社会需求的增长，国际全球化资源、能源与环境问题的激化，数字地球战略的竞争，新兴的地球信息科学应运而生，方兴未艾。特别是高速发展的中国，在实施"科教兴国"战略，面对区域社会经济协调发展，产业结构性调整，和平外交和国际合作事务中，地球信息科学技术均受到高度重视；在国家中长期规划和"十一五"规划中，加大了投入力度，关注人才的需求，特别是领军帅才的培养问题，十分殷切。

　　学科建设是培养领军帅才的摇篮。任何学科的成长必须拥有三项基本要素：一是创立系统的理论和方法体系；二是形成一支能前仆后继、推陈出新的创新团队；三是加强能力建设和基地建设，拥有承担和解决国家重大战略需求的潜力，作出切实的贡献，得到社会的认同。具体地说，现代新型学科的成长，首先需要融合多学科的智慧，凝聚志同道合的师资队伍和科研骨干，逐步形成对这一新型领域的共识，逐步创立系统的理论和先进的技术方法，然后组织实验和实证，经受历史和社会的相当长期的考验之后，才会得到公认。威格纳(Alfred Lother Wegener，1880～1930)提出"大陆漂移学说"，经过近百年大陆板块研究和洋底扩张的考察，终于得到地球科学界的认可。他在 1929 年《大陆漂移学说》序言中指出："只有将所有的地球科学提供的信息结合在一起的时候，我们才可以寄希望于确定真理。"他的忠告，给予我们很大的鼓舞和鞭策，发人深省！

　　领军帅才的培养，只有从实践中经受锻炼，才能不断提高自己认知和驾驭自然规律的能力；只有夯实基础，解放思想，站在巨人肩上，才能脱颖而出。教材建设是关系文明传承、培养创新人才、开拓和发展新型学科的接力棒。应该以高度的历史责任感和使命感，做好教材的编写工作。我国科学界的老前辈，往往花费十多年的心血，去编写物理学、地理学的中学教科书，为莘莘学子指明方向和道路。当代不少很有成就的大科学家，至今缅怀他们青少年时期受到这些中学教科书的启迪和影响。

理论体系和科学方法的建立，既要目光长远，着眼于五年或十年的发展前沿，又要脚踏实地。从自己的科学实践，借鉴前人的成果和经验，必须来自实践，而又高于实践。这部《地球信息科学导论》的作者，大都是长期活跃在这一领域第一线上的博士生导师和科研、教学精英。在这部教材里，他们奉献出身体力行的教学经验和取得的科学积累，总结为技术系统，升华为理论方法，不是纸上谈兵。其现实意义大，可操作性强；所提出的创新见解，大都是依托他们所承担的国家和省区示范科研项目，经过实地验证的心得，其中不少是荣获过国家或部委科技进步奖的成果。整个教材的大部分章节在编写过程中，曾经在中国科学院地理科学与资源研究所、福建师范大学地理科学学院开设课程，前后试讲多年，经过反复推敲、精心梳理后形成的。全书条理清晰，逻辑严谨，具有很高的参考价值。

近年来，地球信息科学领域已经出版或即将出版一系列适用于大学本科与研究生的教材或丛书，欣欣向荣，百花齐放。这反映出市场日益增长的需求，也有利于促进地球信息科学渐趋成熟。这部教材的若干章节中，提出了许多独到的见解，闪烁着许多耀眼的亮点。例如，在理论与方法部分(上篇)，有关对全球定位系统、地理信息共享及其标准化与规范化研究，综合制图理论与方法等章节中，深入剖析了许多当代全新的理念和精辟的论点；在应用案例部分(下篇)，对区域可持续发展、数字省区与数字城市、农业信息化、生态环境监测等方面，提出了许多新颖的解决方案和成功案例，都是这部教材熠熠生辉的亮点，非常难能可贵的特色，值得向读者推荐的精华。

我有幸先睹为快，谨书学习心得，向作者致贺；并乐于为读者导读，与读者们共享。

陈述彭

2006 年 8 月 15 日

前　言

　　地球信息科学是在 20 世纪 70 年代发展起来的信息科学和 80 年代兴起的地球系统科学基础上，由卫星遥感、全球定位系统、地理信息系统、计算机制图与电子地图、以及互联网技术、多媒体技术与虚拟技术等综合集成的新兴科学技术体系，是地球科学、信息科学和系统科学交叉形成的一门新兴科学。

　　地球信息科学的诞生是地球系统科学发展的客观需求，也是遥感技术、地理信息系统、全球定位系统与地图学深入发展及综合集成的必然结果；同时，全球变化与人类所面临的资源、环境及区域可持续发展等问题，也促进了地球信息科学的建立和发展。现代信息技术、空间技术为地球信息科学奠定了技术基础，而地球系统科学则为地球信息科学奠定了科学基础。

　　如果说地球科学和地球系统科学是基础科学，那么地球信息科学则是服务于地球科学或地球系统科学及区域持续发展的应用基础科学。地球信息科学旨在研究地球系统各类信息的理论、方法、技术及其应用。包括：研究地球岩石土壤圈、大气圈、水圈、生物圈、智慧圈（人类圈）各要素信息的形成机制，不同空间尺度的形态结构和不同时间尺度的演变过程；研究地球信息源、信息场和信息流的形成机理与传输原理，信息流的时空分布与变化规律，信息流与物质流和能量流的关系，以及信息流对物质流与能量流的影响与调控；同时需要加强对地球信息空间分析模型与地学认知的研究，地球信息数据挖掘与知识发现的研究；地球信息的标准化、规范化及信息共享的研究，以便更好地服务于信息化社会和地球科学的发展，为提高全社会信息化、现代化管理水平，解决资源合理利用、生态环境监测、灾害预报与损失评估、区域与城市发展规划和决策、突发应急事件处置等实际问题提供理论依据。

　　一门科学的诞生与发展，必须形成其自己的理论和技术体系。目前地球信息科学尚处于发展的初期，尽管不少学者对其的研究和探讨正在不断深入，但其还没有形成完整的理论体系。部分学者认为，地球信息机理、图像信息机理和地学信息图谱是地球信息科学的一些基础性理论。这些理论也有待进一步深入研究。今后，一方面需从地球信息科学的大量应用实践中总结规律，提升理论；另一方面需要引进和应用当代相关的新概念、新理论与新方法，逐步建立和发展地球信息科学的理论体系。

地球信息科学的技术体系，主要由对地观测技术、地理信息系统技术、互联网技术的综合集成，包括：地球信息的获取与集成技术；地球信息的模拟分析与数据挖掘技术；地球信息的分布式计算体系与数据仓库技术；地球信息的多维与动态可视化及虚拟地学环境技术；地球信息标准化、规范化技术；互联网络与信息共享技术等。

地球信息科学为数字地球战略的发展提供了理论、方法与技术的支持；反过来数字地球战略为地球信息科学的发展提供了新的机遇，并将对地球信息科学的发展起重要促进作用。

地球信息科学比单一的遥感技术、全球定位系统、地理信息系统、地图学等更具有高层次的综合集成优势。它不仅为地球科学或地球系统科学研究的现代化提供了新的技术手段，而且地球信息科学的应用比上述单一学科更具有广阔的应用前景。因此，自20世纪90年代地球信息科学萌发的初期，中国科学院地理研究所在陈述彭院士倡导下，就将"地球信息科学"列为地理研究所博士研究生（包括自然地理、人文地理、地图学与地理信息系统三个博士专业）的必修课程。当时，因没有"地球信息科学"的教材，只好采取讲座形式，选择十几位博士生导师分别讲授地球信息科学的基本概念、基本的理论方法、若干重要应用领域，以及遥感、地理信息系统、地图学的前沿性热点问题。每年课程的讲座题目视导师的情况会有少许变动。我本人曾多年负责安排这一课程，并参加讲授。2001年我应邀担任福建师范大学特聘教授，在该校地理科学学院也采取同样方式为博士、硕士研究生开设《地球信息科学》必修课程（对硕士研究生是选修课）。我当时拟订了较为系统的讲座专题，除我本人外，还邀请校内外教授参加专题讲授。这种专题讲座的优点是能较好地发挥各位参讲教授的专长，使听讲者了解到各位教授的最新研究成果；缺点是整个课程系统性不够，而且没有统一的讲义或教材，复习与考试比较困难。目前遥感、地理信息系统、地图学方面的教材与参考书较多，但是还没有一本地球信息科学方面的教科书，参考书也很少。

因此，多年来我一直设想撰写一部地球信息科学的教材或参考书籍，本书的撰写，就是出于这一愿望。但是地球信息科学涉及面很广，不是我一个人所能胜任的。为了总结地球信息科学各组成部分的最新研究与应用成果，反映各相关具体领域专家教授的特长，因此现邀请了14位专家教授参加合作撰稿，他们都是在各自的领域作过深入的研究并取得不少研究成果的知名专家学者。为了加强本书的系统性，除了由我统一拟订了全书各章标题、结构与顺序外，还制定了撰稿要求与统一体例，最后全书稿由我统稿和定稿。全书分为上篇和下篇，上篇是地球信息科学的理论、方法与技术，共十二章（第一章至第十二章）；下篇是地球信息科学的应用，共六章（第十三章至第十八章）。

本书是集体成果，但由于作者较多，只得将他们的名字单列出来，放在前言之中，并在书后作简单介绍。我作为主要作者与主编，衷心感谢其他撰稿作者的积极支持，他们是（按篇、章撰稿顺序）：简灿良、傅肃性、池天河、承继成、钟耳顺、王劲峰、何建邦、杜道生、陈毓芬、崔伟宏、周成虎、朱鹤健、李虎等教授。

我国地球信息科学的开创者和奠基人陈述彭院士十分关心本书的出版，并在百忙之中为之撰写序言，给作者以鼓励，并为地球信息科学的发展指明方向。在此，我代表所有撰稿作者向陈述彭院士表示由衷感谢！

本书的出版得到福建师范大学地理科学学院和福建省亚热带资源与环境重点实验室出版经费的支持，科学出版社姚岁寒编审对全书进行编辑，在此对他们表示感谢！

由于本书撰稿作者较多，可能存在各章节的内容结构与文字表述不够平衡和不够统一及其他不妥之处，欢迎读者批评指正。

廖克

2006 年 8 月 16 日于北京

目　录

下篇　地球信息科学的应用

上　篇

地球信息科学的理论、方法与技术

第一章 地球信息科学的缘起、发展及应用 *

地球信息科学（Geo-informatics 或 Geo-information Science）是 20 世纪 90 年代才兴起的新兴科学，是在信息科学和地球系统科学基础上，由卫星遥感、全球定位系统、地理信息系统、计算机制图与电子地图、数字通讯网络、多媒体技术与虚拟技术等高度集成的科学技术体系，是 20 世纪 70 年代发展起来的信息科学和 80 年代兴起的地球系统科学交叉形成的一门新兴科学。

第一节 地球信息科学的诞生

一、地球信息科学产生的背景

1. 地球信息科学是地球系统科学发展的客观需求，地球系统科学为地球信息科学奠定了科学基础

研究地球及其各圈层起源、演化、结构、运动与变化规律的地球科学的发展已有几百年的历史。由于 20 世纪人类对地球环境影响的加深，产生了环境污染、温室效应、气候异常、植被破坏、土地荒漠化等一系列重大而紧迫的全球环境问题。这些问题涉及地球各部分的相互作用。因此，20 世纪 80 年代国际地学界提出了地球系统科学的概念，将大气圈、水圈、岩石圈、生物圈、智慧圈作为地球系统，强调研究发生在该系统中主导全球变化相互作用的物理、化学和生物学过程，特别是人类活动诱发的全球变化，其目的是揭示全球变化的规律，提高人类认识和预测全球变化的能力。

空间技术和计算机技术的发展，特别是卫星遥感的对地观测为地球系统科学的研究提供了重要手段，同时岩芯、冰芯、孢粉、树木年轮等环境记录，对建立不同尺度的地球环境变化也有重要意义。地球系统科学所提出的研究途径包括四个步骤：观测数据的采集；观测资料的分析和解释；概念和数值模式的建立；模式的验证，并以此作变化趋势的预测。而上述四个步骤的核心是建立地球系统数据库和地球系统科学的信息系统（地球信息系统）(图 1.1)。

因此，地球系统科学的研究和发展迫切需要建立以地球信息为核心的科学技术体系，地球信息科学的建立是地球系统科学研究的客观需要；同时地球系统科学的发展也为地球信息科学的建立提供了理论依据和科学基础。

---

* 本章由廖克撰稿

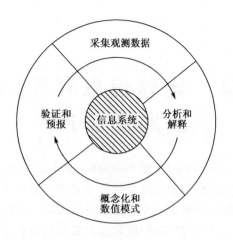

图 1.1 地球系统科学的研究方法

(四个步骤以循环方式连接并共用全球信息系统)

2. 现代信息技术、空间技术和 GPS、RS、GIS 与地图学的发展与集成，为地球信息科学奠定了技术基础

20 世纪 70 年代以后，以微电子技术、计算机技术、信息技术、空间技术和现代数字通讯技术相结合的第二次信息革命，使人类全面进入信息时代。信息技术和空间技术不仅推动了地球科学和地球系统科学的信息化与数字化，而且极大地推动了全球定位系统（GPS）、遥感（RS）、地理信息系统（GIS）与计算机制图的发展。

全球定位系统从根本上改变了空间定位的传统方法，不仅能适时快速定位，而且能够测定三维坐标与动态坐标，精度达到米级和厘米级，为测绘、遥感、地理信息系统的快速定位创造了条件，而且与电子地图相结合，在飞机、舰船与车辆的导航系统中被广泛应用。

遥感技术已发展到多平台、多光谱与高光谱、多频率雷达、全天候、高分辨率（高空间分辨率与高光谱分辨率）的多源信息流与多维时空动态分析。俄罗斯 KOSMOS 卫星 SPIN-2 影像（2 米分辨率）早于 20 世纪 80 年代覆盖全球很大范围，其中 10 米分辨率影像可测绘 1∶5 万地形图。法国 SPOT-5 卫星可获得 2.5 米分辨率全色影像。美国、俄罗斯 1 米分辨率的黑白影像（美国 IKONOS 分辨率为 1 米，"快鸟"分辨率为 0.6 米）已于 90 年代末商品供应，3 米左右的彩色多波段影像和雷达成像也可订购。最近美国 TM 影像已通过互联网免费供应，Google Earth 展示无缝拼接的全球 TM 影像和一些大城市的 IKONOS 影像，并可免费下载。每天可两次接收各类气象卫星、海洋卫星的全球图像，高分辨率的卫星也已 1～3 天一个周期。各种数字图像处理软件与分析模型也有很大发展，在各种专题信息提取与自动分类制图，土地、森林与水资源清查，热带气旋预报、洪涝灾害与森林火灾监测、环境污染监测以及农作物估产等方面的应用已取得明显成效。

地理信息系统作为获取、存储、模拟、处理、检索、分析与显示地理空间信息的综合技术系统，成为多层次、多功能的区域综合与空间分析的工具，已广泛应用于各个部门与各个领域。不仅在数据库结构与数据管理、用户使用界面与服务功能、数据集成与数据更新、空间信息分析模型与专业软件开发、人工智能与专家系统等方面不断提高和完善，而且已形成包括硬件设施、软件开发与信息服务在内的、具有相当规模的地理信息产业。除了种类繁多、功能多样的各种组件式地理信息系统软件外，计算机多维与动态可视化、分布式数据库与计算处理、Web GIS与网络信息共享、海量信息的数据挖掘与知识发现、虚拟环境与虚拟GIS等方面也有很大发展，并已在资源清查与管理、城市规划与管理、环境监测与评价、灾害预警与损失评估、政务信息管理与咨询决策等方面发挥了重要作用。

在地球信息科学中，地图具有公式化、抽象化、符号化等基本性质和形象直接性、地理方位性、几何精确性等基本特点以及信息传输、信息载负、地图模拟、地图认知等基本功能。地图作为地学的"第二语言"，是地球空间信息的可视化形式，是人类空间形象思维的再现，也是空间信息传输与认知的重要手段。现代遥感制图与计算机制图技术改变了传统的制图方法，实现了数字化与自动化的根本变革，而且还出现了数字地图、多媒体电子地图与互联网地图等新的地图可视化以及多维、动态地图等多种新的形式。无论是纸质印刷地图，还是数字地图、电子地图、互联网地图都在经济建设、国防军事、科研教育、文化宣传等各个部门被广泛应用，在分析评价、预测预报、规划设计与决策管理中发挥了重要作用。遥感和地理信息系统的数据采集和存储的功能已达到极大丰富的程度，地图更新的手段有了很大进步，地图学的原始功能相当大的一部分已为航空摄影、卫星遥感、地理信息系统等更高效的、大容量的现代化工具所取代，地图学就完全有可能、而且有必要把重点放在信息的深加工方面，加强科学分析，即智能化的信息处理，更直接地面向经济建设，为宏观决策或工程规划设计提供更高效的浓缩的信息产品。陈述彭院士指出"如果地图学的研究对象是针对地球表层的客观现象，但又不是客观世界物质流与能量流的本身和机制，那么是可以把焦点集中在参与其中内外循环的信息流的反映和抽象，包括空间和时间信息的表达、传输和再加工，从而对地球动力学过程、全球环境演化基因、人地关系界面活动、资源与环境的系统调控作出相应的动态反映；在国家或地区内的区域规划、资源开发、环境保护等系统地学工程中，对这些问题的认识、理解、分析和决策有所作为。"他还提出，今后要发展三大系列的地图及其信息产品；其中第一类就是适应全球化需求，依托"数字地球"战略的全球系列地图，主要应用于导航定位、轨道跟踪等时空变化及全球变化的动态描述；同时发展人文统计数据与对地观测空间数据整合与匹配的网格地图；还有服务于地区性可持续发展战略的"组合地图"，以城镇为主体，测绘超大比例尺的规划管理与工程设计平面图。

近年国内外开始重视突发事件及其应急处理。因此，急需编制预防自然灾害与流行疾病等突发事件的各种预警地图、应急处置地图，适时提供公安武警、交通通讯、供水供电、防疫医疗、消防抢险、地震救灾、保险救急等各有关部门，作为抗灾救灾、流行病防治、重建家园等的决策规划、实施方案、指挥管理的重要依据和手段。

遥感为地图编制适时提供多种类、多时相、大范围极其丰富的信息来源，为提高地图质量、加快成图速度、扩大制图范围提供了条件。地理信息系统是在计算机地图制图基础上发展起来的，它为地图深层次开发，编制与应用综合评价地图、动态变化地图、三维立体地图、预测预报地图与规划决策地图提供方法与技术的支撑。既然地图是地球科学观测与调查研究成果的重要表现形式和分析研究的重要手段，是空间信息的图形语言与认知手段,是地球信息的形象符号模型和数字形式传递空间信息的工具,当然遥感与地理信息系统也离不开地图这样一种空间信息图形传输形式、地图模拟与地图认知手段,尤其当今的电子地图更是地理信息系统的重要表现形式。

GPS、RS、GIS 与地图学有着共同的应用范围,在应用中各自发挥本身的特点和优势并且四者相互结合与综合集成(图 1.2)。这种结合与集成,不仅有利于各自的发展,而且促进了更高层次的地球信息科学的诞生,并为地球信息科学奠定了技术基础。

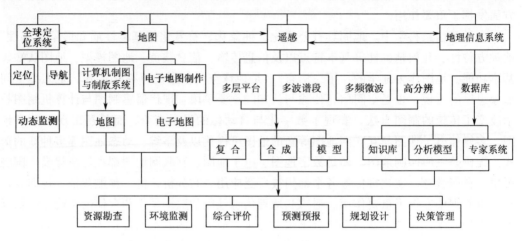

图 1.2　全球定位系统、地图、遥感与地理信息系统的结合

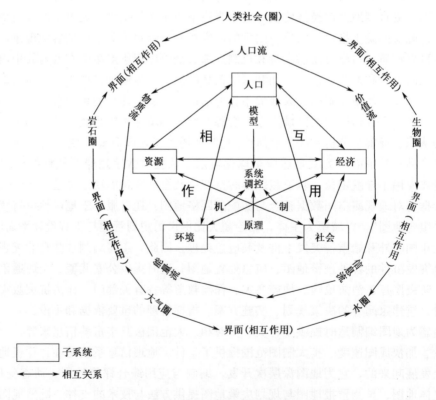

图 1.3　地球系统与人地关系相互作用示意图

3. 全球变化与人类所面临的资源、环境等全球性问题及区域可持续发展促进了地球信息科学的建立和发展

全球变化与区域可持续发展，以及人类社会所面临的资源短缺、环境恶化、灾害频繁等紧迫问题，都要求研究和揭示地球表层动态机制与全球气候、环境变化规律，揭示人与自然的相互关系，并寻求人口、资源、环境与发展相互协调的途径(图1.3)。而这些问题的解决涉及物质流、能量流与信息流之间的相互关系，尤其是信息流对物质流、能量流的调控作用，这种客观的需求，也是促进地球信息科学诞生的背景之一。

二、地球信息科学的诞生

虽然20世纪70年代以来，全球定位系统、遥感、地理信息系统、地图学都在高新技术基础上获得了迅速发展，并各自发挥着重要作用。但是地球系统科学、全球变化和人地关系的深入研究，以及为解决经济与社会可持续发展的规划决策、环境治理、防灾减灾等实际问题，都必须要地球科学和地球系统科学同空间定位的GPS、获取信息的RS、处理信息的GIS和图形表达的地图学相结合，形成综合集成的科学技术体系。

1990年加拿大克灵顿大学在著名地图学与GIS专家、国际地图学协会前主席泰勒教授主持下建立了地球信息科学（Geoiformatics）中心。20世纪90年代初加拿大就将获取、管理、分析空间与地理信息的各学科（地质、测绘、遥感、地图学、地理信息系统等）有机地结合起来统称地球信息科学（Geomatics），为资源管理、基础设施开发和环境监测提供技术保证和支撑条件，并且成立了包括政府部门、科研单位、高等院校和私人公司在内的加拿大地球信息科学协会（Geomatics协会）。该协会还开展了很多学术交流与商务活动，例如1994年6月组织了一个规模较大的代表团访华，通过加拿大驻华使馆组织中国各有关单位的专家学者及业务领导人参加的学术讲座与研讨会，介绍该协会的宗旨、组织机构、活动等。由随团来访的协会成员、加拿大较大的测量、遥感、地理信息系统、地质、水文地质等公司分别介绍和推销他们的产品（包括硬件设备与软件系统）。1995年加拿大还将地矿、测量、遥感、地图等部门的政府机构合并成加拿大 Centre of Geomatics 中心。荷兰国际航空航天摄影测量与地学学院（ITC）将地图学系改为地球信息科学系（Geo-informatics）。加拿大、俄罗斯、捷克、澳大利亚、日本等国将测量与地图学系或专业也改名为 Geo-informatics 系和专业。加拿大、德国、英国等国家还出版了 *Geomatics* 或 *Geoinformatics* 或 *Geoinformation Science* 学术期刊，并多次召开了地球信息科学为主题的国际学术会议，例如1994年3月和1995年5月在香港召开了 Geoiformatics 国际会议。由此，一门新兴学科——地球信息科学在国际上迅速兴起。

我国对地球信息科学的建立也非常重视。早在1995年，在西安召开的中国地理学会地图学与GIS专业委员会学术会议上，陈述彭院士提出要发展地球信息科学的倡议。在他的积极倡导和推动下，于1996年创办了学术期刊《地球信息科学》，他亲自担任主编。该刊物由内部出版到公开发行至今，2004年已成为中国科技核心期刊，共发表了900多篇地球信息科学方面的论文，对我国地球信息科学的建立和发展起了很大促进作用。1997年8月在北京成功地举行了规模较大的国际地球信息科学学术会议，参加会议的有来自中、美、英、法、德、加、俄、日、泰、越等 20 多个国家与地区及国际组织的 200 多名专家、学者。1997 年 12 月召开了以 "地球信息科学" 为主题的香山科学会议，对 "地球信息科学" 的概念、内涵、意义、理论与应用进行了深入研讨。1998 年中国地理学会和以陈述彭院士牵头的专家学者曾联名向国务院学位委员会地学评议组申请地球信息科学博士专业，当时地学评议组考虑条件尚不成熟只批准了地图学与地理信息系统博士专业。在中国科学院地理研究所和福建师范大学地理科学学院等单位开设了《地球信息科学》的博士学位课程。陈述彭院士发表了《地球信息科学与区域持续发展》的著作，特别是主编了百万字以上的《地球系统科学》。所有这些，为地球信息科学的发展做了重要的基础与舆论准备。有的单位建立了地球信息科学的研究部门，如中国科学院地理科学与资源研究所地球信息科学部，中国科学院、香港中文大学地球信息科学联合实验室，福建师范大学地球信息科学研究中心，福建师范大学、华南师范大学等设立了地球信息科学系等。经过近 10 年各方面的努力，地球信息科学这门新兴科学，已逐渐为学术界所接受，并不断向前发展。

应该指出，目前国内部分学者对 "Geomatics" 与 "Geoinformatics" 的理解和翻译存在不同看法，有的译为 "地球空间信息学"，也有的译成 "地理信息科学"，认为我们只能局限于地理信息的范畴或测绘的基础地理信息的范畴，不可能涉及整个地球科学。实际上对地观测系统（包括陆地卫星、气象卫星与海洋卫星）都是涉及整个地球的各圈层（大气圈、岩石-土壤圈、水圈、生物圈与智慧圈），以新的技术手段（包括 GPS、RS、GIS、互联网、虚拟等技术）获取地球信息，并根据地球科学与地球系统科学的需要分析、处理与应用这些信息，使其成为地球科学与地球系统科学现代化的研究技术支撑体系。我们认为，地球信息科学完全可以成为地球系统科学与信息科学相结合，并为地球科学或地球系统科学服务的科学。

第二节　地球信息科学的基本内容与框架

一、地球信息科学的性质、定义与内涵

1. 地球信息科学的性质

地球信息科学是地球科学、信息科学和系统科学交叉、杂交形成的新兴科学，是研究地球系统信息的理论、方法、技术及其应用的科学。地球系统科学是地球科学与系统科学的结合，而地球信息科学则是地球系统科学与信息科学的结合。地球信息科学是以地球为对象，研究地球系统及各组成部分信息流的形成机制与传输方式，以及地球信息的采集、传递、存储、处理、显示与应用的科学与技术。

2. 地球信息科学的定义与内涵

地球信息科学将通过对地球系统内部多源信息的获取、传输、处理、感受、响应与反馈的信息机理与信息流过程的深入研究，揭示复杂地球巨系统各圈层相互作用与影响；阐明全球变化、人地系统、区域可持续发展中的物质流、能量流、信息流的全过程及其时空变化规律，以及信息流对物质流与能量流的调控作用，为地球系统科学提供全

新的研究技术，为各部门宏观调控、规划决策与工程设计提供全方位的信息服务。

地球信息科学的目标是通过对地球系统的信息研究，达到为全球变化研究和可持续发展服务的目的。因此，陈述彭院士等认为："地球信息科学以地球为舞台（电离层—莫霍面），以人地关系为主题，以服务全球变化与区域可持续发展为目标，将卫星应用、遥感技术、地理信息系统、电脑辅助设计与制图、多媒体与虚拟技术、互联信息网络为主体的高速全息数字化集成的科学体系，形成对人口流、物质流、能量流进行时空分析与宏观调控的战略技术系统"。

二、地球信息科学的理论基础与技术体系

1. 地球信息科学的理论基础

如果说地球科学和地球系统科学是基础科学，地球信息科学则是应用基础科学。地球信息科学是研究地球系统各类信息的理论、方法、技术及其应用的科学，其目标是通过对地球系统各类信息的研究，达到为全球变化研究和可持续发展服务的目的。地球信息机理、图像信息机理和地学信息图谱是地球信息科学的基础理论。为此，需要研究地球复杂巨系统及其各圈层的地球物理场、地球化学场、地球电磁场各类信息的表现形式及其变化规律；研究固体地球系统、流体地球系统与生物地球系统信息产生与传输的过程及这些系统信息之间的相互作用机制；研究地球岩石—土壤圈、大气圈、水圈、生物圈、智慧圈（人类圈）各要素信息形成机制，不同时间尺度的演变过程和不同空间尺度的形态结构；研究地球信息源、信息场和信息流的形成机理与传输原理（传输介质、界面、过程、干扰、衰减、增长等），信息流的时空分布与变化规律，信息流与物质流与能量流的关系，以及信息流对物质流与能量流的影响与调控。同时需要加强对地球信息空间分析模型与地学认知的研究，地球信息数据挖掘与知识发现的研究，地球信息的标准化、规范化及信息共享的研究，以便更好地服务于信息化社会和地球科学的发展，为提高全社会信息化、现代化管理水平，解决资源合理利用、生态环境监测，灾害预报与损失评估、区域与城市发展规划和决策、突发应急事件处置等实际问题提供理论依据。

需要引进和应用系统论、控制论、耗散结构论、混沌论、协同论、突变论，以及非线性与模糊数学、熵原理、分形分维理论、自组织理论、自相似理论、定性定量综合集成等当代新的理论与方法，促进和建立地球信息科学的理论体系(图1.4)。另外，地球信息科学各组成部分 GPS、RS、GIS 和地图学也还需研究本身的理论和方法。例如，遥感中的遥感成像机理与传输原理，地学光谱特征与空间特征分析，智能化遥感地学认知模型，基于神经网络计算的遥感图像识别与判读等；地理信息系统中的分布式计算与数据仓库，空间信息分析模型与智能化专家系统，地理信息的认知与海量信息的数据挖掘与知识发现，WebGIS 与数据、软件、网络及模型"四位一体"的全方位地理信息服务体系，虚拟环境与虚拟 GIS 等；地图学中的地图语言与地图认知，空间信息分布特征与图形显示，以数据库为基础的快速地图可视化，计算机自动概括与智能化专家系统，地图多维动态可视化等。

地球科学

↓

地球系统科学（地球科学＋系统科学）

↓

地球信息科学（地球科学＋系统科学＋信息科学）

↓

基础研究	**应用技术**
信息场	地球信息获取
信息流	地球信息数据集成
能量信息（熵）	地球科学信息共享
自组织	地球信息应用
自相似	中国特有信息资源
整体/分异	产业化技术与政策
空间结构/功能	
突变/混沌	
承载力	

图 1.4　地球信息理论与实践（陈述彭等，2003）

2. 地球信息科学的技术体系

地球信息科学的技术体系主要由对地观测技术、地理信息系统技术、互联网技术综合集成。

1）地球信息的获取与集成技术

地球信息的来源非常广泛，包括对地观测系统所获取的各种遥感影像与遥测数据，各种比例尺地形图与各种专题地图，定位观测与调查统计数据等等。需要研究多元信息快速获取、集成、更新技术，不同数据形式(如栅格、矢量)和不同比例尺与不同投影信息快速转换、复合、集成与合成的原理及方法，专题信息与基础信息（包括大地控制、数字地形、数字航空与卫星正射影像）的匹配及不同数字影像或数字地图的无缝拼接等。这些问题的解决均需要 GPS、RS、GIS 和地图学的共同努力并有效地综合集成。

2）地球信息的模拟分析与数据挖掘技术

目前 GIS 技术是采集、存储、分析、处理、查询、模拟和显示各种空间信息的综合性计算机系统，而且有诸如 Arc/Info、MGE、SuperMap 等各种 GIS 软件系统，可以对地球信息进行各种模拟分析与地学认知。

3）地球信息的分布式计算体系与数据仓库技术

地球信息种类繁多，数据海量。目前发展的分布式计算非常适合地球信息的海量数据存储、处理与多方位应用，即在不同地点建立分布式数据库，通过计算机网络或宽带通讯技术相连接，或通过 Web 浏览器快速应用，建立全国性和全球性地球信息研究与网络体系。

4）地球信息的多维与动态可视化及虚拟地学环境技术

地球各要素和现象大都存在于三维空间和处于动态变化状态之中。过去的地图表示方法仅局限于二维平面与静止状态。现在计算机可视化技术可以显示三维空间与动态变化。目前三维地形模型、三维正射航空与卫星影像、城市立体建筑图像以及空中漫游非常流行，各种三维建模与软件系统非常之多，为地球信息的仿真表达创造了良好条件。

虚拟现实技术更是近年兴起的热点，虚拟现实系统是一个真正的三维系统，用户可以身临其境地感觉（包括视觉、听觉等）到所处的虚拟环境。要建立这种虚拟的地学环境，首先需要建立三维地学数据库，如自然方面的地形、地质、大气、海洋，人文方面的道路、建筑物与各类设施等，大气、海洋等数据，还必须是同时表示动态的四维时空数据库。

虚拟现实技术可以虚拟各种自然环境、自然过程及城市或重大工程的规划等，还可部分代替地学的模拟实验，成为地学研究与宏观决策和规划设计的重要手段。

5）地球信息标准化、规范化技术

地球信息标准化和规范化，是地球信息的统一管理和综合应用的前提。地球信息标准化形式主要可区分国际标准化、国家标准化、行业标准化等。地球信息的技术标准可分为三大主要类型：基础标准、方法标准和产品标准。地理信息技术标准遵守国际和国家标准关于标准的定义，并符合所有标准产生、贯彻、完善、再生的全部规律。它以地球空间信息科学和系统工程学等为基础，以空间信息生产过程和产品为对象，对重复性的事物和概念做出统一的规定，促进规模化生产和信息共享。

6）互联网络与信息共享技术

自从美国提出信息高速公路与宽带网络技术以来，国际互联网(Internet)迅速发展，WebGIS技术又极大地促进了全球信息共享。地理信息共享是指国家依据一定的政策、法律和标准规则，实现地理信息的流通与共用。信息共享包括：数据结构、数据模型和数据格式，地理信息的标准化，空间数据质量，数据的互操作，网络建设，政策和法规等。

三、地球信息科学与数字地球的结合

1998年1月美国时任副总统戈尔提出的"数字地球——对21世纪人类星球的理解"的报告，引起了世界各国的关注。戈尔提出："我们需要一个数字地球，一个多种分辨率、三维表达的地球，可以在其上添加许多与我们所处的星球有关的地学数据"，"可以把关于我们社会和人类星球的原始数据转换成可理解的信息。这种数据不仅包括地球的高分辨率卫星影像、数字地图，也包括经济社会和人口的信息"。可见不同分辨率与不同尺度的数字卫星影像，反映地球自然、经济、人口、社会的各种数字地图乃是数字地球的重要组成部分。当然数字地球还要解决一系列支撑技术，如计算技术、海量存储、宽带网、互操作、元数据等。

经济与科技的全球化发展趋势，全球资源短缺与环境恶化，全球可持续发展的共同愿望正成为"数字地球"发展的强大动力。空间科学技术与信息科学技术的飞速发展，又为"数字地球"的发展准备了良好的技术条件。我国政府和科技界正积极推进国家信息化和国家信息基础设施的建设，我国政府有关部门已研究和制定"数字中国"的发展战略与措施，推进"数字地球"的发展。我国不仅发起召开国际数字地球会议，通过了数字地球的"北京宣言"，之后又先后支持在加拿大、捷克、日本召开了第二至第四届会议，对国际"数字地球"的发展起了重要推动作用。在我国的推动下，数字地球国际会议已成为固定国际会议，并成立了常设机构，继续为人类和平与发展服务。

中国各省、自治区、市及大、中城市对数字地球战略也都非常重视，现已有近20个省区建立了"数字省区"，近200个大、中城市及长江、黄河等大河流域都提出并正在实施"数字省区"、"数字城市"、"数字流域"、"数字社区"的宏伟计划，各项空间信息基础设施建设、电子政务、电子商务，以及在各部门的应用均已取得较大进展和明显成效。其中"数字福建"已经建成，"数字北京"、"数字奥运"在建设过程中就开始发挥了重要作用。

地球信息科学为数字地球战略的发展提供了理论、方法与技术的支持。反过来数字地球战略又为地球信息科学的发展提供了新的机遇，对地球信息科学的发展起着重要的促进作用。

四、地学信息图谱是地球信息科学的重要研究手段

图是指地图、图像、图解，谱是不同类别事物特征有规则的序列编排。图谱是指经过深入分析和高度综合的反映事物及现象空间结构特征、时空序列变化规律的图形信息处理与显示手段。

地球信息图谱，是由遥感、地图数据库与地理信息系统（或数字地球）的大量地球信息，经过图形思维与抽象概括，并以计算机多维动态可视化技术显示地球系统及各要素和现象的宏观、中观与微观的时空变化，同时经过空间模型与地学认知的深入分析研究，进行推理、反演与预测，形成对事物和现象更深层次的认识，由此有可能总结出有关的重要科学规律。从而，在此基础上能对经济社会可持续发展的宏观规划决策与环境治理、防灾减灾对策的制定，提供重要科学依据与明确的具体结论。

地球信息图谱是地球信息的重要表现形式与研究手段，是地球信息科学的重要组成部分。地球信息图谱的研究具有十分重要的理论意义与应用价值。地球系统科学和地球信息科学的发展，为地球信息图谱的研究奠定了科学基础；而数字地球的发展为地球信息图谱的建立提供了非常丰富且取之不尽的信息源和数字地球应用的需求。因此，地球信息图谱必将在地球信息科学与数字地球的应用方面发挥重要作用。

第三节　地球信息科学在地学中的应用

当前，作为地球信息科学的重要组成部分，遥感方法和对地观测技术更趋完善，地理信息系统功能进一步扩展，计算机制图与制版比较成熟，多媒体电子地图已广泛进入

市场，互联网地图迅速发展，数字地球战略已全面启动，虚拟现实技术已开始应用。21世纪将是信息化和知识经济的世纪，无疑地球信息科学必将得到进一步发展，将成为地球科学更完善的科学技术支撑体系。地球信息科学应用非常广泛，以下仅就在地球信息科学应用的若干方面作一简要分析，本书下篇——地球信息科学的应用将就一些重要领域的应用另作较详细论述。

一、资源清查与管理

在勘测、调查各类资源的基础上，利用遥感技术可分别建立矿产（煤、石油、天然气、海底矿产）、土地、水、生物（森林、草场、其他植物和野生动物资源）等各类资源数据库及其相应的地理信息系统，将为资源的合理开发利用与合理调配提供科学依据，并实现对资源的数字化、现代化科学管理。

目前有关部门已建立一些资源数据库，如中国科学院遥感应用研究所建立的全国土地利用与土地覆盖数据库，是建立在全国 1∶10 万 TM 卫星影像地图和土地利用与土地覆盖地图基础上的数据库，同时还拥有 20 世纪 80 年代、90 年代和 2001 年的不同时期的数据，并进行了不同时期土地利用与土地覆盖变化的对比分析。这对研究中国乃至全球土地利用与土地覆盖变化（LUCC）均有重要意义。国土资源部地质调查局信息中心现有全国 2 公里×2 公里网格地质与矿产数据库及找矿、找水示范软件；同时还拥有地球化学，历史地震及部分地热、放射物探等数据资料等。中国科学院地理科学与资源研究所受中国科学院委托，建立了中国科学院资源环境科学数据中心，中心下设中心本部和分布全国的 9 个分中心，分中心挂靠资源环境和生命科学领域的 9 个相关研究所；自数据中心成立以来，在软硬件环境建设、数据集成与共享，以及数据应用服务等方面取得了一系列重要进展和成就。数据共享服务取得明显成效，开发了自主知识产权的异构数据交换平台及中国科学院资源环境数据共享服务系统；目前所有数据已经在科学院内全面免费开放，实现信息共享，同时建立了国家科技基础条件平台——地球系统科学数据共享网，为全国提供服务。

二、经济与社会可持续发展的规划决策与管理

在 21 世纪的信息社会与知识经济时代，对经济与社会的管理必须科学化与现代化，因此有必要逐步建立国家、省、县三级经济与社会可持续发展规划决策管理信息系统。应根据各地区资源、人口、环境的特点和经济、社会基础，建立相应的数据库与各具特色的指标体系，按照热动力学模型与动态仿真，为协调人地关系（人口、资源、环境与发展相互协调）和经济与社会发展规划决策提供科学依据，从而实现现代化科学管理。

在中国 21 世纪议程管理中心主持下，我国完成了国家"九五"科技攻关项目《中国可持续发展信息共享示范》，它集中了全国多种数据库，包括宏观国土资源、人口、经济、土壤、土地利用等数据库，并通过国际互联网实现社会共享，对建立全国和省市经济与社会可持续发展规划决策管理信息系统发挥了示范推动作用。

三、城市规划与现代化管理

21世纪我国城市必将进一步迅速发展，随着城市现代化建设与管理的加强，各大中城市建立城市地理信息系统将是必然趋势。目前已在广州、上海、北京、天津、重庆、深圳、洛阳、常州、南京、厦门、北海等城市建立了城市地理信息系统，并在城市规划与管理方面积累了不少经验。广州、中山、深圳以及中山市小榄镇已建成的城市规划-管理自动化地理信息系统，受到政府各部门干部群众和国内外专家的欢迎与好评。城市地理信息系统包括城市规划、城市管理和城市建筑设计等多层次，包括地籍、人口、交通、公共设施、地下管线、经济、文教、环保等诸多方面信息，非常复杂；而且城市变化很快，数据更新困难较大，因此需要加强综合分析与辅助决策的研究，采用航空与航天遥感技术解决数据更新问题。现在，俄罗斯卫星可获得高分辨率影像数据，对外可提供2米与1米分辨率的影像数据。美国IKONOS的1米分辨率和"快鸟"0.6米分辨率数据现也公开销售，还有法国SPOT-5的2.5米分辨率影像数据，这些都为城市遥感数据更新与大比例尺地图绘制及更新创造了条件。利用航空与航天遥感技术对城市用地、城市扩展、城市绿化、城市污染（大气、水体与热污染）、城市气候与热岛效应、城市交通等方面进行动态监测已取得较好的效果。

目前北京、上海、广州、重庆、成都、大连等大城市已提出建立数字城市的规划并开始实施。数字城市不仅拥有城市的各种信息，而且与数字通讯网络相结合，将全面实现城市的规划、设计与管理的数字化与自动化，同时还能满足城市居民日常工作、生活所需要的各种时空信息服务（如交通、旅游、购物、娱乐等信息及远程教学等）。

数字城市主要包括：①城镇设施数字化：在统一标准与规范的基础上，实现城市基础设施、交通设施等数字化与分布式数据库管理；②城镇网络化：包括三网连结（电话网、有线电视网与Internet），分布式数据库与互操作平台，数据共享平台等；③城镇智能化：包括网上商务、网上金融、网上教育、网上医院、网上政务等；④数字城镇管理信息系统：包括数据组织与数据转换、数据库管理、决策模型管理、通讯网络系统及其管理、信息安全保障机制等。

实现数字城市的关键技术，包括高分辨率卫星遥感技术、真三维地理信息系统、宽带网地理信息系统、虚拟地理信息系统等。

2001年9月，在广州举行的"中国国际数字城市建设学术研讨会暨21世纪数字城市论坛"的盛况，充分表明我国数字城市的建设已引起中央有关部门和许多城市领导者的高度重视，现正加快它的进程。

四、农业规划决策与生产管理

地球信息科学为农业服务，主要是发展农业信息技术或称"信息农业"，包括农业信息采集与农业信息网络化、农业生产智能化管理与计算机控制，即包括农业信息咨询和宏观规划与决策，微观生产管理与田间生产计算机控制两个层次。

宏观管理服务主要为国家与省、县进行农业规划、年度计划、生产布局（播种面积、作物估产)、产前产后服务计划(种子、化肥、农药等生产资料供应;农产品市场需求、农产品收购、储运等信息)、咨询与监督管理等。县以上农业管理部门均可以建立农业信息系统,实现农业信息网络化。

微观信息服务,主要指对精细农业的田间生产管理。在有条件的地方,可建立精细农业管理信息系统,通过遥感手段获取土壤等信息,并通过机载遥感和空间定位系统,适时获得田间土壤、作物长势等信息,根据这些信息做出播种、施肥、浇水、除草等的决策计划与实施方案,再通过农业电子地图、GPS 定位系统指挥农业机械自动作业。虽然其生产成本较高,但如果较大面积地运用该系统管理,会省水、省肥、省劳力,从而降低生产成本并获得较高产量,有可能在一定范围推广应用。

另外,我国在主要粮食作物(小麦、玉米、水稻)长势监测与产量估算方面,分别在黄淮海平原、松辽平原、江汉平原与太湖平原进行了遥感估产试验,已取得了初步成功。今后还将进一步开展研究试验,并在全国范围应用推广。

五、灾害预测与灾情评估

我国是世界上自然灾害种类最多、受灾面积最大、受灾人口最多的国家,包括有洪涝、干旱、冰雹、沙尘暴、地震、滑坡、泥石流、土地荒漠化、水土流失、台风、海啸、森林火灾、农作物病虫害、鼠害等 30 多种自然灾害。平均每年受灾死亡人口12 000多人,20 世纪 90 年代平均每年经济损失 1000 亿元以上。我国政府和科技工作者都非常重视减灾防灾工作,特别是近 30 年来,在中国大部分地区和各主要专业部门初步建立了自然灾害监测网络,气象(包括洪涝、干旱、台风)、地震、洪涝、海洋、农业病虫害、森林火灾等灾害监测网已经建立,上述灾害的监测、预测、预报水平不断提高。这些监测、预测主要利用了卫星遥感和地面监测网站相结合,运用 GIS 与数据库处理技术和地图分析方法,以及 GPS 定位监测,建立灾害监测与预报信息系统(图1.5)。目前利用我国自行研制和发射的"风云"二号气象卫星已成为监测与预测、预报热带气旋、台风与风暴潮的主要技术手段。其中利用气象卫星遥感数据预报台风比较准确,预报暴雨等灾害天气的正确率也比较高;利用国外卫星雷达影像,配合地面水文、气象网站观测数据也已成洪涝监测的主要方法。例如 1991 年江淮流域特大洪涝灾害遥感调查、1994 年 7 月广东省洪水监测评估、1995 年江西省鄱阳湖地区与湖南省洞庭湖地区洪涝灾害的遥感监测评估等,均取得较好效果。上述经验表明,中央和地方对减灾的管理更需建立以 GIS 为支撑的减灾管理信息系统。随着我国遥感技术进一步完善和我国资源卫星的改进与进一步应用,全国与省级自然灾害遥感监测、预测预警与评价应急信息系统的进一步建成,21 世纪地球信息科学在灾害监测、预测、减灾防灾与受灾损失评估等方面将发挥更大作用。

六、环境污染与生态变化监测

利用遥感技术对大气、水体(包括河流、湖泊与海洋)、土壤污染进行监测与分析已在国内进行一定试验,对土地利用与土壤覆盖的变化、河流与海岸线的变化、荒漠化

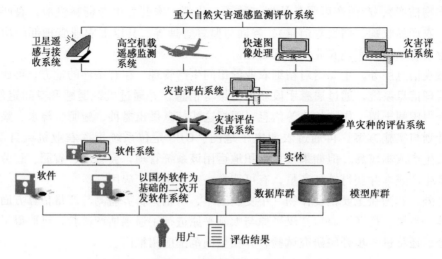

(a) 中国科学院重大自然灾害遥感监测评价系统流程图

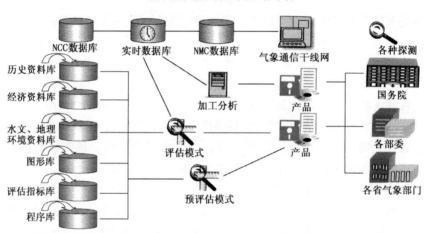

(b) 中国气象系统气象灾害减灾检测、评估工作流程

图1.5 重大自然灾害遥感监测评价系统和气象灾害减灾检测评估流程图

(取自《中国重大自然灾害与社会图集》)

扩展、冰川消融也进行过一定分析和研究。例如大家熟知的不同年份黄河三角洲卫星影像的对比，清楚显示黄河河道、三角洲与海岸线的变化范围与轨迹。同样洞庭湖的变化也非常突出。但这些监测与研究仍不够系统和深入。

21世纪我国应对环境污染和生态变化进行全面系统的监测。国家遥感中心制定了东部沿海地区城市化及其环境影响的遥感监测计划和西部地区综合开发的遥感调查及环境监测计划。前者包括：①每1～2年时间提供一次关于东部沿海地区城市扩展、耕地减少、环境污染、生态状况及城市群结构变化的遥感监测数据与分析报告；②对中国东部沿海地区每年进行一次遥感宏观调查，重点放在环渤海、长江三角洲、福建沿海以及珠江三角洲等地区；③利用气象卫星系统对台风、风暴潮等进行预报；利用具有快速响应能力的航空遥感系统监测重大洪水、地震、台风、风暴潮等灾害的灾情，评估它们造成的损失状况；④逐步建立与完善对东部沿海地区城市化及其环境影响遥感监测和减灾对策等所需的背景数据库以及重点城市与地区的地理信息系统。

配合地面的监测分析，中国科学院已建立全国生态系统观测台站网络体系。中国生态系统研究网络（CERN）是为了监测中国生态环境变化，综合研究中国资源和生态环境方面的重大问题，于1988年开始组建成立的。目前，该研究网络由13个农田生态系统试验站、9个森林生态系统试验站、2个草地生态系统试验站、6个沙漠生态系统试验站、1个沼泽生态系统试验站、2个湖泊生态系统试验站、3个海洋生态系统试验站，以及水分、土壤、大气、生物、水域生态系统5个学科分中心和1个综合研究中心所组成。它是我国生态系统监测和生态环境研究基地，也是全球生态环境变化监测网络的重要组成部分。

各省区和一些城市也建立了环境与生态监测地理信息系统，为环境与生态的保护规划及整治对策的制定提供科学依据，也为环境与生态的现代化管理提供技术支撑体系。

长期以来，我国对黄土高原的水土流失比较注意，近年对长江流域的水土流失也开始重视。最近北方地区的扬沙与沙尘暴引起各方面关注，也开始进行这方面的动态监测和治理规划。地球信息科学无疑在这些方面将发挥重要作用。

七、全球变化监测与研究

中国参与了"国际地圈与生物圈"、"国际空间年"、"国际减灾十年"等的合作计划。近些年全球变化问题（包括气候变化、环境变化、海平面上升等等）也引起世界各国的关注，提出多项研究计划，包括美国 NASA 的地球观测（EOS）计划。中国承担了全球变化研究的部分项目。日本也提出一项"全球地图"（Global Map）计划，包括对全球环境的监测、评价和管理。在国际地圈-生物圈计划中，除了全球大气化学、水循环生物学、全球变化与陆地生态系统、海岸带陆海相互作用、土地利用与土地覆盖等八个核心项目外，还有两个支撑计划：全球变化的数据与信息系统（DIS），全球变化的分析、研究和培训系统（START）。前者主要提供全球数据产品，后者主要是推进地圈-生物圈计划的实施，促进区域全球变化的合作研究、数据和信息共享及成果应用。中国已建立以气象卫星为依托的1公里格网的全球数据库，1∶100 万和1∶25 万数字高程模型（DEM）和全国资源与环境数据库，中国还积极参加了"全球制图"（Global Mapping）计划，已完成中国领土的1∶100 万基础地理信息数据库及电子地图。1998 年俄罗斯提出一项"全球生态环境监测国际信息网络系统计划"，建议加拿大、中国、法国、德国、意大利、日本、英国、美国和俄罗斯等九个国家参加，由各国建立生态环境监测中心，并联结成国际生态环境监测信息网络系统，共同对森林火灾、土地利用、地质过程、潮汐、火山、洋流、水体、污染、海底地形、热带气旋等进行监测。俄罗斯将提供空间站和卫星遥感的有关信息，各国共同进行全球生态环境变化的监测和研究。目前俄美已签订双边合作计划，由政府领导人主持成立了专家小组，计划执行比较顺利。法国也参加了该项计划。我们认为俄罗斯在空间领域的某些方面仍处于国际领先，有许多方法技术值得我们借鉴，中国应该参加这项全球生态环境的监测计划。中国应该对全球生态环境的监测和全球变化的研究做出自己的贡献。

中国有关部门正在研究制定和实施符合中国国情的全球环境变化遥感监测与研究的实施方案、技术方法和工作流程。特别是将对中国及亚太地区生态环境的变化，包括土地利用、植被覆盖、荒漠化、城市化、水域面积等的变化进行定期监测，提供信息服务。

此外，地球信息科学作为一门崭新的现代科学技术，不仅为地学与其他部门提供了新的方法和技术手段，而且通过地球信息机理、地学认知、地学分析模型、地球信息图谱的研究，为地球科学新概念、新认识、新规律和新理论的发现与诞生创造了一定条件。例如，对地球陆地表层物质与能量的迁移转化规律的研究；陆地表层历史时期变化和全球环境变化的区域响应；地球表层动态机制与人地系统调控等许多地学理论问题的研究都可借助于地球信息科学的理论、方法与技术手段，包括遥感监测所获取的信息、GIS 的分析处理手段、地学分析模型与地球信息图谱的分析等综合集成，有可能获得新的概念和新的发现。

我们相信，21 世纪地球信息科学一定会促进地球系统科学和地理科学的进一步发展，使地球系统科学和地理科学在方法、技术、理论和应用等各方面提高到一个新的水平。

参 考 文 献

[1] 美国国家航空和宇航管理局地球系统科学委员会，陈泮勤等译.地球系统科学.北京：地震出版社，1992
[2] 陈述彭.信息流与地图科学，地学的探索（4）：地理信息系统.北京：科学出版社，1992：192～202
[3] 陈述彭.卫星遥感的地学分析与验证，地学的探索（3）：遥感应用.北京：科学出版社，1990：142～149
[4] 陈述彭.90 年代地理信息系统的新契机，地学的探索（4）：地理信息系统.北京：科学出版社，1992：203～207
[5] 陈述彭.新经济时代的地球信息科学，地学的探索（6）：地球信息科学.北京：科学出版社，2003：17～20
[6] 周成虎，励惠国，鲁学军.对地球信息科学研究的认识，涛声集——陈述彭院士科学思维述评.北京：中国环境科学出版社，2000：192～220
[7] 童庆禧.遥感科学技术进展.地理学报，1994，49（增刊）：616～624
[8] 廖克.90 年代地图学发展趋势及今后的展望.地理学报，1994，49（增刊）：525～623
[9] 廖克.迈进 21 世纪的中国地图学.地球信息科学，1999，1（2）
[10] 廖克，秦建新，陈青年.地球信息图谱与数字地球.地理研究，2001，20（1）：55～61
[11] 吴炳方等.地理信息系统的发展.地理学报，1994，49（增刊）：633～640
[12] 傅肃性.世纪之交地理信息系统的理论与应用发展.地球信息科学，1999，1（2）
[13] 地球信息科学——香山科学会议第 88 次学术讨论会纪要.地球信息，1998（1）：12～20
[14] 陈述彭，何建邦，承继成.地理信息系统的基础研究——地球信息科学.地球信息，1997（3）：11～20
[15] 龚建华，林珲.虚拟地理环境——在线虚拟现实的地理学透视.北京：高等教育出版社，2001
[16] 廖克.21 世纪地球信息科学及其应用.测绘科学，2001，（2）：1～6
[17] 陈述彭.地球系统科学中国进展，世纪展望.北京：中国科学技术出版社，1998
[18] 路甬祥.合作开发"数字地球" 共享全球信息资源.地球信息科学，2000，（1）：6～7
[19] 池天河，萧亚芳等著.重大自然灾害遥感监测与评估集成系统.北京：中国科学技术出版社，1995
[20] 张超.论地球信息科学，地球信息.1998（3，4 合刊）：24～28
[21] 陈述彭.地球信息科学刍议，地球信息.1996（1）：8～12
[22] 陈述彭.地球信息科学的理解与实践，地球信息科学.2004（1）：5～10
[23] 承继成.信息化城市与智能化城镇——数字城市.地球信息科学.2000（3）：5～7
[24] 陈述彭.地球信息科学与区域持续发展.北京：测绘出版社，1995

第二章　全球卫星定位系统
及其在地球信息科学中的应用 *

第一节　GPS概况

一、GPS技术的发展

1. GPS全球卫星系统

人造卫星的出现，为卫星导航服务奠定了基础。1958年底，美国海军武器实验室着手建立军用舰艇导航服务的卫星系统，即"海军导航卫星系统"（Navy Navigation Satellite System，NNSS），1964年建成。该系统具有卫星5~6颗，运行高度平均1000公里，从地面站观测到的时间间隔较长，平均1.5小时，单点定位的精度3~5米，相对定位的精度为1米。

1973年美国国防部组织海、陆、空三军共同研究建立新一代卫星导航系统的计划。"授时导航系统"（Navigation System Timing and Ranging/Global Positioning System，NAVSTAR/GPS），简称为"全球卫星定位系统"（GPS）。NNSS与GPS的主要特征如表2.1。

表 2.1　NNSS 与 GPS 的主要特征

系统	NNSS	GPS
载波频率/吉赫	0.15~0.4	1.23~1.58
平均卫星高度/公里	1000	20 200
卫星数目/颗	5~6	24（3备用）
卫星运行周期/分	107	718
卫星钟稳定度	10^{-11}	10^{-12}

2. GLONASS全球导航卫星系统

GLONASS是原苏联于1982年10月开始发射，1995年初有16颗卫星，在1995年发射了9颗，共有24颗卫星，加3颗备用卫星，于1996年1月整个系统正常运行。GLONASS全球导航卫星系统参数如表2.2。

---

　* 本章由简灿良撰稿

表 2.2　GLONASS 全球导航卫星系统参数

系统	参数
平均卫星高度/公里	19 100
卫星数目/颗	24（3 备用）
卫星运行周期/分	675
卫星轨道面数/个	3
卫星轨道倾角/(°)	64.8

3. NAVSAT 导航卫星系统

欧洲空间局（ESA）正在筹建 NAVSAT 导航卫星系统，属于一种民用卫星导航系统。它采用的是 6 颗地球同步卫星（GEO）和 12 颗高椭圆轨道卫星（HEO）组成混合卫星星座。12 颗 HEO 卫星均匀分布在 6 个轨道面内，6 颗 GEO 处于同一轨道面内。NAVSAT 导航卫星系统的主要参数如表 2.3。

表 2.3　NAVSAT 导航卫星系统的主要参数

系统	参数
平均卫星高度/公里	20 178
卫星数目/颗	18
卫星运行周期/分	718
卫星轨道面数/个	7
卫星轨道倾角/(°)	63.45

二、GPS 的特点

1. 相对于其他导航系统的特点

（1）全球地面连续覆盖　随时可以观测到 4 颗以上卫星。

（2）功能多、精度高　单点定位 5～10 米，差分定位 1 米，测速 0.1 米/秒，测时 100 纳秒。

（3）实时定位　实时确定运动目标的三维位置和速度。

（4）应用广泛　海、陆、空导航，运动目标的监控与管理，在测量工作方面有工程测量、工程与地壳形变、地籍测量、航空摄影测量和海洋测量等。

2. 相对于经典测量技术的特点

（1）测站间无需通视　不需要建造觇标，点位选择灵活，但要保持一定的净空，以使接收 GPS 卫星信号不受干扰。

（2）定位精度高　小于 50 公里的基线，相对精度达 $1 \times 10^{-6} \sim 2 \times 10^{-6}$，100～500 公里基线，相对精度可达 $10^{-6} \sim 10^{-7}$，1000 公里以上的基线，相对精度可达 10^{-8}。

（3）观测时间短　静态定位方法，根据要求的精度不同，观测时间可为 1～3 小时，短基线（小于 20 公里），采用快速相对定位方法，观测时间为数分钟。

（4）提供三维坐标　在精确测定平面位置的同时，精确测定测站的大地高程。

（5）操作简便　GPS测量的自动化程度高，测站上仅需量取仪器高，监视观测状态和采集气象数据。

（6）全天候作业　GPS观测不受天气和时间的限制。

三、GPS 的组成

GPS主要由以下三大部分组成：空间星座部分、地面监控部分和用户设备部分。

1. 空间星座部分

GPS的空间星座由24颗卫星组成，其中3颗备用卫星。卫星分布在6个轨道面内，每个轨道面上有4颗卫星。卫星轨道面相对地球赤道面的倾角约为55°，各轨道平面升交点的赤经差60°；在相邻轨道上，卫星的升交距角相差30°。轨道平面高度约20 200公里，卫星运行周期为11小时58分。在同一测站上，每天出现的卫星分布图形相同，每天提前约4分钟，每颗卫星每天约有5个小时在地平线上，同时位于地平线上的卫星数目，随时间和地点而异，最少为4颗，最多达11颗。GPS卫星星座如图2.1。

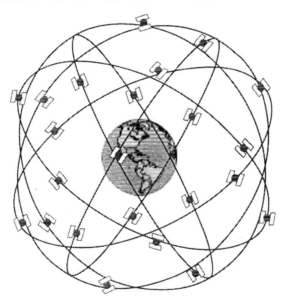

图2.1　GPS卫星星座

GPS卫星的主体呈圆柱形，直径约1.5米，重约74千克，两侧设有两块双叶太阳能板，全长5.33米，接受日光面积7.2平方米，能自动对日定向，给3组15AH镉镍电池充电，以保证卫星正常用电。

在星体底部装有多波束定向天线，它是一个由12个单元构成的成形波束螺旋天线阵，发射 L_1 和 L_2 波段的信号，其波方向图能覆盖约半个地球。在星体两端面上装有全遥测遥控天线，它用于与地面监控网通信。卫星上还装有姿态控制系统和轨道控制系统以保证卫星正常运行。

每颗卫星装有4台高精度原子钟（2台铷钟和2台铯钟），为GPS定位提供高精度的时间标准。GPS卫星构造如图2.2。

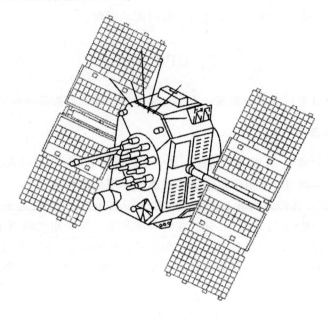

图2.2　GPS卫星构造示意图

GPS卫星的基本功能：接收和存储由地面监控站发来的导航信息，接收并执行监控站的控制指令。

（1）卫星上设有微处理机，进行部分必要的数据处理工作。

（2）通过星载高精度铷钟和铯钟提供精密的时间标准。

（3）向用户发送定位信息。

（4）在地面监控站的指令下，通过推进器调整卫星的姿态和启用备用卫星。

GPS卫星采用多种编号识别系统。在导航定位中通常采用PRN编号（pseudo random noise code，伪随机噪声码）。

2. 地面监控部分

GPS的地面监控部分主要由分布在全球的5个地面站组成，其中包括5个卫星监测站、1个主控站和3个信息注入站，如图2.3。

监测站是在主控站直接控制下的数据自动采集中心。站内设有双频GPS接收机、高精度原子钟、计算机各一台和若干台环境数据传感器。接收机对GPS卫星进行连续观测，以采集数据和监测卫星的工作状况。原子钟提供时间标准，环境传感器收集当地的有关气象数据。所有观测资料由计算机进行初步处理，并存储和传送到主控站，用于确定卫星的轨道。

主控站只有1个，设在科罗拉多（Colorado Springs）。主控站除协调和管理所有地面监控系统外，还包括功能：

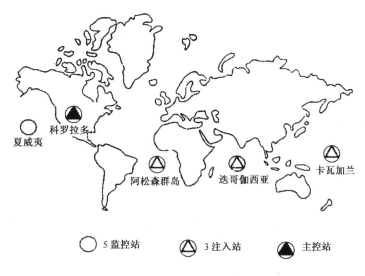

图 2.3　GPS 的地面监控部分分布图

（1）采集数据、推算编制导航电文　根据本站和其他监测站的所有观测资料（监测站所测的伪距和积分多普勒观测值、气象参数据、卫星时钟、卫星工作状态参数、各监测站工作状态参数），推算编制各卫星的星历、卫星钟差和大气层的修正参数等，并把这些数据传送到 3 个注入站。

（2）提供全球定位系统的时间基准　各监测站和 GPS 卫星的原子钟，以主控站的原子钟为基准，或同步、或测出其间的钟差，编成导航电文，传送到注入站，转发至各卫星。

（3）调整卫星运动状态　根据观测的卫星轨道参数和姿态参数，发生偏离时，注入站发出卫星运动修正指令，使之沿预定的轨道和正确的姿态运行。

（4）启用备用卫星　当出现失常卫星时，主控站启用备用卫星取代失效卫星，以保证整个 GPS 系统的正常工作。

现有 3 个注入站，分别设在印度洋的迭哥伽西亚、南大西洋的阿松森群岛和南太平洋的卡瓦加兰。注入站主要有一台直径为 3.6 米的天线、一台 C 波段发射机、一台计算机。主要任务是在主控站的控制下，将主控站推算和编制的卫星星历、钟差、导航电文和其他控制指令等注入到相应卫星的存储系统，并监测注入信息的正确性。

整个 GPS 的地面监控部分，除监控站外均无人值守。

3. 用户设备

用户设备主要由 GPS 接收机、数据处理软件、微机及其终端设备组成。接收机主要由主机、天线和电源组成，如图 2.4 所示。

天线：天线及前置放大放大器，一般密封为一体，要求灵敏度高和抗干扰性能强。

信号接收处理单元：接收来自天线的信号，经过中频放大，滤波和信号处理，实现对信号的跟踪、锁定、测量，由跟踪环路重建载波解码得广播电文并获得伪距定位信息。

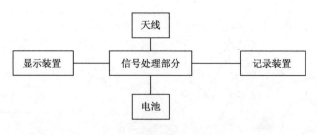

图 2.4　接收机主要构成

电源：GPS 接收机采用直流（12V）供电，机内置有专用锂电池给接收机时钟或给 RAM 供电，也可外接蓄电池。

四、GPS 的用户政策

GPS 提供两种定位服务：一种是标准定位服务 SPS（standard positioning service）；另一种是精密定位服务 PPS（precise positioning service）。标准定位服务粗测距码（C/A 码）定位，精度可达约为 100 米，主要提供一般普通用户。精密定位服务利用精测距码（P 码）定位，定位精度可达 10 米，主要提供美国军方或美国特许用户。

由于 GPS 技术与美国的国防现代化有密切关系，因此为了保障美国自身的安全和利益，采取不同的措施来限制非经美国特许用户获取 GPS 测量的精度。

（1）选择可用性政策（Selective Availability，SA）　通过降低 GPS 卫星播发的轨道参数的精度来降低利用 C/A 码进行单点定位的精度或对 GPS 信号人为的引入一个高频抖动信号，人为干扰卫星星历数据，以降低 C/A 码伪距观测量的精度。SA 政策是针对普通用户，对特许用户，可以通过密钥自动消除 SA 的影响。美国从 2000 年 5 月开始，取消 SA 政策，使民用 C/A 码的定位精度大大提高。

（2）精测距码（P 码）的加密（Anti-Spoonfing，AS）　P 码的加密措施，也叫"反电子欺骗"（AS）措施，当 P 码已被解密，或在战时，对方如果知道了特许用户接收机卫星信号的频率和相位，便可以发射适当频率的干扰信号，诱使特许用户的接收机错锁信号，产生错误的导航信息。为了防止这种电子欺骗，进一步加密 P 码，美国将在必要时引入机密码 W，并通过 P 码与 W 码的模 2 相加，将 P 码转换成 Y 码。由于 W 码是严格保密的，所以非特许用户，将无法继续用 P 码进行精密定位和发射适当的干扰频率实现电子欺骗。AS 措施只有在国家紧急状态或试验时，才启用 W 码，实施 AS 政策。

世界各国的非特许用户为了摆脱或减弱美国上述限制性政策的影响，进行积极的研究、开发和实验，取得了有效的结果。

独立精密地测定 GPS 卫星轨道。1986 年以来，包括美国民用部门在内的世界各国（欧洲、加拿大、澳大利亚等）积极实施区域性或全球性合作，在欧、亚、非、美、大洋洲等五大洲布设 GPS 卫星跟踪站，对 GPS 卫星连续跟踪监测，以确定卫星的精密轨道参数（测轨精度可达分米级），为用户摆脱 SA 政策的影响提供服务，从而提高用户定位精度。

即使目前美国已取消了 SA 政策，但是精密的 GPS 卫星轨道参数在军事、测量、地球动力学等精密定位应用领域仍然是必要的，一般的 GPS 广播的星历参数仍难满足需要。因此，需设立国际合作 GPS 卫星跟踪网对 GPS 卫星跟踪监测，以确定卫星的精密轨道参数。

加强 GPS 差分定位技术的研究与开发。SA 政策，除了使卫星星历误差显著增加外，同时也增加了卫星星钟误差。利用差分 GPS 定位技术可以消除这一部分误差。差分 GPS 定位技术（DGDS）是目前非特许 GPS 用户广泛采用的最经济有效的措施之一，它能有效地减弱相关误差的影响，显著地提高定位精度。

开发 GPS/GLONASS 兼容接收机。GLONASS 是由原苏联研制建立的全球导航卫星系统。它在系统的构成、工作频段、定位原理等方面与 GPS 相似，故研制 GPS/GLONASS 兼容性接收机是可行的，其受到各国的普遍重视，这种接收机不仅增加了可观测卫星的数目，改善了可观测卫星的几何分布，而且增强了用户定位导航的精确性、可靠性和安全性。

研制、建立独立自主的卫星定位系统。根本摆脱美国的 GPS 限制性政策的方法是建立独立自主的卫星定位系统。迄今为止，一些国家和地区正在发展自己的卫星定位系统，比如 GLONASS。欧洲空间局规划和发展一种以民用为主的卫星定位系统——NAVSAT。

我国正研制建立区域性二维卫星定位系统。

第二节　坐标系统和时间系统

GPS 卫星定位技术是通过安置在地球表面的 GPS 接收机同时接收 4 颗以上的 GPS 卫星发出的信号测定接收机的位置。观测站固定在地球表面，其空间位置随同地球的自转而运动，而观测目标——GPS 卫星却总是围绕地球质心旋转且与地球自转无关。这样，在卫星定位中，需要研究建立卫星在其轨道上运动的坐标系，并寻求卫星运动的坐标系与地面点所在的坐标系之间的关系，实现坐标系之间的转换。

卫星定位中常采用空间直角坐标系及其相应的大地坐标系，一般取地球质心为坐标系的原点。根据坐标轴指向的不同，有两类坐标系：天球坐标系和地球坐标系。地球坐标系随同地球自转，可看作固定在地球上的坐标系，便于描述地面观测站的空间位置；天球坐标系与地球自转无关，便于描述人造地球卫星的位置。

一、天球坐标系与地球坐标系

采用空间直角坐标系可以通过平移、旋转，从一个坐标系方便地转换至另一坐标系。空间直角坐标系用位置矢量在三个坐标轴上的投影作为表示空间点位置的一组参数 (x, y, z)。一个空间直角坐标系必须定义：①坐标原点的位置；②三个坐标轴的指向；③长度单位。在一个坐标系中，一组具体的参数值（坐标值）只表示惟一的空间点位，一个空间点位也对应惟一的一组参数值（坐标值）。经常使用的球面坐标系和大地坐标系与空间直角坐标系存在着明确、惟一的转换关系。图 2.5 为球面坐标系与直角坐

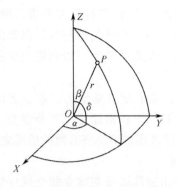

图 2.5 球面坐标系与直角坐标系

标系。

对同一空间点 r，直角坐标系与其等效的球面坐标系参数间的转换关系如下：

$$X = r\cos\alpha\cos\delta$$
$$Y = r\sin\alpha\cos\delta$$
$$Z = r\sin\delta$$
$$r = \sqrt{X^2 + Y^2 + Z^2}$$
$$\alpha = \arctan(Y/X)$$
$$\delta = \arctan(Z/\sqrt{X^2 + Y^2})$$

在大地测量中表示地面点的位置常使用大地坐标系。大地坐标系是通过一个辅助面(参考椭球面)定义的。在已定义的右手直角坐标系中，可按如下方式定义一个等价的大地坐标系。

图 2.6 表示大地坐标系与直角坐标系的关系。大地坐标系中的参考面是长半轴为 a，以短半轴 b 为旋转轴的椭球面。椭球面几何中心与直角坐标系原点重合；短半轴与直角坐标系的 z 轴重合。大地坐标系的第一个参数——大地纬度 B 为过空间点 P 的椭球面法线与 XOY 平面的夹角，自 XOY 面向 OZ 轴方向量取为正。第二个参数——大地经度 L 为 ZOX 平面与 ZOP 平面的夹角，自 ZOX 平面起算右旋为正。第三个参数——大地高程 H 为过 P 点的椭球面法线上自椭球面至 P 点的距离，以远离椭球面中心方向为正。

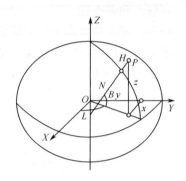

图 2.6 大地坐标系与直角坐标系

对同一空间点，直角坐标系与大地坐标系参数间的转换关系如下：

$$X = (N + H)\cos B\cos L$$
$$Y = (N + H)\cos B\sin L$$
$$Z = [N(1 - e^2) + H]\sin B$$
$$L = \arctan(Y/X)$$
$$B = \arctan\{Z(N + H)/[/\sqrt{X^2 + Y^2}(N(1 - e^2) + H)]\}$$
$$H = Z/\sin B - N(1 - e^2)$$
$$N = a\sqrt{1 - e^2\sin^2 B}$$
$$e^2 = (a^2 - b^2)/a^2$$

式中，a、e 分别为相应椭球的长半轴和第一偏心率。

二、GPS 坐标系统

1. WGS-84 大地坐标系

WGS-84 大地坐标的几何定义是：原点位于地球质心，z 轴指向 BIH 1984.0 定义的协议地球极（CTP）方向，x 轴指向 BIH 1984.0 的零子午面和 CTP 赤道的交点，y 轴与 z、x 轴构成右手坐标系。对应于 WGS-84 大地坐标系有一 WGS-84 椭球。

WGS-84 椭球及有关常数采用国际大地测量（IAG）和地球物理联合会（IUGG）第 17 届大会大地测量常数的推荐值，4 个基本常数为：

长半轴 $a = 6378137 \pm 2$ 米；

地心引力常数（含大气层）$G_M = (3\,986\,005 \pm 0.6) \times 10^8$ 米$^3 \cdot$ 秒$^{-2}$

正常化二阶带谐系数 $C_{2.0} = -484.16685 \times 10^{-6} \pm 1.30 \times 10^{-6}$

地球自转角速度 $\omega = 7\,292\,115 \times 10^{-11} \pm 0.1500 \times 10^{-11}$ 弧度 $\cdot$ 秒$^{-1}$

利用以上 4 个基本常数，可以计算出其他的椭球常数，如第一、第二偏心率 e^2、e'^2 和扁率 α，分别为

$$e^2 = 0.00669437999013$$

$$e'^2 = 0.00673949674227$$

$$\alpha = 1/298.257223563$$

WGS-84 大地水准面高 N 等于由 GPS 定位测定的点的大地高减去该点的正高 $H_{正}$。N 值可以利用球谐函数展开式和一套 $n = m = 180$ 阶项的 WGS-84 地球重力场模型系数计算得出，也可以用特殊的数学方法精确计算局部大地水准面高 N。一旦大地水准面高 N 确定之后，便可利用 $H_{正} = H - N$ 计算各 GPS 点的正高 $H_{正}$。

2. 国家坐标

我国目前常用的两个国家大地坐标系是 1954 年北京坐标系和 1980 年国家大地坐标系。

20 世纪 50 年代，在我国天文大地网建立初期，采用了克拉索夫斯基椭球元素（$a = 6\,378\,245$ 米，$\alpha = 1/298.3$），并与前苏联 1942 年普尔科沃坐标系进行联测，通过计算建立我国大地坐标系，定名为"1954 年北京坐标系"。

大地点高程是以 1956 年青岛验潮站求出的黄海平均海水面为基准，高程异常是以原苏联 1955 年大地水准面重新平差结果为起算值，按我国天文水准路线推算出来的。

为了进行全国天文大地网整体平差，采用了新的椭球元素和进行了新的定位与定向；1978 年以后，建立了 1980 年国家大地坐标系。1980 年国家大地坐标系的大地原点设在陕西省泾阳县永乐镇。

该坐标系是参心坐标系。椭球短轴 z 轴平行于由地球地心指向 1968.0 地极原点（JYD）的方向；大地起始子午面平行于格林尼治平均天文台子午面，x 轴在大地起始子午面内与 Z 轴垂直指向经度零方向；Y 轴与 Z、X 轴成右手坐标系。椭球参数采用 1975 年国际大地测量与地球物理联合会第 16 届大会的推荐值，4 个基本常数是：

$$a = (6\,378\,140 \pm 5) \text{ 米}$$

$$G_M = (3\,986\,005 \pm 3) \times 10^{-8} \text{ 米}^3 \cdot \text{秒}^{-2}$$

$$J_2 = (1\,082\,663 \pm 1) \times 10^{-8}$$

$$\omega = 7\,292\,115 \times 10^{-11} \text{ 弧度} \cdot \text{秒}^{-1}$$

由以上四个参数求出

$$a = 6\,378\,140 \text{ 米}$$

$$\alpha = 1/298.257$$

椭球定位时按我国范围内高程异常值平方和最小为原则求解参数。高程系统基准是 1956 年青岛验潮站求出的黄海平均海水面。

3. 地方独立坐标系

我国许多城市、矿区基于实用、方便和科学的目的，将地方独立测量控制网建立在当地的平均海拔高程面上，并以当地子午线作为中央子午线进行高斯投影求得平面坐标。这些控制网都是以地方独立坐标系为参考的。而地方独立坐标系则隐含着一个与当地平均海拔高程对应的参考椭球。该椭球的中心、轴向和扁率与国家参考椭球相同，其长半径则有一改正量。我们将该参考椭球称为"地方参考椭球"。

4. ITRF 坐标框架

国际地球参考框架 ITRF (International Terreetrial Referecce Frame) 是一个地心参考框架。它是由空间大地测量观测站的坐标和运动速度来定义的，是国际地球自转服务 IERS (International Earth Rotation Service) 的地面参考框架。由于章动、极移影响，国际协定地极原点 CIO 变化，所以 ITRF 框架每年也都在变化。根据不同的时间段可定义不同的 ITRF，如 ITRF-93 框架、ITRF-94 框架等。它们的尺度和定向参数分别由人卫激光测距和 IERS 公布的地球定向参数序列确定。

ITRF 框架实质上是一种地固坐标系，其原点在地球体系(含海洋和大气圈)的质心，以 WGS-84 椭球为参考椭球。

ITRF 框架为高精度的 GPS 定位测量提供较好的参考系，近几年已被广泛地用于地球动力学研究，高精度、大区域控制网的建立等方面，如青藏高原地球动力学研究、国家 A 级网平差、深圳市 GPS 框架网等都采用 ITRF 框架。一个测区在使用 ITRF 框架时，一般以高级约束点的参考框架来确定本测区的框架。例如，在深圳市 GPS 框架建立时，选用了 96 国家 A 级网的贵阳、广州、武汉三个 A 级站（其中武汉为 IGS 永久跟踪站）为约束基准，而 96A 级网的参考框架为 ITRF-93 框架，参考历元为 96.365，所以深圳市 GPS 框架的基准也选用 ITRF-93 框架为参考点。

三、坐标系统转换

坐标系统之间的转换包括不同参心大地坐标系统之间的转换、参心大地坐标系与地心大地坐标系之间的转换以及大地坐标与高斯平面坐标之间的转换等。实际应用中，需要将 GPS 点的 WGS-84 坐标转换为地面网的坐标。

进行两个不同空间直角坐标系统之间的坐标转换，需要求出坐标系统之间的转换参数。转换参数一般是利用重合点的两套坐标值通过一定的数学模型进行计算。当重合点数为 3 个以上时，可以采用布尔萨 7 参数法进行转换。

设 X_{Di} 和 X_{Gi} 分别为地面网点和 GPS 网点的参心和地心坐标向量。由布尔莎模型可知：

$$X_{Di} = X_{Gi} + C_i R$$

通过上述模型，利用重合点的两套坐标值 X_{Gi} 和 X_{Di}（$i=1$，2，…，N），采取平差的方法可以求得转换参数。求得转换参数后，再利用上述模型进行各点的坐标转换（包括重合点和非重合点的坐标转换）。对于重合点来说转换后的坐标值与已知值有一差值，其差值的大小反映转换后坐标的精度。其精度与被转换的坐标精度有关，也与转换参数的精度有关。

实际应用中对于局部 GPS 网还可应用基线向量求解转换参数的方法，这种方法是先求出各重合点相对地面网原点的基线向量，然后利用基线向量求定转换参数。

不同大地坐标系的换算，除了上述 7 个参数外，还应增加 2 个转换参数，这就是两种大地坐标系所对应的地球椭球参数（da，$d\alpha$）。不同大地坐标系的换算公式又称大地坐标微分公式或变换椭球微分公式。

四、时间系统

在卫星定位测量中，GPS 接收机接收并处理 GPS 卫星发射的信号，测定接收机至卫星之间的信号传播时间，再乘以光速换算成距离，进而确定测站的位置。因此，要准确地测定观测站至卫星的距离，必须精确地测定信号的传播时间。如果要求距离误差小于 1 厘米，则信号传播时间的测定误差应小于 0.03 纳秒。所以，任何一个观测量都必须给定取得该观测量的时刻。为了保证时间系统与坐标系统一样，应有其尺度（时间单位）与原点（历元）。只有把尺度与原点结合起来，才能给出时刻的概念。

理论上，任何一个周期运动，只要它的运动是连续的，其周期是恒定的，并且是可观测和用实验复现的，都可以作为时间尺度（单位）。因此，所选用的周期运动现象不同，便产生了不同的时间系统。

1. 平太阳时 MT（Mean Solar Time）

由于地球围绕太阳的公转轨道为一椭圆，太阳的视运动速度是不均的。假设一个平太阳以真太阳周年运动的平均速度在天球赤道上作周年运动，其周期与真太阳一致。则以平太阳为参考点，由平太阳的周日视运动所定义的时间系统为平太阳时系统。其时间尺度为：平太阳连续两次经本地子午圈的时间间隔为 1 平太阳日，1 平太阳日分为 24 平太阳时。平太阳时以平太阳通过本地子午圈时刻为起算原点，所以平太阳时在数值等于平太阳相对于本地子午圈的时角。平太阳时也具有地方性，常称其为地方平太阳时或地方平时。

2. 世界时 UT（Universal Time）

以平子夜为零时起算的格林尼治平太阳时定义为世界时（UT）。世界时与平太阳时的尺度相同，但起算点不同。1956 年以前，秒被定义为一个平太阳日的 1/86 400。这是以地球自转这一周期运动作为基础的时间尺度。由于地球自转的不稳定性，在 UT 中加入极移改正即得到 UT1。由于高精度石英钟的普遍采用以及观测精度的提高，人们发现地球自转周期存在着季节性变化、长期变化及其他不规则变化。UT1 加上地球自转速度季节性变化后为 UT2。1956 年国际上采用新的秒长定义。即历书时秒等于回归年长度的 1/31 556 925.9747。就时间尺度而言，世界时已被历书时 ET 所代替，之后，又于 1976 年为原子时所取代。但是 UTl 在卫星测量中仍被广泛使用只是它不再作为时间尺度，而因它数值上表征了地球自转相对恒星的角位置，用于天球坐标系与地球坐标系之间的转换计算。

3. 原子时 ATI (International Atomic Time)

随着对时间准确度和稳定度的要求不断提高，以地球自转为基础的世界时系统难以满足要求。20 世纪 50 年代，便开始建立以物质内部原子运动的特征为基础的原子时系统。原子时的秒长被定义为铯原子 C_8^{133} 基态的两个超精细能级间跃迁辐射振荡 9 192 631 170 周所持续的时间。原子时的起点，按国际协定取为 1958 年 1 月 1 日 0 时 0 秒（UT2）（事后发现在这一瞬间 ATI 与 UT2 相差 0.0039 秒）。

4. 协调世界时 UTC (Coodinated Universal Time)

目前许多应用部门仍然要求时间系统接近世界时 UT。协调世界时 UTC 即是一种折衷办法。它采用原子时秒长，但因原子时比世界时每年快约 1 秒，两者之差逐年积累，便采用跳秒(闰秒)的方法使协调时与世界时的时刻相接近，其差不超过 1 秒。它既保持时间尺度的均匀性，又能近似地反映地球自转的变化。按国际无线电咨询委员会（CCIR）通过的关于 UTC 的修正案，从 1972 年 1 月 1 日起 UTC 与 UTl 之间的差值最大可以达到 ±0.9 秒，超过或接近时以跳秒补偿，跳秒一般安排在每年 12 月末或 6 月末。具体日期由国际时间局安排并通告。为了使用 UTl 的用户能得到精度较高的 UTl 时刻，时间服务部门在发播 UTC 时号的同时，还给出了与 UTC 差值的信息，这样可以方便地自协调时 UTC 得到世界时 UTl。

5. GPS 时间系统

GPS 系统是测时测距系统。时间在 GPS 测量中是一个基本的观测量。卫星的信号、运动、坐标都与时间密切相关。对时间的要求既要稳定又要连续。为此，GPS 系统中卫星钟和接收机钟均采用稳定而连续的 GPS 时间系统。

GPS 时间系统采用原子时 ATI 秒长作为时间基准，但时间起算的原点定义在 1980 年 1 月 6 日 UTC 0 时。启动后不跳秒，保持时间的连续。以后随着时间的积累，GPS 时与 UTC 时的整秒差以及秒以下的差异通过时间服务部门定期公布（至 1995 年相差达 10 秒）。卫星播发的卫星钟差也是相对 GPS 时间系统的钟差。

GPS 时与 ATI 时在任一瞬间均有一常量偏差：$T_{ATI} - T_{GPS} = 19$ 秒。

第三节　GPS 定位和导航的基本原理

一、概　　述

无线电导航定位系统、卫星激光测距定位系统，是利用测距交会的原理确定点位。

设想在地面上有三个无线电信号发射台，其坐标为已知，用户接收机在某一时刻采用无线电测距的方法分别测得接收机至三个发射台的距离 d_1、d_2、d_3。只需以三个发射台为球心，以 d_1、d_2、d_3 为半径作出三个定位球面，即可交会出用户接收机的空间位置。如果只有两个无线电发射台，则可根据用户接收机的概略位置交会出接收机的平面位置。

卫星激光测距定位也是应用了测距交会定位的原理和方法。虽然用于激光测距的卫星（表面上安装有激光反射镜）是在不停地运动中，但总可以利用固定于地面上三个已知点上的卫星激光测距仪同时测定某一时刻至卫星的空间距离 d_1、d_2、d_3，应用测距交会原理便可确定该时刻卫星的空间位置。如此，可以确定三个以上卫星的空间位置。如果在第四个地面点上（坐标未知）也有一台卫星激光测距仪同时参与测定了该点至三个卫星点的空间距离，则利用所测定的三个空间距离可以交会出该地面点的位置。

无线电信号发射台从地面点搬到卫星上，组成一个卫星导航定位系统，应用无线电测距交会的原理，便可由三个以上地面已知点交会出卫星的位置，反之利用三个以上卫星的已知空间位置又可交会出地面未知点的位置。这便是 GPS 卫星定位的基本原理。

GPS 卫星发射测距信号和导航电文，导航电文中含有卫星的位置信息。用户用 GPS 接收机在某一时刻同时接收三颗以上的 GPS 卫星信号，测量出测站点 P 至三颗以上 GPS 卫星的距离并解算出该时刻 GPS 卫星的空间坐标，据此利用距离交会法解算出测站点的位置。

GPS 卫星是高速运动的。其坐标值随时间快速变化。需要实时的卫星信号测量出测站至卫星之间的距离，实时的由导航电文解算出卫星的坐标，进行测站点的定位。GPS 定位原理与方法主要有伪距法定位、载波相位测量定位以及差分 GPS 定位等。对于待定点来说，根据其运动状态可以将 GPS 定位分为静态定位和动态定位。静态定位指的是对于固定不动的待定点，将 GPS 接收机安置于其上，观测数分钟或更长的时间，以确定该点的三维坐标，又叫绝对定位。若以两台 GPS 接收机分别置于两个固定不变的待定点上，则通过一定时间的观测，可以确定两个待定点之间的相对位置，又叫相对定位。动态定位则至少有一台接收机处于运动状态，测定的是各观测时刻（观测历元）运动中的接收机的点位（绝对点位或相对 I 点位）。

利用接收到的卫星信号（测距码）或载波相位，均可进行静态定位。实际应用中，为了减弱卫星的轨道误差、卫星钟差、接收机钟差以及电离层和对流层的折射误差的影响，常采用载波相位观测值的各种线性组合作为观测值，获得两点之间高精度的 GPS 基线向量。

二、伪 距 测 量

伪距法定位是由 GPS 接收机在某一时刻测出的 4 颗以上 GPS 卫星的伪距以及已知的卫星位置，采用距离交会法，求出接收机天线所在点的三维坐标。伪距是指卫星发射的测距码信号到达 GPS 接收机的传播时间乘以光速所得出的距离。由于卫星钟、接收机钟的误差、无线电信号经过电离层和对流层中的延迟，实际测出的距离 ρ' 与卫星到接收机的距离 ρ 有一定的差值，因此称测出的距离为伪距。用 C/A 码进行测量的伪距为 C/A 码伪距，用 P 码测量的伪距为 P 码伪距。伪距法定位一次定位精度不高（P 码定位误差约为 10 米，C/A 码定位误差为 30 米），但定位速度快，而且无多值性问题，因此仍然是 GPS 定位系统进行导航的最基本的方法。同时，所测伪距又可以作为载波相位测量中解决整波数不确定问题（模糊度）的辅助资料。

GPS 卫星依据自己的时钟发出某一结构的测距码，该测距码经过 τ 时间的传播后到达接收机。接收机在自己的时钟控制下产生一组结构完全相同的测距码——复制码，并通过时延器使其延迟时间 T' 将这两组测距码进行相关处理，若自相关系数 $R(\tau') \neq 1$，则继续调整延迟时间 τ' 直至自相关系数 $R(\tau') = 1$ 为止。使接收机所产生的复制码与接收到的 GPS 卫星测距码完全对齐，那么其延迟时间 τ' 即为 GPS 卫星信号从卫星传播到接收机所用的时间 τ'。GPS 卫星信号的传播是一种无线电信号的传播，其速度等于光速 C，卫星至接收机的距离即为 T' 与 C 的乘积。

$$\tau' = \tau + \Delta t + nT$$
$$\rho' = \rho + C\Delta t + n\lambda$$
$$\rho^2 = (X_s - X)^2 + (Y_s - Y)^2 + (Z_s - Z)^2$$

T' 卫星信号从卫星传输到接收机所需的时间；ρ' 为伪距测量值；ρ 为卫星到接收机的距离；T 为测距码的周期；C 为信号的传输速度；卫星坐标（X_s，Y_s，Z_s），接收机坐标（X，Y，Z）。卫星坐标可根据卫星导航电文求得，所以式中只包含接收机坐标三个未知数。如果将接收机钟差 δ_t^j 也作为未知数，则共有 4 个未知数，接收机必须同时至少测定 4 颗卫星的距离才能解算出接收机的三维坐标值。

$$\left[(X_s^j - X)^2 + (Y_s^j - Y)^2 + (Z_s^j - Z)^2 \right]^{1/2} - C\delta_{tk} = \rho'^j + \delta_{\rho1}^j + \delta_{\rho2}^j - C\delta_t^j$$

式中，j 为卫星数，$j = 1, 2, 3, \cdots$；$\delta_{\rho1}^j$，$\delta_{\rho2}^j$ 分别为电离层和对流层的改正项。

三、载波相位测量

1. 载波相位测量原理

利用测距码进行伪距测量是全球定位系统的基本测距方法，然而由于测距码的码元长度较大，其测距精度无法满足一些高精度的应用。如果观测精度均取至测距码波长的 1%，则伪距测量对 P 码而言量测精度为 30 厘米，对 C/A 码而言为 3 米左右。而如果把载波作为量测信号，由于载波的波长短，$\lambda_{L1} = 19$ 厘米，$\lambda_{L1} = 24$ 厘米，所以就可达到很高的精度。目前大地型接收机的载波相位测量精度一般为 1～2 毫米，有的精度更高。但载波信号是一种周期性的正弦信号，而相位测量又只能测定其不足一个波长的部分，因而存在着整周数不确定性的问题，使解算过程变得比较复杂。

在 GPS 信号中由于已用相位调整的方法在载波上调制了测距码和导航电文，因而接收到的载波的相位已不再连续，所以在进行载波相位测量以前，首先要进行解调工作，设法将调制在载波上的测距码和卫星电文去掉，重新获取载波，这一工作称为重建载波。重建载波一般可采用两种方法：一种是码相关法；另一种是平方法。采用前者，用户可同时提取测距信号和卫星电文，但用户必须知道测距码的结构；采用后者，用户无需掌握测距码的结构，但只能获得载波信号而无法获得测距码和卫星电文。

载波相位测量的观测量是 GPS 接收机所接收的卫星载波信号与接收机本振参考信号的相位差。以 $\Phi_k^j(t_k)$ 表示 k 接收机在接收机钟面时刻 t_k 时所接收的 J 卫星载波信号的相位值，$\Phi_k(t_k)$ 表示 k 接收机在钟面时刻 t_k 时所产生的本地参考信号的相位值，则 k 接收机在接收机钟面时刻 t_k 时观测 j 卫星所取得的相位观测量可写为

$$\Phi_k^j(t_k) = \varphi_k^j(t_k) - \varphi_k(t_k)$$

通常的相位或相位差测量只是测出一周以内的相位值，实际测量中，如果对整周进行计数，则自某一初始取样时刻 t_0 以后就可以取得连续的相位测量值。在初始 t_0 时刻，测得小于一周的相位差为 $\Delta\varphi$，其整周数为 N_0^j，此时包含整周数的相位观测值应为

$$\Phi_k^j(t_0) = \Delta\varphi + N_0^j = \varphi_k^j(t_k) - \varphi_k(t_k) + N_0^j$$

接收机继续跟踪卫星信号，不断测定小于一周的相位差 $\Delta\varphi$，并利用整波计数器记录从 t_0 到 t_i 时间内的整周数变化量 Int(φ)，只要卫星 S^j 从 t_0 到 t_i 之间卫星信号没有中断，则初始时刻整周模糊度 N_0^j 就为一常数，这样，任一时刻 t_i 卫星 S^j 到 k 接收机的相位差为

$$\varphi_k^j(t_i) = [\varphi_k^j(t_i) - \varphi_k(t_i)] N_0^j + \text{Int}(\varphi)$$

在以后的观测中，其观测量包括了相位差的小数部分和累计的整周数。

载波相位观测量是接收机和卫星位置的函数。

设在 GPS 标准时间 T 时刻卫星 S^j 发播的载波相位为 $\varphi^j(T)$，经过传播延迟 $\tau_k^j(T)$ 后为 k 接收机所接收。也就是 k 收机在钟面时刻 t_k 时所接收到的卫星 S^j 的载波相位 $\varphi_k^j(t_k)$ 就是卫星 S^j 在 GPS 时 T 时刻的载波相位 $\varphi^j(T)$，考虑到接收机钟面时与 GPS 标准时的钟差 δt_k，则有

$$\varphi_k^j(t_k) = \varphi^j(T)$$
$$T = t_k + \delta t_k - \tau_k^j(T)$$
$$\varphi_k^j(t_k) = \varphi^j(t_k + \delta t_k - \tau_k^j(T))$$

考虑到 t_k 时的整周数 N_k^j，可得接收机 k 在其钟面时刻 t_k 时观测卫星 S^j 取得的相位观测量：

$$\Phi_k^j(t_k) = \varphi^j(t_k + \delta t_k - \tau_k^j(T)) - \varphi_k(t_k) + N_k^j$$

将 $\tau_k^j(T)$ 中的参数改化为统一的接收机钟面时刻 t_k，则有

$$\tau_k^j(T) = \tau_k^j(t_k + \delta t_k - \tau_k^j(T)) = 1/c(\rho_k^j(t_k + \delta t_k - \tau_k^j(T)))$$

在 t_k 处将 $\tau_k^j(T)$、φ^j 处展开，并考虑电离层 $\delta_{\rho1}(t_k)$ 和对流层 $\delta_{\rho2}(t_k)$ 的改正项，忽略二次项的影响，则有载波相位观测方程的简化形式

$$\Phi_k^j(t_k) = \varphi^j(t_k) + f\delta t_k - 1/c(f\rho_k^j(t_k)) - \varphi_k(t_k) + N_k^j + 1/c(f\delta_{\rho1}(t_k)) + 1/c(f\delta_{\rho2}(t_k))$$

2. 整周跳变修复

在跟踪卫星过程中，由于某种原因，如卫星信号被障碍物挡住而暂时中断，受无线电信号干扰造成失锁，这样计数器无法连续计数，因此，当信号重新被跟踪后，整周计数就不正确，但是不到一个整周的相位观测值仍是正确的。这种现象称为周跳。周跳的出现和处理是载波相位测量中的重要问题，整周跳变的探测与修复常用的方法有下列几种：

（1）屏幕扫描法　是由作业人员在计算机屏幕前依次对每个站、每个时段、每个卫星的相位观测值变化率的图像进行逐段检查，观测其变化率是否连续。如果出现不规则

的突然变化时，就说明在相应的相位观测中出现了整周跳变现象，然后用手工编辑的方法逐点、逐段修复。

（2）用高次差或多项式拟合法　此种方法是根据有周跳现象的发生将会破坏载波相位测量的观测值 $\text{Int}(\varphi)+\Delta\varphi$ 随时间而有规律变化的特性来探测的。GPS 卫星的径向速度 I 最大可达 0.9km/s，因而整周计数每秒钟可变化数千周。因此，如果每 15 秒钟输出一个观测值的话，相邻观测值间的差值可达数万周，那么对于几十周的跳变就不易发现。但如果在相邻的两个观测值间依次求差而求得观测值的一次差的话，这些一次差的变化就要小得多。在一次差的基础上再求二次差，三次差、四次差、五次差时，其变化就小的更多了。此时就能发现有周跳现象的时段。四次、五次差已趋近于零。对于稳定度为 10^{-10} 的接收机时钟，观测间隔为 15 秒，L_1 的频率为 1.57542×10^9 赫兹，由振荡器的随机误差给相邻的 L_1 载波相位造成的影响为 2.4 周，所以用求差的方法一般难以探测出只有几周的小周跳。通常也采用曲线拟合的方法进行计算。根据几个相位测量观测值拟合出一个 n 阶多项式，以 n 阶多项式来预估下一个观测值并与实测值比较，从而发现周跳并修正整周计数。

（3）在卫星间求差法　在 GPS 测量中，每一瞬间要对多颗卫星进行观测，因而在每颗卫星的载波相位测量观测值中，所受到接收机振荡器的随机误差影响是相同的。在卫星间求差后即可消除此项误差的影响。

（4）根据平差后的残差发现和修复整周跳变　经过上述处理的观测值中，还可能存在一些未被发现的小周跳。修复后的观测值中也可能引入 1～2 周的偏差。用这些观测值来进行平差计算，求得各观测值的残差。由于载波相位测量的精度很高，因而这些残差数值一般均很小。有周跳的观测值上则会出现很大残差，据此可以发现和修复周跳。

3. 整周未知数 N_0 的确定

确定整周未知数 N_0 是载波相位测量的一项重要工作，常用方法有：

（1）伪距法　在进行载波相位测量的同时，又进行了伪距测量，将伪距观测值减去载波相位测量的实际观测值（化为以距离为单位）后即可得到 $\lambda\cdot N_0$。但由于伪距测量的精度较低，所以要有较多的 $\lambda\cdot N_0$ 取平均值后才能获得正确的整波段数。

（2）将整周未知数当作平差中的待定参数——经典方法　把整周未知数当作平差计算中的待定参数来加以估计和确定，有两种方法：整数解和实数解。

（3）整数解　整周未知数从理论上讲应该是一个整数，利用这一特性能提高解的精度。短基线定位时一般采用这种方法。具体步骤如下：首先根据卫星位置和修复了周跳后的相位观测值进行平差计算，求得基线向量和整周未知数。由于各种误差的影响，解得的整周未知数往往不是一个整数，称为实数解。然后将其固定为整数（通常采用四舍五入法），并重新进行平差计算。在计算中整周未知数采用整周值并视为已知数，以求得基线向量的最后值。

（4）实数解　当基线较长时，误差的相关性将降低，许多误差消除得不够完善。无论是基线向量，还是整周未知数，均无法估计得很准确，通常将实数解作为最后解。

采用经典方法解算整周未知数时，为了能正确求得这些参数，往往需要一个小时甚至更长的观测时间，从而影响了作业效率，所以只有在高精度定位领域中才应用。

（5）多普勒法（三差法）　由于连续跟踪的所有载波相位测量观测值中均含有相同的整周未知数 N_0，所以将相邻两个观测历元的载波相位相减，就将该未知参数消去，从而直接解出坐标参数。这就是多普勒法。但两个历元之间的载波相位观测值之差受到此期间接收机钟及卫星钟的随机误差的影响，所以精度不太高，往往用来解算未知参数的初始值。

（6）快速确定整周未知数法　1990 年 E.Frei 和 G.Beutler 提出了利用快速模糊度解算法进行快速定位的方法。采用这种方法进行短基线定位时，利用双频接收机，只需观测 1 分钟便能成功地确定整周未知数。

四、GPS 绝对定位与相对定位

GPS 绝对定位也称单点定位，它是利用 GPS 卫星和用户之间的距离观测值直接确定用户接收机天线在 WGS-84 坐标系相对于地球质心的绝对位置。绝对定位又分为静态绝对定位和动态绝对定位。

静态绝对定位可以连续地在不同历元同步观测不同的卫星，测定卫星至观测站的伪距，获得充分的多余的观测量。通过数据处理后求得观测站的绝对坐标。

GPS 相对定位也叫差分 GPS 定位，是至少用两台 GPS 接收机，同步观测相同的GPS 卫星，确定两台接收机天线之间的相对位置。相对定位有静态相对定位和动态相对定位。

1. 静态绝对定位

因为受到卫星轨道误差、钟差以及信号传播误差等因素的影响，静态绝对定位的精度约为米级，而动态绝对定位的精度为 10～40 米。这一精度只能用于一般导航定位中，远不能满足大地测量精密定位的要求。

静态绝对定位：接收机天线处于静止状态下，确定观测站坐标的方法称为静态绝对定位。这时，可以连续地在不同历元同步观测不同的卫星，测定卫星至观测站的伪距，获得充分的多余观测量。通过伪距观测方程的线性化和最小二乘平差处理求得观测站的绝对坐标。

如果观测的时间较长，接收机钟差的变化往往不能忽略。这时可将钟差表示为多项式的形式，把多项式的系数作为未知数在平差计算中一并解；也可以对不同观测历元引入不同的独立钟差参数，在平差计算中一并解算。

在用户接收机安置在运动的载体上并处于动态情况下，确定载体瞬时绝对位置的定位方法，称为动态绝对定位。此时，一般同步观测 4 颗以上的卫星。

应用载波相位观测值进行静态绝对定位，其精度高于伪距法静态绝对定位。在载波相位静态绝对定位中，应注意对观测值加入电离层、对流层等各项改正，防止和修复整周跳变，以提高定位精度。整周未知数解算后，不再为整数，可将其调整为整数，解算出的观测站坐标称为固定解，否则称为实数解。载波相位静态绝对定位解算的结果可以为相对定位的参考站提供较为精密的起始坐标。

2. 静态相对定位

相对定位是用两台接收机分别安置在基线的两端，同步观测相同的 GPS 卫星，以确定基线端点的相对位置或基线向量。同样，多台接收机安置在若干条基线的端点，通过同步观测 GPS 卫星可以确定多条基线向量。在一个端点坐标已知的情况下，可以用基线向量推求另一待定点的坐标。相对定位有静态相对定位和动态相对定位之分。

在两个观测站或多个观测站同步观测相同卫星的情况下，卫星的轨道误差、卫星钟差、接收机钟差以及电离层和对流层的折射误差等对观测值的影响具有一定的相关性，利用这些观测值的不同组合（求差）进行相对定位，可有效地消除或减弱相关误差的影响，从而提高相对定位的精度。

GPS 载波相位观测值可以在卫星间求差，在接收机间求差，也可以在不同历元间求差。各种求差法都是观测值的线性组合。

将观测值直接相减的过程叫做求一次差。所获得的结果被当作虚拟观测值，叫做载波相位观测值的一次差或单差。常用的求一次差是在接收机间求一次差。对载波相位观测值的一次差分观测值继续求差，所得的结果仍可以被当作虚拟观测值，叫做载波相位观测值的二次差或双差。常用的求二次差是在接收机间求一次差后再在卫星间求二次差，叫做星站二次差分。对二次差继续求差称为求三次差。所得结果叫做载波相位观测值的三次差或三差。常用的求三次差是在接收机、卫星和历元之间求三次差。

上述各种差分观测值模型能够有效地消除各种偏差项。单差观测值中可以消除与卫星有关的载波相位及其钟差项，双差观测值中可以消除与接收机有关的载波相位及其钟差项，三差观测值中可以消除与卫星和接收机有关的初始整周模糊度项 N。因而差分观测值模型是 GPS 测量应用中广泛采用的平差模型。特别是双差观测值即站星二次差分模型，更是大多数 GPS 基线向量处理软件包中必选的模型。

为了求解观测站之间的基线向量，首先应将观测方程线性化，然后列出相应的误差方程式，应用最小二乘平差原理求解观测站之间的基线向量。

五、差 分 定 位

差分 GPS 定位技术，是将一台 GPS 接收机安置在基准站上进行观测。根据基准站已知精密坐标，计算出基准站到卫星的距离改正数，并由基准站实时地将这一改正数发送出去。用户接收机在进行 GPS 观测的同时，也接收到基准站的改正数，并对其定位结果进行改正，从而提高定位精度。

GPS 定位中，存在着三部分误差：一是多台接收机共有的误差，如卫星钟误差、星历误差、电离层误差、对流层误差；二是传播延迟误差；三是接收机固有的误差，如内部噪声、通道延迟、多路径效应。采用差分定位，可完全消除第一部分误差，可以大部分消除第二部分误差。

差分 GPS 可分为单基准站差分、具有多个基准站的局部区域差分和广域差分三种类型。

单站差分按基准站发送的信息方式来分，可分为位置差分、伪距差分和载波相位差分三种。

位置差分的基准站与用户必须观测同一组卫星，这在近距离可以做到，但距离较长时很难满足，故位置差分只适用于 100 公里以内。伪距差分的基准站提供所有卫星的改正数，用户接收机只要观测任意 4 颗卫星，就可以完成定位，但差分精度随基准站到用户的距离增加而降低。

位置差分和伪距差分，能满足米级定位精度，已广泛应用于导航、水下测量等。而载波相位差分可使实时三维定位精度达到厘米级。

载波相位差分技术又称 RTK（Real Time Kinematic）技术，是实时处理两个测站载波相位观测量的差分方法。载波相位差分方法分为两类：一类是修正法；另一类是差分法。所谓修正法，即将基准站的载波相位修正值发送给用户，改正用户接收到的载波相位，再求解坐标。所谓差分法即是将基准站采集的载波相位发送给用户，进行求差解算坐标。RTK 关键是求解起始相位模糊度。求解起始相位模糊度通常用以下几种方法：删除法、模糊度函数法、FARA 法、消去法。RTK 技术可应用于海上精密定位、地形测图和地籍测绘。

RTK 技术也同样受到基准站至用户距离的限制，为解决此问题，发展成局部区域差分和广域差分定位技术。通常把一般差分定位系统叫 DGPS，局部区域差分定位系统叫 LADGPS，广域差分系统叫 WADGPS。

在局部区域中应用差分 GPS 技术，应该在区域中布设一个差分 GPS 网，该网由若干个差分 GPS 基准站组成，通常还包含一个或数个监控站。位于该局部区域中的用户根据多个基准站所提供的改正信息，经平差后求得自己的改正数。这种差分 GPS 定位系统称为局部区域差分 GPS 系统，简称 LADGPS。

局部区域差分 GPS 技术通常采用加权平均法或最小方差法对来自多个基准站的改正信息（坐标改正数或距离改正数）进行平差计算以求得自己的坐标改正数或距离改正数。其系统的构成为：有多个基准站，每个基准站与用户之间均有无线电数据通信链。用户与基准站之间的距离一般在 500 公里以内才能获得较好的精度。

广域差分 GPS 的基本思想是对 GPS 观测量的误差源加以区分，并单独对每一种误差源分别加以"模型化"，然后将计算出的每一误差源的数值，通过数据链传输给用户，以对用户 GPS 定位的误差加以改正，达到削弱这些误差源，改善用户 GPS 定位精度的目的。

1. 星历误差

广播星历是一种外推星历，精度不高，受 SA 的 ε 抖动，精度降至 100 米，它是 GPS 定位的主要误差来源之一。广域差分 GPS 依赖区域精密定轨，确定精密星历，取代广播星历。

2. 大气延时误差（包括电离层延时和对流层延时）

常规差分 GPS 提供的综合改正值，包含参考站外的大气延时改正，当用户距离参考站很远，两地大气层的电子密度和水汽密度不同，对 GPS 信号的延时也不一样，使用参考站处的大气延时量来代替用户的大气延时必然引起误差。广域差分 GPS 技术通过建立精确的区域大气延时模型，能够精确地计算出其作用区域内的大气延时量。

3. 卫星钟差误差

精确改正上述两种误差后，残余误差中卫星钟差误差影响最大，常规差分 GPS 利用广播星历提供的卫星钟差改正数，这种改正数仅近似反映了卫星钟与标准 GPS 时间的物理差异，实际上，受 SA 的 ε 抖动影响，卫星钟差随机变化达±300 纳秒，等效伪距为±90 米。广域差分 GPS 可以计算出卫星钟各时刻的精确钟差值。

六、GPS 卫星导航

GPS 在导航领域的应用，有着比 GPS 静态定位更广阔的前景，具有用户多样、速度多变、定位实时、数据和精度多变等特点，为大地测量学、地球动力学、地球物理学、天体力学、载人航天学、全球海洋学和全球气象学提供了一种高精度和全天候的测量新技术。

根据用户的应用目的和精度要求的不同，GPS 动态定位方法也随之而改变，从目前应用看来，主要分为以下几种方法：

1. 单点动态定位

用安装在一个运动载体上的 GPS 信号接收机，自主地测得该运动载体的实时位置，从而描绘出该运动载体的运行轨迹。所以单点动态定位又叫做绝对动态定位。例如行驶的汽车和火车，常用单点动态定位。

2. 实时差分动态定位

用安设在一个运动载体上的 GPS 信号接收机，及安设在一个基准站上的另一台 GPS 接收机，联合测得该运动载体的实时位置，从而描绘出该运动载体的运行轨迹，故差分动态定位又称为相对动态定位。例如飞机着陆和船舰进港，一般要求采用实时差分动态定位，以满足它们所要求的较高定位精度。

3. 后处理差分动态定位和实时差分动态定位的主要差别

运动载体和基准站之间，不必像实时差分动态定位那样建立实时数据传输，而是在定位观测以后，对两台 GPS 接收机所采集的定位数据进行测后的联合处理，从而计算出接收机所在运动载体在对应时间上的坐标位置。例如，在航空摄影测量时，用 GPS 信号测量每一个摄影瞬间的摄站位置，就可以采用后处理差分动态定位。

第四节 GPS 测量误差来源及影响

一、GPS 测量主要误差分类

GPS 测量是通过地面接收设备接收卫星传送的信息来确定地面点的三维坐标。测量结果的误差主要来源于 GPS 卫星、卫星信号的传播过程和地面接收设备。在高精度的 GPS 测量中（如地球动力学研究），还应注意到与地球整体运动有关的地球潮汐、负荷潮及相对论效应等的影响。因此在 GPS 测量中，影响观测量精度的主要误差来源有三类：

(1) 与 GPS 卫星有关的误差：星历误差、钟误差；
(2) 与信号传播有关的误差：电离层、对流层、多路径效应；
(3) 与接收设备有关的误差：钟的误差、位置误差、天线相位中心变化。
根据误差的性质主要分为系统误差和偶然误差：
(1) 系统误差：主要包括轨道误差、卫星钟差、接收机钟差及大气折射误差等；
(2) 偶然误差：主要包括信号的多路径效应引起的误差和观测误差。

二、与信号传播有关的误差

与信号传播有关的误差主要包括大气折射误差和多路径效应。

电离层是指地球上空距地面高度在 50～1000 公里之间的大气层。电离层中的气体分子由于受到太阳等天体各种射线辐射，产生强烈的电离形成大量的自由电子和正离子。当 GPS 信号通过电离层时，如同其他电磁波一样，信号的路径会发生弯曲，传播速度也会发生变化。所以用信号的传播时间乘上真空中光速而得到的距离就会不等于卫星至接收机间的几何距离，这种偏差叫电离层折射误差。电离层改正的大小主要取决于电子总量和信号频率。减弱电离层影响的措施是采用双频观测、利用电离层模型改正和采取同步观测求差等。

对流层是高度为 40 公里以下的大气底层，其大气密度比电离层更大，大气状态也更复杂。对流层与地面接触并从地面得到辐射热能，其温度随高度的上升而降低，GPS 信号通过对流层时，也使传播的路径发生弯曲，从而使测量距离产生偏差，这种现象叫做对流层折射。减弱对流层折射改正残差影响的主要措施是采用上述对流层模型加以改正，其气象参数在测站直接测定；引入描述对流层影响的附加待估参数，在数据处理中一并求得；利用同步观测量求差。当两观测站相距不太远时（例如小于 20 公里），由于信号通过对流层的路径相似，所以对同一卫星的同步观测值求差，可以明显地减弱对流层折射的影响。

在 GPS 测量中，如果测站周围的反射物所反射的卫星信号（反射波）进入接收机天线，这就将和直接来自卫星的信号（直接波）产生干涉，从而使观测值偏离真值产生所谓的"多路径误差"。削弱多路径效应的影响主要采用以下措施，即选择合适的地址和在天线中设置抑径板。

三、与卫星有关的误差

由星历所给出的卫星在空间的位置与实际位置之差称为卫星星历误差。由于卫星在运行中要受到多种摄动力的复杂影响，而通过地面监测站又难以充分、可靠地测定这些作用力，难以掌握它们的作用规律，因此在星历预报时会产生较大误差。在一个观测时间段内星历误差属系统误差。

卫星星历的数据来源有两类：

（1）广播星历是卫星电文中所携带的主要信息。它是根据美国 GPS 控制中心跟踪站的观测数据进行外推，通过 GPS 卫星发播的一种预报星历。由于卫星在运行中受各种摄动因素的影响，所以预报数据中存在着较大的误差。当前从卫星电文中解译出来的星历参数共 17 个，每小时更换一次。由这 17 个星历参数确定的卫星位置精度约为 20～40 米，有时可达 80 米。全球定位系统正式运行后，启用全球均匀分布的跟踪网进行测轨和预报，此时由星历参数计算的卫星坐标可能精确到 5～10 米。

（2）实测星历是根据实测资料进行拟合处理而直接得出的星历。它需要在一些已知精确位置的点上跟踪卫星来计算观测瞬间的卫星真实位置，从而获得准确、可靠的精密星历。这种星历要在观测后 1～2 个星期才能得到。区域性的跟踪网也能获得很高的定轨精度。

解决星历误差的方法主要通过：建立自己的卫星跟踪网独立定轨；在平差模型中把卫星星历给出的卫星轨道作为初始值，视其改正数为未知数。通过平差同时求得测站位置及轨道的改正数，这种方法称为轨道松弛法；同步观测值求差，这一方法是利用在两个或多个观测站上，对同一卫星的同步观测值求差，以减弱卫星星历误差的影响。

（1）卫星钟差。可以通过对卫星钟运行状态的连续监测，而精确确定。通过模型改正和观测量求差的方法消除。

（2）卫星轨道偏差。采用轨道改进法处理观测数据，同步观测值求差。

四、与接收设备有关的误差

与接收设备有关的误差，主要包括观测误差、接收机钟差、天线相位中心误差。

1. 观测误差

属偶然误差，增加观测量来消除；与接收机有关的误差主要有接收机钟误差、接收机位置误差、天线相位中心位置误差及几何图形强度误差等。

2. 接收机钟误差

减弱接收机钟差的方法主要采用把每个观测时刻的接收机钟差当作一个独立的未知数，在数据处理中与观测站的位置参数一并求解；认为各观测时刻的接收机钟差间是相关的，像卫星钟那样，将接收机钟差表示为时间多项式，并在观测量的平差计算中求解多项式的系数；通过在卫星间求一次差来消除接收机的钟差。

接收机的位置误差是指接收机天线相位中心相对测站标石中心位置的误差，包括天线的置平和对中误差，量取天线高误差。在变形监测中，应采用有强制对中装置的观测墩。

3. 天线相位中心位置的偏差

在 GPS 测量中，观测时相位中心的瞬时位置与理论上的相位中心将有所不同，这种差别叫天线相位中心的位置偏差，可以通过观测值的求差来削弱相位中心偏移的影响。

第五节 GPS 测量的实施

GPS 测量在实际作业中主要划分为布网设计、外业观测和内业数据处理三个阶段。

一、GPS 测量的技术设计

GPS 测量的技术设计是依据国家有关规范、规程和 GPS 网的用途等要求对测量的网形、精度及基准进行设计。国家有关规范和规程主要有：

- 2001 年国家质量技术监督局发布的《全球定位系统 GPS 测量规范》（GB/T 18314-2001）；
- 1992 年国家测绘局发布的《全球定位系统 GPS 测量规范》（CH 2001-92）；
- 1997 年建设部发布的《全球定位系统城市测量技术规程》（CJJ 73-97）；
- 各部委制定的一些细则。

对 GPS 网的精度要求，主要取决于网的用途。GPS 网的精度指标，通常以网中相邻点之间的距离误差来表示。其表达式为

$$\sigma = \sqrt{[a^2 + (b \times D)^2]}$$

式中：

σ——相邻点距离误差（毫米）；

a——与接收设备相关的固定误差（毫米）；

b——比例误差（10^{-6}）；

D——相邻点距离（公里）。

GPS 相对定位的精度标准划分如表 2.4。

表 2.4 GPS 网的精度分级标准

级别	主要用途	固定误差 a/毫米	比例误差 $b/10^{-6}$
AA	动力学研究、精密定轨	≤3	≤0.01
A	地壳形变、国家高精度网	≤5	≤0.1
B	国家基本控制	≤8	≤1
C	大、中城市基本控制	≤10	≤5
D	中、小城市基本控制	≤10	≤10
E	小城市基本控制	≤10	≤20

GPS 网的布设应视其目的、要求的精度、测区的实际情况而定。各等级 GPS 网相邻点间平均距离应符合表 2.5 的要求。相邻点最小距离为平均距离的 1/3～1/2，相邻点最大距离为平均距离的 2～3 倍。

表 2.5　GPS 网的平均距离　　　　　　　　　　　　（单位：公里）

级别	AA	A	B	C	D	E
相邻点平均距离	1000	300	70	15～10	10～5	5～0.2

1. GPS 网的基准

GPS 网的基准主要包括位置基准、方位基准和尺度基准。
- 为求 GPS 的地面坐标系的坐标，应联测国家控制点 2～3 以上；
- 重合的等级点构成长边图形；
- 联测高程点，解求正常高；
- 尽量与原坐标系统一。

2. GPS 网图形概念

- 观测时段：测站上开始接收卫星信号到观测停止的连续工作时间；
- 同步观测：两台或两台以上接收机同时对同一组卫星进行观测；
- 同步环：三台或三台以上接收机同步观测的基线向量构成的闭合环；
- 异步环：非同步观测的基线向量构成的闭合环；
- 独立基线：N 台 GPS 接收机，独立基线 $N-1$；
- 时段数＝网点数 * 设站次数/接收机数。

3. GPS 网图形设计

GPS 网的图形布设通常有点连式、边连式、网连式及边点混合四种基本形式。
- 点连式：同步图形之间只有一个公共点连接；
- 网连式：相邻同步图形之间由二个以上公共点相连接；
- 边点混合连接：把点连式与边连式有机的结合起来，组成 GPS 网；
- 三角锁连接：用点连式或边连式组成连续发展的三角锁同步图形；
- 导线网形连接：将同步图形布设为直伸状，形如导线结构的 GPS 网；
- 星形布设：直接观测边间不构成闭合图形。

GPS 网中最简独立闭合环或附合路线的边数应符合表 2.6 的规定。

表 2.6　GPS 网最简独立闭合环或附合路线边数

级别	A	B	C	D	E
闭合环或附合路线边数	≤5	≤6	≤6	≤8	≤10

二、GPS 测量的外业实施

GPS 测量的外业实施主要包括 GPS 点的选埋、观测、数据传输及数据预处理等工作。

1. 选点

GPS 测量观测站间不要相互通视，点位选择比较灵活，但要考虑应用和实际观测的要求，一般要注意如下几点：

- 易于安装接收机设备及视野开阔的较高点上；
- 点位目标显著，视场周围 15 度以上不应有障碍物；
- 远离大功率无线电发射源；
- 点位附近没有大面积水域；
- 地面基础稳定，易于到达；
- 尽量与旧点重合；
- 在选点结束时应及时提交点之记和选点略图。

2. GPS 网的观测

GPS 网的观测，不同等级要求有较大的差别（具体见表 2.7）。相应的观测工作主要有天线安置、开机观测、观测记录。

表 2.7　GPS 网的观测要求

级别	AA	A	B	C	D	E
卫星高度角/(°)	≥10	≥10	≥15	≥15	≥15	≥15
有效卫星观测数	≥4	≥4	≥4	≥4	≥4	≥4
观测时段数	≥10	≥6	≥4	≥2	≥1.6	≥1.6
时段长度/分	≥720	≥540	≥240	≥60	≥45	≥40
采样间隔	30	30	30	10～30	10～30	10～30

- 天线安置：天线置平、天线定向标志线应指向正北；
- 开机观测：启动接收机、输入测站信息、观测气象元素；
- 观测记录：接收机观测记录、测量手簿、观测计划和偏心观测等。

三、GPS 测量的作业模式

GPS 测量的作业模式即利用 GPS 定位技术，确定观测站之间相对位置所采用的作业方式，主要有：

- 经典静态相对定位模式：采用两套或两套以上接收设备，分别安置在一条或数条基线的端点，同步观测 4 颗以上卫星的定位模式。
- 快速静态相对定位模式：选择一个基准站，安置一台接收机，连续跟踪所有可见卫星；另一台接收机流动设站，并在流动站上静止观测数分钟的定位模式。
- 准动态相对定位模式：选择一个基准站，安置一台接收机，连续跟踪所有可见卫星；另一台接收机，在起始点上静止观测数分钟，在保持对所测卫星连续跟踪情况下，依次在流动站上观测数秒钟的定位模式。

• 动态定位相对模式：选择一个基准站，安置一台接收机，连续跟踪所有可见卫星；另一台接收机安置在运动载体上，在起始点上静止观测数分钟，以后按预定的采样间隔自动观测的定位模式。

• 实时动态定位模式：在基准站上安置一台 GPS 接收机，对所有可见的 GPS 卫星进行观测，并将观测的数据通过无线电设备，发送给用户观测站，用户的 GPS 接收机接收 GPS 卫星信号和基准站的观测数据，根据相对定位的原理，实时计算和显示用户站的三维坐标和精度。

四、数据预处理及观测成果的质量检核

1. 基线解算

对两台以上接收机的同步观测值进行独立基线向量的平差计算，即为数据的预处理。预处理工作主要内容有数据传输、数据分流、数据平滑、周跳探测和观测值改正。

• 数据传输：接收机的数据，传输到其他介质或计算机。

• 数据分流：原始记录，分类整理形成各种数据文件，如星历文件、观测文件、测站信息文件等。

• 数据平滑：剔除粗差和删除无效观测值。

• 探测周跳：探测周跳、修复载波相位观测值。

• 观测值改正：对观测值进行各项必要改正。

2. 外业检核

• 重复观测边的检核：重复观测边的任意两个时段的误差小于相应等级规定精度（按平均连长计算）的 $2\sqrt{2}$ 倍。

• 同步环检核：三边同步环中第三边处理结果与前两边的代数和之差值应小于下列数值：$\omega_x \leqslant (\sqrt{3/5})\sigma$，$\omega_y \leqslant (\sqrt{3/5})\sigma$，$\omega_z \leqslant (\sqrt{3/5})\sigma$，$\omega \leqslant (3/5)\sigma$。

对于四边以上同步环，所有闭合环的分量闭合差不应大于 $(\sqrt{n/5})\sigma$，环闭合差 $\omega \leqslant [(\sqrt{(3n)})/5]\sigma$。

• 异步环检核：B 级及以下 GPS 网独立闭合环或附合路线坐标闭合差应满足：$\omega_x \leqslant (3\sqrt{n})\sigma$，$\omega_y \leqslant (3\sqrt{n})\sigma$，$\omega_z \leqslant (3\sqrt{n})\sigma$，$\omega \leqslant [3\sqrt{(3n)}]\sigma$。

3. GPS 网平差处理

GPS 网平差处理主要分为约束平差和无约束平差。实际应用中，往往要求得各 GPS 点在国家坐标系中的坐标值。为此，还需要进行坐标转换，将 GPS 点的坐标值转换为国家坐标系坐标值。也可以将 GPS 网与地面网进行联合平差，包括固定地面网点已知坐标、边长、方位角、高程等的约束平差，坐标转换，或将 GPS 基线网与地面网的观测数据一并联合平差也就是约束平差。

基线向量的解算是一个复杂的平差计算过程。解算时要顾及观测时段、信号间断引起的数据剔除、观测数据粗差的发现及剔除、星座变化引起的整周未知参数的增加等问题。

基线处理完成后应对其结果作以下分析和检核：

（1）观测值残差分析　平差处理时假定观测值仅存在偶然误差。理论上，载波相位观测精度为1‰周，即对L_1波段信号观测误差只有2毫米。因而当偶然误差达1厘米时，应认为观测值质量存在系统误差或粗差。当残差分布中出现突然的跳变时，表明周跳未处理成功。

（2）基线长度的精度　处理后基线长度中误差应在标称精度值内。多数双频接收机的基线长度标称精度为$(5\pm1)\times10^{-6}$。单频接收机的基线长度标称精度为$(10\pm2)\times10^{-6}$。

对于20公里以内的短基线，单频数据通过差分处理可有效地消除电离层影响，从而确保相对定位结果的精度。当基线长度增长时，双频接收机消除电离层的影响将明显优于单频接收机数据的处理结果。

（3）基线向量环闭合差的计算及检核　由同时段的若干基线向量组成的同步环和不同时段的若干基线向量组成的异步环，其闭合差应能满足相应等级的精度要求。其闭合差值应小于相应等级的限差值。基线向量检核合格后，便可进行基线向量网的平差计算（以解算的基线向量作为观测值进行无约束平差），平差后求得各GPS之间的相对坐标差值，加上基准点的坐标值，求得各GPS点的坐标。

第六节　GPS技术的应用

由于GPS具有高精度、全天候、全球性的连续定位、导航和定时的多功能系统，而且定位速度快、费用低、方法灵活及操作简便等特点，所以它已发展成为多领域（海洋、陆地、航空航天）、多模式（GPS、DGPS、WADG）、多用途（导航制导、工程测量、大地测量、地球动力学、卫星定轨及其他相关学科）、多机型（机载式、车载式、船载式、星载式、弹载式、测地型、定时型、手持型、集成型）的高新技术产业。

一、GPS在测绘中的应用

1. GPS在大地控制测量中的应用

GPS定位技术以其精度高、速度快、费用小、操作简便等优良特性，被广泛应用于大地控制测量中。GPS定位技术完全取代了用常规测角、测距手段建立大地控制网。GPS控制网主要为两大类：一类是全球或全国性的高精度GPS网，这类GPS网中相邻点的距离在数千公里至几万公里，其主要任务是做为全球高精度坐标框架或全国高精度坐标框架，为全球性地球动力学和空间科学方面的科学研究工作服务，或用以研究地区性的板块运动或地壳形变规律等问题。另一类是区域性的GPS网，包括城市或矿区GPS网、GPS工程网等，这类网中的相邻点间的距离为几公里至几十公里，其主要任务是直接为国民经济建设服务。

1991年国际大地测量协会(LAG)决定在全球范围内建立一个IGS（国际GPS地球动力学服务）观测网，并于1992年6～9月间实施了第一期联测，我国借此机会由多家单位合作,建立起我国新一代的地心参考框架及其与国家坐标系的转换参数;以优于 10^{-8} 量级的相对精度确定站间基线向量,布设成国家 A 级网,作为国家高精度卫星大地网的骨架,并奠定地壳运动及地球动力学研究的基础。

建成后的国家 A 级网共由 28 个点组成,经过精细的数据处理,平差后在 ITRF 91 地心参考框架中的点位精度优于 0.1 米,边长相对精度一般优于 1×10^{-8},在 1993 年和 1995 年又两次对 A 级网点进行了 GPS 复测,其点位精度已提高到厘米级,边长相对精度达 3×10^{-8}。

在国家 A 级网的基础上建立了国家 B 级网。全网基本均匀布点,覆盖全国,共布测 730 个点左右,总独立基线数 2200 多条,平均边长在我国东部地区为 50 公里,中部地区为 100 公里,西部地区为 150 公里。经整体平差后,点位地心坐标精度达 ±0.1 米,GPS 基线边长相对中误差可达 2.0×10^{-8},高程分量相对中误差为 3.0×10^{-8}。

新布成的国家 A、B 级网已成为我国现代大地测量和基础测绘的基本框架,通过求定 A、B 级 GPS 网与天文大地网之间的转换参数,建立起了地心参考框架和我国国家坐标的数学转换关系。利用 A、B 级 GPS 网的高精度三维大地坐标,并结合高精度水准联测,从而大大提高了确定我国大地水准面的精度。

区域 GPS 网是指国家 C、D、E 级 GPS 网或专为工程项目布测的工程 GPS 网。这类网的特点是控制区域有限(或一个市,或一个地区),边长短(一般从几百米到 20 公里),观测时间短(从快速静态定位的几分钟至一两个小时)。由于 GPS 定位的高精度、快速度、省费用等优点,建立区域大地控制网的手段我国已基本被 GPS 技术所取代。就其作用而言,分为建立新的地面控制网、检核和改善已有地面网、对已有的地面网进行加密、拟合区域大地水准面。

2. GPS 在航空摄影测量中的应用

摄影测量是利用影像进行测绘的一门学科,通过摄影所得像片,研究和确定所摄物体形状、大小、位置和属性相互关系。它经历了模拟、解析、数字三个发展阶段。模拟摄影测量是用光学、机械等模拟方法实现摄影光束的几何反转。解析摄影测量是通过计算机数字计算实现摄影光束的几何反转。摄影测量的任务之一就是空中三角测量,即以航摄像片所量测的像点坐标或单元模型上的模型点为原始数据,以少量地面实测的控制点地面坐标为基础,用计算的方法解求加密点地面坐标。航摄要求在摄影测区内测量设置一定数量且均匀分布的大地测量控制点。在通视条件较差地区,用常规大地测量技术完成测量控制点的施测,往往比较困难。GPS 测量不需要控制点间通视,而且测量精度高、速度快,因而 GPS 测量技术很快取代常规测量技术,成为航测地面控制点测量的主要手段。

GPS 动态测量技术的迅速发展,使测绘工作者有可能摆脱在地面上逐点测设像控点的艰辛操作。而只需将 GPS 接收机设置在航摄飞机上,当航摄像机对地摄影测量时,用 GPS 信号同步测得相机曝光中心(摄站)的三维位置、飞行速度和像片姿态角参数。

在航摄过程中,最关键是记录下曝光时刻摄影相机底片中心(摄站)的精确坐标值。一般说来,GPS 接收机解算的位置是接收机天线相位中心的位置,摄站和天线相位中心装于飞机的不同部位,不会重合。

二、GPS 在线路勘测及各项工程建设中的应用

线路勘测、管线测量及隧道贯通测量是铁路、交通、输电、通信等各项工程建设中重要的工作。以往大多采用传统的控制测量、工程测量方法进行控制网建立及施测，由于该类测量控制网大多以狭长形式布设，并且很多工程穿越山林，周围已知控制点很少，使得传统测量方法在网形布设、误差控制等多方面带来很大问题，同时传统方法作业时间也比较长，直接影响了工程建设的正常进展。自从将 GPS 技术引入该领域以来，使其测量效率及测量精度得到可喜的提高。传统的线路测量一般采用导线法，在初测阶段沿设计线路布设初测导线。该导线既是各专业开展勘测的控制基础，也是进行地形测量的首级控制，所以要求相邻导线点通视。在该线路测量中应用 GPS 技术的形式是沿设计线路建立狭带状控制网。目前主要有两种情况：一种是应用 GPS 定位技术替代导线测量；另一种是应用 GPS 定位技术加密国家控制点或建立首级控制网。GPS 定位技术引入线路、管道勘测及隧道贯通测量，也使得野外测量技术水平得到了显著提高，在各项工程建设中发挥着重要作用。

三、GPS 在地籍测量与城镇规划中的应用

地形测图是为城市、矿区以及为各种工程提供不同比例尺的地形图，以满足城镇规划和各种经济建设的需要。地籍及房地产测量是精确测定土地权属界址点的位置，同时测绘供土地和房产管理部门使用的大比例尺地籍平面图和房产图，并量算土地和房屋面积，为城镇规划与管理提供详细精确图件和定位数据。

用常规的测图方法（如用经纬仪、测距仪等）通常是先布设控制网点，这种控制网一般是在国家高等级控制网点的基础上加密次级控制网点。最后依据加密的控制点和图根控制点，测定地物点和地形点在图上的位置，并按照一定的规律和符号绘制成平面图。

GPS 新技术的出现，可以高精度并快速地测定各级控制点的坐标。特别是应用 RTK 新技术，甚至可以不布设各级控制点，仅依据一定数量的基准控制点，便可以高精度并快速地测定界址点、地形点、地物点的坐标，利用测图软件可以在野外一次测绘成电子地图，然后通过计算机和绘图仪、打印机输出各种比例尺的图件。

应用 RTK 技术进行定位时要求基准站接收机实时地把观测数据（如伪距或相位观测值）及已知数据（如基准点坐标）实时传输给流动站 GPS 接收机，流动站快速求解整周模糊度，在观测到 4 颗卫星后，可以实时地求解出厘米级的流动站动态位置。这比 GPS 静态、快速静态定位需要事后进行处理来说，其定位效率会大大提高。

四、GPS 在海洋测绘与考察中的应用

海洋测绘主要包括海上定位、海洋大地测量和水下地形测量。海上定位通常指在海上确定船位的工作，主要用于舰船导航，同时又是海洋大地测量不可缺少的工作。海洋

大地测量主要包括在海洋范围内布设大地控制网,进行海洋重力测量。在此基础上进行水下地形测量,测绘水下地形图,测定海洋大地水准面。此外海洋测绘的工作还包括海洋划界、航道测量以及海洋资源勘探与开采(如海洋渔业、海上石油工业、大陆架以及专属经济区的开发)、海底管道的铺设、近海工程(如海港工程等)、打捞、疏浚等海洋工程测量。为科学研究服务(确定地球形状和外部重力场)的海洋测量除了海洋重力测量、平均海面测量、海面地形测量以外,还有海流、海面变化、板块运动以及海啸等测量。

海上定位是海洋测绘中最基本的工作。由于海域辽阔,海上定位可根据离岸距离的远近而采用不同的定位方法,如光学交会定位、无线电测距定位、GPS卫星定位、水声定位以及组合定位等。

为了获得较好的海上定位精度,采用GPS接收机与船上的导航设备组合起来进行定位。

对于近海海域,还可采用在岸上或岛屿上设立基准站,采用差分技术或动态相对定位技术进行高精度海上定位。

利用差分GPS技术可以进行海洋物探定位和海洋石油钻井平台的定位。进行海洋物探定位时,在岸上设置一个基准站,另外在前后两条地震船上都安装差分GPS接收机。前面的地震船按预定航线利用差分GPS导航和定位,按一定距离或一定时间通过人工控制向海底岩层发生地震波,后续船接收地震反射波,同时记录GPS定位结果。通过分析地震波在地层内的传播特性,研究地层的结构,从而寻找石油资源的储油构造。根据地质构造的特点,在构造图上设计钻孔位置。利用差分GPS技术按预先设计的孔位建立安装钻井平台。

五、GPS 在各类定位与导航系统中的应用

GPS技术的出现,为车辆定位导航系统提供了精度更高、全天候工作、全球范围可利用的技术方法。从20世纪80年代起,人们开始利用GPS进行车辆定位导航,现在从原来单一的导航定位发展朝着"智能交通系统"发展,包含车辆识别和定位、自动导航、交通监视、通信和信息处理技术。

利用GPS技术进行地面机动车辆的导航定位,无论在军用或民用领域,有着广泛而重要的应用价值。

海湾战争期间,联军在几乎每种类型的车辆运载器上,都装有GPS车辆导航定位系统,这些车辆包括坦克、火炮载车、高机动多轮战车、单兵运载器、步兵战车、救援补给车辆等等,由于战区几乎全是没有地形特征的沙漠,故GPS车辆定位导航技术给机械化部队、火炮部队、后勤救援部队提供了有力的支援。GPS为机械化部队的快速准确推进、隐蔽行动、回避雷区提供了精确实时的导航定位信息;为火炮的位置更新、准确快速勘测提供了快速、可靠的定位和方位信息,极大地提高了火炮攻击目标的精度,同时在后勤、救援车辆上使用GPS,挽救了无数士兵的生命和设施。

在民用方面,GPS辅助的车辆定位导航系统可以广泛地应用于公路车辆的导航、监控、报警和救护系统;应用于铁路运输管理信息系统,通过计算机网络,可实时对数

万公里的铁路网上的装有车载 GPS 导航定位系统的列车、机车、车号、集装箱以及所运货物的位置动态信息实行编排、追踪管理,有效地提高铁路运输的客货运能力和安全性能。在民用机场的车辆管理和监视中、在交通信息管理系统中、在数字公路网地图的制作中、在地质矿藏资源的勘测中等,GPS 辅助的车辆定位导航系统都有着广泛的应用潜力。

自动车辆定位导航系统组成主要包括三大部分:车载系统、通信系统、中心控制管理系统。

车载系统主要由车载定位单元、双工通信单元、显示器和车载计算机等组成。定位单元给出机动车辆的实时位置、速度信息。双工通信单元为机动车辆和地面中心控制管理系统实现通信,将车辆的位置、状态、请求服务等信息送到中心控制管理系统,或接受来自控制中心的情报、命令等信息。显示单元,可在数字地图上显示车辆的位置等信息。车载计算机中存有数字地图,通过系统进行地址匹配、地图匹配、最佳路径计算和行驶指导等计算机处理,并管理车载系统。

中心控制管理系统的主要构成有中心控制管理工作站、调度管理系统、数据库和通信路由管理系统等。其中的数据库系统包括数字地图数据库、辅助信息数据库(如交通情况等)、最佳路径知识数据库(类似于专家系统中的知识库)、道路信息数据库、所要管理的机动车辆数据库(车号、车型、位置甚至车辆的工作状态等信息),这些数据库要能实时建立和更新。

车辆定位导航的通信系统根据所要实施的车辆定位导航系统的应用功能进一步确定。

此外,GPS 还在航天、航空飞行与航海、野外科学考察及精细农业信息系统等方面实现适时快速定位。

六、GPS 在地球动力学及地震研究中的应用

GPS 在地球动力学中的应用,主要是用 GPS 来监测全球和区域板块运动,监测区域和局部地壳运动,从而进行地球成因及动力机制的研究。根据测定的板块运动的速度和方向,测定的地壳运动变形量,分析地倾斜地应变积累,研究地下断层活动模式、应力场变化,开展地震危险性估计,做地震预报。

目前用 GPS 来监测板块运动和地壳形变的精度,在水平速度上可达 2 毫米/年,水平方向形变可达到 1~2 毫米/年,垂直方向可达 2~4 毫米/年,这一精度完全可以用来监测板块运动和地壳运动。

中国地壳运动监测网即将建立,在全国分 A、B、C 三个层次。A 级网,边长 50~100 公里,1~2 年监测一次,用于研究区域应变模型。B 级网,边长 15~25 公里,每年监测 3~4 次,用于研究特定断层活动特征。C 级网,边长为 5~10 公里,点位根据A、B 级网监测结果分析后设定,进行连续实时监测,15~30 分钟完成监测数据的传输和处理,进行地震预报。

七、GPS 在气象信息测量中的应用

GPS 理论和技术经过 20 多年的发展，其应用研究及应用领域得到了极大的扩展，其中一个重要的应用领域就是气象学研究。利用 GPS 理论和技术来测定大气温度及水汽含量，监测气候变化等。当 GPS 发出的信号穿过大气层中对流层的时候，受到对流层的折射影响，GPS 信号要发生弯曲和延迟，通过计算可以得到我们所需的大气折射量，再通过大气折射率与大气折射量之间的函数关系可以求得大气折射率。大气折射率是气温、气压和水汽压力的函数。利用 GPS 手段来遥感大气的优点是覆盖面宽、费用低、精度高、垂直分辨率高。

在 GPS 数据处理时，一般是像对待基线向量一样，将大气折射量视为未知参数进行估计的。在数据处理中通常是根据观测时间的长短、基线的长短、观测时的气象条件等因素，来决定大气折射未知参数估计的个数。通过这种办法估计出来的大气折射量的精度很高。

八、GPS 在弹道轨迹测量中的应用

自全球定位系统 GPS 实施以来，它在弹道轨迹测量中的应用技术受到各国军方的高度重视。GPS 技术用于外弹道轨迹的高精度测定，为弹道打击战役武器及精确打击战术武器的外弹道设计、校验及修正，为武器打击精度的提高，提供了前所未有的技术支持。早在 20 世纪 80 年代中期，美国海军将 Satrack-I & II 弹载 GPS 接收机，应用于"三叉戟 I"号水下发射导弹试验，其定位精度为 12 米，测速精度为 0.013 米/秒。西靶场民兵 III 号导弹上装有高动态四通道弹载 GPS 接收机，据称其定位精度达到 0.6 米，测速精度达到 0.003 米/秒。GPS 测试定位系统，为导弹弹道的设计修正、提高打击精度提供了准确的依据。在海湾战争中，美军发射的巡航导弹和防区外发射对地攻击导弹"斯莱姆 SLAM"，均采用了 GPS 接收机来修正导弹的惯性中段制导系统。在波黑战争中，SLAM 导弹采用了一个预先装载的、并由 GPS 信号轨迹测量实时更新修正的制导系统，将导弹引导到目标区域，然后在命中目标前一分钟，导弹的 Walleye 数据链和导引头开始向 F-18 驾驶员发回图像，驾驶员选择特定的攻击点并启动导弹攻击。海湾战争之后，美国的众多武器系统都纷纷采用 GPS 技术，其中联合直接攻击武器（JDAM），是通过给非制导炸弹加装 GPS/INS 组合制导组件和尾部控制装置而成。这些炸弹从 9200 米以上的高空投放时，可滑行 20 公里，GPS 技术在弹道轨迹的测量、制导中的应用，将对战略战术武器的命中精度产生重大的影响。

九、GPS 在地球信息科学中的应用集成

空间定位系统（GPS 全球定位系统）、遥感（RS）和地理信息系统（GIS）是目前对地观测系统中空间信息获取、存储管理、更新、分析和应用的三大支撑技术（以下简称"3S"），是现代社会持续发展、资源合理规划利用、城乡规划与管理、自然灾害动

态监测与防治等的重要技术手段，也是地学研究走向定量化的科学方法之一。

GPS 是以卫星为基础的无线电测时定位、导航系统，可为航空、航天、陆地、海洋等方面的用户提供不同精度的在线或离线的空间定位数据；遥感在过去的 20 年中已在大面积资源调查、环境监测等方面发挥了重要作用。在未来数年之中还将会在空间分辨率、光谱分辨率和时间分辨率三个方面，全面出现新的突破；GIS 技术则被各行各业用于建立各种不同尺度的空间数据库和决策支持系统，向用户提供着多种形式的空间查询、空间分析和辅助规划决策的功能。

随着"3S"技术研究和应用的不断深入，科学家和应用部门逐渐地认识到单独地运用其中的一种技术往往不能满足一些应用工程的需要。事实上，许多应用工程或应用项目需要综合地利用这三大技术的特长，方可形成和提供所需的对地观测、信息处理、分析模拟的能力。例如伊拉克战争中"3S"技术的集成体现了现代战争的高技术特点，而且"3S"技术的集成应用于工业、农业、交通运输、导航、捕鱼、公安、消防、保险、旅游等不同行业。

近几年来，国际上"3S"的研究和应用开始向集成化（或综合化）方向发展。在这种集成应用中，GPS 主要被用于实时、快速地提供目标包括各类传感器和运载平台（车、船、飞机、卫星等）的空间位置；RS 用于实时地或准实时地提供目标及其环境的语义或非语义信息，发现地球表面上的各种变化，及时地对 GIS 进行数据更新；GIS 则是对多种来源的时空数据进行综合处理、集成管理、动态存取，作为新的集成系统的基础平台，并为智能化数据采集提供地学知识。

1. GPS 与 GIS 的集成

利用 GIS 中的电子地图和 GPS 接收机的实时差分定位技术，可以组成 GPS＋GIS 的各种电子导航系统，用于交通、公安侦破、车船自动驾驶，也可以直接用 GPS 方法来对 GIS 作实时更新。这是最为实用、简便、低廉的集成方法。

（1）GPS 单机定位＋栅格式电子地图。该集成系统可以实时地显示移动物体（如车、船、飞机）所在位置，从而进行辅助导航。

（2）GPS 单机定位＋矢量电子地图。该系统可根据目标位置（工作时输入）和车船现在位置（由 GPS 测定）自动计算和显示最佳路径，引导驾驶员最快地到达目的地，并可用多媒体方式向驾驶员提示。

（3）GPS 差分定位＋矢量栅格电子地图。该系统通过固定站与移动车船之间两台 GPS 伪距差分技术，可使定位精度达到 1～3 米，此时需要通讯联系，可以是单向的，也可以是双向的，即 GIS 系统可以放在固定站上，构成车、船现状监视系统，可以放在车、船上构成自动导航系统，双方均有 GIS 加通讯，则可构成交通指挥、导航、监测网络，上述 GPS＋GIS 集成系统可用于农作物耕作运营中。

2. GPS／INS 与 RS 的集成

遥感中目标定位一直依赖于地面控制点，如果要实时地实现无地面控制的遥感目标定位，则需要将遥感影像获取瞬间的空间位置（X_S, Y_S, Z_S）和传感器姿态（α, β, γ）用 GPS/INS 方法同步记录下来。对于中低精度可用伪距法，对于高精度定位，则要用相位差分法。

参 考 文 献

[1] 周忠谟，易杰军，周琪. GPS 卫星测量原理与应用. 北京：测绘出版社，1995

[2] 徐绍铨，张华海，杨志强，王泽民. GPS 测量原理及应用. 武汉：武汉测绘科技大学出版社，1998

[3] 王惠南. GPS 导航原理与应用. 北京：科学出版社，2003

[4] 王广运，郭秉义，李洪涛. 差分 GPS 定位技术与应用. 北京：电子工业出版社，1996

[5] 李德仁，关泽群. 空间信息系统的集成与实现. 武汉：武汉测绘科技大学出版社，2002

[6] 李德仁. GPS 用于摄影测量与遥感. 北京：测绘出版社，1996

[7] 刘基余，李征航，王跃虎，桑吉章. 全球定位系统原理及其应用. 北京：测绘出版社，1993

第三章　遥感对地观测数据应用
多元综合分析 *

遥感信息科学的形成与发展，对源于统一地理学的地理系统的研究，对揭示地球圈层间的界面及其物流、能流与信息流的交换机制，对于地理现象的定位、定性和定量分析研究，都展示出强大的生命力。

遥感探测的地球信息具有周期短、实时性，覆盖广、宏观性，融合强、综合性等特点。它是地学创新的宝库。自然，它势必是实施数字地球科学系统工程的数据共享的基本保证，是构建"数字地球"的重要信息基础。

目前，遥感的应用已渗透到自然、社会的各个方面，涉及到所有相关的空间信息领域，诸如农林、水利、土地、海洋、地理、测绘、地质矿产、全球变化、自然灾害、环境保护等。

资源与环境遥感综合分析与地学信息图谱的研究，在地球信息融合体系的基础上，无论是在理论或是在技术方法方面都发生了根本的变化，达到了一个崭新的水平，成为遥感应用的一个重要主题和发展方向。

进入 21 世纪，遥感信息应用面临新的机遇和挑战。如何抓住时机充分有效地开发庞大的遥感信息源，不断地开拓遥感应用领域；深化遥感信息的传输机理研究，积极地挖掘、发挥遥感信息的潜力和优势，以利全方位地服务于区域可持续发展与全球变化。

遥感、地理信息系统和全球卫星定位系统等新学科技术的发展，为地球信息科学的建立奠定了重要基础。地球信息科学体系的融合，使资源与环境的时空分析和人地宏观调控研究，进入了一个新的应用阶段。

回顾遥感应用，从目视解译、计算机辅助分析、自动识别到人机交互解译制图系统和专家系统与智能决策分析系统，乃至地球信息技术融合体系等等的进步，它们都不断地推动着遥感专题解译制图和遥感信息科学的发展。

自然，由空间图像或是数字图像的分析、处理应用，都是以像元为单元的地物波谱特征进行判释统计分类的。这使之无论是目视解译或是机助模式识别，都存在着推理的不确定性，故而往往产生主观的臆测等现象。这都与对图像信息机理的认知不充足性、知识的模糊性及不完整性等息息相关。因此，在遥感信息应用中，各自都从不同的层面、不同角度，运用相应的技术方法进行探讨，包括多源信息融合、多维空间数据及其分区分层提取、地学多元综合分析和地表遥感信息成像机理等的研究。这些都不同程度地改进了图像分类的精度和成图的质量。所以，将人脑知识（专家知识等）运用于空间图像的分析、处理与制图，是地学信息图谱研究的重要组成内容与途径。

---

* 本章由傅肃性撰稿

第一节 空间图像信息的特性及其地学应用性能

遥感图像是自然环境中各种地物的电磁波辐射特性的综合反映。因此，它包涵有波谱特性、空间特性、时间特性和地学特性。故而在遥感专题分析与制图中，地物波谱特性成为其分析应用的一个重要依据，因为地物的波谱特性是图像信息形成的基础。这里应指出，周期性地获取的地表图像，在不同时相所表现的地物波谱及其空间特性是具有一定差异特点的。为此，在应用研究中，注重图像波谱特性和空间特性随时间变化的规律研究是其不可忽视的内容之一。

此外，不同的卫星平台，因其不同目的用途、谱段应用设计的特定要求，其所获取的图像均有着不同的特性（表 3.1），这也是遥感应用中在选取图像时应考虑的一个重要问题。

表 3.1   几种主要资源卫星所获摄图像谱段的基本特性

卫星名称	发射日期	遥感器	波段数	波段范围/微米	空间分辨率/米	数据编码/比特	重复周期/天	扫描宽度/公里	备注
美国陆地卫星（Landsat）	1972.7 1975.1 1978.3	多光谱扫描仪（MSS）	4	0.50～0.60 0.60～0.70 0.70～0.80 0.80～1.10	80	6,7	16	185	L1 L2 L3
				10.40～12.50	240				
	1982.7 1985.3	专题制图仪（TM）	7	除 MSS 外有：0.45～0.52 0.52～0.60 0.63～0.69 0.76～0.90 1.55～1.75 10.40～12.50 2.08～2.35	30 30 30 30 30 120 30	8	16	185	L4 L5 L6
	1993	ETM	7	同上	同上	（失控）			
			全色	0.50～0.90	15				
	1999.4	增强型专题制图仪（ETM）	8	0.45～0.515 0.525～0.605 0.63～0.69 0.775～0.90 1.55～1.75 10.4～12.5 2.09～2.35 0.52～0.90	30 30 30 30 30 60 30 15	8	16	185	L7
印度 IRS-1C 卫星	1996.12	CCD 相机（LISS-3）	4	0.52～0.59 0.62～0.68 0.77～0.86 1.55～1.75	23.5 23.5 23.5 70.5	7	26	142 142 142 148	侧视 ±26°
		广角传感器（WIFS）	2	0.62～0.68 0.77～0.86	188 188		5	810,774	
		全色相机（PAN）	全色	0.50～0.75	5.8	6		70	

项目 / 卫星名称	发射日期	遥感器	波段数	波段范围/微米	空间分辨率/米	数据编码/比特	重复周期/天	扫描宽度/公里	备注
法国地球观测卫星（SPOT）	1986.1 1990.1 1993.9 1998.3 2002.5	多光谱CCD扫描仪（HRV）	全色	0.51~0.73	10	6	26	120	侧视±27° SPOT₁ SPOT₂ SPOT₃ SPOT₄ （SWIR） SPOT₅
			3	0.50~0.59 0.61~0.68 0.79~0.89	20	8			
		植被仪（VI）	4	0.43~0.47 0.61~0.68 0.78~0.80 1.58~1.78	1000 1000 1000 1000		1~2	2250	
		高分辨率几何成像装置（HRG）高分辨率立体图像装置（HRS）	全色 3 SWIR 全色	0.475~0.71 0.495~0.605 0.617~0.687 0.780~0.893 1.545~1.75 0.49~0.69	25或5(HRG) 10 10 10 20 10				
中国国土普查卫星	1985 1986	棱镜扫描式全景相机	全色	0.40~0.70	10~15（星下点）				返回式卫星
			彩红外反转片	0.58~0.80					
中巴资源卫星（ZY-1）	1999.10	CCD相机	5	0.45~0.52 0.52~0.59 0.63~0.69 0.77~0.89 0.51~0.73	19.5	8	26	113	侧视±32°
		红外多光谱扫描仪（IR-MSS）	4	0.50~0.90 1.55~1.75 2.08~2.35 10.4~12.5	78 78 78 156			119.5	
		广角成像仪（WFI）	2	0.63~0.69 0.77~0.89	256		4~5	890	

一、空间图像信息的基本属性

遥感信息是地理环境有机的集合反映，它是不同波谱分辨率、空间分辨率和时间分辨率的综合，其图像具有一定的几何特性、物理特性和地学特性。因此，分析遥感空间信息的基本属性，对深化应用有深远的重要意义。

1. 图像信息的几何特性

遥感图像中航空图像属中心投影，其像片因倾斜、航高和地形起伏等因素各部位的比例尺不同，存在像点位移误差。一般说中心部位无误差，距像主点愈远，误差愈大；航高愈大，像点位移误差就小；地形起伏大，位移则大。为此，应用航空片像时，应考虑上述诸因素所产生的地物几何误差进行辐射与几何校正。

航天遥感图像为多中心投影，通常因航高大、视场角小，将其视作为垂直投影。但实际上，航天遥感图像因遥感器、地球曲率所引起的变形，因地形起伏、能量传输介质不均匀性所产生的像点位移，因地球旋转引起的偏扭等以及图像因采用不同方式的地图投影（如高斯－克吕格投影等）所产生的地图投影误差等，诸如此类的图像几何特性，在制图时都应视用户的具体要求，实施必要的处理。

2. 图像信息的物理特性

遥感图像是地物不同电磁波反射和发射、辐射的物理特性，即地物波谱特性的反映。各种地物对电磁波的光谱响应、空间响应及时间响应特性，是构成图像信息光谱分辨率、空间分辨率和时间分辨率的基本物理属性。

地物波谱的时间特性主要反映在不同时间地物光谱的变化上；而空间特性是因不同区域的地物特征差异所致，在遥感应用中，它通常是用作图像分析评价的标准，也是地学应用分析的理论基础。

3. 图像信息的地学特性

遥感图像信息具有随着时空分布而变化的地理规律。这种影响成像的地学特性，是遥感应用地学分析的基本原理。

遥感图像信息因受区域的水平地带性和垂直地带性的影响，能反映出区域的水热条件的差异。诸如此类因地物空间分布变化的规律性，是图像解译的直接或间接标志的分析依据。

遥感图像在时间上，主要是受季相节律的影响。例如，作物的生长、植物的盛枯、冰雪的消融、水体面积的消长等，它们的变化都会反映出一定的图像差异：春夏森林呈红色，秋冬林地多为褐色等。所以，遥感图像的应用需考虑其地学特性，比如图像物候历和图像的时相等。

遥感信息分析还应注意地物的相关性规律。例如，植被影响土壤的分布，地质制约着土壤的母质，地貌影响土壤潜水等，这些就是遥感地学相关分析与制图的理论基础之一。

二、资源卫星图像应用性能

如上所述，不同波段图像反映了各地表物体的电磁波特征。例如，ZY-1 卫星诸遥感器的各波段图像上同名点的灰度值表征出其光谱特性，具有其不同的应用性能：

波段 1（B1） 0.45～0.52 微米，蓝波段。其短波端对应于纯净水体的透射峰，对水体穿透力强，利于水深、水质和沿岸泥沙等的判别与海岸调查。同时，长波端近于蓝色叶绿素吸收区的上限。对叶绿素及其浓度有敏感反映，有助于针叶林与阔叶林的识别。

波段 2（B2） 0.52～0.59 微米，绿波段。其介于两个叶绿素吸收区之间，对健康茂盛的绿色植物的反映灵敏，易区分林型、树种，适于植物生物量的测定。另外，它还具有较强的水体透射力，利于水体污染的分析。

波段 3（B3） 0.63～0.69 微米，红波段。其处于叶绿素的吸收区，对植被条件的研究有利，此外，它对地表特征有较高的反射特性，是广泛用于地貌、土壤、地质岩性等的最有用的可见光波段。

波段 4 (B4) 0.77～0.89 微米，近红外波段。其对应于植物的峰值反射区，能使之集中的反映植物的近红外波段的强反射，适于绿色植物类型的区分，是评估植物生物量及其水分含量的通用波段。

波段 5 (B5) 0.51～0.73 微米，基本属可见光全色波段。其与 SPOT 全色波段相同。它对诸地物的反映特征与黑白航空像片性能类似，适用于地理调查与制图。

波段 6 (B6) 0.50～0.90 微米，属绿波段、红波段至近红外波段。包含全色波段的功能。该波段对云、冰、雪等有明显反映，对水陆界线也有较好的显示。

波段 7 (B7) 1.55～1.75 微米，中红外波段。其与 TM5 相同，处于水的吸收区，故适于对地物含水量的探测，作物长势的分析应用。对于云层、冰雪和岩性、土壤识别也有良好作用。

波段 8 (B8) 2.08～2.35 微米，中红外波段。该波段适于地质应用分析，尤其是利于岩石的水热蚀变的研究，另对健康植被等分析也有较好的作用。

波段 9 (B9) 10.4～12.5 微米，热红外波段。其类同于 TM6，对热异常反映灵敏，利于热特征地物的识别，如地面、水体温度，城市热岛现象的分析，同时适于地热分析制图，并可探测农作物缺水状况和植被类型的区分等。

波段 10 (B10)、波段 11 (B11) 类同于波段 3 (B3) 和波段 4 (B4)，该遥感器设计的宗旨在于获取大范围、周期快的遥感信息，以便对资源环境（如植被、生物等）开展动态监测应用。

从以上分析可以得知，不同平台、不同波段、不同时相的地物光谱特性是地学分析应用的一个重要依据。因为不同平台获取的地物图像，在不同地域、不同时相表征的波谱特性、时空特征具有一定的差异性。因此，在遥感空间图像的综合应用中，基于知识的地学多元分析，是一个不容忽视的基础理论和方法。

三、空间图像信息地学分析应用

随着遥感高空间分辨率、高光谱分辨率和超多波段组合技术的进步，加强遥感波谱地学特性的分析是提高图像分类精度不容忽视的因素。当我们一旦确定分类目标要素后，就须选取针对其所需波段的图像，这就要求我们从要素波谱的地学特性着手研究。因为地物目标的电磁辐射存在"尺度效应"的问题，所以不同空间尺度的遥感信息有不同的地物波谱特征，即遥感空间信息的微观与宏观的二重性。因此，在遥感微观性与宏观性分析时，应注意地域空间尺度的变化。但无论是微观或宏观的空间信息，都应从研究对象的波谱地学特性考虑。例如，农作物的冬小麦光谱特征，其因叶绿素吸收了大部分红光和蓝光，故其光谱曲线在 0.45 微米和 0.65 微米的波长附近均有一吸收谷，而在 0.56 微米附近有一个绿色的弱反射峰，但从 0.7 微米起反射率急升，出现一陡峰值，这种强反射特征正是区分绿色植物与土壤和水体的光谱区。但它与针叶林、棉花等作物间就难以区分。所以这应依据不同作物的农事历，对不同的生长过程的光谱差异，进行组合分析予以识别。

又如，水体污染的图像分析，因工业污水的反射率与河水的水温不同，在 0.4～0.5 微米间，前者的反射率比后者低；而在 0.55～1.0 微米间，河水的反射率比工业污水的高，因此，工业污水在多光谱图像和热红外图像上有较好的表征，是选取波段的依据。另外，水体悬浮固体，其含量与水中散射光的强度有密切关系，含沙量多、浑浊度大的水体有着较大的散射强度。比如，TM2、TM4、TM7 三波段中，悬浮泥沙浓度与水体辐射亮度值之间，TM2 的相关系数为 0.90，相关性较好；TM4 为 0.74、TM7 为 0.56，相关性差。这就为我们进行水体悬浮固体的识别，选取其波段提供了依据。再如土壤识别中，通常采用波长 0.51～0.56 微米、0.65～0.70 微米、0.8～0.85 微米等波段图像，然而土壤污染后，其直接、间接地受到了影响，反映出光谱特性的差异。诸如此类，都应针对目标予以分析。

第二节　遥感专题信息识别的地学参数分析

利用空间图像分析应用，研究其地学参数是地学分析的重要内容，然而，实践中这些参数或因素往往易被人们所忽视。因此，重视遥感制图地学参数的应用研究是提高空间信息成果水平的一个重要环节。对此我们曾有过不少的经验教训。比如，江苏沿岸滩涂芦苇地面积识别量测，因忽视其物候期，时相选取不适，导致误差过大；又如市域用地动态监测中，因分析对象的农时历与最佳时相的不协调，而严重影响动态监测的正确性。

一、空间图像信息的背景参数应用分析

遥感信息背景参数，主要是指与图像制图目标信息有密切关系，对遥感应用成果质量与精度会产生至关重要的，但并非直接影响的因素。诸如，图像信息地学特性、遥感地理制图对象与尺度、影响制图波段组合和地物农时历与最佳季相及目标背景因素等。系统地研究背景参数，对空间信息地学分析应用，保证成图质量，具有重要的科学与生产意义。

遥感所获取的信息并非是自然综合性的全部信息。因此，针对研究的对象、应用目的和尺度，运用地学、生物学等专业知识，结合地面样区信息进行综合分析和信息传输机理的研究是必要的。

自然界的地物在区域空间分布上，通常反映出其区域分异的特征。例如，在农作物、植被、土壤等地带性因素影响下，其空间分布具有明显的地理规律。东北松辽平原梨树地区的玉米，由于所处地理位置、地貌、土壤类型的差异，其分布、长势等显然不同。中部波状平原地带因保水保肥条件好、有机质含量高、温度、酸碱度适中，宜种玉米，长势好；西北部地势低洼，易涝，多风沙、盐碱地，不利玉米种植；东南丘陵地带仅缓坡地分布有玉米。因此，它们在图像上有明显的景观差异。这些正是对地物，通过地学、生态特性分析揭示的专题目标空间分布规律。又如，新疆山区草被分布，随着海拔升高，从 500～1200～3900～4400 米，其间草被由半荒漠草原带、干旱草原带、森林草原带向亚高山草原带和高山草原带过渡，具有显著的垂直地带性，而这些垂直带谱上的草原类型，在遥感图像上是难以依据二维的草被信息予以识别的，只能遵循其空间分布规律，在地学知识的支持下，推断演绎，运用数字高程模型（DEM）加以辅助分类。

诸如此类背景因素或参数的分析，都是由此及彼、由表及里的唯物辩证分析的过程。

（1）在遥感应用中，研究对象、尺度间的关系也是影响图像分析成图效应的一个不可忽视的因素；制图的目的、对象不同，其选取的平台信息源，也应从地学特性予以分析。

遥感应用实践表明，不同平台遥感器所获取的图像信息，在遥感制图中，其可满足成图精度的比例尺范围是不同的（表3.2）。

表 3.2　不同平台图像信息分析制图的适中比例尺

项目	Landsat		SPOT	国土普查卫星和资源卫星 ZY-1	备注
	MSS	TM			
地面分辨率/米	80×80 (1～4 波段)	30×30 (1～5，7 波段)	20×20 (1～3 波段)	20×20	
同一地物图像面积量测精度/%	85±	93±	98±	98±	其精度与量测地物面积大小有关
专题制图（适中比例尺）	1：25 万～1：50 万 1：25 万	1：10 万～1：25 万 1：10 万	1：5 万～1：10 万 1：10 万	1：10 万～1：25 万 1：10 万	
普通地图修测、制图（适中比例尺）	1：50 万	1：25 万	1：10 万	1：25 万	

由上表3.2可见，我们进行遥感专题制图和普通地图（含地形图制作）的修测更新，对不同平台的图像信息源都应结合研究宗旨、用途、精度和成图比例尺要求予以分析选用，以达到实用、经济的效果。

另外，物候分析是图像地物识别分类制图的重要环节。它是影响遥感制图的一个不可忽视的主要因素。其不论是用作提取图像有效信息，还是开展不同时相的地物动态监测，都需作认真的研究。

（2）地物图像信息在不同时相反映的波谱与空间特性的差异研究，是遥感识别、监测的重要内容，也是研究其随时间变化规律的基本方法。

这一方面是最大限度地识别提取要素的有效信息；另一方面在于运用地物成像的时间差揭示研究对象的变迁演化及其动态监测分析。所以，遥感信息的时间特性分析是增强图像解像率，提高专题成图质量的一个重要基础。

这就是我们利用空间图像进行专题分析与制图时，强调对其背景参数研究的缘由。因为我们在实践研究中，由于忽视这一因素，有过较大的教训。比如对南京市域用地监测，因迁就于固有时相的 TM 图像（1991.11.3 与 1993.2.5）进行动态变化分析，实际上是不符合地学生物学原理的，原有的地物要素（如林地）两个时相的图像，色调差异甚大；前一时相的 TM 图像林地反映明显，后一时相的图像林地只是零星点、条状的分布。最终是依据最新市域土地利用等，通过人机交互予以处理订正。又如，云南丽江的土地利用与覆盖的遥感分析，因当时受仅有春季的卫星图像的限制，在识别水稻时，图像上并没有客观地反映水稻分布，难以选取实际的水稻训练样区。于是只能从水田分布的地理背景，据其低洼多水等地理特点，辅助其他图件加以分析处理，其结果往往不甚理想。对此，如果该区要提取分蘖始期的一季稻作物，那么选用6月中旬的图像是适中的时相。可见，遥感时相特征分析是遥感专题制图应考虑的一个参数。

以农作物来说，我们首先应了解其生境条件。比如：水稻是喜温湿的作物，其整个生长期的最适温度为18～28℃，然后依据其区域差异，来分析水稻的物候期；最后，可视要求对不同区域选择各自最佳时期的抽穗期（表3.3），从而选取不同地区的水稻识别分类的最佳时相图像，以最大限度地提高分类精度。

表3.3 不同地区一季稻抽穗日期的参考列表

物候期	哈尔滨	乌鲁木齐	西安	成都	广州
抽穗期	8月1日	8月21日	8月11日	7月21日	7月21日

又如，玉米作物对环境的适应性强，在我国分布范围甚广。其全生育期一般分有出苗拔节期、抽雄期和花粉期。一般利用图像提取玉米的种植面积选自抽雄期。但在不同地区，玉米的抽雄期是有差异的（表3.4），因此，这对其种植面积提取有重要意义。

表3.4 不同地区春玉米抽雄日期参考例表

物候期	哈尔滨	乌鲁木齐	西安	成都	广州
抽雄期	7月21日前	7月21日	7月1日	6月21日前	5月21日前

可见，同是春玉米的抽雄期，因其种植地区差异而有变化。因此，分析春玉米提取面积时的最佳时相图像可据表3.4分析而按不同地区选取。另外，还应考虑春玉米有早、中、熟各为70～100天、100～120天和120～150天的不同生育期，它们的抽雄期也会随各自的生长过程和不同积温要求而有差异。所以，春玉米面积提取的最佳时相应在分析其时间特征的基础上而定。

再如冬小麦，北方的生育期是9月至翌年6月，此间冬小麦区的背景多数为植物枯黄期。所以冬小麦的返青分蘖期和拔节期往往选作为提取其面积的最适宜时期。但在不同区域，其分蘖和拔节期是有变化的(表3.5)，这利于面积提取或估产的分析。

表3.5 不同地区冬小麦分蘖与拔节日期参考例表

物候期	北京	乌鲁木齐	西安	成都	南宁
返青分蘖期	10月21日前	10月11日	11月1日	12月11日	12月21日
拔节期	4月21日前	5月1日	4月1日	2月1日	1月1日后

从上分析不难看出，对空间图像信息的时间特性背景参数的研究，对于资源与环境等地学应用，分析选择不同地物(如作物、盐碱地、森林草地)的最佳时相或较适中时相图像信息源，开展综合调查和制图是一重要的地学分析参数（表3.6）。

表 3.6 不同地区作物等解译制图的时间特性分析参考例表

地物目标		物候期			最佳时相或较适中时相图像	备注
		分蘖始期	拔节始期	抽穗期		
小麦	冬小麦	10月11~21日	4月11~21日前	5月上旬	11月中旬~12月中旬或4~5月	如太原、石家庄、天津、北京等地区
	春小麦		5月下旬，6月1日前	8月中旬~9月上旬（乳熟期）	5月下旬，6月上旬	如沈阳、长春、哈尔滨等地区
玉米	春玉米	5月21日左右（三叶期）	6月20日左右		6月中旬，8月份	北京、沈阳等地区
	夏玉米	6月11日左右（三叶期）			6月中旬~6月下旬	成都等地区
水稻	早稻中稻晚稻			6月20日左右8月上旬9月中旬	6月中旬8月中旬9月中旬	南方地区
盐碱地		3~6月9~11月积盐期	冬小麦4月中旬拔节		3月下旬~6月上旬，9月下旬~11月上旬	德州地区
森林草地		4月中旬展叶期			11月或4月中旬7~8月	北京地区、半湿润季风地区

小麦种植面积的提取和估产，首先应考虑其所分布地区的相关特征，然后研究整个发育生长期，从出苗、返青至成熟阶段的生态特征。同时结合提取目标要求，进行作物物候期的分析。以华北平原的冬小麦为例，11月中旬至12月中旬，越冬期麦苗长至3~4厘米，此间植被（除针叶林外）基本凋落，背景利于冬小麦信息的提取，可选为冬小麦播种面积提取的适中时相。但冬小麦在次年的3~4月间，正处于返青与拔节期。4月上旬，冬小麦正进入此物候期，植被覆盖度增大，但目标与背景对比，此间冬小麦绿度值正界于森林与春作杂草之间，仍能较易区别于其他作物。而拔节至抽穗正是关系麦穗数的关键物候期。由此可见，该区用以提取冬小麦播面积的最佳时相宜选取12月中旬前的图像；若为了估产，则宜择其4月上、中旬的图像。自然，最佳时相的选取，还应考虑云量等，所以，选取时可有一定的幅度，或利用其他平台的适时图像。

又如水稻其生育期一般为5~10月间，此间也是其他绿色植物生长的旺期：早稻由4月底~7月底下旬，其中6月20日前后抽穗；中稻从5月下旬~9月上旬，约8月上旬抽穗；晚稻在7月底移栽至10月底成熟，大致9月中旬抽穗。而水稻的抽穗期是关系其产量的重要物候期。因此，我们用以提取水稻种植面积的最佳时相，一般择其孕育抽穗期。由此可知，不同作物均有一定的物候期为影响生长、产量的关键期，是选取最佳时相图像的一个主要依据，它是地物识别精度的一个基本保证。

另外，在土地利用类型中，各种地物类都有不同的生态环境和各自宜于图像识别的最佳时相。比如，草地一般5~8月是其生长期，仲春夏初是发绿期。因此，从草地单要素的识别提取，可视区域的特点，考虑背景因素予以选择。

由上可见，我们在农作物等识别分类的分析中，对于图像信息的时间特征研究是一重要的环节。诚然，要取得图像识别制图的理想结果，对于研究对象所需波段的优化组合是另一不可或缺的因素。以冬小麦提取面积的 Landsat TM 图像波段分析及其优化组合为例，TM 的 7 个波段，除热红外的 TM 6 外，一般说都可作组合应用，但从其波谱特性分析，TM 4 是植被的强反射波段，适于绿化植物的区分；TM5 是地物信息量最丰富的波段，适于作物的长势研究，而 TM3 处于叶绿素的吸收区，与近红外反射高峰形成明显的对比。于是将 TM4、TM5、TM3 组合，能较好地反映识别目标与其背景地物的差异，是一较理想的波段优化组合方式。

自然，不同研究的对象，对各光谱段选取的针对性、有效性和组合是不同的（表3.7），其需因物、因质地选择应用，它们包括农、林、水资源、生态环境和城市等应用方面。

表3.7 不同平台诸地物类型解译的图像波段优化组合参考例表

项目		图像组合			波段特征说明
		MSS	TM	SPOT	
					对农作物、植被有较好可分度；利于农作物、植被、土壤的识别；可评价植物生长活力
农作物	冬小麦		B4，B3，B2		同上
	春小麦		B4，B3，B2		除具有上述特性外，同时对作物、荒地等均有较好反映
	玉米		B4，B3，B2		对农作物、土壤含水量区分有利
	水稻		B4，B5，B2		它们利于针、阔叶林的区别，是植被的敏感波段，林地农田等易反映，地物层次反映好
森林		B4，B5，B6	B3，B4，B5	B3，B2，B1	
植被		B4，B5，B7	B5，B4，B1		
草地			B5，B4，B2		
土地利用			B4，B3，B5		

波段的应用，首先针对识别目标，进行有效谱段的分析选择，然后将各符合要求的波段作优化组合，或者利用不同平台图像的波段予以复合提取。我们知道，不同地物其影像的亮度值是有明显差异的。比如，水体、沼泽湿地为低亮度值；冰雪地、沙滩、沙地及裸露地等处于高亮度值；农作物地、林地、灌丛和草地等一般属中间亮度值。对此根据不同波段对地物的敏感性（TM2、TM3 对叶绿素较敏感，TM4 对植被密度有良好反映，MSS5、7 对农业用地有很好显示；SPOT3 是区分针、阔叶林的主要波段；SPOT1、TM2、MSS4 是植物绿色反射峰），同时考虑作物生态特性（冬小麦生长差异变化明显的时期是 3 月底至 6 月初，苗期时，其长势的光谱可分性好；抽穗开花后，小麦长势的光谱可分性就不理想），并结合不同通道波段对作物的光谱表征差异，波段的信息量、相关性、有效性和局限性，进行综合分析，可形成优化的组合方案。

随着多光谱信息和成像光谱技术（或窄光谱带遥感技术）的发展和应用，在专题处理分析与制图研究中，波段的选择对地物的针对性识别越显得重要。例如，在植被要素的分析中，若要研究其生物化学成分（如植物纤维素等），那么选择成像光谱 0.45～0.60 微米及 0.76～0.90 微米波段组合，进行回归分析，能取得理想的效果。

二、空间图像信息和区域参数应用研究

在区域遥感信息的分析应用中，对地物空间信息的构像机理，往往缺少深入的地学分析。因此，在研究区域内诸地物要素内在特征差异，建立地学、生物学模型时，应考虑其区域性主导的和相关的因素，故此，称作为区域参数。比如水田，有海滩、滩涂上的水田，有冲积平原上的水田、山地的水田等，它们的参数都不应一样。陈述彭教授将这类区域参数看成是空间信息模型应用中所需要的区域校正系数。而这些因素或参数，应该由研究地学的有关专家予以提出，通过试验模型，达到运行系统的目的。其功能是为了最大限度地提取空间有效信息，改善智能识别分类与制图的质量和精度。

由上可见，在分析图像地物类型的波谱特性的同时，还应重视影响成像机理的区域参数研究，有机地利用地物光谱特性数据与空间区域参数结合的方法，是一条有效的技术途径。

利用空间信息进行图像识别与制图，国内外都从不同角度和领域进行了深入的研究。他们采用各种不同的分类器算法，诸如地物特征量统计分析、上下文特征识别、纹理结构研究、神经元网络模式和双向性反射分布函数算法等，这些都不同程度地改进了地物分类的精度，这是一种基本的研究途径。但与此同时，针对空间地物目标，探求其内在的区域分异规律，研究其成像机理参数，并应用模型量化分析，予以定量描述，则是提高空间信息自动识别与制图精度不可忽视的重要途径。所以对主要地物信息，开展区域参数研究，提高遥感信息分析制图质量和精度，具有重要的理论意义。

众所周知，遥感图像主要是地物类型光谱特性的综合反映。但综合应用时仅依据地物光谱特性所表征图像的相似性，用作识别分类往往产生同物异谱或同谱异物的混淆现象。因此，人们根据地物构像的机理，深入地开展各种辅助数据和区域参数的研究，是遥感地学多元分析的有效方法。

1. 空间制约相关分析法

自然界的地物分布，在相关性的同时具有制约性。如山区的地物类型，因其辐射亮度受地形影响，分类时，需要消除地形的影响因素，如若辅助于太阳入射角数据，其分类精度则大有改善；又如，垂直地带分布区的地物识别分类，辅助高程带数据，不仅有助于专题要素的分类，且能大大地提高分类精度。例如，云南丽江玉龙山区，植被、土壤和农作物的垂直带分布十分明显；但是单纯依据地物的光谱特征，进行目视解译或计算机识别分类，是难以达到理想效果的。因为从多维的空间地物缩小成平面的影像，其中一些信息特征被隐含，不能充分显示。就土壤类型的识别来说，山区的土壤形成反映有一定的垂直地带性，它除了受非地带性的岩性、成土母质的影响外，还受垂直带的植被分布的作用。因此，在对山区土壤遥感分析制图时，必须注意到其高程辅助数据的应用。

我们知道，山区的植被与土壤的分布具有一定的相应性垂直地带规律(表3.8)。

表3.8 横断山区丽江玉龙雪山植被、土壤垂直地带分布示意表

高程/米	植被类型	土壤类型	备注
5000	雪被	冰川雪被、原始土壤	雪线（5000 米以上）
4500	地衣、高山砾石冻荒漠	高山寒漠土	荒漠带
4000	嵩草高山草地、高山杜鹃灌丛	亚高山灌丛草甸土等	灌丛草地带
3000	铁杉、冷杉、红杉、云杉等	暗棕壤、棕壤	
2000	云南松林	山地红壤、耕作红壤	
1500	山麓荒草地	耕作土	

山区土壤垂直地带的分布与其植被的垂直地带分布，有着较密切的地理相关性，它们可以相互引证，用以辅助图像信息的识别分类与制图。

比如，丽江山区的土壤类型，由于其受植被的覆盖，仅凭其遥感的色、形等影像特征分析，进行解译分类是难以准确标定类型界线的。从表3.8中分析可知，该山区的植被和土壤具有按高程带的垂直分布的地理规律和特点，由此可见，山区的垂直高程带信息是辅助分类的有效数据；所以，在其土壤分类中，引入该区的数字高程模型数据，按高程带处理有助于改进数字图像分类的精度，提高专题制图的质量。

此外，在利用辅助数据分类研究中，还可以针对欲分地物类型的要求，依据地学分析结果，按其制约性特征信息，建立必要的地理背景数据库（含地面实测数据与相关图件信息），这样可在地理信息系统支持下，有的放矢地辅助遥感图像的分类与制图。例如，数字地貌模型参数的应用。

2. 地物特征信息区域参数法

根据区域分异规律和景观生态学理论，研究有关地物目标的成因性特征信息参数，是归纳、演绎、解决空间信息分类制图时一种不可忽视的方法，也是从地物表面现象描述到地理内在规律揭示，以至形成量化修正系数、表达模型，提高空间信息电子制图精度的一个重要方法。因为每类地物的消长变化都是遵循一定的有序性地理熵规律和内在因果关系的，因而将各种地物信息的波谱数据结合地学、生物学空间模型的区域参数的研究，能使其获得实质性的进展，取得新的效果。

诸如在某些地物类型的成因中，往往因有不同的生态环境，而存在着一种成因性的控制参数，土地利用类型中的盐碱地就是较典型的一种。它是盐碱土的主要分布地，大多分布于内陆干旱、半干旱地区和滨海区域。

例如黄淮海平原的禹城、齐河一带的盐碱土，在其成土母质中含有不同数量的矿物质盐分，在排水不良的低洼地区，形成含盐量不同的高矿化度地下水，因此，当土壤中不同数量的可溶性盐分积累达到一定程度时，就形成了盐碱土，它们因盐分程度的差异对作物的生长反映出不同程度的影响。

从上述分析可知，土壤与地下水中含有盐分是产生盐碱土的内在因素；一定的气候、地貌、地下水位、土壤质地等因素和排灌设施、耕作措施等人为因素是形成盐碱土的外部条件。不难看出，盐碱化的发生、发展是一系列自然因素彼此相互综合作用的结果。

通过该区域盐碱土形成的内因、外因及地球化学元素迁移运行规律的地学分析可见，它们最终是经过一定的地貌单元及其部位反映到地表面上的。因为，盐碱土的形成条件：其一，地势低洼易使水盐汇集；其二，土壤与地下水可溶性盐含量大，且潜水位高。因此，在地势低平、土壤潜水位又高于土壤盐渍化临界深度时，就产生土壤盐渍化。另外，其严重程度与地貌的组成物质的成分大小息息相关。比如，一般均质砂土与均质黏土因毛管力较低，不易上升可溶解盐水，故而，它难以产生盐渍化。而均质壤土毛管水上升高度大，就易形成盐渍土。由此不难说明，该区域盐碱地的分布与其一定的地貌单元及地形部位有着极密切的关系。就该地区的大地貌单元论，属黄河下游冲积平原，黄河长期的频繁决泛，给这一地区的土壤盐渍化发生、发展和演变带来重要的影响。比如，禹城、齐河一带，由于黄河历史演变，形成复杂的微地貌分布，主要有高地、平地和洼地3种类型，包括河滩高地、高坡地、平坡地、洼波地、平洼地和槽形洼地等。而在这些微地貌中，盐渍化主要发生在低平地与洼地内，尤其是洼地边缘及洼地的局部高起处。足见，该区的微地貌对土壤盐碱化的形成有着区域控制的作用，分析认为，它是导致土壤盐碱化诸多因素中的关键因素之一。所以，我们在利用卫星图像进行盐碱地识别分类处理过程中，分析应用微地貌这一区域参数，作为改进分类的修正系数。

考虑到该区的不同微地貌类型对土壤盐碱化程度的作用，为了盐碱地的识别分类，对其区域参数作了研究：一般说，河床高地、河滩高地、决口扇形地等，地势较高，地下潜水埋深大，排水条件较好，不易产生盐碱化土壤；微斜平地、平坡地、低缓平地，因地势平缓，地下水位较高，较易产生盐碱化；河间坡洼地、浅平洼地和槽形洼地，其地势低洼，地下潜水埋深浅，排水条件不良，容易产生土壤盐碱化。

根据上述各微地貌单元分布特征与盐碱化程度的地理相关关系分析，我们确定了用以辅助盐碱地识别分类的区域参数体系：

- 不易产生盐碱化的微地貌单元；
- 较易产生盐碱化的微地貌单元；
- 容易产生盐碱化的微地貌单元。

据此区域参数，就可在原以光谱信息为依据的分类基础上，分析量化模型，进行盐碱地辅助决策分类与制图。实践表明，这是进行空间信息地学分析成像机理，提高分类精度，不可忽视的有效方法。

从地学、生物学理论，对遥感信息作地理相关的机理分析，研究制图对象的区域参数，引入专家知识，是实现资源卫星应用系统及智能决策化的重要保证。实施这一多学科综合应用研究的技术途径，是从本质上改进和提高遥感空间信息电子地理制图精度与质量的关键措施。

（1）基于空间图像光谱特征信息的统计研究，分析其分类的机理信息，确定空间模型的区域参数、区域参数分类制图的程序；

（2）根据控制参数体系，进行参数量化处理，同时针对地物光谱分类结果，研究区域修正系数，并依实验拟定分类算法的先验概率表；

（3）在多光谱图像数据识别分类的基础上，结合区域参数及其量化值，进行辅助分类，产生新分类图像；

（4）按照遥感专题制图的技术要求，通过几何投影变换，实现图像与图形的配准，最终产生由区域参数辅助分类的专题要素图。其处理流程见图 3.1。

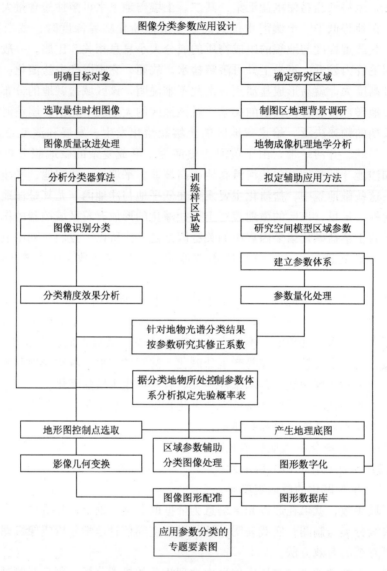

图 3.1 区域参数辅助分类制图流程示意图

1）区域参数模式量化原理

当能反映微地貌类型与土壤盐碱化相应关系的区域参数体系建立后，参数量化研究是实现区域参数辅助分类的关键环节。

在多光谱图像模式识别分类中，我们是采用最大似然率判别规则进行的，即

$$g_i(X) = -1/2\ln|\Sigma_i| - 1/2(X - U_i)^T \Sigma_i^{-1}(X - U_i) + \ln P(\omega_i)$$

式中：$g_i(X)$ 为第 i 类的判别函数；X 为图像像元值向量；U_i，Σ_i 分别为第 i 类的像元均值向量和协方差矩阵；Σ_i^{-1} 是 Σ_i 的逆矩阵，$|\Sigma_i|$ 是 Σ_i 行列式；$P(\omega_i)$ 为第 i 类的先验概率。

由上式可知，任何一类地物的判别函数不仅取决于其各自的统计参数，而且还取决于其先验概率。可见，分类过程中，当某些地物类别的统计参数甚为相近时，其先验概率值的大小，对判别像元的归类有着决定性的作用，这就是参数量化的原理。

显而易见，在其识别分类中，若能依据前述的区域参数，分析研究各类地物的先验概率值，那么，就能针对原多光谱分类结果的分析赋于较合理的修正系数，即先验概率值。该参数量化值确定的原则是依据欲分类地物类型在容易产生盐碱化的微地貌单元中，出现土壤盐碱化的可能性，要比不易产生盐碱化的微地貌单元中的大。这样就可根据区域参数体系确定分类地物的先验概率值，用以表达量化模型。

2）模式识别分类参数的赋值应用

先验概率值的确定，旨在研究批量修正系数，改进分类精度。例如，从盐碱地的图像识别分类结果可以看出，仅利用多光谱信息统计所分的地物类型，其混淆现象较多，有的几乎区别不开。我们在实验中所分的十几个类型中，因盐荒地、沙地，其色调均呈白色，灰度值高，且甚是相近，因此，难以区分；重盐碱地与城镇类型也有混淆，不易分开；此外，不同盐碱化程度的小麦地、裸露地也存在着混淆现象。对此，利用区域参数量化而得的各类地物先验概率值，可按欲分地物所在不同微地貌单元赋予修正系数（表 3.9）。

表 3.9　区域参数模式识别分类量化赋值例表

类别	不易产生盐碱化的微地貌类型	较易产生盐碱化的微地貌类型	容易产生盐碱化的微地貌类型
盐荒地	0.01	0.07	0.13
重盐碱土	0.01	0.09	0.13
中盐碱土（裸土地）	0.01	0.10	0.25
轻盐碱土（裸土地）	0.05	0.15	0.05
非盐碱土（裸土地）	0.25	0.10	0.01
中盐碱土（小麦地）	0.01	0.10	0.25
轻盐碱土（小麦地）	0.05	0.15	0.05
非盐碱土（小麦地）	0.25	0.10	0.01
城镇	0.13	0.02	0.01
沙地	0.13	0.02	0.01
水体	0.10	0.10	0.10
合计	1.00	1.00	1.00

例如，盐荒地，若其处于容易产生盐碱化的微地貌单元内，则赋予它较大的先验概率值；如果它位于不易产生盐碱化的微地貌单元中，则给予较小的先验概率值。当盐荒地、沙地两类易混淆的地物均处在容易产生盐碱化的微地貌单元时，则适当增大盐荒地类的先验概率值，相应减小沙地的先验概率值，这样，两者各自所得的判别函数值就不同，前者因其值较大，就被分到盐荒地类中去。那么，对于非盐碱化的裸地、城镇等位于不易和容易产生盐碱化的微地貌单元时，凡它们处于不易的单元内，赋值应比处于容易的单元要大。其参数量化的先验概率值，可通过上述原则将欲分地物类型识别分类的

实验，予以确定，根据上述区域参数分析量化模式应用的结果可以认为，利用批量修正系数的分类比单凭多光谱特征识别有较大的改进，提高了分类的精度。

实验表明，根据不同的微地貌与土壤盐碱化的相关关系，确定分类地物的先验概率，是区域参数量化的理论依据，也是建立基于知识(包括各领域的专业知识)的多变量综合分析模式以及规则化专家系统的基本前提；同时，又是促进遥感、地理信息系统和数字制图系统与智能化的重要基础。进而能综合地利用遥感信息、非遥感信息（含辅助数据和专家知识），运用一定的智能方法，予以揭示地物特征信息的机理。

随着高新技术的不断进步，系统的设计应是多级分块结构，以利更新数据与增强功能；便于针对具体问题，对系统作相应的调整，以适用于多种应用领域。

上述通过区域参数卫星数字图像识别分类的研究表明，这种基于地学分析的模式识别效果明显。在禹城地区的试验结果，对其西部古河床洼地上盐荒地的分布、东部河间洼地中大片重、中盐碱土的分布，都得以较客观的显示。可见，在图像识别中运用地学分析方法研究区域参数，是提高图像专题分析与地学信息图谱研究水平的一个重要途径。

由上可归纳为：空间遥感信息的地学、生物学分析应用是在波谱特性基础上选取各种识别分类器算法提取有效信息的同时，从机理和地学参数分析方法改善分类精度、提高成图质量是不可忽视的研究方法。

第三节　遥感与地理信息系统核心一体化的整合应用

地球信息科学的崛起，对全球性的资源与环境问题，区域可持续发展的战略研究更趋向综合系统工程化，遥感（RS）、地理信息系统（GIS）和全球定位系统（GPS）的集成（下简称3S），为地理现象和过程，从单一到多元要素，由静态到动态，从定性到决策定量化，乃至多维可视化的研究，提供了重要的融合技术体系。

地球信息科学是以地球（电离层—莫霍面）为平台，以人/地关系为主题，以服务于全球变化与区域可持续发展为目标，将卫星、遥感技术、地理信息系统、电脑辅助设计与制图、多媒体与虚拟技术、互联信息网络为主体的高速全息数字集成的科学体系，形成能对人流、物流、能流和信息流进行时间与空间分析及宏观调控的战略技术系统。

进入新世纪的空间时代和信息社会，实现包括资源、环境、社会、经济的地球科学或地球系统科学的信息化乃至国家信息化是一个重要的目标。对此，地图、遥感、地理信息系统和全球定位系统等融合的综合体系是实现快速、大容量、传输存储、处理分析和应用管理地球空间信息的重要技术保证。

地理信息系统已发展为具有多媒体网络、虚拟现实及可视化的强大空间数据综合处理的技术系统。遥感是实时获取、动态处理空间信息的对地观测、分析的先进技术系统，是提供 GIS 现势性信息源和实时更新数据的重要保证。全球定位系统主要是为遥感实时数据定位，提供空间坐标，以建立实时数据库，故可供作数据的空间坐标定位，又能进行数据之实时更新。

上述系统各自既有独立性，又可平行运行。它们的集成，不仅实现了互补，而且产生出强大的边缘效应，将极大地增强以 GIS 为核心的综合体系功能。诚然，这种综合性系统的融合具体可视实施规模、解决问题的实际予以集成，比如，为了加强系统智能决策的支持，可融合专家系统(ES)，目的是为建立实时、准确、综合的快速反应的集成体系。

这类一体化的发展，最关键的是 RS 与 GIS 间的融合。对此，Ehters 等提出了三个发展阶段，而今仅达到使两个软件模式有共同的用户接口，例如，ARC/INFO 能与 ERDAS 系统之间的兼容处理并显示。至于要使 RS 与 GIS 实现具有同一接口、同一工具库和同一数据库的综合实时处理功能的软硬件整合系统，正是 GIS 同仁们在新世纪需开拓的研究课题。

显然，为了使 RS 与 GIS 的融合，尽早集成为软硬整合系统，力求新突破的同时，仍须关注两系统集成深化地球信息形成机理的融合研究，只有这样，才能使 RS 与 GIS 的集成，技术水平与基础理论得到崭新的升华。其集成体系的应用才会有质的飞跃。

目前，RS 与 GIS 的一体化融合分析，随着 GIS 技术的飞速发展，其应用已渗透到社会各个方面，使生产、生活发生深刻变化；涉及所有相关的空间信息领域。它们包括诸如农业、林业、水利、土地、地矿、海洋、自然灾害、全球变化、环境保护、区域持

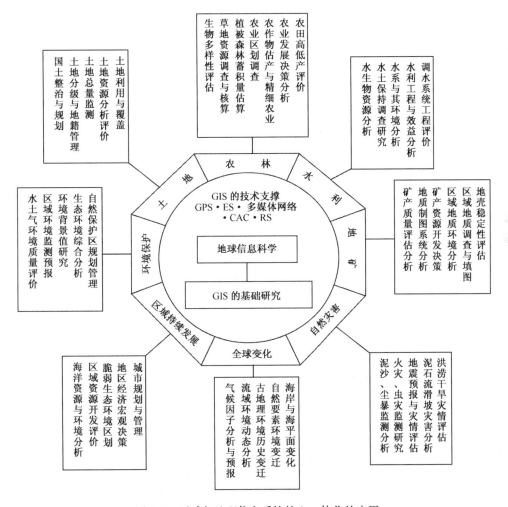

图 3.2　遥感与地理信息系统核心一体化的应用

续发展等（图 3.2）。

例如，利用热红外遥感作地震短临预报是一世界性科学难题，但在我国其预报效应是较令人满意的，其根本原因是运用了地球信息科学的基础理论，较透彻地剖析了地震发生的重要信息机理。首先是根据孕震区的高应力状态和地球-大气耦合作用原理，分析岩石圈层的物化变化与外界物质能量交换的规律，以及震前外界地表低空大气增温，出现低空因电场异常并释放如甲烷、CO_2 等气体含量增高现象，然后，通过卫星热红外图像震前异常信息特征分析，做出短临预报，其成功率约达 50%。对此，若运用 RS 与 GIS 的一体化融合分析，相信其预报成功率将会更高。

因为，地震前的孕震区（或"红肿区"），图像上所表征的信息特征，不可能——地都被热红外辐射仪所记录，或被隐含，而且震前所表现的一些震兆往往与其他某些自然现象所混淆，变得错综复杂，同时，震前的各种异常现象，在时空分布上范围较广，故通常缺乏必要的大范围的分析与观测数据。为此，应在孕震区，建立与其相关的所有地震背景的信息库，即孕震区临震前后的地面、水面、大气温度图、低空气体（如甲烷、二氧化碳等）的含量变化等值线图，低空电场异常等值线分布及地下水位变化图，地质构造，尤其是活动断裂分布、物化地磁数据、震中与裂度分布图和孕震区地理要素政区图等。

对此，通过 RS 或 GIS 一体化系统，将孕震区热红外图像及其分析预报图输入，在孕震区的地震背景信息库的支持下，进行复合分析或时空模型综合研究，以最大限度地提高其预报精度。所以，以基础理论为指导，与先进技术系统的整合分析，是加强 GIS 开发研究人员与地学应用人员之间有机结合，促进 GIS 在地学应用发展中的必然途径。

随着遥感与地理信息系统的一体化发展，在目标背景的应用研究中，GIS 成为分析空间数据的强大工具，发挥出更显著的作用。例如，作物中玉米的生长期(4~9 月)与田间其他作物长势混淆，出现严重的"同谱异物"现象。为此，须针对地物目标，研究与其密切相关的背景数据，与玉米生态特性相关的作物区划（分区）图，分析适于玉米生长的土壤类型图、地貌类型图、土地利用图、气候要素图（如降雨量、积温等）、玉米产量分布图以及行政区划图等等，同时将它们建成目标的背景数据库。这样，在 GIS 的支持下，可视图像识别要求，提取背景库中的某一与目标相关的背景数据，如玉米区划或生态的分区，按其不同区配合影像，并按土地利用中不同作物复合图像的绿色植被指数的差异进行分区、分层提取识别目标。这种运用目标的背景数据予以辅助分类，具有较明显的效果，取得较好的精度。

实践表明，RS 与 GIS 的融合集成，不仅可实现彼此间的互补，而且可产生强大的边缘效应（图 3.3）。在系统融合中，RS 与 GIS 是最基本和关键的集成。以遥感作物估产来说，它是一个复杂的系统。要达到一个高精度的估产目的，单凭某作物的光谱特征，不投入知识，不以地学相关信息，借以 GIS 的决策分析，是难以取得理想的效果。

"八五"期间，作物遥感估产的试验研究，基本上是采用 RS 与 GIS 的融合技术，进行估产面积提取和制图的。例如，东北玉米遥感估产，首先对玉米遥感估产区域，根据玉米的生境，将其适于玉米生长的条件分成若干区，如适宜玉米生长区、较适应玉米种植区和不适宜种植区等。这样利于提高玉米选择训练样区的准确度和分类的精度。因为分区分层分类可以减少识别误差。与此同时，再根据玉米分布区的地理背景及其相关

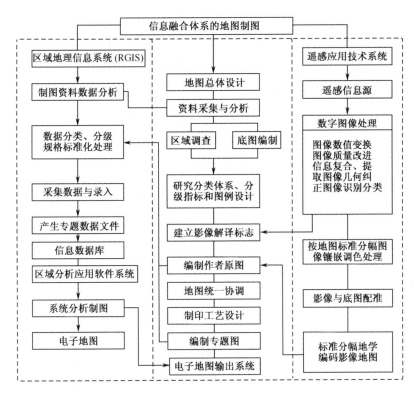

图 3.3 基于信息融合体系的遥感专题分析与制图流程

影响因素建立其背景数据库，比如，玉米分布区的生境要素、生态条件和基础相关信息等等。于是，就可在 GIS 支持下，调用作辅助作物估产算法的基本参数；将图像与相关的土地利用图等复合选取样区，进行监督分类，另与玉米生境配合辅助分类，对提取估产面积有积极的作用。由此可提供一定质量的估产用的玉米面积分布图，从而保证估产的质量和精度。

由上可知，多源信息融合技术是多源海量数据处理的一种新方法。它能增强遥感数据的空间分辨率和使用率。近些年来，随着小波理论的发展，小波分析法得以较广泛的使用，它对提高图像的解析能力，有着积极的作用。它不仅能较好的保持原始图像的光谱信息，而且可多层分解图像的富集信息，有利于遥感地物的解译和应用分析。

综上分析认为，以遥感与地理信息系统核心一体化为基础的地球信息融合体系是空间图像信息地学分析与制图的重要平台，也是地球信息多维可视化和地学信息图谱研究的一个主要方向。

第四节 基于地球信息科学的遥感地学应用多元分析

地球信息科学是以地球系统信息流为主要研究对象，探索地球信息机理、地球信息认知方法和地球信息时空图谱等新学科生长点的应用基础科学。

在地理环境中，各种自然景观、地理要素之间存在着彼此依存，相互制约的关系。因为一种新事物的出现，往往反映出与另一种事物的相关性，为此我们可以依照其因果关系，用以揭示现象的本质与分布规律。我们利用遥感进行专题应用研究，多数是以颜色-光谱特征、形状-图像空间结构（如纹理特性）、位置-地物空间位置及地理相关性作为分析解译图像的直接标志（简称：色、形、位）。在实践应用中，不少的专题要素能以直接标志解译而得，比如，土地利用与覆盖图上的耕地、草地、林地、城镇和水体等。但也有一些要素并非是直接通过其标志就可识别出来的，而是需要地学、生物学等知识投入，经逻辑演绎才能予以揭示。1985年，美国加利福尼亚州和新墨西哥州等乡村流行的疟疾传染病，就是利用卫星图像，通过相关标志，运用地学、生物医学知识加以逻辑推理分析而得以成功预报的。其预报的基本依据是卫星图像上发现大片的水稻田、湿地植被的影像色调有明显异常，从中分析蚊子的生境，研究影像变异的结果，最终做出该分布区可能发生疟疾传染病的预报。可见，利用遥感图像预测疟疾病，并不是从图像上直接识别出疟疾病毒，主要是由知识投入分析蚊子生境及其传媒的地理相关因素所解译的。这种原理，同样也可运用于农田专题的分析制图。例如，山西农业综合开发局遥感所，就利用专家知识进行农田高、中、低产田的遥感分析制图。其首先结合农田分布区域的地理背景，分析形成区域的高、中、低产农田的生态环境，然后研究其产生的条件及机理。诸如，考虑到中、低产田，主要是受区域分异及其要素内在因子的制约，彼此不协调、生境的恶化，生产设施（如灌溉等）的不配套，耕作措施和生产布局不当等因素的影响。在上述整体分析研究的基础上，对高、中、低产农田，依据其地形地貌特征、土壤盐渍化度、水源补给量以及水土流失的程度等参数，进行综合分析予以分区：如冲积平原高产农田区、盐渍化土壤中、低产农田区、冲积平原中、低产农田区、黄土台地中、低产农田区、土石丘陵山地低产农田区和土石山低产农田区。这种基于知识的特征信息分析，并引入水浇地、盐碱地、坡度等辅助参数分区，进行复合分层分类，是遥感地学分析，提高图像识别制图精度的有效技术途径。

由此可见，在图像分类中，除了以地物波谱特性按一定的模式识别算法外，研究地理系统中地表遥感信息成像机理的功能和特性，是遥感分析制图的重要理论基础。其功能旨在最大限度地提高空间遥感信息智能识别分类与制图的质量。

遥感地学信息的尺度效应已成功地运用于地球信息流传输规律研究等领域。目前，在地质的大空间尺度构造与成矿关系研究中，遥感地学信息宏观效应机理的基础理论成为矿产资源遥感分析的一个重要方法和发展方向。在遥感应用中，我们通常选以高光谱和高空间分辨率或分解像元来分析识别地物目标，解决图像分类等问题。然而这在地质固体矿产资源遥感找矿的研究中，其结果往往得不到理想的效果，这里一个重要因素是对图像空间信息的宏观性缺乏深化研究。为此，加强遥感宏观特性的时、空尺度的分析，更有助于揭示地质固体成矿机理的时空分布规律，适于地质成矿预测等的研究。

众所周知，规模性的成矿是属于大空间尺度的，利用遥感信息的宏观效应能揭示大规模的相干信息场，发现其空间聚矿的机理。在京津唐国土卫片的固体矿产资源调查中，就是依据这一遥感特性进行成矿预测应用的。例如，冀北火山盆地区的铀矿的赋存与其地质基础息息相关。它的成矿不仅与地球表层地质结构有关，而且还受深部地质的制约。故此，其利用多源信息融合，采用多元地学综合分析，在信息集成体系的支持下，能够取得较理想的效果。遥感信息的宏观效应对于大空间尺度的线状、环状弱蚀变或隐伏性的成矿整体性特征都能有不同程度的反映。在冀北火山盆地区，通过空间图像的地质背景调查分析，展示出有5个主要方向的28个线性构造组。其中，有的构造组边界不清楚，呈稀疏分布格局，在图像上显示出色调的变异，这是一种属半隐伏性切深较大的地质构造带；有的构造组，构成不同地貌区的局部分界线，控制盖层的物质分布。与此同时，在该火山活动发育区，利用卫星遥感图像分析解译出百余个火山环形构造，而中小型环形构造在地球空间的分布又明显受前述的线性构造带的控制，呈现串珠状的分布：大中型火山环形构造多分布于不同方向火山岩浆构造带的交叠部位，在环体内部及边缘区内小型环形构造密集分布，反映其不同级别的火山岩浆活动中心的展布特征。于是地质工作者，可通过脉型铀矿化的成矿模式及其主要成矿条件和控矿地质要素的空间展布的图谱分析，进行铀矿远景区的预测。

由上可见，运用多元地学综合分析和遥感信息宏观效应机理，对地质信息图谱及其更高层次空间尺度的成矿条件的研究是一有效的技术途径。从中也不难看出，在遥感应用中，专家知识的投入是改进提高遥感专题分析与制图的基本保证。

综上所述，运用地学多元分析，是开展空间图像信息综合应用研究的一个重要方法，诸如：

地理相关分析：自然界的地物分布具有相关性的同时，还有制约性。如山区的地物类型，因其辐射亮度受地形影响，分类时需消除地形的影响因素，就能改善其分类精度；对垂直带地区的地物分类，如辅助高程带数据，给出数字高程模型，可明显地提高分类精度。因为多维的空间地物缩小成平面的影像，某些被隐含的信息，须借助于相关数据辅以识别分类。例如山区的植被、土壤形成反映有一定的垂直地带性。而其除受非地带性的岩性，成土母质的影响外，还受垂直地带的植被分布的作用。所以，对山区土壤遥感分析与制图，必须注意其高程辅助数据的应用，以增强遥感图像专题要素的可分性。

地理主导因子分析：根据区域分异规律和景观生态学理论，研究有关地物目标的成因性特征信息参数，是归纳、演绎从地表现象描述到地理内在规律揭示，以至形成量化修正系数、表达模型，提高空间信息电子制图精度的一种重要方法。

因为每类地物的消长变化都是遵循一定的有序性地理熵规律和内在因果关系的主导因素，因而将各种地物信息的波谱数据，结合地学、生物学空间模型的区域参数研究，是遥感地学综合分析的理想基础之一。诸如在某些地物类型中，往往因不同的生态环境，存在着一种主导性的控制因数，土地利用类型中的盐碱地，其形成主要是受地下水位、盐分及地形部位因素所控制。实践应用表明，通过地学相关的综合分析，在应用中充分引入专家知识，是实现资源卫星应用系统及智能化决策的重要保证。

参 考 文 献

[1] 陈述彭. 地学信息图谱刍议. 地理研究，1998，17(增刊)：5～8

[2] 陈述彭，承继成，何建邦. 地理信息系统的基础研究——地球信息科学，地球信息，1997，(3)：11～20

[3] 傅肃性. 遥感专题分析与地学图谱. 北京：科学出版社，2002

[4] 陈述彭，赵英时. 遥感地学分析. 北京：测绘出版社，1990

[5] 傅肃性，张崇厚，李秀云. 图像信息分类制图的区域参数应用研究. 中国图像图形学报，1997，(2)：145～150

[6] 陈述彭. 地理学的探索，遥感应用. 北京：科学出版社，1990

[7] 傅肃性，张崇厚，傅俏燕. 遥感专题制图背景参数研究，地理研究，1998，(2)：157～162

[8] 廖克，刘岳，傅肃性. 地图概论. 北京：科学出版社，1985

[9] 王志民，傅俏燕. 中国资源 1 号卫星及其系列化发展的展空. 北京：宇航出版社，1998：355～361

[10] 傅肃性，傅俏燕. 基于知识的空间图像专题分析与制图. 地理学报，2001，56（增刊）：98～102

[11] 中国科学院遥感应用研究所. 遥感知识创新文集. 北京：中国科学技术出版社，1999

第四章　地理信息系统和地球信息的
分析与处理方法技术 *

第一节　地理信息系统发展概况

　　GIS 是英文 Geographical Information System 的缩写，中文翻译为地理信息系统。在英文文献中，也有用 Spatial Information System，即空间信息系统来表示同样的意思。地理信息系统通常泛指用于获取、存储、查询、综合、处理、分析和显示与地球表面位置相关的数据的计算机系统。它的特征有两点：一方面，它是一个计算机系统；另一方面，它处理的数据是与地球表面位置相关的。

　　地理信息系统，是随着地理科学、计算机技术、遥感技术和信息科学的发展而发展起来的一个学科。在计算机发展史上，计算机辅助设计技术（CAD）的出现使人们可以用计算机处理像图形这样的数据，图形数据的标志之一就是图形元素有明确的位置坐标，不同图形之间有各种各样的拓扑关系。简单地说，拓扑关系指图形元素之间的空间位置和连接关系。简单的图形元素，如点、线、多边形等；点有坐标（x，y）；线可以看成由无数点组成，线的位置就可以表示为一系列坐标对（x_1，y_1），（x_2，y_2），…（x_n，y_n）；平面上的多边形可以认为是由闭合曲线形成范围。图形元素之间有多种多样的相互关系，如一个点在一条线上或在一个多边形内，一条线穿过一个多边形等等。

　　地理信息系统，由计算机、地理信息系统软件、空间数据库、分析应用模型和图形用户界面及系统人员组成。

　　地理信息系统萌芽于 20 世纪 60 年代初。加拿大的 Roger F. Tomlinson 和美国 Duane F. Marble 从不同角度提出了地理信息系统概念。1962 年，Tomlinson 提出利用数字计算机处理和分析大量的土地利用地图数据，并建议加拿大土地调查局建立加拿大地理信息系统，以实现专题地图的叠加、面积量算等。当时，来自 IBM 以及 ARDA 的大批工作人员参与了地理信息系统的建立。到 1972 年，地理信息系统全面投入运行与使用，成为世界上第一个实际运行的地理信息系统。地理信息系统在技术上取得了重大突破，如地图数据的扫描输入、栅格－矢量数据转换；在系统设计上，提出空间分块、专题分层的数据结构和空间数据与属性数据相联结等思想。这对当今地理信息系统的发展有重要的影响。

　　与此同时，Duane F. Marble 在美国西北大学研究利用数字计算机研制软件数据系统，以支持大规模城市交通问题研究，并提出建立地理信息系统软件系统的思想。同期，计算机辅助制图系统的研究开始发展起来，并对地理信息系统发展有着深刻的影响。来自美国西北技术研究所的 Howard Fisher 教授在福特基金会的资助下，建立了哈

---

　　* 本章由池天河撰稿

佛计算机图形与空间分析实验室，开发了 SYMAP、ODYSSEY 软件包。SYMAP 对当今栅格地理信息系统系统有着一定影响，ODYSSEY 被认为是当代矢量地理信息系统的原型。另外，在其他国家也开展了地理信息系统或相关技术的研究，如英国的 David P. Bickmore 在英国自然环境研究会（NERC）资助下，成立了实验制图部，从事计算机制图与地理信息系统研究。

20 世纪 60 年代为地理信息系统开拓期，注重于空间数据的地学处理，出现了一些处理城市数据（如美国人口调查局建立的 DIME）、普查数据（加拿大统计局的 GRDSR）的系统等。许多大学还研制了一些基于栅格系统的软件包，如哈佛的 SYMAP、马里兰大学的 MANS 等。初期地理信息系统发展的动力来自于诸多方面，如学术探讨、新技术的应用、大量空间数据处理的生产需求等。这个时期个人的兴趣以及政府的推动起着引导作用，并且大多地理信息系统工作限于政府及大学的范畴，国际交往甚少。

20 世纪 70 年代为地理信息系统之巩固发展期，注重于空间地理信息的管理。地理信息系统的全面发展应是 20 世纪 70 年代的事情。这种发展应归结于以下几方面原因：第一，资源开发、利用乃至环境保护问题成为政府首要解决之疑难，而这则需要一种能有效地分析、处理空间信息的技术、方法与系统。第二，计算机技术迅速发展。数据处理速度加快，内存容量增大，超小型、多用户系统出现。尤其是硬件价格下降，使得政府部门、学校以及科研机构、私营公司能够将计算机系统的添置列入预算计划中。在软件方面，第一套利用关系数据库管理系统的软件问世，新型的地理信息系统软件不断出现。据 IGU 调查，20 世纪 70 年代就有 80 多个地理信息系统软件。第三，专业化人材不断增加，许多大学开始提供地理信息系统培训。一些商业性的咨询服务公司开始从事地理信息系统工作，如美国环境系统研究所（ESRI）成立于 1969 年。这个时期地理信息系统发展总体特点是：地理信息系统技术上未有新突破；系统的应用与开发多限于某一机构；专家个人的影响力削弱，而政府影响增强。

20 世纪 80 年代为地理信息系统技术大发展时期，注重于空间决策支持分析。地理信息系统的应用领域迅速扩大，从资源管理、环境规划到应急反应，从商业服务区划分到政治选举分区等，涉及许多的学科与领域，如古人类学、景观生态规划、森林管理、土木工程以及计算机科学等，而且还在进一步发展。许多国家制订了本国的地理信息系统发展规划，启动了若干科研项目，建立了一些政府性、学术性机构。如中国于 1985 年成立了资源与环境信息系统国家重点实验室，美国于 1987 年成立了国家地理信息与分析中心（NCGIA），英国于 1987 年成立了地理信息系统协会。商业性的咨询公司、软件制造商开始出现，并提供繁多专业化服务。这个时期最显著的特点是，商业化实用系统进入市场。除北美外，其他国家和地区的地理信息系统也相继发展起来，发展中国家开始引进和应用地理信息系统技术。

20 世纪 90 年代为地理信息系统的用户时代。一方面，地理信息系统已成为许多机构必备的工作系统，尤其是政府决策部门在一定程度上受地理信息系统影响而改变现有机构的运行方式、设置与撤销等。另一方面，社会对地理信息系统认识普遍提高，需求大幅度增加，从而导致地理信息系统应用的扩大与应用的深化。国家级乃至全球性的地理信息系统系统成为公众关注的问题。例如，地理信息系统已列入美国政府制定的"信息高速公路"计划；中国的"三金工程"中，也包含地理信息系统。毫无疑问，地理信息系统将发展成为当今社会最基本的服务系统。

21世纪初地理信息系统发展进入更大范围、更多领域、更深层次的应用阶段和网络化阶段。一方面，地理信息系统在地球信息的分析与处理，国家、区域、城市信息化发展中取得了更大范围、更多领域、更深层次的应用。具体表现在国家"电子政务"建设，数字区域、数字城市建设的诸多领域都采用了GIS技术。另一方面，GIS随着逐步兴起的Web服务概念、Web服务软件架构思想，GIS向地理信息服务阶段发展。目前，这一发展趋势方兴未艾。

地理信息服务是在GIS的发展进入WebGIS阶段后产生的，地理信息服务的形式从地理信息分发、地理信息共享到分布式地理信息服务。分布式地理信息服务是地理信息共享发展的高级阶段。本人认为地理信息服务有广义和狭义之分，这里所指的是广义的地理信息服务概念，而狭义上的地理信息服务概念主要指下面所述第三阶段的地理信息服务。

第一阶段为地理信息服务的初级阶段。在1996年以前所出现的WebGIS提供的地理信息服务仅仅是地理信息分发，是单纯的地图服务器。

1993年，美国Xerox公司的Palo Alto研究中心开发出了世界上第一个WebGIS的原型系统，提供了全球1：200万的DLG数据（Digital Line Graph）让用户进行浏览。该系统的网址为：http://mapweb.parc.xerox.com/map，目前该网站还在正常运行（Andre Skupin）。

1994年，作为国家空间数据基础设施（NSDI）建设的内容之一，加拿大Brandon Plewe公司推出了一个提供世界各地旅游信息的网站VirtualTourist.com，该网站以电子地图的形式提供全球近30 000个旅游地的风土人情、文化等旅游信息供游客查询。该网站的网址为：http://www.virtualtourist.com。

从1995年开始，提供实时地图发布服务(Live Mapping Services)的系统开始出现，典型的系统如美国人口调查局的TIGER地图服务系统（TIGER Mapping Service）TMS。还有一些类似的地图服务系统提供在线的地图查询和浏览，如：Vicinity公司的MapBlast，网址为http://www.mapblast.com；Etak公司的EtakGuide，网址为http://www.etakguide.com；AutoDesk的GridNorth，网址为http://www.gridnorth.com等等。

从1996年以后，随着Internet技术的飞速发展，客户机/服务器体系的进一步完善，地理信息服务也从地理信息分发步入地理信息共享，即第二阶段。各大GIS厂商将GIS与Web浏览器紧密结合在一起推出了大量的地理信息共享平台软件。典型的软件平台有：国外ESRI公司的MapObjects IMS、ArcIMS；Intergraph公司的GeoMedia Web Map；MapInfo公司的MapXtreme；Autodesk公司的MapGuide等。国内有国家遥感工程中心研制开发的地网GeoBeans、武汉测绘科技大学开发的GeoSurf、北京超图地理信息技术有限公司的SuperMap IS等。而基于这些软件平台的应用在Internet上比比皆是。例如Geosystems Global公司的MapQuest（http://www.mapquest.com）、图行天下（http://www.go2map.com）、城市通（http://www.chianquest.com）、中国通（http://map960.com）、飞狐中国通（http://www.fhoo.com）等。ISO/TC211和OGC是地理信息共享、互操作和地理信息服务研究比较权威的两个组织。ISO/

TC211 主要是对地理信息服务制定一系列的标准、规范，以促进地理信息服务的规范化发展。OGC 也制定了一系列的地理信息服务规范，目前主要有四种：Web Map Service、Web Feature Service、Web Coverage Service 和 Web Register Service；除此之外，OGC 还启动了 OWS（OGC Web Service）计划。

第二节　基于 GIS 的地球信息处理方法

一、基于 GIS 的地球信息处理

为了使得地理信息系统能够对地球信息进行分析处理，首先就必须要管理地球信息，而这就需要对现实地理世界进行建模以及数字化（图 4.1），然后才能被地理信息系统所管理。

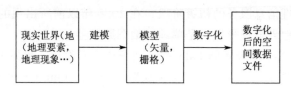

图 4.1　地球信息建模与数字化过程

模型是对事物的一种抽象，抽象的过程就是抛弃那些与问题无关的、非本质的东西。我们日常面对的现实世界中，存在着各种各样的事物，而在地理信息系统中，关注的主要是具有空间分布特征的事物，事物也可以被称为特性，因为它们描述了现实世界。这些特性可以分为两类，一类是地理现象，另一类称为地理实体。前者在空间上是连续分布的，如温度，土地利用，降水等等，我们可以说在某个位置温度是多少，或者说，在任意一个位置，我们都可以得到其相应的温度数据。但是对于地理要素而言，它是不连续分布的，如城市，交通线路，水系等等，对于地理要素，其表述形式就变为：在某个位置有哪些城市，或者某个城市（如北京）在哪里等等。也就是说，通过区分地理现象和地理要素，可以分别解决不同类型的问题，从而建立地理信息模型。粗略来讲，在地理信息系统中，地理现象和地理实体对应着两种不同的记录存储方式，分别是

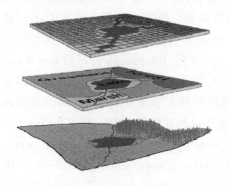

图 4.2　栅格方式

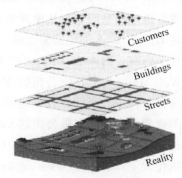

图 4.3　矢量方式

栅格方法和矢量方法。图 4.2 和图 4.3 描述了两种方式对现实地理空间进行的抽象和表达。以栅格方式和矢量方式记录的空间数据分别称为栅格数据和矢量数据。

二、栅　格　数　据

1. 栅格数据以及其相关概念

栅格数据模型用规则的正方形或者矩形栅格组成，每个栅格点或者像素的位置由栅格所在的行列号来定义，栅格的数值为栅格所表达的内容的属性值（图 4.4）。从这种意义上来讲，栅格数据可以称为"属性明显，位置隐含"空间数据表达方式。

1	1	1	1	3	3	3
1	1	1	1	3	3	3
1	1	1	1	3	3	3
2	1	2	3	3	3	3
2	2	2	2	2	3	3
2	2	2	2	2	3	3
2	2	2	2	2	2	3
2	2	2	2	2	2	3

图 4.4　栅格数据表示

每个栅格点代表了实际地表上的一个区域，如果一个栅格单元代表的地表区域越小，数据越精确，但是数据量也越大。栅格单元的大小通常叫做数据的分辨率（Resolution），这与遥感图像数据中的空间分辨率概念是一致的。例如，有两份栅格数据，前者分辨率为 250 米×250 米，那么一平方公里的范围需要用 16（4×4）个栅格点来表达，但如果分辨率为 1 公里×1 公里，那么只需要一个栅格点就够了。很明显，前者表达更加精确，但是占用存储空间大。

此外，在栅格数据模型中，栅格点的数值含义由用户指定，一般来讲，其含义有两种类型：其一是指实际的测量数值，如温度、数字高程模型等；其二代表某种类别的编码，如土地利用等。

2. 栅格数据的获取方式

栅格数据有以下几种获取方式：

1）遥感图像解译

遥感是一种实时、动态的获取地表信息的手段，目前已经广泛地应用于各个领域，特别是遥感与 GIS 的集成技术的研究，使得利用遥感数据来动态更新 GIS 空间数据库成为可能。图像是遥感数据的主要表现形式，通过对图像进行解译处理，可以得到各种专题信息，如土地利用、植被覆盖等等，这些专题信息通常就是以栅格数据的格式在地理信息系统中进行存储管理。

2）规则点采样

此方法适用于研究区不大，要求数据分辨率不高的情况。首先要将研究区划为均匀的网格，然后得到并记录每个网格的数值，即该区域的栅格数据。

3）不规则点采样及内插

由于各方面（自然条件、人力、物力、财力等）的限制，规则布点的采样不太容易实现，采样点可以不均匀分布，每个栅格点的数值通过观测数值的内插计算得到。常用的内插计算有三角网插值、趋势面拟合、克里格插值等。此外，等值线内插也可以得到相应的栅格数据，但往往等值线也是通过不规则离散点计算得到的。

4）其他

除了上述方式可以得到原始的栅格数据之外，也可以通过矢量转栅格运算，栅格图层的运算得到派生的栅格数据。

3. 栅格数据的编码记录方式

由于栅格数据在记录时，相对占用空间较大，所以在进行存储记录时，往往要进行数据压缩。从另一个角度来讲，我们日常接触的图像也是栅格数据，不同的图像格式如GIF、JPEG等，分别对应着不同的数据压缩方式。栅格数据的压缩可以分为有损压缩和无损压缩两种，在地理信息系统中，通常采用无损压缩的编码方式。

在各种栅格数据编码方式中，直接栅格编码是最简单、最直观的方法。利用该编码时，未对栅格数据进行任何压缩，而直接将栅格数据看作一个矩阵，逐行逐个记录代码。

为了对栅格数据进行压缩，又存在着多种编码方式，如链式编码、游程长度编码、块式编码、四叉树编码等。它们对于某些特定的栅格数据，可以达到比较高的压缩比率。上述编码方式中，四叉树编码由于便于建立空间索引，从而实现栅格矢量数据的综合分析，许多学者对之进行了比较深入的研究。

三、矢 量 数 据

1. 矢量数据以及相关概念

一个地理实体，具有多种属性。如对于城市而言，具有名称、位置、人口、产值等属性。这些属性可以区分为空间属性和非空间属性，在地理信息系统中，则着重关注空间属性。矢量数据结构适合于描述地理实体的空间属性，是另外一种常见的图形数据结构，它通过记录坐标的方式，尽可能将地理实体的空间位置表现得准确无误。

地理实体可以分为点实体，线实体，面实体三种（图4.5）。

图4.5　点实体、线实体和面实体
（中国主要城市，主要河流和行政区划）

（1）点实体：在小比例尺的地图上的城市可以认为是点实体。在二维空间中，点实体可以用一对坐标 x、y 来定位。

（2）线实体：在小比例尺的地图上的道路、河流等是线实体。线实体可以认为是由连续的直线段组成的曲线，用坐标对的集合（x_1，y_1；x_2，y_2；$\cdots$；x_n，y_n）来记录。在现实世界中，许多的线地物都具有分形的特性；而在地理信息系统中，记录一条线的坐标点的数目是有限的，因而记录线实体需要进行坐标数据采样，通常组成曲线的线元素越短，x、y 坐标数量越多，则越逼近于实际的曲线。

（3）面实体：行政区在地理信息系统中通过面实体来表达。在记录面实体时，通常通过记录面状地物的边界来实现，因而有时也称为多边形数据。

2. 矢量数据的获取

矢量数据的获取方式主要有以下几种：

（1）利用各种定位仪器设备采集空间坐标数据。如 GPS、平板测图仪等。利用它们，可以测得地面上任意一点的地理坐标，通常是经纬度数据，从而可以用来描述点、线、面地理实体的空间位置。

（2）通过栅格数据转换而来。这种方法，在利用遥感数据动态更新地理信息系统数据库时尤为有用。

（3）通过纸质地图数字化得到。通常的数字化方式有手扶跟踪数字化，以及扫描矢量化两种方式。

（4）利用已有的数据通过模型运算得到。如叠加复合分析、缓冲区分析等空间模型运算都可以生成新的矢量数据。

3. 矢量数据的编码以及有关问题

矢量数据的编码相对比较简单，它主要是通过记录坐标点的数值来实现，但是有以下要注意的问题：

1）参照系

在表达一个坐标时，如果不指明参照系，其数值是毫无意义的。例如，在解析几何中，有两种常见的坐标系：平面直角坐标系和极坐标系。在这两种坐标系中，其坐标数值的意义是完全不同的。

在地理信息系统中，这样的问题同样存在，并且由于地球是一个不规则的椭球体，而在 GIS 中，地理实体要表现在二维的平面直角坐标系中，这样就需要投影变换。目前有上百种投影方式，并且描述地球椭球体的参数也不一致。为了使各种矢量数据的坐标具有可比性，需要针对不同的参照系进行坐标变换。

目前，在地理信息系统中常采用的坐标记录方式是经纬度坐标，以及在较大（大于等于1∶100万）比例尺，采用高斯-克吕格投影的地形图中采用的公里网坐标。

2）非空间数据

上面提到，地理实体有空间属性和非空间属性。非空间的属性数据一般是结构化的，可以利用关系型数据库进行管理；而空间属性数据通常采用文件进行管理，其间的连接通过编码来实现。在点矢量文件中的一个点实体，如北京编码为 10，在存储非空间数据的数据表中必然存在一个字段,"编码"描述了编码属性;若该数据表中某一条记录的"编码"字段数值为 10,则该记录就是北京的属性数值。

现在,随着数据库理论的发展,特别面向对象数据库技术的研究和应用,越来越多的 GIS 平台软件倾向于将空间数据和非空间数据在数据库中进行一体化的管理,以支持数据的分布,并且增强系统的适应能力。

3)面实体的记录编码

如上所述,在地理信息系统中,面实体是通过记录边界来进行编码存储的,而边界是封闭的环形,所以直接记录环上点的坐标即可。另外,在现实世界中,面实体常常会有"飞地"和"洞"的情形存在,这要求编码时需要记录多个环,并且加以区分(图 4.6)。

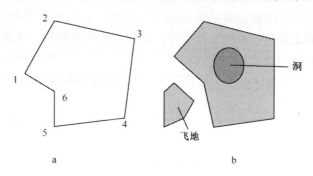

图 4.6 面实体的编码
(a. 环和环上的点;b. "飞地"和"洞")

在图 4.6a 中,只要从第一点出发,顺时针依次记录各点坐标,编码成为:x_1,y_1;x_2,y_2;x_3,y_3;x_4,y_4;x_5,y_5;x_6,y_6 即可。对于图 4.6b 中的多边形,需要记录三个环,同时要指明哪一个是"飞地",哪一个是洞。

上述基于环的多边形方法固然简单,但是在实际的地理信息系统应用中,却存在较多的问题。在现实世界中,多边形实体存在的邻接关系,表现为如图 4.7 的样式。

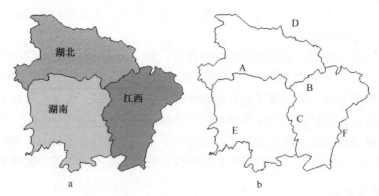

图 4.7 面实体的邻接关系以及其编码

在这种情形下,如果继续采用基于环的编码方式,那么相邻多边形的公共边被重复记录，造成数据冗余；其次在编辑修改边界时需要同时修改两个多边形的记录；最重要的是，这种记录方式难以体现面实体之间相邻关系，而相邻是 GIS 空间分析中很重要的一种空间关系。

所以在目前的地理信息系统中，通常采用基于弧的多边形编码方式，两个多边形的边界是一段弧，弧段的坐标编码方式与线实体一致，然后每个多边形记录它由哪些弧组成（表 4.1）。这样，编码冗余较少，并且很容易判断出哪些多边形相邻，如湖北和湖南通过公共弧段 A 而具有邻接关系。

表 4.1　基于弧段的多边形编码

多边形	弧段序列
湖北	A，B，D
湖南	A，C，E
江西	B，C，F

由于基于弧段的多边形编码描述了相邻关系，所以也称为拓扑结构，而基于环的成为非拓扑结构。拓扑多边形编码在实现时最大的问题，是建立和维护拓扑关系。目前拓扑生成算法已经成熟，不同的系统之间根据不同的需要，拓扑结构的具体实现略有差异。

四、矢量与栅格数据转换

1. 栅格和矢量数据结构的比较与选择

空间数据的栅格结构和矢量结构是地理信息系统中记录空间数据的两种重要方法，栅格结构和矢量结构各有其优点和局限性，具体比较如下。

1) 栅格数据结构

(1) 优点
数据结构简单；
空间数据的叠置和组合方便；
便于实现各种空间分析；
数学模拟方便；
技术开发费用低。

(2) 缺点
数据量大；
降低分辨率时，信息缺失严重；
地图输出不够精美；
难以建立网络连接关系；
投影变换较为费时。

2) 矢量数据结构

(1) 优点
表现地理数据的精度较高；
数据结构严密，数据量小；

能够完整描述拓扑关系；

图形输出美观；

图形数据的恢复、更新、综合能够实现。

（2）缺点

数据结构复杂；

叠置分析时难以与栅格图组合；

数学模拟比较困难；

空间分析技术上比较复杂。

现在，大多数地理信息系统平台都支持这两种数据结构，而在应用过程中，根据具体的目的，选用不同的数据结构。例如，在集成遥感数据以及进行空间模拟运算（如污染扩散）等应用中，一般采用栅格数据为主要数据结构；而在网络分析、规划选址等应用中，通常采用矢量结构。

2. 栅格和矢量数据结构的数据转换

如上所述，在地理信息系统平台中，同时支持矢量结构和栅格结构，但是要建立同时基于这两种数据结构的空间分析模型是困难的，这就要求进行数据转换。目前矢栅转换的算法已经成熟，包括矢量转栅格算法和栅格转矢量算法。

对于点实体，每个实体由一个坐标对表示，其矢栅转换主要是坐标精度问题。线实体在由矢量结构转换为栅格结构时，除了计算曲线上结点外，还要通过直线方程计算相邻两点间的栅格点坐标；线实体的由栅格向矢量的转换类同于多边形。因此，下面着重讨论多边形（面实体）的矢栅转换。

1）矢量数据向栅格数据转换

多边形的矢量向栅格的转换又称为多边形填充，就是在矢量表示的多边形内部的所有格点上赋予正确的多边形编号，形成栅格数据阵列。

常用的多边形填充算法，有内部扩散算法、复数积分算法、射线算法、扫描算法等等。这些算法一般速度较慢，效率不高。目前大多数 GIS 软件都采用了边界代数算法。

使用边界代数算法进行多边形填充时，需要建立完整的拓扑结构，并且没有一条弧段都记录了其相邻多边形的编码数值（左右码）。其算法流程如图 4.8 所示。

该算法速度较快，占用计算机资源少，是一个比较优秀的多边形填充算法。

2）栅格数据向矢量数据转换

多边形栅格格式向矢量格式的转换，就是提取以相同编码的栅格集合表示的多边形区域的边界，并且建立拓扑关系。通常栅格格式向矢量格式的转换包括以下四个基本步骤：

（1）多边形边界提取：将栅格图像二值化或者以特殊数值表示边界点和结点。

（2）边界线追踪：对每个边界弧段从一个结点向下一个结点搜索，直到连接成为边界弧段。

（3）拓扑关系生成：对于矢量边界弧段，判断与原图上各多边形空间关系，形成完

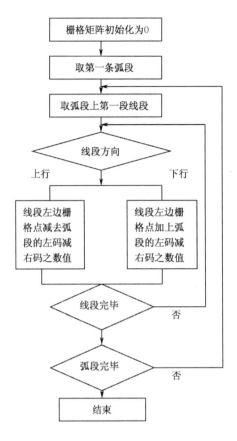

図 4.8 矢量向栅格的转换算化流程

整的拓扑结构。

（4）去处冗余点和曲线平滑，以除掉由于栅格数据引起的锯齿效果。

第三节　基于 GIS 的地球信息分析方法

GIS 具有很强的空间信息分析功能，这是区别于计算机地图制图系统的显著特征之一。利用空间信息分析技术，通过对原始数据模型的观察和实验，用户可以获得新的经验和知识，并以此作为空间行为的决策依据。

一、空间信息量算

空间信息量算是空间信息分析的定量化基础。

1. 质心量算

描述地理目标空间分布的最有用的单一量算量是目标的质心位置。地理目标的质心是目标的平均位置，它是目标保持均匀分布的平衡点，它可以通过对目标坐标值加权平

均求得

$$X_G = \frac{\sum\limits_i W_i X_i}{\sum\limits_i W_i} \qquad Y_G = \frac{\sum\limits_i W_i Y_i}{\sum\limits_i W_i}$$

式中：i 为离散目标物；W_i 为该目标权重；X_i，Y_i 为其坐标。

质心的量算，可以跟踪某些地理分布的变化，例如人口变迁、土地类型的变化，也可以简化某些复杂目标。在某些情况下，可以方便地导出某些预测模型。

2. 几何量算

几何量算对点、线、面、体 4 类目标物而言，其含义是不同的：
- 点状目标：坐标；
- 线状目标：长度、曲率、方向；
- 面状目标：面积、周长等；
- 体状目标：表面积、体积等。

线由点组成，而线长度可由两点间直线距离相加得到。

面积和周长的计算：在平面直角坐标系中计算面积时，计算 y 值以下面积，按矢量方向分别求出向右向左两个方向各自的面积，它们的绝对值之差便是多边形面积值。周长则是线段之和。

3. 形状量算

目标物的外观是多变的，很难找到一个准确的量对其进行描述。因此，对目标属紧凑型的或膨胀型的判断极其模糊。

如果认为一个标准的圆目标既非紧凑型也非膨胀型，则可定义其形状系数 r 为

$$r = \frac{P}{2\sqrt{\pi} \cdot \sqrt{A}}$$

式中：P 为目标物周长，A 为目标物面积。如果

$r < 1$，目标物为紧凑型；

$r = 1$，目标物为一标准圆；

$r > 1$，目标物为膨胀型。

二、空间信息分类

空间信息分类方法是地理信息系统功能组成的重要组成部分。与地图相比较，地图上所载负的数据是经过专门分类和处理过的，而地理信息系统存储的数据则具有原始数据的性质，这样用户就可以根据不同的使用目的对数据进行任意提取和分析。对于数据分析来说，随着采用的分类方法和内插方法的不同，得到的结果会有很大的差异。因此，在大多数情况下，首先是将大量未经分类的数据输入地理信息系统的数据库，然后根据用户建立的具体分类算法来获得所需要的信息。以下介绍空间信息分类中常用的几种数学方法。

1. 主成分分析法

地理问题往往涉及大量相互关联的自然和社会要素，众多的要素常常给分析带来很大困难，同时也增加了运算的复杂性。主成分分析法通过数理统计分析，将众多要素的信息压缩表达为若干具有代表性的合成变量，这就克服了变量选择时的冗余和相关，然后选择信息最丰富的少数因子进行各种聚类分析。

设有 m 个样本，n 个变量，构造矩阵

$$Z = (X_{ij})_n x_m$$

$$R = \frac{1}{n} Z \cdot Z^{\mathrm{T}} = (r_{ij})_n x_m$$

其斜方差方阵 R 为实对称矩阵，用 Jacobi 方法找出线性变换使得 y_1，y_2，$\cdots$，y_n 互不相关，R 矩阵的特征值越大，该主成分的贡献越大，因而可以选择累计贡献

$$
\begin{bmatrix} y_1 \\ y_2 \\ \vdots \\ y_n \end{bmatrix} = \begin{bmatrix} r_{11} & r_{12} & \cdots & r_{1m} \\ r_{21} & r_{22} & \cdots & r_{2m} \\ \vdots & \vdots & \vdots & \vdots \\ r_{n1} & r_{n2} & \cdots & r_{nm} \end{bmatrix} \begin{bmatrix} x_1 \\ x_2 \\ \vdots \\ x_m \end{bmatrix}
$$

百分比在一定阈值以内的若干因子作为主因子参加分析运算。

2. 层次分析法（AHP）

在分析涉及大量相互关联、相互制约的复杂因素时，各因素对问题的分析有着不同程度的重要性，决定它们对目标的重要性序列对问题的分析十分重要。AHP方法把相互关联的要素按隶属关系划分为若干层次，请有经验的专家们对各层次各因素的相对重要性给出定量指标，利用数学方法，综合众人意见给出各层次各要素的相对重要性权值，作为综合分析的基础。

3. 系统聚类分析

系统聚类是根据多种地学要素对地理实体划分类别的方法。对不同的要素划分类别往往反映不同目标的等级序列，如土地分等定级、水土流失强度分级等。

系统聚类根据实体间的相似程度，逐步合并为若干类别，其相似程度由距离或相似系数定义，主要有绝对值距离、欧氏距离、切比雪夫距离、马氏距离等。

4. 判别分析

判别分析与聚类分析同属分类问题。所不同的是，判别分析是根据理论与实践，预先确定出等级序列的因子标准，再将分析的地理实体安排到序列的合理位置上，对于诸如水土流失评价、土地适宜性评价等有一定理论根据的分类系统的定级问题比较适用。常规的判别分析，主要有距离判别法和 Bayes 最小风险判别法等。

三、覆盖叠置分析

覆盖叠置分析是将两层或多层地图要素进行叠加产生一个新要素层的操作，其结果

将原来要素分割生成新的要素，新要素综合了原来两层或多层要素所具有的属性。也就是说，覆盖叠置分析不仅生成了新的空间关系，还将输入数据层的属性联系起来产生了新的属性关系。覆盖叠置分析是对新要素的属性按一定的数学模型进行计算分析，进而产生用户需要的结果或回答用户提出的问题。

1. 多边形叠置

这个过程是将两层中的多边形要素叠加，产生输出层中的新多边形要素，同时它们的属性也将联系起来，以满足建立分析模型的需要。一般 GIS 软件都提供了三种多边形叠置：

（1）多边形之和（UNION）：输出保留了两个输入的所有多边形。

（2）多边形之积（INTERSECT）：输出保留了两个输入的共同覆盖区域。

（3）多边形叠合（IDENTITY）：以一个输入的边界为准，而将另一个多边形与之相匹配，输出内容是第一个多边形区域内两个输入层所有多边形。

多边形叠置是个非常有用的分析功能。例如人口普查区和校区图叠加，结果表示了每一学校及其对应的普查区，由此就可以查到作为校区新属性的重叠普查区的人口数。

2. 点与多边形叠加

点与多边形叠加，实质是计算包含关系。叠加的结果是为每点产生一个新的属性。例如井位与规划区叠加，可找到包含每个井的区域。

3. 线与多边形叠加

将多边形要素层叠加到一个弧段层上，以确定每条弧段（全部或部分）落在哪个多边形内。

四、网 络 分 析

对地理网络（如交通网络）、城市基础设施网络（如各种网线、电力线、电话线、供排水管线等）进行地理分析和模型化，是地理信息系统中网络分析功能的主要目的。网络分析是运筹学模型中的一个基本模型，它的根本目的是研究、筹划一项网络工程如何安排并使其运行效果最好，如一定资源的最佳分配，从一地到另一地的运输费用最低等。其基本思想则在于人类活动总是趋向于按一定目标选择达到最佳效果的空间位置。网络中的基本组成部分和属性如下：

（1）链（Links）：网络中流动的管线，如街道、河流、水管等，其状态属性包括阻力(Impedence)和需求(Demand)。

（2）障碍（Barriers）：禁止网络中链上流动的点。

（3）拐角点（Turns）：出现在网络链中所有的分割结点上，状态属性有阻力，如拐弯的时间和限制（如不允许左拐）。

（4）中心（Centers）：是接受或分配资源的位置，如水库、商业中心、电站等，其状态属性包括资源容量，如总的资源量；阻力限额，如中心与链之间的最大距离或时间限制。

(5) 站点（Stops）：在路径选择中资源增减的站点，如库房、汽车站等，其状态属性有要被运输的资源需求，如产品数。

网络中的状态属性有阻力和需求两项，实际的状态属性可通过空间属性和状态属性的转换，根据实际情况赋到网络属性表中。

1. 路径分析

(1) 静态求最佳路径：由用户确定权值关系后，即给定每条弧段的属性，当需求最佳路径时，读出路径的相关属性，求最佳路径。

(2) 动态分段技术：给定一条路径由多段联系组成，要求标注出这条路上的公里点或要求定位某一公路上的某一点，标注出某条路上从某一公里数到另一公里数的路段。

(3) N 条最佳路径分析：确定起点、终点，求代价较小的 N 条路径，因为在实践中往往仅求出最佳路径并不能满足要求，可能因为某种因素不走最佳路径，而走近似最佳路径。

(4) 最短路径：确定起点、终点和所要经过的中间点、中间连线，求最短路径。

(5) 动态最佳路径分析：实际网络分析中权值是随着权值关系式变化的，而且可能会临时出现一些障碍点，所以往往需要动态地计算最佳路径。

2. 地址匹配

地址匹配实质是对地理位置的查询，它涉及到地址的编码（Geocode）。地址匹配与其他网络分析功能结合起来，可以满足实际工作中非常复杂的分析要求。所需输入的数据，包括地址表和含地址范围的街道网络及待查询地址的属性值。

3. 资源分配

资源分配网络模型，由中心点（分配中心）及其状态属性和网络组成。分配有两种方式：一种是由分配中心向四周输出；另一种是由四周向中心集中。这种分配功能可以解决资源的有效流动和合理分配，其在地理网络中的应用与区位论中的中心地理论类似。在资源分配模型中，研究区可以是机能区，根据网络流的阻力等来研究中心的吸引区，为网络中的每一连接寻找最近的中心，以实现最佳的服务，还可以用来指定可能的区域。

资源分配模型，可用来计算中心地的等时区、等交通距离区、等费用距离区等；可用来进行城镇中心、商业中心或港口等地的吸引范围分析，以用来寻找区域中最近的商业中心，进行各种区划和港口腹地的模拟等。

五、缓冲区分析(邻域与分析)

缓冲区分析，是针对点、线、面实体，自动建立其周围一定宽度范围以内的缓冲区多边形。缓冲区的产生有三种情况：一是基于点要素的缓冲区，通常以点为圆心、以一定距离为半径的圆；二是基于线要素的缓冲区，通常是以线为中心轴线、距中心轴线一定距离的平行条带多边形；三是基于面要素多边形边界的缓冲区，向外或向内扩展一定距离以生成新的多边形。

六、空间统计分析

1. 常规统计分析

常规统计分析主要完成对数据集合的均值、总和、方差、频数、峰度系数等参数的统计分析。

2. 空间自相关分析

空间自相关分析是认识空间分布特征、选择适宜的空间尺度来完成空间分析的最常用的方法。目前，普遍使用空间自相关系数——MoranI 指数，其计算公式如下：

$$I = \frac{N}{W_{ij}} \cdot \frac{\sum\sum W_{ij}(x_i - \overline{x})(x_j - \overline{x})}{x_i - \overline{x}}$$

式中：N 表示空间实体数目；x_i 表示空间实体的属性值；$\overline{x}$ 是 x_i 的平均值；$W_{ij}=1$ 表示空间实体 i 与 j 相邻，$W_{ij}=0$ 表示空间实体 i 与 j 不相邻；I 的值介于 1 与 -1 之间，$I=1$ 表示空间自正相关，空间实体呈聚合分布；$I=-1$ 表示空间自负相关，空间实体呈离散分布；$I=0$ 则表示空间实体是随机分布的。W_{ij} 表示实体 i 与 j 的空间关系，它通过拓扑关系获得。

3. 回归分析

回归分析用于分析两组或多组变量之间的相关关系，常见回归分析方程有线性回归、指数回归、对数回归、多元回归等。

4. 趋势分析

通过数学模型模拟地理特征的空间分布与时间过程，把地理要素时空分布的实测数据点之间的不足部分内插或预测出来。

5. 专家打分模型

专家打分模型将相关的影响因素按其相对重要性排队，给出各因素所占的权重值；对每一要素内部进行进一步分析，按其内部的分类进行排队，按各类对结果的影响给分，从而得到该要素内各类别对结果的影响量，最后系统进行复合得出排序结果，以表示对结果影响的优劣程度，作为决策的依据。其数学表达式为

$$G_p = W_i C_{ip}$$

式中：G_p 表示 p 点的最终复合结果值；W_i 表示第 i 个要素的权重；C_{ip} 表示第 i 个要素在 p 点的类别的专家打分分值。

专家打分模型可分二步实现。第一步——打分：用户首先在每个 feature 的属性表里增加一个数据项，填入专家赋给的相应的分值。第二步——复合：调用加权符合程序，根据用户对各个 feature 给定的权重值进行叠加，得到最后的结果。

第四节　地球信息的分析与处理技术

一、集中式 GIS 计算技术

第一个阶段是主机阶段，它的基本模式是主机/终端模式，也叫单层应用体系结构模型，如图 4.9 所示。应用是通过大型计算机和其终端来实现的，昂贵的大型计算机可以处理来自终端的用户请求（通过用户登录）。这些终端实际上并没有任何处理能力，只是被允许访问大型计算机上的资源。这种模式是在单一的应用层内实现用户操作界面、GIS 功能、GIS 数据管理。对数据本身来说，它可以是物理上位于远端，但是存取数据的逻辑却是应用程序的一部分。在这样的体系结构中，数据处理主要不是通过数据库，而是文件来存取数据，应用程序自己定义如何进行数据的存储、查询、读取等运算逻辑。单机应用，特别是 Windows 应用程序多数属于这种单层模型。这种模型的好处在于应用程序的前期分析和设计比较简单，但是后期的维护会变得非常麻烦，因为用户界面、功能、数据管理交织在一起，对任何一部分的改动都会影响到其他

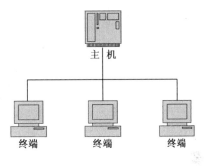

图 4.9　集中式计算方式

部分。在这个时代发展了一些 GIS 应用系统，但大多都因为技术落后、无法扩展而不再使用了。在今天，这些系统往往被称作"遗留系统"（legacy system），它们的数据被称为"遗留数据"。

二、客户机/服务器 GIS 计算技术

紧跟的下一个阶段是客户机/服务器（Client/Server，C/S）时代。PC 机的出现改变了计算机的使用方式。计算机越来越便宜，处理能力也在不断提高，人们可以部分依赖 PC 机的处理能力，无需再过多依靠大型机去处理全部的请求。从这种方式发展而来的体系结构就变成了现在极为流行的客户机/服务器模型。这种模型又可分为传统的两层客户机/服务器结构和三层客户机/服务器结构。

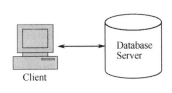

图 4.10　两层 C/S 结构计算模型

传统的两层客户机/服务器结构分为中心服务器和客户机，中心服务器上包含有数据库或所有客户机需要访问的其他中心数据存储，如图 4.10 所示。客户机处理用户界面的显示，以及向服务器发送数据之前的部分业务逻辑或全部业务逻辑。这样可以充分利用客户机的资源，而释放一些服务器资源，从而在服务器上集中处理数据的存储和数据的访问。

传统的两层客户机/服务器结构的好处是通过允许多用户同时存取相同的数据，来自一个用户的数据更新可以立即被连接到服务器上的所有用户访问，而且将应用程序分

布在多个机器上，可以减轻在单个计算机上的总负荷。但其缺点是：从使用资源上来看，当用户量扩大到一定程度的时候，就会需要大量的资源，维护这种类型的应用程序的代价就会很高。这些用户请求都会在建立与数据库的连接上耗费资源，当然还会耗费其他的服务器资源，导致无法添加更多的客户机，除非极大地增强服务器的处理能力。从客户端来看，由于这些系统中的客户端需要执行大量的功能，并且需要复杂的配置，因此被称为胖客户。胖客户应用程序需要所有的库文件和 DLL 文件都被正确地安装和注册，否则程序将无法运行，所以客户端维护困难，移植性能差。

伴随 Internet 技术的出现，推动了信息系统技术和体系结构的进化，很好地解决了传统客户机/服务器模型难以维护、性能降低等缺陷，形成三层客户机/服务器结构，并诞生了浏览器/服务器模型，把计算机技术带入了第三个时代——Internet 时代。

三、基于 Internet 的 GIS 计算技术

所谓三层客户机/服务器结构，是在客户端与数据库之间加入了一个"中间层"，也叫组件层。这里所说的三层体系，不是指物理上的三层，不是简单地放置三台机器就是三层体系结构；三层是指逻辑上的三层，即使这三个层放置到一台机器上。三层结构是指数据库服务器、应用服务器和客户机。其对应的软件层为：

客户层（表示层），即客户机上的 GUI 应用，常配有网络浏览器或可执行程序。一般不在客户层存放业务逻辑或很少存放。

中间层（业务逻辑层），通常由应用服务器或 Web 服务器实现，中间层提供业务逻辑、事务调度，以及与数据库连接，充当客户与数据库之间的桥梁。MTS 或 Sybase CTS 等事务服务器都是中间层服务器，COM 或 JavaBeans 对象可以嵌入其中提供业务逻辑。中间层为三层应用提供了伸缩性，也提供了与客户通信的安全性；数据库层，通常存放像 SQL Server、Oracle 等关系型的数据库系统。

在三层结构中（图 4.11），每一层支持应用程序的一个独立部分。客户机完成显示逻辑，应用服务器完成业务处理逻辑，而数据库服务器完成数据存取逻辑。在事务处理过程中，每个客户机只向应用服务器发出一个请求，这就减少了网络通信和竞争。每个应用程序的业务逻辑部分由该程序的所有用户共享，这就更好控制业务逻辑，大大简化了变化的实现。另外，应用服务器和数据库之间是一定数目的常连接（用户不必做连接和断开数据库的操作），而且，三层结构的特性是客户请求应用服务而不是请求数据。所以，随着用户的增加，三层结构更加有效并容易扩展。在编程模式变革的同时，Internet 从大学校园和研究院所成长为遍及世界的巨人。Internet 对社会生活带来明显的影响，对软件业更带来举足轻重的影响。当前，最典型的也是最有前途的三层结构是客户层在客户机上的浏览器中执行应用，中间层位于与数据库层相连的响应数据访问请求的 Web 服务器中，也就是指浏览器/服务器（Browser/Server，B/S）结构（图 4.12）。在这个技术框架下，Internet 成为了世界上最大的分布式计算环境。

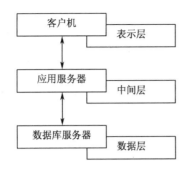

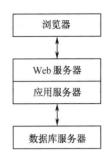

图 4.11　三层分布式计算体系结构　　　　图 4.12　三层 B/S 体系结构

三层结构的优越性在于以下几点：

（1）瘦客户端：只需在客户端安装简洁的应用程序或浏览器，应用占有的客户机资源较少；

（2）开放式系统：跨平台支持可移植性，可以用与操作系统和网络协议无关的方式存取数据；

（3）较低的网络通信量：由于数据在应用服务器处理后返回给用户，数据传输量大大减少，因而能处理大量用户和海量数据；

（4）用户操作使用简单：基于通用浏览器的操作使得使用简单；

（5）软件可重用性：可以将创建的组件和服务共享和复用，并按需求通过计算机网络分发；

（6）软件的扩展性强：组件的开发方式使得大型的、复杂的工程项目能分解成简单安全的众多子模块，可以在服务器上配置组件和服务，系统升级或添加额外的功能，不会破坏原有的系统。

目前，流行的分布式三层体系结构主要有基于 OMG 的 CORBA、基于微软的 DCOM 和基于 SUN 公司的 RMI，无论哪种都是以组件体系结构为基础。

四、基于 Web Service 的地球信息服务技术

服务是通过 URI（Unique Resource Indicator）来标识的一个软件系统，并采用 XML 来定义和描述其公共接口和连接方法。其他软件系统可以发现这些接口，并根据接口定义的方法，通过 Internet 协议标准，如 HTTP、SMTP、FTP、IIOP 等，用 XML 格式的消息与它进行交互。简单说，Web 服务就是使用一个标准的输出接口来定义系统功能，以便外界通过这个接口进行调用。

图 4.13 是 Web 服务的基本构架，共有三部分组成：服务提供者可以向服务代理发布并注册其服务；服务请求者则通过服务代理搜寻所需的服务，并根据代理返回的结果与实际的服务提供者绑定；绑定后请求者就可向服务提供者发出服务请求并获得相应服务响应(表 4.2)。

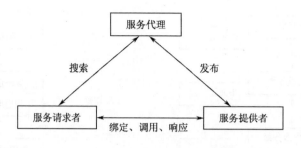

图 4.13   Web 服务架构

表 4.2   Web 服务协议

服务的注册、管理	如 UDDI
服务接口描述	服务接口描述语言 WSDL
数据封装	服务调用协议，如 SOAP
	形成标准数据格式 XML
传输协议	传输层协议，如 HTTP、SMTP
	网络层协议，如 IPv4、IPv6

Web 服务从根本上说是一个分布式解决方案，是分布式计算技术的一大飞跃，它的设计依赖于 Internet 标准（如 XML 和 HTTP）。Web 服务就是通过 Web 接口提供某个功能程序段。通过标准的 Internet 协议就可以很容易地访问该功能。这意味着所有客户机都可以使用 Internet 进行远程过程调用（Remote Procedure Call，RPC）操作，该操作将对 Internet 上的服务器进行请求，并接收以 XML 格式的返回响应。这些在客户机和服务器之间来回传递的消息被编码到一个特殊的 XML 语句中，这些语句被称为简单对象访问协议（Simple Object Access Protocol，SOAP）。该协议用来定义访问远程计算机功能的标准方式。

Web 服务发展的基本理念就是客户机和服务器能够使用任何技术、任何语言、任何设备。这些技术、语言和设备，可以由开发人员和中间设备来确定。每个 Web 服务都被明确地定义了唯一的接口，因此，无论客户端是一个 Java servlet、一个 VB. NET 胖客户、一个 WAP 手机都无关紧要，它们访问 Web 服务的方式都是一样的，即 HTTP 上使用 SOAP。与 Web 服务相关的技术有：

1. 可扩展标记语言(XML)

可扩展标记语言（XML），是 Web Services 平台中表示数据的基本格式。除了易于建立和易于分析外，XML 主要的优点在于它既与平台无关，又与厂商无关。Web Services 若要让异构平台上不同系统可以相互通信和共享数据，那数据在 Web 上传输必须以一定的标准和格式进行。这个表示数据的标准就是 XML。

2. 简单对象访问协议(SOAP)

不同系统遵守 SOAP 协议发送和接收这些标准的 XML 数据，从而达到相互通信的目的。SOAP不与任何一种对象模式（如DCOM、CORBA等）相关，它是一种独立的、通用的、基于XML标准的、文本的对象访问协议。由于SOAP传递的消息都以XML文档形式发送和接收，它最理想、最自然的实现方式就是HTTP，所以客户端仅需具备基本TCP/IP网络环境，即可享用全球各处的Web Services。

3. Web服务描述语言（WSDL）

WSDL是用来描述Web Services所完成的功能和Web Services提供的服务。它用机器可阅读的格式来描述Web Services，从而让其他系统可以调用它所提供的服务。WSDL也是XML，只是有一定的规范要求。服务端提供WSDL文件最重要的用途就是向客户端提供服务端接口的描述。

4. 通用描述、发现与集成（UDDI）

UDDI是用来发布已建立的Web Services，以便让世界上任何一个地点的人或系统知道它所提供的服务从而调用它。Web Services的提供者必须在UDDI注册中心注册，而服务的请求者若是搜索某项服务，可到UDDI注册中心查询。UDDI注册中心扮演了服务代理者的角色。提出Web服务的主要目的就是为了实现在Internet/Intranet环境下各种系统间的交互，从这点上来说有点类似于组件的功能，但相比之下，Web服务具有更广泛的适用性，它支持跨平台，且在不同程序间提供了一种标准的通讯方法。为实现上述目标，Web服务定义了一个协议栈来为其提供支持，如图4.14所示。

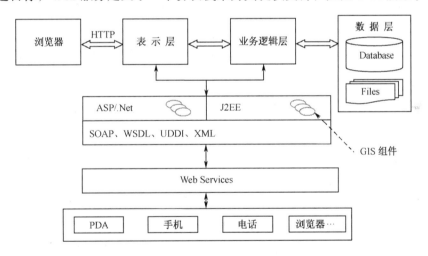

图4.14　基于Web Services的地理信息服务开发框架

Web服务是新一代的Web应用，是可以通过Web发布、查找和调用的自包含、自描述的模块化应用。Web服务执行从简单的请求到复杂的业务流程的任何功能。一旦Web服务被部署后，其他应用（和其他Web应用）就可以发现和调用已部署的服务。传统WebGIS技术的主要目的是为了能够在网络上发布空间数据以及和这些空间数据相关的一些操作，主要通过浏览器直接服务于最终用户。而对于数字城市等复杂GIS应用，它们都建立在复杂、动态变化的分布式网络环境下，各种应用都构建在更为开放的分布式环境之中，而且各种不同应用对于地理信息功能的需求也千差万别。这时传统的 WebGIS 技术就暴露出了它的不足，主要原因是：数据与功能的相对绑定；系统相对独立，缺乏良好的互操作性；系统内部耦合度较强，应用模式不够灵活，难以灵活地为需求不同的应用提供不同粒度和不同功能组合的地理信息服务。随着空间信息 Web Services 概念的出现，特别是 OGC 提出的基于互操作的 Web 服务和相关规范的制订，把基于 Web 的空间信息发布引入了一个更高的层次。参照 OGC Web 服务中制订的一系列标准，借助 XML、SOAP、WSDL 等 Internet 协议，可以创建基于 Web Services 的地理信息服务系统。基于 Web Services 的地理信息服务系统是对 WebGIS 的范畴的扩展，是可互操作的分布式应用程序新平台，特别符合地理信息分布的特点，并可以利用耦合的模式来使用和扩展各种数据和服务资源，动态的绑定不同的服务来完成特定的功能。采用该技术开发 GIS 应用，客户端和服务器间能够自由地用 HTTP 进行通信，可以透明地访问远程的 GIS 组件服务，而不论两个程序的平台和编程语言是什么；应用程序间通信不受现有 Proxy 和防火墙的限制，增强了分布式系统的功能，而无须依赖某一项技术（如 DCOM、CORBA 或 RMI）。这样解决方案特别适合于空间信息服务的实现，解决在分布式环境下的地理信息的互操作（包括数据和功能两方面），具有非常好的发展前景。

五、基于元数据地球信息服务技术

元数据是对资源进行精确描述并建立完善索引的途径，通过对建立的元数据库进行查询和检索来获取地理数据集的有关信息。这尤其有利于在大量的地理数据进行集中的资源发现，以定位和获取希望的数据。通过网络对一个遥远的数据库发出查询请求，以确定那里是否有想要的数据。如果没有元数据，查询就会变得困难得多，很难限定什么是自己想要的数据。

元数据是指为描述某一数据对象的若干属性而组织在一起的记录。地理信息元数据描述的对象即是地理信息，包括地理数据和地理信息服务。它记录了数据或服务的标识、范围、质量、地理空间参照、访问限制等信息。由一些权威单位或组织制定的对某一数据对象从哪些方面进行描述以及如何描述的规范，就是元数据标准。为实现不同的资源库之间的一致查询检索，必须指定统一的元数据标准。元数据标准界定了统一的模式和结构，人们就可以对这些资源库采用一致的查询检索方法，使资源发现变得更简单、效率更高，从而可以大大促进信息的共享。

目前，在地理信息领域，主要的元数据标准包括 FGDC 制定的数字地理空间元数据内容标准（CSDGM）和 ISO/TC211 制定的地理信息元数据标准。

地理信息元数据服务是实现地理信息网络服务的第一步。元数据最重要的作用在于它提供目录数据，能使用户方便地找到地理信息与服务，即资源发现（Resource Discovery）功能，或者说导航（Navigation）功能、目录服务（Catalog Services）。目录实体包括元数据和引导用户查到所需数据与服务的检索器。

地球信息元数据目录服务的基本功能是地理空间资源的组织、发现和导入。地理空间资源是网络计算机系统环境中基本而又抽象的地理空间信息，是地理信息共享交易中的基本交易单元。地理空间资源包括地理数据和地理服务两部分，因此目录服务的元数据包括数据元数据和服务元数据。描述地理服务的元数据可以从发布系统（桌面、服务器或基于 Internet 的应用）加载到信息门户的工具包。这些元数据以 XML 记录的方式存储在数据库（RDBMS）中，也可以存储为其他不同的标准格式。浏览数据时，目录数据按照主题来组织，通过点击数据主题链接，可以进入相应的主题单元，数据目录页面也将显示 Web 服务相关的元数据，可下载的数据或者是其他相关资源，形成一个网络服务体系。

六、空间信息网格与地理信息服务网格

随着人们对网格研究与认识的不断深入和网格应用领域的不断拓宽并逐渐走向成熟，网格成为未来信息社会一项重要的信息基础设施成为人们对美好未来的无限渴望，为人们未来使用计算机资源、网络资源和信息资源就像现在使用电力资源一样方便带来了无限憧憬。"GRID" 原本源于 "PowerGRID（电力供应网）" 的专业术语。网格的目标就是让人们使用网络资源像使用电一样简单（GRID 计算机系统与并行的电力系统进行比较见表 4.3）。电力系统的模式就是网格努力的方向。

地理信息作为一种特殊的基础信息，由于在全球和区域的社会与经济发展、生态环境变化研究、资源合理开发和保护、可持续发展战略研究等重大领域所起的基础性、关键性作用，长期以来深受人们的关注。国家空间信息基础设施的建设也成为全球和各国发展战略的一个重要组成部分。作者认为网格的发展和应用将为国家空间信息基础设施建设的更完善、更快实现提供强大的推动力甚至新的途径，成为国家空间信息基础设施建设道路上的重要里程碑。

表 4.3 并行电力系统网格与计算机系统网格的比较

（据杨崇俊 2003）

		电力系统	网格 （Grid）
组成	能力来源	各类电力厂	各类计算机，外设、数据库
	组织方式	输电网	计算机网络（LAN，WAN，Internet）
	服务内容	电力	数据、信息、知识
	服务对象	全社会的个体或组织	全社会的个体或组织
特性	可靠性	任何地方、开关打开、电能就到达	功能齐全
	一致性	统一的连接接口	统一界面
	广泛性	全球无所不在	能从任何地方接入
	唯一性	单一系统形象	单一系统形象
	高性能	高压	宽带、高速……
	充足资源	水电、火电、核电、太阳能	计算机、外设、数据、软件

早在 1993 年 9 月，美国前总统克林顿就签署行政令，建立全美的信息高速公路，即"国家信息基础设施"（National Information Infrastructure，简称 NII），将信息技术推进到人们的日常生活。他又于 1994 年发布总统令建立"国家空间数据基础设施"

（National Spatial Data Infrastructure，简称 NSDI）为信息高速公路提供地理空间数据，并采取措施为解决海量数据未能充分被利用和社会对空间信息的需求之间的矛盾创造了条件，为社会各领域利用和共享空间信息，并将信息转化为产品提供了保证。1995 年 2 月，西方七国在部长级会议上提出建设 GII 示范项目，用全球数据和全球宽带网的建设带动计划实施，其中特别突出了资源的可互操作性和分布式计算。1998 年 1 月，美国时任副总统戈尔在美国加利福尼亚科学中心发表了题为 The Digital Earth：Understanding Our Planet in the 21st Century 的讲演，提出了"数字地球"的概念。戈尔指出：我们需要一个"数字地球"，一个可以嵌入海量地理数据的、多分辨率的、真实地球的三维表示。他还认为，"数字地球"涉及的技术包括以下几个方面：以建模与数字模拟为特征的计算数学、海量存储技术、高分辨率的卫星图像技术、宽带网络、互操作规范、元数据标准以及卫星图像的自动解译、多源数据的融合和智能代理等。戈尔认为："数字地球"潜在的应用会远远超出我们的想象力。"数字地球"是美国继"星球大战"和"信息高速公路"之后的又一全球性战略计划。"数字地球"将为"信息高速公路"提供内容丰富、形式多样的"信息货物"，并解决信息化社会所面临的海量数据闲置与信息饥渴同时存在的矛盾。

"数字地球"的实质是信息化的地球，是建设信息化社会的基础。它包括了地球大部分要素的数字化、网络化、智能化、可视化的全过程。它是把地球上的每一点信息按地球坐标加以整理，使之数字化、可视化，构成一个完整的地球信息模型，以便于彼此间通过网络查询、协作、共建共享，并避免信息源、知识源的浪费和低水平重复，从而带动经济和社会的全面、可持续发展。技术上，数字地球是以空间信息为基础，以网络为依托，以全球、全社会信息为开发对象的、综合的、多维的、多分辨率的、开放的巨系统。

陈述彭院士认为："数字地球"是一种全球战略思想，其核心是指用全盘数字化的信息获取、存储、传输与处理技术，去控制和操纵全球事物。具体说，就是在全球、国家和区域的层次上，长远地规划地球表层和浅表层数字信息的获取、处理、应用等方面的相关工作，从系统论和一体化的角度来整合已有的或者正在发展的与数字地球相关的理论、技术、数据、应用和能力。"数字地球"概念实际上是网格技术对人们思维模式的又一冲击，它是在人们获取数据的方式已经有了很大改进，在无论从空中、地面还是水下，感知手段都有进步的历史条件下，在数据越来越多、如何处理数据和使用成为难题的需求下，在大量的数据需要迅速处理，同时又要最大可能避免由于观测方法、使用仪器和环境差异带来的误差的需求，对在关键数据变成关键模式的过程中，需要大量、迅速的计算，信息共享与协同工作技术的信息基础设施的需求的一种形象化的表达和创新思考。在这种情况下，网格有望成为实现这种新的思维方式的最佳解决方案——这就是空间信息网格！

空间信息网格就是利用现有的空间信息基础设施，空间信息网络协议规范，为用户提供一体化空间信息应用服务的智能化信息平台。在空间信息网格中，各种空间信息资源被统一管理和使用，空间信息处理是分布式协作的和智能化的，用户可以通过空间信息网格门户透明地使用整个网络上的各种资源方便、快捷地享用交互式、非重复式、多层次的、智能化的、高质量的空间信息服务。空间信息网格的最终目标是把 Internet 上的空间信息服务站点连接起来，实现"服务点播"（Service on Demand）和"一步到位"的服务（One Click is Enough）。发展空间信息网格，将从空间信息应用与服务的基础保障与技术体系和信息基础设施建设角度推动我国空间信息资源在国家信息化建设中的共享与应用，满足日益增长的多层次、多领域的空间信息应用需求。从这个角度讲"数字地球"的概念，实际上是网格技术在地球信息科学领域的一种体现形式。"数字地球"系将地球上一切与地理位置有关的信息，用数字的形式进行描述并存储成为丰富的资源，并通过网络进行共享，从而为全社会服务。

国家空间信息基础设施（National Spatial Information Infrastructure, 简称 NSII）是地球空间数据和信息获取、处理、存储、传输、应用、分发及其应用效果改进，所必须的各种技术、政策、标准、人力资源以及这些数据与信息资源本身的总称（阎守邕，2003）。对于"空间信息网格（SIG）"，作者认为从国家空间信息基础设施的角度来考虑，这一名称延续了以前空间数据基础设施、空间信息基础设施的叫法，比地理信息网格的叫法更全面、更贴切、更符合习惯，也在国内学术界基本达成共识并与国际标准化组织的命名没有冲突，所以作者中也使用"空间信息网格（SIG）"，而不采用"地理信息网格"。从我国学术界来讲，空间信息网格（SIG）是针对整个空间信息科学网格的，是一个广义上的概念（于雷易，2004），作者也遵循这种思想习惯。对于后文中论述"空间信息网格"的构建层次模型时提及的"地理数据服务网格"、"地理信息服务网格"和"地理知识服务网格"的提法是参照了国际标准化组织第 211 委员会——地理信息和地理信息科学委员会的第 19119 工作组——地理信息服务组提出的国际标准草案 ISO/DIS19119 "地理信息-服务"的命名提出的。网格地理信息系统（Grid-GIS）的概念或命名是延续了过去地理信息系统（GIS）的概念或命名，从体系结构和技术实现研究的角度来看，这种概念或命名还是比较容易被人理解和接受的，应该说还是比较贴切，也被国内学术界众多学者所认同。而从目前网格发展来看，通用网格系统的成功建设还任重而道远，网格研究和系统建设还是需要针对明确的应用目标来开展。作者对网格在地理信息服务体系中的应用研究是从国家空间信息基础设施建设需求的角度来考虑，所以作者主要是以比较常用的"空间信息网格（SIG）"的名称形式出现，而不以网格地理信息系统（GRID-GIS）的形式出现。另外，国际上还有一些学者更概括地称网格在地球信息科学中的应用研究为"地球空间网格（GeoSpatial Grid）"。作者认为这种命名方法和 ISO/TC211 的命名风格和规范相一致，有望成为国际上通用的标准命名。

空间信息基础设施的一个重要方面或技术就是分布式空间信息的管理、处理、分析、共享与服务。分布式数据管理与计算是网格的一个重要特点，也是网格和一直在发展的分布式计算技术共同面对的问题之一。所以一提到空间信息网格（或网格地理信息系统），很多人可能会容易把它与分布式计算、分布式地理信息系统等混淆起来，甚至认为两者没有什么区别。那么，到底空间信息网格（或网格地理信息系统）是不是就是分布式 GIS 或能否替代分布式 GIS，两者的区别和联系到底在哪里呢？

首先对于分布式计算而言，"现有的分布计算技术并未致力于解决大范围的资源共享问题，互联网、B2B、ASP、SSP、Java、CORBA 、DCE 技术也不能支持灵活的共享关系。由于这种需求的存在，网格技术应运而生。它侧重于动态的、跨组织的共享，可以说是对现存分布计算技术的补充，而不是取代。"

分布式地理信息系统也有类似的特点。分布式数据管理与计算一直是地理信息系统软件的弱点。在网络和分布式环境下系统组成方面，目前的 GIS 平台采用主－从工作模式，无法实现对单个空间对象实体的多用户同步处理机制，必须采用长事务和异步选择处理方式，无法处理实时空间信息的存储、查询和分析。同时由于 GIS 软件缺乏开放性，无法实现地理信息的分布式存储、处理、共享和协同使用，无法实现空间数据互操作。由于空间数据的复杂性和特殊性，分布式数据管理与计算落后了很大一段距离。随着网络环境的不断扩展和海量数据存储和处理技术的深化，势必要求在空间数据的分布式计算上取得突破性的进展，实现空间数据的远程进程调用，解决多用户空间数据操作同步条件下的数据完整性问题，实现分布式条件下空间事务组织与管理，真正实现空间数据的分布式计算环境。

　　在美国信息基础设施 NII 计划和美国空间数据基础设施 NSDI 计划的推动和影响下，美国很多组织进行了分布式 GIS 的研究，提出了一些新的理论方法和工具。UCGIS 1996 年提出的 9 个重点研究课题，第一个就是分布式计算。NCGIA 则更从理论、技术、法律等角度进行了多年准备。澳大利亚在 1995 年开始研制一个 Australian Coastal Atlas 网络项目，目的是通过网络提供海洋和海岸相关信息，建立国家网络节点，提供数据的浏览以及增加、删除、编辑等用户交互操作功能。澳大利亚还开发了一个农业气候资源预测系统，用于在 WWW 上传输数据和演示如何在网络上分布式管理各种信息。英国的 GeoComputation 组织大力开展分布式 GIS 研究，使用各种 GIS 技术结合人工智能、虚拟、分布、建模等计算机前沿技术解决了很多实际问题。香港学者也提出了一种新的基于互联网的分布式 GIS 设想，试图以 CORBA 为基础建立基于 HTTP 的分布式 GIS 构件模型。目前，分布式计算正朝着标准化和开放式体系结构的方向发展，互操作已成为分布式计算的重要研究课题，分布式 GIS 有了前进的基础。国际上已有许多标准化组织和联盟机构开展了相关研究，如 ISO、ANSI、OMG、ODMG、X/OPEN 和 OSF 等，它们从不同的侧面制定了或正在制定有关互操作的技术标准，如 OSI、ODP、CORBA、ODMG-93、X/OPEN XA 等。它们为异构分布环境下对多种数据源互操作和开放的分布式处理技术的研究奠定了一个良好的基础。特别是在分布式计算和面向对象技术基础上发展起来的分布对象技术，为实现分布 GIS 环境下的多数据源互操作和分布处理奠定了一个良好基础。很多应用领域都已经涉及到分布式 GIS 的研究。相对而言，这些系统目前离实用和大规模推广还有距离。

　　从以上分析可以看出，空间信息网格（或网格地理信息系统）和分布式地理信息系统应该说有联系，但更有区别。联系在于两者发展目标有相同的地方，即实现地理信息基于网络环境的分布式管理和操作等。在以后的发展中两者可能彼此借鉴和参考对方的研究成果，比如相关的标准和协议等。区别在于两者从实现技术原理、软硬件体系结构、发展思路都存在很大差异。空间信息网格（或网格地理信息系统）更强调基于高速网络、计算资源共享与协作、存储资源共享与协作等，其发展目标从构建区域、行业、国家甚至全球信息基础设施的角度来看更具开创性和革命性。分布式 GIS 更多地强调在原有 GIS 软件体系结构基础上，解决异构系统、数据、模型、语义间的标准统一和互操作问题。两者各有所长，它们的快速发展能够共同或协同推进人类社会的信息化发展和可持续发展。

对于世界先进国家和我国空间信息基础设施建设来说，从国家空间数据基础设施建设、网络基础设施建设、空间信息共享机制研究和信息共享系统开发等不同的层次都有了一定的进展。就我国来讲，国家空间数据基础设施建设包括五个基础数据层，如大地测量控制点与经纬网格、水系、行政界线、居民点等。我国已经陆续完成了全国范围1∶100万和1∶25万的基础地理数据库建设、1∶5万的基础地理数据库建设，以及珠江三角洲的1∶1万基础地理数据库建设等一系列空间数据库建设。对于空间信息共享机制研究和信息共享系统开发我国也非常重视。在国家的层次上，"九五"期间立项进行"中国可持续发展信息共享示范"和"国土资源、环境与地区经济信息系统及国家空间信息基础设施关键技术研究"两个国家级科技攻关项目，在国家的层次上系统展开了营造地理信息共享政策、标准和技术环境的研究，初步解决了建造这样一个环境所涉及的关键问题，对参与共享的 GIS 系统和数据库群进行了技术改造；建成了资源、环境、灾害与社会经济信息共享的网络系统，向国内外用户提供了实际的共享信息；总结概括了一套营造地理信息共享的理论技术方法，摸索了在中国如何实现地理信息共享的途径，迈出了地理信息共享关键性的一步，为逐步全面实现地理信息共享打下了基础。它解决了原有系统的标准化与网络化的技术改造，集中式和分布式共享结构，网络化的信息输入、输出、存储、查询、分析和发布等一系列关键技术，统一的数据标准、技术标准和应用标准，统一的公共数据平台和基础信息与专题信息的空间匹配，信息共享的指导方针和基本原则，政策体系和管理模式，以及法律保障与法则约束等等属于技术、标准与政策方面的各种问题。"十五"期间通过支持"中国可持续发展信息共享系统的开发研究"等项目来继续推动我国国家空间信息基础设施建设成功道路探索和实施。通过对以上实践项目的研究或直接参与，我们发现虽然在信息共享层次上有了很大的进展和突出成果，但仍然存在一些问题，距离空间信息真正成为国家或区域发展的基础设施的目标还有相当的差距。集中体现在现有的理论体系、技术体系（包括分布式地理信息系统）和系统还不能为用户提供理想的交互式、非重复式、多层次的、智能化的、高质量的理想空间信息服务，即所谓的实现服务点播（Service on Demand）和一步到位的服务（One Click is Enough）。而网格技术在基于网络的计算资源、存储资源、数据资源甚至信息资源的共享与协作等方面有其特有的优势，也为空间信息基础设施的建设和发展提供了新的思路和支持。

对网格系统的组成结构，各组成结构之间的关系以及如何协同工作是网格体系结构研究需要解决的重要问题。美国 Globus 项目提出的网格体系结构模型采用网格纤维层（Grid Fabric）、网格服务层（Grid Services）、网格应用工具层（Grid Application Tools）和网格应用层（Grid Application）4 层结构。美国 Argonne 国家实验室、芝加哥大学、南加州大学以及 IBM 共同倡议的开放式网格服务体系结构 OGSA（Open Grid Services Architecture）采用纤维层、联络层、资源层、协作层、应用层 5 层结构。

作者认为"服务于用户"是信息基础设施的本质与核心，对普通用户、区域发展、社会发展甚至全球发展影响巨大的、基于网络的空间信息基础设施——"空间信息网格"更是如此，所以应该以"服务"为核心来研究空间信息网格理论与技术。GIS 的发展和网格的发展也正体现了这一点。"软件即是提供服务"。按这种思想，GIS 也是提供服务，简单的来说，就是利用 GIS 软件为用户提供 GIS 服务，而不是向用户出售 GIS

产品。从网格的发展来讲，在"Web Service"倡导的"数据在服务器之间游走，功能在网络之间分享"的理念与技术的出现以后，网格体系结构也产生了重要的改进，在五层沙漏模型的基础上，发展到了 OGSA 模型。OGSA 在原来 Web Service 服务概念的基础上，提出了"网格服务（Grid Service）"的概念，用于解决服务发现、动态服务创建、服务生命周期管理等与临时服务有关的问题。网格服务通过定义接口来完成不同的功能，服务数据是关于网格服务实例的信息，因此网格服务可以简单地表示为"网格服务＝接口/行为＋服务数据"。可见，OGSA 最突出的思想就是以"服务"为中心。

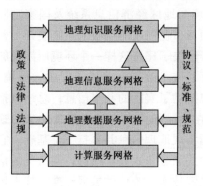

图 4.15 空间信息网格构建的"铁轨"状层次

作者根据服务的最终表现形式、应用的层次和用户对服务内容的需求，提出包括"计算服务网格、地理数据服务网格、地理信息服务网格和地理知识服务网格"四个层次的"空间信息网格"构建的四层结构模型（如图 4.15 所示），由于其形状很像火车道的"铁轨"，而火车道恰恰同样也是一种国家重要的基础设施，故作者也称其为"空间信息网格"构建的"铁轨"状层次模型。计算服务网格是基础的服务设施网格，它为其他几个层次网格（地理数据服务网格、地理信息服务网格和地理知识服务网格）的成功构建提供高速网络基础服务、大计算量计算能力服务、高存储量的存储服务、缓存服务、系统安全保障服务、任务分配与调度服务、系统性能监控服务、用户身份认证管理服务、设备管理服务等。要实现这些服务能力，就需要研究面向空间信息的网格计算的理论模型、网格体系结构、网格计算的协议和框架、网格操作系统、网格程序设计和应用开发界面、网格计算的性能评价与优化、系统安全保障技术、任务分配与调度技术、用户身份认证管理技术等等。宽带网络系统是计算服务网格最基本的保障。通信能力的好坏对网格计算提供的性能影响甚大，要做到计算能力"即连即用"必须要高质量的宽带网络系统支持。

地理数据服务网格是在计算服务网格的基础上，通过对地理数据的获取、数据的管理、标准化处理等服务功能为用户实时提供所需的地理数据的网格系统。

数据是科学实验、检验、统计等所获得的和用于科学研究、技术设计、查证、决策等的数值，是描述客观事实、概念的一组文字、数字或符号，是对客观事物的属性、数量、位置及其相互关系等的抽象表示。地理数据包括描述地学问题本身的数据，比如各种空间数据（主要是国家空间数据基础设施包括的数据，如基础比例尺地形图数据、遥感影像数据、正射影像图数据、地名数据等）、属性数据（如植被分布数据、土壤成分数据等）、实时监测数据（如海洋动力环境的实时监测数据）和各种社会、经济统计数据等。从数据类型来说，主要包括矢量空间数据、栅格空间数据、文本数据、多媒体数据、统计数据等，也可以分成结构化数据、半结构化数据和非结构化数据等。这些数据基本都是原始数据（Raw Data）或称粗糙数据。地理数据服务网格首先要实现对这些数据的获取系统（或系统接口）的统一化管理和对所获取数据的分布式存储，对部分设备能够实现功能共享，其次要实现对所获取数据或已有数据按照一定的标准或规范进行标准化改造，从而实现基于网格环境的统一管理，便于用户查找到合适的数据，这里就包括数据的元数据的建立等。地理数据服务网格还要为用户提供针对数据本身的交互式的、标准的、基础的、通用的数据处理服务功能，比如空间数据格式转换、空间数据的投影变换、遥感数据的几何校正、数据分块、重采样等等。我国在空间数据获取基础设施建设、基础地理数据库建设等方面已经有了很大的进步，在空间信息共享理论、方法、标准、规范与技术方面也积累了很多成果，但这些数据如何很好地为不同层次的用户服务还是一个没有很好解决的问题，这里有社会制度、社会观念等社会性原因，也有技术方面的问题。在充分吸取和利用已有经验和已取得的成果基础上，地理数据服务网格为这些问题的成功解决提出了新的思路和努力方向。

地理信息服务网格是在计算服务网格、地理数据服务网格基础上，通过交互式网络搜索、查询、浏览、分析等手段为用户实时提供所需的地理信息的网格系统。地理信息服务网格是信息网格或信息服务网格针对地理信息特征的扩展。对于信息网格、信息服务网格，不同的学者有不同的观点。有的学者认为信息服务网格的服务包括文件消息、计算、信息内容、事务处理和知识服务等，因此信息服务网格可大致分为计算网格、信息网格与知识网格。还有的学者认为信息网格是要利用现有的网络基础设施、协议规范、Web 和数据库技术，为用户提供一体化的智能信息平台，其目标是创建一种架构在 OS 和 Web 之上的基于 Internet 的新一代信息平台和软件基础设施。在这个平台上，信息的处理是分布式、协作和智能化的，用户可以通过单一入口访问所有信息。信息网格追求的最终目标是能够做到服务点播（Service on Demand）和一步到位的服务（One Click is Enough）。我国"织女星网格"是以"信息服务"为特色的典型信息网格，"织女星网格"专家对信息网格是这样描述的"利用网格技术实现信息的共享、管理和信息服务的系统称为信息网格。"作者认为从狭义角度来讲地理数据服务、地理信息服务和地理知识服务从内容、形式、特点、实现方式等各个方面都有鲜明的差异，所以这里将地理数据服务网格、地理信息服务网格和地理知识服务网格分开来研究可以使问题更明确、更细化和深入，从而更能提高服务的质量和系统应用层次。当然，数据服务主要针对比较专业的人员或高级用户，服务面最广的还是信息服务，而知识服务是更高级的服务形式，所以对地理信息服务网格的研究应该是空间信息网格现阶段主要研究对象。而对于作者其他地方出现的"地理信息服务体系"中所指的"地理信息服务"，则是从笼统的层次上来考虑与地理信息系统相关的理论与技术如何服务于"电子政务"建设的需求，所以是广义上的地理信息服务，即针对地球信息科学（地理信息科学）而言的。之所以出现对于"地理信息服务"这样同一个术语有不同的含义，是和它所出现的学科理论和技术发展背景联系在一起的，当然也和国际标准化组织相关的命名规范有关系。

从物理上来讲，信息是有目的地标记在通讯系统或计算机的输入上面的信号（如电话号码的一个数字）。而我们思想中理解的信息远远要超出这个简单的描述所指含义。信息是对数据的解释，反之可称"数据是信息的载体"。由于信息是事物运动的状态和方式而不是事物本身，因此，一方面，它必须借助某种符号才能表示出来，而这些符号又必须记载于某种物体上；另一方面，同一信息的载体又可以是多样性的，不同领域的人对信息的理解千差万别，远不如对数据的理解简单、直观。比如冬天，在中国最南部的三亚，"今天气温 5℃"，它表达的含义可能是今天天气太冷了，而在中国的东北，这句话的含义可能恰恰相反，因为东北的冬天5℃的气温已经很高了。一般信息都可以用一组描述词及其值来描述：用（描述词：值，描述词：值，……，描述词：值）来描述事物或现象等的有关属性、状态、时间。地点、程度、方式等（统称为属性）。例如"福建省的森林覆盖率为60.5%"可以描述为（省份：福建，森林覆盖率：60.5%）。所以说"目的性"、"有用性"是信息的基本特征；而一谈到"目的性"、"有用性"，那势必和一定的应用环境紧密联系在一起，没有绝对的"有用性"，只有针对特定的应用目标才有特定的信息形式，即所谓的"目的性"。这就需要地理信息服务网格首先能够有机地、一体化组织海量的地理信息，很好地解决信息的语义互操作问题，并开发半智能化甚至智能化的信息网络发现工具和交互式、协同性信息产生工具，以便于用户对信息的生产、发布、发现、分析、处理、获取和利用。

知识服务网格是在计算服务网格、地理数据服务网格和地理信息服务网格基础上，通过对地理数据、地理信息甚至地理知识的处理，通过交互式网络搜索、查询、浏览等手段为用户实时提供其所需的地理知识的网格系统。与之相关的研究，包括语义万维网（Semantic Web）和知识本体论（Ontology）等。知识是人工智能、基于知识的系统和决策支持系统等学科和领域中的重要概念，不同的背景又有不同的定义。总体来讲，知识是指导人们如何行动的信息。与数据和信息相比，知识有着更长的实效性、更大范围的整合性、更完整的系统性、更广的应用面和更大的应用价值。从知识的表达角度考虑，可以将知识定义为："知识是以各种不同方式把多个信息关联在一起的信息结构"。如果把"不与任何其他信息关联"即单独的一个信息也被认为是一种特殊的关联方式，则单个的信息也可以看作知识。所以知识和信息、数据是紧密联系在一起的，地理知识和地理数据、地理信息当然也是紧密联系在一起的。

计算服务网格、地理数据服务网格、地理信息服务网格和知识服务网格之间不是彼此孤立的，而是紧密地联系在一起，下层网格是上层网格的基础和保障，上层网格是下层网格的应用提升。它们之间有着层次依次升高、向后依赖的紧密联系，而且层次越高对下边几个层次的依赖性越强、关系越紧密。地理信息服务网格服务功能的实现离不开地理数据服务网格提供的数据和功能，也离不开计算服务网格提供的基础计算功能服务。空间信息网格各层次之间的关系如图4.16所示。

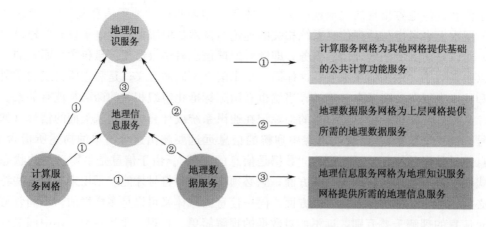

图4.16 空间信息网格各层次之间的关系图

"空间信息网格"构建的"铁轨"状层次模型中另外一个重要组成部分，就是相关法律、法规、标准、规范等保障体系。"没有规矩，不成方圆"，计算服务网格、地理数据服务网格、地理信息服务网格和地理知识服务网格中每个层次或整个"空间信息网格"体系的构建，离不开与地理信息相关的法律、法规、标准、规范等保障体系。我们可以概括地称它们为不同的体系。标准体系是一定范围内的标准，按其内在联系形成的科学有机整体。这些政策体系、法律体系、法规体系、标准体系、规范体系等，包括地理数据方面的、地理信息方面的、地理知识方面的、软件协议方面的、硬件协议方面的，等等。每一个服务网格都涉及到服务提供者、服务享受者、服务管理者等很多层次的"角色"，涉及到软件、硬件、技术、社会、历史等多方面的问题。对于这些层层面面的问题，法律体系、法规体系主要约束、协调不同参与者之间的权利、义务和行为等，标准规范主要是保证地理数据、地理信息、地理知识在不同人员或机构之间的服务过程的顺利完成，而协议体系则是屏蔽软硬件平台或不同参与个体之间的异构性、不兼容性甚至矛盾性等。

　　计算服务网格、地理数据服务网格、地理信息服务网格和地理知识服务网格结合在一起，作为国家一项重要的信息基础设施从不同层次上为人们在认识自然和改造自然的社会活动过程中提供服务，促进社会信息化水平和可持续发展。上述"空间信息网格"构建的"铁轨"状层次模型是从逻辑上对空间信息网格的构建层次来划分的，应该属于逻辑模型。从物理上来讲，实际网格系统的构建应该由很多网格实体构成，即计算服务

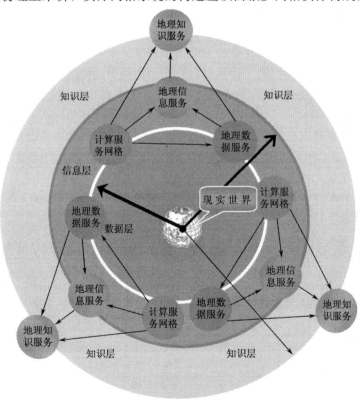

图 4.17　以"服务"为核心的空间信息网格圈层结构模型

网格、地理数据服务网格、地理信息服务网格和地理知识服务网格都应该包括很多网格实体，这些网格实体的构建是满足于不同的应用需求的。这些网格实体共同实现对现实世界地理数据的获取，然后通过计算服务网格、地理数据服务网格、地理信息服务网格和地理知识服务网格最终以地理数据、地理信息或地理知识的形式服务于人类。这些众多的网格实体从整体上构成了不同圈层服务于人类在认识和改造自然的过程中对"地理数据-地理信息-地理知识"各个层次的需要，作者称这种以"服务"为核心的空间信息网格结构模型为"以'服务'为核心的空间信息网格圈层结构模型"，其整体结构如图4.17所示。

人类进入21世纪以来，"信息化"已成为社会发展的必然要求和巨大推动力量。随着地球观测技术的快速发展以及以计算机网络为代表的一系列信息技术的发展，地理信息相关的理论与技术体系在人类与自然协调发展中占有极其重要地位已成为广大科技工作者、政府乃至全社会的共识。尤其是对于目前各个国家正在进行的"电子政务"建设，地理信息相关的理论方法与技术体系显得更加重要。空间信息网格非常重要的一部分——地理信息服务网格构建理论及其技术体系研究，作为目前一个新兴研究与应用领域的发展对于人类社会"信息化"发展具有深远而重大的意义。

第五节　地球信息分析与处理技术的发展趋势

GIS将不断的发展和变化。它的发展不仅基于一系列基本的GIS的特性，而且还依赖于计算机和Internet技术的不断发展。下面是一些重要的影响因素：

GIS已经从数据库和数据共享的方式发展成为一种知识方法。GIS不仅是数据库。基于GIS数据集，GIS用户的工作还要涉及到地图和全球视图、空间处理和工作流模型以及多领域的GIS数据库模型(数据模型)。所有这些都可以通过元数据管理发布和共享地理知识。

GIS系统越来越相互关联，地理知识正在网络上共享。用户可以在系统间共享和复制更新，Internet GIS将会更加成熟和被广泛使用。日益增强的分布式GIS的功能将被看作是一个完整的GIS平台的重要组成部分。

在过去的几年里，GIS门户已经被用于许多机构，提供对分布信息的集中式访问。随着时间的推移，GIS门户将会有助于分布式GIS数据管理和使用。

独立GIS系统将会基于网络以一种松散耦合的方式相互连接。Internet很快将成为统一访问地理知识的框架。这些地理知识依然由许多独立的GIS结点创建、维护和发布。在过去的十年里，这个远景曾被作为国家或全球空间基础设施（SDI）详细描述过。实施这个远景的技术正在成熟。

GIS系统具有固有的分布式的特性。用户相互依靠彼此的信息共享和使用。分布式GIS的内涵远远不只是分布式的GIS数据库和数据复制，而是所有GIS任务的分布式协作。除了GIS发布和数据共享之外，用户还可以通过Internet来编辑、应用和管理地理知识。

许多组织依靠相互协作的GIS构建，并维护最新的、多尺度的、连续的地理信息。这个过程不是作为单一组织的独立行为，而是依靠多组织的相互协作。

目前，大多数组织建立和维持着自己的地理内容。虽然组织之间的信息类型差别很大，但大多开始于相同的基础数据集，并不断更新、丰富以满足特定的需求。大多数用户都意识到了分享和重新利用这些丰富数据的潜在需求。许多人希望把 GIS 数据合并为一个覆盖更大区域的、完整的、多用途的图层，满足许多组织和应用软件的要求。此外，他们希望相互合作建立其他的关键 GIS 数据层。一些重要的应用，如地籍数据管理、国家制图、应急响应和国土安全都推动了这些需求。

为达成这一目的，一个方式就是建立一个 GIS 组织的分布式网络，每个组织拥有一部分数据，并有数据共享的责任共同建立一个共享数据库。GIS 数据库应该是多用途的，并坚持具有共同的表现形式和内容的指导方针。每个参与者都必须使用本地 GIS 去建立、维持、分享和出版特定区域或特定专题的 GIS 数据。

协作式 GIS 对联合并集成独立的数据提供者，构成一个 GIS 网络迈出重要的一步。GIS 网络将独立的个体连接成为一个整体（例如：为一个地方政府、州、国家乃至世界维护一个完整的地理信息数据）。用户还希望构建一个框架，可以通过 Internet 进行更新和共享，用以维护一个能够保持同步复制的智能 GIS 数据。达到这一预想需要六个基本的 GIS 技术：

（1）开放的、多用途的 GIS 数据管理技术　　地理信息必须被构建和维护，并可重复利用。地理信息必须通过被广泛接受的 GIS 数据格式进行共享；

（2）基础信息采用通用的数据模型（内容标准）　　数据的互操作性是必需的。用户可以建立基本的可重用的 GIS 数据库模式，并在基本的数据模型之上增加专题数据要求；

（3）强大的、完整的 GIS 工具用于创建和生产地理信息　　例如，数据生产和编辑、数据转换、空间处理、元数据建档和编目、绘图和制图。GIS 桌面将继续成为这项工作的主要平台；

（4）基于网络的数据管理和分发框架　　基于 WWW 的 GIS 服务器、GIS 网络和 GIS 门户技术将提供一个标准的广泛参与的 GIS 框架。GIS 门户将扮演一个重要角色。这些将基于被广泛采用的计算机标准建立，如 Web 服务；

（5）广泛采用最好的 GIS 实践、方法和流程的实际应用　　为了鼓励广泛的参与，协作式 GIS 必需满足 GIS 用户完成工作的方式。用户在协作和参与中，应重在实践，而非前沿理论。GIS 标准必须是来源于实践并被实践检验和广泛接受的方法；

（6）采用已被证明的工业标准的应用　　分布式、协作式 GIS 要求采用被广泛接受和使用的信息技术。

而这六个基本 GIS 技术可以总结为三个核心：以 GIS 互操作与开放式 GIS 为理论核心；以 Web 服务为技术核心；以元数据为数据核心。空间信息网格和地理信息服务网格是地球信息分析与处理的未来发展方向。

参 考 文 献

[1] 陈述彭，鲁学军，周成虎．地理信息系统导论．北京：科学出版社，2001

[2] 边馥苓．地理信息系统工程．北京：测绘出版社，1996

[3] 黄杏元，汤勤.地理信息系统概率.北京：高等教育出版社，1989

[4] 邬伦，任伏虎，谢昆青，程承旗，边馥苓.地理信息系统教程.北京：北京大学出版社，1994

[5] 边馥苓.地理信息系统工程.北京：测绘出版社，1996

[6] 王鹏.基于WebGIS的地理信息服务体系设计与实现.中国人民解放军信息工程大学（硕士学位论文），2002

[7] 吴洪桥.多源遥感数据的并行分布式管理研究.中国科学院地理科学与资源研究所博士论文，2003

[8] 钱峻屏，彭龙军，张虹鸥.WEBGIS面向空间信息服务的系统设计和实施.计算机与现代化，2002，（2）：39～43

[9] 张犁，林晖，李斌.互联网时代的地理信息系统.测绘学报，1998，27（1）：9～15

[10] Ashish Banerjee, Aravind Corera et al. C# Web Services. Wrox Press Ltd.，2001

[11] Russ Basiura, Mike Batongbacal et al. Professional ASP. NET Web Services. Wrox Press Ltd.，2001

[12] Jim Conallen. Building Web Applications With UML Second Edition. Addison Wesley Inc.，2002

[13] 陈军.试论中国NSDI建设的若干问题.遥感学报，1999，3（2）

[14] 陈军.加大NSDI建设力度 发展中国数字地球.测绘通报，1999，（11）

[15] 杨崇俊.网格及其对地理信息服务的影响.地理信息世界，2003，1（1）：20～22

[16] 陈述彭."数字地球"战略及其制高点.遥感学报，1999，3（4）：3～5

[17] 承继成，林晖，周成虎等.数字地球导论.北京：科学出版社，2000

[18] 崔伟宏.数字地球.北京：中国环境科学出版社，1999

[19] 承继成，李琦，易善桢.国家空间数据基础设施与数字地球.北京：北京大学出版社，1999

[20] 阎守邕.国家空间信息基础设施建设的理论与方法.北京：海洋出版社，2003

[21] 李琦，杨超伟，易善桢."数字地球"的体系结构.遥感学报，1999，3（4）：254～258

[22] 李琦，易善桢，承继成.空间信息基础设施的体系结构研究.遥感学报，2000，4（2）：161～164

[23] 骆剑承、周成虎、蔡少华 等.基于中间件技术的网格GIS体系结构.地球信息科学，2002，（3）：18～25

[24] 网格技术在地球信息科学中的应用 http://www.csdn.net/subject/327/14965.shtml

[25] 夏曙东，李琦，承继成.空间信息格网框架体系和关键技术分析.地球信息科学，2002，（4）：30～34

[26] 胡敏，顾君忠.Globus网格体系结构及其服务的实现.计算机工程，29（15）：5～7

[27] 任建武.GRID GIS关键技术研究.南京师范大学（博士学位论文），2003

[28] 李德仁，朱欣焰，龚健雅.从数字地图到空间信息网格——空间信息多级网格理论思考，2003年中国GIS年会论文集，2003

[29] 于雷易.GIS网格体系结构探讨.武汉大学学报（信息科学版），2004，29（2）：153～156

[30] 汪小林.分布式GIS中的QoS问题和关键技术研究.北京大学（博士学位论文），2001

[31] 徐志伟，李晓林，游赣梅.织女星信息网格的体系结构研究.计算机研究与发展，2002，39（8）：948～951

[32] 孙成永，王启明，张健中，池天河.中国可持续发展信息共享的理论与实践.资源科学，2001，123（1）：3～11

[33] 高洪森.决策支持系统（DSS）理论、方法、案例.北京：清华大学出版社，2000

[34] 沙宗尧、边馥苓等.基于规则知识的空间推理.武汉大学学报（信息科学版），2003，（1）：45～50

[35] 付炜.地理专家知识表示的框架网络模型研究.地理研究，2002，21（3）：1～8

[36] 苏理宏，黄裕霞.基于知识的空间决策支持模型集成.遥感学报，2000，4（2）：151～156

[37] 龚敏霞，阎国年等.智能化空间决策支持模型库及其支持下GIS与应用分析模型的集成.地球信息科学，2002（1）：91～97

[38] Densham P. J. and Goodch ild M. F. Spatial Decision Suppo rt System: A Research A genda. In: P roceedings of GIS/L IS'89, ACSM, 707～716

[39] Richard G. R. etc. Independence and M app ings in Model2based Decision Suppo rt System. Decision Suppo rt System s, 1993 (10)：341～358

[40] 万庆.地理协同工作与群体空间决策支持系统研究.中国科学院地理科学与资源研究所（博士论文），2001

[41] 都志辉，陈渝，刘鹏.网格计算.北京：清华大学出版社，2002

第五章　地球信息科学的理论基础 *

地球信息科学是一门全新的学科领域。早在 20 世纪 90 年代初在国际文献中就出现"Geo-Informatics"一词，中文译作"地球信息科学"或"地学信息工程"等，同时又出现了"Geo-Information Science"一词，中文译作"地球信息科学"或"地理信息科学"。可见国外也都承认地球信息科学的存在。陈述彭院士在我国倡议建立"地球信息科学"已有 10 多年的历史，并专门办了《地球信息科学》杂志，取得了很大的成绩，产生了巨大的影响。

地球信息科学作为一门分支学科存在，已经得到了国内外广泛的承认。但既然作为一门学科，它就得有自己的独立的理论。

关于地球信息科学的理论应该包括些什么？至今尚没有统一的认识。我们认为，地球信息科学理论应该包括地球科学理论和信息科学理论，以及关于它们结合部位的有关理论。地球科学理论，包括地球物理、地球化学、地球生物、地质、地理、气象、水文、海洋、生态环境，资源，甚至社会经济在内的有关理论。这些相关理论既庞大，而又复杂，且大部分地学工作者都比较熟悉，因此这里不作介绍，而侧重介绍与地球信息科学密切相关的信息科学、系统科学理论，并包括耗散结构与自组织理论、分形与自相似理论在内。因为地球信息科学，要以信息科学和系统科学作理论基础，尤其是它们结合部位是重点，如地球信息和地球系统就是重点。

地球信息科学的基础理论应由地球信息理论、地球系统理论、地球耗散结构与自组织理论和地球分形与自相似理论所组成。其中地球信息理论是基础，地球系统理论是核心，而地球耗散结构与自组织理论、地球分形与自相似理论是地球现象和过程分析的理论基础。现在分别简介如下。

第一节　地球信息理论

一、信息的基本概念

1. 信息的定义

信息（Information）又称咨询，最早出现于通讯科学中，后来用于生物学、医学、许多科学技术领域及社会科学领域。尤其处在"社会信息化"和"信息社会化"的信息时代，信息这个术语已被广泛应用。关于它的定义至少有数十种，大体可以归纳为三类。

第一类，语言学的定义：如《辞源》中指出，信息就是指音讯、消息。在一般汉语字典中，它被解释为消息、情报、新闻。

＊ 本章由承继成撰稿

第二类，哲学定义：如信息存在于物质和意识过程中，在本质上它是统一于物质的。信息是人和物质的精神实体的特征。信息是由物质到精神的转化。信息既是非精神的，又是非物质的、独立的第三态等。

第三类，自然科学定义：它又可以分为经典自然科学定义与一般自然科学定义两大类。关于信息自然科学的定义，现在分别介绍如下：

1）经典自然科学定义

（1）狭义信息论：可以推信息论的创始人 R．V．L．Hartly 和 C．E．Shannon 作为代表。Hartly（1928）是从"有多少个可能性"出发来建立信息论的，他建议："信息是消息（Message）的不确定性的消除。"Shannon 则认为："信息就是两次不确定性之差"，即人们对某一事物先后两次认识的差别，或某人对某一事物获得了新的知识、新的消息。目前持有这种观点的人有清华大学的常迥院士，他认为信息有两个基本特征：第一，只有变化着的事物才有信息；第二，只有尚未确定的事物才有信息。因此，可以简单归纳为：信息是指对某一事物的新认识、新知识。

（2）广义信息论：可以推控制论的创始人 Norbert Winer 作为代表。他认为："信息是指主体（人、生物或机器）与外部客体（环境、其他人、其他生物或其他机器）之间相互联系的一种形式，即主体对客体的有关情况的消息或知识。当主体得到了客体的消息或知识后，加以识别、评价和采取相应的措施。"因此 Winer 认为，信息就是主体对客体所掌握的全部知识。它不强调这知识是新的，还是旧的；是已知的，还是过去所未知的。支持这种观点的人也很多，如联合国粮农组织（FAO）于 1985 年指出："信息是为一定目的服务的、一切有用的知识。"又说："信息是表征事物特征的一种普遍形式"。因此可以归纳为：信息是指为某一目的服务的、或是有关某一事物的一切有用知识。更多的人已经把过去的图书馆和资料室工作已经改称"信息工作"，大学的图书馆学系普遍改名为信息管理科学系。

2）一般自然科学的定义

一般自然科学的信息定义说法就比较多了，主要有："信息是物质和能量在时间和空间分布的不均匀度和运动状态的直接或间接的表达。""信息是物质和能量状态的表象（征）"。"信息是物质和能量的形态、结构和状态的表征。""信息是物质和能量的普遍属性"，"信息是事物的表征"，"信息是表征（象）事物状态和运动特征的一种普遍形式。""信息是物质的外在表现"等。

3）本书的定义

作者基本上同意广义信息论和一般自然科学的信息定义，认为信息是客观世界的一切事物的性质、特征和状态的表征；对于人来说，信息是指事物表征的有用的知识，对于生物和机器来说是指主体对客体的，或对环境的相互联系形式。信息是由物质和能量产生的，物质。能量是第二态，信息是第三态。信息可以以文字、数字、图形、影像等作为载体而独立存在，并能为计算机处理、存储并用计算机网络进行传输。信息是由数据产生的，但信息比数据更能确定地反映客观世界的真实状况，是客观世界真实的描述。

John Naisbitt 指出，在工业社会中，资本是最重要的资源；在信息社会中信息替代资本成为主要资源。物质和能源为第一资源，资金为第二资源，信息为第三资源，而且是最重要的资源。信息使生产优化、信息使财富增值。

信息要成为资源，成为财富的一个必要条件是必须对信息进行科学管理，使信息成为有序化和组织化。随着信息社会化和社会信息化的迅猛发展，以由原来的"信息贫困"、"信息饥饿"状况变为"信息爆炸"，不仅每年信息数量大幅度飞速增长，信息多得使你眼花缭乱，无所事从，加上还有"信息污染"、"信息垃圾"。因此，只有通过科学管理，使信息有序化和自组织化后，才能成为资源和财富。

2. 信息模型

1）信息的基础模型

信息与数据的关系模型，一般称为信息的基础模型。数据与信息的区别是：数据中包括了信息技术中的"噪声"（noise）或测绘与制图中的误差（error）和仪器测量中的干扰等，信息则不再含有"噪声"、"误差"和"干扰"。因此：

（信息）＝（数据）－（噪声或误差）

（数据）＝（信息）＋（噪声或误差）

控制论创始人 Norber Winer 指出：一个系统中的信息量是它的组织化程度的度量；信息正好是熵的负数。信息与熵是互补的，信息就是负熵。

2）信息的度量方法

（1）信噪比法，即信息量与噪声含量之比。

（2）信息熵方法，Claude E. Shannon 创立了信息论，提出了信息的度量方法，采用了"熵"这一术语。

$$H(x) = -\sum P(x)\log P(x)$$

式中：$P(x)$为随机事件的概率；$H(x)$为事件整体的信息熵。

信息熵用来确定信息中的不确定性的度量。信息熵越大，信息的不确定性也越大。信息就是负熵（$\log 2 N = -\log 2 P$）。

（3）信息纯度，是指信息中的有效信息量与总信息量之比，属于导出量。

（4）信息的价值度量，是指信息的知识价值量。

（5）信息的效果测度，是指信息作用于用户后所造成的实际作用和效益。

（6）信息约束，是指在信息的获取过程中，在一些条件限制下信息不能达到自由状况下的差异度。

（7）信息价值（Information Value），指信息所具有的能够满足人们某种需求的属性，即对人们的实用性，或信息对达到具体目标的有益性。

（8）信息的总体价值，又称信息的绝对价值。

（9）信息的使用价值，又称信息的相对价值，是指信息对于接收者的利用价值。

3. 信息场(Information Field)

场是物质和能量存在的一种形式。布鲁克斯提出了"认识空间"与"信息空间"概念。认识空间与信息空间就本质而论是一致的。信息场可以看作是充满认识空间的信息存在的一种形式，相当于物理学中力场、电场、磁场和温度场。利用信息场中某一点状态的熵变 dH 及该点所具有信息势 μ，便可确定场中某点信息量的变化 dD。

$$dD = \mu dH$$

式中：H 为信息熵，任一信息在某一时刻的信息熵是确定的；μ 为信息势，表示信息对用户的相关程度，μ 的取值范围为 $[0，1]$，$\mu=0$ 表示信息与用户无关，$\mu=1$ 表示信息用户完全相关；$0<\mu<1$ 表示信息与用户部分相关。

4. 信息耦合(Information Relationship)

信息耦合或信息的相关关系，是指信息之间交互影响的因果关系链所构成的信息联系。任一信息都不是孤立的，在它的产生过程中，必然会与其他信息发生各种联系，这种联系便是耦合的基础。

信息耦合的基本方式，主要有：

(1) 信息的串联耦合；

(2) 信息的并联耦合，包括直接并联耦合、间接并联耦合。

(3) 信息的反馈耦合；

(4) 信息耦合网络。

5. 信息的功能与作用

1) 自然信息的功能

自然信息反映了客观世界的物质，能量的现象和过程的性质，特征和状态的表征，是认识客观世界的先决条件。

自然信息是人们发掘自然物质和能量资源的中介，通过自然资源信息的获承、处理、人们可以发现、开发和利用自然资源。

自然信息对人类社会的作用导致自然科学和技术产品的形成，并将自然信息转化为能与社会信息相结合的信息社会。

信息是现象与现象之间，过程与过程之间，现象与过程之间，局部与整体之间，局部与局部之间相联系的纽带。

2) 社会信息的功能

• 社会信息是社会经济现象和过程的性质、特征和状态的表征，是认识社会经济的必要条件；

• 社会信息是社会成员和组织、个人与集体之间沟通的纽带，是维持社会运行的动力机制；

• 社会信息反映了社会的状况和内在机制，是社会经济发展状况的表现形式；

• 社会信息与自然信息组合成信息流是决定社会和经济，或物流、人流和资金流的先决条件。

二、地球信息的基本特征

1. 地球信息的定义

地球信息是指有关地球实体与资源、环境、社会、经济的物质和能量性质、特征和状态的表征的知识。性质是指组成它们的物理的、化学的、生物的和社会经济的成分、结构及属性等；特征是指它们的形状、大小及各种物理的、化学的、生物的系统特征；状态是指它们所处的动态或静态及时空分布及变化特征。物质是指资源、环境、社会、经济等的实体；能量是指它们的力学（如重力）、磁力、电学的、热学的、光学的、电磁波的、生物的、社会经济学的无形的场。

2. 地球信息的基本特征

地球信息具有属性、空间和时间三大特征。地球信息的属性，是指属于物质还是能量，是资源、环境、社会还是经济类型。空间是指它所处的位置、地理坐标或经纬网格的位置。时间是指年、月、日的状况。地球信息必须具备以上三个必备要素才能称为完善的信息，缺少其中任何一个要素，都是不完善的信息。如"一片油松林"，是一个属性，它还不是完善的信息。"北京香山的一片油松松林"。虽然有了属性的空间，即地点但没有说明是现在的，还是明朝或清朝历史时期存在的，所以仍是不完善的信息。而"2003 年北京香山的一片油松林"，这才是完善的信息，虽然还有一些要素并未表明，但基本上已经有一个完整的意思，就可以称为信息。

3. 地球信息的载体

地球的物质、能量，包括资源、环境、社会和经济的单个要素本身可以成为信息的第一载体，但是在很多状况下，要有若干个要素才能共同组成信息的载体。例如"梧桐落叶、柳色飞黄，大雁南飞、阳光和煦、微风送爽"等共同组成了秋天来临的信息。而如果只有其中的任何一点，还不足以证明是秋天来临的信息，只能称为资料（Data），组合载体信息是地球信息的一种普遍的现象。

地理信息（Geo-Information）或地球空间信息（Geo-Spatial Information），是指地球现象或过程的经过排除噪声或误差后的性质、特征和状态的表征的文字描述，数字记录，图形或影像作为表达的载体，称为地球信息载体。

地球信息载体需要经信息化处理之后，才能被计算机处理和网络传输。地球信息载体如文字、图形等要经过信息化处理。地球数据或地球信息载体的信息化，包括数字化、网络化、智能化和可视化在内。数字化又称数码化。"数字化"实际上是指数码化，即采用数字编码技术表达信息的载体，如门牌号、身份证号、汽车牌照号和地理对象的分类及编码体系等，也包括了一般的数目，如高度、距离等。所以数字化包括了"数码"和"数值"（数目）在内。

地球信息一般又称地理信息。"Geo"可以是地球，也可以是地理，更确切的为地学。

4. 地球信息的基本类型

（1）地球的物质信息，即有关地球组成物质的成分、结构、形状，包括物理的、化学的、生物的和社会经济的性质、特征和状态的表征及其机理等；

（2）地球的能量信息或场信息，即有关地球的重力场、磁力场、电子场、电磁场（温度场、光场）、风力场、生态场、社会及经济引力场等的性质、特征、状态的表征及其机理等。

地球的物质信息是由地球有形实体所产生的信息，而地球的能量信息或场信息是由地球无形的能量或场所产生的信息。前者是看得见、摸得着的实体；后者是看不见、摸不着而是感觉到它存在的能量或场。

5. 地球信息流的作用和意义

1）客观世界的三大特征

物质、能量和信息是客观世界的三大特征。信息是由物质和能量产生的，并依附于物质和能量存在，也可以独立成为第三态，并依靠文字、数字、图形、影像而独立存在。信息一经以第三态的形式出现，并以数字、文字、图形、影像独立存在后，就可以经过数字化处理后进入计算机；运用计算机处理和存储，也可以通过计算机网络进行传输，包括有线和无线的传输。

地球的物质和能量，包括资源、环境、社会和经济诸要素转化为第三态信息之后，就可以用计算机处理和网络传输，即地球数据的信息化处理。

2）信息流是关键

在地球系统的运行过程中，物质、能量和信息处于不断的运动之中，所以常常用物质流、能量流和信息流来表达。它们三者的关系和前面所讨论的相同。信息流是物质流和能量流的第三态，是由物质流、能量流所产生的，并依附于物质流和能量流而存在，也可从物质流和能量流分离成为第三态，并以文字、数字、图形和影像作为载体而存在，并经过数字化后为计算机处理和存储，用网络进行传输，即实现信息化。

信息流和物质流、能量流的关系是：信息流虽然由物质流、能量流产生，但它决定了物质流的和能量流的流向、流速和流量。信息流在三者中起决定作用。信息流远比物质流、能量流更加重要。

在地球系统的运行过程中，不仅物质流和能量流受信息流所制配，而资金流、人才流等一切的自然现象、社会经济现象，也都是由信息流所决定的。所以信息流是一切的基础。

3）信息流是地球信息理论的核心

地球系统的运行过程，包括物质流和能量流及社会经济流全都是由信息流所控制的。不论是物理学中的力学过程、化学中的化合与分解过程、生物学中的生长和遗传基因过程，全部受信息流所控制。地球系统的运行、系统的自组织等过程，都和自然控制论有关，而这种控制的机理也都受信息流的支配。自组织和自然控制过程也可以看作为信息流的过程。

地理信息系统或空间信息技术系统，也都是受信息流所控制、以信息流作为纽带的，不然它们就不能运行。信息流是地球信息系统运行的基础。

三、地球的物质信息

1. 地球物质信息的基本概念

组成地球的物质包括：气体、水体、岩石、土壤、动物、植物、微生物、各类人为的建筑及制成品，以及社会经济的实体在内。长期以来，人们对于地球物质已经作了详细的、深入的研究，人们已经获得了大量的资料和知识。现在的任务是在原来的资料和知识的基础上，根据信息科学技术的要求，将它们重新建立分类体系和编码体系，实现计算机和网络能接受的数字化，即信息化处理；将已有的图书与资料转变为数据库，包括知识库和方法库，即全面实现数字化或信息化。

1) 地球物质信息的定义

地球物质信息（The Earth Material Information）是指有关地球组成物质的成分、结构、形状，包括物理的、化学的、生物的及社会经济的物质和性质、特征和状态、表征与其机理的知识。包括它们的物质成分、物质的化学与物理特征（色泽、硬度、比重、大小、几何形状等），生物学的遗传、变异与基因特征，社会经济的运行过程都是物质信息的表现形式。按照传统的方式，将上述的信息运用文字、数字、图形、影像作为载体，即资料形式进行记录就算完成。它必须通过按照信息科学技术的要求，进行重建分类体系，尤其是建立编码体系，逐个进行数字编码，才能被计算机处理和存储，由网络进行传输，才算完成信息化的第一步。地球物质信息从传统的文字、数字、图形、影像通过数字编码，即转化成数码之后，才能成为真正意义上的信息，即能被计算机处理和网络传输的信息。

2) 地球物质信息的基本特征

地球信息的三大特征：信息的属性特征、信息的空间特征和信息的时间特征。三个要素缺一不可，少了其中的任何一个特征，都不可能称为完整的地球物质信息。以上信息三要素，仅仅是基本要素，其他很多第二级、第三级的要素还不包括在内。

（1）地球信息的属性要素（who）：主要指它是属于资源、环境、社会和经济哪一种类型，属于物理的、化学的、生物的和社会经济的哪一种类型。如果属于资源类的，它又分别属于矿产资源、水资源、土地资源、森林资源、农业资源等。如果是属于农作物资源的，则它又属于小麦、水稻、玉米等的哪一种？

（2）地球信息的空间要素（where）：主要指它位于何处？即它的空间位置，包括它的地理坐标或经纬网格等。空间位置是地球信息的重要组成部分，即使是同一类型的地物，由于它们的地理空间不同，它们的特征也有所区别。例如，生长在高纬度地区的小麦与生长在中纬度地区的小麦的生长特征是不同的。干旱与未干旱地区的河流特征与湿润地区的河流特征，甚至与湿润寒冷地区的河流也是不同的。

（3）地球信息的时间要素（when）：主要是指什么时候获得的信息。信息具有很强的时间特征，即使同一属性、同一地点，但不同时间的信息是不一样的，很多地球的组成要素，如动物与植物是随时间而变的，即使山山水水也随时间而变化。

2. 地球物质信息的全息特征

全息（Holography）这个术语最早出现在物理中，是指能记录物体的全部信息，并在一定条件下再现原物的三维图像的照相技术，即全息摄影。后来这个术语扩大延伸到其他许多领域，如信息科学、医学、生物学、地理学等。中医认为人体的局部，如耳朵、手掌等，能反映整个人体的健康状况的信息。陈传康把全息概念引进地理学，提出了全息地理的新概念。杨占生提出了全息经济学的新概念。

地球系统是一个相互联系、相互制约的整体，组成同一系统之间存在着相关性和相似性。系统的任何一个部分与整体之间存在着相互"映射"（imaging）的关系。如山的高度与地壳的厚度的关系，山的高度与气候的关系、与动、植物的关系、植物与气候的关系，房屋与道路和当地社会经济的关系，都是相互映射的。但这种相互映射的关系，或全息的关系，是有一定的存在条件的，或有一定的部位的。例如，干旱地区的洪积扇地貌特征，它就是整个流域的全息体：它的形状，如坡度大小和体积的大小，反映流域面积的大小和水文特征（如洪水或泥石流的状况）。它的组成物的大小、成分、形状等，映射了整个流域形状、地形、岩性组成，甚至植被生长状况。又如一座建筑物的窗或门，就可以映射整个建筑物的结构特征等，这就是全息。

B.B.Mandelbrot(分形分维的创始人)指出，在一系统内，局部形状与整体形状的相似性是普遍存在的。局部映射整体，这是一种普遍规律。如一株树的枝叉状况，可以映射整个树的枝叉状况；黄土地区一条冲沟的状况，可以映射整个黄土地区的冲沟状况。但这种映射只能相似，而不能相等。

1）D.爱佩尔推理

D.爱佩尔把凡是能映射整个系统特征的子系统称为系统的"全息体"。他认为地球系统的"全息体"具有多级层次性特征。不同等级的"全息体"子系统映射不同等级的母系统的全部或大部分信息。可以从全息体的多级层次性的具体关系分析，建立全息联系。D.爱佩尔提出了推理模式，适宜于从时空方面去分析系统的全息联系形式。D.爱佩尔的推理模式的主要内容如下：

（1）结构型推理模式：按空间排列关系的周期性，或非周期性建立系统的全息联系。

（2）演化推理模式：根据事物发展规律进行推理，或根据发展过程的时间关系建立系统的全息联系。

（3）综合推理模式：根据要素的空间排列关系与发展过程的时间差别关系建立系统的全息关系。

由此可见，D.爱佩尔是在地球系统的时、空关系形式分析的基础上，推导地球系统的全息规律的。

2）地球系统的全息特征

地球系统的全息特征主要有以下几个方面：

（1）"局部映射整体"的特征：一个系统的支系统的状况，可以近似地映射整个系统的状况。地球工作者常常采用的标本、样品、样方及典型区，是"局部映射整体"的体现，也可以认为是全息体。

（2）局地（local）映射广域（area）的特征：在同一类型的区域内，如同一自然景观区、自然区、地质区或社会经济区内的一个小面积或小范围的状况，可以代表整个区域的状况，即可以近似地映射整个地区的状况，这个小区就是全息体。

（3）"现在映射过去，现在和过去映射未来"的特征：从地球系统的时空演化特征来看，现在状况是过去状况的延续，可以从现在状况来反演过去状况；同时，根据现在和过去的状态，即得出演化规律，于是就可以预测未来的状况，这也属于全息特征的一种表现方式。

3. 地球物质信息的记忆特征

记忆信息（Memory Information）或者有关历史的信息，是地球物质信息的另一个重要的内容。例如，Rock with memory，Soil with memory，Tree with memory 等，实际上是指岩石中保存了它的形成过程的信息，土壤中保存了它的发生发展过程的信息和树木中保存了它在生长过程中的气候变化的信息。

1）生物学的贝尔定律

生物学家贝尔发现某些动物在胚胎的发育过程中，再现了或重演了动物的演化过程。例如，很多动物的胚胎初期具有十分相似的形态，然后逐渐分异形成不同类型的动物，再现了动物的从低级到高级的演化过程。

2）树木年轮的记忆信息

树木的年轮不仅记录树木的生长年代（数），年轮的带宽和颜色反映了当时的气候状况。如果某一地区没有气象资料记录时，就可以根据千年古树的年轮的宽度推测当时的气温与降雨状况。

3）岩石的记忆信息

岩石的物质成分与结构特征，可以映射岩石生成过程及后来的环境变化状况。结晶岩的晶体特征映射了岩浆活动状况及形成后的受力状况。沉积岩的物质成分和胶结状况及其结构，映射了岩石的生成过程和后来的变化状况。

4）土壤的记忆信息

赵其国院士（1955）提出了"土壤记忆"的概念，他指出土壤的成分与结构可以映射其形成时及其形成之后的气候、水文、生物状况。

5）地貌的记忆信息

地貌的具体状况不仅记录了地质构造和岩性状况，而且映射了地壳运动和气候变化状况，还记录了整个环境变迁的状况。

四、地球的能量信息

地球的能量信息（Earth Energe Information）或称场信息（Field Information），主要包括重力场、磁力场、电磁场（光场、温度场、微波场）、介子场等，后来又进一步延伸到风场、波浪场、地震场、甚至扩大到生态场和城市的吸引力场等。

1. 地球的电磁场信息

1）地球电磁场信息的基本概念

地球上的任何物质的温度只要大于绝对温度零度（−273℃），都具有电磁波辐射特征，包括自身发射和反射、吸收来自外界的能量。不同的物质具有不同的电磁波辐射特征，从而可以根据电磁波的辐射特征来识别物质的属性。

2）地球电磁波（或场）信息的一般特征

（1）任何地物都有其电磁波的辐射特征。

（2）根据不同地物电磁波特征的区别，可以区分地物的不同类型或不同属性。

（3）人们所看到的地物的形状、大小、色调的差别，都是地物可见光辐射特征的反映。不同地物温度的差别，则其热红外辐射特征不同，由此可以反映地物属性。地物的微波辐射与热红外辐射一样也是人眼所看不到的，不同的地物对其有不同的响应，因而可用其来探测不同的地物属性。

（4）地球能量信息的不确定性。由于同一类地物的物质结构、物质成分存在一定的变幅，所以它们的电磁波谱，包括吸收、反射和发射的都存在一定的变幅，而且变幅的大小，除了受物质成分、物质结构的影响外，还受环境因素及数据获取、处理及介质等技术因素的影响，因此具有不确定性特征。

2. 其他地球物理场信息

（1）固体地球物理场信息：包括重力场、磁力场、应力场（如压应力引起的地形变地震等）、引力场（地球固体潮）等。

（2）气压与流体地球场信息：包括气压场、风场、温度场，以及海洋湖泊中的波浪场等。

第二节　地球系统理论

1983 年 11 月，美国国家航空和航天管理局（NASA）顾问委员会任命了一个由许多著名科学家组成的"地球系统科学委员会"（ESSC），首先提出了把地球的各部分相互作用当作一个系统加以研究，并明确提出了"地球系统科学"（Earth System Science）这个概念。美国白宫科学技术政策办公室、国家科学基金委员会、国家研究委员会的空间科学部等，都接受了"地球系统科学"这个新概念。1985 年 8 月地球系统科学委员会（ESSC）提交了名为"地球系统科学"（Earth System Science）的研究报告，并于 1988 年由 NASA 正式出版。实际上该书是 NASA 提出的研究计划。

1998 年，以陈述彭院士为主编，组织了全国有关的专家出版了《地球系统科学》巨著（250 万字，中国科学技术出版社出版）；该书全面反映了我国对地球系统科学研究的现状。2002 年 5 月由毕思文、许强出版了《地球系统科学》（科学出版社）一书。同时，2002 年在南京大学成立了"国际地球系统科学研究所"。从此，地球系统科学在我国已经得到了普遍的承认。

"地球系统科学"既然作为一门科学或科学的分支，就要求有自己的理论体系。地球系统科学是地球科学与系统科学之间的边缘科学或交叉科学，当然地球系统科学的理论也应是地球科学理论与系统科学理论的综合。综合的理论就是新的理论。

一、关于系统的基本概念

1. 系统的定义

根据系统科学的创始人 Bertalanffy（1973）的定义："系统是指相互作用的诸要素的综合整体"。他认为"任何一个客观过程，不是单一要素决定的，而是有多个相互联系、相互制约和相互影响的要素之间的状态所决定的，而且这个状态包括了层次性、结构性和动态性三个特征。

关于"系统"Rober E. Machal 归纳为："系统是指由两个以上相互联系、相互制约的要素或过程所组成的，并具有特定功能和行为的，而且与外界环境相互作用能自动调节和具有自组织功能的整体。"

钱学森指出：所谓系统是指由两个以上、相互联系、相互制约的部分组成的具有特定功能的整体。

综上所述，从小到分子或细胞，大到宇宙，从个人到整个人类社会，都可以看作为一个系统。

用数学语言来说，系统 S 就是元素（子系统）A 及其关系 B 的总和，可表示为

$$S = \{A \cdot B\}$$

2. 系统结构与类型

从系统的规模来说，少则由两个要素以上所组成，多则由数十个、数百个要素所组成。前者称为小系统，后者称为大系统或巨系统。有的组成系统的各要素之间关系（包括相互联系、相互制约的状况）比较简单，有的则十分复杂。前者称为简单系统，后者称为复杂系统。系统除了受内部各组成的要素影响外，有的受系统之外的要素的影响。凡是不仅受系统内部要素影响，还受到系统外部要素影响的系统，称为开放系统。

耗散结构理论创始人 Ilya Prigogine（1969）提出，在不可逆过程的非平衡态热力

学条件下，任何一个系统熵的变化（ds）都由两部分组成：ds＝des＋dis。其中 des 是指系统与外界交换物质和能量而引起的熵流；dis 是指系统内部自发产生的熵。根据热力学第二定律，对于任何一个系统，总是 dis≥0，而 des 则因不同的系统而有不同的情况。他指出客观世界存在着三种不同的系统：

1）孤立系统

它与外界不发生物质和能量的变换，des＝0，即熵流等于 0。系统的总熵变化ds≥0，系统总是朝熵增加的方向发展，无序度不断增大，最终达到热平衡状态。

2）封闭系统

它与外界只交换能量，属于线性非平衡状态，与平衡只有微小的差别，即 des≈0。这种系统开始时存在一些有序状态，后来受到了内部无序（熵）的破坏，但不可形成新的结构。

3）开放系统

它与外界既交换能量，又交换物质，属于远离平衡状态。在这种系统中，des<0，系统不断地从外界环境中获得物质和能量，结果使整个系统的有序性的增加大于无序性的增加，于是形成了新结构和新组织。这种结构称之为耗散结构，如生命系统社会系统。

控制论创始人 Norber Winer 指出，一个系统中的信息量是它的组织化程度的度量，一个系统的熵就是它的无组织程度的度量；信息正好是熵的负数。信息与熵是互补的，信息就是负熵。

二、地球系统概要

与地球系统相关的概念，早在 2000 多年就提出来了，如老子就提出了"天人合一"概念，实际上就是今天的"人地系统"。"天"就是自然环境，包括资源在内，就是指地球；"人"就是指人类社会。"合一"就是组成了一个相互联系、相互制约的整体；"天人合一"就是指地球系统。

1. 地球系统的定义

地球系统的定义：地球系统是指某一个特定时间、特定空间的，由两个以上或无数个相互区别、又相互联系、相互制约、相互作用和相互调节功能或行为的，并与外界环境相互作用的地球要素组成的整体。地理要素，是指气候、水文、生物、土壤、地质、地形及人类社会等。外界环境，是指对整个地球系统而言的太阳及宇宙。

钱学森认为：地球系统是一个开放的、复杂的巨系统。地球系统是由无数个，甚至是无穷大的要素所组成，这些要素相互联系、相互制约、相互作用，有时有的强、有的弱，是动态的、错综复杂的，而且与地球系统以外的太阳密切相关，甚至受到宇宙影响的巨系统。

作者认为，地球系统是指由无数个大小子系统组成的，复杂的、有层次结构的，开放的、远离平衡的和具有自组织能力的巨系统。它不断地接受太阳能量，是在大气圈、水圈、生物圈和岩圈层间进行能量和物质交换的，不断变化的和具有"自然控制"与"自组织功能"的一个"活体"。

地球系统具有明显的整体性与层次性、分异性并存，有无序与无序性并存，稳定性与动态性并存等复杂特征。

2. 地球系统的特征

"差异性"或"分异性"是客观世界的一个固有的特征，尤其地球系统的组成要素就具有明显的差异性。它首先可以分为物质和能量。物质的差异性就非常大，例如组成地壳的岩石的三级类型可达近千种，矿物的类型 3000 多种。生物类型就更多了。动物的三级分类可达 150 万种，植物的三级类型也可以达 40 多万种。能量的差异也很大，辐射能、重力、磁力和地球自身具有的运动力。以地球的电磁波能量来说，除了本身可以划分的 X 射线、γ 射线、紫外线、可见光、红外线和微波等波段外，还可以分为反射、发射和吸收等。150 亿年前在一次"无中生有"的大爆炸湮没了宇宙。46 亿年前地球开始形成，38 亿前开始出现生命，最早动物节足动物大约出现在 5 亿年前。2.5 亿年前三叠纪时出现生物大灭绝，90% 以上的生物消失了。6500 万年前恐龙的大灭绝，有人认为是由于陨石、彗星撞击地球造成的。

地球系统的组成要素的属性，不仅种类繁多，丰富多彩，而且它们还是变化多端的。即使是同一属性的某一树种，如梧桐树，它们整体树型、每一个枝杈和每一片树叶也不可能相同。对于同一属性的要素来说，不同个体之间，相似性大于相异性或差异性。而对于不同属性的要素来说，不同个体之间，差异性或相异性大于相似性。所以差异性与相异性是普遍的。

"整体性"是客观世界，尤其是地球系统的另一个固有的特征，地球系统的各组成要素之间存在着相互联系、相互制约、相互影响的关系，它们共同组成了一个特定系统的整体。所以对于一个系统来说，具有整体性的特征。对于系统的各要素来说，既有个性或分异性的一面，又有整体性的一面。正是它具有个性或分异性，它才能独立存在成为一个要素。整体性是针对要素与系统的整体而言，或要素与系统内的其他要素来说，存在着相互联系相互制约的整体性特征。如植物、气候、土壤组成的生态系统中，对于植物来说它是生态系统的一个要素，正是它和气候、土壤之间存在着本质的、属性的差异或个性特征，它才能成为一个要素而独立存在。但它的存在又与气候要素、土壤要素之间，存在着相互联系、相互制约的关系，所以它们之间存在整体性的特征。

整体性（Wholeness）是系统的一个重要的特征，如系统的整体特性、整体功能、整体行为、整体状态等。如果把系统分解成若干要素之后，上述的特征就不再存在。系统与要素之间有一个质的飞跃。在系统与子系统之间，虽然没有上述的影响那么大，但也存在一定的质的变化。如果不存在质的变化，就不存在系统与子系统间的关系。如以一条河流为例，若它由五条支流组成一个系统。河流与组成支流之间，只有系统的规模效应，而没有系统与子系统的差别，而河流的子系统则由河流的水流、水流流淌的土质和岩石组成的河床，流域内地质、地貌、土壤、植被及气候条件及人类社会经济活动所组成。而水流及土质、岩质河床，流域内的地质、地貌、气候，社会经济活动等为子系统。即水流-河床子系统、流域状况子系统等。

综上所述，差异性与整体性是地球系统的一个固有的特征。NASA指出："地球系统将地球视作各部分相互作用的整体系统；对这一系统的研究应当超越学科界限"。

3. 地球系统的层次性与渗透性

地球系统的结构具有明显的层次性特征。从地球系统的整体来看，可以划分为大气层圈子系统、水体层圈子系统、生物层圈子系统、社会层圈子系统和地壳层子系统。一般称为一级子系统。

再从大气层圈子系统来看又可以划分为：对流层二级子系统、平流层二级子系统、逆温层二级子系统、中间层二级子系统等。再从对流层二级子系统来看，又可以划分为：对流天气三级支系统、气旋天气三级支系统、锋面天气三级支系统等。

水体子系统又可分为：海洋二级子系统、湖泊二级子系统，河流二级子系统和地下水层二级子系统。再就海洋二级子系统来说又可划分：表层三级子系统、中层三级子系统和底层三级子系统。

生物子系统又可以分为：植物二级子系统、动物二级子系统和微生物二级子系统。植物二级子系统可以划分为被子植物三级子系统，裸子植物三级子系统。

地壳子系统又可分为：岩石圈层二级子系统、莫霍面以下的塑性流体层二级子系统。岩石圈层二级子系统又可以划分为：沉积岩三级子系统、火成岩三级子系统和变质岩三级子系统等。

地球系统的层次性是系统结构的一个重要特征，但层次与层次之间并不是彼此孤立的，而是相互渗透与相互联系的。如在岩层中既存在着气体，也存在着水体。在大气层中，不仅存在着由于沙尘暴带到空气层中的岩石碎屑，而且在平常的大气层中也存在着微小来自岩石的风化的尘埃粒子即颗粒物。在水体层中，包括海水、湖水与河水中不同程度上都挟带了岩石风化后的微小颗粒或被水溶解的矿物。如水体底的各种沉积物，都证明层与层之间相互渗透的存在。

4. 地球系统的动态性与力图趋向动态平衡特征

地球系统的各个要素、各个层次处在不断的运动和变化之中，这是地球系统另一个固有的特征。系统的各要素不仅随时间而变化，而且有些要素还不断发生空间变化。一般来说随时间变化是主要的、明显的，而且还是普遍的，而随空间变化的现象则是相对次要的、局部的和不普遍的。除了那些本身就属于移动的、动态的要素外。

地球系统的物质和能量处于不断的运动之中，这是地球系统又一个固有的特征。地球系统的运动方式，主要有两种基本类型：一种为引力造成的集中型；另一种为耗散型。

集中型主要是由于重力、引力所造成的。如落体，从高处向低处的滚动、流动；城市的吸引力、诱导力或利润的驱动力等。

扩散型或耗散型主要是由于热力学、动力学原理所造成的。如高温向低温扩散，高压向低压处扩散，能量强向能量低处延伸，多向少的扩散等。

但是不论是集中型还是耗散型，都存在一个"理想的"平衡点存在。高与低，强与弱，多与少等运动都存在一个"平衡点"，都力图达到这个平衡点。而这个平衡点是很难达到的，即使达到了，很快又出现新的不平衡。如一条河流的纵剖面，由于坡度（高与低）的存在，水体挟带的泥沙会向低处运动；河流上游不断地被侵蚀，下游不断沉积，上游不断降低，下游不断填高和延伸长度，力图达到动力的平衡，即上游不再侵蚀，下游不再淤高和延长。但是流动的水和挟带的泥沙破坏了平衡的存在。随着河流上游的高度不断降低，水流速度变慢，挟带泥沙能力变小，泥沙就在上游河床中堆积，以达到一定坡度后，使水流又有能力将泥沙带到下游去为止。这样河流永远保持它的活力或生命力，这就是河流的"自组织"现象。

对于聚集型或集中型方式来说，集中也有一定的"容量"，超过了固有的"容量"，就会出现"溢出"现象。所以集中也是有一个度量的。"物极必反"，凡是都有一个"度量"，都有一个"界限"或"范围"，超越了这个界限，"真理"会成为"谬论"，这就是不确定性的基本原理。

5. 地球系统的动力机制理论

NASA 的地球系统科学委员会（Earth System Science Committee NASA Advisory Council, 1988）认为，地球系统的运行的动力由两台发动机所构成：

（1）第一台为地球内部发动机，它主要由放射性和内部深处的原生热所驱动，它维持着形成全球地形的动力板块系统及大小及地质构造运动；

（2）第二台为地球外部的太阳驱动发动机，它长期维持着作用在海平面之上的风化、侵蚀过程及海内部的沉积过程。

实际上，除了地球内部热力"发动机"和"太阳驱动发动机"之外，还有地球的自转、公转等运动动力和地球引力(重力)等"动力发动机"，即第三台发动机，大气环流、海洋洋流及许多物质运动，甚至能量运动都是以上三台发动机协作完成的。第三台发动机可以称为"力学发动机"，包括了运动的动力和引力两个方面。

另外，随着人类社会的科学技术不断进步，人类对地球系统的影响不断增强，对大气、水文（含海洋）、生物等的影响越来越大，尤其是其破坏作用，引起了人们的关注。但是这种人为的动力或影响，不能因为它比起上述三台动力机作用要小得多，而不重视它。

在地球系统的内部与外部驱动系统的相互和协同作用下，地球系统发生了不断的变化，如发生造山运动、造陆运动、板块运动、地球磁极变化、火山喷发、地震和构造运动、气候变化、冰期、干旱、洪水、海洋变化（海面升降）、生物出现和生物4～7次大灭绝，以及人类的出现等一系列的运动和变化。其中，有的为渐变方式，有的则为突变方式，有的是大尺度的(时空)，有的是小尺度的(时空)。从时间上说，地球系统中等尺度的变化，近100年到1000年之间的变化和人类关系最密切、最引人注意。尤其是大气、海洋中局部和不断变化的能量、通量以及这些能量对陆地表面和植物的影响，可在数天、数月、数季和数年内累加，并在气候和全球生物地球化学方面引起变动，从而对人类社会产生巨大影响。

NASA 认为，在几千年至几百万年的时间尺度上，地球演化过程既受地球系统内部能量的驱动,又受来自外部太阳辐射能量所驱动。在几十年到几百年时间尺度上,地球系统变化过程主要取决于物理气候系统和生物地球化学的循环过程,而在这两种情况下,人类活动起着越来越重要的作用。

NASA进一步指出,地球系统是一个非常复杂的动力系统,它的所有的过程和变化,主要服从于地球系统内部的原生热力发动机和外部太阳能源驱动机的状况。为了能很好地研究地球系统动力学,首先确认相关过程的特征时空尺度。如天气系统以公里、钟点计,生物系统以几百公里、几年计,地壳系统则以几万公里、亿年计。不同的对象具有不同的时间和空间特征。地球科学以各分支部门为基础的地球系统科学,通过对全球尺度的演化获得更广泛的全球变化观念,并将各分支学科的成果综合起来,形成全球的动力系统或地球系统动力学。

NASA指出,从当代地球科学研究中,可以得到两个重要的结论:

第一,具有行星尺度(即全球尺度)的变化是地球各子系统之间相互作用和反馈的结果。这些子系统包括大气、海洋、地幔、地壳、冰雪圈和生物系统。不仅如此,任何时间尺度的变化都包含发生在各种时间尺度上的地球系统过程之间的相互作用。

第二,地球科学中的每一个分支,都和特定的子系统、特定的时间范围内的某一结构和过程相联系。为了研究和认识那些具有全球尺度的变化,必须汇集地球科学的所有力量,并建立更广泛的全球性观念。

三、地球系统科学

地球系统科学(Earth System Science)是一个开放的、复杂的、具有自组织功能的和非线性的巨系统。它包括了从地壳的莫霍面到大气的对流层顶的大气圈、水圈、岩石圈、生物圈、社会经济圈在内的组成部分之间的相互作用的,并包括物理的、化学的、生物的和社会经济的四大基本过程作为研究对象的科学。它是20世纪80年代中期才兴起的前沿科学分支。

地球系统科学是研究地球各层圈之间的复杂的相互作用的机制,系统变化规律及自组织机制的原理,从而建立全球变化的预测基础。

地球系统可以分为慢变化系统和快变化系统。快变化系统是由大气圈、水圈、生物圈和社会经济圈所组成;慢变化则由岩石圈所组成。大气圈和社会圈是最活跃的地球系统的动力。它的变化的时间尺度为几十年到一百年。岩石圈变化的时间尺度为几千年到几万年。

地球系统科学的研究趋势和内容:

(1)全球化趋势。

(2)集成化趋势。

(3)多学科、跨部门综合研究。

(4)由"科学研究功能"向"社会服务动能"转化。

(5)由"科学导向性"向"问题导向性"转化。

(6)地球系统的变化过程作为研究的中心。

(7)地球系统的各种"界面",如海-气、海-陆、陆-气界面研究成为重点。

1. 全球变化

全球变化（Global Change），是指近半个世纪以来的全球范围的气候变化和生态环境变化，海平面变化及其对人类社会经济产生的影响。这已是一个专门术语，其形成的原因有：

第一，自然因素 地球自诞生之日起，一直处在不断变化之中。而近期气候与生态环境变化非常明显，主要受气候系统与生物地球化学系统所控制。气候系统是由大气圈、水圈、陆圈、冰雪圈和生物圈所组成。生物地球化学循环系统是指碳、氮、磷等的流动及在环境中的活物质的相互影响作用。气候系统与生物地球化学系统两者相互的复杂作用是形成全球变化的主要因素。

第二，人类活动的影响因素 由近来社会生产和生活的活动，大幅度地增加了大气中温室气体（CO_2，CH_4 等）的排放，使得气候变暖，工业化引起的 CFC 气体的排放引起了臭氧层的破坏；而水质污染、土壤污染则是局部性的。

自然因素引起的全球化是有周期性的特征，而人类活动影响引起的全球变化则是单向性的。

全球变化研究内容，国际科联于 1994 年规定了四项内容。

1）国际地圈生物圈计划（IGBP）

（1）九个核心内容
- 国际全球大气化学计划（IGAC）；
- 全球变化与陆地生态系统（GCTE）；
- 水文循环的生物学方面（BAHC）；
- 海岸带陆海相互作用（LOICE）；
- 全球海洋能量联合研究（JEOFS）；
- 全球海洋与大气层研究（GOEZS）；
- 过去的全球变化（PAGES）；
- 土地利用和土地覆盖变化（LUCC）；
- 全球分析、解释与建模（GAIM）。

（2）两个术技系统
- 数据和信息系统（DIS）；
- 全球变化的分析、研究、培训系统（START）。

2）世界气候研究计划

（1）热带海洋和全球大气（TOGA）；
（2）世界大洋环流实验（WOCE）；
（3）全球能量和水循环实验（GEWEX）；
（4）平流层过程及其在气候中的用（SPARC）。

3）全球环境变化中的人类因素计划（HDP）

（1）资源利用的社会因素；

（2）对全球环境状况及其变化的认识和评价；

（3）地方、国家和国际社会、经济、政治组织与制度的影响；

（4）土地利用；

（5）能源生产和消费；

（6）工业增长；

（7）环境安全持续发展。

4）全球观测系统（GOS）

（1）全球气候观测系统（GCOS）；

（2）全球陆地观测系统（GTOS）；

（3）全球海洋观测系统（GOOS）；

（4）全球环境监测系统（GEMS）；

（5）全球观测系统（GOS）。

5）生物多样性计划

2. 全球变化研究

根据 NASA 相关资料，地球系统的全球变化的主要时间尺度，可以用五个不同时间长度来定义：

第一时段：从几百万年到几十亿年。在地球形成初期的一亿年之内，金属核（它产生磁场）与其上部的对流地幔和运动着的岩石圈分离。这个过程的时间尺度为几百万年。生命的演化及大气化学成分的演化具有类似的时间尺度。

第二时段：几千年至几十万年。冰期和间冰期之间的交替、土壤的发育，以及生物种类的分布。它们主要是由地球围绕太阳运动的轨道变化而引起的，这种轨道变化具有几万年的循环周期。

第三时段：几十年至几百年。如气候变化、大气化学成分变化，地表干燥度或酸度变化，地球和海洋生物系统的变化。

第四时段：数天至数个季度。天气现象，洋流中的涡旋，极地海冰及陆冰的季节增长和融化，地表径流及植物生长、地表风化、地球化学循环、地震、火山爆发，这些事件重复的周期为数天和数个季度。

第五时段：几秒至几小时。陆地、海洋、大气和生物的质量、动量和能量通量全部由时间尺度小于一天的过程所支配，它们都受逐步加热循环的影响。

NASA 认为：

（1）全球变化是地球系统的各个子系统，如地核、地幔、岩石、水体、大气和生物子系统之间的相互作用和反馈的结果。

（2）对这些子系统之间的相互作用和反馈过程的科学认识需将地球作为一个统一的

动力系统进行研究。

（3）对于未来十年至百年内全球变化趋势预报的改善取决于对地球系统相互作用的更好了解，并以人类活动对其他子系统的影响为主。

（4）为了认识某一时间尺度的过程，必须考虑其与其他时间尺度过程之间相互作用的影响。

（5）地球系统过程的概念模式和数值模式是认识地球演化和地球变化的关键组成部分（图 5.1）。

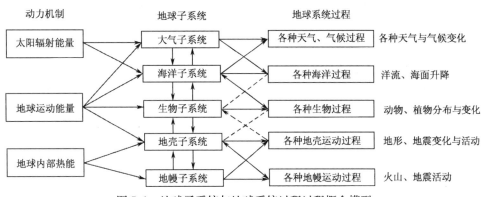

图 5.1　地球子系统与地球系统过程过程概念模型

（6）地球系统科学的信息系统对于实施这一研究和建立对地球系统的统一认识是非常重要的。

（7）地球自形成以来数十亿年中，经过多次湿热时期，如中生代和第三纪等，由大量森林所形成的煤层和在湿热环境下形成的红土等的形成，其温度之高远远大于近几十年来的气温上升的变化。

1）大气圈层的变化

在地球形成的最初阶段，大气圈的成分主要由氢（H）所组成；后来被氮（N）和二氧化碳（CO_2）所替代，氢气占少数地位，类似于今天的金星和火星的大气层；再后来二氧化碳逐渐减少，现在只占 0.03％比重，而氧气（O_2）占 20％，氮气占 35％。大气圈的变化，则与能够进行光合作用和吸收二氧化碳（CO_2）放出氧气的单细胞水生植物藻类和蓝绿细菌有关。这些海洋藻类在 35 亿年前所出现，在最古老的石灰岩（$CaCO_3$）中可以看这些藻类的化石。地球上分布的大量的石灰岩，都是海洋中的藻类吸收大气中的 CO_2 所凝结和死后沉淀而成的；同时 O_2 也是由海洋中藻类所产生的。因此，海洋是"地球之肺"。

2）海洋圈层的变化

在地球系统的全部水体中，海洋占 97％、陆地水占 3％，大气中的水仅占总体的 0.001％。因此，可以认为"水圈"是"海洋圈层"。在 3％的陆地水体中，两极冰盖和高山冰川中的水占 77％，湖泊、河流、地下水只占 23％。在海水中，除了纯水以外，还有很多溶解物质，包括各种盐类，如 NaCl（2.3％）、$MgCl_2$（0.5％）、Na_2SO_4（0.4％）、$CaCl_2$（0.1％）、KCl（0.07％）等，其中 Cl 占 55％，Na 占 31％，SO_4^{-2} 占

7.7%，Mg 占 3.7%，Ca 占 1.2%，K 占 1.1%。这些物质来自火山的排气和岩石的化学分解。河流每年把 3.5×10^{15} g 溶解物带入海洋中。现在海洋中的溶解物总量约 5×10^{22} g。另外还有 Cu、Ag、Ni、Au、U、Co 和 Mo 等微量元素，还有一些溶解气体，如 O_2 和 CO_2，其中 CO_2 约为大气中的 60 倍。每年排入大气中的人类活动产生的 CO_2，至少有 50% 为海洋及其生物群落所吸收。

3）生物圈层的变化

在地球系统中生物圈的变化是最明显的、最大的。地球的历史已有 60 亿年，而生命的历史只有 40 亿年，且最早出现在海洋之中；最早的生物原始的藻类，到鹦鹉螺（菊石）、三叶虫、裸子植物、被子植物、鱼类、爬行动物、两栖动物、恐龙、灵长类动物，直到人类的出现。在这约 40 亿年期间，还经历了至少四次生物大灭绝，生物圈层发生了重大的变化。

在地质时期，奥陶纪的鹦鹉螺、泥盆纪的笔石、二叠纪的四射珊瑚、侏罗纪的菊石，都是当时标志性的生物。

4）地幔与地壳圈层变化

地幔加热主要是由于放射性元素衰变引起的，上升物质由于压力降低而部分熔融而生成岩浆。

在地幔层中，热能输送，对流活动、化学分异及物质重组是地幔的核心问题。地幔密度变化可以反映温度或其组分的变化，或反映出由于部分熔融所引起的物态的差异，导致可能引起变形和流动的重力场和应力扰动。应力与形变的流变研究及其对地壳的水平与垂直运动的影响是地幔研究的重点。

地壳与板块构造是形成大陆与海洋结构的关键，山脉、高原、裂谷、盆地及转换断层、火山活动等，都是它们造成的。板块之间的相对运动的速率一般为 0～20 厘米/年。由漂在密度较大的地幔上的较轻的由岩石组成的大陆块，是在长时间拼合和重新拼合而形成的。许多现存陆壳，至少是形成于太古代时期，经历了沧海桑田的变迁。F. B. Taylor 和 A. Wegener 的大陆漂移说再一次受到了重视，认为板块构造运动是由地幔对流驱动的。

地球内部的动力结果之一是产生各种地形。包括形成大陆、山脉和海盆。当地形受到外力作用而发生侵蚀和沉积，并形成沉积矿床和沉积地貌。当地形随着地幔及其上覆的板块的动力过程而变化时，沉积过程的性质也随之而变化。

板块运动与板块变形，以及地极运动都得到了量测和监测，这项任务现在可由全球定位系统和激光测距仪来完成。激光地球动力卫星 1 号（Lageos-1）发挥了重要的作用，它的探测也证明了地球磁场有随时间变化的特征等。

在地球的岩石中记录了过去 38 亿来的全球变化的证据。

5）CO_2 循环问题

（1）海洋生物群落在 CO_2 循环中的作用

NASA 研究结果表明，海洋及其生物群落在碳（C）循环中起着十分重要的作用。它们含 90％以上的地球非沉淀性碳和营养物。每年排入大气中的人类活动产生的 CO_2，至少有 50％以上为海洋及其生物群落所吸收。

在海洋及其生物群落对全球碳的收支平衡作用中，海洋洋流及表层水的温度起着十分重要的作用。深海海水中溶解的碳远远超过大气中或陆面碳的含量。由于 CO_2 的饱和浓度对温度的依赖性，温暖的热带表层海水不断地向大气释放 CO_2，再被中、高纬度的海洋所吸收。对大气 CO_2 浓度增加的主要自然控制，取决于用深海的逆温层更新速度表示的储热增加，以及这部分海水滞后的向表层的再循环。碳的最终的汇集，归因于表层寄居生物残骸（如贝壳和珊瑚）中的碳酸盐与深海沉积物的结合。碳酸岩（灰岩）是海洋集中、沉淀 CO_2 的证明。

海洋中的 CO_2 的沉淀是非均匀性的，在时间和空间上都是不确定性的。因为浮游植物受海水运动的支配。海水的运动可变性造成了生物荣衰，决定了 CO_2 的集中强弱。

（2）陆地生态群落对 CO_2 循环的影响

过去认为"热带森林是地球之肺"，它能大量地吸收大气中的 CO_2 和释放 O_2，它可减少"温室效应"和清洁空气。但现在研究表明，森林是能够吸收 CO_2，但也能释放 CO_2。两者几乎平衡。森林在白天进行光合作用时吸收空气中的 CO_2，但到了晚上释放 CO_2。森林的躯干，即木材和枝叶，在腐烂和燃烧过程中又释放大量的 CO_2。所以森林不能成为"地球之肺"。

气候变暖，CO_2 增多，都有利于植物生长。植物生长茂盛，反过来又大量吸收 CO_2，降低了温室效应，使气候变冷，于是发生了冰期。造成的原因是由于植物太多、太茂盛，吸收了大量的空气中的 CO_2，失去了"温失效应"而走向相反，出现气温降低，因此形成了冰期。从冰芯中保存的 CO_2 气体的含量看，末次冰期（距今 18 000 年前）最盛期所含的仅为工业革命前的 60％，而且还多尘埃，表明那时全球呈现旱冷干燥的气候。第三纪末，气候湿热，植物繁茂，在山西等地湖泊与沼泽很多，泥碳与植物化石丰富。到了第四纪又出现了冰期，火山活动增多，可能是一个原因。

3. 地带性与非地带性理论

地球系统的空间结构与空间功能的传统理论，是地带性理论和区位理论。

地带性（zonality）通常指地球系统的自然地理环境各组成成分及其构成的自然综合体大致向纬线方向展布，按纬度方向递变的现象，即纬度地带性。同时地球系统的自然地理现象还具有沿经度变化的现象，主要表现为干湿的变化，所以又称干湿地带性；此外，还有沿地形高程而变化的垂直地带性等。

1）纬度地带性

由于地球是一个球形体，使太阳辐射能在各纬度分布不均，由此产生了气候、水文、生物、土壤等以及整个自然综合体大致沿纬线方向延伸分布而按纬度方向递变的现象。纬度地带性的区划主要有：

（1）自然带：它是沿地表、沿纬线延伸的宽阔的平原部分，在它范围内有相近的净太阳辐射值和热力条件，有关的自然地理过程和现象以及绿色植物的生产潜力相似，并有大体一致的景观结构。

（2）自然地带：在自然地带内，某些部位由于局部地形和岩石的差异，或地下水埋深等影响，而形成与平坦地区不同的自然特征，称为隐域性部位。这是自然带的复杂性和不确定性表现。纬度地带性在大陆的不同纬度有不同的表现。在低纬度和高纬度，具有大致沿纬度平行的冻原带、泰加林带和赤道雨林带。但在中纬度地带，由于受海陆分布和地形的影响，大陆东部、中部和西部具有明显的差异，如中纬度大陆东岸，由北向南顺序为：混交林带、阔叶林带、亚热带林地带。中纬度大陆内部，围绕大陆干旱中心呈马蹄形分，由外向内顺序是森林草地带、温带草原地带、温带半荒漠地带。中纬度大陆西岸，由北向南的顺序为：混交林地带、阔叶林地带和地中海地带。

2）经度地带性

经度地带性又称干湿地带性。由于海陆相互作用，降水分布有自沿海向内陆逐渐减少的趋势，从而引起气候、水文、土壤、生物等以及整个自然综合合体，从沿海向内陆变化，这种变化也只出现在中纬度地带，即季风带。而在副高压带控制的撒哈拉大沙漠、阿拉伯到印度西部连片地区，经度地带性就不明显，海岸带就是沙漠。这也是复杂性和不确定性的表现。

3）垂直地带性

垂直地带性又称高度地带性。在达到一定高度的山地，气候、水文、土壤、生物等以及整个自然综合体随高度增加而变化，这主要是由于气候随地势高度变化而引起的。

4）地方性

如一般山区的阳坡与阴坡它们接受的太阳辐射是不一样的，因此它们的气候、水文、土壤、生物也可能受到影响；还有迎风坡、背风坡及风口等主要是由于湿度不同和温度的不同（如迎风坡雨多，背风坡为高温、干旱风等），而引起气候、水文、生物、土壤等的差异和自然景观的差异。

4. 地球系统的区位理论

区位理论（Location Theory）是指说明和探讨地理空间对各种经济活动分布的影响和研究生产力空间组织的一种学说。它是经济地理学、空间经济学和地球系统科学相结合理论。

区位理论有三条基本法则：第一，距离衰减法则；第二，空间相互作用原理；第三，中心地学说。

区位理论按其研究对象，可以划分为农业区位论、工业区位论、运输区位论、市场区位论等。资源的空间分布及其价格，生产成本及运输成本，市场需求（价格）等决定农业、工业、运输及市场的区位，具有明显的空间和系统的概念。如 E.M.胡佛的运输区位理论，他以追求最低成本为目标，将区位费用因子分为运输和生产费用两部分，认为运输距离、方向、运输量及其他运输条件的变化，往往直接引起工业布局发生变化。所谓区位理论就是追求能达到最大效益的区位。空间因素，尤其是空间结构具有很大的作用。"蜂窝状"是理想的市场区位结构。

第三节 地球系统的耗散结构与自组织理论

耗散结构（Dissipative Structure）是由1997年诺贝尔化学奖获得者 I. Prigogine 于1969年的"结构耗散和生命"文章中首先提出来的。该理论不仅解决了克劳修斯（Clausius）热寂说与达尔文进化论的结合问题，而且更重要的是解决了按照热力学第二定律，宇宙将由热变冷、无序将不断增加并逐步退化，即所谓"宇宙热寂说"的悲观论调。但实际上并不是如此，根据耗散结构理论，宇宙还有另一种"由无序到有序"的作用存在，引起了生命由低级到高级的发展（进化）和形成了组织有序和协调发展的客观世界，Toffler 在《第三次浪潮》书中把"耗散结构"理论看作是20世纪最重要的科学理论之一和下一次科学革命的方向。

一、耗散结构的基本概念

1. 耗散结构定义

"耗散结构"是指在远离平衡态情况下的一个开放系统，通过系统与外界进行物质和能量的交换，当达到一定阈值时，原有的结构发生无序或混沌状态，同时形成时间、空间或功能上的新的有序结构的开放系统。

开放系统既可以处于平衡态，也可以处于非平衡态，包括近平衡态和远离平衡态。处于平衡态的开放系统在一定条件下，可以具有有序静态结构，系统各部分的相互关系是线性的，即自变量与变量关系是一次方的关系。而处于非平衡态的开放系统，在一定条件下，同样呈现出有序结构，但这是动态结构，系统各部分的相互关系是非线性的，同时各要素产生协同作用和相干效应，才能使系统从无序走向有序。系统固有的属性就是系统内各子系统的协同导致的有序；相干效应则是各要素之间相互制约、耦合而产生的整体效应，也意味着要素独立性的丧失，线性叠加失效，出现了非线性特征，同时从无序走向有序。

对于一个与外界有物质、能量交换的开放系统来说，熵的变化可分两部分：一部分是系统本身由于不可逆过程引起的熵的增加 dis，它永远是正值，任何系统本身只能产生正熵；另一部分是系统与外界交换物质，能量而引起的熵流 des，它可以是正、负，也可为0值。系统熵的变化是

$$ds = dis + des$$

整个系统的总熵 ds 等于熵产生和熵流之和。当 dis > 0，des = 0 时，系统变为无序状态。如 des 为负值时，而且接近于 dis 时，系统趋向有序。

在热力学中，一个系统的宏观状态，在一定的外界条件下不随时间的推移而变化的叫平衡态，随着时间的推移而变化的叫非平衡态。一般来说，只有在平衡态下才存在稳定有序的结构，而在非平衡态下是不可能呈现出稳定有序结构的。

扰动也叫涨落，是指系统的某个变量或某种行为对平衡值的偏离。扰动是偶然的、随机的、杂乱无章的，在不同状态下的作用是不同的。耗散结构理论认为，在接近平衡态的线性非平衡区，扰动的发生只使系统状态暂时偏离，这种偏离状态不断衰减，直到

回到稳定状态。而在远离平衡的非线性区，系统中的随机微小的扰动，通过非线性的相互作用和连馈效应被迅速放大，形成整体的宏观的"巨扰动"，从而使系统发生突变，形成新的稳定有序状态，即"扰动导致有序"原理。

2. 耗散结构形成的三个条件

第一，系统必须是开放的。孤立系统和封闭系统不可能发生由无序到有序的自组织现象。

第二，系统内部必须存在非线性相互作用机制。它是系统从无序向有序演化的内在动力，如正负反馈的非线性作用机制等。

第三，系统存在扰动（涨落）现象。它是推动系统从无序状态突变为有序状态的诱因，起着"催化剂"的作用。

3. 地球系统的耗散结构现象

耗散结构理论认为：一个开放系统，不论是物理的、化学的还是生物的，在远离平衡态的非线性区域时，一旦系统的某一个参数量达到一定的阈值，通过扰动，系统便可发生突变，即非平衡相变，就会由原来的无序的混沌状态，变成时间、空间或功能有序的状态。

Prigogine 的耗散结构理论，除了在化学中产生了巨大的影响外，还扩大到了很多领域。如冷热物体相接触，热的会变冷，而冷的会变热，最后会达到相同的值。在远离平衡的条件下，高温、高度，处于势能/位能较高处的能量和物质会向低处扩散，最后达到平衡；强的会向弱处扩散等，这是普遍的现象，这是一种"时间之矢"的不可逆的过程。

地球系统是一个典型的开放的、不稳定的，或平衡的系统，甚至是远离平衡的系统，时间不对称，即具有"时间之矢"，是一个不断变化或演化的系统。不仅温度具有从高温处不断向低区扩散的趋势；而且压力强度等都有从高处向低处扩散的趋势，位能和势能高的物质向低处流动的趋势。虽然这趋势看来是无序的，但实际上是有序。总的趋势是趋向平衡，但永远也达不到真正的平衡，最多只能达到短暂的平衡，最终平衡会遭破坏。物质和能量的运动、变化是永远的，客观世界的发展、演化也是永远的。

不仅大气、海洋等过程具有耗散结构特征，地壳运动、地质与地貌过程也都遵循耗散结构的规则，动植物演化过程也符合耗散结构理论。

二、地球系统的自组织理论

1. 自组织的基本概念

自组织（self-organization）是指系统在无外界强迫（制）条件下的，系统自发形成的有序行为。这一词来源于热力学中的热交流的"自我变化"。例如，计划经济是一种有组织行为，而市场经济则是自组织行为。有组织是指系统在外界的强迫下形成的有序行为，而自组织是指自身进行调节功能的行为。如森林系统是一个典型的自组织系统，当它遭到人为或自然的破坏之后，它能自行恢复；但这种自行恢复，不是复原，而是有变化、有发展，可以往好的方向发展，也可以往坏的方向发展，完全受环境和自身的结构而定，所以是时间不可逆的，是不确定性的。

Haken 对"自组织"下了一个定义：如果一个系统在获得空间、时间和功能的结构过程中，没有受到外界的特定的干涉，称该系统为自组织系统。"特定的干涉"是指受外力强制下发生的过程。如市场经济为"自组织"经济，而计划经济则为"有组织"经济。有组织是指系统在外力的强制下形成的有序行为，而自组织是指由于系统自身通过调节而产生的有序行为。

组织（organization）或组织化（organizing），是指事物朝向空间、时间或功能上的有序结构的演化过程。组织或组织化是指系统在演化过程中，事物从无序朝有序结构方向演化，或从有序程度低向有序程度高的方向演化，而不是相反，即朝着结构破坏方向演化或朝有序程度低的方向演化。

组织或组织化是指从无序向有序转化的过程，主要包括两个层次：

第一，组织性层次上的跃升过程。如分子→细胞→生命，分子、细胞与生命是完全不同的组织层次。

第二，在同一组织层次上的升级过程。如单细胞→多细胞生物，是同一层次上的升级。

非组织或非组织化：非组织是指无序的、混乱的系统。非组织化是指组织系统遭到破坏，或一个系统的有序程度不断降低，也就是从有序走向无序的过程。

自组织就是通过事物本身的调节，产生自发的有序化的过程，或由有序程度差向程度高的过程。自非组织是指系统在无外力影响下，由于本身的原因产生有序变为无序，或结构自动破坏的过程，或有序程度自我进化的过程。

2. 地球系统的 Gaia Hypothesis

Gaia 是希腊神话中的大地女神，是由英国地球物理学家 Lovelock 和美国生态学家 L. Margulis 借用来代表地球系统的《自组织理论》的假说。这假说认为地球系统是由大气圈、水圈、生物圈和固体圈构成的复杂实体，是一个具有自动调功能的自组织系统。这个自组织系统的关键是生物圈。他们认为，从地质记录和化石来看，至少在 6 亿年内全球大洋的酸度、盐度、氧化与还原状况没有多大变化。尽管在这个期间地球上曾出现过若干次大冰期。但最冷的时期地球热量平均温度下降也不超过 8℃，地球表层温度从来没有降到会使全球大洋冻结；地球上也曾经历过若干次高温期，但也没有使大洋由于温度升高引起蒸发到大洋干涸的程度。根据天体物理学家证明，太阳辐射强度至少比现在增长 30%，甚至增长 70% 到 100%。从理论上说，太阳辐射强度若增长 10%，大洋就会因蒸发而干涸，若减少了 10%，大洋就会结冰。虽然在地质史的平均温度变化幅度在 10℃ 以下，却没有造成大洋干涸或冰封。造成这种现象的原因，是地球系统内部存在着自动调节和自组织功能的结果，而这个自组织功能要归功于生物圈的存在。生物圈起到了保护地球系统的稳定性。

生物调节着地球系统内的能量流、物质流，调控着大洋的温度、盐度、酸度及元素的地球化学循环，这种机制称为 Gaia 假说。

德国地质学家 W. Krambein（1990）和原苏联地质学家拉波夫等提出了地球是一

个"超级有机体"或"Living body"（活体）。生物圈在整个地球系统中起到了自动调节和反馈作用。他们还提出了地球是生物星体假说（Bioid Hypothesis）和地球生理学（Geophy Siology）等新概念。

美国罗德岛大学一个科研小组在1996年提出"生物圈可以平衡温室效应"。他们发现1977～1985年间植物吸收 CO_2 的结果使植物生长旺盛。气温增高和 CO_2 增加有利于植物生长。地质史上的成煤地层与冰期的交替，就是地球自组织功能的结果。由于 CO_2 增加，气温升高，使得植物生长旺盛，造成"成煤"的原料；但由于繁茂森林大量吸收 CO_2，不仅温室效应消失，气候变冷，形成了"冰期"。成煤期与冰期的交替就是地球自组织的例子。

森林遭毁坏后的自动恢复过程，动物种群的消、长周期过程，都是生物自组织功能的表现。森林越长越密，阻碍了新的树苗生长，结果使森林退化衰落；当树的密度减少到一定程度时，新的树苗又能生长了，森林将恢复原气。这就是自组织功能。某种野生动物繁殖越来越多，食物就越来越少，动物因吃不饱而死亡，于是动物数量就开始减少，当减少到可以供养新生的动物时，动物的数量也将会恢复原状，这也是自组织功能的结果。

无机物质也有自组织过程，如化学反应、晶体的生成过程等都是自组织过程，地貌的发育与演化过程也是自组织过程。

自组织过程是地球过程的普遍现象，也是主要过程之一。

参 考 文 献

[1] 美国国家航空和宇航管理局地球系统科学委员会. 地球系统科学. 陈泮勤等译. 北京：地震出版社, 1992
[2] 陈述彭. 地球系统科学. 北京：中国科学技术出版社, 1999
[3] 黄鼎成. 地球系统科学发展战略研究. 北京：气象出版社, 2005
[4] 承继成. 数字地球导论. 北京：科学出版社, 2000
[5] 闾国年. 地理信息科学导论. 北京：中国科学技术出版社, 1999

第六章　地球信息空间数据库技术基础 *

第一节　空间数据库的特点与应用

利用数据库管理地理信息是地理信息系统（GIS）技术发展的重要趋势之一，特别是随着 GIS 融入 IT 主流，与其他众多 IT 技术的融合，这种趋势更为明显。

传统 GIS 基本是以文件方式存储和管理地理信息，在一个系统中空间数据以一个或者多个文件的方式存在。20 世纪 90 年代，一些专家开始研究基于关系型数据库（RDBMS）或对象关系型数据库系统（O-RDBMS）的空间数据存储管理方案，也就是空间数据库技术。

空间数据库是指存储、管理有关空间数据的数据库。空间数据库技术是对数据库的拓展，它是基于通用数据库对地理数据（地图数据和属性数据）要素进行记录和管理的技术，实质上是按照一定的规律将地理数据要素存储于关系型数据库上，并对有关派生数据和辅助性操作进行记录。空间数据库技术的关键是对空间数据进行有效组织和建立空间索引，以便提高数据的管理效率，实质上这也是空间数据库技术的核心。

早期的空间数据库技术总体性能低，实际应用系统少。进入 21 世纪后，空间数据库技术得到了很大发展，使用数据库管理包括图形和属性的空间数据已成为 GIS 技术发展和应用的潮流。与传统的以文件方式来存储和管理方式比较，空间数据库技术在海量数据管理能力、图形和属性数据一体化存储、多用户并发访问（包括读取和写入）、访问权限控制和数据安全机制等方面都显示了其独特的技术优势。空间数据库技术正在逐步取代传统的文件方式，成为越来越多大中型 GIS 应用系统的空间数据存储和管理的解决方案。

北京超图地理信息技术有限公司较早地开展了空间数据库技术的研究与开发，至今已形成了完善的空间数据库技术——SuperMap SDX＋（Spatial Data eXtension），为大型 GIS 系统的建设提供了数据管理技术支撑。SuperMap 空间数据库以大型关系数据库为存储容器，通过 SuperMap SDX＋进行管理和操作，将空间数据和属性数据一体化存储到大型关系型数据库中，如 Oracle、SQL Server、Sybase 和 DM3 等。SuperMap SDX＋ 采用面向对象的设计方法，空间数据以数据源为单位进行组织和管理，数据源包含一个或多个数据集，每个数据集（栅格数据集除外）包含一个或多个空间要素，如点、线、面、文本、复合对象等，形成数据源－数据集－空间要素这样一个等级概念体系。图 6.1 为 SuperMap SDX＋中数据源与数据库的关系。

空间数据库的应用非常广泛，随着如数字城市等大型系统的建设，海量数据（包括矢量地图和卫星影像数据等）越来越多地依赖空间数据库进行管理。许多地理信息服务，如未来的移动地理信息服务，由于对数据库访问的频率非常高，所以也必须依赖于

＊　本章由钟耳顺撰稿

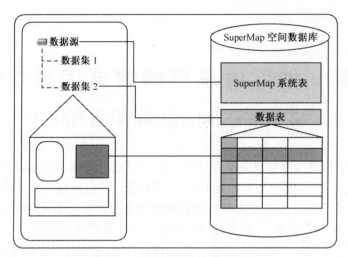

图 6.1　数据源与数据库的关系

空间数据库技术。

空间数据库技术可以在局域网系统上应用，将海量地图及其属性数据存储在商用数据库中，如 Oracle、SQL Server、Sybase 和 DM3 等，实现权限控制和不同角色的管理和操作。如北京超图公司开发的柳州地籍信息系统，就是一个建立在局域网上的大型地理信息系统，它采用了 SuperMap SDX＋空间数据库技术，建设了全市基础地理信息数据库和地籍数据库，并以此为基础建立各种应用。它可以为不同部门不同角色的员工分配不同的数据访问权限，如只读、显示和查询的权限，以及可编辑与更新的权限。具有可写权限的多个员工可同时并发编辑地图数据，其他员工在不中断应用程序的情况下即可看到最新的空间数据更新，满足不同层次的用户应用需求。

空间数据库技术同样适于 Internet GIS 应用。2003 年 4 月传染性非典型肺炎肆虐中国内地，超图公司采用 SuperMap IS 为卫生部建成"非典"疫情发布网络地理信息系统，数据存储方案采用 SDX for SQL Server，在不中断 Web GIS 服务的情况下，数据维护工程师不仅可直接编辑更新存储在 SQL Server 数据库中的每日疫情属性数据，还可以修改地图数据，如调整无同步疫情数据的香港和台湾的多边形显示风格、调整图例和标题的位置及字体大小等。

空间数据库技术的发展给 GIS 带来了革命性的变化。首先，它改变了传统的空间数据图幅管理概念，使大面积的数据可以完全拼合在具有相同坐标系的数据库中，图幅可以按需要进行任意的裁取。其次，空间数据库技术改变了图形与属性分开管理的文件管理方式，真正实现了一体化管理，极大地提高了空间操作和应用效率。此外，采用空间数据库可以对海量数据进行多用户并发操作。更为重要的是，在网络 GIS 发展的今天，空间数据库技术为地理数据资源的共享提供了有效途径。

第二节　空间数据存储

空间数据存储是空间数据库技术的重要基础，空间数据主要有三种存储形式：二进制大对象存储（BLOB）、结构化存储和关系拓扑存储。

一、二进制大对象存储

二进制大对象类型在空间数据库的发展中起了重要作用，是被应用最为广泛的空间数据存储方式。

1. 采用二进制大对象存储空间数据的优点

（1）二进制大对象可以采用流（stream）的方式进行读写，可以提供很高的访问效率。

（2）二进制大对象可以批量从服务器返回，可以大量减少同服务器交流的次数（round trip），减轻网络负载。

（3）二进制大对象没有任何结构，不存在与其他对象的空间联系，不需要对其进行复杂的拓扑关系维护。

（4）二进制大对象是无格式数据，可以简单方便地对数据进行加密，防止数据流失。另外，也可以简单方便地对数据进行压缩，减少磁盘占用量，提高访问速度，减轻网络负载。

2. 采用二进制大对象存储空间数据的缺点

（1）采用二进制大对象存储的空间数据格式由各 GIS 开发商控制决定，数据格式不公开。

（2）由于数据格式不公开，所以在空间数据库中，无法直接用 SQL 语句对 BLOB 字段进行操作，不能直接在 BLOB 字段上执行空间查询。

目前大型空间数据库引擎都支持这种格式，如 SuperMap 的 SDX、ESRI 的 SDE 均支持二进制大对象格式存储空间数据。

二、结构化存储

结构化存储是指采用面向对象思想，在数据库中将点、线、面等空间对象类型定义为通用字段类型，从而可以直接在二维表格中存储空间数据。

结构化存储的典型代表是 Oracle Spatial、Informix 的 Data-Blade 以及 DB2 的 Extension 等。

结构化存储形式的出现进一步推动了 GIS 与 RDBMS 的边缘融合，促进了空间数据库的全面发展。

1. 结构化存储的优点

（1）数据格式公开，或具有公开的访问接口，数据具有良好的开放性，可在多个软件及平台间共享。

（2）数据以格式化存储在表格的内部字段中，可以使用 SQL 语句直接对字段进行操作，可以在字段上建立索引，可以通过存储过程或函数直接对字段进行空间查询。

2. 结构化存储的缺点

（1）不能直接用流的方式进行访问，访问效率不很令人满意。

（2）读取数据需要先取回 Reference，再使用 Reference 去服务器端读取数据，使客户端与服务器交流的次数（round trip）加倍，影响了访问效率，也加重了网络的负载。

（3）结构化存储的数据格式由数据库厂商制定，种类不是很丰富，一些特殊的类型如网络拓扑类型、标注类型及 CAD 复合类型往往没有定义，难以完全满足用户需求。

（4）数据库厂商对结构化存储的数据往往只负责存储与检索，而不负责数据的编辑与可视化，要真正应用需要做大量复杂的开发工作。

结构化存储主要由关系数据库厂商推出的空间数据插件来支持，Oracle Spatial 是最典型的代表，GIS 厂商则通过支持这些空间数据插件来支持这种存储方式，如 SuperMap 的 SDX、ESRI 的 SDE、MapInfo 等均支持通过 Oracle Spatial 进行空间数据的结构化存储。

三、关系拓扑存储

关系拓扑存储完全用普通字段在二维表格中存储空间数据。

用关系拓扑存储方式存储一层空间数据需要多个表，并在多个表之间建立关联。

以面数据集为例：

首先需要一个表来存储所有的点坐标及其 ID，其中每条记录存储一个点的 X/Y 坐标，并为其指定惟一的 ID。然后需要一个表来存储线的数据，即哪些点是同一条线上的点，通过点的 ID 建立与前面的点数据表的关系。最后还需要一个表来存储线和面的关系，即每个面由哪些线组成，以及线和面的拓扑关系。

1. 关系拓扑存储的优势

（1）完全使用普通字段和二维表格来表达空间数据，对数据库没有特殊的要求；

（2）可以方便在数据上进行拓扑处理及运算。

2. 关系拓扑存储的缺点

（1）采用关系拓扑存储来会带来比较大的数据冗余；

（2）单层的数据需要用多个表来存储，拓扑关系的维护代价比较高；

（3）空间数据不是一体化存储，每获取一个空间数据都需要进行一系列的查询，访问效率很低；

（4）数据之间存在着复杂的关系，数据编辑的运算量很大，且容易产生存储空间的碎片；

（5）一个空间对象往往需要几十条记录甚至更多的记录来存储，导致表记录数庞大，难以胜任海量空间数据的存储与管理。

关系拓扑存储因存在众多的不足，应用面比较窄。

第三节　空间索引与查询

空间数据存储的最终目标，是方便地进行空间数据的选取和查询。一般情况下，在响应一次查询时，空间存取方法只需要查询空间数据所有对象的一个子集，并返回结果集。如何提高空间查询的性能，是空间索引要直接解决的问题。

空间索引是空间数据库技术的核心。空间索引的基本思想是要尽可能地减少查询时数据的读取量，减少磁盘扫描。目前在几乎所有的 IT 应用中，磁盘读写是影响应用程序性能的最大瓶颈，因为磁盘读写的速度要比内存处理速度慢上万倍，所以可以肯定地说，减少磁盘读写（I/O），即可大幅度提高性能。

与非空间数据不同，空间索引处理的数据是二维、三维甚至多维的不规则数据，所以空间数据库查询的开销一般要比关系数据库大。为了减少开销，常用近似的规则形状，例如空间数据的外包框（包围空间对象的最小矩形）来代替不规则形状进行查询。

空间索引的核心在于对近似（approximation）的使用，即通过近似为空间对象生成一个或多个空间码，从而降低查询时所需的开销。与复杂而占用空间庞大的空间对象相比，空间码简单、占用空间很小。空间查询时先对空间码进行扫描，通过对少量数据的扫描过滤掉了大量的与查询范围无关的空间数据，从而降低了完成查询所需的磁盘读写量，提高了效率。

目前应用比较普遍的空间索引有三类：R-Tree 系列索引、Quad-Tree 系列索引和 Grid 索引。

一、R-Tree 系列索引

Guttman 在 1984 年提出的 R-Tree 是空间数据库中最流行的索引结构之一。它是 B-Tree 在 k 维上的自然扩展，是一种平衡多分树。R-Tree 中用对象的最小外包矩形（MBR）来近似表示对象。

1. R-Tree 有以下特性

（1）R-Tree 是由一层一层的节点构成的树形结构。

（2）R-Tree 的节点有三类：根节点、枝节点、叶节点，枝节点和叶节点也合称非根节点。

（3）R-Tree 有且只有一个根节点。

（4）R-Tree 中非根节点包含 m 至 M 条索引记录项（其中 $m \leqslant M/2$）。

（5）每个索引记录项中包含了空间对象的最小外包矩形和空间对象的 ID。

（6）根节点至少有两个子节点，除非它本身是叶节点。

我们可以通过图 6.2 来了解一下 R-Tree 索引的基本原理。

如图 6.2 所示，假定每个非根节点中的记录项为 1~3 个，即 $m=1$，$M=3$（每个节点中最少有一个子节点或空间对象，最多有 3 个子节点或空间对象）。

图中的每一个实心方框为一个空间对象的 MBR，它们构成了 R-Tree 的叶子层。

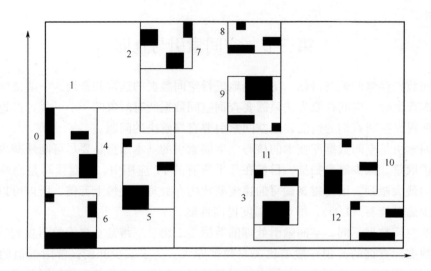

图 6.2 R-Tree 索引的基本原理示意图

可以将所有的 MBR 根据位置相邻关系按每三个一组打包，形成标号为 4/5/6/7/8/9/10/11/12 的新的 MBR，这些 MBR 构成了 R-Tree 的叶节点，每个叶节点中包含三个空间对象。

同样道理，可以对叶节点的 MBR 继续根据相邻关系三个一组打包，形成标号为 1/2/3 的更大的 MBR，它们构成了 R-Tree 中的枝节点。根据空间对象的个数的不同，一个 R-Tree 中的枝节点可能有一层，也可能有多层。

最后，最上层的枝节点的 MBR 共同构成了 R-Tree 的根节点的 MBR，根节点的 MBR 实际就是所有的空间数据的 MBR 的合并的结果。

最终形成的 R-Tree 的结构如图 6.3 所示。

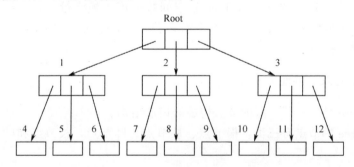

图 6.3 R-Tree 节点结构示意图

查询时，R-Tree 通过自上而下逐级与查询窗口比较来完成查询操作，如图 6.4 所示。

图 6.4 中虚线框表示查询窗口，查询时先将查询窗口与根节点的 MBR 比较，如果没有交集，直接返回空结果集。此处查询窗口与根节点的 MBR 有交集，所以继续进入下一层的枝节点进行比较，在第一层的枝节点的比较中可以发现查询窗口与 2 号 MBR

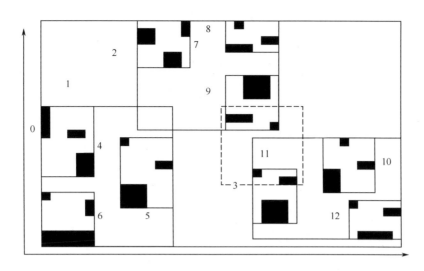

图 6.4　R-Tree 索引查询示意图

和 3 号 MBR 有交集，而与 1 号 MBR 没有交集，查询过程将不扫描 1 号枝节点以内的所有数据，进入 2 号枝节点和 3 号枝节点进行比较。依此类推，查询过程将一层一层比较，直到叶节点层，最后返回在查询窗口内的记录。

R-Tree 索引在查询过程中避免扫描与查询窗口无关的数据，减少数据访问量，从而提高查询效率。

2. R-Tree 索引的特点

迄今为止，R-Tree 索引是查询效率最高的索引，正是由于 R-Tree 的查询效率非常高，所以 R-Tree 是应用非常广泛、研究非常深入的一种空间索引。但另一方面，R-Tree 索引的维护代价比较高，R-Tree 中非根节点包含 m 至 M 条索引记录项，当节点中记录项超过 M 时，节点就必须分裂，这种分裂往往会导致节点内的数据重新聚类，并导致索引数据重组。

所以 R-Tree 比较适合静态或倾向于静态的数据。

R-Tree 的应用面非常广，在 SuperMap 的 SDX、MapInfo、Oracle Spatial、Informix 的 Data Blade 中都有应用。

二、Quad-Tree 系列索引

Quad-Tree 是另一种在空间数据库中最流行的索引结构，与 R-Tree 不同，Quad-Tree 中每个节点中的子节点个数是固定的（4 个或 8 个）。

另外，Quad-Tree 中的节点也不是按相邻关系进行打包，而是从上到下，一层一层进行等面积的四分打包，Quad-Tree 中的每个层中的包是完全等大的，所以 Quad-Tree 是另一种层次的平衡树。

进行对图 6.5 所示的三层等分后，可以形成如图 6.6 所示的 Quad-Tree 结构。

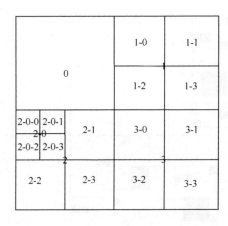

图 6.5　Quad-Tree 索引的基本原理示意图

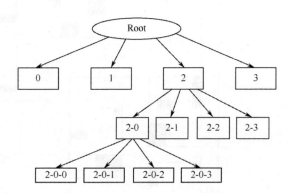

图 6.6　Quad-Tree 节点结构示意图

　　将数据集的范围进行如上图所示的 n 层等分后，可以为数据集中的每一个空间对象找到一个所能包含它的最小的节点，将对象的 ID 与 MBR 存入该节点中即可完成空间索引。

　　查询时，Quad-Tree 也是通过自上而下逐级节点与查询窗口比较来完成查询操作，如图 6.7 所示。

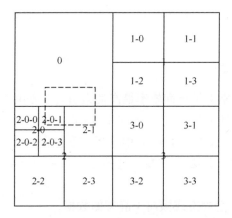

图 6.7　Quad-Tree 索引查询示意图

　　图 6.7 中虚线框表示查询窗口，查询时先将查询窗口与根节点的 MBR 比较，如果没有交集，直接返回空结果集。此处与根节点有交集，则将根节点中的记录加入结果集。接下来将查询窗口与第一层四分后的四个节点比较，此处查询窗口只与 0 和 2 号节点有交集，所以跳过 1 和 3 号节点中的所有数据，将 0 和 2 号节点中的记录加入结果集，并进一步进入第 2 层四分节点比较，在 2 号节点的第 2 层节点中，2-0 和 2-1 号节点与查询窗口有交集，将 2-0 和 2-1 号节点中的记录加入结果集，依次处理其他节点并直到 Quad-Tree 的最后一层，将所得的结果集返回即可。

　　Quad-Tree 索引也可以在查询过程中避免扫描与查询窗口无关的数据，减少数据访问量，从而提高查询效率。

Quad-Tree 索引的特点：

• Quad-Tree 的查询精度不及 R-Tree 索引，所以 Quad-Tree 的查询效率与 R-Tree 索引也有差距。但 Quad-Tree 索引的节点没有记录项数目的限制，所以 Quad-Tree 的维护代价比较低。

• Quad-Tree 索引比较适合动态即经常变更的数据。

• Quad-Tree 的应用也非常广泛，SuperMap 的 SDX、Oracle Spatial 都支持 Quad-Tree 空间索引。

三、Grid 索引

与前面两种索引相比，Grid 索引相对简单一些，如图 6.8 所示。

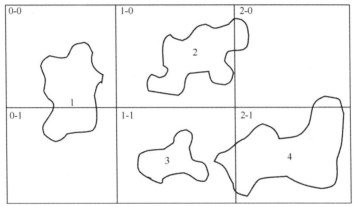

图 6.8　Grid 索引的基本原理示意图

Grid 索引是对整个数据集按照规则大小对整个数据集进行网格划分，Grid 索引有如下特点：

（1）每个要素可以在一个或多个网格中。

（2）每个网格可包含一个或多个要素。

（3）要素并不被网格分割。

Grid 索引需要一个外部的索引表来存储空间对象与网格之间的关系，空间对象与网格之间是多对多的关系，与图 6.8 所对应的索引表如表 6.1 所示。

Grid 索引的查询也比较简单，如图 6.9 所示。

图 6.9 所示虚线框表示查询窗口，查询时先计算查询窗口跨越的网格的 Row 和 Col 的最大最小值，此处查询窗口的 Row 为 0-0，Col 为 0-1，构造 SQL 语句如下：

表 6.1　Grid 的索引表

Row	Col	Obj_ID
0	0	1
0	1	2
0	2	2
0	2	4
1	0	1
1	1	3
1	1	4
1	2	4

Select * from idx _ tab where (Row between 0 and 0) and (Col between 0 and 1)

查询结果为 IDs(1,2)，再根据查询结果集中的 ID 到对象表中读取空间数据和属性数据即可。

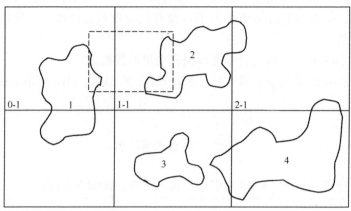

图 6.9　Grid 索引查询示意图

Grid 索引有以下特点：

（1）Grid 索引将索引和空间对象的关系存储在外部表中，可以通过 SQL 语句来完成查询操作，实现起来非常简单，而且通过在索引表中为 Row 字段和 Col 字段建立索引，在进行小范围的查询操作时效率也是比较高的。

（2）Grid 索引在处理查询窗口比较大的情况比较吃力，当查询窗口超过整个数据集范围的 1/16 时，Grid 索引的查询效率明显降低，甚至低于不用空间索引的效率。

（3）Grid 索引存储的是索引网格和空间对象的关系，网格和空间对象是多对多的关系，这会导致索引表比较严重的数据冗余。

（4）Grid 网格的大小是比较难以确定的参数，网格过大会导致查询精度偏低；网格过小则会导致更严重的索引表的数据冗余。

另外，使用 Grid 索引需要将空间数据表和索引表进行关联查询，而关联查询是数据库中比较昂贵的操作，这也在一定程度上影响了 Grid 索引的效率。

第四节　事务管理与版本管理

一、长　事　务

事务（transaction）是以提交或反馈所完成的数据库更新的一个"作业单位"，事务具有原子性、一贯性、独立性、耐久性等特性。为了保持数据库的一贯性，在事务处理中，特别是对于分散信息处理，事务管理功能包括同步处理控制、故障恢复、提交控制等功能。通用数据库管理系统（DBMS）是针对管理短事务（short transaction）而设计的。

短事务一般是指最大以秒为单位的短时间操作。例如银行系统中的往来账户的一笔转账过程。账户转账操作时，首先从往来账户表中取出指定数额数据，往活期账户中的账户表加入同样数额数据。若在账户的转账操作中，由于某些问题而使数据更新失败的话，为了维护原始数据，可返回(roll-back)到事务的初始阶段（回复到初始阶段，保证数据库信息的一贯性）。这时，在问题发生时间的指针位于事务处理中，数据库数据更新中的作业单位的信息数据记录会陷于不安定状态。为防止更新时这类情况的发生，须锁定更新数据记录，以使数据更新时限制他人对该数据记录的操作。这类短事务锁定操作功能已被广泛应用于各种通用数据库管理系统中。

与短事务操作不同，地理信息系统的操作往往是长事务（long transaction）的。例如，进行煤气管道网络设计的更新修正作业时，工程师要对管道、阀门等做数字化，这可能要花几小时、几天，甚至几周的时间。工程师在设计时，系统处于不安定状态。在事务处理中必须要有自己作业用的数据副本，自己的作业结束时要使作业结果能被其他的用户所利用。网络设计有各种设计方案，在决定前要对各种设计方案进行分析。一旦设计的更新修正作业实施，在地理信息系统中会产生信息的修正。在设计完成时，要能够反映对原来设计进行变更的内容(设计过程中的各种变更情况)。这种长事务的处理过程，可能需要几周或几个月。由于必须对作业的数据每个副本进行管理，就需要有对多个用户同时在同一领域内作业状态进行管理的相应的系统管理功能。

二、版本管理

对于处理长事务而言，信息的版本管理是必不可少的。在这种数据库内，可以编制不同信息的版本选择分枝。单个用户只能更新一个信息的版本选择分枝，其他用户能参阅这个选择分枝。选择分枝内，用户可变更数据。整个数据库可以在选择分枝内被参阅，而无须复制数据副本，只在选择分枝内保管与原信息版本（master-version）有关的变更。为实现这种有效管理，有必要将信息版本管理加入到数据库管理系统的基本管理功能中。选择分枝的信息变更结束后，可将其送至原信息版本。如果使用同步处理实行控制中的乐观方法，可以避免数据冲突。在长事务处理中，可以采用选择分枝的树（tree）构造进行信息的版本管理。

信息的版本管理能在不影响信息版本中其他数据的前提下，实现对信息版本内的数据加以变更。这使地理信息系统对现有数据的变更操作能在信息版本内实行。用户能对自己创建的信息版本内的变更数据进行测试，之后再更新到原信息版本中。如果出现问题，可以让这次事务不提交，或放弃此信息版本，使地理信息系统的原信息版本不受到影响。

按上述方法进行的地理信息系统信息版本管理，无需初期检索时间，无需复制数据，在任意时间可进行系统数据检索。

第五节　SuperMap SDX＋介绍

SuperMap SDX＋ 是北京超图公司自主研制的大型空间数据库引擎。它基于大型关系数据库，为海量空间数据的存储和管理提供高效手段。SuperMap SDX＋支持海量矢量数据和栅格数据管理，使用组合式多级空间索引，具备高并发访问能力，为大型 GIS 应用系统提供理想的空间数据库解决方案。

超图公司从开始设计 SuperMap GIS 起就十分重视空间数据库技术，因此 Super-Map GIS 的技术体系结构已经充分考虑了空间数据库技术的特点，这也是 SuperMap GIS 技术起点高的原因之一。SuperMap 的第一代空间数据库技术随其第一代商业 GIS 软件——SuperMap 2000 一起发布于 2000 年 10 月，当时名为 ADO 引擎。SDX 是超图公司的第二代空间数据库技术，发布于 2001 年 11 月。SDX＋是第三代空间数据库技术，第一个空间数据引擎 SDX＋ for Oracle 随 SuperMap GIS 3.1 于 2002 年 12 月发布。2004 年 9 月正式发布了 SDX＋的 5.0 版本。

历经三代发展，SuperMap 的空间数据库技术日趋完善。迄今为止，SuperMap 的空间数据库技术已经支持 Oracle、Oracle Spatial、SQL Server、Sybase 和 DM3（国产达梦数据库）等多种商用数据库。SDX＋除具备完善的空间数据存储、索引、管理和查询能力外，还有以下技术特点：

1. 长事务处理能力

基于 SuperMap 空间数据库技术的长事务处理能力，用户可以完成以下工作：

（1）能够锁定数据集的全部或者其中一部分来编辑，在完成编辑以前其他用户看到的仍然是开始编辑之前的数据内容，并且其他用户不能修改已经被该用户锁定的数据；

（2）编辑时间可以是几分钟、几小时、几天，甚至几个月或者更长的时间，其间可以退出客户端程序甚至关机；

（3）即使遇到突然断电、死机或者其他的意外情况也要保证所做的修改不会丢失或被破坏；

（4）不管什么时候，如果对所做的修改不满意，可以回滚之前所做的修改，恢复原来的数据内容；

（5）一旦提交了此次长事务，其他用户就能马上看到所做的修改。

2. 拓扑关系支持

从第一代技术开始，SuperMap 空间数据库就率先支持网络拓扑关系的存储和管理。基于 SuperMap 的拓扑组件或桌面软件，可以对基于空间数据库技术存储的数据进行拓扑错误检查和处理，并构建网络拓扑关系和多边形拓扑关系，其独特的拓扑错误专题图还可以快速定位拓扑错误，便于修改拓扑错误。从第二代空间数据库技术（SDX）开始，增加了支持动态维护网络拓扑关系的编辑技术。在增加或删除弧段、移动节点或弧段时，可以自动维护网络拓扑关系，而不像传统 GIS 软件那样需要重新构建拓扑关系。

3. 海量影像数据管理能力

SDX＋增强了影像数据管理能力，支持影像数据压缩和非压缩两种存储方式，其中压缩方式采用霍夫曼编码将数据无损压缩后存储，在不影响影像数据统计分析结果的前提下减少数据存储空间。此外，SDX＋还提供了基于 DCT 算法的有损影像压缩，提供更大压缩比的存储解决方案。SDX＋还提供优化的影像金字塔建立技术，可以快速建立高质量的影像金字塔，实现影像在任意缩放比例尺下的快速显示。SDX＋同样支持

GRID 数据（包括 DEM 数据）的存储和管理。

4. 高效的混合空间索引技术

空间索引方法很多，各有各有优缺点。SDX＋采用四叉树索引和格网索引的混合索引技术，以四叉树为一级索引、格网索引为二级索引，综合两者所长，大幅度提高了检索效率和准确度。

5. 用户可自定制新的数据库引擎

SuperMap 采用独特的多元空间数据无缝集成框架，允许开发商自己定制新的引擎。某军区在使用该技术时，自己定制了军用空间数据库引擎，实现了通过 SuperMap GIS 访问该数据库的要求。

值得一提的是，SuperMap GIS 系列软件全部基于统一的技术内核，各软件采用相同的数据结构、相同的技术思路和体系。因此，SuperMap GIS 系列中几乎所有软件产品都支持空间数据库，包括大众 GIS 软件——SuperMap Editor、数据采集软件——SuperMap Survey、专业桌面软件——SuperMap Deskpro、全组件式开发平台——SuperMap Objects 以及互联网 GIS 开发平台——SuperMap IS 等。作为整体解决方案，SuperMap GIS 系列软件具有良好的同构性，集成与协作自然顺畅。

第六节　结　　语

空间数据库技术在很大程度上代表着 GIS 技术的发展，GIS 软件产品的能力在很大程度上也反映在其空间数据库技术能力上，发展空间数据库、提高空间数据库性能，是各大数据库厂商和 GIS 厂商追逐的热点。

纵观国内外空间数据库技术发展现状，可以认为，这一技术目前已发展到一个相当高的水平，并深入到实际应用之中。随着跨平台复合型空间数据库技术，即支持不同操作系统和不同数据库系统的空间数据库引擎技术的发展以及地理信息服务的扩展，空间数据库技术将更加完备。

空间数据库发展的主要方向，将是面向网格的空间数据库技术以及基于网格计算和网格资源共享的数据库系统。Oracle 公司总裁 Larry Ellison 在 APICS 2003 提出了"全球数据库概念"，不但是数据库技术发展的重要方向，也为空间数据库发展提供了借鉴。

我国国产 GIS 技术发展很快，如 SuperMap 等大型 GIS 技术不但在技术上代表了 GIS 发展的潮流，在市场中也得到充分体现。尽管 IT 的迅猛发展向我国软件提出了许多挑战，但是软件业是一个永远具有机会的行业。软件是 GIS 产业的核心。空间数据库技术作为大型 GIS 的关键技术，将随着 GIS 软件产业的发展，融入其他 IT 主流技术。

参 考 文 献

[1] Longley P. A., Goodchild M. F., Maguire D. J., Rhind D. W. (Editor), Geographical Information Systems: Principles, Techniques, Applications and Management, John Wiley & Sons, 1999

[2] Longley P. A., Goodchild M. F., Maguire D. J., Rhind D. W., Geographic Information Systems and Science, Wiley (2nd Edition), 2005

[3] Arctur D., Zeiler M., Designing Geodatabases, ESRI Press, 2004

[4] 曾志明，陈俊华. SuperMap 空间数据管理探讨. 中国地理信息系统协会第七届年会论文集，2003

第七章　地球信息空间分析模型 *

随着对地观测和计算机技术的发展，空间信息及其处理能力已极大丰富和加强了，人们渴望利用这些空间信息来认识和把握地球与社会的空间运动规律，进行虚拟、科学预测和调控，迫切需要建立空间信息分析的理论和方法体系。

空间分析是指用于分析地理事件的一系列技术，其分析结果依赖于事件的空间分布，面向最终用户。其目的是：

(1) 有效地获取、科学地描述和认知空间数据，例如绘制风险图；

(2) 理解和解释生成观察地理图案的背景过程，例如住房价格中的地理邻居效应；

(3) 预报突发事件，例如传染病爆发；

(4) 调控在地理空间上发生的事件，例如合理分配资源。

空间分析的方法主要有：

(1) 对地图的空间分析技术，如 GIS 中的缓冲区、叠加分析以及新近陈述彭院士提出的地学图谱方法；

(2) 空间动力学分析，例如有水文模型、空间价格竞争模型、空间择位模型等；

(3) 基于地理信息的空间分析，或称空间信息分析。

第一节　空间信息分析的对象和学科基础

一、空间分析的对象

任何信息，总含有空间、时间、属性特征。如水文过程线含属性和时间特征，疾病传播含时间、空间和属性特征，而河道演变则反映了空间形态特征随时间变化的性质。

空间分析的对象涵盖了空间轴的过程，其中 GIS 空间是指属性和位置信息一体的过程。更加细致地，空间过程因其主体的空间形态可表现为点、线、片和面过程；而空间过程主体的属性表现为不同类型的信息：命名或类型、序、间隔、比例信息。

二、空间信息的特殊性

1. 空间信息是特殊类型的信息

空间信息包括两类：①定位信息（position），如采样点、交通线、人口统计单元等点、线、多边形空间位置信息；②具有空间定位的属性信息（attribute with position），称作 GIS 数据，如有空间定位的社会经济特征值等的标量信息（scalar）和信息流、人流、物流、资金流等的空间矢量流信息。

＊ 本章由王劲峰撰稿，张明峰协助整理

2. 空间信息之间的特殊关系

空间信息之间的特殊关系，包括空间自相关，即一个空间单元内的信息与其周围单元信息有相似性；空间单元的连通性；属性各阶矩的空间非均匀性或非静态性。

3. 特殊的处理技术

包括点格局分析、定位-属性分析及相互关系分析。由于样本数据的依赖性和数据的多维性使得难以直接使用经典统计方法和时间序列分析，否则结论是不可靠的，或者根本难以获得。举例而言，对于一组观测的空间数据(X, Z)，其中X为解释变量，Z为因变量，若利用普通线性回归模型

$$Z = X\beta + \delta$$

和普通最小二乘法求解，如果未被观察的扰动δ的方差协方差矩阵

$$var(\delta) = \sum \neq \sigma^2 I$$

其中I为单位向量，则该模型的参数估计、相关系数、置信区间都会产生畸变，该模型就不能用于解释和预报。这种残差之间的空间相关性可能是由于主要的解释变量没有包括在模型中，或者解释变量和因变量之间是非线性关系，或者需要最大似然法（MLE）、仪器变量法（IV）或广义最小二乘法（GLS）等特殊解法，或者根本是需要空间信息回归模型才能消除残差之间的相关性。

三、空间信息分析的学科基础

20世纪60年代地理学计量革命中的有些模型初步考虑了空间信息的关联性问题，成为当今空间数据分析模型的萌芽。也是60年代，法国Matheron在前人基础上，总结提出了"地统计学"，或称Kriging方法，内容为用随机函数评价和估计自然现象的技术，随后Journel针对矿物储量推算，将此技术在理论上和实践中推向成熟。同时，统计学家也对空间数据统计产生了兴趣，在方法完备性方面有诸多贡献。地理学、经济学、区域科学、地球物理、大气、水文等专门学科为空间信息分析模型的建立提供了知识和机理。

第二节　地球科学的空间分析

地球科学空间分析的研究工作大体可归结为以下5大类。

1. 空间统计和格局

例如，自然灾害的空间分布、犯罪的空间分布、疾病的空间分布、物种的空间分布以及遥感影像上识别对象的空间分布。

地学要素的空间分布格局是地学过程机理的空间体现，反过来又构成新一轮地学过程的边界和初始条件。因此，对于地学要素空间格局的描述、识别和统计，对认识地学机理及其因果关系有极大的帮助。

目前，空间分析理论成果主要体现在空间点格局统计和地统计上。空间点格局统计可以识别判断点的空间分布类型：聚集、分散、均匀、随机等；地统计或Kriging源于

找矿、计算物质分布的空间关联性，进行插值、空间预报和模拟。

2. 空间过程模拟

例如，洪水演进、流行病传播、技术扩散、交通流等，可以根据其物理机制建立常微分或偏微分方程。

微分方程的解析求解是头脑的逻辑推理过程。目前有的商业化数学软件已经能够用计算机将几种简单的和规范的微分方程自动推导出解析解，但对一般的实际问题即使不复杂，通常也需要事先进行人工规则化后才有可能交由计算机求解。微分方程的数值解首先需要空间剖分，这一步骤可以交由 GIS 方便而形象地完成。参数和边初始条件也由 GIS 提供。

3. 空间相互影响

例如，城镇体系规划、元胞自动机、空间相互作用等，利用状态变量和影响因素之间的关系类比建立数学模型，是一种唯象方程，并用实测数据回归获得参数，然后进行分析预测。

4. 空间运筹

例如，水资源时空配置、自然灾害保险、污染物排放时空优化、空间监测采样优化设计等。

当前世界许多城市和地区面临缺水的威胁，随着全球气候变暖，这一趋势更为加剧。水资源的空间配置是一个优化问题，其目标是在区域水资源总量不足的背景条件下，有效地将水资源在不同的子区域、行业和时间上进行配置，以使全区域社会经济和生态效益最佳。

自然灾害保险是根据自然灾害空间发生的强度和频度计算出其风险，然后据此进一步算出保费、准备金等。保险公司的策略就是在给定风险空间和具有购买能力的潜在被保人空间分布的信息条件下，制定保险计划，实现利益最大化。由于地球科学的长足进展，自然灾害在不同的时空尺度上不再被看作是完全随机和不可预测的，这一特性与经典财产保险精算对样本属性的假设是相悖的，因此有必要开发融合地学机理和信息的模型。

污染排放是一个时空优化问题。社会经济发展必然伴随以污染排放，而污染排放必须限制在环境质量区划的标准之内。同时，环境本身具有一定的容量，它在一定的时段内分解一定量的污染物。另一方面，良好的大气、土壤和水环境可以带来新的经济效益。因此，必须确定安排污染物在不同时间和不同空间位置的排放，以使得地区经济发展和环境保护得到最佳配置。

空间监测与采样是地学研究的基础。空间采样设计，就是要在考虑空间关联性的前提下，获得采样方式、采样密度（费用）和采样精度之间的最优关系。

虽然数学家发明了运筹学的基本方法，但以上这些问题必须通过极大的简化和信息压缩才有可能套用典型模型和解法。因此，要获得有地学价值和内容丰富的结论，还需要发展新的空间分析模型。

5. 其他

不确定性：不确定性是物质和精神世界的固有属性。地学信息源具有不确定性，信息处理和判断具有不确定性，因此结论的表达也存在不确定性。在进行地学分析模拟研究的同时，只有伴随以各环节和最终结果的不确定性估计，每一项地学研究才可能完整并具有说服力。

空间扩展：区域性和全球性的地学属性观测数据常出现非常离散的现象，进行推论时常以点带面，从而造成结论的不确定性很大。因此，除了纯粹的基于数据的空间插值方法之外，研究建立融合定位观测和空间机理，或者综合利用高低分辨率遥感像片的地理信息空间扩展模型是地理学的关键技术之一。

第三节　地球信息空间分析的体系

一、空间分析的理论体系

参考和归纳以往各学者的空间分析体系和研究内容，注意到国内部分学者的体系，展望有发展前景的新兴课题，我们初步提出空间分析的一个新体系（表 7.1）。表 7.1 中的模型类型是按模型的结构形式进行分类的，其中空间信息分析模型、空间动力学模型、空间复杂模型、空间动力＋统计模型、空间图形分析属于空间分析和预报模型。空间信息分析模型指根据数据和/或统计方法建立的模型。地学评价绝大多数都可归属于空间择位中的多因子评判，空间分析技术可以超越目前使用的多因子加权聚类方法，并有多方面贡献。识别认知和评价决策支持系统在遥感、地理信息系统和地学领域已广泛使用，通常是各种分析模型的集成与计算机界面交互技术的结合。

空间表达存在于空间分析的许多环节中，例如 SAR、MA、CAR 模型既可以用于形成空间主导方程的结构，也可用于形成模型残差的空间结构。模型运行结果的可接受性和可预报性，需要通过一系列统计检验。在已有的多种检验指标的基础上，值得发展通用简单集中的检验模型。

表 7.2 将空间过程按动态性和激烈程度自左向右进行了排序，底行示意各类模型之间的主要区别特征，其中 s 和 t 分别表示空间和时间，s' 表示异地，A、B 为两个自变量，f 为某种函数关系。在表 10.2 右端，存在两个对立的变量，在空间上互相操作，有望模拟某些生态系统和人地关系。不同的空间过程对应不同的发生机制、信息表现形式及其空间模型，表 3 有助于对不同空间过程之间关系的理解，纳入整体概念。另外按照信息类型、模型结构、解法等不同角度对空间分析进行分类，可以形成对其内容的不同检索方式。

科学分类中的一个没有定论的难堪是，一个理论或一个模型在整个学科体系中的归属有时并不明晰，特别是在学科发展的初期阶段。这时或者将该模型在多处出现以利次级类属内容的完整性、或者只在最适宜的类属出现以利整个体系的逻辑性和简明性。在表 2 体系中，中心地应属空间布点分析的范畴；而另一方面，中心地的形成有以追求服务距离最短的明确的动力学机制，我们在这两处均给予体现。又如空间相互作用模型

（SIM），既可以用于表达地理空间宏观尺度上的相互依赖性，又因其是动力结构及统计参数的结合而可以归并入空间动力＋统计模型类型中，同时撇开空间相互作用的动力学机制内涵，SIM 可被理解为特殊的回归方程，只不过其主导方程不是线性关系而已。再如空间行为模型是基于微观个体随机过程推导获得的，而在求积分后可以形成群体的宏观空间行为，我们将其归入空间动力学模型类属。

表 7.1　空间分析体系及内容

项目		内　容
空间关联成因	原数	Tobler 地理学第一定理：地理物体是互相关联的，空间接近的地物间关联程度高 空间变化＝大尺度空间趋势＋小尺度空间关联
	残差	①缺少主要解释变量；②用线性模型拟合非线性过程；③用普通回归议程拟合空间关联性
空间关联表达	空间结构	①空间连接权重矩阵；②空间步长
	空间作用	依赖性　局域：空间关联构件 SAR、MA、CAR 及 Variogram、Correlogram、Moran'I、EDA、G、C、F、K、BW、换基 变异性　宏观：空间相互作用模型（SIM）
空间信息分析模型	空间布点分析	点格局统计　K-函数、方格统计法、距离统计法、密度统计法、马尔可夫、几何法 空间采样　①直接/间接；②静态/动态；③单因子/多因子 空间择位　①中心地；②多因子评判；③网络通达性
	空间线性方程	结构关联　通用形式：主导方程含趋势面和回归项，主项和残差均含空间关联构件 空间线性方程　主项含关联结构　残差含关联结构 Kriging　普通 Kriging 法（OK）、协 Kriging 法（Co-Kriging） 滤波法　卡尔曼、滑动平均、Tessellation 和 Triangulation 窗口等
	空间非线性方程	空间非线性回归方程 空间信息结构自适应模型 其他
	随机过程	分布过程：高斯，泊松，几普斯，马尔可夫，孟特卡罗，用于模拟原值波动、统计值及不确定性误差传递
	空间动力模型	社会：行为模型、网络流 自然：大气环流模式（GCM）、水力学模型、传热学模型
	空间复杂模型	人工智能、神经网络、分形、元包自动机、数学形态学、空间模糊数学等等
	空间动力＋统计模型	空间相互作用模型（SIM） 空间价格模型、山区温度插值
	空间图形分析	地学图谱、叠加、TIN
	空间运筹模型	资源环境与社会经济协调的时空调控、决策支持系统
空间信息模型解法检验	OLS 后果	主导方程自关联结构：空间关联系数 ρ 的有偏估计 残差自关联结构：均值和系数估计的大方差 σ mean&σ coef
	空间解法	最大似然法（MLE）、仪器变量法（IV）、贝叶斯法（Bayesian）、广义最小二乘法（GLS）、稳健算法（Robust）、最优最小无偏估计（BLUE）
	残差检验	Moran'I. Gr. 最大似然比、关联记数法（Joint-count）、拉哥朗日乘子、相关图（Correlogram）
	模型检验	信息判据、贝叶斯检验、拟和良度（Goodness-of-fit）

表 7.2　空间过程按动态性、激烈程度排序

动态性	空间点格局	空间过程	空间相互影响	空间运筹	空间对弈
举例	疾病分布	洪水演进	城镇体系	水资源时空配置	围棋、象棋
	犯罪分布	流行病传播	空间相互作用	自然灾害保险	生态安全格局
	灾害分布	交通流	元包自动机	污染排放时空优化	战场：临近和（或）跨越
状态变量	单变量静态	单变量动态	多变量互影响	$(A \rightarrow B)$ 双变量单向操作	$(A \Leftrightarrow B)$ 双变量相互操作
模型	$A(s)$	$A(t) = A(t-1)$	$A(s) = A(s')$	$B = f(A)$	$A(t) = f(B(t), A(t-1))$

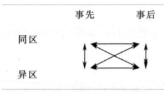

图 7.1　空间预报、内插、反演

在整个空间分析体系中，各类空间模型组成其核心内容。空间模型在通过一系列检验之后具有相当程度的外推能力，可以用于预报异区或未来、内插本区或现在、以及反演区域的过去；换言之进行预报：同区同时、同区异时、异区同时、异区异时（见图 7.1）。例如 1994 年日本板户地震后，日本京都大学防灾研究所利用空间模型建立震后破坏调查资料和地质背景之间关系，将用于时空的预报、内插和反演。无独有偶，Haining 等利用空间模型和若干英国城市犯罪数据，进行时空预报、内插和反演。

二、空间分析和预报模型的五种建模途径

在获得空间信息集后，对应表 7.1 列出的空间分析和预报模型通常有五条建模途径。

1. 统计指标

可用 Maran'I，Getis-Ord，LISA 和空间扫描等空间统计指标、空间信息探索（EDA）和可视化等方法帮助，通过空间信息的浓缩和特征提取来至少是感性地认知空间过程。

Moran's I 系数是用来衡量相邻的空间分布对象及其属性取值之间的关系。系数的取值范围在 -1 到 1 之间，正值表示具有该空间事物的属性取值分布具有正相关性，负值表示该空间事物的属性取值分布具有负相关性，0 值表示空间事物的该属性取值不存在空间相关，即空间随机分布。计算公式如下：

$$I = \frac{n \cdot \sum_{j}^{n} \sum_{j}^{n} w_{ij} \cdot (y_i - \overline{y})(y_j - \overline{y})}{\left[\sum_{j}^{n} \sum_{j}^{n} w_{ij} \right] \cdot \sum_{j}^{n} (y_i - \overline{y})^2}$$

这里，n 表示格数据分析数目；$y_{i/j}$ 是指 i/j 点或者区域的属性值；w_{ij} 是衡量空间事物之间关系的权重矩阵，一般为对称矩阵，其中 $w_{ii} = 0$。在零假设条件下，即分析对象之间没有任何空间相关性，此时 Moran's I 的期望值为：

$$B(I) = \frac{-1}{(N-1)}$$

当 $N \to \infty$ 时，期望值为 0。

2. 统计回归、自适应建模

借助 SAR、MAR、CAR 等空间结构模型，建立空间信息线性或非线性回归模型或结构自适应模型，例如空间信息结构自适应模型。

空间回归模型的一般形式是：

$$y = \rho W_1 y + X\beta + e$$
$$e = \lambda W_2 e + u$$
$$\mu \sim N(0, W), \quad W_{ii} = h_i(za)_i, \quad h_i > 0$$

β：Kby1；X：NbyK；

ρ：空间延迟依赖变量系数；

I：残差 e 联立自相关结构中的系数；

μ：具有对角线协方差矩阵 W 的正态分布；

W_1，W_2：空间权重矩阵。

3. 空间机理动力学建模

空间过程机理提供公式构架，环境信息提供初始边界条件。例如牛顿的万有引力公式，它包括质量、距离、普适常数；Wang Jinfeng 提出的冻土动态温度场公式，代入当地土质参数和（动态）地表温度即可求解和模拟；周成虎、闾国年等应用水力学模型模拟淮河洪水、洞庭湖地貌演变；曾庆存的大气环流模式等。

4. 空间统计＋空间机理建模，或称半经验模型

空间过程机理具有普适，而数值统计因地而异。可进一步分出三种建模途径：①含机理变量和统计变量，例如李新在 Kriging 公式中加入在高山地区对温度变化起主导作用的高程变量，然后回归和预报青藏高原温度，取得良好效果；又如随机微分方程体现了随机和机理的一种简单线性叠加关系。②机理提供公式构架，统计回归公式参数，例如 Stefen 的冻土深度半经验公式，参数回归，因地而异，又如 Haining 的空间价格模型，利用经济学的供需平衡关系构建模型主体框架，而其中的参数用回归获得（不是物理学的普适参数），以及苏州河水质模拟等。③将线性回归公式看作一个特殊的机理框架，则将统计模型到机理模型连续起来。由于半经验模型融合了自然界的确定性和随机性的二重性，可以期望其反演、模拟、预报结果较仅单性的模型更好。

5. 复杂系统建模

利用非线性和复杂科学提供的一些模型原型，猜想和类比实际空间过程的机理，如果经模拟检验得到证实，则归并为③机理动力学模型，例如用分形方法模拟河网、河流横纵断面，用元包自动机模拟城市发展等。

应努力追求建立机理模型，统计模型是在没有掌握机理的条件下，不得已而为之。

对于同一个问题，可以尝试用以上五种方法分别建模，如空间采样模型，若已知过程机理，如正弦函数或图像分类中地物光谱，则可据此选取采样或控制监督点；若完全随机分布，则用统计采样模型；若已知部分分布和数据，则用统计＋机理模型。

三、空间模型解法

空间回归模型的求解步骤一般是：

步骤 1　用传统解法：数据探索分析、最小二乘法、最大似然法，如果残差存在自相关，则转步骤 2。

步骤 2　(a) 加变量：寻找加上可能遗失的主要原因变量，如果残差仍自相关，转入 (b) 或 (c)；(b) 非线性模型：试验变量间可能的非线性形式，如果残差仍自相关，试 (c)；(c) 去相关：方法①用 GLS，IV 处理原模型，如果残差仍自相关，转入步骤 3，或方法②空间重采样，加大样点间距离至消除样点间关联，然后可用经典解法，这种方法的代价是高方差，大置信区间。

步骤 3　空间线性模型：参见表 7.1，含 SAR、MAR、CAR 空间关联构件。

不论空间模型是机理、半经验、或统计回归形式的，其求解方法不外以下 3 种：

(1) 解析解：完全用数学法推导解得，结果是变量之间统一的函数关系。

表 7.3　求解方法的可解性

求解优先级	可数值解		
	解析解	知识解	数值解
1. 解析解	x	x	x
2. 解析＋知识		x	x

(2) 解析＋知识解：数学推导＋知识推理，试探解，结果是若干分关系，再推理判断。

(3) 数值解：叠代和试算，只有用真实数值和计算机才能求解，输出数值。

解析解是最佳选择（表 7.3），它可以揭示时空过程的动力学机理。一般而言，有了解析解后可以求得数值解。如简单边界条件下的热传导方程可求得解析解，并由此进行数值计算。

在很多情况下，方程可以建立起来，但难以推导出解析解，此时可以借助于数值解的方法求解。如复杂边界条件下的水热耦合输运方程，洪水运动方程、大气环流方程等，虽然解的结果是一堆数据，但是目前的科学计算可视化技术和虚拟现实技术有助于从数据中发现科学规律。

第四节　若干综合性的重大基础问题

空间分析的若干基础理论问题的解决将直接为我国一系列重大的资源环境和社会经济问题的决策提供科学依据（表 7.4）。例如，区域水资源协调、黄河断流等的解决，其根据应当是在一定约束条件下，水资源供需的时空协调理论，类似地污染排放、自然灾害保险等问题，均可归结为时空运筹理论。由于在每个空间单元都形成一个决策变量，当考虑连续空间时，将导致目标泛函自变量无穷维问题，加之时间变量的单向性，使得时空运筹模型及其解法与普通运筹学不同。又如，空间数据采集是地学分析的第一步。空间数据的不同采样策略可以导致最终结论完全相反。由于空间样本之间通常存在不独立性，经典采样模型不适用于包括资源环境和社会经济调查等空间采样问题已成定论。目前的空间采样模型针对如坡面降水的空间连续过程提出的，对于如大区域耕地等空间离散过程，应当建立专门的空间离散地物采样模型。另外对于小样本问题、多维地物联合调查和动态空间采样等问题需要发展相应的空间采样模型，为诸如大范围调查、海洋监测、多项目综合调查和动态监测提供科学依据。

表 7.4 若干空间分析重大基础理论问题

国家重大需求问题	理论	模型
黄河断流、国际河流开发 区域经济发展与污染排放 自然灾害保险	时空运筹理论	时空变量：时间单向、空间无穷维 目标最大 约束条件
生态环境监测 国土监测、农情速报 自然灾害预警 社会经济调查	时空监测理论	①对于单分辨率信息源：建立定量函数关系； ②多分辨率信息源； ①＋高分辨率采样和低分辨率覆盖联合运用的监测模型
亚欧大陆桥吸引范围 三峡断航对物流影响 高速公路选线 港口腹地模拟	空间相互作用，网络流理论	① $T_{ij} = A_i O_i B_j D_j F(d_{ij})$ 其中 T 为流量；O 为流出量；D 为流入量；A、B 为平衡因子；d 为距离；F 为函数 ②网络流
石油价格大战（空间竞争机制） 粮食价格大战（空间竞争机制）	时空价格理论	$D_t = A p_t + c$，其中 D 为需求；S 为供给；p 为价格；t 为时间；$S_t = B p_{t-1} + e$，A、B 为空间连接矩阵；c 和 e 残差
劳动力市场时空迁移 疾病传播、技术时空扩散	时空行为理论	宏观状态 $= \sum$ 个体行为×转移概率

第五节 地球信息空间分析软件包

空间数据大体上可分为空间离散或连续型数据(可互相转化)，以及多边形数据两大类，自然科学多涉及前者，而社会经济科学多涉及后者。

目前空间分析软件包已有不少，主要来自两大学科领域：地理学和地质学。由于地理学和地质学所涉及的数据特点不同，对应的分析方法不同，造成了两大流派软件的功能、结构、风格不同。源于地理学者开发的空间分析软件包多带有以处理多边形数据为主要任务的特点。而源于地质学的空间分析软件包一般适用于分析离散和连续型数据。

一、地理学空间分析软件包主要功能模块

（1）空间权重特征（Characteristics of Spatial Weights）：社会和经济地理学常处理多边形数据和基于多边形的空间模型，变量之间的空间关联性是通过空间连接也就是多边形之间的相临关系实现的，这与自然科学中微分方程求数值解时的空间正方形或不规

则三角网剖分有可比之处，空间权重矩阵的构建是空间分析的基本前提。

（2）异常点分析（Outlier Analysis）：在用观测数据对空间模型参数进行标定时，异常分布的点常使方程总体与实际真实状态产生较大偏差，因此应当事先剔除异常点。

（3）空间步长（Spatial Lag）：这可与时间序列分析中所使用的时间步长概念相类比，空间影响通过相临多边形产生作用，甚至对次临或更远的多边形产生作用。

（4）空间联系的全局指标（Global Indicators of Spatial Association）：度量区域单变量空间关联性，通常是 Moran's I，Geary's C 等指标。

（5）空间联系的局域指标（Local indicators of Spatial Association）：空间联系的全局指标掩盖了空间格局的局域特征，例如空间热点（Hot Spot）的探测，为此，Getis 和 Ord（1992）提出了 Gi 指标。

（6）普通最小二乘法回归（OLS Regression）：其通常是空间回归的第 1 步，然后通过 EDA 探测残差的性质，选择适合的统计指标和空间回归方程。

（7）空间置后模型（Spatial Lag Model）：包括联立自回归模型（SAR）和条件自回归模型（CAR）两类。

（8）空间误差模型（Spatial Error Model）：指移动平均模型（MA）。

二、地质学空间分析软件包主要功能模块

（1）综合半变差分析（Comprehensive Semivariance Analysis）：提供各向同性和各向异性变差图，其参数可由最小二乘法或用户给定。

（2）变差云分析（Variance Cloud Analysis）：提供在指定空间步长范围内每一队点之间变差随分离距离而变化的图形，这一功能可以迅速地探测奇异点并进行编辑。

（3）地统计估计技术（Kriging）：它假设任意一个测量值是一个自由函数（或自由过程、自由场或随机场）的一次实现，并且任何变量的空间变化被表示成三部分和：结构分量，指常数均值或多项式趋势；空间关联分量和白噪音（或称空间不关联的残差项）。Kriging 使用周围样点值来进行这项预报，提供点在空间域上的优化插值，包括块和点 Kriging，以及在此基础上演化而来的指示 Kriging，CoKriging 等。用户可以选择最恰当的变差模型进行插值。

三、其他有关软件包

除以上综合性的空间分析软件包外，又针对专门领域开发了空间专项软件包，例如进行空间各种流（物流、人流、资金流、信息流、交通流等）的分析模拟和预测的软件包 SIM；进行各种空间点格局统计的软件包 PPA；分析景观结构的 Fragstats；分析犯罪事件空间特征的 Crimstat 等。

第六节　地球信息空间分析技术前沿方向

空间分析是地球科学的基本工具、地理信息系统目前在这方面的能力有待于大力加

强。从长远讲，需要根据地球科学研究的需要，潜心研究发展空间分析的理论体系和工具箱，并分步将其编制成为地理信息系统的空间扩展模块，以大力提高地理信息系统除空间数据管理和表达之外的分析能力。

空间信息分析模型的应用和推广还依赖于以下与空间数据处理有关的技术的进展：

1. 研制更加通用的空间分析软件包、GIS 变量及其运算符系统

地学研究越来越多地依靠模型，目前模型与 GIS 集成的主要方法并未从根本上解决问题，它需要科研人员既要是模型专家又至少是一种 GIS 专用语言的专家，研究 GIS 变量及其运算符系统将可以建立数学模型与 GIS 之间的便捷通道，地学分析工作者的模型或空间分析流程可以通过这一系统的简单转化而变为 GIS 中几个简单命令而迅速实现。

研发一套 GIS 变量及其运算符系统，有可能将一些空间分析任务和数学模型进一步分解写为一套简单的 GIS 操作，这样地学分析学者只要列出和解出方程的分析解，交由 GIS 初级操作员，而不必自己懂得 GIS 操作，就可以迅速地得到计算结果，并通过 GIS 表达出来。这将大大提高地理信息系统的空间分析效率，同时大大鼓舞不懂 GIS 技术的地学工作者使用 GIS 进行地学分析，大大推进 GIS 向各行业和研究者的渗透，使 GIS 真正成为广大普通地学工作者的有力工具。所以研发一套 GIS 变量及其运算符是一项提高 GIS 空间分析效率和推进 GIS 普及的全新关键理论和技术。

2. 大数据集的处理、更多的数据融合与共享以满足终端用户的需求

地学信息具有多维动态特性，遍布全球的地质、气象、海洋、环境、生物等观测网不断地获得的巨量信息。这些不同分辨率、不同时相的大量图形和影像数据，需要研究它们的组织、管理、存储、显示和表达，并发展快速、可压缩存储和并行计算的算法。而计算机科学的发展，如处理速度加快、处理与存储数据的容量加大、数据库理论的发展等使得动态地处理具有复杂空间关系的大数据量成为可能。同时用于特殊分析的基于网络的系统，以及减少人在解释过程中的输入。

3. 强有力地同 GIS 连接与可视化工具的增强，以满足终端用户的需求

可视化工具把抽象的、大多不具有物理空间本质特征的信息转化成空间分布形式的图形图像，从而帮助用户理解或者发现其中隐藏的事物本质关系与形态和结构。近年来时态 GIS、时空数据模型、图形实时动态显示与反馈的研究方兴未艾。GIS 可视化在技术层次上的成熟将大大促进空间分析模型的应用。

参 考 文 献

[1] Haining R. GIS and Spatial Analysis. Beijing：Lecture series in Chinese Academy of Sciences，1999

[2] 陈述彭. 地学信息图谱刍议. 地理研究，1998，(17)：5～9

[3] Fischer M. GIS and Spatial Analysis. Beijing：Lecture Series in Chinese Academy of Sciences，1998

[4] Cressie N. Statistics for Spatial Data. New York：Wiley&Sons，1991，21～22

[5] Griffith D. Advanced Spatial Statistics. Dordrecht：Kluwer Academic Publishes，1988，94～99

［6］ Matheron B. The Theory of Regionalized Variables. Fontainebleau：Centre de Morphologie Mathematique, 1971

［7］ Journel A，Hui jbregts C. Mining Geostatistics. London：Academic Press, 1978

［8］ Haining R. Spatial Data Analysis in the Social and Environmental Science. Cambridge University Press, 1991

［9］ 李德仁. 关于地理信息理论的若干思考. 武汉测绘科技大学学报, 1997, （2）：93～95

［10］ 张超，杨秉赓. 计量地理学基础（2版）. 北京：高等教育出版社, 1991

［11］ 林炳耀. 计量地理学概论. 北京：科学出版社, 1994

［12］ 王铮，丁金宏. 理论地理学概论. 北京：科学出版社, 1994

［13］ 牛文元. 理论地理学. 北京：商务印书馆, 1992

［14］ 马蔼乃. 遥感信息模型. 北京：北京大学出版社, 1997

［15］ Wang Jinfeng, Wise Steve, Haining Robert. An integrated regionalization of earthquake, flood and draught hazards in China：Transactions in GIS, 1997, 2 (1)：25～44

［16］ Yu K J. Security patterns and surface model and in landscape planning. Landscape and urban Plan, 1997, 36(5)：1～17

［17］ Haining R, Craglia M，Signoretta. Modelling the geography of high crime areas in UK cities：a GIS based analysis, paper reported at the 2nd AGILE conference, Rome, 1999

［18］ 王劲峰，李全林等. 地震趋势区划结构自适应模型. 中国地震. 地震区划专集, 1996（增刊）：78～88

［19］ Wang Jinfeng. Calculating formula of time-dependent temperature regime of frozen soil. Chinese Science Bulletin, 1990, 35 (2)：128～133

［20］ 周成虎，周孝德等. 洪水行为模拟模型研制；何建邦等主编：重大自然灾害遥感监测与评估研究进展. 北京：中国科学技术出版社, 1993, 40～44

［21］ 闾国年. 长江中游湖盆三角洲的形成与演变及地貌的再现与模拟. 北京：测绘出版社, 1993

［22］ 曾庆存. 数值天气预报的数学物理基础. 北京：科学出版社, 1979

［23］ 李新. 冰冻圈信息系统及其应用研究. 中国科学院兰州冰川冻土研究所（博士论文）, 1998

［24］ 马蔚纯. 基于地理信息系统的城市水环境数值模拟研究. 华东师范大学博士论文, 1997

［25］ Wang Jinfeng, Liu Jiyuan, Zhuan Dafang et al. Spatial sampling design for monitoring cultivated land. International Journal of Remote Sensing, 2000, 21

［26］ 王劲峰等. 地理信息空间分析理论体系探讨. 地理学报, 2000, 55(1)：92～103

第八章　地理信息共享 [*]

当前所说的信息共享，是指在网络技术条件下的信息共享，因此地理信息共享必须具备三要素，即信息数据、信息技术和信息规则是地理信息共享的结构要素。信息技术已有专文讨论，本章主要谈信息数据和信息规则，其中信息规则又包括信息标准和信息管理。

第一节　地理信息共享的一般原理

一、信息与地理信息

1. 信息的理论定义

从本体论上说信息是物质存在方式、运动状态和属性的反映。信息论创始人之一的维纳说过，信息不是物质，也不是能量，信息就是信息。维纳在这里是强调信息与物质、能量的区别。其实信息是离不开物质和能量的，因为信息的存储必须以物质为载体，信息的传输必须以能量为动力，即特定的物质、能量和信息都是其统一整体在不同运动状态下的某一存在方式。例如，人是从眼、耳、鼻、舌、身等感官所感受到的颜色、形状、声音、味道等信息来识别物质、能量的，并形成人类历史文明。可见信息是自然和人类社会中一切事物的表征，在人类社会中信息是以文字、图像、图形、语言、声音和多媒体等多种形式出现的。借助于信息这个工具，人们才能认识、适应和改造客观世界，才能创造历史文明，推动社会的进步。

虽然信息与物质、能量是一个统一整体，但信息同物质、能量相比，也有自己的特征。从自然属性上说，信息不具重量，便于存储和传输；信息经过反复使用，不会耗尽也不排他，从而使信息具有可共享性，信息的可共享性是信息自然属性的普遍特征。从信息的社会经济属性上讲，除国家机密、商业秘密和个人隐私外的一切信息，均可供社会共享。同物质和能量相比，信息共享具有普遍性特征，而从社会经济属性上说，物质、能量的共享则是个别特例。

2. 信息的法律定义

上述信息的理论定义是对信息的高度抽象与概括，体现了信息的本质特征，具有科学上的严密性和普遍性。但是人们对信息的认识和应用都具有层次性与相对性的特征，为了使信息的概念更具可操作性，当前法律上给信息下的定义是：信息是物体、事实、事件、现象和过程描述的总和，不管这些信息是以何种形式的载体提供的，它都具有具体应用上的可操作性。例如上述信息的法律定义，是为适用该法律而界定的具体范围。

---

　　[*] 本章由何建邦、吴平生撰稿

同信息的理论定义相比，信息的应用是从特定应用目的出发的。当然这个具体定义也必须体现信息理论定义的内涵。即信息法律定义上所说的对物体、事实、事件、现象和过程的描述，都是特定物质存在方式、运动状态和属性的反映。然而法律定义中所说的物体、事实、事件、现象和过程的描述，是具体的、可以操作的；但理论定义中所说的物质存在方式、运动状态和属性，则是抽象的，难以操作的。

3. 地理信息的定义

地理信息是信息的重要组成部分，大约占信息总量的 80% 左右。法律上可以将地理信息定义为：那些直接、间接同地理空间位置的分布及与时间的发展相关的自然、经济、人文等方面的物体、事实、事件、现象和过程的描述总和。地理信息与一般信息的根本区别就在于其空间特性。其实任何具体信息都是具有一定的时空特性的，只是有些信息由于经过多次高度的抽象概括以后，其时空属性已显得相对模糊。

二、信息共享及地理信息共享

1. 信息共享的理论定义

信息的可共享性是由信息自然属性所决定的，但信息共享是为社会经济目的服务的，因此信息共享是属于社会经济属性。信息共享在信息社会是一个非常重要的问题。2000 年由中国大百科全书出版社出版的《中国资源科学百科全书》中对"信息共享"的定义是："在一定程度开放条件下，同一信息资源为不同用户共同使用的服务方式"。这个定义通俗、直观地说明信息共享的含义，只是其内涵深度不深、外延广度不宽。信息共享从纵向上讲是一个历史发展的过程，从横向上讲，包括从科学、技术、产业、经济到政治、法律等诸多领域，其内容涉及面广，并不是一句共同使用所能全面覆盖的。

从信息共享的表象看，共享是信息的共同使用；但从信息共享的本质特征上看，信息共享必须解决信息质量最优化、共享程度最高效等实质问题，其核心是需对信息技术进行不断创新，对使用规矩进行共同约定，并且使用规则又随信息技术的不断创新也需有新的约定。为此可给信息共享下这样的定义：信息共享是指人们为满足并协调自身的需求而对信息的共同使用进行阶段性的技术载体的创新和共同行为的调整。这个定义大致包括如下三方面的含义：

1）信息共享是人类生存和社会发展所必需的

人类社会中的每个人，由于其生存空间和时间的限制，所能掌握的信息或经验都有一定的限制，这样人们不可能事事只靠自己，只凭自己的经验而不共享他人的信息；或者说人们为了自己的生存，就必须同时共享他人的信息、经验或知识。因此，信息共享在任何社会发展阶段都是人们生存所必需的，人类文明的发展已充分证明了这一点。人类最早的共享形式是依靠口头的信息传递和大脑对信息的存储，其共享范围有限，共享效率不高，故生产力低下。发明文字和纸张后，信息共享范围得以扩大。人们通过兴办学校和发展新闻出版事业使信息共享效率大为提高。至今网络共享则可以实现即时的无空间限制的信息共享，从而把社会推进到信息时代。可见信息共享的根本目的是满足人们自身生存和社会发展的需要。

2）信息共享形式是一个不断发展的阶段性过程

人类社会所拥有的信息，都是人们在三大实践中取得和积累的关于对自然规律、经济规律和社会发展规律的认识。由于人们对三大规律的认识都有一个由简单到复杂、由低级到高级、由低级复杂到高级简单的不断深入发展的过程。不仅信息的取得是对三大规律的阶段性认识，而且信息共享形式也是随着人们对三大规律的应用而发展的，因此科学技术的发展水平就决定了信息共享技术载体的形式。在人类社会的发展过程中，信息共享从口头共享到文字共享、从地图共享又到网络共享，都经历了相当长的发展阶段，这完全取决于科技发展的水平；而信息是无偿共享还是有偿共享，则取决于商品经济发展规律以及社会公共利益的需要。

3）信息共享必须调整人们一系列的共享行为

信息共享的实质内容是调整人们之间的共享关系，对共享行为进行一系列的约定，以便达到共享的目的。信息共享在客观上涉及对自然规律、经济规律和社会发展规律的认识。虽然信息的可共享性是信息的自然属性，但人们对客观事物的认识有不同的方式和途径，因此信息必须经过标准化处理才能进行共享。信息作为财产和商品是其经济属性，这就要求信息的流通或共享必须同物质商品一样，按照商品经济规律进行流通；而信息具有社会公共功能特性，则要求信息的共享必须服从国家和最大多数人的利益。可见信息共享标准、政策和法律的制定及其管理，首先要考虑三大规律的特性。从主观上说信息共享必须协调信息供求双方以及和管理者之间的各种矛盾，并且上述主客观之间的各种认识或矛盾又交织在一起。例如，要达到信息共享的最佳目的，首要任务是不断实现信息技术介质的创新，但技术创新既涉及资金和人才，也涉及管理体制和激励机制；其次，必须实现信息的标准化，并鼓励信息共享供求双方的积极行为，制裁各方某些破坏行为，限制各方的消极行为。只有理顺信息共享渠道，解决共享中的各种矛盾，才能使信息共享渠道畅通，共享效率最高。可见对信息共同使用进行阶段性信息技术载体的创新和共享行为的调整，是信息共享的核心和关键。

2. 地理信息共享的法律含义

上述信息共享定义是指理论上的定义，它具有科学上的严密性和普遍性，然而在不同信息技术载体的发展阶段，要使信息共享概念具有适用上的确定性以及操作上的方便性，也必须对各种具体应用进行相应的界定。例如，当前对我国地理信息共享就可以这样来界定：地理信息共享是指国家依据一定的政策、法律和标准规则，实现地理信息的流通与共用。地理信息共享这个定义，也涵盖了信息共享的理论定义。首先，地理信息共享是指我国在当前信息共享技术条件下，地理信息已成为当代主要的财产形式，或者说地理信息在当代已具有资源性、商品性、基础性和公益性等特性，地理信息共享在人们生产和生活中的地位比以往任何时代都显得更为突出，这反映了信息共享理论定义的第一层含义和第二层含义(指当前信息技术发展的现阶段)。其次，国家所制定的相应政策、法律和标准也是在当前信息技术条件下，依据地理信息的资源性、商品性、基础性和公益性等特性，来调整地理信息共享行为中的各种社会关系，这样地理信息共享行为才能反映地理信息的本来面目，才能实现地理信息共享的目的。最后，地理信息共享是指地理信息在社会生活中的流通和共用。当然这种流通和共用不能简单理解为无偿共享，或理解为如同一般商品那样进行有偿共享，而必须根据地理信息的资源性、商品性与基础性、公益性之间的平衡来确定该如何共享，这是属于国家对地理信息共享宏观调控的范围。

当前对地理信息共享概念仍有广义和狭义的理解。广义上的地理信息共享是指通过包括口头、纸质、网络等一切载体在内的地理信息共享；而狭义上的地理信息共享是特指在网络技术条件下的地理信息共享。网络空间、虚拟空间就是当今实现地理信息共享的产物。本书所说的地理信息共享，主要是指狭义的地理信息共享；但在讨论网络地理信息共享时，也必然要涉及其他载体的地理信息共享，因为网络地理信息共享是其他载体形式的地理信息共享在技术上发展而形成的。狭义地理共享是在以计算机及空间数据基础设施等技术硬件为依托，在标准、政策、法律及其管理等软环境支持下，对地理信息进行的共同使用。本书因篇幅限制，只讨论标准、政策和法律等软环境部分。

三、地理信息共享的意义

从地理信息共享的含义可知，发展地理信息共享载体技术，协调地理信息共同使用规矩，其目的都是为使全社会能最大限度地实现地理信息共享。具体地说，地理信息共享的意义，大致可概括为四个方面。

1. 最大限度地减少对地理信息采集、加工整理中的人力、物力和财力的投入

由于地理信息可以重复使用而不耗损、不排他，因此地理信息的共享可以避免重复采集、加工整理中的人力、物力和财力的浪费，即地理信息共享可以最大限度地发挥地理信息资源的经济效益、社会效益和生态效益。特别是对地理信息的采集，诸如对全国土壤、森林、海洋、山地等的调查工作，更是一件耗时耗资的巨大工程。使用传统方法对森林资源信息的采集，是通过抽样调查，经过统计分析后，得出各个县的森林数据，然后再层层汇总，才能得到全国的森林数据。国家林业部为编写一份这样的数据，得历时 10 年，耗资亿元。如果这种森林信息不能对全国其他部门、单位和所有人开放，那么将会造成国家信息资源的重大浪费，因为其他部门或单位又得重新进行森林信息的采集。

地理信息要共享，就要有统一的地理信息标准，这是地理信息共享的前提。当前国内外对地理信息共享存在的一个重要问题，就是地理信息标准不统一，而造成严重的混乱和浪费。例如，美国 1981 年 12 个主要部门为共享其他单位的地图数据库，而进行变换格式、处理、证实和检查，其费用就达到 4500 万美元。

共享人类所有的地理信息，不仅可以节省开支，而且有些信息，特别是那些只有在某些特定的时空条件下才能获得的地理信息。例如，火山、地震、台风和洪水等信息，只有在自然灾害发生时才能采集，对于这些地理信息只能通过共享形式才能获得，否则即使投入巨大的人力、物力和财力也无济于事。

2. 网络为全球、地区、国家之间的地理信息共享提供最便捷及时的工具

互联网的诞生使地理信息的显示、查询、检索和下载可以在全球、地区、国家和区域范围内畅通无阻，使地理信息可以得到最充分、最方便、最及时的共享。例如，通过互联网，全国各地农作物的长势或者灾情，黄河、长江或松花江的洪水险情，都能实时地在电子屏幕上显示出来，从而为自然灾害的防治提供及时的信息支持。时间序列的农情、地质、水文、气象等观测、勘探及调查资料得以有序的整理和存储，使之能随时查询、检索，从而可从根本上改变过去那种资料堆积如山，整理、存储、查阅如理乱丝，结果是地理信息无法共享或者传输周期太长而失去信息的大部分实际价值。

3. 地理信息共享可以促进政府决策的民主化和科学化

当前，由于人口过分膨胀、工业迅速发展，已导致地区甚至是全球性的经济发展与资源环境之间矛盾的加剧。为此，要求人们在区域开发、经济布局、流域规划以及各种大型工程建设的决策中，不仅要考虑经济效益，而且要考虑环境生态效益。地理信息共享，特别是网络地理信息共享就为上述决策的民主化和科学化提供了一种现代化的决策手段，从而可以从根本上改变过去那种依靠领导干部拍脑袋的决策方式。只有政府决策过程实现民主化、科学化，才是经济、资源、环境得以可持续发展的可靠保证。网络地理信息共享之所以能促进政府决策实现民主化、科学化，是由于网络中地理信息源及其决策软件丰富、运算速度很快，在有限的时间内就可以对各种决策方案进行分析对比，以最优的决策模式展现在决策者面前。当然要实现真正的决策民主化与科学化，还必须在制度上予以保证，即从法律上明确规定决策过程的论证程序及其相应的法律责任。

4. 地理信息共享是实现全球、国家、地区信息化的前提条件和根本目标

划时代的技术革命使人类社会得以飞跃式的发展，正如铁器的发明使人类文明从采集狩猎的原始社会跳跃到农业社会；蒸汽机的发明使人类文明飞跃到工业社会；当今以计算机、通讯和互联网等高新技术的发明，则将把人类历史推到信息社会。信息化与农业化、工业化相似之处是其发展进步均依赖于新资源的应用，只是农业化是依赖于物质资源，工业化除依赖物质资源外，主要是依赖能源资源，信息化除依赖物质、能源资源外，主要就是依赖信息资源。包括地理信息在内的信息资源的开发应用又依赖于信息高新技术的发展，可见实现信息化的基础是信息技术的发展及地理信息的共享。

信息化水平是衡量一个国家或地区综合实力和竞争能力的标志，信息化是跨入 21 世纪和信息社会的惟一选择，也是我国实现四个现代化的巨大动力。所谓国家或地区实现信息化的过程，就是以计算机、信息高速公路和空间数据基础设施等硬件为依托，在国家发布的标准、政策和法律等软件支持下，把国家或地区建成一个数字化、网络化、可视化、智能化的高度协调发展的社会经济信息系统。可见地理信息共享是实现全球、地区、国家或区域信息化的基本前提。同时信息化的根本目标是构建全球、地区、国家、区域内的社会经济地理信息系统，实现该范围内的地理信息共享，使信息、知识不断向技术、管理转化，又进一步向产业经济转化，从而使信息、知识真正成为社会中主要的财产形式。具体地说是通过建设和完善空间信息基础设施，充分利用信息高新技术，整合各类地理信息资源，提高地理信息共享和综合利用水平，从而提高决策能力和效率，推动产业结构的优化升级，提升国民经济整体素质和产业竞争能力，服务于国计民生，使国家或地区国民经济和社会信息化水平不断提高，这样国家或地区的财富必将以指数率方式进行增值。

第二节　地理信息共享的本源

一、地理信息共享本源的内涵

地理信息共享的本源是信息共享理论定义中所阐述的内容。凡有人的地方都存在着人们之间的依存关系，即由于每个人的生活环境都受到一定的时间、空间及所从事职业的限制，为此每个人都必须利用或共享别人的信息，才能使自己更好地生存下去。所以人类社会一开始，信息共享就成为人们生产、生活中所必不可少的内容。要共享他人的信息，就存在着对信息要有统一的认识，即存在着相互约定的问题。当然随着信息技术载体的发展，人们对信息共享的范围也越来越扩大，特别是当前信息技术的迅猛发展，地理信息成为海量信息，因而需要约定的内容就越来越多，约定范围也在扩大。可见约定规矩是地理信息共享最实质的本源。

对地理信息共享规矩约定的内容，包括标准、政策和法律等方面。而这三者在本源上既有联系，又有区别。标准、政策和法律在本源上的共同点都是一种约定。在没有阶级的原始社会以及今后的共产主义社会，约定的依据是客观规律与风俗习惯。例如，水往低处流，气温的高低、降水的多少等都受自然规律所制约。为此，制定房屋之间的间距、建筑物的高度、墙壁的厚度、管道的埋藏深度等建筑信息标准，就必须根据当地太阳高度角及气温的高低；对于制定地理经纬度等坐标体系的标椎，则是依据地球自转方向及南北极点的位置；至于交通规则中的靠左行还是靠右行，是红灯停绿灯行还是相反，则是依据风俗习惯。

地理信息共享方面的政策和法律的制定，必须考虑自然规律、经济规律和社会发展规律。当前我国制定地理信息有偿共享政策，就是经济规律的体现。至于有些地理信息要保密，有些地理信息要无偿共享，则是社会公共功能的体现。上述这些约定或规矩就是地理信息共享标准、政策和法律的源头。俗语说没有规矩就不成方圆。规者，圆规也，其依据是天，天为圆；矩者，矩尺也，其依据为地，地为方。这些规矩的制定都要依据自然规律、经济规律和社会发展规律或风俗习惯。此外，地理信息共享标准、政策和法律在原始社会及共产主义社会都是为所有人服务的，这是政策和法律的公共功能。

地理信息共享标准与政策、法律的区别是，标准是没有阶级性的，其制定只依据客观自然规律或习惯。然而地理信息共享政策与法律的制定除考虑客观规律及体现公共功能外，主要是体现其统治功能，所以马克思说过到共产主义社会，法律就将自然消亡。这里所说的法律消亡是指法律统治功能的消亡，而其公共功能并不会消失，因为任何社会都需要规矩。也可以说政策、法律都统一于标准体系中。

在阶级社会中，政策、法律是为占统治地位的阶级或其政党服务的，这是地理信息共享政策、法律的统治功能。当然在阶级社会中，统治阶级为维护其统治，他们所制定的政策和法律也不得不在某种程度上反映公共功能。至于政策、法律中统治功能与公共功能各占多少比例，则取决于阶级力量的对比，被统治阶级的觉醒和统治阶级的认知等因素。而地理信息共享政策与法律的主要区别与联系是，政策是制定法律的依据，法律是政策的具体化、规范化和条文化。

二、地理信息共享的功能依据

地理信息共享是人们生产、生活中所必需的，它起源于对地理信息及人们相互关系的某种约定，为此就必须研究地理信息共享中约定的结构与功能，因为约定是推动地理信息共享的重要动力。从这一层次上讲，地理信息共享是由信息资源、共享技术载体和共享规矩这三个一级要素所组成的。共享技术载体可以实现对地理信息资源的显示、存储、检索和传输等功能，从而使地理信息可以达到共享的目的。共享技术载体的功能只是提供能够共享这个基本条件，而要使地理信息共享质量与共享效率达到最佳，则是共享规矩的任务或功能。

地理信息共享规矩，又由标准、政策和法律等三个要素所组成。标准这个结构要素的功能是实现人们的统一认识，以提高地理信息共享的质量。政策和法律等构件共同对地理信息共享的效率起着调节器的功能，即地理信息共享政策、法律如果符合地理信息形成发展的客观规律，则可使共享效率最高，反之则会降低共享效率。可见通过对地理信息共享标准、政策、法律等结构要素的研究，是实现地理信息共享优质高效的基本途径。

地理信息共享结构与功能不是一成不变的，而是随着信息共享技术载体的发展以及社会经济形势的变化而发展变化。在当今的网络技术以及我国实行市场经济条件下，地理信息共享规划是由地理信息的资源性、商品性和基础性、公益性等本质属性所决定的。

地理信息的资源属性是指地理信息是一种重要资源，它通过一定的技术载体的调控来实现对地理信息的存储、显示、检索、传输和共享，从而实现地理信息资源的价值。地理信息的资源属性表明，地理信息首先是一种客观事物的存在形式，然而客观存在只有通过人们的主观认识才能成为可以共享的地理信息，使每个人的主观认识接近客观存在的实际，这是制定地理信息标准的基本原则，即地理信息标准制定的惟一依据是客观规律，当然客观规律也是制定地理信息共享政策、法律的重要依据。

地理信息的商品属性是指地理信息是一种财产和商品，它必须按照商品经济规律进行采集、加工、流通和使用，地理信息的商品性是当今制定地理信息共享政策和法律最基本的依据，也是当今地理信息共享实现优质高效最直接、最重要的动力。

地理信息的基础性和公益性是指地理信息的共享使用涉及全社会所有人的利益，也是人们生产生活中的基础或依据，地理信息具有公共功能属性。政府作为公共功能的代表者、决定者就可以运用行政调控的方法来指导、干预地理信息的生产、流通和使用，当然其前提条件是为国家根本利益和全社会最大多数人的利益。

总之，地理信息的公共功能属性也是制定地理信息共享政策和法律的重要依据。如何协调地理信息的商品属性与公共功能属性之间的矛盾，取决于社会经济发展中的多种因素及国际形势。当前为调动全社会各方的积极性，应把地理信息的商品性排在第一位，以最大限度地利用商品经济规律来促进地理信息产业的发展。

第三节　地理信息共享的形成与发展过程

一、地理信息共享形成与发展的基本动力

地理信息共享虽然是在信息技术迅猛发展和具有海量地理信息的当今信息时代才显得特别重要，但地理信息共享却是随着人类文明的发展而形成发展起来的，并且地理信息共享在推动人类文明的发展方面也发挥着极其重大的作用。为此人们也一直在探索地理信息共享实现优质高效的动力机制及其具体办法。从数千年来人类对地理信息共享的历史中，可概括出地理信息共享形成与发展的基本动力，是生产实践的需要和科学技术的进步等两大方面。

1. 生产实践是地理信息共享发展的基本动力

地理信息共享的形成与发展都是由生产实践的需要所决定的。这是由于地理信息是人们生存的基础，即使是采集野生植物、猎捕野兽为食的原始社会也没有例外，因为人们必须从这些野生动植物的颜色、形状、味道、光滑度等信息特征来判断这些食物能不能吃、好不好吃，并把这些信息传递给其他人以供人们共享，这就是说人们群居生活的开始就是对信息共享的开始。可见地理信息共享的形成，一开始就是由生产实践所决定的。

随着社会的发展进步、生产规模的不断扩大，人们积累的地理信息也越来越丰富，对地理信息共享的要求也越来越迫切，为此就借助于各种技术载体，运用各种共享工具，并对共享规矩进行一系列的约定，使地理信息的共享进一步发展。当然对各种信息技术载体的发明以及各种共享规矩的约定，都是在生产实践过程中产生的。例如，作为人类第一次信息技术革命的语言发明，就是人们在集体劳动中，由于共同使用木器、石器等劳动工具，需要协同用力而进行必要的约定。正如恩格斯所说，语言的产生是社会成员之间紧密的协作，到了彼此间有什么东西非说不可的地步。

2. 科学技术进步是地理信息共享发展最活跃的动力

信息技术是地理信息的载体，惟有依靠技术载体，地理信息才能得以存储、显示，共享他人的地理信息才有可能。每一次信息革命都是通过信息技术的发明来实现的，而每次信息革命的实质就是信息共享形式发生革命性的变革。例如，作为人类第一次信息技术革命的语言文字的发明，使部落、民族、国家内部，可以通过语言和文字等交流形式来实现全部落、民族、国家中的地理信息共享。通过语言形式进行共享，其载体是人的大脑，因此其共享的时间和空间范围十分有限。而以文字形式进行共享，其载体最初是石器、甲骨、兽骨、青铜器，以及竹片、帛、兽皮等，由于其载体笨重，储存和运输都十分不便，其共享范围也相当有限。第二次信息技术革命的技术载体——纸张的发明，解放了笨重的共享载体，使地理信息共享范围扩大到全球。然而作为文字共享载体

的纸张，虽然轻便，易于传递，但仍需通过手工方式一个字一个字地抄写到纸上。一部巨著其抄写周期往往得以年为单位来计算，并且只有一本，能够阅读的人数极其有限，共享效率低下。第三次信息革命技术载体是印刷术的发明和应用，使手工抄写逐步转为机器的复制、印刷等过程，信息才有可能为全社会多数人所共享，并使地理信息的共享效率极大地提高。第四次信息革命的技术载体电报、电话的发明和应用，从信息传递时间来解决并提高地理信息共享的效率。第五次信息革命的技术载体是计算机和互联网技术的发明和应用，可以实现时空对接，使海量地理信息可以为全球每一个人所共享。总之，每一次信息技术载体的发明都是依据科学技术的进步，科学技术进步是地理信息共享得到发展和共享效率极大提高的最重要、最活跃的动力。

二、地理信息共享发展的过程

上面从信息技术载体的发展进程来说明地理信息共享发展历程，下面就以地理信息共享技术载体从低级向高级发展的几种最主要共享形式是如何进行约定，来说明地理信息共享发展的一般过程。

1. 文字共享形式

语言是人们在生产、生活中进行思维和交流的工具，自然也是人们共享地理信息的工具；而文字则是记录语言的符号，是人们存储、传输信息并达到共享的一种重要形式。人们通过文字达到共享地理信息的依据或基本原理是，文字是人们认识客观事物的一系列符号，或者说文字是客现事物的缩写和代表。

人类刚诞生的初期，他们对客观世界的认识还很肤浅。如何认识客观世界并共享他们之间的认识？当然首先是从他们天天接触的生活环境入手。他们日出而作，日落而息，太阳、月亮就是他们生活的参照物，并与其生活息息相关；他们要采集野生植物，猎捕野兽，这是他们生产活动的直接内容；他们要翻山越岭，穿密林，涉江河，经受风吹雨打，这是他们直接的生存环境。他们生活中的这一切事物都深深地铭记在他们的脑海中，都成为他们研究、认识、表达和共享信息的源泉或内容。在认识、表达客观世界的过程中，他们首先从模拟周围环境中的各种实物开始，到创造发明相应的文字符号，其目的都是为了共享他们之间的地理信息。现代学者提出汉字起源的易符学说，并得到了多数人的认同。汉字是古代人通过仰观、俯察、近取、远取等模拟过程，所以汉字可以通神明之德，可以反映万物之情，即成语所说的文字与实物一一对应是所谓名副其实。

世界早期各个文明古国文字的发明，都证实《系辞下传》中论点的正确性，即各文明古国的文字都是从模拟客观世界中各个实物开始，到经过简化、抽象等的约定过程中形成的。5000多年前，两河流域苏美尔人楔形文字，古埃及人的圣书字，印度的梵文和我国的方块汉字都无一例外。以方块汉字为例，它就是一种能与语言相结合，能够书写具体事物名称，表述具体对象事物的符号。因为方块字具有以形藏理，以音通意，而达到形、音、义的统一。例如，在山东泰安大汶口文化遗址出土的我国4000多年前的龙山文化时代的陶器上，就已经刻着模拟太阳、云彩、山脉等各种图形符号。从早期文明民族埃及圣书文、苏美尔的楔形文字、克里特表形文字和方块汉字的比较中，则发现诸如日、月、山、目、足、牛、鱼、户、弓等文字都是对实物的模拟，因此其字形各民族都大致相同。然而地理现象和人们的思维方式都十分复杂，如果事事要用图形做如实反映，要么则十分费时或不便，要么是无法表述。为此需要把图形简化为符号，使其简单化和抽象化就成为文字发展的必然趋势。传说中的仓颉造字，就是指黄帝时代的仓颉，他总结了伏羲、神农时代的结绳记事、刻痕记事、珠算、绘画以及八卦等各种方法，用一种统一的格式来约束每一个字，使每一个字的写法都有一定规矩。按仓颉的规矩，单个字的写法是从上到下，从左到右；而每行则从上到下，行与行之间，又由右到左。这样使每一个字都严密紧凑，上下左右关系有序，虽然简单的字只有一笔，复杂的多达几十笔，但都用一个统一格式去约束它。

一个地区文字的形成发展经历着模拟、简化到制定规矩等约定过程。然而不同地区之间由于生活环境、生活方式不同，加上交通限制、科技水平、宗教和政治因素的差异，也就存在着不同的文字形式。不同地区以及不同民族、国家之间要交流、共享地理信息，也就要求文字要在更大范围内进行约定。以汉字为例，它就经历了甲骨文、金文、篆文、隶书和楷书等的约定阶段。其发展的主要趋势是汉字形式不断简化，使图画性的象形文转化为纯粹的书写符号；从字形上来说，是从参差不齐到方正匀称，笔画从弯曲复杂到平直简易，从一字多形到合并简化成易于辨认的书写符号。这种简化、抽象过程是依据规矩的约定来实现的。如上所述黄帝在统一华夏时，仓颉就规定文字必须"整齐划一，下笔不容增损"的原则。周宣王时又规定必须用大篆书写。秦始皇为改变战国时各国文字异形的混乱状态，则发布了著名的"书同文"的法令。东汉的许慎，更是对文字进行全面、系统的整理，提出了对汉字发展具划时代意义的"六书"是"造字之本"。当时流行的隶书，已是一种相当标准的符号，基本上看不出文字发源的本义。出现于东汉末年至三国的楷书，经过两晋南北朝，到隋唐之际已基本定型。宋代运用印刷术刻印的精美书籍都是使用楷书，即称为"宋体字"。直至今日书籍报刊上所使用的字体还是楷书的变体，人们称之为"宋体"。这是汉字发展中的约定过程。

虽然世界上最古老的文字都来源于对实物图形的模拟，但现代世界的各种文字中只有我国汉字仍然保留其方块字形，其余诸如拉丁语、英语、德语、俄语、法语等绝大多数文字都是拼音文字，已完全失去实物图形的痕迹。然而这些文字的最初源头也还是从象形文发展而来的，只是到了某一阶段才发展转化为拼音文字。例如，现在世界上使用最广的拉丁字母，它的原型就可以追溯到古埃及文。大约公元前 15 世纪或更早些，受古埃及文字影响的西亚和北非的闪米特人，在简化古埃及文的基础上创造了 26 个字母，这是在西奈半岛上发现的古代铭刻中所用的西奈字母。大约到了公元 1～2 世纪时，腓尼基人又在西奈字母的基础上发展成腓尼基文字，以后又在腓尼基字母基础上发展成希腊字母和拉丁字母。总之，不论何种文字都是从客观实物原形基础上进行模拟，经过简化抽象，最后又通过制定规矩等约定过程，才发展成今日使用的文字。有了文字才为人们共享地理信息提供工具和依据。我国和世界古代文化至今仍散发其辉煌的光彩，主要就依靠文字的存储、传输功能。

2. 地图共享形式

虽然文字的产生最早是从对客观世界实物图形的模拟开始的，但文字只是对各个具体实物图形进行模拟，一般不涉及该物体的时空关系。而地图形式的共享则必须对客观世界中一系列事物的相关关系进行模拟，特别是它们的时空关系。对于像地球这种具有椭球形体的三维立体空间，要在二维平面上表达客观事物的复杂关系并不容易。因此，地图对地理信息的共享形式必然是在文字共享形式发展到一定阶段才能出现的。

地图信息对地理客体的模拟、简化和约定比起文字信息来要复杂得多，首先是如何用二维平面且具有可度量性的地图来反映具有三维空间且呈椭球形的地球表面；其次地球表面并不是空的，而是存在着有一定数量与性质特征的具有密切联系的一系列地理客体。要把这两个特征抽象出来并反映在地图上，就必须有相应的技术方法，即通过严格的约定来实现。

第一个问题是运用投影、比例尺和地理坐标体系等方法。例如，通过实地测量把具有高低起伏和一定面积的地表区域按一定比例缩小成一个地形模型；并把其中一些特征点，诸如山峰、山谷、山坡等用垂直投影的方法投影到平面图纸上，这就是垂直投影。这种投影方法，对于范围不大的区域，可以视地表为平面，则这种投影不会产生形变；但对于大范围的地区，如全国图、洲际图、全球图就不合适。因把椭球面投影到平面上会产生变形，即改变了地表实际的形状和大小，并且不同的投影方法，其变形情况也不同。目前地图投影的种类很多，按投影变形性质可分为等角投影、等距离投影、等面积投影和任意投影，它们分别表示投影在地图上的角、距离、面积不产生变形，但不可兼得，任意投影则根据需要而对这些要素进行协调。按正常位置投影的经纬网图形，可分为方位投影、圆柱投影、圆锥投影、多圆锥投影等。地图投影的选择主要是依据用途、区域的大小、地理位置、习惯或国际协议等因素。一般来说航海图是选择墨卡托等角圆柱投影，中纬度国际航空图是选择兰勃特正形投影。我国现行的地形图，大于1∶50万比例尺的采用高斯-克吕格投影，1∶100万地形图用改良多圆锥投影。

要把地表的实际形状、大小抽象地反映到地图上，除采用投影外，还必须根据实际情况予以缩小。当然缩小不是随意的，而必须根据区域大小，按实际长度缩小的倍数来抽象，这才具有可度量性，这是地图的比例尺。地图比例尺是地图制作者与使用者之间的一种约定语言。

地表在区域之间存在着方向性，抽象反映到地图上是用地理坐标来表示。它最基本的要素是经度和纬度，经度表示东西向，纬度表示南北向。世界各国所采用的坐标系也不同，这就给地理信息共享带来困难，为此必须建立统一的地理坐标系统，实现标准化，这是共享的基础或依据。

要把地表空间实体中大量物质实体的空间位置、大小及其数量、质量特征抽象地表述在地图上，则需运用图形符号、颜色、注记等一系列的约定。地图的图形符号如同文字作为实物客体的抽象符号那样，也是从实物模拟开始的，然后经过逐步简化，最终才使图形符号成为地理客体的代表，地图符号也存在着相应的约定过程。至今对图形符号的约定原则是，图形应具有象征性、艺术性、科学性，有一定表现力，能表达地理客体的外形与特征。其中用比例尺关系来反映地理客体占有空间的大小，用线条、符号、颜色来代表空间上物质客体的数量、质量及它们之间的相互关系。地图符号是制图者与使用者之间最重要的约定。因此，对图形符号的设计和分类就显得十分重要。其中按地理客体空间分布特征所设计的点状符号、线状符号、面状符号都具有一定的形象性与科学性，它们可以用不同形状、尺寸、方向、亮度、密度和颜色来分别表达各种不同地理客体的分布、数量、质量等特征。

颜色是地理信息的一种存在形式，它是地理客体在阳光作用下发射出为人们肉眼所能接收的电磁波段中的可见光部分，因此地图用色彩来抽象地理客体就是一种重要方法。地理客体发射出为人们肉眼所接收的仅是赤、橙、黄、绿、青、蓝、紫的可见光波段，但这些颜色又相互作用而构成色彩斑斓的大千世界。地图运用这些色彩来表示地理客体的分类、分级等概念，既科学又形象。例如地貌图上，用棕色表示山地，用绿色表示平原，用蓝色表示水域，而对山地和平原的高低、水体的深度，则用同一种色相中的不同亮度和饱和度来表示量的差别。即运用色彩可以表示地理客体数量和质量的变化。颜色还可以表示冷与暖，兴奋与沉静，远与近等关系。例如，用红色表示海洋的暖流，用蓝色表示寒流，用白色表示积雪。色彩的运用，不仅要反映地理客体的科学性，而且也应具有一定的艺术性，给人以美的感受并提高视觉效果。例如，用饱和度较小的色彩来表示面状符号，用饱和度大的色彩来表示点、线符号，以增加其对比度、突出重点。

地图的注记是使用文字和数字作为地图符号的补充或辅助。地图上各种山川名胜、湖海洲岛，以及各地的地名等都是用专用地理名称来表示的，它具有应用上的特定性，不能归纳综合。此外，经纬度、等高线、高程点等各种特征点线数值也是这样。适当、形象的注记起到画龙点睛的作用，也是制图者与使用者之间的一种约定。

由于地图信息是对地理客体进行模拟抽象的结果，故地图信息具有存储、传输、模拟和认知等多种功能，这样就使地图成为人们共享地理信息的一种十分重要的形式。地图信息的共享在时间跨度上也经历过从我国的《九鼎图》、地图集到当今的电子地图等过程。

3. 网络共享形式

网络共享，是指在当今信息高新技术辅助下形成发展起来的地理信息共享形式。网络共享集文字、图形、图像、声音等各种媒体于一体的共享形式，是本书所说的狭义地理信息共享形式。由于网络共享是把全球范围内不同计算机平台连接起来形成一个统一的网络，它们之间通过光纤及其他通信网络组成信息高速公路和空间数据基础设施来实现各台计算机之间的信息传递或接收体系，网络技术为地理信息快速实时、动态传输提供了技术上的保证，尤其是 WWW 以其开放性、廉价性、操作简易性，支持了多媒体、超级连接能力和友好用户界面的迅速发展。网络一方面方便信息的发布与获取，同时又促使对信息的进一步需求，因此网络改变了传统的数据传输与共享途径，当然也极大地促进地理信息的共享过程，提高其共享效率。然而，要真正提高共享质量和效率，实现全球、地区、国家、区域之间的网络共享，则必须在共享规矩等约定方面做更多的工作，故对地理信息标准、政策、法律的制定要考虑的因素就更多，这方面内容正是本书所要阐述的。

第四节　作为地理信息共享客体和重要
财产形式的地理信息资源属性

地理信息资源具有一系列自然属性和经济属性，而这些属性表明它具有价值和使用价值，并且这些属性也为标准及其管理规则的制定提出新的研究课题。

一、地理信息的属性

1. 地理信息的自然属性

1）客观存在性与客观虚拟化

地理信息的客观存在性，是指地理信息是地理实体客观存在形式、运动状态和本质属性的反映。我们所看到的、听到和感觉到的，诸如建筑物的形状、大小、颜色，大海的波涛声，花卉的芳香味等，都只是客观实体存在的一种信息。其实作为实体的建筑物、大海、花卉并不可能装进我们的眼睛、耳朵和鼻孔，也不可能装进人们的大脑。这里有二个相互联系的问题：一是建筑物、大海、花卉等都是现实存在的实体；二是人们脑海中的建筑物、大海、花卉是客观存在的虚拟化，是这些地理实体通过光、波、电、磁等作用所发射自身存在的某种信号并为人们感官所接受，大脑所存储和显示的客观虚拟化。一个从小就眼睛失明、耳朵全聋的人，是感受不到建筑物的颜色和大海的涛声的。这里所说的客观虚拟化，是指如实反映地理实体的真实存性。然而这种如实反映也只能是近似的，正如海森堡在量子力学中早就提出过著名的测不准定律。在一个独立稳定的地理信息系统中，信息量也是无法进行绝对精确度量的。

客观虚拟信息是客观世界的真实反映，是虚拟公司、网上政府、电子商务、电子货币等电子空间的理论基础。现代的信息技术已经能够根据虚拟化机制借助于高科技来调控和显示，即通常称为虚拟现实技术来模拟客观地理系统的形成发展过程，它能够对广阔地理空间和漫长发展时间实行压缩，使空间上的全球化、时间上的即时化变为现实。由于地理信息虚拟化有客观虚拟化与主观虚拟化两种形式，就要求地理信息共享法要保护客观虚拟化和制裁诸如假冒伪劣等主观虚拟化，这是保护和促进信息社会健康发展的前提条件。

2）抽象性、压缩性与数字化、全球化

抽象性是指地理信息已脱离客观地理实体本身，是地理实体的抽象或本质反映。作为客观地理信息，已被表征为各种形式的信号；作为主观地理信息，已被表述为各种图形、符号、数字、公式等所谓形、数、理。由于各种抽象的信息都是地理实体的真实反映，因此就可以通过这种抽象体来研究真实存在的地理客体。这是地理信息流可以调控物流、能流等的基本原理或依据，这样就可以摆脱或避免携带庞大物体的麻烦，且大部分地理客体是不可移动或无法携带的。由于地理信息具有抽象性，从而可以随意（根据技术条件）对地理空间及其发展过程进行压缩，即地理信息的抽象性又派生出地理信息

的可压缩性。这种抽象和可压缩性使广大区域乃至于整个地球的同步研究成为可能。

地理信息的可压缩性还可从技术上予以表述。首先对地理客体的抽象反映，都是从实际形状的模拟开始的。例如，象形文字就是从对地理实体的模拟中产生的。方块汉字开始也都是从纷繁复杂的外形态入手逐步发展到通过象形、指事、会意、谐声、转注、假借等"六书"的造字方法。解放后汉字又进行繁体字的简化；当今对文字信息又继续通过缩写或简称来压缩，如用中国来替代中华人民共和国。在计算机中通过相应的压缩技术可以减少存储空间和传递时间，便于计算机处理并方便检索。压缩技术除了模拟符号的压缩外，还存在着从模拟符号转化为数字符号。

对客观地理实体抽象反映的虚拟化，在当前惟有通过数字化形式才能在计算机上表述和传输，并为世界上各种不同的语言所共同识别，从而使全球社会经济一体化从可能转变为现实。当然实现这种转变则必须使地理信息有统一的规范、标准，也就要求地理信息共享法必须在标准化方面予以法律上的保证。

3）可存储性、可传输性与即时化、网络化

地理信息的可存储性与可传输性，是指借助于一定的物质载体对地理信息进行记录并借助一定动力进行传输。虽然信息不是物质也不是能量，但信息又离不开物质和能量。即信息必须以一定物质作为自己存储的载体，又必须以一定能量作为自己传输的动力。人的大脑就是最基本的信息存储载体，说话则是通过消耗一定能量为代价才把信息发射出去。地理信息的存储与传输也可借助于某种技术工具。

可存储性和可传输性是地理信息功能上的普遍属性。虽然上述信息革命主要说的是主观信息的存储与传输，但客观信息也同样具有这种特点。任何地理客体都可以以辐射或反射的形式发出具有自身特征的频率、波长或周期的信息，并经一定介质的传输，又为另一些地理实体所接收存储。

当今信息技术已可运用包括光纤在内的高新技术进行信息传输，如果世界上两个地方以地球表面最大距离2万公里计算，那么按光传输速度也不到0.07秒左右。现在以每秒100千兆把信息传递到1万公里外的地方已获成功。这样地理信息在全球的传输就可实现即时化。再加上因特网，又可以把全球所有计算机终端连接起来实现全球网络化。网络技术使地理信息的获取与服务达到前所未有的水平。例如，可以通过一定模型将地球上每一角落的信息，都按地理坐标建立起完整的信息模型，对其收集、整理、归纳和显示，进而通过国际互联网络联结起来，从而使地球上每个人都可快速、完整、形象地了解和利用地球上的各种信息，即实现世界一体化。从纵向上说也可以使地理信息科学→地理信息技术→地理信息产业联结起来，实现科学技术产业的一体化。

地理信息的即时化、网络化和社会经济的一体化，也使作为财产形式的地理信息数据在安全、保密等方面面临极大考验。网络经济涉及货币的支付、产权的保护、国家的税收等诸多法律问题，也需要地理信息共享法予以支持。网络经济同传统经济有着根本的区别。例如，现在数亿台计算机通过互联网而共享信息资源，但每台计算机却又相对独立、分散管理而没有一个机构来实施集中领导管理。地理信息共享法将如何来调整网络世界这种权利分散、资源共享、完全自由的管理方式，将是管理学和法律学的一个新课题。

4）可转换性、可扩充性、可共享性和社会知识化、设计目标化

地理信息的可转换性，主要是指客观信息可转换为主观信息，不同形式的主观信息相互转换的过程。例如，地理客体发射的波形、信号等客观信息可以转换为语言、文字、图像、数据、表格等形式的主观地理信息，又可把上述符号转换为计算机能够识别的代码、数字及广播、电视等符号；而代码、数字等还可还原为语言、文字、图像等多媒体信息。当然上述各种转换都需要通过标准化过程才能被识别。

可扩充性，是指主观地理信息在反映地理客体本质属性的思维过程中有一个不断深化、不断扩充的过程。例如，从燃烧木材发红火光这一简单信息，可扩充出一系列的信息或知识。首先可推出木材是由碳、氢等元素所组成的物质；其次可推出木材蕴含着能量；进一步又可扩充到不同能量形式的转化可发出信息；再进一步扩充出木材中的物质、能量、信息三者之间相互依存所组成的三者合一的木材整体。这就是说同一信息可以从不同角度来挖掘其自然、技术、经济、社会等不同层次的知识。正因为地理信息的使用非但不会消耗，不会损失，而且其价值还越来越高，所以又派生出地理信息可共享性的特点。

可共享性是指地理信息作为一种财产或资源，它可以重复使用而不会耗尽，可以由许多人共同使用而不具排他性，并且使用人越多所产生的经济价值就越高。地理信息的可共享性是从自然属性上说的。至于法律上所说的作为国家机密、商业秘密、个人隐私等方面的信息是分别属于国家、商业部门、个人的财产，则是属于特定权利的保护问题。

当今地理信息数据已成为合成、获得地理知识最重要的基础材料，这是由于地理信息数据正实现网络化。使每一个人均可从网络上检索和下载世界其他地方的地理信息数据，使地理知识的获取变得十分方便。过去人们常说知识在于积累，而现在正转变成知识在于检索。只要打开任何一台互联网的计算机，就可以任意检索所有的信息、知识，并下载其所需要的知识（当然还存在着知识产权保护和保密等法律问题）。因此，网络成为每一个人甚至是国家财富之源。信息、知识的获取变得十分方便，这样就使信息社会成为社会信息化、社会知识化。在社会信息化、社会知识化的过程中又派生出一个设计目标化来，这就是说只要你想得到并且是合理的，也就可以做得到。因而可借助于网络化来检索地理信息资源，通过虚拟现实技术来调整、修正、检验，并使你这个合理的想法迅速变为具有可操作、可实施的理想方案。在社会知识化和设计目标化的社会中，知识的创新、财富的增值、信息转化为物质生产力变得越来越容易，社会的物质生活和精神生活也将变得越来越丰富。

2. 地理信息的经济属性

地理信息数据具有价值与使用价值，即有用性这个资源学属性，从而使其有可能成为商品。地理信息通过地理信息技术的调控、加工、处理并满足安全性以后就是财产，当这种财产进入流通领域满足供求双方各自的需要，就成为现实中的商品。

1) 商品经济运转的一般规律

任何科学都是研究特定系统内部相互作用力的平衡。商品经济学也没有例外，它是研究资源的稀缺性与需求的差异性在生产、流通、消费和还原等环节上的对立、转化与统一的一般规律，以及如何运用这个规律来实现对其调控的基本方法。

（1）市场价值规律：商品经济追求的目标是利润极大化，即遵循市场价值规律。但在商品的生产、流通和消费的各个环节上表现方式并不相同。商品生产者追求产出极大，方法是通过降低生产成本、技术革新等来提高劳动生产率和减少产品的积压等方式来实现。商品经营者追求利润极大化是通过拓宽市场、加速商品的周转率和提高价格等方法来实现。可见商品生产者和经营者追求利润最大。商品消费者追求的是支出极小或满足极大，并通过购买价廉物美和高档新奇商品来实现。虽然三者追求目标一致，但具体利润分配则可能是对立矛盾的。商品经济对立各方将如何转化和统一，这就是市场经济存在的基本规律。在商品经济系统中，生产是起点，消费是终点和目的。正是由于消费的存在才启动系统中各个要素的运转，才形成以生产地指向消费地的一种作用力，即引力，也是人们常说的消费是市场发展的动力。为了使有限的资源能满足人们的不同需求，也为了使生产出来的产品能得到充分的消费，避免积压或浪费，微观经济学就要研究这两者的平衡。在物质产业中要使商品经济系统实现平衡，流通起着重要的作用。因为只有通过流通这个环节，生产者制造出来的产品才能到达消费者手中，供需平衡才能实现。供需平衡的过程是生产者、经营者和消费者之间利润的协调和平衡过程，或者说还是市场价值规律在起作用。

（2）国家对商品经济调控的一般原则：各国对商品经济调控历来都存在着两种基本原则，或者是这两种原则的混合应用。这两个原则是市场经济调节与国家宏观调控原则。

要使商品经济系统中的生产、流通、消费等各个环节都处于平衡状态，就要使生产者生产的产品通过流通手段均衡地、及时地送到消费者手中。在消费需求力的作用下，商品经过一定期间的流通过程，最后将会实现该系统的平衡。此时商品将会在空间上实现最佳排列（即生产者生产的商品正好为各地消费者所购买），这就是市场经济调节原则，经济学家称其为一种看不见的手在调控。市场经济调节原则是通过自由竞争来实现的，商品的自由竞争可以使生产者、流通者和消费者所组成的系统加速达到平衡的过程，并促使商品系统向更高层次的平衡阶段发展。正当的竞争从理论上说是使商品系统成为一个开放系统并不断向系统输入负熵，故可以促进系统进化。

宏观调控原则是指国家通过行政、法律、经济等各种手段对商品经济生产、流通和消费过程进行干预，以便使商品系统迅速达到平衡（不管计划经济，还是市场经济，都需要宏观调控，故宏观是对微观而言的）。为此国家宏观经济调控政策，就必须是在认识了商品系统运转规律的基础上作出的。如果尚未认识到商品经济的运转规律，就要作出所谓宏观经济调控，就可能是瞎指挥而达不到加速商品系统的平衡过程，在这种情况下还不如按市场经济自由调节为好。

2）地理信息具有商品经济的一般特征

地理信息数据具有商品经济的一般特征，也必须遵循商品经济运转的基本规律。

（1）作为商品的地理信息的生产：一般商品的生产者都要投入设备、技术、原材料、资本和劳力，才能生产制造出产品向市场出售，地理信息数据的生产者也没有例外。其技术设备是：航天航空遥感技术及相应的地理信息系统技术和设备；卫星像片、航空像片等地理信息是主要的原材料，当然还有地质地貌、气象气候、土壤、植被及相关的社会经济等调查资料。地理信息工作者通过对这些原材料的加工处理，并通过输入、编辑、存储等各道工序，转换成计算机可以识别的数字；这些信息数据均可在计算机中存储、查询、检索及操作运算，进行空间上的分析和时间上的预测预报，及相关的数据显示、传输、成果输出，还可以对数据进行删除、修改和更新。可见，地理信息数据是地理信息工作者付出大量的智力劳动的产品，生产这些产品不仅需要付出巨大的资本代价，并且作为高新技术产品的地理信息数据就具有并比一般商品有更高的价值特性。

（2）作为商品的地理信息数据产品：一般商品是指用来作为交易的产品。传统的物质商品是物品，但现代意义上的商品一般均有不同程度的包装，用于包装物的价格有些甚至比实际使用商品的价值更高。作为地理信息数据商品的产品是数据及其对该数据进行某种层次加工的系列产品和软件，不论是数据或软件均需依靠某种物质载体来存储、显示。传统的载体主要是纸张，现代高新技术条件下的载体主要是光盘、磁盘、网络、多媒体等。因此，作为地理信息数据商品的产品则必须包括数据及其相关的物质载体的集合。从某种意义上说，数据的物质载体可看作是数据作为商品的包装。由于地理信息数据离不开物质载体，所以数据、软件及其物质载体是地理信息商品的统一整体。

（3）作为商品的地理信息数据的交易：一般商品的交易是一手交钱一手交货即完成一次买卖。对作为房屋、土地等不动产的交易，则需要通过一定的法律程序，如价格评估、签订合同、登记发证才算完成一宗买卖，其产权才能受到法律所保护。作为高新技术成果的地理信息数据商品中的软件，按《计算机软件保护条例》、《计算机软件著作权登记办法》的规定，也要进行登记。对于其他地理数据的交易法律并未给予明确规定，当事人可按市场交易规则协商进行。作为互联网上的地理数据，则凡是在网上公开的均可自由交易，甚至有部分数据还可无偿下载，比一般商品的一手交钱一手交货还更为方便。

3. 地理信息数据、信息技术具有社会公共功能特征

在信息社会中，地理信息数据和信息技术作为信息社会的主要财产形式，也具有一般社会中公共功能的公益性、基础性和协调性，又具有信息社会中公共功能全球性的新特征。

1）具有社会公共功能的一般特征

地理信息数据和信息技术具有公益性、基础性和可协调性等特征，只是这些特征比以往社会中的重要性更为突出或功能更为强大。首先是公益性、基础性的范围已大大地扩大了，以至于把全世界绝大多数人的利益联系在一起。其次公益性、基础性的设施建设已成为全社会重要的共同财产形式，它将为社会向世界大同或共产主义过渡提供了必要的物质上和精神上的基础保证。再者地理信息数据和信息技术的可调控性在社会公共功能中的重要性也更突出了。由于建设信息高速公路、地理数据基础设施等高新技术所需投入的费用是如此之巨大，那么把这些费用平均摊在每一个用户身上，其结果只有富人才能使用网络技术，而穷人只能望洋兴叹！即完全由市场经济规律来决定，穷人是无钱可上网，也就失了获得信息、知识的机会。在网络时代，网络即是财富，穷人失去上网的机会就意味着失去知识和财富。所以完全按市场规律来运作，就可能使贫富差距也按指数率发展，又将使社会的稳定平衡失去基础。为此作为公共功能的信息高速公路、地理数据基础设施的使用，必须要有一套相应的政策和法律来协调。政策、法律的一个基本原则就是要确保能为全社会成员进行普遍性服务，包括穷人在内，只要他愿意上网都应该千方百计地予以保证，防止信息社会中出现操纵者和被操纵者。在网络技术面前应该人人平等，这应是地理信息共享立法的一个重要原则。

2）地理信息技术使地理信息的公共功能具有全球性的新特征

通过地理数据基础设施和信息高速公路等地理信息技术，可以实现地理空间和时间的压缩。从另一个角度说是使人们的活动空间可以扩大到全世界任何一个地方，活动时间可以实现古往今来（通过虚拟现实技术）；也由于地理信息、知识的可共享性，从而可使地理信息数据和信息技术可以成为全球的共同财产。地理信息数据和信息技术的社会公共功能具有全球化这个新特点，是以往任何社会所没有的，它的意义也远远超过数据与技术本身。仅从法律上来说，这种全球性特征将使法律的统治功能不断缩小，而使其社会公共功能将不断扩大，从而创造条件使法律的社会公共功能将完全取代法律的统治功能。这就是科学技术向产业经济的发展，产业经济又引发社会的不断变革，从而推进社会向更高级、更美好的阶段前进。在如此循环往复的过程中，法律的社会公共功能将发挥其不可替代的作用。

二、地理信息资源分类体系

1. 地理信息资源分类原则与标准

分类是认识事物最基本的方法之一。分类包括合并，是归纳法的具体应用。对地理信息资源分类研究的核心，是如何选用合适的分类标准或原则。分类的最高原则，应能反映广义地理信息系统是一个由多个要素组成的具有多个层次的复杂网络结构。而分类的一般原则必须遵守层次原则、穷尽性原则和排他性原则。

层次性原则，是指任何系统都具有层次等级，都存在着系统与要素之分；可根据其共同性原则把较小的类（要素）合并为较大的类（系统），或按差异性原则把较大的系统划分为较小的要素，从而建立它们之间的从属关系。其具体的操作过程是从大到小，由上而下，先一般后特殊。遵守这种从属关系逐层进行划分，从而组成一个既有纵向从属关系，又有横向协调补充关系的和谐统一整体。在这个统一整体中，作为低层次的系统则同时又是高层次的组成要素。例如，作为低层次的自然地理信息系统，也是高层次的地理信息系统的组成要素；而作为更低层次的气象气候信息系统，又是自然地理信息系统的组成要素。

穷尽性原则，是指高层次系统概念中的所有具体适用标准都必须毫无遗漏地归入该概念的外延范围，或者说这个分类系统中的各个要素都必须同样适用同一标准。这个原则要求分类必须穷尽，避免过宽或过窄。

排他性原则，是指概念中的外延的适用范围必须是相互排斥的、互不相容的；或者说一个适用标准不能同时归入两个低层次的要素概念中。这就要求一个分类只能根据一个标准，如果采用两个标准，就可能出现低层次概念的交叉。

按上述三个具体原则，可选用不同标准（每一个分类只能适用一个标准）来对地理信息资源进行分类；因所选用的分类标准不同，就可组成不同的分类体系。

2. 地理信息资源的若干分类体系

地理信息数据，可根据地理信息资源的结构要素、数据加工过程的层次、数据来源、数据载体、数据管理水平和数据集成水平等为标准，来对地理信息数据进行分类，从而建立各种不同的分类体系。下面举几种常见的分类体系。

1) 根据地理信息资源的组成要素为标准的分类

按组成要素为标准，地理数据可分为四大类：

(1) 自然地理信息资源：包括地质矿藏、地形景观、陆地水文、海洋水文、气象气候、植被森林、物种、土壤、土地等信息资源。

(2) 有待整治利用的信息资源：包括环境保护、环境治理、减灾、防灾、救灾等信息。

(3) 经济地理信息资源：包括人口、工业、农业、能源、交通、通信、商业、金融等信息资源。

(4) 人文地理信息资源：包括政区、居民点、党、政、军、法、科、教、文、卫等信息资源。

2) 根据地理信息加工层次及其受某种经济规律制约的分类

可分为数据资源、数据产品和数据商品三大类。从加工层次上说，数据产品和数据商品并没有本质区别，流通过程中的产品就是商品。严格地说，新中国成立后的地理数据仅是产品，它是依靠行政权力进行生产、加工和利用；要使地理数据成为商品必须接受商品经济规律的制约，对我国来说尚需一个过程。

(1) 地理信息数据资源：地理信息数据资源是地理数据的源泉，它是指原始采集和稍经试验性处理的数据。其采集、处理工艺和记录的结构、格式大多是由生产者或其服务单位自行设计的。因而，外单位人员，即使是同行，也未必能透彻地理解其数据资源的含义。

(2) 地理信息数据产品：地理信息数据资源经过一系列的加工处理后就成为数据产品。数据资源的加工处理内容和过程包括标准化处理、产品包装处理以及保密保护的技术处理等；经加工处理后的地理数据产品必须符合如下条件：

• 地理数据产品应当符合标准化要求，其中包括有统一的分类和编码系统，有统一的数据格式或能提供转换接口，具有灵活使用的数据结构，有统一的管理和使用属性指标，有统一的本征属性指标。

• 地理信息数据产品应置备元数据，并且元数据必须标准化。

• 地理信息数据产品必须按统一工艺流程开发，包括有标准的数据采集及编辑工艺，有统一标准质量和一致性的检验规程。

• 地理信息数据产品要有标准的外包装。

• 在相关行业中具有巨大作用。

（3）地理信息数据商品：地理信息数据商品是指获准进入市场流通的数据产品。要成为数据商品也必须符合下列条件：

• 地理数据商品首先是地理数据产品。

• 地理数据商品的分发，流通是以市场方式进行运作，受市场价值规律的制约。

• 地理数据商品应具备明码标价，价格要考虑开发成本、税收、版权和利润等因素。

• 具有一切商品的必要条件，例如注明商标、生产日期、采用广告性包装等。

3）根据地理信息数据来源为标准的分类

根据数据来源可有如下类别：

（1）调查数据（人口普查、森林普查、土壤普查、土地详查等）。

（2）统计数据（年报、年鉴等）。

（3）观测记录（水文、气象、测绘和环境监测记录等）。

（4）实验记录（实验室数据）。

（5）遥感数据（卫星图像、航空像片等）。

（6）地图（地形图、专题图、工程图纸和其他图件等）。

（7）文字报告（调查分析报告、评价报告、设计报告、规划报告和研究报告等）。

（8）其他来源的地理信息数据。

4）根据地理信息数据的载体为标准的分类

按载体的分类如下：

（1）纸质地理信息数据。

（2）薄膜地理信息数据。

（3）磁带地理信息数据。

（4）磁盘地理信息数据。

（5）光盘地理信息数据。

（6）网络地理信息数据。

（7）其他载体地理信息数据。

5）根据对地理信息数据管理水平为标准的分类

根据管理水平的分类如下：

（1）零散数据项或记录。

（2）数据文件。

（3）数据文件集。

（4）数据库和信息系统。

（5）数据仓库。

（6）局域网数据集合。

（7）广域网数据集合。

（8）纳入全球互联网的数据集合。

（9）其他不同管理水平的地理信息非数字形式数据，包括零散报告、表格和图纸；专著和论文、表册和图集；资料室非数字形式数据集合、图书馆非数字形式数据集合和档案馆非数字形式数据集合等。

第五节　地理信息共享的支撑条件

地理信息共享的三个结构要素中，地理信息资源是共享的客体或对象，即共享的目的是为合理开发利用地理信息资源；信息技术是地理信息共享的技术支撑，它使传统的文字、地图共享，发展到当前的网络信息共享；而信息规则中的信息标准是实现地理信息共享的前提条件，管理规则是共享达到优化、高效的保证。

一、信息标准是地理信息共享的前提条件

1. 地理信息共享标准与标准化的概念

1）地理信息标准的含义

从地理信息共享的本源出发，并考虑到技术的发展，本书给地理信息标准所下的定义是：人们通过某种约定或者统一规定而在一定范围内，来协调人们之间对于地理信息有关的事物和概念的认识与利用的抽象表述系统。这个定义包含如下的含义：

（1）地理信息标准是一种对事物和概念进行抽象表示或替代的系统。例如，图像标准 GB/T17695—1999 中的地图通用公共信息图形符号（通用符号），用 52 个模拟图形符号来表示各类城市交通旅游图和旅行手册等信息载体；国土基础信息数据分类与编码国家标准 GB/T13923—1992 的国土基础信息数据分类与编码，就用 7 位数字来抽象表示 9 个一级类、42 个二级类、300 个三级类和 240 个四级类所组成的国土基础数据分类体系。不论是抽象的模拟符号还是抽象的数字都是客观事物的替代。由于客观世界是一个无限多层次、等级，又密切联系不可分割的统一整体，所以地理信息标准就必须反映客观世界的这种系统关系的真实存在，标准是一个系统。

（2）地理信息标准是人们之间通过约定或统一规定来表述客观世界。由于地理信息标准是对地理客体的模拟、抽象和简化过程，最后使标准离开它所反映的地理实体就越来越远。例如，数字编码标准就与客观事物之间已经没有任何的相似之处。为统一人们对事物和概念的认识及利用，就必须通过约定或规定，才能使地理信息实现共享，所以标准的本质属性是统一；而要做到统一，就要在制定时有一套统一的格式和工作程序。

（3）地理信息标准在什么范围内规定就可在什么范围内共享。标准规定的范围就是其适用或共享的范围；并且适用范围越大，其共享的价值也就越高。因此，地理信息标准就有企业标准、地方标准、行业标准、国家标准和国际标准之分。对于约定范围以外的人来说，就可能是一种广义上的暗号和密码。当然密码是指当事人通过严格程序进行的约定，当事人以外的人是无从得知的。为对信息进行保密，密码的编制也是绝对必要的。

（4）制定地理信息标准的目的是统一人们对事物和概念的认识或调整人们的行为的特定准则。对于像文学艺术之类的约定是不明确和不严格的，可以为人们的想像留下广阔的空间。但对于地理信息标准的规定，必须是明确和严格的，因此在标准规定的范围内就具有约束力。当前的地理信息标准存在着推荐性标准与强制性标准之分，对于强制性标准就具有法律效力，即不执行标准的行为，将给予相应的法律制裁。

2）地理信息标准化的含义

地理信息标准强调的是标准的制定，而标准化不仅强调标准的制定，而且还强调所制定的标准要为人们所贯彻执行。在当前的信息社会中往往是信息化与标准化相提并论，即强调信息标准是全社会的一种共同的活动或过程。1986 年国家计委和国家标准局就把标准化界定为"在经济、技术、科学及管理等社会实践中制定并贯彻统一的标准，以求获得最佳的社会秩序和社会效益的活动。"1996 年我国颁布的国家标准中对标准化的定义是："为在一定范围内获得最佳的秩序、对实际的或者潜在的问题制定共同的和重复使用的规则的活动（活动主要是指制定、发布及实施过程）"。而 2001 年国家基础地理信息中心给标准化界定为："是在经济、技术、科学及管理等社会实践中，对重复性事物和概念通过制定、发布和实施标准，达到统一、化简、协调和选优，以获得最佳秩序和社会效益的过程"。可见地理信息标准化是指对地理信息标准的制定和实施的整个过程或全部活动，这种过程或活动是一个不断循环、提升的过程。从概念上来说，地理信息标准是属于地理信息标准化的范畴。地理信息标准是标准化活动的产物，标准化的目的和作用都是要通过制定和贯彻标准来实现的。故《标准化法》第三条第一款规定："标准化工作的任务是制定标准、组织实施标准和对标准的实施进行监督"。

当前，地理信息标准化是实现国家信息化的前提条件之一，信息化的各项建设工程，应该坚持和国际标准接轨，贯彻国家标准、行业标准，研制地方实用性标准和标准体系，以推进国家信息化应用工程立项、监督、验收过程及重要信息技术产品的标准能符合一致性测试，促进信息化实现高效率、高质量和高水平建设的标准技术服务过程。

2. 地理信息共享标准制定必须考虑的若干基本理论

标准与法规的共同点都是一种约定或规定，而区别是法规具有统治功能，但标准却不具有阶级性。更具体地说，根据国家标准化的规定，国家标准分为强制性的标准（代号为 GB）和推荐性国家标准（代号为 GB/B）。地理信息标准同样分为强制性标准和推荐性标准两类。强制性标准一经国家标准化机构批准、发布后就具有法律效力，即地理信息标准是人们共享的行为标准，所以国家批准发布的强制性地理信息标准也是国家法律体系的重要组成部分，违背标准所规定的行为也要受到国家强制力的制裁，这也是标准与法规共同具有的特点。然而，地理信息共享标准与法规仍有明显的区别，是两个不同的概念，切莫相互混淆。仅就具有法律性质的这部分强制性标准来说，也与法律规范有完全不同性质。因为法律规范规定人们应该怎么做，不能怎么做，有权怎么做；而标准则规定人们要按照什么样子来做，即规定人们的行为要有某种尺度。此外在适用时，法律规范是国家司法、执法机关适用法律时的法律依据；尽管国家批准发强制性标准具有法律效力，但标准这个法律效力的表现形式却不同，即地理信息共享标准是国家司法、执法机关适用法律时的事实依据。这就是说，标准的行为是合法还是违法，或者是衡量人们出示的证据是法定证据还是非法定证据的具体尺度的事实依据。我国的司法准则，是以事实为依据、以法律为准绳，所以执法机构和法院在审理或裁处案件时，是根据事实依据、法律依据和程序依据。标准就是司法准则中所说的事实依据、法律规范，是司法准则中所说的法律准绳。两者的最大区别在于前者是事物概念的替代，是衡量人们行为的尺度。从标准的形成和发展历史来看，地理信息共享标准具有若干基本理论。

1) 反映客观规律理论

地理信息共享标准既然是地球上万事万物的替代，那么要使标准能真正替代事物、概念就必须使标准与事物、概念一一对应。这样标准及标准体系就必须能如实反映地球及其事物的形成、发展、分布及其相互关系的规律。实际上作为事物、概念替代的标准或符号，在地理信息系统中是以虚的符号来替代真实的事物、概念而进行实际操作的，并且人们操作的前提也确认这些符号与事物、概念是一一对应的。但是作为符号的标准都是抽象的，就很难与具体事物、事件一一对应；即使是模拟符号也与实际事物有差距，这就是误差的根源。我们的理性思维又都建立在这种带有误差、偏见的基础上，这就很难与真实世界一一对应。除了认识论与本体论之间的差异，还存在着思维方式的问题。例如，真实世界是一个有机整体，但作为其替代的符号，更完整地说科学是被分割成一个个相互独立的学科，本身就是对真实世界的歪曲，也是使虚的符号难以与真实事物一一对应的根源。这就需要对这个理论的应用进行深入的研究，为此在制定地理信息共享标准时，首先要确定的第一个原则，就是要考虑如何才能使标准符号与真实事物、概念一一对应的问题。特别必须建立地理信息共享标准及其标准体系是一个有机整体，它必须反映真实地球系统这个既有多个层级又有密切联系的基本原理。

按照地理信息共享标准反映地球客观规律理论所制定的标准，就是所谓标准取法自然，在地理信息共享标准中占有很大的比例。例如，我国制定的地理信息分类与编码等一系列标准，都是这个理论的体现；它也是地理信息共享标准能够实现制定全球统一标准的理论依据。

2) 反映风俗习惯的人为约定理论

从标准的产生和发展历史进程来看，许多标准都同人们的居住环境有关。这是由于地球上的自然环境及由此产生的风俗习惯是复杂多样的。因此，这类标准在各地就有较大的区别，即这类标准属于人为约定的，其区域性强。然而，这类标准是在长期的历史发展中形成的，已经同一个民族、国家的文化、生活融合在一起，因此也是一个不可忽视的理论。对我国地理信息共享标准的制定来说，就是应努力体现和发扬东方古代文化的优良传统，从而构建具有我国特色的地理信息共享标准与标准体系。

3）抽象、简化理论

地理信息共享标准，是通过对地球上客观存在的事物不断抽象、简化过程，来达到与真实事物、概念的一一对应。因此，抽象、简化是标准制定的一种基本方法，它在地理信息共享标准的形成、发展过程中发挥了极其重要的作用。例如，作为传统共享方式的我国汉字、地图等标准的形成、发展就是例证。当前地理信息共享标准中的模拟标准，在标准体系中的地位与作用已经大大削弱了，但不能说抽象、简化理论在地理信息共享标准的制定中已经丧失其作用。实际上客观存在的万事万物及其相互关系是激发人们灵感的重要来源，地理信息共享标准及其体系的制定依然可以从中吸取许多有益的内容。其次，作为标准符号都是真实事物的抽象、简化，包括数字化标准也还是事物和概念的替代。如何使抽象的标准符号能替代真实的事物，依然是我们必须研究的首要问题。再次，简化始终是地理信息共享标准和标准体系必须考虑的基本理论。例如，具有同种功能的标准化对象，当其多样性的发展规模超出了必要的范围时，就应消除其中多余的、可替代的和低功能的环节，以保持其标准和标准体系的精炼、合理，使其总体功能最佳。当然简化也必须把握必要性和合理性两个界限，即只有当多样性的发展规模超出了必要的范围时，才允许简化。所谓必要的范围，是通过对象的品种、规格的数量等发展规模与客观实际的需要程度相比较而确定的；而合理性的界限，是通过简化应达到总体功能最佳的目标。总体功能最佳，是衡量简化是否精炼和合理的惟一标准。

4）协商统一理论

取法自然的地理信息共享标准的制定，由于上面所说人们的认识论与本体论之间存在不少差距；而人为约定的标准，除认识上的差异外，还存在更多的主观差异。因此，地理信息共享标准的制定过程，就是一个不断协商、妥协，并取得相对统一的过程；而统一的基本原理是指一定时期、一定条件下，对标准化对象的形式、功能或其他技术特性所确定的一致性，应与被取代的事物功能等效。协调的基本原理，是在标准系统中只有当各个标准之间的功能彼此协调时，才能实现整体系统的功能最佳。

协商统一的目的，就是使地理信息共享标准可以达到优化。优化是按照特定的目标，在一定的限制条件下对标准系统的构成因素及其关系进行选择、设计或调整，使之达到最理想的效果。

5）不断修订以保持先进性理论

地理信息共享标准的制定，不能一劳永逸。这是由于人们认识事物本质属性的能力是随历史的进程，特别是科学技术的不断进步而不断提高的。为使地理信息共享标准能与真实存在的事物、概念不断接近，就必须随着人们认识水平和科技发展水平的提高，对一些不能适应实践需要的标准重新修订，以保持标准的先进性。为此，《标准法》和《国家标准管理办法》都明确规定："标准实施后，制定标准的部门应当根据科学技术的发展和经济建设的需要适时进行复审，以确认现行标准继续有效或者予以修订、废止"；"标准复审周期一般不超过 5 年。"

3. 我国地理信息共享标准的研究与制定

早在 20 世纪 80 年代初期，我国刚刚开始研究和发展地理信息系统（当时称为资源与环境信息系统）时就吸取国外一些国家忽视标准化的严重教训，始终将地理信息的标准化和规范化作为 GIS 发展的重要组成部分，经过几个五年国家科技攻关研究和各部门在地理信息标准化方面做了大量工作，已经取得了一定的进展。不仅提出了大量标准研究报告和标准方案，而且已经发布实施许多国家标准。还有一些已经制定但尚未评审和发布的国家标准及行业标准等，如全国河流名称代码、中国山脉山峰名称代码等。目前正在积极研制的有地理信息元数据、地理信息数据质量控制、地理信息分类编码体系，计划研制的有一致性与测试等。以下介绍与地理信息共享关系特别密切的已经发布或正在制定的几个地理信息国家标准：

1）地理信息分类编码体系

地理信息内容极其丰富，涉及资源、环境、灾害、经济与社会诸多方面。就其中某一类信息而言，有的已经制定了该类信息的数据分类与代码国家标准或行业标准，有的正在或准备制定分类代码标准。它们是相互独立、互不关联的。各种地理信息按照这些分类编码国家标准或行业标准采集、更新、使用信息的工作也已经延续多年，形成了较为固定的分类习惯。为保证这些信息的持续采集与更新，同时也便于地理信息交换与共享，需要尽快制定地理信息分类编码体系框架。

该标准在更高的层次上，本着科学性、系统性、可延性、兼容性和综合实用性的分类原则，在基础地理信息和各种专题信息本身已经或将要制定的分类编码的基础上，在更高级别上研究制定所有地理信息的总体分类体系框架及其编码方案，规定各专业类别的代码，以便在数据交换的过程中和交换后的应用分析中，能够容易地区分和识别各种不同种类的信息，而不会产生矛盾和混淆。

2）基础地理信息数据分类与代码

国土基础信息数据分类与编码（国家标准 GB13923—1992）规定了比例尺1：5 000 至 1：100 万国家基础地理信息数据分类与代码，用以标识数字形式的国家基础地理信息，保证其存储及交换的一致性，适用于国家基础地理信息系统 1：5 000 至 1：100 万地形数据库数据采集、存储、检索、分析、输出及交换，适用于各种类型专题地理信息系统的公共基础地理信息平台及在系统间交换基础地理信息。

由于基础地理信息是多级比例尺的，不同比例尺的主要差异表现为数据内容繁简不一，但相同要素在不同比例尺数据库中的分类代码均保持一致，即均从国土基础信息数据分类与编码国家标准中提取一个代码子集（Profile），并视需要根据该标准规定的扩展原则扩充个别要素的代码，形成各比例尺基础地理信息数据分类与代码实用标准。

国土基础信息数据分类将全部要素划分为 9 个一级类别，即测量控制点、水系、居民地、交通、管线与垣栅、境界、地形与土质、植被、其他，其中水系包含海洋要素，共有 42 个二级类、300 个三级类和 240 个四级类。分类代码由六位数字码组成，其第五位为属性分类，第六位为识别位，由用户自行定义，以便于扩充。一般为"0"。

该标准自 1992 年发布以来，已在许多系统和数据库中应用，并于 2001 年进行了修订。

3）中华人民共和国行政区划代码（国家标准 GB 2260—1999）

中华人民共和国行政区划代码惟一标识全国各省、地、县三级行政区域。用于存储和查询行政区划有关的图形数据或属性数据，如省、地、县三级行政区域多边形，省、地、县政府驻地等图形要素，以省、地、县为单元的各种专题统计数据等。

行政区划代码为 6 位数字码，其中前两位是省代码，中间两位是地区代码，最后两位是县代码。

行政区划代码应用十分广泛，它也是专题统计数据与图形要素数据关联的重要接口码，是地理信息共享必不可少的标准。

由于我国行政区划变动频繁，该标准每两年更新一版，应该注意使用最新版本。

4）全国河流名称代码（送审稿）

该标准规定了全国主要河流名称的标识代码，用于标识以数字形式表示的河流信息，以保证这些河流数据在各种信息系统中采集、存储、检索、交换的一致性、惟一性。该标准对于建立和发展我国各级、各种类型的空间或非空间信息系统，实现地理信息共享具有重要意义。

5）国家干线公路名称和编号（国家标准 GB917.2—1989）

该标准规定了全国国家干线公路名称和编号，用于惟一标识每条国道，以保证国道数据在各种信息系统中采集、存储、检索、交换的一致性、惟一性。该标准对于建立和发展我国各级、各种类型的空间或非空间信息系统，特别是与交通关系密切的系统，实现地理信息共享具有重要意义。

国家干线公路（简称国道）名称和编号采用 6 位字符数字混合码。第 1 位为字符"G"，是汉语拼音"国道"的首字母，表示道路等级；第 2 位数字，说明道路的主要延伸方向，"1"表示以首都为中心的放射线，"2"表示由北向南的纵线，"3"表示由东向西的横线；第 3、4 位为各个方向道路的序号；最后两位数字，等同于国家标准中华人民共和国行政区划代码中心用于表示省级行政区划的前两位数字，用来说明各条国道在各省（自治区、直辖市）区域范围内延伸的路段。

6）地理信息基本名词术语

为了规范和统一地理信息共享中涉及到的地理信息基本名词术语，需要在广泛收集术语资料的基础上，编纂《地理信息基本名词术语》。目前可供参考的主要资料有《地理信息技术基本术语》（GB/T17694—1999）、《城市地理信息标准化指南》、《地图学术语》（GB/T16820—1997）、《测绘基本术语》（GB/T14911—1994）、《摄影测量与遥感术语》（GB/T14950—1994）、《地理学词典》、《测绘学词典》、*Geographic Information-Termnology*（ISO/TC211 19104CD）、*GIS Dictionary*（By the Association for Geographic Information and the University of Edinburgh Department of Geography）、*Dic-*

tionary of Abbreviations and Acronyms in Geographic Information Systems，*Cartog-raphy*，*and Remote Sensing*（By Philip Hoehn and Mary Lynette Larsgaard. Designed by John Creaser June 2000 Version）等。

国家科学技术名词术语审定委员会还组织专家编制完成中英文对照地理信息基本名词术语。

7）地理信息元数据标准

地理信息元数据标准是地理信息共享最为重要的标准之一。该标准规定地理信息元数据的内容，包括数据的标识、内容、质量、状况及其他有关特征，可用于对各种地理信息数据集的全面描述、数据集编目及信息交换网络服务。实施对象可以是数据集、数据集系列、要素实体及属性。

元数据是关于数据的数据。该标准规定元数据内容由三种成分构成：元数据子集、元数据实体和元数据元素。元数据元素是元数据的最基本的信息单元，元数据实体是同类元数据元素的整合，元数据子集是相互关联的元数据实体和元素的集合。在同一个子集中实体可以有两类，即简单实体和复合实体；简单实体只包含元素，复合实体既包含简单实体又包含元素，同时复合实体与简单实体及构成这两种实体的元素之间具有继承关系。

该标准定义三种性质的元数据子集、实体和元素：

（1）必选（Mandatory，M）：元数据的核心内容，适用于各种被描述对象，是元数据文件必须包含的子集、实体或元素。

（2）一定条件下必选（Conditional，C）：针对不同的被描述对象特征，在满足一定条件时，元数据文件所必须提供的子集、实体或元素。

（3）可选（Optional，O）：该子集、实体或元素是可选的，由用户决定是否将其包含在元数据文件中。

地理信息元数据标准内容分为两个层次：一级元数据和二级元数据。一级元数据是惟一标识一个数据集（数据集、数据集系列、要素和属性）所需要的最少的元数据实体和元素。任何数据集（数据集、数据集系列、要素和属性）一般都应有一级元数据，其内容主要包含一级元数据中性质为必选和条件必选（如果具有该条件特征的话）的实体和元素。一级元数据有100多个元数据实体和元素，这一等级的元数据实体和元素具有通用性，是对各种数据集的总体的、概括的说明。

二级元数据，是建立完整数据集（数据集、数据集系列、要素和属性）文档所需要的全部元数据实体和元素。二级元数据内容有400多个元数据实体和元素。在确定数据集的元数据具体内容时，除元数据实体或元素特征为必选的必须包含外，要根据数据集的具体情况决定是否应包含性质为条件必选的元数据实体或元素，同时决定选择哪些性质为可选的元数据实体或元素。二级元数据的主要子集有：元数据实体集信息、标识信息（包括数据和服务标识）、限制信息（包括法律和安全）、数据质量信息、维护信息、空间表示信息（包括栅格和矢量表示）、参照系统信息（包括时间、坐标和地理标识）、内容信息（包括要素分类和 Coverage 说明）、符号（Portrayal）分类信息、分发信息、元数据扩展信息、应用模式信息、数据类型信息、覆盖范围信息、引用和负责单位信息。

上述各部分的详细内容在元数据字典中说明，同时各元素的取值范围、代码表如职责代码、数据集使用限制分类代码、数据集现状代码、数据空间表示类型代码、参照系统名称代码等在标准中都做了详细规定。

我国地理信息元数据国家标准已经获得国家质量技术监督局批准立项制定。

8）地理信息数据字典

数据字典是数据及数据库的详细说明，它以数据库中数据基本单元为单位，按一定顺序排列，对其内容作详细说明。数据字典可用于数据库数据的查询、识别与相互参考。数据字典内容涉及各类地理信息的定义及说明，用于数据管理、数据维护、数据共享、数据分发服务等。

数据字典与元数据有相似之处，但也有不同。元数据提供地理信息数据标识、内容、质量、状况及其他有关特征的描述，数据字典虽然也具有对信息的说明性，但其更侧重对信息的定义与诠释，两者各有侧重。在某些条件下，数据字典是元数据全集的一部分。

中国地理信息数据字典涉及的数据类型，包括矢量数据、统计（属性）数据库数据、栅格数据、影像数据、文本数据、音频数据和视频数据等。

9）地理信息数据质量控制

数据质量问题，是关系到共享信息能否有效应用的重要问题。该标准描述地理数据质量的原理和建立有关数据质量的模型，定义数据质量元素，并提供数字形式地理数据集质量的评价过程框图，将数据质量评价结果报告作为元数据中数据质量信息的一部分。

确定数据质量评价指标和方法的难点，在于数据质量的含义、内容、分类、分级、质量的评价指标等。不同类型地理数据（如矢量数据、栅格数据、影像数据、属性数据等）评价方法不同，不同专题对数据质量的要求也有很大差异，很难用统一的指标和方法进行评价，需要进行比较多的探索和试验研究。

就一般而言，数据质量用数据质量元素来描述。数据质量元素分为两类：数据质量的定量元素和数据质量的非定量元素。前者描述数据集满足预先设定的质量标准要求及指标的程度，提供定量的质量信息（表8.1）；后者提供综述性的、非定量的质量信息。

数据质量定量元素用定量的方法描述以下六个方面的内容：

- 完整性——描述要素、要素属性及要素关系存在或不存在。
- 逻辑一致性——描述数据结构（包括概念的、逻辑的或物理的数据结构）、要素属性和它们间的相互关系符合逻辑规则的程度。
- 位置精度——描述要素空间位置的精度。
- 时间精度——描述要素的时间属性和时间关系的精度。
- 专题(属性)精度——描述要素定量或非定量属性精度和要素属性分类正确性及它们间的相互关系。

表 8.1 数据质量精度及其含义

数据质量元素	数据质量子元素	含 义
完整性	多余	数据集中有多余的数据
	缺少	数据集中缺少应有的数据
逻辑一致性	概念一致性	符合统一概念模式规则
	值域一致性	同在界定的值域范围内
	格式一致性	数据存储与数据集物理结构、规定格式的一致性程度
	拓扑一致性	数据集逻辑特征和拓扑关系的正确性
位置精度	绝对精度	数据集坐标值与可接受的值或真值之间的接近程度
	相对精度	数据集中要素相关位置与各自对应的、可接受的相关位置或真值之间的接近程度
	格网数据位置精度	格网数据起始单元位置的值与可接受的值或真值之间的接近程度，分辨率大小
时间精度	时间的量测精度	数据集使用时间参照系统的正确性
	时间的一致性	时间序列的一致性
	时间的有效性	数据在时间上的有效性
专题（属性）精度	分类正确性	要素或属性相对于分类标准的一致性程度
	非定量属性的正确性	非定量属性描述的正确性
	定量属性的正确性	定量属性的精度

• 用户定义（数据质量元素或数据质量子元素）——描述由数据生产者确定的数据集质量。数据质量的非定量元素描述数据集非定量的质量内容，包括：

• 目的——描述生产数据集的原因和主要目的。

• 用途——描述数据集对于数据生产者和数据用户等的应用范围。

• 数据志——描述数据集的历史沿革，即数据集从获取、编辑到现状完整生命周期的有关描述。数据志包括两个独立的部分：数据源信息和数据处理步骤、重要处理事件（转换、维护）信息。

我国地理信息质量控制国家标准已经获得国家质量技术监督局批准立项制定。

10）地理信息数据转换模型

地理信息数据转换标准是对地理信息数据进行无语义损失转换的实用标准，该标准规定空间对象模型标准和具有实际应用意义的地理信息数据转换格式标准。在地理信息数据转换格式标准中依据空间对象模型标准，规定矢量、栅格和影像数据的交换格式标准。

保证语义无损失是地理信息数据转换标准的关键。空间数据的语义包含多个方面，其中最重要的是空间数据表达和空间数据间的关系。

上述这些标准多为基础性通用标准，适用于各种地理信息系统或数据库。在这些标准的实施中，需要针对某一个具体系统或数据库的目标和特征，从基础性标准中提取部分或全部内容，并进行必要的扩张，形成专用的技术标准。同样，为了实现我国地理信息共享，应在现有国家标准的基础上，根据共享的特性形成一套基于通用国家标准的、能满足地理信息共享需求的实用标准，逐步推出一套结构化的标准，解决地理信息共享标准滞后的问题。

二、地理信息共享管理是共享实现优化高效的保证

地理信息共享管理，是指管理部门为协调共享主体之间及共享主体与共享客体之间的关系而采取的一系列管理措施或管理办法。当前，我国地理信息共享是在海量数据、网络技术和社会主义制度下的商品经济前提下所进行的管理，并且当前飞速发展的信息技术又为地理信息数据资源的获取、传输、发布与使用提供了高效率的传播与交流的平台。因此，当前的地理信息共享管理已由传统的档案储存、查阅向网络提供服务与数据产品开发转变；而信息数据的传输与交流也向标准化、数字化、网络化方向转变。可见地理信息共享管理也必须向全社会实现全方位、多目标的共享服务职能转变，即在商品经济条件下，信息共享管理部门的最主要管理职能是为一切共享地理信息资源的单位和个人提供共享方面的服务，其管理目的是使地理信息资源得到合理开发利用，为全社会创造更多财产。这样管理部门必须依法行政，单位和个人需依法共享，即人们所说的商品经济就是法律经济。

因此，地理信息共享管理最核心任务是制定共享政策和法律，使共享的管理者和共享主体都有法可依。

1. 地理信息共享政策的制定和实施必须考虑的环境条件

由于地理信息共享政策是国家机关、政党及其他政治团体在特定时期为实现一定的政治经济目标而制定的某种行为准则，那么对我国地理信息共享政策的制定和实施来说，就必须考虑国家当前的政治经济形势及其信息技术上的可行性，即当前的地理信息共享是在计算机、通讯和网络技术，特别是互联网技术的支持下才出现的，故必须考虑信息技术环境。

1）社会主义民主法制的政治环境

《立法法》第一条就明确规定："为了规范立法活动，健全国家立法制度，建立和完善有中国特色的社会主义法律体系，保障和发展社会主义民主，推进依法治国，建设社会主义法制国家，根据宪法，制定本法。"这表明我国在制定任何政策和法律时，都必须考虑到我国是一个社会主义民主法制国家的政治环境条件。对于地理信息共享政策的制定与实施来说，社会主义民主法制的政治环境必须考虑如下的政策内容：

（1）必须保护公民参与各种政治活动的权利。诸如政府对地理信息基础设施建设的决策行为，国家对地理信息共享的各种规定，公民应有知情权、参与权、议论权等。

（2）必须明确规范政府在地理信息共享中的行政行为。其中包括明确规定政府在地理信息共享活动中必须依法行政，信息公开，决策听证，依法检查，收费透明等。例如，政府在地理信息基础设施的建设中，应起着主导和服务的作用，通过推进地理信息基础设施的建设，不仅为社会经济信息化创造基础条件，也使自身成为可以随时随地以

互联网迅速为企业和社会公众提供服务的电子政府。

（3）在地理信息共享活动中，确定国家宏观调控的政策。在充分发挥市场商品规律对地理信息资源优化配置的基础作用的同时，也应重视通过政策、法规、经济、行政、舆论等手段来实现对地理信息共享市场进行宏观调控。当然，国家的宏观调控主要是通过政策、法律来实现的，包括注意营造一个既可公平竞争又能协调发展的市场环境，而应尽量避免对市场的直接行政干预。

（4）管理政策上要考虑体制改革的问题。尽管我国《宪法》修正案规定要建立和完善，并加快推进民主法制的进程，但由于我国长期实施的是一个行政化的制度，行政权力渗透到社会的各个领域，严重地压抑着社会力量，特别是企业的生长和发育，已有充分的事实表明，政府或部门垄断是我国经济和技术发展的重大阻力[1]。这就是说，当前我国信息产业所实行的管理体制已经严重制约着我国信息产业的发展。为此，改革传统的金字塔式的管理体制，构建一个能适应于互联网技术条件下及市场经济发展需要的新型体制，已是当前体制改革的重要任务。这种新型的管理体制应如同互联网那样是一个具有平等关系及随时能互动反馈的网络结构式的体制，只有这种新型体制才能"保障和发展社会主义民主，推进依法治国"的进程，才能适应我国加入WTO后的新形势，才能不断激发人们对地理信息技术和地理信息产业的创新精神。

2）社会主义市场经济环境

1982年《中华人民共和国宪法》规定"国家在社会主义公有制基础上实行计划经济"。1988年《宪法》修正案修正为在坚持社会主义公有制的前提下增加了"国家允许私营经济在法律规定的范围内存在和发展，私营经济是社会主义公有制经济的补充。国家保护私营经济的合法的权利和利益，对私营经济实行引导、监督和管理"。1999年《宪法》修正案又进一步规定"在法律规定的范围内个体经济、私营经济等非公有制经济，是社会主义市场经济的重要组成部分"。这表明我国在财产权结构中已对私人财产权设定了开发经营权这个新权能，并把个体经济、私营经济等非公有制经济的作用进一步提高到作为市场经济的重要组成部分。同时还表明我国在制定任何政策、法律时，都必须考虑到《宪法》修正案所规定的我国实行社会主义市场经济的这个环境条件。对地理信息共享政策来说，社会主义的市场经济环境必须考虑如下的政策内容：

（1）地理信息产权必须实行多元化的政策。即地理信息产权多元化政策必须体现"个体经济、私营经济等非公有制经济，是社会主义市场经济的重要组成部分"的宪法规定。为此地理信息产权政策必须允许个人拥有地理信息产权，或者说信息作为财产应该如同其他财产，可以成为私有财产权的组成部分；政策应该允许个人、私营企业参与地理信息产业的开发经营，并成为发展地理信息产业中市场经济的重要组成部分。

（2）地理信息市场必须实行商业化运作的政策。我国解放后长期实行计划经济制度，市场上商品的流通是通过政府的行政行为来调控的。由于计划经济并不能反映商品经济本身的发展规律，这是影响我国当前经济发展的主要阻力。为此，我国1993年的《宪法》修正案就规定我国实行社会主义市场经济。当然我国的地理信息市场也应按照

1）刘吉等．千年警醒——信息化与知识经济．社会科学文献出版社．1998

《宪法》规定，实行社会主义市场经济，执行商业化运作政策。商业化运作政策的主要内容是地理信息市场及地理信息产业，必须坚持公平、公开竞争的政策，坚持等价交换、优质、优价，并兼顾各方利益。政府对地理信息产业和市场的宏观调控，也必须按照法律规定进行。

3）互联网络的技术环境

互联网络是指把全世界范围内的不同计算机平台通过各种传输技术，把它们连接起来形成一个统一的网络，人们把这种网络称为信息高速公路、电子空间、网络世界等。虽然名称不同，但都表达同样的内容，即通过连接技术把一个大批计算机连接起来相互交换或共享信息，使人们在全球范围内的交往可以消除时间和空间的阻碍，实现人们交往的瞬时化和可视化。

网络技术的广泛应用，就是社会经济全面实现信息化的过程。因为人们通过发展网络办公、电子政府、网络教育、网络医院、网络邮政，发展各种电子商务和网络社区的服务业，从而在社会经济的各个领域中全面实现经济产业信息化和社会生活信息化。可见，互联网技术将使整个社会经济发生根本变革。首先是互联网技术使包括地理信息技术在内的信息技术发展成为社会的支柱产业，使包括地理信息在内的信息真正转化为人们实际意义上的财产形式；即互联网技术不仅将改变人们的生产生活方式，也将改变人们的观念或意识形态。例如，人们对财产观念的改变，把信息提升为社会财产的主要形式。为此网络技术环境对地理信息共享政策的制定所提出的基本要求是，既要保护网络自由，又要保护网络信息所有人的财产权益。网络自由是互联网络技术的精髓所在，即全球所有人共同共享网络上所有公开信息资源，但又没有一个控制机构在进行统一管理；网络上每一个子系统都可以独立工作，而任何一个子系统出现故障都不会影响其他系统的正常工作。这是网络技术奥妙之处，因此不能把传统的行政管理模式带入网络技术。网络自由是激发人们进行信息技术创新，加快信息技术向信息产业转化的重要动力，因此保护网络自由，也是保护信息技术、保护信息社会。然而，对于任何事物来说都存在着两面性，对于网络自由也是这样，如果没有相应的政策或法律的约束，那么一部分人的网络自由必将构成对另一部分人的信息财产权和人身权的侵犯。当前，在网络空间中出现的大量犯罪行为，就要求国家制定健全、完善的信息安全的政策来保护地理信息产权人的合法权益。此外，网络技术及其信息基础设施的建设需要耗费大量资金，要求制定相应的集资、融资政策，包括电子商务在内的各种网络经济和网络社会服务业的发展也需要制定相应的发展政策和具体的行为规范。

2. 构建我国地理信息共享政策体系

1）我国地理信息共享的总目标及总政策

根据政策是"特定时期为实现一定的政治经济目标而制定的某种行为准则"的定义，地理信息共享总政策必须从当前国内外地理信息技术的现状及其对社会经济发展的作用和趋势的估量出发，来确定我国当前发展地理信息产业的总目标是发展我国地理信息技术和产业，全面实现我国地理信息共享和社会经济信息化。发展地理信息技术、产业，实现地理信息共享及国民经济信息化又存在着不同的发展模式。其中，从我国当前社会经济发展的可能性出发，并依据地理信息自身的规律性是较为合理的模式。我国社会经济发展的可能性是指政策制定必须考虑的环境条件，主要包括我国社会主义民主法制的政治环境、社会主义市场经济环境和互联网的技术环境。地理信息自身的规律性，是指地理信息的资源性、商品性和基础公益性特征。在制定地理信息共享政策时，这三种属性既有一致性，也有相互矛盾性。这就需要在基本政策与具体政策中加以协调。为实现地理信息共享政策的总目标，需制定地理信息的市场经济和为全社会普遍服务的总政策或一级政策（严格地说，总目标才是总政策，这里的总政策其实是一级政策，基本政策是二级政策，具体政策是三级政策）。其中，地理信息的资源性既是地理信息市场经济政策又是全社会普遍服务政策制定的依据，即资源性同这两个一级政策是一致的。但地理信息的商品性与公益性就存在着矛盾，即市场经济政策与为全社会普遍服务政策是相互制约的。按照市场经济政策，地理信息产权必须独占，独占可以保证地理信息占有者和一部分消费者得到较大利益。但对基础地理信息数据及其设施建设的投资成本太大，并且许多消费者又可以通过搭便车的方法来进行消费。这样投资者资金的回收周期长，利润也不大，要使地理信息彻底全面商品化，恐怕在短期内是不容易的。为此，要求基础地理信息数据及其基础设施应由政府投资；并且地理信息又具有基础性、公益性，要求让所有消费者的利益都能得到满足，即为协调商品性与公益性之间的矛盾，除了制定鼓励地理信息按市场经济规律运作的利益驱动和公平竞争等二级政策外，还需制定分类管理与宏观调控等政策。

2）我国地理信息共享的基本政策

根据地理信息的资源性与商品性，制定鼓励地理信息公开，加大共享程度的政策；根据商品经济规律制定鼓励地理信息数据进入市场，按公平竞争、利益驱动的商业方式进行运作的政策；根据对商品性与公益性的协调制定国家宏观调控和地理信息分类管理的政策。

（1）鼓励地理信息公开，加大共享程度。信息的不消耗性与可扩充性，为地理信息共享提供了客观可能性。当代通过遥感等空间技术手段所获得的地理信息数据已达到海量级，也为地理信息共享提供了现实可能性。网络技术条件下信息是财富之源，这向地理信息共享提出了必要性与迫切性要求。在贯彻落实鼓励地理信息公开，加大共享程度的政策时，必须正确处理好地理信息产权保护、地理信息安全、地理信息标准化以及地理信息涉及国家机密、商业秘密和个人隐私的保护等一系列问题。

（2）鼓励地理信息数据进入市场，并按公平竞争、利益驱动的商业方式运作。鼓励地理信息数据进入市场，是为了利用市场价值规律来激发地理信息产业的发展，即利益可以成为地理信息生产者、经营者和消费者各方的最大推动力，利用这三方合力相互促进来发展地理信息产业。在贯彻落实利益驱动这个基本政策时，还必须正确处理投资、价格、公平竞争等问题。

（3）对地理信息实行分类管理。我国地理信息的生产是以国家投资为主，还有其他投资渠道。对于地理信息数据又可划分为公共基础信息数据、公益性信息数据和商用性信息数据三大类。每类地理信息数据又可分为现状信息数据和历史文档。对地理信息实行分类管理政策的目的，是为了界定地理信息的无偿使用与有偿使用的政策界线。根据地理信息的商品性和公益性理论，以及我国现行的共享政策，仍然应该坚持对公共基础信息数据和公益性信息数据的无偿共享，而开放、搞活其他各类地理信息的有偿共享。当然，在确保公共基础和公益性地理信息数据无偿共享的前提下，也可依法开展有偿共享，并且无偿共享也不包括包装、分发、服务等费用。有偿共享与无偿共享的服务活动都是市场行为。

（4）对地理信息产业实行国家宏观调控。国家宏观调控，是地理信息市场经济和为全社会普遍服务这两个一级政策的具体化。作为市场经济政策的具体化，国家宏观调控必须法制化，政府应当依法对地理信息产业进行指导、协调、监督、检查。作为为全社会普遍服务政策的具体化，政府是公共利益的执行者，政府的行为必须是为公共利益、为全社会提供普遍服务的。总之，国家宏观调控必须依法进行，尽量减少对地理信息市场的行政干预。

3）我国地理信息共享的具体政策

地理信息共享的具体政策是基本政策的具体化，是实现地理信息共享，发展地理信息技术和产业，加速我国社会经济信息化进程的一系列具体措施和办法。结合我国当前存在的问题，这些具体政策包括如下各项：

（1）地理信息共享的投资政策

目前我国地理信息采集、加工存在的主要问题是资金不足，投资渠道不畅，融资机制不健全。地理信息的生产主要依靠国家拨款，而且由于没有严格的管理制度，往往造成低水平的重复生产，使有限资金得不到合理的使用。根据地理信息的基本政策及当前存在的问题，投资政策必须解决扩大投资渠道和资金合理使用等问题。

A．资金投放渠道是以国家投资为主，鼓励各种融资形式

a．对公共地理信息的采集、加工、归档等费用由国家财政专项拨款、纳入国家年度财政预算，逐年按经济增长与需求相应递增。对公共地理信息的维护、更新费用也由国家财政支付。

b．鼓励督促政府各有关部门对地理信息投资生产。土地、气象、地质、地震、海洋、环保等专业信息数据由相关政府部门投资生产，也属于国家投资。在国民经济基础建设的国家投资中，也应规定按一定比例的投资额用于相关地理信息的生产和更新，这也属于国家投资。

c．俱乐部形式的投资。因特别需求，应允许鼓励单位或个人以俱乐部形式合作投资生产相关的地理信息。当这部分地理信息对国家有重大利益时，国家可以通过经费补贴予以支持。俱乐部形式的投资，必须通过契约形式，明确规定其权利与义务关系。

d．商业化形式的投资。对于某些具有商业价值、短期内可收回成本并获得利润的地理信息的生产，国家允许单位或个人通过银行信贷、股份制形式或独资形式生产经营地理信息。

B．许可制度

不论何种形式的投资，均需服从国家统一的规划，履行审批程序，领取生产经营许可证，方可实施对地理信息的生产经营，以避免重复生产，使国家有限的资金可以得到

合理利用。

（2）地理信息产权保护政策

当前对地理信息产权保护的社会意识及政府对产权的管理都相当薄弱。由于地理信息产权得不到保护，信息数据持有者担心提供信息共享数据后就失去产权，得不到相应的回报；另一方面地理信息管理、经营的单位及其工作人员的工作又没有与收入、荣誉紧密挂钩，这些都影响信息持有者提供信息共享的积极性。个别信息持有者又走向另一极端，凭借手中权力垄断信息。因此，地理信息产权保护应考虑如下问题：

A．地理信息产权应多元化

地理信息产品包括地理数据及其计算机程序和软件。地理信息产权的确定依照国家知识产权法的规定来确定，其基本原则是：谁投资，谁所有，谁受益。为此就可以形成国家、单位和个人等多元化结构的产权形式。软件产权的取得需经登记，地理信息数据产权属于地理信息生产的投资者，产权自动产生。地理信息产权可以依法分割，共享过程中有创新的，创新者拥有创新部分的产权。

B．地理信息产权保护的内容

地理信息产权所有人拥有对地理信息的公开权、署名权、加工权、数据完整权、经营权、使用转让中的收益权等权利。地理信息产权保护期限，不论地理信息数据还是其软件均为 25 年（自数据公布之日起算）。对侵权行为的追究，适用无过错责任原则；对赔偿数额的确定，适用过错责任原则。鼓励地理信息和技术作为生产要素参与分红，切实保障职务技术成果完成人的权利和经济利益。

（3）地理信息的价格政策

当前由于地理信息的价值评估制度及其计价方法和基准价格体系均未形成，地理信息数据的生产、管理部门为解决资金短缺问题，往往实行高价收费。这种高价政策的后果是急需信息数据的用户买不起，持有者数据卖不出去。此外，地理信息数据的无偿共享与有偿共享的政策界线尚未界定，因此地理信息价格政策应考虑如下问题：

A．无偿共享的确定

地理信息的无偿共享是指不收取数据采集、加工处理和归档费用，但可以收取分发、包装等方面的服务费用。国家投资的公共基础数据除信息营销专业户外，对一切用户实行无偿提供。对重要公益事业使用的地理信息实行无偿提供。重要公益事业包括政府为管理、规划、计划和决策目的而开展的工作，企事业单位、社会团体或者个人为救灾、防灾目的而进行的工作。具备长期无偿共享权利或资格的部门、单位可以通过申请，领取无偿共享许可证，以确认其权利。

B．有偿共享价值的评估及价格的确定

有偿共享是商品经济运作的基本方式。首先必须对地理信息数据的价值进行评估，成本法和市场法是评估的基本方法。地理信息的合理价格应是在国家宏观调控管理下的市场价格。根据评估结果来制定地理信息的计价方法及其基准价格体系，可以按成本法和市场法的综合计价方法来确定价格。

公式一，地理信息价格＝原始数据的再加工成本（包括加工费、分发费）＋税收＋利润。适用于国家投资生产的地理信息数据的价格。

公式二，地理信息价格＝原始数据成本＋加工成本＋版权费＋税收＋利润。适用于单位或个人投资生产的商用地理信息的价格。

利润取决于供求关系并考虑社会承受能力。一般公益性地理信息及其服务价格可以实行政府指导价，即由政府规定最高和最低价的价格幅度。商用地理信息及其服务价格实行市场调节价，由经营者按市场商品价值规律自行制定价格。商用地理信息价格实行优质优价政策，并对不合格的地理信息数据给用户造成损失实行赔偿制度。

（4）地理信息市场的培育

目前我国的地理信息市场尚未形成。虽然某些传统的地理信息产品，例如地图在市场上已经出现低价竞销现象，但大部分地理信息产品仍然处于部门或行业的垄断中，打破垄断与封锁是当前的主要任务。培育、开发地理信息市场，首先要考虑引进市场竞争机制等方法。

a. 必须明确规定地理信息除少数暂时由国家垄断外，其他都应该进行公开的生产经营。

b. 凡属于公开生产经营的地理信息都必须实行投标、拍卖等公开竞争的方式。

c. 设立地理信息产业风险救济基金，鼓励对地理信息的经营。金额可按投资的一定比例来确定，并向相关的投资单位或个人征集。

d. 依法对不正当竞争行为进行制裁。

e. 对权威的基础性公益性地理信息的生产经营也要引进竞争机制。地理信息由于具有基础性和公益性，其生产和经营一向由国家有关部门所垄断。维护权威部门的权威数据是地理信息共享所必须的，但是维护权威数据并不是要保护垄断。因此权威的地理信息数据的生产、经营也必须引进竞争机制。可参照电讯等其他行业已发布的政策，使权威地理信息数据生产、经营单位与行政主管机构脱钩，成为独立的经营企业并按市场方式进行运作。权威单位内部可以实行公平竞争，也应鼓励并扶植具备相应资质的单位参与地理信息的生产、经营，进行公平竞争。

（5）地理信息经营的政策

通过网络技术对地理信息进行分发、下载是实现知识创新和发展信息产业的重要内容，所以鼓励对地理信息的经营是发展地理信息产业和实现地理信息共享的重要环节。地理信息经营，是指地理信息生产者把信息分发到消费者手中的中间流通环节。经营范围包括地理信息产品的有偿共享销售以及无偿共享中的分发、包装等服务活动，营利是经营的重要目的。政府应通过对经营人员的培训、资质审查考核、颁发上岗许可证等办法来加强对地理信息经营服务活动的管理。

（6）地理信息的标准化政策

根据我国当前地理信息标准中存在的问题，标准化政策必须考虑如下问题：

a. 在国家技术监督局下建立专门的地理信息标准化机构，负责全国地理信息标准体系的总体设计和规划，及时发布相关地理信息标准。地理信息标准体系，包括数据标准、信息技术标准和应用标准三类。

b. 凡国家投资生产的地理信息数据及其技术载体，必须按照国家规定的相关标准进行采集、加工处理；否则国家可中止投资，对因此造成的损失要追究责任人的法律责任。

c. 对通过俱乐部合作或商业化形式投资生产的地理信息数据及其技术载体，国家通过投资合同、优惠及限制等方式，促使地理信息生产者按标准进行生产。

（7）地理信息数据质量监督政策

当前我国地理信息数据在质量方面存在不少问题，主要是数据精度低、可信度差、缺项多，从而严重影响地理信息的共享。对地理信息数据质量监督政策要考虑如下问题：

a. 对地理信息开发企业实行等级制度。有关部门要加强对开发企业进行资质审查，颁发资质等级证书。开发企业只能按资质证书规定的范围从事相应的开发经营活动。

b. 地理信息开发企业对数据的生产、加工处理必须严格执行国家颁布的标准。开发企业未经发包方许可不得转包给第三方。

c. 地理信息产品在提供共享前必须通过质量检查，提供共享的数据必须附有元数据。

d. 必须定期对地理信息数据进行检查、更新，及时清除失效的地理信息数据。

（8）地理信息数据保密政策

地理信息数据保密是指那些因国家安全、商业秘密、个人隐私而暂时不能公开的地理信息数据。这里特指因国家安全原因而制定的政策。对地理信息数据应按一定程序来确定其保密级别及其共享的范围。当前我国地理信息的保密政策存在的主要问题是，不正视当代信息技术进步的事实，固守过时的自行制定的土政策，把可以公开的数据也进行保密。对地理信息保密政策必须考虑如下问题：

a. 按照 1995 年度国家科委和国家保密局发布的《科学技术保密规范》，划分地理信息密级及其升格和解密规定。应本着便于公众参与公益事业，扩大地理信息共享的精神来确定密级，也要考虑现代地理信息技术的进步，尽量公开无须保密的地理信息数据。

b. 密级方案由地理信息数据生产、持有和管理部门提出意见，共享委员会专家组审议，政府法定主管部门批准实施。自行规定的地理信息数据密级国家不予承认，在法律上也是无效的。

c. 及时审核、调整密级或解密，规定保密时限，到时自行解密。

d. 对历史文档的保密政策本着放宽密级的精神，对扩大共享范围进行审核。

（9）地理信息数据安全防护政策

"黑客"入侵网络，网络密码被破译，网络病毒等，都使信息安全受到严重威胁。虽然密码技术在不断发展，但破译能力也在上升。就连密码技术最先进的美国，每年因网络犯罪而蒙受的经济损失都达 100 亿美元之巨。我国目前网络系统的防御能力相对较弱，没有自己的密码算法和网络安全技术，网络安全令人担忧。当前我国地理信息数据安全防护政策，应考虑如下问题：

a. 建立网络安全体系，对错误操作、技术故障、破坏数据系统安全的犯罪行为及计算机病毒等可能损害地理信息数据的事件，均应建立完善的预防对策及处理办法。

b. 建立健全用户身份鉴别、权限控制和审计制度，预防和反击对地理信息的非法窃取行为。

c. 根据地理信息使用范围，建立相应的密码管理制度。

d. 制定单项的和综合的地理信息安全法规。

（10）地理信息技术的研制与人才培养政策

地理信息高新技术是衡量一个国家综合国力的重要标志，而地理信息技术研制的关键又是信息技术人才的培养。发展我国地理信息技术，培养信息技术人才应考虑如下问题：

a. 发展和建设地理信息技术及其基础设施必须制定统一规划。规划的制定应当遵循合理布局、综合利用及兼顾当前与长远需要的原则。

b. 地理信息技术基础设施的建设应当贯彻国家主导、联合建设的原则。

c. 国家对确定为优先发展的地理信息技术及其基础设施，应通过财政拨款予以支持。

d. 国家运用财税等手段鼓励社会各方面对地理信息技术人才的培养，并为地理信息人才的成长创造良好的环境。对地理信息人才以技术入股、独资经营地理信息产业的，国家也给予切实的支持。

3. 当前我国地理信息共享急需解决的若干管理办法

1) 地理信息共享管理的关键——四大关系处理

在地理信息共享政策指导下进行地理信息共享管理的关键，是处理好下列四大关系：

- 地理信息公开与地理信息保密、保护的关系；
- 地理信息无偿共享与有偿共享的关系；
- 地理信息共享参与各方的关系；
- 集中式地理信息共享与分布式地理信息共享的关系。

2) 中国可持续发展信息共享系统——我国最先进行信息共享环境建设的信息系统

中国可持续发展信息共享系统在 1996～2005 年的建设与应用期间，对信息共享管理进行了系统研究与实践，以下是有关其所制定和试行的信息共享管理办法。

附件：中国可持续发展信息共享系统信息共享管理办法（试行）

第一章 总 则

第一条　为加快我国可持续发展信息共享进程，提高科学研究与管理水平，实现可持续发展信息化，促进信息产业的发展，根据国家有关法律制定本《办法》。

第二条　本《办法》所称的可持续发展信息是指资源、环境、经济、人口所涉及的信息；本《办法》所称的信息共享是指依据国家相关政策、法律和标准，实现信息的流通和共用；本《办法》所称的信息共享平台是指数据、软件及其技术载体；本《办法》的管理对象是中国可持续发展信息共享系统（下称"项目"）的数据和信息。

第三条　遵守知识产权保护法律，严格保护数据生产单位的权利；遵循"权利与义务对等、平等互利"原则，充分实现项目成员单位之间的信息共享，逐步实现项目与其他机构之间的信息交流，完善信息共享体系。

第四条　项目可持续发展信息的管理实行统一规划、统一标准、鼓励公开和共建共享的原则。依据本《办法》，中国21世纪议程管理中心（下称"21世纪中心"）对项目中持续发展信息共享实施综合协调和管理工作。

第五条　本项目信息的提供者、管理者和使用者从事可持续发展活动或者与可持续发展信息有关的活动，必须遵守本规定。

第六条　凡涉及保密的信息不上网。若提供涉密可持续发展信息共享，以及使用、保管共享的涉密可持续发展信息，应当遵守《中华人民共和国保守国家秘密法》和各有关部门关于保守国家秘密实施细则等有关规定。

第七条　可持续发展信息的安全受法律保护，任何单位或者个人不得利用共享平台从事危害国家安全、社会公共利益或者他人合法权益的活动。

第二章　信息资源的提供

第八条　可持续发展信息。

本项目所提供的可持续发展信息是指参与本项目的可持续发展信息在数据库中流通的、由各部门承诺提供的以及在履行职责过程中产生的数据和信息，包括在21世纪中心储存和在各分中心储存的本项目的数据与信息。

第九条　信息分类。

根据本项目性质和用户需求，信息按以下种类或性质进行分类，提供使用。各种分类均由项目参加单位提出上报，21世纪中心汇总、协调和公布。

按信息获取途径分类。分为两类：Ⅰ类为通过监测、生产或集成获得的信息；Ⅱ类为在科学研究或科学实验基础上获得的信息。

按专业性质分类。分为门类、大类、小类、专题1级、专题2级和专题3级等6个类级（详见《中国可持续发展信息共享系统信息分类和编码标准》）。

按保密性质分类。分为Ⅰ公开和Ⅱ涉密两类。涉密信息根据《中华人民共和国保守国家秘密法》规定进行划分与执行。

按共享性质分类。分为Ⅰ无偿共享和Ⅱ有偿共享两类。

按用途性质分类。分为Ⅰ用于管理、科研、教育和社会公益等非盈利性质为目的使用和Ⅱ以经营、生产等盈利性质为目的使用两类。

第十条　用户分级。

将信息用户划分为4级，分别为：

1级——国家及省（自治区）、直辖市有关部门；

2级——本项目各成员单位；

3级——国内科研、教育单位及其他非盈利机构；

4级——其他。

第十一条　保护期设定。

为了保证不损害原始数据生产方和提供方的利益，保护其合法产权，对本"办法"第九条第 2 款所涉及通过不同途径获取的信息依不同用户级别设定相应的保护期限。保护期限的起始日期为数据应提交日期。数据生产者或提供者可对其所生产或提供的各类数据的保护期限提出建议，和 21 世纪中心商定。

各类数据对 1 级用户不设保护期限；对其他级别用户的保护期限设定为：

Ⅰ类数据：对 3 级用户设为 0.5 至 1 年，对 4 级用户的保护期限另行规定发布；

Ⅱ类数据：对 2、3 级用户分别设为 0.5～1 年、1～2 年、对 4 级用户的保护期限另行规定发布。

第十二条　操作权限设定。

用户对可持续发展信息在网上的操作分为浏览、查询和下载三种权限。各类用户可使用的权限由使用许可合同中规定。

第十三条　21 世纪中心和各分中心要通过网上定期向社会发布中国可持续发展信息共享系统的数据目录、元数据和发布期内的新数据消息。

第十四条　根据国家保密法律有关规定，优先为 1 级用户、各级人民政府及其防灾减灾和应急机构以及外国驻华使馆、领事馆、联合国驻华机构等提供其开展公务活动所需的、本项目可提供的各类信息，不收费用。

第三章　共享信息使用

第十五条　根据本《办法》第二章第九条第 4 款和第 5 款的规定，凡属于公开和无偿共享的信息资源，所有用户无须申请认证即可使用，并享有第十二条规定的全部操作权限。

除此以外的其他信息，均须通过申请、认证后方能使用。

第十六条　用户要求享用非公开和无偿共享的信息资源时，应由所在单位出具有效证明，并提交需求的信息资源的类别、范围、数量、使和权限要求、是否涉外使用等内容，通过网上或其他途径提出申请，经 21 世纪中心或分中心认证后，签订使用许可合同后，按合同规定使用。

第十七条　用户对中国可持续发展信息共享系统提供的信息资源，只享有有限的、不排他的使用权。

第十八条　用户不得有偿或无偿转让其从中国可持续发展信息共享系统获得的信息资源，包括用户对这些信息资源进行单位换算、介质转换或者量度变换后形成的新信息资源。

第十九条　用户不得直接将其从中国可持续发展信息共享系统获得的信息资源向外分布，或用作向外分发或供外部使用的数据库、产品和服务的一部分，也不得间接用作生成它们的基础。

用户从中国可持续发展信息共享系统获得的信息资源，可以在签订使用许可合同单位的内部分发；可以存放在仅供本单位使用的局域网上；但不得与广域网、互联网相连接。

第二十条　用户从中国可持续发展信息共享系统获得的用于非经营性活动的信息资

源，不得用于经营性活动。

第二十一条　根据本《办法》第二章第九条第 5 款的规定，从 21 世纪中心和各分中心获得的信息资源，实行无偿共享或有偿共享。

信息资源共享收费分为生产信息资源的成本费和提供信息资源共享的服务费。

通过网上获得的无偿共享信息资源，不收取任何费用；要求提供介质材料获得无偿共享信息资源的，收取服务费用。提供有偿共享信息资源收取成本费和服务费。

第二十二条　信息资源共享成本费和服务费的计算可参考《中国可持续发展信息共享系统收费计价方法》。

信息资源共享成本费和服务费的确定根据《中华人民共和国价格法》有关规定执行。

信息资源共享成本费和服务费的收取由信息资源提供方和信息资源用户在许可合同中规定。

第二十三条　根据中国可持续发展信息共享系统在国家和社会所处的地位与作用的实际情况，在项目执行期间，对 1 级用户提供共享的任何信息资源均不收取任何费用。对 2 级用户，只收费服务费用。对其他用户按第二十二条规定执行。

第二十四条　21 世纪中心和各分中心向用户提供有偿共享、以盈利为目的的使用和涉密的信息资源时，应和用户签订许可使用合同。

许可使用合同包括如下条款：

（1）许可使用方式、权限、期间；

（2）许可使用的报酬、办法；

（3）许可合同期间新产权的归属；

（4）违约责任；

（5）双方认为需要约定的内容。

第四章　信息资源管理

第二十五条　信息资源报送。

参加本项目的各分中心和单位，应根据合同规定，按时将有关信息资源报送到 21 世纪中心或在分中心上网。

各课题研究成果按合同的规定和本《办法》第十一条保护期设定的规定，将研究结果形成的信息资源据报送 21 世纪中心或在分中心存放、上网。

第二十六条　信息质量检查。

21 世纪中心和分中心对上报的信息资源，应通过"数据质量检查规定"检查，并根据《中国可持续发展信息共享系统信息分类和编码标准》进行组织调整后，方可入库、上网。

第二十七条　信息资源发布。

按项目合同规定，凡集成到 21 世纪中心的信息，由 21 世纪中心在每季度最后一周内统一在网上向外发布和提供服务。凡由项目参与单位承诺提供和在履行职责过程中产生的信息资源由各分中心在网上在每季度最后一周内向外发布和提供服务。

其他单位或个人不得越权发布上述信息。

第二十八条　共享信息资源的申请和审批。

（1）各级用户可以直接向项目各成员单位申请共享其独立生产和加工、处于保护期限内的各类数据，通过协商以许可使用合同形式规定双方的权利与义务；各级用户也可向 21 世纪中心申请处于保护期限内的信息资源，由 21 世纪中心通告数据生产单位，在得到数据生产单位的许可并达成许可使用合同的前提下，可对用户提供信息资源服务。

（2）1、2 级用户可以向 21 世纪中心提出获取和使用中国可持续发展共享系统信息资源的要求，经项目办公室认可后，可以免费获取各类信息资源。

第二十九条　信息资源的保存与更新。

为了确保信息资源在任何情况下的安全和持续提供使用，21 世纪中心和各分中心必须对其管理的信息资源实行异地备份保存。除日常随时进行外，每年 6 月和 12 月必须系统地综合整理有关信息资源，进行备份工作。

信息资源按有关规定，定期进行更新。在本项目支持进行改造的数据库，按合同规定，应定期更新和上报。

第三十条　信息来源标注。

凡使用中国可持续发展共享系统信息资源的用户，在发表相关成果或论文报告时，必须注明其所利用的信息资源的生产单位（或研究者），提供单位，并向他们反馈信息资源利用的相关信息，赠送论文报告的原件或复印件。

第五章　罚则

第三十一条　违反本《办法》规定，有下列行为之一的，由 21 世纪中心责令其限期改正；给予警告；情节严重的，停止向其提供信息服务；追究其违反许可使用合同的责任。

（1）将所获得的信息资源或者这些信息资源的使用权，向国内外其他单位或个人无偿转让的；

（2）将所获得信息资源直接向外分发或用作供外部使用的数据库、产品和服务的一部分，或者间接用作生成它们的基础的；

（3）将存放所获得信息资源的局域网与广域网、互联网相连接的；

（4）将所获得信息资源进行单位换算、介质转换或者量度变换后形成的新数据向外分发的。

第三十二条　违反本《办法》规定或违反许可使用合同的条款，有下列行为之一者，由 21 世纪中心责令其限期改正；给予警告；停止向其提供信息服务并按有关法律追究其经济责任。

（1）将所获得的信息资源或者这些信息资源的使用权，向国内外其他单位或个人有偿转让的；

（2）改变在许可使用合同提出的用途申请，将所获得的信息资源用于目的使用的；

（3）将通过网络无偿下载的或按公益使用免费获取的信息资源，用于经营性活动的。

第三十三条　违反本《办法》规定，有下列行为之一的，由 21 世纪中心责令其限期改正；给予警告；停止执行项目合同；情节严重的，向其所在单位提出给予行政处分的建议：

（1）不按照合同规定，按时上交信息资源的；

（2）不定期发布在规定中应向社会发布的可持续发展信息的；

（3）不按本"办法"规定，不及时向 1 级用户以及外国驻华使馆、领事馆、联合国驻华机构提供其开展公务活动所需要的信息资源的；

（4）不认真履行使用许可合同，使用户受到严重影响和损失的。

第三十四条　提供涉密信息资源共享，以及使用、保管共享的涉密信息资源，不遵守《中华人民共和国保守国家秘密法》等法律、法规规定的，由有关部门进行处罚。

提供有偿共享信息资源，违反使用许可合同，或不遵守《中华人民共和国价格法》等法律、法则的，由有关部门依法进行处罚。

第六章　附则

第三十五条　参予本项目的各分中心可依据本《办法》制定各自的实施细则。

第三十六条　本《办法》由 21 世纪中心负责解释。

第三十七条　本《办法》自项目通过之日起一个月后实行。

参 考 文 献

[1] 何建邦等. 地理信息共享的原理与方法. 北京：科学出版社，2003

[2] 何建邦等. 地理信息共享法研究. 北京：科学出版社，2000

[3] 孙鸿烈. 中国资源百科全书. 北京：中国大百科全书出版社，2000

[4] 陈述彭. 地球信息科学与区域可持续发展. 北京：测绘出版社，1995

[5] 莆启宏. 汉字通易经. 台北：东方出版社，1999

[6] 蒋景瞳等. 中国地球信息元数据标准研究. 北京：科学出版社，2001

[7] 李春田. 标准化基础. 北京：中国计量出版社，2001

[8] 刘 吉等. 千年警醒——信息化与知识经济. 北京：社会科学文献出版社，1998

[9] 郑成思. 知识产权论. 北京：法律出版社，1998

第九章　地理信息标准化和规范化 *

我国对地理信息产业的发展高度重视，在 2000 年发布的《关于进一步推动国产地理信息系统应用及其产业化的若干意见》的文件中，提出了一系列的发展战略和指导思想，对我国地理信息产业的发展起到了重要作用，而数据共享（Data Sharing）是实现地理信息产业化的前提。不论是国产地理信息系统（GIS）软件的研制和开发，还是地理数据的生产和应用，都必须考虑数据共享问题。在地理信息产品的用户由部门用户向个人用户发展的今天，数据共享问题的解决尤其重要，因为它直接关系到 GIS 的经济效益和社会效益。

数据共享是指不同用户之间、不同系统之间和不同地点之间都能共享地理数据和地理数据处理资源。地理数据是 GIS 的处理对象，没有数据的 GIS 就会变成无源之水，况且数据建设的成本约占整个 GIS 的 50%～80%，因此数据的重复采集是一个巨大的浪费。目前，实现数据共享的最大的问题是：没有最权威的按地理信息标准生产和出售的地理数据公司，已有的数据又缺乏格式和规格的统一。

要实现数据共享的关键问题主要有：数据结构、数据模型和数据格式；地理信息的标准化；空间数据质量；数据的互操作；网络建设；政策和法规。这些问题都很重要，缺一不可。只有这些问题都解决好了，才能营造一个真正的地理信息共享环境。其中地理信息标准化和空间数据质量，也是地理数据共享的关键问题。

第一节　地理信息标准化概述

一、标准和标准化

标准和规范的制定是一个行业持续、稳健发展的有力保证，是实现标准化的必要条件，因此各个国家和行业组织对此都高度重视。地理信息产业和其他信息产业一样，要实现产业化必须要重视规范和标准的研究和指定。

1. 标准

中国古语说，"没有规矩不成方圆"。这就是说，没有"规"不能划圆，没有"矩"不能划方。标准就是规矩，因此标准对统一技术和规范行为具有重要的意义。我国《国家经济信息系统设计与应用标准化规范》指出，标准是对需要协调统一的技术或其他事物所做的统一规定。《中国可持续发展信息共享标准与规范研究报告》中指出，标准是对重复性事物和概念所做的统一规定，是科学、技术和实验经验的综合成果为基础，经有关方面协商一致，由主管机构批准，以特定形式发布，作为共同遵守的准则和依据。"

---

* 本章由杜道生撰稿

由以上可以看出，对标准的定义的说法尽管不太一致，但归纳起来可以这样认为，标准是为了在一定的范围内获得最佳秩序，经协商一致的基础上制定并由公认机构批准，共同使用和重复使用的一种规范性文件。标准宜以科学、技术和实践经验的综合成果为基础，以促进最佳的共同效益为目的。对不同类型的活动或其结果规定有规则、一般原则或特性的文件，这些文件称为标准文件。"标准文件"属于广义的术语，它包括了这样一些概念：如标准、技术规范、实施规程和法规。技术规范是指规定技术要求的文件，这些要求应该满足产品、过程或服务。在技术规范中必要时应给出程序，通过它检验这些要求是否得到遵守。技术规范可以是标准、标准的一部分或独立的文件。实施规程，是指为特定设备、结构或产品的设计、制造、安装、技术服务或使用所编制的技术规定或程序的文件。实施规程，可以是标准、标准的一部分或独立的文件。法规，是指具有法律效率的文件，它由权力机构通过、公布。

标准的类型的划分尚无统一的标准，但按标准的适用的地理范围或行业可分为以下几类：

国际标准（International Standard）——由国际标准化组织/标准组织通过、公布，在国际范围内推行的标准。国际标准化组织（the International Organization for Standardization，ISO）是一个向世界各国有关国家机构开放其成员资格的标准化组织，其国际标准是由下属的技术委员会负责研究和制定，最后由 ISO 的成员国投票，表决通过（2/3 成员国同意）后方可颁布实施。

区域标准（Regional Standard）——由世界某一区域标准化组织/标准组织通过、公布，在区域范围内推行的标准。区域标准组织（Regional Organization）是一个仅向某个地理、政治或经济范围内各国有关国家机构开放其成员资格的标准组织，如欧共体标准部所制定的标准仅在欧共体国家推广使用。

国家标准（National Standard）——由国家标准机构批准、公布的标准。国家标准机构（National Standard Body）是一个被公认的有资格作为相应的国际或区域标准组织成员的国家机构，如我国的国家技术监督检验检疫总局。目前，中国国家技术监督检验检疫总局下设 232 个技术委员会，与国际标准化组织或区域标准组织下设的技术委员会相对应，其中"中国地理信息标准化技术委员会"与国际标准化组织地理信息标准技术委员会（ISO/TC211）对应。

地方标准（Provincial Standard）——由国家某个地区通过并公开发布的标准。

行业标准（Occupation Standard）——由部（或主管部门）批准发布的标准，又称专业标准。例如，测绘行业标准由专业标准化归口单位——国家测绘局负责制定、颁布和推广应用。专业标准化归口单位（Assigned Unit for Standardization of Specific Field）是由标准化行政主管部门指定的，负责某个专业或领域的标准制定、修订工作的科研、设计或企业单位。

按标准的法律效率可分为强制性标准和推荐性标准，它们都是正式标准。必须执行的标准称为强制性标准，如为保护人的健康而对食品医药及其他方面卫生要求制定的标准；推荐采用、自愿执行的标准称为推荐性标准，如地理信息标准等。我国颁布的大部分标准都是推荐性标准。除了正式标准外，还有试行标准（pre-standard），又称指导性技术文件。试行标准是由标准化机构临时通过并公开发布的文件，目的是从它的应用中取得必要的经验，再据以建立正式的标准。

标准既具有生产属性由具有贸易属性。随着工业化规模和市场范围的扩大，特别是国际贸易的兴起，在更大的范围内统一技术要求就成为经济贸易发展规律的内在需要，国家标准化组织、区域标准化组织和国际标准化组织的诞生、发展和壮大就是标准化适应这一历史潮流的必然产物。20 世纪 60 年代以来，随着全球经济和国际贸易的发展，世界贸易组织（WTO）通过签署技术贸易壁垒协议（TBT 协定）等方式，确立了技术标准在国际贸易中的重要地位，其《制定、采用和实施标准的良好行为规范》成为各级标准化机构的行为准则。各成员在制定技术法规和技术标准时不仅需要以相关的国际标准为基础，国际标准还成为签订国际贸易合同和解决国际贸易争端的基本依据。从此，技术标准的贸易属性更加突现，技术标准对国际贸易、经济发展和技术扩散的作用被提高到前所未有的高度。

2. 标准化（Standardization）

国际标准化组织（ISO）在标准化指南——《标准化基本术语》中对标准化的定义是：标准化主要是对科学、技术与经济领域内重复应用的问题给出解决办法的活动，其目的在于获取最佳秩序。具体来说，标准化的过程，或者说这种活动的主要内容由制定、发布和实施标准所构成，其重要意义在于为其预期目的的改进产品、过程和服务，以利于技术合作和防止贸易壁垒。

标准化是一门学科，同时又是一项管理技术，其应用范围几乎覆盖人类活动的一切领域。标准化的历史源远流长，人类在远古时期发明的文字是标准化工作最杰出的成果之一。秦始皇对度量衡和车辆轮距等的统一规定，开创了中国古代标准化工作的先河。明代出版的《天工开物》，可谓我国古代生产技术成就和标准化工作经验总结的集大成者。

现代意义上的标准化工作是西方近代工业革命的产物。1865 年 5 月，法、德、俄等 20 个国家的代表在巴黎召开会议，成立了第一个国际标准化组织——"国际电报联盟"。1901 年英国工程标准委员会的成立，宣告了世界上第一个国家标准化组织的诞生。1906 年 6 月，英、法、美、日等 13 个国家的代表汇集于伦敦，正式成立了国际电工委员会（IEC）。到 1932 年，世界上已有 25 个国家成立了国家标准化机构，1947 年 2 月，由 25 个国家发起成立的国际标准化组织（ISO）开创了人类标准化历史的新纪元。而中国作为 ISO 的发起国之一，早在 1931 年 12 月就成立了工业标准化委员会。

3. 标准体系

一定范围内的标准按其内在联系形成的科学的有机整体称为标准体系。我国标准化的发展历程是中国社会经济发展和制度变迁的缩影。从我国国家技术标准体系和标准化管理体制演变的角度来看，我国技术标准体系的发展历程大致可以分为以下三个阶段。

第一阶段（1949～1988 年）：逐步建立了适应社会主义计划经济体制的国家技术标准体系，1979 年颁布的《中华人民共和国标准化管理条例》是这一阶段标准化工作的法律依据和标志性成就。该条例规定，我国标准分为国家标准、部（专业）标准和企业标准，国务院、国务院有关部门、地方政府和企业都要设立机构管理标准化工作；国家标准、部（专业）标准应由政府部门确定的标准化核心机构负责起草，由政府主管部门批准发布，且一经发布就是技术法规，必须严格贯彻执行，而企业产品标准也必须由企业主管部门批准。这一阶段国家技术标准体系的构成与管理运行模式的主要特征是以政府为主导，以行政命令为手段，以行政强制保障标准的实施。

第二阶段（1988～2001年）：逐步建立了适应有计划的社会主义商品经济的国家技术标准体系，并为向适应有中国特色的社会主义市场经济体制的过渡奠定了技术基础，1988年颁布的《中华人民共和国标准化法》、1990年颁布的《中华人民共和国标准化法实施条例》以及随后颁布的一系列部门规章和规范性管理性文件是这一阶段标准化工作的法律依据和标志性成就。这一阶段的我国标准分为国家标准、行业标准、地方标准和企业标准，并将标准分为强制性标准和推荐性标准两类。在标准的制定方面，更多的通过由专家组成的专业标准化技术委员会负责起草和审议，国家鼓励采用国际标准和国外先进标准。在标准的实施方面，国家鼓励企业自愿采用推荐性标准，同时推行产品认证制度，认证合格的准许使用认证标志。这些举措是参照ISO工作制度和我国国情所进行的国家标准化管理体制和国家技术标准体系的重大变革，为我国标准化工作的国际接轨和今后的发展奠定了基础。当然，由于受客观条件的限制以及管理体制和运行机制的制约，这一阶段的国家技术标准体系仍然没有摆脱计划经济体制的束缚，以计划为主导、以政府为主体的标准化管理模式等因素使我国标准化工作的潜力没有得到应有的发挥。

第三阶段（2001～）：开始建立适应社会主义市场经济经济体制的国家技术标准体系和标准化管理体制阶段，为适应我国加入世界贸易组织（WTO），完善社会主义市场经济体制的需要，国务院于2001年10月组建了中国国家标准化管理委员会（SAC），并成为新世纪我国标准化改革的发端，为我国的国家技术标准体系和标准化管理模式改革做了有益的尝试。

4. 标准化对象和领域

标准化对象是指应该进行标准化的对象。从广义上讲，可以采用"产品、过程和服务"来表达标准化的对象。标准化既可限定某个对象的整体，也可用来限定任何对象的特定的方面。例如，一辆某种型号的汽车应达到某一标准，而组成某汽车的零件都可以分别进行标准化。

标准化的领域十分广泛，通常把相关标准化对象的总体称为标准化领域，例如工程、运输、农业、量和单位都可以认为是标准化领域。在某一标准化的领域内，标准化的程度取决于技术发展水平，即在一定时期内，"产品、过程和服务"的技术能力所达到的水平。技术发展水平又以成熟的科学、技术和经验的综合成果为基础。

5. 标准化的工作任务

是制定标准、组织实施标准和对标准的实施进行监督。考虑到地理、政治或经济等因素，按标准化活动的参与形式可区分为以下的标准化级别：

国际标准化（International Standardization）——所有国家和地区的相应机构均可参与的标准化。

区域标准化（Regional Standardization）——世界上某一地理的、政治的或经济的地区内国家和地区相应机构参与的标准化。

国家标准化（National Standardization）——在一个国家内进行的标准化。

行政区域标准化（地方标准化）（Provintional Standardization）——在某一个行政区域内进行的标准化。在中国行政区域标准化即地方标准化。

行业标准化（Occupation Standardization）——在某一行业范围内进行的标准化。

企业标准化（Enterprise Standardization）——以提高企业经济效益为目的，以企业经营动全过程及其要素为对象，以现行法规为依据，以科学、技术成果或经验为基础，在企业内部谋求经营合理化的最佳条件，进行制定、修订和实施标准的一项有组织的科学技术活动。包括工业标准化、农业标准化、能源标准化和服务标准化等。

根据标准化内容存在方式或标准化过程的表现形态，标准化可有多种形式，如统一化、简化、系列化、通用化及组合化等，每种形式都表现有不同的标准化内容，针对不同的任务，达到不同的目的。

二、地理信息标准和标准化

1. 地理信息标准

地理信息是与地表位置直接或间接相关的地理现象的信息，它表示地表物体及环境固有的数量、质量、分布特征、联系和规律。地理信息具有区域性、多维结构和时序特征。

从信息流程的角度分析，从原始地理信息的获取到最终地理信息产品的形成，中间经过了多阶段、多项复杂的信息加工过程；从地理信息产业的角度看，地理信息数字产品生成后还应及时为用户提供售后服务，即提供更新版本的地理信息数字产品。总之，地理信息产品、生产过程和服务便完完全全地构成了一个标准化的对象。

地理信息标准就是通过某种约定或统一规定，在一定范围内协调人们对于地理信息有关事物和概念的认识与利用的抽象表述系统。地理信息标准的定义的内涵：对事物和概念的抽象表示；通过约定或统一规定来表述世界；有一定的适用范围；统一对事物和概念的认识或调整人们行为的准则。

2. 地理信息标准化工作的技术特征

标准化工作是以社会化大生产过程和最基础、最通用、最具规律性、最值得推广和最需要共同遵守的重复性事物和概念及技术方法为对象，运用一定的手段使之达到统一的目的。通过研究和制定标准，把科学技术新成果迅速地、强制性地转化为生产力，这是标准化工作的内在动力。地理信息标准化同样应遵循上述原则，通过研究和制定标准，实现统一认识和达到共享信息这两个基本目的，促进地理信息产业的形成和发展。

地理信息技术、地理信息系统和地理信息产品的生产是由各个相对独立的部分组成，是依赖地理信息标准并相互联系在一起的，所以地理信息标准化具有如下技术特征。

（1）具有多学科的特征：首先，地理信息的来源非常广泛，包括实地测量数据、现有地图、航空航天像片或数据，与定位有关的各种统计数据、环境数据、资源数据、规划数据、水文数据、交通数据等，它们涉及到测绘学、遥感、地理学、统计学、环境科学等多个学科领域；其次，计算机科学、信息科学、通信科学等在地理信息工程中起着重要的支撑作用。

（2）具有多用户的特征：地理信息技术已被广泛地应用于多个领域，例如规划、管理、决策、军事等许多国民经济和国防建设的各个部门。用户的广泛性、多样性对地理信息标准的通用性提出了更高的要求，也增加了地理信息标准制定的难度。地理信息的用户由于各自利用地理信息的目的、用途不同，使用的硬软件平台不同，对地理信息的数据源、数据质量、处理方法、数据格式、产品形式等方面的要求均不同，这与一般的标准有着显著的差别。

（3）具有发展和变化快的特征：由于计算机科学的发展日新月异，以计算机科学为支撑的地理信息技术必然随着计算机科学的发展而发展；由于现实世界总是处在发展和变化之中，人们对现实世界的认识随着科学技术的发展也在不断地加深，再加上新事物的不断出现；还由于地理信息技术自身的发展，描述和表达现实世界的方法也在改变。显然，保持地理信息标准的相对稳定性十分重要。

（4）具有超前性的特征：在地理信息技术发展和研究阶段就要进行地理信息标准化。例如，在数据获取之前最好有地理信息编码标准，否则在信息获取后就无法进行交流。美国林业部门在开始建立林业系统时，由于缺乏相应的标准，致使各分系统之间难以进行信息交换和共享，只好采取补助措施，造成了重大的经济损失。尽管如此，也不是所有地理信息标准都要超前，否则也会影响地理信息技术的发展。

3. 地理信息标准的类型

由于地理信息技术的复杂性，特别是具有多学科、多用户的技术特征，使得地理信息标准化的工作不得不涉及到许多新技术，包括：数据获取技术；数据库及管理系统技术；软件工程技术；通信网络技术；数据的安全保密技术；地理信息表达技术；其他技术。

从信息流程的角度看，从原始地理信息的获取到最终形成的地理信息产品，中间又要经过多个阶段、多项复杂的处理过程，如：原始地理信息的获取；检查、分析、归化等预处理；矢量、栅格数字化；质量控制、数据组织和编辑、格式转换；建立数据库、维护和数据更新；各种空间分析；图文或数字信息产品的形成；地理信息产品的分发服务等。

基于上述两方面的考虑，关于地理信息标准的分类至今尚无统一的意见，有的专家认为地理信息技术标准可分为重要的基础标准，地理信息表示技术标准，信息获取和更新标准，信息处理标准，数据库与信息系统建立标准，网络通信与信息共享、服务和产品分发技术标准等；有的认为地理信息标准应分为基础通用标准、数据专用标准和技术专用标准三类，然后再逐级细分；ISO/TC 211 将其制定的标准分为存储技术、数据内容、组织管理和教育培训四类；OGC 将其制定的开放式地理信息系统规范分为抽象标准、实现（执行）标准两大类。

一般地，地理信息技术标准可分为三大主要类型：基础标准、方法标准和产品标准。

　　基础标准（Basic Standard）——在一定范围内作为其他标准并使用面广的标准。基础标准可直接作为标准使用，也可作为其他标准的基础，例如"标准编写的基本规定"（GB/T1.1—1993）就是一个典型的基础标准，任何标准的编写都必须符合本规定。在地理信息领域内，地理信息基础通用标准还可细分为管理标准、术语标准、相关标准等。

　　方法标准（Method Standard）——在产品试制、认证和使用时对产品的试验、检测、分析方法（方式）做出规定的标准。例如图形、图像数据获取的技术规程、图形数据编辑标准、数据质量标准、软件技术标准、空间数据库设计规范等，均属此类。

　　产品标准（Product Standard）——为保证产品的适用性，对产品或产品组必须达到的要求所制定的标准。在地理信息领域内，如地理信息产品模式、产品的数据格式、产品的包装、数据应用和服务、数据的安全保密等标准、规程都属产品标准。

　　计算机的广泛应用正在深刻地改变着人类的工作方式和生活方式。一个国家的信息化程度和信息产业的发展水平已成为衡量其生产水平和综合国力的重要标志。邓小平同志早在 1984 年就发出"发展信息产业，服务四化建设"的伟大号召，江泽民总书记也指出"实现四个现代化，哪一化都离不开信息化"。地理信息是社会信息的重要内容，发展地理信息产业是整个社会信息化工作的重要组成部分。因此，尽快推动数据资源共享、制定数据交换标准、提高国家指导的数据结构是一项十分紧迫的任务，采取切实可行的措施解决这些问题是当务之急。

第二节　地理信息国际标准的研究和制定

　　国际标准化组织根据地理信息产业化的实际需要，于 1994 年专门成立了地理信息/地球信息技术委员会（ISO/TC 211），专门负责地理信息标准的研究和制定。截至 2004 年 7 月 15 日，该组织有 56 个成员（国家和地区），其中有表决权的成员（P-Member）28 个，观察员成员（O-Member）28 个和通信成员（C-Member）3 个。另外，还有外部联络员（指 ISO 以外国际组织的单位）22 个，如 OGC 和 DGIWG 等；内部联络员（指 ISO 以内的各专业委员会）12 个，如 ISO/TEC 等。

一、目标、任务和工作范围

ISO/TC 211 的目标是制定一组地理信息国际标准，具体任务是：
* 支持地理信息的理解和使用；
* 增加地理信息的有效性、存储、集成和共享；
* 为全球生态和人文学提出的问题提供统一的方法；
* 使得局部的、地区的和全球的地理空间基础设施的建立更加容易；
* 为可持续发展做出贡献。
ISO/TC 211 的工作范围是数字地理信息领域的标准化：
* 该工作为有关直接或间接与地表位置相关的信息（地理信息）建立一组结构化

的标准;

- 这些标准为地理信息指明数据管理的方法、工具和服务;
- 定义和描述地理数据的获取、处理、分析、存取和表示以及促进在不同用户之间、不同系统之间和不同地点之间按数字或电子形式转换这样的数据;
- 该工作将与信息技术领域及其可能有的数据标准相关联,以及为地理数据专门领域的应用发展提供一个框架。

二、国际标准的制定程序

该委员会研制的地理信息标准有严格的工作程序,从建立提案开始到标准的最终确定和颁布实施,每一步都有严格的规定。现将制定国际标准各个阶段和几种标准草案文件介绍如下:

1．建议阶段

国家团体、技术委员会或分委员会的秘书处、技术管理处、联络组织、秘书长等均可提出新工作项目的建议 NP(New Project)。呈报新工作项目建议,必须按"国际标准化工作指南"规定的格式填写并要充分说明理由。新的工作项目能否成立,必须由委员会或分委会的"积极成员"投票表决。表决通过即可立项。

2. 准备阶段

经立项的标准交由技术委员会或其他委员会设立的工作组负责起草标准的文本,即工作草案 WD(Working Draft)或称之为原工作组文件。工作草案只发送工作组专家征求意见和技术委员会(Technical Committee,TC)秘书处,不存在投票问题。一般地,ISO 规定工作草案的完成期限不超过两年。

3. 委员会阶段

工作组完成的最终文件,经委员会或分委员会认可,可以上升为委员会草案 CD(Committee Draft)。委员会草案是由技术委员会或分委员会秘书处起草的国际标准草案 DIS(Draft of International Standard)的初稿。CD 文本分发给 TC 的所有 P 成员和 O 成员,并都注明了投票的最后期限(一般为 3 个月)。只有 P 成员对 CD 文本才有投票资格,获 2/3 多数的 P 成员的赞成票的 CD 文件即可上升为国际标准草案(DIS)。ISO 规定,委员会草案的完成期限不得超过 5 年。

4. 批准阶段

由某一个委员会草案(CD)通过协商取得一致意见后,用英、法两种文本形式发给各国家团体进行投票表决的文本称为国际标准草案(DIS)。ISO 规定,对 FDIS 投票表决的时间为 6 个月,经投票通过的 DIS 为最终国际标准草案 FDIS(Final Draft of International Standard)。国际标准草案完成期限一般不得超过 7 年。

5. 出版阶段

经国家团体投票表决并获通过的国际标准草案（FDIS）即可出版，出版后正式成为国际标准 IS（International Standards）。

我国国家技术监督检验检疫总局（CSBTS）统一管理我国参与 ISO 的工作，并代表中国参加 ISO 组织，下设的秘书处作为我国参加 ISO 活动的办事机构。

三、组织形式和工作项目

自 ISO/TC 211 成立至今，共设立 9 个工作组，随着工作的进展，其中第 1、2、3 工作组已完成任务而被撤消，现在还有 6 个工作组负责地理信息标准的起草工作，另外还有 6 个特别工作组负责标准的研究策略、标准的质量等工作。

截止 2004 年 7 月 15 日，共有 40 个工作项目，其中"ISO 19102 综述"已被删除，实际上只由 9 个，它们的编号、名称及进展（见表 9.1）。这些项目分为三大类：国际标准或技术报告（IS 或 TR）4 个；国际标准草案（DIS）14 个；工作组草案（WD）或委员会草案或（CD）22 个。其中有关访问和服务的标准 12 个，有关数据内容的标准 21 个，有关组织管理的标准 7 个。

表 9.1 现有标准项目编号与名称、完成情况和适用空间数据基础设施的类型

标 准 编 号 与 名 称	完 成 情 况			适用空间数据基础设施的类型		
	IS/TR	DIS	WD or CD	存储技术	数据内容	组织管理
ISO 19101-Reference model	* /					*
ISO 19101-2 reference model-part2：In imagery			*		*	
ISO 19103-Conceptual Schema Language（CSL）			*			
ISO 19104-Terminology		*				*
ISO 19105-Conformance and testing	*					*
ISO 19106-Profiles	*					*
ISO 19107-Spatial schema	*				*	
ISO 19108-Temporal schema	*				*	
ISO 19109-Rules for application schema		*			*	
ISO 19110-Feature cataloguing methodology		*			*	
ISO 19111-Spatial referencing by coordinates	*				*	
ISO 19112-Spatial referencing by geographic identifiers	*				*	
ISO 19113-Quality principles	*				*	

标准编号与名称	完成情况			适用空间数据基础设施的类型		
	IS/TR	DIS	WD or CD	存储技术	数据内容	组织管理
ISO 19114-Quality evaluation procedures	*				*	
ISO 19115-Metadata	*				*	
ISO 19115-Metadata part2: Extensions for imagery and gridded data						
ISO 19116-Positioning services	*			*		
ISO 19117-Portrayal		*		*		
ISO 19118-Encoding		*		*		
ISO 19119-Services		*		*		
ISO 19120-Functional standards	/ *					*
ISO 19121-Imagery and gridded data	* /				*	
ISO 19122-Qualification and certification of personal	/ *		*			
ISO 19123-Schema for coverage geometry and functions		*			*	
ISO 19124-Imagery and gridded data components		*			*	
ISO 19125-Symbol feature access						
Part1: Common architecture		*		*		
Part2: SQL option		*		*		
Part3: COM OLE				*		
ISO 19126-Profile-FACC data dctionary			*		*	
ISO 19127-Geodetic codes and parameters			*		*	
ISO 19128-Web map server interface		*		*		
ISO 19129-Imagery and gridded and coverage data framework			*		*	
ISO 19130-Sensor and data model for imagery and gridded data			*		*	
ISO 19131-Data Product Specification			*		*	
ISO 19132-Location-based services possible standards			*	*		
ISO 19133-Location-based services tracking and navigation		*		*		
ISO 19134-Multimodal location-based services for routing and navigation			*	*		
ISO 19135-Procedures for registration for Geographic information items		*				*

标准编号与名称	完成情况			适用空间数据基础设施的类型		
	IS/TR	DIS	WD or CD	存储技术	数据内容	组织管理
ISO 19136-Geography Markup Language (GML)			*	*		
ISO 19137-Generally used profiles of the spatial schema and of similar important other schema			*		*	
ISO 19138-Data quality measures		*				
ISO 19139-Metedata-Implementation specification		*				
ISO 19140-Technical amendment to the ISO 191 * * geographic information series of standards for harmonization and enhancement			*			

四、国际地理信息标准的主要研究内容

ISO 19101 参考模型：描述地理信息标准化发生的环境、所适用的基本原则和标准化的结构框架。参考模型为所有需要这个标准化工作的概念和组成部分做了定义并将它们相互联系起来。在信息技术标准中构造的参考模型应独立于任何应用、方法和技术。

ISO 19102 综述：ISO/TC 211 标准系列概述（目前已取消）。

ISO 19103 概念模式语言：采用一种概念模式语言（CSL）来开发地理信息领域的概念模型。

ISO 19104 术语：与 ISO/TC 211 系列标准有关的一组统一的专门术语。

ISO 19105 一致性与测试：框架、概念和测试方法以及所要达到的与 ISO/TC 211 系列标准一致的判别规范。

ISO 19106 专用标准：为在 ISO/TC 211 系列标准范围内定义一个专用标准/产品所要遵循的准则。

ISO 19107 空间模式：定义目标类型的空间特性的概念模式。

ISO 19108 时间模式：定义目标类型的时间特性的概念模式。

ISO 19109 应用模式规则：定义一个对应用模式进行定义的规则，其中包括地理目标的分类准则以及它们与应用模式的关系。

ISO 19110 要素目录分类：定义创建地理目标、属性和关系的目录的方法；建立单独的国际多语种目录及其管理可行性的确定。

ISO 19111 地理坐标空间坐标参照系：定义描述大地参照系的概念模式和指导原则。这项工作将包括对所选的国际参照系的引用。

ISO 19112 地理标识符空间参照系：定义描述间接空间（非坐标）参照系的概念模式和指导原则。

ISO 19113 质量原理：定义可用于地理空间数据的质量模式。

ISO 19114 质量评价过程：为详细说明/评价数据质量方法制定的指导原则。

ISO 19115 元数据：定义描述地理信息和地理服务所需的模式。

ISO 19116 定位服务：规定定位系统的标准接口协议，即定义接口的数据结构和内容。该接口使定位数据提供装置和定位数据使用装置能够通讯，允许将由各种定位技术获得的位置信息集成到各种地理信息应用中。

ISO 19117 图示表达：定义一个以人们易于理解的方式来描述地理信息的模式，这包括符号的描述和将该模式与应用模式相映射的方法。这项工作并不包括制图符号的标准化。

ISO 19118 编码：选择与地理信息概念模式相一致的编码规则，以及定义概念模式语言与编码规则之间的相互映射。

ISO 19119 服务：标识和定义用于地理信息服务接口，以及定义与开放系统环境模型之间关系。

ISO 19120 现行实用标准：以技术报告形式制订一个在其他国际或者众多国家在地理信息/地球信息领域中的标准化论坛开发的公认的功能标准的分类法。本报告的上下文中，现行实用标准已被标识为现有的在当前国际社会正在被使用的地理信息标准，但未考虑国家标准。本报告试图确定那些被承认的现行实用标准的各组成部分，并标识可以用来协调这些标准本身和这些标准与 ISO/TC 211 为基础的标准的各个元素。ISO TR 19120 的最初版本提供了一个现行实用标准团体和 ISO/TC211 那些开发组之间的返馈周期中的起点。

ISO 19121 图像和栅格数据：该技术报告详细描述了 TC 211 在地理信息领域环境中处理图像及网格数据的方式；确定图像及网格数据方面已经被标准化或正在被其他 ISO 技术委员会和外部组织标准化的情况；确定那些已被确认的 ISO 和外部图像和网格数据标准中与 TC 211 地理信息标准一致的部分。

ISO 19122 个人资格和证明：该技术报告通过一个中间独立团体在地理信息/地球信息科学领域来描述系统中个人身份资格的赋予和认定；划定地理信息科学/地球信息科学和其他相关学科专业的界线；详细说明地理信息科学/地球信息科学中的技术和任务；该领域的技术专家、专业人员和管理人员建立技术和能力等级水平；确定这个初级的目标和其他类似的已有的职业协会认证过程的关系。为申请人制度和程序、为劳动力中个人的证明和为与其他专业组织的协作制订一个资格认证的计划。

ISO 19123 数据覆盖层几何图形和函数的模式：定义一个描述数据覆盖层（Coverage）空间特性的标准概念模式。

ISO 19124 图像和栅格数据成分：在 ISO 15046 系列标准环境中将描述和表示图像及网格数据的概念标准化。这包括对图像和栅格数据开展以下几方面的新的工作：应用模式的规则，质量原则和质量评价过程，空间参考系统，可视化以及开发服务。这项工作还要确定在已存在的标准中需要扩展和加入详细描述图像及网格数据的方面。新的元数据元素将使用 ISO 15046-15 扩展机制来定义。图像及网格数据的编码方法也将被确定并加入到 ISO 15046-18 中。

ISO 19125 简单要素存取：包括通用结构体系、SQL 选件和 COM/OLE 选件三部分。目标是：为 SQL 环境提供一个执行规范，它与简单要素存取-抽象规范（当前是新工作项目提案）；规定一种支持存储、检索、查询和数据更新简单地理空间要素集合的

SQL 模式；为特征表的实现建立体系结构并定义该体系机构中使用的术语；适用 SQL 组件和具有几何类型组件的 SQL；描述一套 SQL 几何类型和这些类型的 SQL 函数；不打算对将几何类型加入并保留在 SQL 环境中的机制的任何部分都标准化。为 COM/OLE 环境提供一个执行规范；规定一种支持存储、检索、查询和数据更新简单地理空间要素集合的 COM/OLE 模式；为执行规范建立一个体系结构并定义该体系结构中所使用的术语。

ISO 19126 专用标准——要素与属性分类代码数据字典：这个国际标准是一个描述文件。它是基于 DGIWG 环境中在 ISO CD 19110 地理信息——目录方法学中定义的规则和方法之上的。它定义了一个数据字典而且仅包括了那些可能被国际社会更广泛使用的那些特征和属性的定义。

ISO 19127 大地测量代码和参数：制订一个测量学符号和参数的技术规范，该规范为测量学符号和参数的总表定义的规则，确定了与 ISO 19111 一致的通过坐标进行空间定位的地理信息中在这些表内所需要的数据元素，而且还对这些表的使用提出了建议。这些建议将详细描述那些合法的方面，对历史数据的适用性，表格的完成以及维持的机制。

ISO 19128 网络地图服务器接口：对网络地图服务器（或地图服务器）进行描述。一个地图服务器可以产生一幅地图（作为一幅图片、或者作为一系列的图形元素、或者作为一套地理特征数据包）；能够对地图内容的基本查询进行回答；能够告诉其他程序它能产生什么样的地图和能在哪些地图中进行更进一步的查询。

ISO 19129 图像、栅格和数据覆盖层数据框架：在 ISO 19100 系列标准环境中对描述和表示图像、网格和所覆盖的数据的概念进行标准化。这个新工作项目提案是为一个技术规范给图像、网格和所覆盖的数据以及那些没有在其他的 ISO 19100 标准中标准化的其他元素来定义一个框架结构。

ISO 19130 图像和栅格数据传感器参数模型和数据模型：指定一个传感器模型来描述每一种产生图像类型数据的摄影测量、遥感和其他传感器的物理和几何性质。定义一个概念数据模型来为每一种传感器指定对原始数据的最少内容的要求和这些内容部分之间的联系，这些原始数据是由传感器测量得到的并以基于仪器的坐标系统的方式所提供的。

ISO 19131 数据产品规范：它将为地理数据产品的规范化提出要求，包括应用模式、空间和时间参考系、质量和数据采集以及维护过程。

ISO 19132 可能基于位置的服务标准：以技术报告的形式将调查该标准的需求情况，包括：位置表达形式（包括定位）、坐标、地址、路线"英里标志"、定位表示（角度、方位角、偏移角）、路线表达形式、分断序列、转向指示。导航命令表达的形式和规则，包括用户对命令表格选择的表达形式、潜在的个人采纳书选择表达、交通情况的表达形式、用户查询和服务器反映之间进行传递的形式，以及对本地（服务器方）和用户方在文化和语言方面适应性的考虑。

ISO 19133 基于位置的跟踪和导航服务：为了支持手机用户将指定基于网络的服务，它能在两个目标之间进行路径寻找或者路径指令遍历（找到从最初的目标到第二个目标的一条最佳路径，然后潜在地在程序上计算一套"航行决定"或者可能执行这条路径的后续命令路径）。能够通过网络使目标的位置同步；允许通过合适的路径命令来滚动等。

ISO 19134 基于位置的多模式路径和导航服务：指定在使用两种或多种运送方式的两个目标之间找到路径或者是进行路径航行，即通过各种可能的传输方式来找到一条从起点到目的地的最佳路径；而且在一个单一网络或者是一个多种网络中计算一套程序上的"航行决定"或者是可能执行这条路径的后续命令。

ISO 19135 地理信息项目注册程序：开发一个单一的或由几部分组成的标准，这个标准规定了在准备、保持和发布一个或多个登记者的明确的唯一永久的标识符和含义时所需要遵循的步骤，这些标识符和含义是在 ISO/TC 211 的指导下赋给地理信息项目的。

ISO 19136 地理置标语言（GML）：是 XML 的扩展，定义了 XML 的句法、机制和转换。编码符合 ISO 19118。该规范为地球空间应用模式和目标定义提供了一个开放的卖方中介的框架；允许支持 GML 框架描述能力的一个合适子集的描述性文件（Profiles）；支持为特殊的领域和信息团体对地球空间应用模式进行描述；能够对连续地对地理应用模式和数据集合进行创建和维护；支持应用模式和数据集合的存储和传输；增强组织之间共享地理应用模式和它们所描述的信息的能力。执行者可以将地理学应用模式和信息用 GML 存储，也可以按要求从其他存储格式转换过来，而仅仅使用 GML 来表示和进行数据传输。

ISO 19137 空间模式和同等重要的其他模式的通用的专用标准：制订一套空间模式描述文件来提供创建一个有效的应用模式所需要的一套最小几何元素。这些描述文件将包括来自 ISO 19107 空间模式、ISO 19108 时间模式和 ISO 19109 应用模式的制订准则，ISO 19111 通过坐标的空间定位中的组成部分，而且应该阐明在 ISO 19118 编码中的编码规则。同时，这些描述文件应该支持在一些国家或联络组织中已开发的和正在使用的许多空间数据格式和描述语言。

ISO 19138 数据质量度量：为 ISO 19113 数据质量原理定义一套（多种）数据质量子元素的度量，以便根据数据类型和应用目的选择使用。建立数据质量度量的注册，包括每个度量、标识符和代码。用于评估地理数据集的质量以及评价数据集是否适合特定的应用目的。该标准将为每个数据质量子元素定义多种度量指标，以便用户根据数据类型和应用目标选择使用。

ISO 19139 元数据执行规范：定义基于 ISO 19115 抽象的 UML 模型的元数据执行规范。为描述数字地理数据集，本规范与有关的执行模式将用 XML 模式相连接，可用于描述许多其他的地理数据格式，如地图、海图和文本文件，并用图解表示如何提供有关信息，如识别、质量、空间参照、数字地理数据的分布。

ISO 19140 协调和加强 ISO 19100 系列标准一致性的技术改进：对 ISO 19100 系列标准进行技术协调和修正，确保这些标准在术语、交叉参照、数据模型及其表示方面的一致性，以及与其他相关标准的一致性。

前 20 个标准的详细内容见参考文献。

第三节　行业和地区地理信息标准的研究和制定

一、开放式地理信息互操作规范

开放式地理信息系统联合会（Open GIS Consortium，OGC）是一个拥有国际成员的行业组织机构，现有包括软件公司、政府部门和大专院校在内的成员 220 多个。其主要任务是研制公众可用的开放式地理信息规范（Open Geographic Information Specifications，OGIS），使其具有网络环境中透明地共享异构地理数据及其处理资源的能力。

OGC 是一个非赢利性的组织，下设：董事会，负责 OGC 的方向；OGC 会长和总部，负责 OGC 的日常业务；计划编制委员会（PC），由 PC 或以上层次应付款的成员组成，负责批准 OGC 标准、新项目和行动计划；技术委员会（TC），由 TC 或以上层次应付款的成员组成，负责讨论和解决与互操作有关的技术问题。

目前，OGC 研究和制定的地理数据互操作规范分为两类：抽象规范和执行规范。

1. 抽象规范

1）目的

编写抽象规范的目的是为了建立一个概念模型，并证明该模型可以用来创建执行规范。抽象规范包括两个由同向（Syntropy）对象分析和设计方法衍生而来的模型：

第一个模型是基本模型。它是一些简单的模型，用来建立软件或系统设计与现实世界之间的概念联接。基本模型是对真实世界如何工作或应该如何工作的描述。

第二个模型是抽象模型。它是抽象规范的实质，用来定义执行中间件方式中的最终软件系统。抽象模型是对软件应当如何工作的描述。

研制抽象规范的目的是：

- 将软件和系统设计与真实世界的情况进行相关；
- 获取并准确陈述需求和领域知识，以便风险承担者可以理解并对此做出商定；
- 考虑系统的设计；
- 以不定的形式获取设计决策，该形式和需求是分离的；
- 生产可用的工作产品（如原型和概念执行的证明）；
- 组织、发现、筛选、检索、检查并编辑有关大系统的信息；
- 探寻多种经济的解决方法。

抽象规范，特别是抽象模型可以应用于所有这些目的。此外，它还为互操作问题提供了执行中间的但技术上成套的"语言"。

2）主题

OGC 的中心主题（Topic）是共享信息和提供服务，因此有两个中心技术主题：共享地球空间信息和提供地球空间信息服务。在 OGC 的抽象规范中共有 17 个主题（表9.2），其关系见图 9.1。

表 9.2 OGC 现有抽象规范

主题编号	主题名称（英文）	主题名称（中文）
Topic 0	Abstract Specification Overview	抽象规范综述
Topic 1	Feature Geometry	要素几何
Topic 2	Spatial Reference System	空间参照系
Topic 3	Locational Geometry Structures	定位几何图形结构
Topic 4	Stored Functions and Interpolation	存储功能和添加
Topic 5	The OpenGIS™ Feature	抽象规范要素
Topic 6	The Coverage Type	数据覆盖层类型
Topic 7	Earth Imagery Case	地球形象化描述的框架
Topic 8	Relationships between Features	要素间的关系
Topic 9	Quality	质量
Topic 10	Feature Collection	要素集
Topic 11	Metadata	元数据
Topic 12	The OpenGIS™ Services	抽象规范服务
Topic 13	Catalog Exploitation	目录维护
Topic 14	Semantics and Information communities	语义和信息团体
Topic 15	Image Exploitation Services	图像维护服务
Topic 16	Image Coordinate Transformation Services	图像坐标转换服务

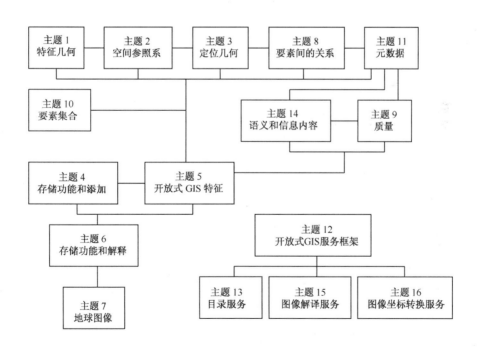

图 9.1 开放式 GIS 抽象规范之间的关系

由图 9.1 可知，主题 5、6 和 7 以共享地球空间信息为中心，它们无论是用几何要素、覆盖地物或是影像信息类型的地物建模，每个主题都与处理和展示地球空间信息有关。主题 1、2、3、8 和 11 直接支持主题 5、6、和 7。主题 1 是关于地物的几何结构；主题 2 是关于大地测量学科领域中的空间参照系统，将地物和地球上的位置进行关联；主题 3 为大地测量学中所没有的影像坐标，光栅坐标和非直接参照系，为提供地球空间参照增添了工具；主题 8 规定了地物之间关系的建模和暴露；主题 11 规定了元数据的建模和查询。而主题 4 直接支持主题 6，它有两个存储功能/函数（覆盖生成和图解制图功能），分别以 "to" 和 "from" 的形式映射了称为覆盖范围和空间领域的数学坐标空间。在对任何地球空间信息进行共享之前，这些主题都是十分重要的。

主题 12、13、15 和 16 与地球空间服务的提供有关。主题 9、10 和 14 虽然与地理空间联系并不紧密，但在不久的将来，这些主题必须被 OGC 赋予互操作功能，因为它们对于地球空间信息的理解和存取是必要的。

实际上，这些主题之间是相互依存的，每一个都很重要，缺一不可。每一个主题都必须根据整个抽象规范的上下文进行理解。

随着 OGC 范围的扩大，主题也会随之增加。表 9.1 的最后两行已经表明，主题已经向远程通讯和运输产业的需求方向发展。为了便于主题复杂性的管理，用以支持 OGC 不同工作组平行地对于不同主题进行研制，每个 "主题" 都赋予一个说明性的名字，其内容通常都包括 6 个部分：

· 主题介绍：目的和范围的简单描述，提供该主题的工作的历史情况和目前状况。每个主题的介绍都描述了各个主题之间以及各个主题和其他标准之间是如何相关的。

· 主题的基本模型：是每个主题的主体部分，解释真实世界中的对象、截面、行为和参数等。用图表、应用案例分析、结构图形或词汇模型来帮助理解主题的中心信息。

· 主题的抽象模型：是每个主题的核心部分。使用结构图形或词汇语言来表达概念模式。每个主题的抽象模型都应为所介绍的任何先进技术提供基本信息参考。

· 未来的工作：在可能的情况下，每个主题都可以确定最重要的 "下一步" 发展。一系列的需要和未来需求构成了 "未来的工作" 这一部分。

· 附录 A——定义主题卷指定的词汇表和缩写词。

· 附录 B——支持主题的著名的结构 WKS。WKS 应用统一建模语言或界面定义语言进行表达，当很明确需要 WKS 而没有正式为其定义时，在附录中需要有指定和描述这 WKS 的清单，该清单可以参照未来的工作这一部分。

2. 执行规范

由 OGC 研究和制定的抽象规范（接口和协议）可为在互联网、无线通信、基于地点的服务和主流信息技术等提供地理数据互操作的解决方案，以满足所有应用的需要。但是这些抽象规范只有通过编程进行测试、修改和完善才能成为可执行的规范。现已完成的执行规范有：用于 OLE/COM 的简单要素存储规范；用于 SQL 的简单要素存储规范；用于 CORBA 的简单要素存储规范；网络地图服务器接口；格网数据覆盖层；目录接口；坐标转换服务；地理置标语言(GML)等。

二、地理信息地区标准的研究和制定

欧洲标准化委员会（CEN）于 1992 年设立地理信息标准化委员会（CEN/TC 287），负责研究和制定适用于整个欧洲市场的地理信息标准，其基本工作由 4 个工作组和 5 个研究小组负责进行。

目前已完成的地理信息标准有：

- ENV 12009：1997——10 地理信息——参考模型
- ENV 12160：1998——02 地理信息——数据描述 几何
- ENV 12656：1998——10 地理信息——数据描述 质量
- ENV 12657：1998——10 地理信息——数据描述 元数据
- ENV 12658：1998——10 地理信息——数据描述 数据转换
- ENV 12661：1998——02 地理信息——空间参照 地理识别
- ENV 12762：1998——11 地理信息——空间参照 直接位置
- ENV 13376：1998——11 地理信息——数据描述 应用模式规则
- CR 13425：1998——11 地理信息——综述
- CR 12660：1998——11 地理信息——处理 查询与更新空间目标
- CR 13436：1998——11 地理信息——术语

第四节　我国地理信息标准的研究和制定

地理信息技术是信息技术的一个重要部分，它包含了对地球表面自然、经济、人文、社会等信息的数字化采集、处理、管理、操作、变换、网络、通信、输出和应用等方面的技术内容、技术方法和技术手段。地理信息技术标准遵守国家标准关于标准的定义，并符合所有标准产生、贯彻、完善、再生的全部规律。它以地球空间信息科学和系统工程学等为基础，以空间信息生产过程和产品为对象，对重复性的事物和概念做出统一的规定，促进规模化生产和信息共享，从而推动生产力的发展。

尽管如此，一个标准的出现仍有自身的规律，标准的产生程序本身也是一项标准，这已由国家标准化主管部门做出了规定。地理信息技术标准的制、修订程序也必然符合有关的程序规定。为此，需要了解标准的编制过程，这样才能制定出符合要求的、切实可行的技术标准。

一、标准化系统工程管理

标准是对重复性事物和概念所作的统一规定。如果从系统的观点来看，每一个事物都可以被当作一个系统或子系统。那么标准就具有了明显的系统特征而构成标准系统。就独立的单个标准而言，它是为实现确定的目标，由若干相互依存和制约的各个部分组成的，具有特定功能的有机整体，具有目标性、集合性、层次性、开放性等属性。

从系统论的整体观认识论出发，把标准制定过程当成一项系统工程，保证各个环节实现最优来获得总体最佳的社会效益和经济效益。那么，在技术方法上就需要采用系统工程学和标准化原理，对标准化对象进行分析、组织、管理和控制，建立起约束机构。尤其是地理信息的技术标准，它所面对的对象是地表面几何形态和地物空间分布特性和属性，这种从分析到控制的过程更加复杂。

对于一项系统工程，标准化的管理过程如图 9.2 所示。在系统管理过程中，从建立标准化系统到贯标是一个较小的部分，但却需花费较多的时间来完成标准制定过程。这一过程做不好，将达不到系统功效，实现不了系统的目标。因此，必须对标准的编制过程、规律、相应的方法以及有关的规定充分熟悉和掌握。

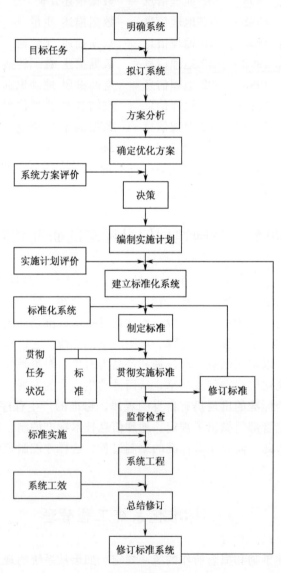

图 9.2　标准化的管理过程

二、我国地理信息技术标准编制工作程序

据国家技术监督部门标准管理办法的规定，标准的一般编制定程如图 9.3 所示。

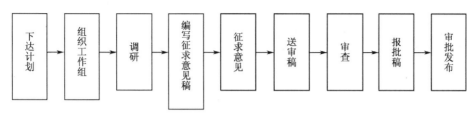

图 9.3　标准制定过程

按照这一规定的程序，标准编制工作每一个阶段还要有许多详细具体的工作，特别是地理信息技术标准产品形式尚不固定，技术方法复杂多变。因此，在编制的过程中仍有许多研究性的工作贯穿其中。

1. 组织标准制定工作组阶段

在国家或地理信息行业主管部门下达国家或行业标准的计划后，标准的编制单位应立即组织标准制定工作组，同时编写标准编制的计划任务书或实施方案。其主要内容应包括：标准的名称、适用范围和主要内容；制定标准的目的，经济效益预测；国内外地理信息标准化情况和科技成就；制定标准工作的主要步骤和分阶段内容；现有的工作条件和将采取的措施；经费开支预算情况。

2. 调研阶段

调研阶段的工作主要有两类：调查和收集资料；进行必要的科学研究。这一阶段的工作应做细做透。

（1）调查和收集资料的内容：主要是标准化对象（指地理信息技术方法、概念、产品、应用等）的历史、现状和发展情况资料；对象的有关技术数量；国内外有关标准资料，当前主要是 ISO/TC211、OGC、CEN287、FGDC 等国际和区域、组织的标准及国内标准。

（2）科学研究工作的重点：在于标准方案设计，即根据地理信息技术方法、产品、概念、应用等不同的要素，设计标准的框架结构；技术内容的选择，即按照框架结构选取必要的技术内容，内容应与标准的题目、主旨、结构形式相对应；确定技术参数，即主要涉及地理信息产品的规格和技术要求、技术方法的模型、评价的指标体系、检测的数学计算式、信息产品的应用模式类、系统软件的测评指标参数等各项内容；采用国际标准的可行性分析，即主要应结合我国地理信息技术的实际情况和未来发展趋势进行分析。在可能的条件下，应尽量采用国际标准或采纳先进标准的内容。

3. 编写征求意见稿阶段

这个阶段需做两项工作：一项是编写征求意见稿，以供发送有关单位和专家征求意见；另一项是撰写标准的编制说明。征求意见稿的内容需根据确定的方案和设计的标准结构，以及选取的技术参数，按照 GB1.1 要求的格式进行编写，成果是标准草案的征求意见稿。编写说明应包括：标准编制任务的来源及背景简介；编制工作简要说明；确定主要内容的论据；重要试验的分析、综合报告、技术经济论证；与国外同类水平对比；与现行法令、法规和标准的关系；贯彻执行标准的要求和措施；废除现行有关标准的建议。

4. 征求意见阶段

这一阶段一般需要较长的时间，要把标准草案的征求意见稿连同编制说明一起寄给有关单位或专家，让专家就标准中的内容、结构、技术参数和技术要求、词语、概念、公式等方面充分发表意见，并在给定的时间段内将意见反馈到编写单位。所选的单位和专家一般应为地理信息领域的生产、科研、教学和管理部门的单位和专家，根据标准的主旨和内容的不同，在征求意见单位比例上有所侧重，最大限度地发挥专家的作用。

回收反馈意见后，除了做数据的统计以外，还应对主要分歧意见加强协商，提出解决方案，收集和整理各类意见，分析研究，决定取舍，并将有关意见汇总成处理表，明确采纳或不采纳或待讨论的理由，为编写送审稿提供依据。

5. 编写送审稿阶段

这一阶段是在征求意见和认真修改的基础上，严格按标准格式编写成供标准审查用的标准草案送审稿。此时，标准的结构、内容、指标和词语等方面应具有相对的稳定性，不宜再出现大起大落的现象。编写送审稿时，还应该相应修改和补充标准的编制说明。提交审查时，应同时提交送审稿、编写说明、意见汇总处理表以及有关的技术报告等。

6. 组织审查阶段

这一阶段的工作，主要由标准下达的主管部门或相应的全国地理信息标准化技术委员会（在该委员会列项的项目），根据征求意见的情况，在适当的时候组织有关专家对编制的标准草案送审稿进行函审或会审。审查的重点是：标准草案是否符合或达到预定目标；内容是否符合我国地理信息产业的实际情况和科技发展方向；规定是否有充分依据，技术是否先进、科学、实用、经济合理、安全可靠，内容是否完整；与现行法律、标准的协调性如何；贯彻标准的建议是强制或推荐；进一步修改的意见等。

审查结束时应提供审查结论，以参加审查的多数专家同意为通过。

7. 编写报批稿阶段

根据审查会的结论，应在较短的时间内修改和编写标准草案的报批稿。报批稿应充分反映审查专家所提出的意见。报批稿完成后，进行文档的整理，连同以下附件材料报上级主管部门审批发布。附件材料包括：标准的编制说明；审查会的意见或函审结论；意见汇总和处理表；主要试验研究报告；标准实施日期和贯标建议；所采用国外标准原文或译文。

8. 审批发布阶段

上级主管部门收到报批稿和附件材料后，如果是行业标准，应由该行业的主管部门审批；如果是国家标准，则应转报国家标准的审批发布机关。审批的主要内容包括：与相关标准是否协调；是否符合国家有关政策；重大分歧意见是否得到解决；编写方法是否符合规定；附件是否齐全。

经审批后，按照国家对不同类型标准的贯标规定，主管部门提出是强制性或推荐性标准后，以公告形式发布为正式标准。

以上所述的是地理信息技术标准编制的一般过程。实际上，标准的对象可能是地理信息产品、地理信息技术方法、地理信息术语、地理信息系统或软件、地理信息应用过程、地理信息管理过程等，从而形成基础、方法、产品和管理的综合性或个体性标准。无论哪一类，均应按以上的编制过程进行工作，特别是地理信息标准的时效性、技术复杂性、产品多样性、学科关联性等方面的特点，更需要编制过程中深入研究一系列问题，广泛征求意见，并在生产实践中验证。这样才能保证所制定的地理信息技术标准具有先进性、科学性、实用性，才能推动地理信息产业的发展。

三、国际标准的采用

1. 国家标准与国际标准一致性程度

为了对国家标准与相应的国际标准进行比较，容易地了解它们之间的关系，国家标准与国际标准一致性程度划分为等同、修改和非等效等 3 类。

（1）等同（IDT）：国家标准与国际标准在技术内容、文本结构和措辞方面完全相同，或技术内容完全相同但可包含小的编辑修改；

（2）修改（MOD）：允许国家标准与国际标准存在技术性差异，但这些技术性差异应清楚地予以说明；

（3）非等效（NEQ）：允许国家标准与相应国际标准在技术内容和文本结构上不同且不必说明，或者国家标准中只保留少量的或不重要的与国际标准条款。

2. 采用国际标准的主要原则

目前，世界上约有近 300 个国际和区域性组织制定标准和技术规则，其中最大的是国际标准化组织（ISO）、国际电工委员会（IEC）、国际电信联盟（ITU）。国际标准主要是指 ISO、IEC、ITU 制订的标准。此外，被 ISO 认可并收入 KWIC 索引中的其他 25 个国际组织制订的标准，也视为国际标准。

根据国家质量监督检验检疫总局 2001 年 11 月 21 日发布的《采用国际标准管理办法》规定，采用国际标准的主要原则有：

（1）应符合我国有关法律、法规，并应遵循国际惯例；

（2）优先采用国际标准中的通用的基础性标准和试验方法标准；

（3）尽可能等同采用国际标准，等同采用的国际标准应保持文本结构的一致性，但根据我国国情，出于正当理由可对国际标准进行修改，同时将与国际标准的差异减到最小。当两者存在差异时，应清楚地指明这些差异，并说明产生这些差异的理由；

（4）应尽可能采用一个国际标准，如果必须采用几个国际标准时，应说明所采用的国际标准的对应关系；

（5）国家标准前言应陈述相应国际标准的相关信息，如与相应国际标准的一致性程度、国际标准的编号和国际标准名称的中文译名，并在括号内标明所采用的国际标准的语言文本；还应包括采用国际标准的方法的说明、编辑性修改的详细内容，技术性差异和文本结构改变及其解释、增加资料性内容的说明等。

（6）应按已发布的国际标准的修正案和技术勘误内容进行修改并在相应位置标识记号。国家标准的前言中应包括国际标准修正案、技术勘误和标识方法的解释；

（7）在采用国际标准时，如果发现相应的国际标准中有错误，应向国际标准化解释委员会报告，并经获得认准后方可进行修改；否则，将影响等同的一致性程度；

（8）采用国际标准的国家标准的制定程序同我国的国家标准。

3. 采用国际标准的方法

为了保证各国各自采用国际标准的结果能得到 ISO/IEC 的认可，同时使各国间相互承认，ISO/IEC 制定了 ISO/IEC 指南 21：1999。指南中提供的采用国际标准的方法有：签著认可法、封面法、重新印刷法、翻译法、重新起草法等。由于 ISO 采用的官方语言是英语和法语，而中文不是其官方语言。因此只能将翻译法和重新起草法作为我国采用国际标准的方法。

翻译法适用于等同采用国际标准，且宜将国际标准的原文附在国家标准之后。为适应我国的语言习惯，在翻译时不可避免地要进行一些编辑和修改，因此利用翻译法等同采用国际标准是指等同采用的第二种情况。这种情况的一致性是指，符合国际标准就意味着符合国家标准，反之亦然。

重新起草法适用于修改采用国际标准。在重新起草时，只有不影响国际标准和国家标准的内容和结构进行比较的情况下，才允许对国际标准的文本结构进行修改，并在国家标准中列出与国际标准结构的对照表。可以进行的修改包括：国家标准的内容少于或多于相应的国际标准、更改国际标准的一部分内容、增加另一种供选择的方案。

4. 全国地理信息标准化委员会

我国的全国地理信息标准化委员会（CSBTS/TC 230）于 1997 年 12 月成立，隶属国家质量监督检验检疫总局，挂靠在国家测绘局，秘书处设在国家基础信息中心，与 ISO/TC 211 对口，其主要任务是：

（1）提出地理信息标准化的方针、政策、和技术措施；

（2）提出制定、修订地理信息国家标准和行业标准的规划和年度计划；

（3）负责解释地理信息国家标准和宣传贯彻；

（4）对已颁布的标准的贯彻实施情况调查和分析，提出奖励项目建议；

（5）受权可对地理信息标准范围内产品和服务质量评估；

（6）开展地理信息标准的学术交流和培训；

（7）与 ISO/TC211 业务联系和国际标准的采标工作；

（8）承担上级部门交办的与地理信息有关的其他事宜。

近 20 年来，我国也已研究和制定了若干有关地理信息的国家标准和行业标准，包括基础标准、方法标准和产品标准[http://nfgis.nsdi.gov.cn]。

第五节　地理信息标准的实施

地理信息技术从广义上或者说从宏观上属于信息技术领域，因此，可以直接采纳信息技术领域中的许多标准为其所用。但是，地理信息有其自身的特点，还必须研制定义、描述、处理空间数据的标准，或者是制定出符合信息技术基本开放环境的空间数据采集、标识、处理、转换、管理、操作、传输、发放等综合信息技术和空间数据技术的标准。由此可见，地理信息领域的标准化工作的任务非常繁重。

地理信息领域内的标准化工作，其目的在于为涉及与空间位置直接或间接相关的空间目标或现象等信息研究和制定结构化的系列标准。这些标准大致可分为基础标准、方法标准、应用标准和产品四大类，每一大类又可分为系列标准和相关标准两类。系列标准中的每一个标准是独立的、可执行的，但标准之间又是互相联系的、互为支撑的，它们共同担负着规定数据管理（包括定义和描述）的方法、工具和服务，以及在不同用户、不同系统、不同地点之间以数字或电子形式来获取、处理、分析、存取、传输和分发服务地理信息数据等任务，以达到数据共享的目的。

地理信息产业化离不开地理信息标准化。地理信息标准化的任务有二：一是研究和制定地理信息标准；二是推广和应用地理信息标准。地理信息标准是按严格的程序制定的，一经批准和颁布即可实施。标准的实施包含两方面的内容：一是地理信息的产业部门、科研部门和有关软件开发商都应采用已颁布的标准，尤其是标准中的强制性条款；二是一致性测试，即由认证机构对地理信息产品进行质量认证。

一、标准的宣贯

从应用的角度看，我国的地理信息都属于推荐性标准。对于推荐性地理信息标准，也希望从事地理信息领域工作的单位和个人尽量采用或参照执行。为此，作为地理信息标准应达到以下要求：

（1）标准应严格建立在科学、技术和实践经验的综合成果的基础上，并以保证在地理信息领域内获得最佳秩序和取得最佳社会效益为目的。

（2）标准的适应范围即目的应十分明确，其条款应对地理信息领域内的一切活动或活动的结果明确规定，提供普遍和重复使用的规定、导则或特征值，切忌多义性或含混不清。

（3）系列标准（或称标准集、标准簇）中各个标准之间协调一致，如采用的名词术语、结构、文体应一致，内容不应重复（但标准可互相引用），应采用类似的措词来表达类似的条文，采用完全相同的措词来表达完全相同的条文等。

（4）标准文本的编写应严格按照中华人民共和国国家标准《标准化工作守则》中的第一单元第一部分"标准编写的基本规定"（GB/T1.1-1993）执行。

（5）为了便于通过标准中明确规定的条件促进国际贸易与交流，标准还应该：

- 在其范围所规定的界限内按照需要拟订条文，力求完整；
- 上下文始终保持一致；
- 充分考虑技术的先进性；
- 提供未来技术发展结构；
- 尽可能地简单、明了，能使未参加制定标准的有关人员所理解。

（6）为了便于对标准进行一致性测试，在标准中应包含一致性条款。

二、一 致 性

1. 一致性的概念

一致性（conformance）是指满足所有要求的实现（implementation）。标准中一致性条款规定了声称与标准的有关内容相一致所必须满足的所有要求，它作为一个切入点而为一致性测试服务。一致性条款描述抽样测试套件的条款，以及定义一致性分级和一致性程度时所下的定义。

在一致性条款中所列的要求可分为：

（1）强制性要求：这些要求在任何情况下都应当得到满足；

（2）条件性要求：这些要求在规范中提出的条件适用时应得到满足；

（3）选择性要求：假如选项的一致性要求得到满足，就可以选择这些要求以适应实现。

（4）一致性要求可以表述为：肯定，说明什么是需要做的；否定，说明什么是不需要做的。

2. 一致性条款

为使标准有效、实用，能够清楚地确定与标准相一致是很重要的。因此，每个标准都应提供一致性条款。

一个一致性条款是一致性测试的一个切入点。检验一个实现是否符合标准，首先要检查一致性条款，以便决定必须检验哪些内容。因而，一致性条款必须清楚地表述声称与标准一致而应满足的要求。一个典型的一致性条款可以包括下列内容（编号不是本书正文的编号）：

2 一致性

2.1 一致性

任何声称与本标准相一致的产品都必须通过下面抽象测试套件所描述的全部要求。

2.2 抽象测试套件

3. 抽象测试套件

在一致性条款中，抽象测试套件（ATS）由抽象测试模块和抽象测试项组成层次结构。抽象测试项构成最底层，而抽象测试模块习惯于分解成抽象测试项和其他抽象测试模块。抽象测试套件的层级结构示例如图 9.4 所示。

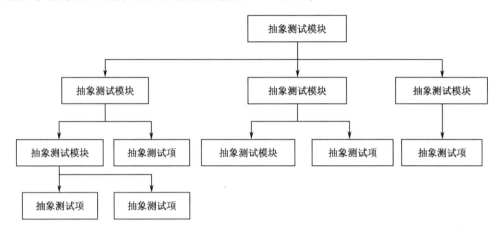

图 9.4　抽象测试套件的层次结构

每个抽象测试项至少执行适用标准中的一项测试目的。在抽象测试套件的层次结构内部，嵌套的抽象测试模块可以被用于提供一个抽象测试项的逻辑顺序。抽象测试模块可以被嵌套任意深度。一个可以执行的测试套件（ETS）是一个抽象测试套件的具体示例说明，在这里全部从属实现的参数都被赋予特定的数值。

抽象测试项包括：测试项标识符；测试目的；测试方法（包括测试判定准则）；对标准具体内容的参照引用；测试类型（或者是基本测试，或者是能力测试）。

可执行的测试项应包括：测试标识符；测试目的；测试方法（包括测试判定准则）；对 ATS 具体内容的参照引用；执行测试目的所需数值的模型。

可执行测试项从抽象测试项导出，并且应当具有能够在被测实现（IUT）上运行的形式。可执行测试项包含参数赋值、编写指令，每个抽象测试项可以有许多待赋值的参数。

当所有测试目的被分解成抽象测试项时，测试目的就被转化成标准中的 ATS。当然，测试目的的层级结构就构成 ATS 的框架。例如，"ISO 19113 质量原则"中的抽象测试套件的结构（其中的编号不是本书正文的编号）如下：

2.2　抽象测试套件

2.2.1　标识和收集质量信息

2.2.1.1　数据质量要素及其数据质量分要素

2.2.1.1.1　可应用的数据质量要素及其数据质量分要素

2.2.1.1.1.1　建立用户条目的要求

2.2.1.1.1.2　建立用户条目的必要性

2.2.1.1.2　数据质量分要素的各组成部分

2.2.1.1.3　数据质量分要素的各组成部分的有效性

2.2.1.1.3.1　数据质量范围的有效性

2.2.1.1.3.2　数据质量计量单位的有效性

2.2.1.1.3.3　数据质量评价过程的有效性

2.2.1.1.3.4　数据质量结果的有效性

2.2.1.1.3.5　数据质量值域的有效性

2.2.1.1.3.6　确定数据质量日期的有效性

2.2.1.2　数据质量概述要素

2.2.2　质量信息报告

2.2.2.1　作为元数据的质量信息报告

2.2.2.2　定量化质量信息报告

上面列举的仅是抽象测试套件层级的一个例子，如果在每一层级加上测试目的、测试方法、参照和测试类型，便形成了一个完整的抽象测试套件。

三、一致性测试

为了评定一个特定的实现，如一个地理信息系统或一个地理信息系统软件/模块的一致性，需要一份有关选项（如执行某标准的那些条款或全部条款）已被执行的声明。这将有助于该实现对照相关要求且仅对照这些要求来进行一致性测试与评价，其评价过程包括：测试准备、测试运行、结果分析和形成一致性测试报告等四个阶段。

1. 测试准备

测试准备阶段应做的工作包括：

- 管理信息的形成；
- 准备用于测试的"协议实现一致性声明"（PICS）和"协议实现的测试补充材料"（PIXIT）；
- 抽象测试方法和抽象测试套件的确认；
- 根据有关的一致性要求，通过分析一致性声明而进行 PICS 的复查；
- PIXIT 复查，包括对照相应的 PICS 进行相容性检验；
- 基于 PICS 和 PIXIT 的初始抽象测试项选择和参数赋值；
- 被测系统（SUT）的准备；
- 基于 PICS 及 PIXIT 的最终抽象测试项选择和参数赋值。

2. 测试运行

测试运行是运行可执行测试套件的过程。运行过程中，应在一致性日志中记录所观察的测试结果和其他相关信息。

3. 结果分析

结果分析通过对照抽象测试项规定的判定准则评价所观察的测试结果来进行。通过结果分析应得出测试判定的声明：通过、失效和无结论。"通过"和"失效"是两种主要的判定，在很少情况下不得不采用"无结论"判定。

"通过判定"意味着观察到的测试结果与测试目的一致性要求提供了一致性证据，所观察的测试结果相对于有关标准和 PICS 是有效的。

"失效判定"意味着所观察到的测试结果表明或相对于测试目的不一致，或相对于标准中至少有一项一致性要求不一致。例如，异常终止——不管什么理由，可执行测试项的执行过早终止。

"无结论判定"意味着所观察的测试结果既不是"通过判定"也不是"失效判定"，这种判定只是在很少情况下发生。

已确定的测试判定，无论是"通过"、"失效"还是"无结论"，都应当为被测实现综合成一份一致性测试报告。

4. 一致性测试报告

一致性测试结果，即测试判定应当在一致性测试报告中叙述。该报告应当分为两部分：概要和详细信息。第一部分是被测实现在一致性评价过程中执行测试项所得判定的概述；第二部分叙述可执行测试项的运行结果，并同时提供所观察的测试结果的一致性日志的参考资料和实施一致性评价过程所有的必要的有关文件。

一致性测试报告是对被测实现进行资格认证的重要依据。

四、一致性测试报告的认证

为达到一致性测试的可信目的，要求无论什么时候，执行一个给定的被测系统（SUT）可执行测试项，其运行结果都应当是相同的；所有与测试有关的规程的标准化应当产生一份与被测实现相应的可比较的总体概要。这就是说，一致性测试的结果必须具有可重现性和可比较性。为此必须做到：

（1）仔细设计和明确规定抽象测试项，以便指出哪些是必须满足的一致性要求，以及在适当情况下允许具有灵活性时如何判定。

（2）当必须重复运行测试项时，测试实验室应遵循的详细规定。

（3）一致性测试报告需具有规定的形式。

（4）对编写报告的步骤做出详细规定。

为了进行有效的一致性测试和对测试报告进行认证，必须建立有权威性的管理机构，如图 9.5 所示。

由图 9.5 可知，在一致性测试中，可以包含有国际级和国家级两种不同的管理机构。其中：

1）管理委员会

建立管理委员会的目的是为了解决抽象测试套件被用于一致性测试时，所产生的解释中的差异，并协助测试实验室解释标准测试套件所要求的技术内容。管理委员会独立于 ISO/TC211。

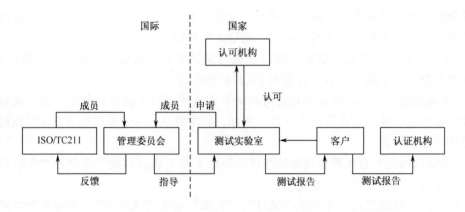

图 9.5　国际和国家级一致性测试管理

2）认可机构

其作用是保证测试实验室有资格执行规定类型的测试，包括对测试实验室的技术能力和公正性两方面的认可。只有那些被认可的测试实验室才被允许进行一致性测试。

3）测试实验室

测试实验室执行一致性测试，并向客户提交一致性测试报告，还可受客户委托或请求，向认证机构提供一致性测试报告。

4）认证机构

认证机构为颁发合格证书制定意义明确的准则，并根据测试实验室提供的一致性测试报告颁发证书。凡是具有一致性测试业务的国家，都应当有认证机构。由于认证机构采用相同的准则，所以能保证一致性测试结果在世界范围内相互承认。认证机构的职能可由认可机构来执行，在这种情况下，独立的认证机构不是必要的，这就是图 9.5 中用虚线框表示的原因。

地理信息产业化离不开地理信息标准化。地理信息标准化面临着两项重要的任务：一是加速地理信息标准的研究和制定，二是地理信息标准的推广和应用。研究、制定和颁布地理信息标准是推广和应用地理信息标准的前提条件。为了加速地理信息领域的标准化进程，应采取以下措施：

（1）根据地理信息产业发展的需要，加大投入，调动广大科技工作者和产业部门、科研院所和高等院校的积极性，积极组织编制地理信息标准。

（2）努力提高标准的质量，并努力做到与地理信息领域内的国际标准接轨。

（3）大力宣传地理信息标准化的重要性，提高地理信息产业部门执行已颁布的地理信息标准的自觉性。

（4）国家应成立相应的认证机构，尽早开展一致性测试业务，力求做到与有关标准不一致的产品不得上市流通。

可以相信，随着地理信息标准化工作的不断地深入开展，我国地理信息产业化发展便会迈上一个新台阶。

第六节 空间数据质量标准化

质量是指产品特性和特征的总和或有关提供优质服务需求的能力（ISO 8402）。产品质量的高低是一个国家综合国力水平的体现。空间数据质量的高低直接影响到地理信息产业的发展，也是实现地理信息共享的关键问题之一。质量是产品的生命。空间数据质量是地理信息产品的生命。地理信息的质量原理、质量元素、质量的度量和评价方法也是地理信息标准化的主要内容。

自从地理信息系统诞生以来，空间数据质量问题就引起了数据生产者和广大用户的广泛关注和高度重视。研究的主要问题是：空间数据误差来源的确定和分类误差的探测和精度评定方法、误差的传播模型和误差管理的策略。这里，误差是指观测值或测试结果与公认的真值（理论值）之间的近似程度，又称准确度（accuracy）。

一、空间数据误差的来源

空间数据误差主要来自三个方面：

1. 源误差

源误差是指空间数据原始资料（文字统计资料、图形图像资料和数据资料）的固有的误差。不同原始资料产生误差的原因不同，如：

- 遥感数据：平台、传感器结构的稳定性……
- 测量数据：人差、仪器、环境……
- GPS 测量：信号、接收机、计算方法、坐标变换……
- 地图制图：展点、编绘、绘图、综合、制印……
- 数字化：纸张变形、比例尺和投影变换、仪器、人员、线宽、采点密度、图纸飘移……
- 属性记录：输错、漏输、重输……

2. 数据处理误差

指数据处理过程中产生的误差。主要包括：
- 几何改正：图纸变形的改正等；
- 坐标变换和比例变换；
- 特征地物的图形编辑：悬挂节点、结点匹配、点和线的增删、多边形不闭合等；
- 属性数据的编辑：属性值输重或输错或漏输等；
- 空间分析：叠置分析、网络分析等；
- 图形化简：数据压缩和曲线光滑；
- 数据格式转换：矢、栅数据之间的互相转换，系统之间数据转换；
- 地形数据模型化：数字高程模型的建模方法；
- 计算机截断误差（舍入误差）。

3. 数据使用误差

指数据使用过程中产生的误差，主要包括：

- 数据的完备程度；
- 时间的有效性，即现势性；
- 拓扑关系的正确性；
- 缺少数据的质量报告和日期。

由此可见，空间数据误差的来源是多方面的，但数据处理误差远远小于源误差。

4. 空间数据的误差探测

误差探测是指数据集中空间数据的误差探测方法、度量指标和精度评价等级的方法。空间数据误差探测、度量和评价是科学工作者多年来积极探索和深入研究的问题，所采用的研究方法主要有概率论、证据数学理论、模糊数学、空间统计理论、不确定性理论和场理论等，并且取得了很大的成绩，例如误差处理和表示方法（误差分布的可视化模型）、度量指标（中误差、标准差、Δ-band、置信度、方差、不确定性）和检验方法（统计学方法、对比的方法、目视的方法、软件的方法、实地检测方法）等。

二、空间数据质量的概念

按照产品质量的定义，空间数据质量是指地理信息产品特性和特征的总和或有关提供优质服务需求的能力。前者是生产者的观点，即按真实标记的原则（Truth in Labeling）将地理信息产品的特性和特征通过一定的方式进行标记；后者是用户的观点，即按满足指定应用需求的原则（Fitness for Use）标记。由于数据生产者往往不能完全确定数据的潜在用户，也就是不能按用户的需求去生产数据，或者说生产者生产的数据不能满足所有用户的需求，例如某数据生产者按生产数据的技术规范的要求只保留了图上面积大于 5 毫米^2 的湖泊，这对大多数用户来说可能是能满足要求的，但对于农业或水利建设的应用来说可能是不能满足其要求的。所以，空间数据的质量一般按真实标记的原则标记数据质量，或者在按真实标记的原则标记数据质量的同时指出该数据质量的数据已用在或可以用在哪些实际应用领域。

数据质量是对数据集总体质量的描述。数据集被定义为一个可确定的数据集合。这些数据是对现实世界实体的空间、专题和时间表象的表示。从现实世界抽象到论域的过程（即建立抽象模型）把现实世界可能存在的无数特征转换成由某一位置、某一专题以及某一时间定义的理想形态，以便可以理解并描绘这些实体。论域由产品规范描述，对照其质量数据集内容被测试。

数据质量概念为数据生产者和数据使用者建立了一个重要的框架（图 9.6）。它为数据生产者提供手段，来说明数据集到其论域所建立映射的优劣。使数据生产者能够验证数据集是否符合其产品规范规定的标准。它为数据使用者提供手段，来评估数据集（此数据集衍生自符合他们的应用要求的论域）。使数据使用者能够评定数据集的质量是否满足他们的应用要求。

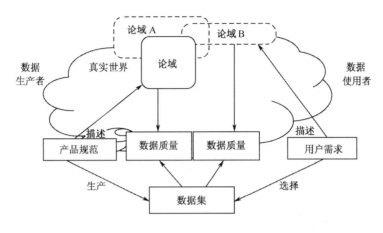

图 9.6 数据质量概念的框架

三、数据质量元素和子元素

1. 质量元素

既然数据集往往是为一系列设想的应用,而不是为某个明确的应用而建立,那么数据集的质量最好通过了解数据质量元素(又称特性或特征)和数据质量概述要素来评定。数据质量元素是评价数据集产品与论域(完全符合产品规范的完美数据集)之间的区别。

由于空间数据的复杂性,数据质量元素到底包括哪几个,也就是说用哪几个数据质量元素来标记数据质量,至今尚未取得统一的意见(表 9.3)。

表 9.3 各标准化组织提出的数据质量元素对照表

SDTS (1992)	ICA (1996)	CEN/TC287 (1997)	ISO/TC211 (1997)	ISO/TC211 (2002)
Source	Source	Source [Potential Usage]	Overview (Source, Purpose, Usage)	Source, Purpose, Usage
Resolution	Resolution	Resolution	Resolution	Position Accuracy
Metric Accuracy	Metric Accuracy	Metric Accuracy	Accuracy	Attribute Accuracy
Thematic Accuracy	Thematic Accuracy	Thematic Accuracy	Thematic Accuracy	Thematic Accuracy
Completeness	Completeness	Completeness	Completeness	Completeness
Logical Consistency	Logical Consistency	Logical Consistency	Logical Consistency	Logical Consistency
	Symantec Accuracy	Meta Quality		
	Temporal Accuracy	Temporal Accuracy		Temporal Accuracy
			Homogeneity	
			Conformance and Testing	

由表 9.3 可以看出，尽管各标准化组织提出的数据质量元素有所不同，随着研究的不断深入，其对数据质量元素认同也会趋于一致。目前 ISO/TC211 制订的地理信息国际标准规定的数据质量元素分为两大类：定量描述的质量元素和非定量描述的质量元素。

数据质量元素（在适用的情况下）将用于描述数据集对产品规范中预设标准的符合程度，它们是：

- 完备性——要素、要素属性和要素关系的存在和缺失。
- 逻辑一致性——对数据结构、属性及关系的逻辑规则的依附度（数据结构可以是概念上的、逻辑上的或物理上的）。
- 位置准确度——要素位置的准确度。
- 时间准确度——要素时间属性和时间关系的准确度。
- 专题准确度——定量属性的准确度；定性属性的正确性；要素的分类分级以及其他关系。

数据质量概述要素（在适用的情况下）将被用来描述数据集的定性质量信息。它们包括：

- 数据志——描述数据集的历史。它包含两个独立的组成部分：一是来源信息，它描述数据集的出处；二是处理步骤或历史信息，它说明发生的事件记录或数据集经历的转换，包括数据集维护过程是否是持续的或是定期的，也包括维护周期。
- 目的——给出关于建立数据集的原因和数据集预期应用的信息。
- 用途——提供数据集已有各种实际应用的信息及其潜在应用的信息。注意：数据集的潜在的用途不必与实际用途相同。数据生产者或其他的截然不同的数据使用者通过"用途"描述数据集的实际应用。

该标准认为，还可建立其他数据质量元素来描述数据集质量的某一方面。

2. 数据质量子元素

下面给出 ISO 19113 中确定的数据质量元素的数据质量子元素，它们（在适用的情况下）将用于描述数据集定量质量的情况。

(1) 完备性：多余，即数据集中多余的数据；遗漏，即数据集缺少的数据。

(2) 逻辑一致性：概念一致性，即对概念模式规则的符合情况；值域一致性，即值对值域的符合情况；格式一致性，即数据存储同数据集的物理结构匹配程度。

(3) 拓扑一致性：数据集拓扑特征编码的准确度。

(4) 位置准确度：绝对或客观精度，即坐标值同可以接受或真实值的接近程度；相对或内在精度，即数据集中要素的相对位置和其可以接受或真实的相对位置的接近程度。

(5) 格网数据位置精度：格网数据位置值同可以接受或真实值的接近程度。

(6) 时间准确度：时间量测准确度，即时间参照的正确性（时间量测误差报告）；时间一致性，即事件时间排序或时间次序的正确性（如果有报告）。

(7) 时间有效性：时间上数据的有效性。

(8) 专题准确度：分类分级正确性，即要素被划分的类别或等级，或者他们的属性同论域（例如地表真值或参考数据集）的比较；定性属性准确度，即非定量属性的正确性；定量属性准确度，即定量属性的准确度。

该标准也认为，对于任何一个数据质量元素，除了以上列出的子元素外还可以根据数据集的类型和内容增加或减少数据质量子元素。

在报告每个适用的数据质量子元素的质量信息时，将用七个数据质量子元素描述符作为全面记录数据质量子元素信息的机制。它们是：数据质量范围、数据质量量测、数据质量评价过程、数据质量结果、数据质量值的类型、数据质量值的单位和数据质量日期。关于数据质量子元素的描述符的定义参考文献。

3. 我国采用的空间数据质量元素及其子元素

我国从"七五"期间开始对空间数据质量进行了比较深入的研究，先后颁布了一些国家和行业标准。在这些标准中使用的空间数据质量元素和子元素可归纳如下：

1）数据情况说明（Lineage）

- 数据概况：产品、范围、存储介质、数学基础及采用的标准；
- 数据来源和数据采集方法；
- 数据内容及其分层；
- 数据处理日期、过程和方法；
- 数据生产（更新）单位和日期；
- 产品检验：单位、精度及等级、验收日期；
- 产品归属。

2）位置精度（Positional Accuracy）

- 数学基础
- 平面精度
- 高程精度
- 形状保真度
- 接边精度

3）属性精度（Attribute Accuracy）

- 属性数据（属性值）的正确性，包括要素分类与代码、属性值、要素注记；
- 属性数据的完备性。

4）逻辑一致性（Logical Consistency）

- 多边形闭合精度
- 拓扑关系的正确性
- 结点匹配精度
- 数据格式和数据值域的一致性

5）数据的完备性（Completeness）

- 要素的完备性
- 实体类型的完备性
- 数据分层的完备性
- 注记的完整性、正确性

6）图形质量（Graphic Quality）

- 模拟显示时的线划质量
- 符号表示规格

- 注记的规格及其与被注记要素的位置关系　　• 要素符号的关系

对每种空间数据产品可采用其中全部或部分数据质量元素及其相应的子元素，或根据需要增加数据质量元素及其相应的子元素。

四、数据质量的检验和评价

ISO 19115 根据空间数据质量原理制订了相应的空间数据质量评定程序，主要内容有：

（1）数据质量评价过程：步骤和流程图；

（2）数据质量评价方法：直接评价方法（基于数据集内部项目检查的数据集质量评价方法）和间接评价方法（基于外部间接知识评价数据集质量的方法）。

我国也制定了空间数据产品质量检查验收规定，其主要内容是：

1. 空间数据质量及质量评价过程

- 根据产品规范确定适用于被检数据集的质量元素及其子元素；
- 选择数据质量的度量指标；
- 应用评价方法（直接评价或间接评价）进行质量评价；
- 提供数据质量评价报告。

2. 空间数据质量的度量指标

- 矢量数据集的质量的度量指标：数学基础、平面精度、高程精度、属性精度、逻辑一致性、要素完备性和现势性、附件质量（含元数据）；
- 影像数据质量的度量指标：位置精度、影像质量、附件质量（含元数据）；
- 栅格数据质量的度量指标：属性精度、附件质量（含元数据）；
- 间接质量度量指标：按误差传播模型推算的质量指标。

3. 空间数据质量评价方法

空间数据质量评价方法有直接评价方法和间接评价方法两种。优先使用直接评价方法。使用直接评价方法评价的数据集无须再使用间接评价方法进行评价。

4. 数据质量报告及其内容

空间数据质量报告可以以书面的形式、电子文档形式或元数据的形式提供，但应包括以下内容：

- 数据集描述；
- 数据集质量评价方法描述（含因素论域、评语论域说明）；
- 抽样方法及抽样个体；
- 批质量评价结果（个体编号、名称、质量评价结果、最终评价结果）；
- 评价单位、评价责任人和日期。

第七节 本章小结

地理信息标准化是实现地理数据共享的关键问题之一，是促进地理信息产业形成和发展的必要条件。与国际上有关组织研制的地理信息标准的水平相比我们还有很大的差距，主要表现在标准的理论基础和适用性上。建议：政府有关部门应高度重视地理信息标准的研制，真正发挥全国地理信息标准委员会的作用，加大资金投入，加快研究、制定、修订和颁布地理信息标准的速度，以适应新技术发展和地理信息产业化的需要；努力提高标准的质量并与国际地理信息标准接轨，但要保持其独立性；加大地理信息标准的宣贯力度和推广应用；成立地理信息标准认证机构，开展标准一致性测试工作。

空间数据质量标准化也是实现地理数据共享的关键问题之一。空间数据质量的高与低直接影响 GIS 的经济效益和社会效益，也直接影响地理信息产业的形成和发展。空间数据产品是多种多样的，不同类型的数字产品有不同的质量特性和不同的度量指标以及不同的评定原则。因此，数据质量元素及其子元素的确定、数据质量的检测方法、度量指标体系、综合评定的原则和方法，尤其是理论研究成果的实用化和数据质量的管理有待深入研究，提高数字产品质量水平和加强质量管理的任务仍然十分艰巨。

参 考 文 献

[1] 徐冠华. 在国产地理信息系统软件 2001 年测评新闻发布会上的讲话. 中国图象图形学报，2002 (4)：205～206

[2] 何建邦，蒋景瞳，池天河. 地理信息共享环境的研究和实践. 地理信息世界，2002 (1)：14～16

[3] 滕寿威，曾志明，杨斌斌，艾少红. 数据共享研究. 地理信息世界，2002 (1)：17～19

[4] 全国地理信息标准化委员会 ISO/TC 211 国内技术归口办公室编译. 地理信息国际标准手册. 北京：中国标准出版社，2004

[5] 杜道生. 地理信息标准化概述. 测绘信息与工程，1998 (4)：149～152

[6] 杜道生. 地理信息标准化的基础设施. 测绘信息与工程，1999 (1)：46～50

[7] ISO/TC 211. Published standards and reports, http://www.iso/tc211.org

[8] Open GIS Specifications, http://www.opengis.org

[9] 张德梅，高建新. 领域的标准化. 测绘标准化，2001 (4)：1～4

[10] 成燕辉. 地理信息标准制定过程. 测绘信息与工程，1999 (2)：41～43

[11] 杜道生. 地理信息标准化实施. 测绘信息与工程，1999 (4)：43～47

[12] 史文中. 空间数据误差处理的理论与方法. 北京：科学出版社，2000

[13] 刘大杰，史文中，童小华，孙红春. GIS 空间数据精度分析和质量控制. 上海：上海科学技术文献出版社，1999

[14] 张景雄，杜道生. 基于模糊场的 ε-带误差模型. 武汉测绘科技大学学报，22 (3)，1997

[15] 张景雄，杜道生. 位置不确定性与属性不确定性的场模型. 测绘学报，28 (3)，1999

[16] Honglei Dai, Daosheng Du, Wenbao liu, Jianchuan Cheng. The Visuallization Model of Positional Uncertaities on Digital Curve in GIS. Proceedings of the International Symposium on Spatial Data Quality. 278～284. 1997

[17] ISO 19113 Geographic Information—Quality Principles

[18] ISO 19113 Geographic Information—Quality Evaluation Procedures

[19] GB/T 17941.1-2000. 数字测绘产品质量要求，第一部分：数字线划地形图、数字高程模型质量要求

[20] GB 15968-1995. 遥感影象平面图制作规范. 北京：中国标准出版社，1995

[21] CH 1003-1995. 测绘产品质量评定标准. 北京：中国标准出版社，1995

[22] 杜道生，王占宏. 空间数据质量模型研究. 中国图象图形学报，5 (7)：559～562

[23] 王占宏，马聪丽，杜道生. 空间数据质量度量指标与评价方法. 标准草案推荐文本，1999

第十章 地球信息可视化的方法与技术 [*]

第一节 可视化与地球信息可视化

可视化在信息世界中具有特殊的地位。在人机交互中，视觉是信息传输和接收的主要渠道，尤其在多维信息可视化中具有独特优点，而地球信息正是多维的。地球信息可视化或称地学可视化，是指运用地图学、计算机图形图像处理技术和地理信息技术，将地球信息输入、处理、查询、分析的数据及结果用地图和图像，以及图表、文字、表格、录像等可视化形式显示并进行交互处理的理论、方法和技术。

一、可视化的概念

1. 可视化的传统含义

可视化（visualization）是指在科学或艺术领域内，将原始数据或思维想像转换成可以显示的图形或图像的方法和过程，这种转换的目的在于将信息转换成可被人类感官，特别是视觉器官所能接受的形式。

医学和心理学的研究表明，视觉信息是人类最主要的信息来源，人类日常生活中接受的信息 80% 来自视觉，而 50% 的脑神经细胞与视觉相联，可视化可充分利用人类的视觉潜能和脑功能。人类的视觉与形象思维能力是可视化的重要保证。可视化工具的出现，允许人类对大量抽象的数据进行分析。人的创造性不仅取决于人的逻辑思维，而且取决于人的形象思维。海量的数据只有通过可视化变成形象直观的图形图像，才能激发人的形象思维。从而，可以在表面上看来是杂乱无章的海量数据中，找出其中隐藏的规律，为科学发现、工程开发、医疗诊断和业务决策等提供依据。

可视化是用视觉方式表示信息以便我们能够理解这种信息，它是为获得对数据的理解和洞察用图形探索数据和信息。因此，可视化结果便于人的记忆和理解，同时其对于信息的处理和表达方式有其他方法无法取代的优势。

图形是最基本的可视化形式，以图形的方式观察和认识客观事物，是人类最便捷的认知方式。地图是地球信息的图形可视化形式。

2. 科学计算可视化

科学计算可视化（Visualization in Scientific Computing，ViSC）的概念是在 1987 年美国国家科学基金会发表的一篇名为"科学计算可视化的报告"中提出来的。1986 年 10 月，美国科学基金会（NSF）的科学计算分组就图形学、图像处理及工作站等方面的问题召开讨论会，认为图形学与成像技术应用于计算科学将会发展成一个全新的技术

---

[*] 本章由陈毓芬撰稿

领域——科学计算可视化。1987年1月 NSF 组织有关专家召开了 ViSC 讨论会，形成了正式的 ViSC 报告，从而为 ViSC 这一交叉学科的形成奠定了基础。

在 ViSC 报告中，给出了科学计算可视化（ViSC）的定义："可视化是一种将抽象符号转化为几何图形的计算方法，以便研究者能够观察其模拟和计算的过程和结果。可视化包括图像的理解和综合，也就是说，可视化是一个工具，用来解释输入计算机中的图像数据和根据复杂的多维数据生成图像，它主要研究人和计算机怎样协调一致地接受、使用和交流视觉信息。"这一定义主要是基于计算机科学的应用目的而提出的，因此，主要侧重于复杂数据的计算机图形处理与表达，同时强调将人与计算机对视觉信息的感知行为作为科学计算可视化的研究内容，即人机协同处理信息和科学研究成果的可视化表达。因此，科学计算可视化是一种计算方法，它将"不可见的"变为"可见的"，丰富了科学发现的过程，给予人们深刻与意想不到的洞察力，在很多领域使科学家的研究方式发生了根本性的变化。

ViSC 将图形生成技术和图像理解技术结合在一起，既可以理解输入计算机的图像数据，也可以从复杂的多维数据中产生图形。ViSC 涉及到下列相互独立的几个领域：计算机图形学、图像处理、计算机视觉、人机交互、信息处理、计算机辅助设计等。实际上，目前 ViSC 技术已经不仅仅用于显示科学计算的中间结果和最终结果，而且还用于工程计算及测量数据的显示。

在地球信息科学领域，ViSC 报告促使地图学者和地理学者重新重视地图及其他视觉显示方法在科学过程中的作用，以及产生了把制图技术和认知地图学合并起来研究的热潮。由此，产生了地学可视化的研究领域。

二、地球信息可视化

地球信息可视化就是地球信息科学中的可视化，简称地学可视化（Geo-Visualization 或 GViSC）。地学可视化是在地图可视化的基础上逐步形成与发展起来的，是地图可视化与 GIS 可视化交叉融合发展的结果。随着地理信息技术及现代地图学的发展，地图可视化从仅仅对图形显示的重视，已经发展到从图形显示到技术实现的全方位的地学可视化体系的建立。

地学可视化可以定义为"利用包括虚拟环境在内的视觉地理空间显示去探索数据，通过这种探索，回答问题，产生假设，发现问题的解决方案并形成知识"。地学可视化是由多学科交叉形成的新的研究领域，这些学科包括计算机科学、数据库设计、统计学、地理信息科学、地理学、地图学和其他地理科学。其中，计算机科学为地学可视化提供了科学计算可视化方法，数据库和统计学提供了有关数据挖掘和知识发现的新方法，地理信息科学引进了从空间关系来研究数据集的新方法，而地图学和地理学方法则最终导致地学可视化的产生。地学可视化集成了这些学科的方法，用于提供地理空间数据的视觉探索、分析、合成和表示的理论、方法和工具。尽管地学可视化是一个跨学科努力的结果，但地图学在发展这一新领域中起着重要的作用。

1. 地图可视化

对地图学者来说，可视化的概念并不陌生。可视化的基本含义就是"使之可见"，所有的制图活动都可以认为是一种可视化行为，地图本身就是一种可视化产品，因此，地图学与可视化密切相关。然而，传统地图只是计算结果的可视化产品，随着计算机技术的发展，特别是随着 ViSC 概念的提出，地图可视化也有了与传统可视化概念不同的涵义。

目前地图可视化研究有两种不同的方法，一个是面向生产的地图可视化方法，另一个是面向用户的地图可视化方法。面向生产的地图可视化也即地图学可视化（Cartographic Visualization），而面向用户的地图可视化则称为地理可视化（Geographic Visualization）。因此，地图学可视化与地理可视化都是地图可视化，只是研究的侧重点有所不同。

1）面向生产的地图可视化方法

地图学目前正在经历着空前的由于计算机和电讯领域的技术发展而驱使的变化，这些变化对地图学提出了新的挑战。这些挑战有三个方面：形式化、传输、认知和分析。加拿大著名地图学家 Taylor 教授（1991）认为，地图可视化将对地图学的认知和分析功能，以及传输功能起到重要作用，地图可视化应当模拟地图设计的各个方面。

Taylor 教授指出可视化是现代地图学的核心，强调可视化是技术而不是应用。他以认知、传输和形式化为边组成一个等边三角形，可视化占据该三角形的中心位置，即认知、传输与形式化的交汇处（图 10.1）。

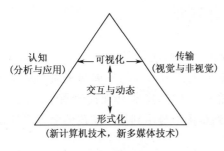

图 10.1　地图学的概念基础
（Taylor，1991）

在图 10.1 中，形式化是指新的计算机技术如计算机图形学、多媒体技术、虚拟现实技术等，是可视化的技术支撑。可视化包括认知与传输两个方面，其中，认知涉及人的空间模式识别能力、形象思维能力，认知中的分析被认为是比传输更加有意义的因素。因为过去地图学家总被认为是地图设计专家，而较少涉及地图的分析与应用。视觉传输虽然仍是主要的，但基于多媒体技术的听觉、触觉等传输方式也不容忽视。地图可视化和多媒体技术将对传统的地图学传输理论产生重要影响。

2）面向用户的地图可视化方法

Taylor 教授强调技术支持可视化，因此是面向生产的地图可视化方法，而 DiBiase 和 MacEachren 则采用面向用户的地图可视化方法以强调地图的使用。

1990 年，美国地图学家 DiBiase 教授借鉴统计学的数据探索分析思想，提出了一个基于地图的地理可视化研究框架（图 10.2）。他把地图可视化定义为科学研究的工具，强调地图在科学研究过程中的作用。这一过程包括探索（exploration）、确认（confirmation）、合成（synthesis）、表达（presentation）。DiBiase 认为，地图可视化研究过程的早期包括地学数据可视化探索、形成假设并可视化确认，侧重于个人的视觉思维；在研究过程的后期进行可视化综合合成至最后研究结果的可视化表达，侧重于公众交流与传输。DiBiase 提出的地理可视化研究框架重新建立了地图学与地理学的联系，因为在过去几十年中，地图学把研究重心放在了视觉传输上，而地理学在 20 世纪的前 50 年则把研究重心放在了视觉思维与视觉分析上。

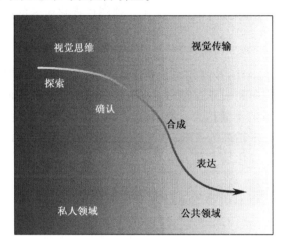

图 10.2　科学研究中的可视化

（DiBiase，1990）

1994 年，美国地图学家 MacEachren 提出了著名的立体地图学（Cartography）[3]，用一个 3 维空间概念化地表示了面向地图可视化的地图使用方式（图 10.3）。在这个立方体空间中，传输和可视化处于不同的位置，发挥着不同的作用。传输具有表达已知、面向公众的特点，并且处于人与地图相互作用较低的一端；可视化具有面向个人、揭示未知的特点，处于人与地图相互作用较高的一端。

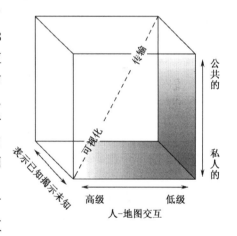

图 10.3　立体地图学（Cartography）[3]

（据 A. M. MacEachren，1994）

MacEachren 认为所有的地图使用均包括可视化和传输两个部分。在过去，地图学研究一直把重点放在信息传输上，即强调面向大众的静态地图的使用，而今后地图学会逐渐将研究的重点向地图使用空间的另一端转移，强调面向个人的、具有高度交互作用的地图的使用，以帮助人们进行数据分析、辅助决策等。

从上面关于地图可视化的讨论可以看出，可视化对于现代地图学的发展有着重要的意义。地图可视化是地图学家和地理学家把可视化引入地图学而形成的概念，是研究可视化在地图学中的作用、理论和方法的科学。地图可视化的出现及应用促使了地图学在过去的十多年中发生了极大的变化。地图学研究促进了可视化技术的发展，可视化技术的发展为地图学注入了新的活力。地图作为一种可视化工具有着悠久的历史，地图学长期以来对这种可视化工具的研究，特别是近几十年来对地图认知与地图感受的研究对可视化技术的发展起到了重要的推动作用，同时，可视化技术的发展又促使人们从一个新的角度来认识地图学。地图长期以来被认为是一种信息传输工具，因而地图设计强调"视觉传输"而不是"视觉思维"。然而近年来可视化更注重"视觉思维"，从"视觉思维"的角度来探索时空信息，获得科学见解是地图可视化研究的侧重点。

2. GIS 可视化

20 世纪 60 年代初，GIS 技术与可视化技术在相同的历史背景下，同时诞生，它们原本具有不同的研究方向和服务对象，但在地图学领域，它们完成了有益的结合。

随着 GIS 应用领域的不断扩大，普及程度不断提高，人们对 GIS 的操作界面和结果的可理解性提出了越来越高的要求。可视化技术是改善操作界面、提高结果可理解性的有效手段。因此，可视化技术在 GIS 中的应用一直是 GIS 开发人员和技术专家们所关心的问题。

在 GIS 条件下，可以对事物的运动与变化加以直接描述，使分析人员可以对相同的数据进行多层面、多视点的观察。它们可以与地图、甚至虚拟现实相交互。地图还可以与其他图形、图像、文本、声音相结合，使分析人员达到"心想事成"的境地。

没有不具备可视化功能的地理信息系统。GIS 可视化早期受限于计算机二维图形软硬件显示技术的发展，大量的研究放在图形显示的算法上，如画线、颜色设计、选择符号填充、图形打印等。继二维可视化研究后，GIS 可视化进一步发展为对地学等值面（如数字高程模型）的三维图形显示技术的研究，即通过三维到二维的坐标转换、隐藏线、面消除、阴影处理、光照模型等技术，把三维空间数据投影显示在二维屏幕上。由于对地学数据场的表达是二维的，而不是真三维实体空间关系的描述，因此属于 2.5 维可视化。但现实世界是真三维空间的，二维 GIS 无法表达诸如地质体、矿山、海洋、大气等地学真三维数据场，所以，从 80 年代末以来，真三维 GIS 及其体可视化成为 GIS 的研究热点。

可视化是当今 GIS 研究和开发中非常重要的研究领域之一。目前，可视化技术在 GIS 中至少有三个主要的发展方向：人机交互系统、动画技术、超媒体技术。

（1）人机交互系统使用户在地图背景上通过直接操纵来了解、分析地学现象，掌握地学知识，发现新的问题。人机交互系统是"可视化工具最激动人心的应用"。

（2）动画技术是科学可视化中最重要的技术之一。动画技术在地图学中的应用，不仅导致了地图动画的出现，而且在地图图形表示法的基本视觉变量上又增加了一组动态视觉变量。

（3）超媒体技术将图形、图像、文本、声音、甚至操作者的触觉、味觉结合在一起，给用户提供多种感受渠道。它可以增加对事物的表达方式，加深用户对事物的理解。超媒体技术包括多媒体技术与虚拟现实技术。

从 GIS 及其可视化的发展看，GIS 可视化着重于技术层次，例如数据模型（空间数据模型、时空数据模型）的设计，二维、三维图形的显示，实时动态处理等，目标是用图形呈现地学处理和分析的结果。

三、地球信息可视化的过程

地学可视化与传统地图学的最根本区别，在于地学可视化对高度交互显示的强调。尽管现在交互性也正在开始向地图学的各个方面渗透，但对地学可视化研究来说，交互性是其核心。因此，地球信息可视化的过程并不像传统纸质地图的使用一样，是一个被动的"看"或"读"地图的过程，而是一个主动参与的过程。在地球信息可视化过程中，用户在寻求空间数据的模式和关系时，通过与空间数据的高度交互，主动参与到数据的分类、高亮显示、过滤和转换中。

Kraak(1998)认为，在地理空间数据处理环境中，地学可视化的过程是一个从空间数据库到地图或其他图形的转换过程，在此过程中，地图学方法和技术指导地图的最佳设计、生产和使用（图10.4）。

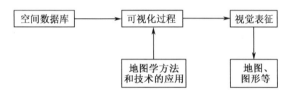

图 10.4 地学可视化的过程

(Kraak, 1998)

四、地球信息可视化的研究框架

从上面的分析可以看到，地学可视化是科学计算可视化与地球科学相结合而形成的概念，是关于地学数据的视觉表达与可视分析。地学可视化包括地图可视化和 GIS 可视化两个方面的内容。地图可视化的研究侧重于地球信息的视觉表达、交流和可视化的应用，即偏向于理论与应用层次。根据研究重点的不同，地图可视化还可以分为地图学可视化和地理可视化，地图学可视化是面向生产的地图可视化，而地理可视化则是面向用户的地图可视化。GIS 可视化侧重于地学数据模型与结构设计、人机交互、实时动态处理等技术，即偏向于技术层次。地图可视化与 GIS 可视化的发展都离不开地图学，两者在地图学领域完成了有益的融合，最终形成了地学可视化。

因此，地学可视化可从地图可视化与 GIS 可视化两方面进行理论和技术的研究（图10.5）。地图可视化的研究包括信息表达交流与传输模型和地理视觉认知分析模型的构建，以及在上述模型指导下的电子地图、地图动画、多媒体电子地图集、动态交互地图、虚拟现实地图的设计、制作和使用。GIS 可视化的研究包括人机交互技术、地学体三维、时空多维数据内插加密、可视化数据模型设计、三维与多维数据显示与分析、时空多维动态模拟、地图动画技术、超媒体技术等。地学可视化研究的最终目的是地图可视化与 GIS 可视化的融合及其在地球信息科学各专业领域的实际应用。

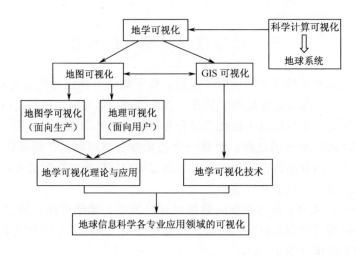

图 10.5 地学可视化的研究框架

第二节 地球信息可视化的方法

一、地球数据的特点

地球数据是一类具有多维特征,即时间维、空间维以及众多的属性维的数据。其空间维决定了地球数据具有方向、距离、层次和地理位置等空间属性;其属性维则表示空间数据所代表的空间对象的客观存在的性质和属性特征;其时间维则描绘了空间对象随着时间的迁移行为和状态的变化。

一般说来,地球数据主要是空间数据,空间数据是一种特殊类型的数据,是指带有空间坐标的数据。空间数据比其他类型的数据更为复杂,不仅具有拓扑关系、方位关系,其度量关系还与空间位置和个体之间的距离有关。

空间数据具有以下特点:

(1) 具有空间结构,观察不独立,数据不确定而且有较大的冗余;

(2) 数据项之间的关系属于区域性的空间关系;

(3) 数据非正态分布并具有不确定和时变特征。

根据系统科学和复杂性科学的观点,在大多数情况下,人们所研究的客观对象是复杂系统或是其组成部分之一。空间数据描述了复杂系统的状态、系统的性质、系统的空间分布和系统的发展演化。

二、地球信息可视化的形式

地球信息可视化包括地图可视化和 GIS 可视化,因此,地球信息可视化的形式也包括地图可视化形式和 GIS 可视化形式。

1. 地图可视化形式

地图可视化形式是地球信息可视化的基本形式，包括传统纸质地图、二维电子地图、三维电子地图、网络电子地图、多媒体电子地图集、动态电子地图和虚拟现实地图。

1）传统纸质地图

传统纸质地图是早期地图可视化的基本形式，也是最早的地球信息图形可视化产品。

2）二维电子地图

以地图数据库为基础，以数字形式存贮于计算机外存储器上，并能在电子屏幕上实时显示的可视地图。依据其存储介质的不同又可称为"磁盘地图"或"光盘地图"，是目前地球信息可视化最基本的形式。

3）三维电子地图

三维电子地图由 DEM（数字地面模型）与影像地图数据融合而成，或由三维空间数据模型的地图数据可视化而成（真三维）。三维电子地图既可用于可见的地理实体的可视化表达，也可用于不可见的地理属性数据的可视化表述。

4）网络电子地图

因特网的出现为地图的传播和使用提供了一种崭新的方式，并已成为地球信息的一种新载体。网络电子地图是在因特网上供人查询使用的地图。网络电子地图具有使用方便、信息更新快、用户群体大等特点，是具有发展前景的地球信息可视化形式。

5）多媒体电子地图集

多媒体电子地图集是集文本、图形、属性表、图像、声频、视频、动画等媒体于一体的新型地图。多媒体电子地图集具有信息集成性、人机交互性、海量存储性、携带方便性、查询多样性和变焦显示性等特点，是地球信息可视化的重要表现形式。

6）动态电子地图

动态电子地图是在传统地图表达 2 维或 3 维空间事物的基础上，加上时间维，使有关时间的内容在视觉方面获得"时序动画"的效果。动态电子地图可从不同角度，以不同方法动态地观察地理现象随时间演变的过程，并能在 3 维模型的基础上进行不同视点的观测和量制，对数据变化的历史记录进行分析。

7）虚拟现实地图

虚拟现实地图利用人的双眼观看有一定重叠度的两幅相关地图，从而在人脑中构建 3 维立体图像，是虚拟现实中的特殊地图。虚拟现实地图的最大特点是用户可以通过各种虚拟设备将自己融入地图场景之中。虚拟现实地图是地球信息可视化进一步研究发展的新形式。

2. GIS 可视化形式

GIS 可视化是可视化技术在 GIS 中的应用。GIS 可视化形式包括人机交互的可视化界面、地理信息的直观表示、地理信息的可视化查询、空间分析的可视化描述、动态可视化分析、多媒体可视化和三维可视化等。

1) 人机交互的可视化界面

利用可视化技术可以增强 GIS 系统人机交互界面的友好性和交互性，使其具有形象化的特征，以便于用户操作和使用系统功能。任何非专业人员都可以通过形象的图标和按钮或根据提示，方便、直观地操作和使用 GIS 系统，从而建立系统与用户之间的联系。

2) 地理信息的直观表示

地理信息的可视化表达是 GIS 最基本的功能。可视化技术就是通过直观易于理解的图形、图像、音频、视频等向人们展示各种信息。在 GIS 中，利用可视化技术可以直观、形象地表示地理信息。

3) 地理信息的可视化查询

在 GIS 中，利用可视化技术可以为用户提供具有选择、过滤、搜索等功能的可视化界面和向导，使用户能够通过可视化查询语言，方便、灵活、实时、高效地从地理数据库中查询所需要的信息。

4) 空间分析的可视化描述

GIS 具有很强的空间分析功能。GIS 的空间分析包括地形分析、网络分析、叠加分析和缓冲区分析。利用可视化技术，可将时空数据的分析过程和分析结果直观、形象地传递给用户，增强分析过程和结果的可理解性，为空间行为决策提供依据。

5) 动态可视化分析

传统上，空间地理信息的可视化形式主要表现为二维静态地图。二维静态地图只是空间信息在运动过程中时间轴上的一个快照，是连续变化着的实在的瞬时记录，很难甚至不可能进行动态分析。但是，地理信息具有时间特征，是动态的。随着 GIS 实时化要求的提出，GIS 处理的将是大批量的时空数据，时间将成为一个非常重要的参数。在 GIS 中引入时间维，通过对时间维的描述，借助可视化方法可直观地表达空间信息的动态变化，制作随时间变化的动态地图，用于涉及时空变化的现象或概念的可视化分析。

6) 多媒体可视化

信息的载体是多维的。人类对信息的获取不但来自于视觉，还来自于听觉、触觉等。地理信息的表达也具有多种媒体形式，如地图图形、统计图表、图像、音频、视频、动画、文本描述等。因此，必须借助于多媒体技术，才能完整、合理地表达和传输空间信息。多媒体可视化技术的出现使得 GIS 的表现形式更加丰富和灵活，极大地丰富了地理信息可视化内容。

7）三维可视化

虚拟现实技术是可视化最有效的应用，当然，它也促进了可视化的发展。借助虚拟现实技术，可将地图上的地理要素转化为具有三维交互特征的地表形态景观、城市三维景观等，便于人们进行观察和分析，提高认知效果，使 GIS 更加完美。

三、地球信息可视化的工具

地球信息的可视化是通过计算机软件和硬件来实现的。典型的地球信息可视化工具包括常规地图制图软件、GIS 软件、CAD 软件、地图设计软件、多媒体软件、三维可视化软件、地图出版软件等软件，以及数字化仪和绘图仪等硬件设备。

1. 地球信息可视化软件

（1）常规地图制图软件：包括地形图生产软件包和专题地图生产软件包等，是实现地球信息可视化的传统工具。

（2）GIS 软件：能够同时处理空间数据和属性数据，往往包括分析功能和分析结果可视化的功能。

（3）CAD（计算机辅助设计）软件：能够完成对现实环境的三维建模，可以建立具有真实色彩、纹理和光影效果的模型。CAD 软件通过建立三维模型能够生成二维电子地图、三维电子地图、透视图、剖面图和制作动画地图。

（4）地图设计软件：如 FreeHand、CorelDraw、Illustrator、MapCAD、MapGIS、方正智绘等，主要用于对地图要素的矢量化、编辑和处理等工作，或直接从现有的地图数据库，GIS 空间数据库中调入相应的数据进行编辑和处理。

（5）多媒体软件：包括视频、音频、图像、文字、动画制作等多种媒体的处理软件。

（6）影像处理软件：主要完成地图设计制作时的底图获取、照片等栅格数据的获取、处理工作，目前常见的有影像处理软件如 Photoshop、Photostyler 等，这些软件具有绘图、修色、影像整合、图像变换、图层管理等功能，以及丰富的色彩编辑功能，能处理细腻的色彩，支持多种图像的颜色模式，进行色彩的校正、调整，还可以处理和储存多种不同的文件格式。

（7）文字编辑软件：主要完成文字输入及文字效果的处理，如 Microsoft Word，Cool3D 等。

（8）音频编辑软件：完成录制、编辑和播放声音或音乐媒体，常见的音频编辑软件有 Cooledit，Wavestudio 和 Soundedit 等。

（9）视频编辑软件：主要编辑处理数字视信息及相关素材，最后生成高质量的视频文件，常见的有 Premiere，Video 等。

（10）动画制作软件：主要完成平面上简单物体造型、三维造型、各种具有三维真实感物体的模拟。其中二维动画制作软件如 Animator Studio、FLASH 等，三维动画制作软件如 3D Studio Max、Director 等。

（11）三维可视化软件：如 3D Studio MAX，ERDAS IMAGINE 等。

（12）地图出版软件：用于地图设计、分色和印刷图生产，包括色彩设计、注记配置、方案设计及分色功能。

2. 地球信息可视化硬件工具

地球信息可视化的硬件工具主要包括图形图像数据输入设备、计算机和图形图像输出设备。

数据输入设备：包括手扶跟踪数字化仪、扫描数字化仪、解析测图仪、计算机鼠标和键盘等。计算机：可以是微型机、工作站等。一般应有图形显示器和大容量存储器。

数据输出设备：包括绘图仪、激光胶片输出机、彩色图形显示器、打印机、拷贝机等。

第三节　多媒体地学可视化

一、多媒体技术简介

1. 多媒体与多媒体技术

多媒体（multimedia）由于其内涵太宽，应用领域太广，至今无人能下一个非常准确清楚的定义。一般说来，多媒体的“多”是指多种媒体表现、多种感官作用、多种设备、多学科交汇、多领域应用；“媒”是指人与客观事物的中介；“体”是指其综合、集成一体化。目前，多媒体大多只利用了人的视觉和听觉。即使在“虚拟现实”中，也只用到了触觉，而味觉、嗅觉尚未集成进来，对于视觉也主要在可见光部分，随着技术的进步，多媒体的涵义和范围还将扩展。

多媒体技术是指能够同时抓取、处理、编辑、存储和展示两个以上不同类型信息媒体的技术，它侧重于用多种媒体（如文字、图形、图像、声音、动画、视频等）来表达信息。因此，多媒体技术通常是指把文字、音频、视频、图形、图像、动画等多媒体信息通过计算机进行数字化采集、获取、压缩/解压缩、编辑、存储等加工处理，再以单独或合成形式表现出来的一体化技术。

2. 多媒体技术的基本特征

信息载体多样性、集成性和交互性是多媒体技术的三大特征。

信息载体多样性是相对于计算机而言，存在文字、图形、图像、视频、音频等多种多样的信息媒体，它把计算机所能处理的信息空间范围扩展或放大，使其具有更加广阔和自由的空间，而不再局限于数组、文本或特别对待的图形或图像。

集成性是指将多种信息媒体及处理和管理媒体的设备和技术有机地结合在一起，形成统一的整体。这样，不再是单一地对某种形态的信息进行获取、加工、理解和展示，而是更加看重和充分利用了媒体之间的关系和蕴含的大量信息。

交互性是指多媒体技术向用户提供更加有效地控制和使用信息的手段、更加友好的界面和更加生动活泼的表现形式。交互性可以增加用户对信息的注意力和理解，延长信息的保留时间。

3. 多媒体系统的组成

多媒体系统能够提供多种形式的图像（包括文字、图形、图像、视频、动画等）和多种形式的声音（语音、音乐、音响效果等）的输入、输出、传输、存储和处理功能。

多媒体系统由多媒体硬件系统、多媒体系统软件和多媒体系统开发工具三部分组成。

1）多媒体硬件系统

多媒体硬件系统包括计算机主机、多媒体接口卡和多媒体外部设备。

多媒体计算机主机可以是中、大型机，也可以是工作站，目前比较普遍的是多媒体个人计算机。

多媒体接口卡是根据多媒体系统获取、编辑音频或视频的需要插接在计算机上的硬件卡，以解决各种媒体数据的输入输出问题。常用的接口卡有声卡、显示卡、视频压缩卡、视频捕捉卡、视频播放卡、光盘接口卡等。

多媒体外部设备包括多媒体的输入和输出设备，根据其功能的不同，可以分为以下四类：

（1）视频、音频输入设备，如摄像机、录像机，扫描仪，传真机、数字相机、话筒等；

（2）视频、音频播放设备，如电视机、投影电视、大屏幕投影仪、音响等；

（3）人机交互设备，如键盘、鼠标、触摸屏、绘图板、光笔及手写输入设备等；

（4）存储设备，如磁盘，光盘等。

2）多媒体系统软件

多媒体系统软件为多媒体系统的核心部分。多媒体各种软件要运行于多媒体操作系统平台（如 Windows）上，故操作系统平台是软件的核心。多媒体计算机系统的主要系统软件有：

（1）多媒体驱动软件：是最底层硬件的软件支撑环境，直接与计算机硬件相关的，完成设备初始、各种设备操作、设备的打开和关闭、基于硬件的压缩/解压缩、图像快速变换及功能调用等。通常驱动软件有视频子系统、音频子系统、及视频/音频信号获取子系统。

（2）驱动器接口程序：是高层软件与驱动程序之间的接口软件。为高层软件建立虚拟设备。

（3）多媒体操作系统：实现多媒体环境下多任务调度，保证音频视频同步控制及信息处理的实时性，提供多媒体信息的各种基本操作和管理，具有对设备的相对独立性和可操作性。操作系统还具有独立于硬件设备和较强的可扩展性。

（4）多媒体素材制作软件及多媒体库函数：为多媒体应用程序进行数据准备的程序，主要为多媒体数据采集软件，作为开发环境的工具库，供设计者调用。

（5）多媒体创作工具、开发环境：主要用于编辑生成多媒体特定领域的应用软件。是在多媒体操作系统上进行开发的软件工具。

3）多媒体系统应用软件

多媒体系统应用软件是在多媒体创作平台上设计开发的面向应用领域的软件系统。

二、多媒体技术在地球信息可视化中的作用

多媒体技术与可视化的结合，彻底改变了传统地球信息表示方法只能借助于文本、图形和表格来表示和传输地球信息的单一方式，它是集文本、图形、图像、声音、动画、视频于一体的多媒体地球信息表现形式，极大地丰富了地球信息可视化的内容。

多媒体技术集文本、图形、图像、声音、动画和视频等多种媒体及各种媒体的组合于一体，从而以视觉、听觉、触觉等媒体形式直观、形象、生动地表达空间环境信息。可视化方法则将大量无序的空间环境信息转换为人类易于操作和感知的直观信息。多媒体技术与可视化、GIS及地图学等学科的结合，促使了地球信息可视化的产生和发展。

多媒体技术在地球信息可视化中的作用可以其在多媒体电子地图集中的作用为例加以说明。

1. 图像是多媒体最基本的要素

背景、人物、界面、按钮等都是由某种类型的图形组成的，创建每个多媒体项目都会包含直观的图形图像元素，这在丰富地图集内容方面也有很重要的作用。把大量枯燥介绍性的文字换成各种形象直观、色彩丰富的图片，一目了然，能够起到很好的表达效果，提高读者使用的兴趣。

2. 声音分为音乐和音效

音乐包括解说录音、背景音乐等；音效包括鼠标点击声音、按钮划过或者按下声音等各种各样的声音。声音能够起到烘托、暗示主题和提示操作的作用，带给读者愉悦的心情，最大限度地影响展示效果，从而引导、刺激观众的兴趣。

3. 视频能够增强描述变化的真实感

使读者有身临其境的感觉，更容易理解地图集的内容。另外，有些地图集中把三维地形飞行录制成视频录像，也可以使读者对所要了解的地理环境有一个全面概要的认识。

4. 动画具有动态活泼、直观形象的特点

动画是多媒体电子地图集必不可少的一部分，它与视频的区别是：可以再现不在同

一时间与空间下发生的演变过程，预测地理变化的未来趋势，表现同一地区的史今状况对比等，如动态显示卫星云图的变化情况、地壳变动情况、森林沙化和城市化情况以及海岸或河滩的侵蚀或淤积变化情况等。这些在时空地图和动态地图方面的作用是其他表现手段难以替代的。

5. 文字在电子地图集中主要起到说明和辅助描述的作用

内嵌网页的设计方法能够利用超文本结构，通过网页文字的超链接特性降低读者的视觉疲劳，分清地图集说明文字内容的层次。

三、多媒体电子地图集

如上所述，多媒体中的各种媒体在电子地图集中有着各不相同的作用，这些媒体的综合作用形成了我们使用电子地图集时的最终感受，根据认知心理学理论，这种感受又往往大于各种媒体效果的简单叠加。这是因为多感觉通道的利用有利于信息的获取，各种媒体对人类各种感官的同时刺激也有利于相互之间效果的增强。

多媒体电子地图集综合应用了地图制作技术、GIS 技术、多媒体技术和数据库技术，把各种信息（包括文字、图形、图像、声音、动画和视频等）有机地联结在一起，以视觉、听觉等形式直观、动态、形象地表达地球环境信息。目前，多媒体电子地图集正在逐渐渗透到人类日常生活的各个领域，并已越来越受到人们的重视。

1. 多媒体电子地图集的特点

多媒体电子地图集作为一种全新的地图学产品，与传统的纸质地图相比较，具有信息集成性、人机交互性、海量存储性、携带方便性、查询多样性和变焦显示性等多个特点。

1）信息集成性

多媒体电子地图集以地图数据为主体，将地图、文本、图像、图表、音频、动画和视频等多媒体信息集成为一体，从而以多形式、多视角、多层次综合地表现空间环境信息。

2）人机交互性

交互性是指多媒体电子地图集向用户提供灵活、有效地控制和使用多媒体空间信息的手段和方法。在多媒体电子地图集中，用户可以自由地操作和使用多媒体信息，选取所需的信息，使信息获取更具主动性。

3）海量存储性

多媒体电子地图集以 CD-ROM 光盘为空间信息传输的载体，而一张 CD-ROM 光盘的容量高达 650 兆字节，可以存储相当于 3.25 亿字的信息量，或相当于一部大型百科全书的存储量。

4）携带方便性

多媒体电子地图集以 CD-ROM 光盘为载体，比起传统纸质地图集，携带更方便。

5）查询多样性

多媒体电子地图集不仅提供对矢量数据的放大、缩小、漫游、全图浏览等功能，而且通过地图这种信息表现方式，为用户提供了多种查询检索机制，如分类查询和路径查询，以及定位检索和名称检索等。这些查询检索机制使用户不仅可以方便地了解到单一孤立物体的信息，而且可以通过许多单一物体在地域上的组合，把握本地域的整体特性，了解其趋势和发展动态。

6）变焦显示性

多媒体电子地图集具有矢量地图数据的变焦显示功能，可以根据用户阅读的范围，自行改变显示内容的详细程度。

2. 多媒体电子地图集的开发方式

多媒体电子地图集有多种开发方式，不同的开发方式所采用的软件和技术路线也有所不同。但是在总体上，可以把多媒体电子地图集的开发划分为多媒体数据处理和系统集成两部分。

1）多媒体数据处理

不论采用何种开发方式，多媒体数据处理的内容都是大致相同的，主要包括下列三个方面：

（1）音频编辑：录制和编辑各种音频素材。

（2）动画制作：完成平面上简单物体的造型，如卡通画、三维造型和三维模拟等。

（3）视频编辑：处理数字视频信息，或者利用相关的素材生成高质量的视频文件。

2）系统集成

系统集成是把所有的信息和功能按照一定的逻辑联结在一起，是多媒体电子地图集开发的重点和难点，集成方式的不同将影响到整个开发过程。系统集成一般可划分为基于多媒体处理软件的集成、基于 GIS 控件的集成和基于程序设计语言底层开发的集成等三种方式。这三种集成方式各有优缺点，开发者可根据自己的实际情况来决定采用哪一种方式。

（1）基于多媒体处理软件的集成：这种集成方式的代表软件有 Authorware，Direct 和方正奥思等。其主要优点是对多媒体信息的强大支持，界面比较美观，开发周期短，成本较低。但它缺乏对空间信息的处理能力，难以进行空间查询；一般只能支持栅格式地图的浏览。

（2）基于 GIS 控件的集成：基于 GIS 控件的集成是指利用 GIS 工具软件生产厂家提供的建立在 OCX 技术基础上的 GIS 控件，如 ESRI 的 MapObjects、MapInfo 公司的

MapX 等，实现 GIS 的基本功能，以通用软件开发工具尤其是可视化开发工具，如 Delphi、Visual C++、Visual Basic、Power Builder 等为开发平台，进行二者的集成开发。这种开发方式的成本相对较高，而且多媒体电子地图集在运行时一般不能脱离宿主软件，也为出版发行带来一定的困难。

（3）基于程序设计语言底层开发的集成：这种开发方式以高级编程语言为基础，开发工具可以选择 Visual Basic，Visual C++，Borland DelPhi 等，数据库平台可以采用 Access，FoxPro，Paradox 等简单易用的数据库工具。这些高级语言提供了众多关于多媒体开发的控件和函数，开发技术相对较为成熟。开发的难点在于空间数据的管理，它要求开发者必须建立自己的地图数据库，以解决空间数据的录入、数据存储、图形显示和编辑、空间数据和属性数据连接等一系列问题。

3. 多媒体电子地图集的制作过程

尽管多媒体电子地图集的制作突破了传统纸质地图的成图方法，但其设计仍应遵循地图设计的原则，首先必须进行总体设计（编写脚本），即对地图系统的总体结构、表现形式、图幅的编排、各图间的协调配合，以及封面封底、总体色调、背景音乐、人机交互界面、显示方式和交互方式等进行设计。还要确定系统的软、硬件环境，进行资料搜集和数据处理，根据总体设计的要求对数据进行集成，以形成完整系统。最后还要对系统进行调试修改和检查，并制作光盘。现将上述过程详述如下：

1）总体设计

主要任务包括根据用户的需求分析，决定系统的目的、功能及其内容。具体包括对数据源的分析，系统的结构设计及地图页面的组织（划分图组、图幅、插图并确定相关地图内容），专题信息的设计（主要是地图页面的专题图层，每个专题层的点、线、面、路径等多种目标通过关键字与数据库连接），地图数据库、属性数据库、多媒体数据库的设计（包括表及字段名称、属性、内容）等。总体设计工作还包括系统的整体风格、人机交互界面、菜单、按钮、链接形式的设计，编程软件和动画制作软件的确定等等。

2）数据准备

数据准备包括资料收集和资料编辑。在系统总体设计基础上，根据图集内容的要求，进行相关资料的收集。需要收集的资料包括地图资料和多媒体素材。对收集到的地图资料（地形图和专题图）分别进行扫描数字化、配准、编辑、精度校正、GPS 定位、数据格式和投影方式的转换等处理。

在收集地图资料的同时，依据总体设计中热点链接的需要，收集并处理多媒体素材，包括对专题信息的照片进行图形扫描或数码拍摄，录像的视频捕获，对文字资料的扫描识别或人工录入，统计数据（统计年鉴）的整理，动画及图表的制作，三维地形飞行的制作，解说录音，背景音乐的抓取转换等。

在以上工作基础上建立地图数据库、属性数据库和多媒体数据库。

3）系统集成及地图功能的实现

经多媒体编辑工具获得的数据如图形、图像、视频、文本等都是相互独立的，必须按照总体设计的要求，将其有机地结合起来，才能形成完整的系统。

在各种资料处理之后要进行各种资料的集成，包括目录制作和编辑，图组的定义，主图的制作和编辑，图幅的制作，图元的定义及编辑以及这些媒体之间链接关系的定义等。

可根据需要选择上述三种系统集成方式之一来实现地图功能及所有资料的集成。

4）系统调试与检查验收

系统集成后，进行各种资料的检查以及其他一系列的检查操作，包括系统错误、程序错误和数据错误，并进行系统功能的详细测试，直到满意为止。最后对系统进行优化，以改进系统界面，提高系统的运行速度。

5）出版发行

出版发行是多媒体电子地图集制作的最后一个阶段，包括出版申请、审查鉴定，制作母盘和出版光盘等。经过检查、优化，确定没有任何问题后，制作母盘，进行批量生产。同时，进行封面设计、编写系统说明书等工作。

4. 多媒体电子地图集的设计原则

多媒体电子地图集的一般设计原则：

1）整体风格和谐一致

在图集的总体设计阶段，就要进行突出主题特色的整体风格设计，以保证地图内容的组织、界面和工具按钮的设计有一个依据。整体风格确定以后，无论片头、地图显示页、片尾的设计，还是菜单、按钮、工具条、多媒体配合都要服从于整体风格，处处考虑到协调一致。

2）片头动画新颖适度，封面突出主题

片头动画的设计要新颖精彩，突出制图区域的特色，又不可太过花哨，播放时间控制在十秒钟以内，但要具有表现力和感染力，要起到引发读者的好奇心和求知欲的作用。图集封面的设计应紧扣图集主题。

3）地图与图例的设计符合专业要求，各功能区安排合理，易于操作

多媒体电子地图集是以地图为主题的多媒体产品，地图要占绝大部分篇幅。图集的名称要鲜明突出，地图窗口位置一致，底色一致，全局色彩搭配协调合理，随时能够前后跳转（包括跳到前后页面和封面封底）。地图设计符合专业要求，在设计缩放功能的时候考虑到相应的注记变化。图例最好设计成活动图例，方便用户使用。工具条、查询区、图层控制区等各功能区的位置要合理安排、便于用户的操作。

4) 按钮菜单生动细致，选中高亮显示，具有文字提示

按钮和菜单都要起到画龙点睛的作用，突出特色，同时当鼠标放置其上的时候具有隐式提示功能，使任何层次结构的用户(包括非地图专业的使用者)都能轻松上手，不用学习就能操作，进而很容易的找到他所需要的信息。

5) 多媒体要素的合理配合

多媒体要素的配合首先表现在对人的视觉和听觉刺激是否同步协调，包括片头、片尾、动画与背景音乐的配合，按钮菜单点击时的音效，视频与解说速度的调整等。其次是文本信息和图形图像的结合是否满足使用需要，包括在必要的地方链接文本网页，按钮菜单的隐式提示等等。只有配合的好，同步协调，才能充分发挥多媒体的优势，充分表达地图内容。

6) 片尾内容全面周到，耐人回味

片尾一般是主编单位、协编单位及设计、制作、审校、出品、印刷等人员的署名，还可以加上制作时间、联系方式等附加信息，但要注意全面周到，人员姓名等准确无误，没有遗漏。片尾在色彩、文字、图片等方面的设计也要与整体风格保持一致。其中字体和背景图片的选择是关键。另外，由于这是与用户的"告别篇"，要通过装饰图片、大小比例、背景音乐等给人留下美好完整的印象，争取达到耐人回味的效果。

第四节　动态地图可视化

在传统的地图学中，人们对运动的模拟能力是非常有限的，因此地图用户只能运用其丰富的想像力通过对一幅单张地图的视觉变量或通过比较系列地图进行空间推断而得到变化的结论；而地图动画技术则可以既通过提供运动本身的感觉或通过移动物体，或两者兼而有之，能给出一种真实运动的感觉。

动画是发生在时间中的图形艺术。动画可以表示空间、地点和时间上的变化，能更直观、更详实地表现事物变化的过程。因此，在地球信息可视化中，地图动画占有重要的地位。在地球信息可视化中，动画最重要的是描述观看单幅地图时看不到的某些现象。地图动画除表达时间过程外，还可以用来表示地理现象的空间分布规律，如表达发展变化趋势、观察角度的变化、空间数据分类和地图投影引起的变形等。地图动画是动态地图可视化的一个主要表现形式，是计算机动画技术在地球信息可视化领域的应用。

一、计算机动画技术

计算机动画是指采用图形与图像的处理技术，借助于编程或动画制作软件生成一系列的景物画面，其中当前帧是前一帧的部分修改。计算机动画的关键技术体现在计算机动画制作软件及硬件上。计算机动画制作软件目前很多，不同的动画效果，取决于不同的计算机动画软、硬件的功能。虽然制作的复杂程度不同，但动画的基本原理是一致的。

1. 动画原理

动画和电影、电视一样都是利用人的视觉暂留特性而产生的一门技术。所谓视觉暂留，是指人的眼睛在每秒 24 张画面以上的播放速度下，就无法辨别出每个单独的静态画面。较高的播放速度会使动作看起来更平滑、连续。速度慢时，画面之间将产生跳动或闪烁。动画就是通过快速地播放一系列的静态画面，让人在视觉上产生动态的效果。组成动画的每一个静态画面叫做一"帧（frame）"，动画的播放速度通常称为"帧速率"，以每秒钟播放的帧数表示，简记为 f/s。

2. 动画的类型

计算机动画可以概括为三种类型：基于帧的动画、基于角色的动画和对象动画。

1）基于帧的动画

基于帧的动画的工作原理非常像过去曾经流行的翻转书。在翻转书中包含一幅幅图像，譬如说是一个人在奔跑，场景在一连串连续的页中逐渐变化，当人在跑动过程中时，相应图片中的场景只有些轻微的变化。当快速播放所有图片时，就会产生人奔跑的动态感觉。

2）基于角色的动画

基于角色的动画由基于帧的动画技术演变而来，其目的是提高动画制作的速度。这个名字来源于分层技术——一种在静态背景上叠加动态元素的动画技术。利用这种技术，动画制作者在生成动画时，不需要重新画出每一帧的所有元素。例如在动画的一个场景中，背景只需要生成一次，然后通过在前景中移动物体来产生动画。和基于帧的动画一样，在基于角色的动画中也要注意表现前景的动作。每个动作和姿势都必须细分成最基本的组成部分，然后再仔仔细细地画下来。显然，利用一个公共的静态背景能提高这个处理过程的效率。

3）对象动画

对象动画在多媒体制作是最基本和最有效的动画技术。当前流行的很多多媒体创作工具都有对象动画功能，和使用基于帧的动画和基于角色的动画不同，它不需事先做出独立的动画文件，然后再嵌入或引用，而是直接利用多媒体创作工具中内建的动画功能，通过操作指定对象产生动画。Flash 动画就是典型的基于对象的动画。在制作 Flash 动画时，最基本的元件就是对象，使用绘图工具栏中的绘图工具在帧编辑区中绘制出矢量化对象，为了方便对象的重复使用，可以把对象保存为组件或直接创建组件；对象处于场景中，某一时刻场景的静态图像称为帧，每个场景中可设置多个层，每层中有若干个对象，改变不同时刻（即不同帧）中对象的位置、形态，由此产生动画。

3. 计算机动画制作过程

使用计算机动画制作软件制作动画的主要过程，首先是根据动画制作的要求编写稿本，然后利用动画制作软件绘制关键帧并着色，再利用动画软件自动生成中间帧，并生成动画文件，最后在动画软件中对若干个动画文件进行编辑合成（图10.6），形成最终的动画。

图 10.6　计算机动画制作过程

二、地图动画与动态地图可视化

地图动画是为了描绘某些类型的趋势或变化以快速连续的方式显示一系列单幅地图（Peterson，1993）。虽然大多数时空过程都可以在静态地图上显示出来，但不可避免地会损失一些信息。用静态地图来反映时空过程只能以静止的形式反映某一时刻或某些时间的事物状态，不能自然地显示事物变化的过程。地图动画具有时间维，可以自然地反映事物随时间变化的动态过程，而且还可以通过对过程的分析来反映事物发展变化的趋势。因此，地图动画可以弥补静态地图表示的不足，使观察者更容易、更直观、更自然地认识和理解时空数据。

地图动画作为一种地学可视化工具，在动态地图可视化中具有重要的作用。地图动画可以帮助地学工作者通过对时空数据的分析发现以前未曾观察到的模式并产生新的假设。用地图动画对地球信息的原始数据进行动态模拟，如用时间地图动画来动态模拟地壳的演变、冰川的形成、人口的增长与变化过程，使重要事物的变迁过程再现。由于地图动画具有时间维，可以反映事物发展变化的过程，有助于地学工作者从原始数据集中发现隐藏的规律，得出新的结论。

地图动画是显示空间趋势和过程的非常有效的工具。可以用地图动画表示地学信息中已经提炼出来的空间分布规律与时间变化规律。地学现象的空间分布规律可以用非时间地图动画来表示，如土壤类型的分布，由于分类多类型又很复杂，要使读者能清楚地了解某一种土壤类型在静态地图上的分布是很困难的，而用地图动画的方法对某一种类型的土壤符号进行闪烁时，读者一眼就可以看出这种类型的分布状况。地学现象的时间变化规律可以用时间地图动画来表示，如用时间地图动画来反映事物随时间的变化而变化的过程，如在一段时期内人口的变化过程或气温的变化过程，而且可以通过对过程的分析来反映事物变化的趋势，并用地图动画反映这种变化趋势。

三、地图动画的类型

地图动画根据其表达地理现象的作用不同可分为时间地图动画和非时间地图动画两种形式。

1. 时间地图动画

在时间地图动画中，地图按照时间的变化动态表示，它是在传统表示 2 维或 3 维空间事物的基础上，加上了时间维，使得与时间有关的地图内容随着动画的进程进行改变。时间地图动画可用于表达随时间变化的地理现象，如人口变化等。

例如，一幅某地区不同时期的人口分布图，可以通过移动时间滑动杆来调整时间，并通过一个属性小窗口来连接时间和属性，当改变时间时，图幅的内容相应地改变，而在另一个动画窗口中，列出所选时间的一系列图形的排列。实时动态更新可以弥补静态地图表示不足，使观察者更直观、更自然地理解时空数据。这就是典型的时间地图动画。

2. 非时间地图动画

非时间地图动画是指地图动画的产生是由于一些其他因素（如特征）而不是单纯的时间。它可以用来描述特殊位置的存在，位置上的属性以及存在、属性及位置的变化（MacEachren，1994）。

非时间地图动画以一种逻辑的顺序显示单幅地图可用于解释空间关系。它可以显示由地图投影变形、三维表面或数据分类等因素引起的变化而不同时间因素。（如自然景观综合信息图谱就是用时间序列来描述目标在地理空间中的位置变化或属性变化，即采用观察时间来强调空间目标变化的时间顺序以及空间分布趋势，如人口分布动画）。

地图动画还可以根据用户与地图动画交互的程度分为非交互式地图动画与交互式地图动画两类。非交互式地图动画提供有限的用户交互功能，一般是通过数字视频如QuickTime 来提供。非交互式地图动画允许用户随意访问单帧地图并且控制显示的速度和方向，但地图动画中的用户控制很少能超出录像机的操作，即播放、停止、前进、回退。交互式地图动画的用户可以通过计算机控制由哪帧地图来组成动画和怎样来组成动画，然后控制地图动画的显示。目前地球信息可视化中还很少有软件能够实现交互式地图动画的功能，因此，地图动画的制作实际上是通过计算机动画生成软件建立基于地图的非交互式地图动画。

四、地图动画的设计与实现

1. 动态视觉变量

除了传统静态地图的六个视觉变量（形状、尺寸、方向、亮度、密度和色彩）外，地图动画的设计还涉及持续时间、变化速率、显示顺序等三个动态视觉变量。地图动画的设计由静态视觉变量和动态视觉变量完成。

1）持续时间（duration）

持续时间是场景显现在屏幕上的时间，用时间单位来度量，在地图动画中，持续时间是可变量，它的变化将影响动画的节奏，并且能影响观察者对地图动画的观察效果。

2）变化速率（rate of change）

变化速率是一种比率 m/d，其中 m 是场景之间地图上事物的位置与特征的变化量，d 是每个场景的持续时间，变化速度反映了地图动画进程中地图内容变化的快慢。在地图动画中，显示速度是很关键的，如果地图显示太慢了，就不能够达到传输动态变化或趋势的效果。

3）显示顺序（order）

显示顺序是指在地图动画中场景需按一定的顺序显示，如按时间顺序显示，按事物性质的顺序显示，显示次序是时间上的。

因此，这三个动态变量都与时间有关，也就是在地图动画中，把时间当作新的视觉变量来看待。

2. 地图动画的实现

动态的 GIF 图片是目前网上最常见的动画表现形式，GIF 地图动画是最简单的地图动画形式。GIF（Graphics Interchange Format）格式，又称图形交换格式，是由 Compu Serve 创建的一种图像格式，它能以任意大小支持图画，通过压缩可节省存储空间，还能将多幅图画存在一个文件中。支持 256 色，最大图像像素是 64000×64000。目前制作 GIF 格式图像的软件有很多，如著名的动画图像制作工具软件 Flash、Cool 3D、Ulead Gif Animator，Adobe ImageReady，Macromedia Fireworks，等等，其他如 Animagic，Gif Movie Gear，Alchemy Gif Animator 等也是很好且小巧的 GIF 动画制作软件。

制作地图动画最简单的方式是集合一系列单幅地图。这些地图可以由计算机绘图程序制作，也可以是从纸质地图扫描，还可以是从视频中捕捉。

为了达到理想的动态变化的视觉效果，每帧地图的显示时间设定为 0.5 秒。GIF 格式所占空间很小，一般只有几百 k 字节，AVI 格式文件所占空间很大，一般有几十兆字节，可以通过转换为 MPEG 文件来压缩空间，仍然可以用 Windows Media Player 来播放，使用 AVI 比起 GIF 的优点是用户可以通过暂停播放并控制显示窗口的大小。

GIF89a 格式是将多幅 GIF 组合在一起，并按一定的时间间隔顺序显示出来，从而实现动态效果。为了减小图像动画大小，一般制作 GIF 动画是在一幅背景图像的基础上做一些变化，可以将后几幅图像的背景设为透明。

第五节　网络地图可视化

英特网为地球信息的可视化提供了新的机会与可视化形式。在这种新的地球信息表示与传播媒介中，网络地图起着重要的作用，并具有多重功能。

一、网络地图的类型

网络地图可分为以下四种类型：静态只读地图、静态交互地图、动态只读地图和动态交互地图（图 10.7）。

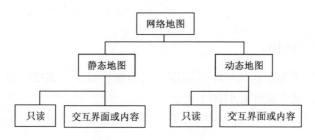

图 10.7 网络地图的分类

1. 静态只读地图

目前，英特网上最常见的是静态只读地图。所谓静态只读地图，指的是只能观看不能对其进行修改的那些地图，类似于纸质地图，因此，也称之为纸质地图的电子拷贝。静态只读地图常常是扫描的模拟地图，即对纸质地图进行扫描，并以万维网兼容的图像格式存贮。静态只读地图制作方便、成本低，但其图形数据量大且是只读的，由于静态只读地图图形数据量大，下载时间比较长。

2. 静态交互地图

静态地图的交互功能指的是用户具有放大、缩小、漫游等选择，此外，还具有与其他信息进行超级链接的能力。典型的静态交互地图具有简单的查询功能，可作为其他数据的界面，在地理目标上揿击可得到网上其他的信息源。静态交互地图还可让用户通过选择数据层交互地决定地图的内容，甚至通过选择符号和色彩来决定地图的外观。

3. 动态只读地图

动态地图是关于一个或多个空间数据要素上的变化的地图。万维网上有几种播放动画的选择。所谓的"动态 GIF"便可看作是一种动态地图的只读形式。那些在媒体播放器上以 AVI，MPEG 或 Quicktime 格式播放的动态只读地图的交互功能稍微强一些，万维网上的插件定义了交互选择，通常只限于暂停、回退和向前等简单功能。常见的动态只读地图有气候图、环境污染监控图及飞行航线图等。

4. 动态交互地图

用 VRML 或 QuicktimeVR 编写的虚拟环境为用户提供了交互性，因为这些格式存贮了物体的真三维模型，而不只是一系列三维视图，所以，在这种环境中用户可以定义行进的路径，在方向上和高度上做出决策。动态交互地图可以与数据库连接，用户可根据自己的要求交互地修改地图的参数和变量，如地图投影、色彩、要素分级等，但只显示所选择的区域或信息类型，动态图像显示用户的查询结果。

目前，最常见的网络地图是静态只读地图和静态交互地图。其他两种网络地图目前还比较少，设计、制作也还不太成熟，但却是将来的发展方向。

二、网络地图的特点与功能

1. 网络地图的特点

网络地图或网上地图（Webmap）是在万维网（WWW）上浏览、制作和使用的地图。随着 Internet 的日渐普及，网络地图作为地球信息的可视化与传播形式越来越受到人们的重视。

网络地图是一种电子地图，是在计算机屏幕上显示、阅读和使用的，因此具有电子地图的一般特点，即动态性、交互性和超媒体结构等特点。与一般的电子地图相比，网络地图的动态性、交互性与超媒体结构具有更进一步的涵义，并且由于网络地图是在 Internet 上传播的，因此，网络地图还具有广泛的用户群体及易于下载传播的特点。

1）动态性

网络地图具有实时动态地表现地球信息的能力。网络地图的动态性表现在两个方面：一个是网络地图的内容可以实时动态地更新，而不只是利用闪烁或动画来实现表现形式的动态变化，这是一般电子地图所不具备的。另一个是由于 WWW 本身的特点，网络地图不是永久固定存在的实体，今天还在网上的地图，明天可能就不见了。当然，网络地图也具备一般电子地图所具有的通过闪烁或动画来体现地图动态性的特点。

2）交互性

由于 Internet 具有交互性的特点，网络地图比一般的电子地图具有更多的交互性。

网络地图的交互性表现在以下三个方面：一是网络地图可以实现个性化服务，根据不同用户所提出的要求，可以定制不同内容不同风格的网络地图，为不同的用户提供满足他们各自需求的网络地图；二是网络地图具有交互制图的功能，用户可以根据自己的需要与爱好，在网络地图上加点、画线，打开或关闭某些图层，并把这些结果保存下来，或打印输出或用 email 发送给亲朋好友；三是网络地图具有数据库查询功能，可以进行点查询与线路查询。

3）超媒体结构

网络地图采用超媒体结构，可以将分散在不同信息块间的信息进行存储、检索和浏览。网络地图不是整屏显示的，而是将屏幕分割为若干个功能区，地图显示区只是其中的一个，同时，为了提高网络地图的下载速度，地图显示区往往是比较小的，在这么小的显示范围内难以显示很多的地图内容，因此，常常采用超链接的方法，将地图或文字信息组织在一起，或将一幅地图的内容分成几个部分，通过超链接将需要的内容显示出来。此外，网络地图可以在图形上实现超链接其他相关信息的网页，通过点击链接，直接进入相关单位的介绍网页。

4）简便快捷的地图分发形式

Internet 为地图用户提供了更加快捷的地图传播方式及不同形式的人机交互。网络地图使公众更易于低成本、高效率地获取地图，具有更高的实用价值。

2. 网络地图的功能

网络地图虽是电子地图的一种，但其功能却远远强于一般的电子地图。网络地图一般包括图形操作、地图查询、统计分析和超链接网页等功能。

1）图形操作功能

包括点放大和缩小、框选放大和缩小、漫游、全图显示、改变视野、图层控制、鹰眼、前后视图、刷新地图等，能方便地实现对图形的放大、缩小、全图显示、漫游、平移等基本的图形操作。

2）地图查询功能

通过将地图信息按类型、区域、不同的主题等进行分类，采用图层控制的方法来快速地实现目标的查询，进行定点显示和提供详细信息。查询功能主要包括模糊查询、最短路径、公交换乘、行车路线、点图查找、查找最近、周边环境、地图定位等。

3）交互制图功能

具有交互制图功能的网络地图，用户可以在网络地图上任意地加点、画线，可以保存地图和清除地图。

4）统计分析功能

测距功能用来测量地图上点与点之间的距离，能方便地实现两个或多个给定地点间距离的测量。最短路径分析功能提供任意两个地点的最短路径。此外，还有确定点位经纬度坐标、量算面积等功能。

5）超链接网页功能

网络地图可以作为其他信息的界面，在图形上实现超链接其他相关信息的网页，通过点击链接，直接进入相关单位的介绍网页。该功能使用户操作更加直观、方便、形象。

三、网络地图的设计

网络地图的设计对地图学者而言是一个全新并具有挑战性的任务。网络地图的设计既要遵循纸质地图和一般电子地图的设计原则，又要充分考虑网络自身的特点。网络地图设计的基本原则：一是内容的科学性；二是界面的直观性；三是地图的美观性；四是使用的方便性。因此，网络地图的设计应重点从地图的界面设计、图层设计、符号设计和色彩设计这四方面来考虑。

1. 界面设计

界面是网络地图的外表，一个专业、友好、美观的界面对网络地图是非常重要的。但好的界面并不意味着花里胡哨，而是体现在其易用、美观和人性化的设计上。

网络地图的界面设计一般说来应遵循以下原则：

1）专业网站上的网络地图和作为其他信息用户界面的网络地图，在界面设计上应各有侧重

对于专业网站的网络地图而言，其设计应尽可能多地表现地图丰富的内容，因而，网络地图的地图显示区应设计得大一些，通常整网页都是网络地图，没有其他无关信息，其界面包括工具条、查询区等部分。点击图上的任意一个位置，则通过与之对应的其他链接地图，来显示该位置的详细信息，这种网络地图主要还是以地图图形的方式向用户提供信息。

而作为其他信息用户界面的网络地图，它的作用只是协助用户了解该界面上其他信息的空间位置或空间关系，用户需要了解哪一点位的信息，只需点击图上这一点即可，这些信息主要是以一些文字的形式展现在用户的面前，针对以上特点，在设计时，网络地图只能占据整个网页的一小块空间，不能喧宾夺主。

2）同一网站上的网络地图在界面设计上应有统一的风格

对于一个有多个网络地图产品的地图学网站来说，风格统一是非常重要的，直接影响到用户对该网站的总体印象。风格统一是一个范围的概念，它包括网络地图的界面、工具条及符号的用色、布局风格等多方面的内容。控制好这些方面，使其标准化是做到风格统一的根本方法。

3）网络地图界面的布局应以操作方便、视觉平衡、美观大方为基本原则

网络地图界面的布局是指界面上各功能区的排列位置。通常情况下，为方便网络地图的操作，工具条宜设置在地图显示区的上方。图层控制栏，可以设在地图显示区左边，也可设在显示区的右边。而查询区与图层控制栏则最好分别置于显示区的两侧，以使界面达到视觉平衡的效果。

为了让地图有较大的显示空间，可以设计隐藏工具栏，将暂时不需要的工具栏隐藏起来，需要的工具栏显示，这样就可以方便用户看清楚地图。

2. 图层显示设计

网络地图的诸多功能区，使得地图显示区所占的屏幕范围较小，此外，尽管矢量地图可以无级缩放，但对具体的图层，仅在一定视野范围内的显示才是有意义的。如果没有进行视野显示的控制或内容分层显示，用户将无法得到有用的信息，而且为完成每次显示，计算机用于空间对象的坐标转换和图形生成的时间也较长。所以在网络地图的设

计中，应针对不同用途的图层选择不同的视野显示范围，使有用信息得到突出显示，而且能加快显示和处理的速度。

图层显示设计时应根据地图的用途来选择不同的图层显示方法。图层显示有两种不同的方法，一个是图层选择方法，将所有专题要素用图层选择的办法让用户自己决定显示哪个图层，另一个是图层显示控制，按视野范围控制图层的显示，也有两种方法结合起来使用的。一般说来，第二种办法是按信息的主次关系来决定的，重要的信息先显示，次要的信息后显示。至于选用哪种方法要根据地图的用途来选择。一般说来，城市交通旅游图，表示的专题要素较多，包括诸多的城市公共设施，采用图层选择的方法，效果较好，而且可以使用象形符号，避免几何符号太少，难以区分专题要素的问题；而有些地图内容较为单一，或比例尺较小，如奥发铁路通、奥发公路通，可以采用视野控制的方法来达到内容分层显示的目的。

3. 符号与注记设计

网络地图符号和注记的设计要遵循以下原则：

1）基础地理底图符号尽可能与纸质地图或一般电子地图的符号保持一定的联系

这种联系便于网络地图符号的设计，也有利于用户阅读的联想性。但这种联系并不否认符号设计的创造性，尤其是某些原来就不便于数字表达和屏幕图形显示的符号，在设计时就没有必要勉强保持这种联系。

2）符号设计要遵循精确、综合、清晰和形象的原则

精确指的是符号要能准确而真实地反映地面物体或现象的位置，即符号要有确切的定位点或定位线；综合指的是所设计的符号要能反映地面物体一定的共性；清晰指的是符号的尺寸大小及图形的细节要能在距屏幕要求的距离范围内能清晰地辨认出图形。形象指的是所设计的符号要尽可能与实地物体的外形轮廓相似，或在色彩上有一定的联系，如医院用红十字符号表示，电子电器用一个电视机符号表示，以利于阅读和记忆。

3）符号与注记的设计要体现逻辑性与协调性原则

逻辑性体现在同类或相关要素的符号在形状或色彩上有一定的联系，如医院与药店，都用十字符号，用不同的颜色来区分，大专院校与中小学校用不同颜色的字母符号"文"来表示；协调性体现在注记与符号的设色尽可能一致或协调，以利于将注记与符号看成一个整体。

4）符号的尺寸要根据视距和屏幕分辨率来设计

由于网络地图的显示区较小，符号尺寸不宜过大，否则会压盖其他要素，但如果尺寸过小，在一定的视距范围内看不清符号的细节或形状，符号的差别也就体现不出来。点状符号的尺寸应保持固定，最好不要随地图比例尺的变化而变化。

5）合理利用敏感符号和敏感注记

敏感符号与敏感注记的使用，可以减少图面载负量。但有些重要的点状符号可以不使用敏感注记，而直接注记在图面上，这样既可以突出该要素，又可以活跃图面效果。

6）重点要素用闪烁的符号来加以强调

闪烁的符号易于吸引注意力，特别需要强调的要素可以使用闪烁符号，但一幅地图上不宜设计太多的闪烁符号，否则将适得其反。

4. 色彩设计

网络地图的色彩设计最重要的是整体色彩的协调，要达到这一点应遵循下面的原则：

1）利用色彩三属性来表示要素的数、质量差异

不同类要素可采用不同的色相表示，但一幅网络地图所用的色相数一般不应超过5～6种；用相同色相、不同的饱和度和亮度来表示同类不同级别的要素，一般来说，等级数不应超过6～7级。

2）符号的设色应尽量参照习惯用色，所选色应协调

这些习惯用色有：用蓝色表示水系，棕色表示山地，黄色和棕褐色表示无植被的干燥区，用绿色表示绿地，用红色表示医院等。

3）界面的色彩设计应能体现地图的整体风格，并以突出地图内容为原则

网络地图的界面占据屏幕的相当一部分面积，其色彩设计应能体现网站或网络地图的整体风格。地图内容的设色以浅淡为主时，界面的设色则应以较暗的颜色，以突出地图显示区；反之，则以较浅淡的颜色。

4）面状符号或背景色宜采用饱和度较低的色彩

面状符号或背景色的设色决定了一幅网络地图的色彩风格，可以使用浓艳或浅淡的色彩风格，但色彩的饱和度不宜太高。

5）点状符号和线状符号与面状符号的色彩要有较大的反差

点状符号和线状符号必须以较强烈的色相表示，使它与面状符号或背景色有清晰的对比。点状符号之间、线状符号之间的差别主要采用色相的变化来表示。

6）注记的色彩应与所注物体的符号有一定的联系

注记应与符号的色彩用同一色相或用类似色，避免用对比色。敏感注记的设色则可以整幅地图统一。在深色背景下注记的设色可浅亮些，而在浅色背景色下注记的设色则要深一些，以使注记与背景有够的反差；若背景色较深，而注记的色彩选用较深时，也

可利用 Halo 字体使注记加上一白边，以突出注记。

总之，设计网络地图时，应当从地图的科学性、直观性、美观性和使用的方便性等方面来考虑，将地图学知识和美学知识融于一体，才能达到最理想的效果。

第六节　虚拟现实与地学三维可视化

现实世界是一个三维的空间实体，二维地图所使用的二维空间表达方法与所表示的三维现实世界之间，有着不可逾越的鸿沟。因此，千百年来地图学者们一直致力于地形的立体表示，试图寻求到一种既能符合人们的视觉生理习惯，又能恢复真实地形世界的表示方法。地形三维可视化有助于用户对空间数据相互关系以及分析结果的直观理解。

地形三维可视化的概念，是在 20 世纪 60 年代以后随着地理信息系统的出现而逐渐形成的。传统的 GIS 软件一般只能在二维的基础上模拟和处理现实中的三维现象，其应用往往停留在处理地球表面的数据。当人们不得不考虑高程时，通常将高程视为地球实体的一种属性，这就是 2.5 维的 GIS。2.5 维与三维 GIS 的本质区别在于高程 Z 是被看成空间数据还是属性数据。制约地理信息三维可视化的主要难点来在于计算机的硬件和软件两个方面。在计算机硬件方面，由于三维可视化需要进行大量的消隐和着色运算，而开发出能完成这类算法的硬件并不是一件容易的事；在软件方面，由于缺少统一的接口标准，使得人们在实现三维可视化时，不得不将大量的工作投入到设计三维显示的算法上。随着虚拟现实技术、计算机三维图像处理技术、GIS 技术的发展，特别是三维图形硬件芯片的出现和 OpenGL、Direct3D 三维软件标准的建立，地形三维可视化逐渐由梦想变成了现实。

一、虚拟现实技术与虚拟现实地图

虚拟现实（Virtual Reality，VR）是 20 世纪 90 年代兴起的一个高科技新领域，其基本概念是利用计算机生成一个以视觉感受为主，也包括听觉、触觉等在内的可感知环境，用户通过专门设计的硬设备可以在这个模拟环境中进行考察、触摸、操作、检测等试验，有身临其境之感，从而更深刻地认识研究的对象。

1. 虚拟现实技术的基本特征

虚拟现实具有三个基本特征：沉浸（Immersion）、交互（Interaction）和想像（Imagination），即通常所说的"3I"。

沉浸，是指用户借助各类先进的传感器进入虚拟环境之后，由于是以人所具有的各种感觉功能（视觉、听觉、触觉和嗅觉等）去感知虚拟环境的信息，因而用户所看到的、听到的、感受到的一切内容非常逼真，就像在真实环境中一样。

交互，是指用户进入虚拟环境后，不仅可以通过各类先进的传感器获得逼真的感受，而且可以用自然的方式对虚拟环境中的物体进行操作。

想像，是由虚拟环境的逼真性与实时交互性而使用户产生的更丰富的联想，是获取沉浸感的一个必要条件。用户沉浸在多维信息空间中，依靠自己的感知和认知能力全方位地获取知识，发挥主观能动性，寻求解答，形成新的概念。

由此可见，研究虚拟现实有两个重要目标：虚拟性和逼真性。

2. 虚拟现实地图的概念

虚拟现实技术与地图可视化相结合的产物就是虚拟现实地图，也可称之为"可进入"地图。虚拟现实地图具有虚拟现实的基本特征，即沉浸、交互和想像。虚拟现实地图以直观的三维地形、地物代替传统地图的二维符号，通过多重感觉通道使人沉浸于三维地理环境之中，同时可以通过人机交互工具模拟人在自然地理环境中的空间认知方式，并进行各种空间地理分析。同时，虚拟现实地图还具有地图的抽象概括性，即虚拟现实地图表达的是经过提炼的现实世界，而不现实世界本身。虚拟现实地图的研制是地图学与 GIS 在 VR 技术领域的一个新的生长点。

3. 虚拟现实地图的技术体系

虚拟现实地图的技术体系可用图 10.8 表示。从图 10.8 中，我们可以看到制作虚拟现实地图涉及到以下几方面的技术：

（1）利用 VR 强大的三维场景构建技术，构造三维地形模型，制作各种地物，真实地再现自然景观。同时，还可以利用其他的环境编辑器（如光照编辑器）对环境进行渲染。

（2）利用 VR 技术的多感通道编辑器对以视觉为主的感觉进行仿真，使用户能以真实的感觉"进入"地图。

（3）利用数据手套、头盔显示器等交互工具从分析应用工具箱中提取应用工具，模仿人在现实环境中进行工作，如距离量算、面积计算等。

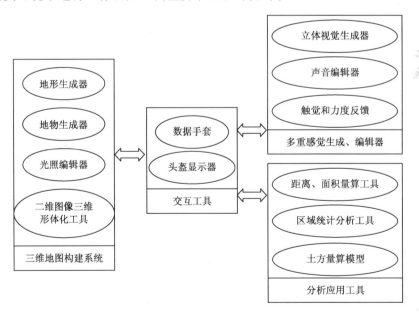

图 10.8　虚拟现实地图的技术体系结构

二、基于 OpenGL 的地形三维可视化

1. OpenGL 简介

OpenGL 是 SGI 公司开发的一个功能强大，调用方便的底层三维图形库。OpenGL 实际上是一种 3D 程序接口，是 3D 加速卡硬件和 3D 图形应用程序之间一座非常重要的沟通桥梁。

OpenGL 具有以下两个主要的特点：

1）与硬件无关的软件接口

OpenGL 可以在不同的平台如 Windows 95/98、Windows NT、Unix、Linux、OPENStep、Python、MacOS、OS/2 之间进行移植。因此，支持 OpenGL 的软件具有很好的移植性，可以获得非常广泛的应用。

2）具有网络透明性

OpenGL 可以在客户机/服务器系统中工作，这一点对于制作大型 3D 图形、动画非常有用。

由于 OpenGL 是 3D 图形的底层图形库，没有提供几何实体图元，不能直接用以描述场景。但是，通过一些转换程序，可以很方便地将 AutoCAD、3DS 等 3D 图形设计软件制作的 DFX 和 3DS 模型文件转换成 OpenGL 的顶点数组。另外，在 OpenGL 的基础上还有 Open Inventor、Cosmo3D、Optimizer 等多种高级图形库，适应不同的应用。

2. 地形三维可视化的过程

利用地学三维可视化系统生成真实感的三维地形必须完成以下过程：

（1）数学建模。获取地形数据，建立三维地形的数学模型。数学模型描述了地形的几何信息，直接影响地形的成图质量和图像的绘制效率。

（2）投影变换。将地形的三维信息描述转换为二维视图。

（3）裁剪消隐。将不在显示视域之内的部分地形不参与三维地形绘制。

（4）着色处理。根据光照模型计算地形可见面在显示设备上的颜色，并生成图像。

OpenGL 给出了上述 4 步中后 3 步的解决方案，编程人员所要做的只是设置适当的参数，按一定的顺序调用相应的功能函数。因此，在研制基于 OpenGL 的三维图形可视化时，注意力应集中在分析地形可视化的需求和建立地形（包括实物模型）的数学模型上。

3. 基于 OpenGL 的地形三维可视化

基于 OpenGL 的地形三维可视化分为数据的预处理、投影方式的选择、参数设置、构造地形模型、纹理映射技术的利用、地物的叠加和三维注记显示等几个步骤。

1）数据的预处理

所需要的数据为矢量等高线数据或直接为 DEM 数据。如果是矢量等高线数据，还要完成地形模型的建模。一般是先生成规则格网地形模型（RSG），还要能实现 RSG 与 TIN 之间的相互转化等。

2）投影方式的选择

OpenGL 中的投影变换包括正射投影变换和透视投影变换两类，根据不同的显示目的选用不同的投影方式。在地形三维可视化中，一般采用正射投影变换来制作晕渲图。透视投影变换基本符合人类的视觉习惯，同样尺寸的物体离视点近的比离视点远的大，远到极点即消失。所以透视投影变换的应用比较广泛，在飞行仿真、步行穿越等研究领域都有应用。

3）参数设置

在用 OpenGL 绘制三维地形模型之前，还要对光源参数（光源性质、光源位置）、颜色模式（索引、RGBA）、明暗处理方式（光滑处理、平面处理）、纹理映射方式，视点位置、视线方向等参数进行设置。

4）构造地形模型

三维地形模型的几何构造要素为三角形，如果是规则格网模型，要将规则的矩形网格分割成三角形网格，如果是不规则三角网模型，就可以直接使用。为了使地形模型接受正确的光照，还要对地形模型的每一个三角形单元求解法向量。

5）纹理映射技术的利用

在地形三维可视化中，纹理映射技术有着广泛的应用。纹理映射技术是增强图像真实感的技术之一。这种技术将来自现实世界的图像（例如一幅真实的照片）贴在物体的表面，使物体的外观看起来与现实世界中的物体相似或相同。

6）地物的叠加

在三维地理信息系统中，对地形中的建筑物、公路、河流、桥梁等需要进行三维空间造型，以生成空间三维物体。只有这样才能进行空间信息查询和层的管理。一个有效的方法就是先利用现有的三维造型工具（如 3DMax）来造型，然后导入到地形三维可视化系统中去。

7）三维注记显示

在地形的三维显示中，常常需要加入一些三维注记来对重要的地物加以标注，提高地形显示的可理解性。

在双缓存模式下，不能在 OpenGL 绘图设备上使用 Windows 的 GDI 字体管理和文本输出函数，因此无法实现字符串的显示。为了解决这个问题，OpenGL 提供了两个函数，分别用于显示位图文本和轮廓文本的输出。位图文本的输出不能显示汉字，所以必须用轮廓文本的输出来显示三维注记。

TrueType 字体是一种矢量字体，在 OpenGL 中支持对矢量字体的显示，并支持对字体的平移、旋转、缩放等操作。实际上，是将字体中的每一个字符当作一个普通的 OpenGL 物体来看待和处理。

然后通过执行显示列表完成字符的输出。

三、基于 GeoVRML 的网络三维可视化

VRML 技术的出现使三维动态地图可视化得到了新的技术支持，因为 VRML 是一种三维场景描述语言，可在 Internet 浏览工具中方便地构造和观察三维动态世界，且概念直观，从而为地球信息的三维、动态和 Internet 化发展带来了新的机遇。

1. VRML 概述

VRML(Virtual Reality Modeling Language，虚拟现实建模语言）是一种网络上使用的描述虚拟环境中场景的一种标准。它定义了三维应用系统中常用的语言描述，如层次变换、光源、视点、动画、材料特性、纹理等，并具有特征的描述功能。简言之，VRML 是一种面向 Web、面向对象的三维建模语言，它不仅支持数据和过程的三维表示，而且能使用户走进视听效果逼真的虚拟世界，从而为实现地球信息的网络三维可视化提供了可能性。

VRML 创造的是一个可进入、可参与的虚拟世界。人们可以使用 VRML 在 Internet 上创建虚拟三维空间，如虚拟校园、虚拟城市、虚拟战场等现实世界中存在或不存在的现象，只要你能想到的，便可以创建出来。而用户则可以利用宽带网络，访问由 VRML 创建的这些虚拟世界，与其中的物体进行交互或与网络上的其他用户以自然的方式进行交流。

目前，VRML 已经由 VRML1.0 发展到 VRML97，其功能也有了很大的改进，总的说来，VRML 具有以下一些特点：

（1）交互性：VRML 提供了丰富的接口用于接收操作输入和与浏览器通信。

（2）多媒体集成：VRML 可以支持 3D 声音，以及各种音频、视频和动画等多种媒体格式，还可以内嵌用 Java 和 ECMScript 等语言编写的程序代码，同其他标准格式文件也有很好的兼容性。

（3）平台无关性：VRML 编写的文件可在任何平台上运行，它仅与不同的 VRML 浏览器有关。

（4）可重组性：VRML 中通过定义相关的机制（如原型机制）使得用 VRM 生成的模型可被重复使用。

（5）易扩展性：VRML 不仅可以让开发者定义自己的节点类型，还提供了多种调用接口。

2. GeoVRML 的特性

GeoVRML（地理虚拟建模语言）是由 Web3D 联盟下属的一个官方工作组所制定的一种地理虚拟建模语言，它是用 VRML 为基础来描述地理空间数据，其目的是让用户通过一个在 Web 浏览器安装的标准的 VRML 插件来浏览地理参考数据、地图和三维地形模型。

GeoVRML 本质上是对 VRML97 标准的扩充，但它在继承了 VRML 众多优点的基础上，又具有自己的特性，其中包括：

1）支持多种坐标系统和参考椭球

针对 VRML 标准仅仅支持局部迪卡尔坐标系的局限性，GeoVRML 全面支持多种常用坐标系和参考椭球。用户只需在 VRML 文件中指定使用的坐标系和椭球名称并以规定的格式给出各种数据，GeoVRML 自动将它们转换、映射到屏幕坐标系中。

2）全面提高数据精度

VRML97 规定所有的数值均为 32 位 IEEE 单精度浮点型，在这样的精度条件下，利用 VRML 进行地理信息的发布将导致数据重叠、视点抖动等一系列问题。GeoVRML 扩展所有的数值类型为 64 位双精度型，将精度指标提高到毫米级。

3）三维建模功能进一步增强

为了加强对复杂模型的支持，GeoVRML 在 VRML97 标准的基础上新增加了 Geo-Coordinate（描述对象的地理坐标）、GeoElevationGrid（建立 DTM 模型）、GeoLocation（将标准的 VRML 模型精确植入场景）等 10 个节点。用户根据需要，合理地使用这些节点，就可以简便、迅速地实现 GIS 数据的三维可视化。

4）浏览模式的增强

针对 VRML 插件固定用户运动步长的缺点，GeoVRML 实现了基于高程的浏览模式，即根据用户当前视点的高程值确定运动步长。这样，大大方便了用户对整个场景的控制。

另外，GeoVRML 还有源代码开放、与高级语言（Java、C＋＋等）可以进行通讯等特点。

3. 利用 GeoVRML 实现网络地形三维可视化

GeoVRML 是 VRML 的扩展，目的在于解决 VRML 在空间实体的表达、网上三维交互方面所存在的一些问题，目前 GeoVRML 的发展及应用表明，GeoVRML 已部分地解决了网络上地理实体的三维表达问题。因此，可以说 GeoVRML 的出现为在网络环境下实现地球信息的三维可视化提供了一个良好的数据规范平台，将大大促进网络虚拟地理环境的应用。目前，负责制定 GeoVRML 规范的工作组已经颁布了 GeoVRML1.0 规范推荐草案，通过对 VRML 的大量新的扩展来支持三维 GIS 应用。

一般说来，利用 GeoVRML 实现网络三维可视化需要经过数据预处理、GeoVRML 场景生成和网络发布等几个步骤。

数据预处理是指将待发布的 GIS 数据转换至 GeoVRML 支持的格式，其中包括坐标系的转换、数据格式的转换等。

生成 GeoVRML 场景是关键步骤，其实质是将预处理后的数据按规定格式写入 VRML 文件。由于 GIS 数据具有复杂、多样的特点，加之各个系统之间的差异，所以很难找到一种普遍适用的算法。因此，针对不同地区不同成图比例尺的要求，选择不同的算法是解决该问题的有效途径。

网络发布是指将已生成的 VRML 文件通过 Web 服务器发布，便于用户通过浏览器进行访问。由于 GeoVRML 增加的节点均为外部原型节点，VRML 插件在碰到这些节点时将到对应节点的 URL 域寻找原型的执行体，所以，在进行 VRML 文件发布的同时，必须在指定的 URL 上发布 GeoVRML 原型节点。

参 考 文 献

[1] 王全科．基于认知的多维动态地图可视化研究．中国科学院地理研究所（博士学位论文），1999

[2] McCormick, B. H., HeFanti, M. D. & Brown, M. D., Visualization in Scientific Computing, IEEE Computer Society Press, Co., Washington, 1987

[3] MacEachren, A. M. & Ganter, J. H. A Pattern Identification Approach to Cartographic Visualization, Cartographica, 1990, 27(2): 64~81

[4] Kraak M. J., Exploratory Cartography: Maps as Tools for Discovery, ITC Journal, 1998, (1): 46~54

[5] MacEachren A. M. & Kraak M. J., Research Challenges in Geovisualization, Cartography and Geographic Information Science, 2001, 28(1): 3~12

[6] 王英杰、袁勘省、余卓渊编著．多维动态地学信息可视化，北京：科学出版社，2003

[7] Taylor D. R. F., A Conceptual Basis for Cartography: New Direction for the Information Era, Cartographica, 1991, 28(4): 1~8

[8] DiBiase, D. W., Scientific Visualization in the Earth Sciences, Earth and Mineral Sciences, 59(2), 1990

[9] MacEachren, A. M., Visualization in Modern Cartography: Setting the agenda, Visualization in Modern Cartography (ed.), MacEachren A. M. & Taylor D. R. F., Oxford: Pergamon Press, 1994, 1~12

[10] 龚建华、林珲、肖乐斌、谢传节．地学可视化探讨，遥感学报，1999, (3): 236~244

[11] 唐宏、杜培军、盛业华．虚拟现实技术与虚拟现实地图．地图，2000, (1): 6~8

[12] 林海、潘志庚等．虚拟现实造型语言 VRML．计算机世界，1998, (2)

[13] 刘晓艳、林珲、张宏编著．虚拟城市建设原理与方法．北京：科学出版社，2003

[14] 梁金成、何忠莲．浅论多媒体电子地图的开发．测绘技术装备，2000, (2): 26~27

[15] 李水英、花存宏．多媒体电子地图集设计制作解决方案．浙江测绘，2002, (1): 8~12

第十一章　地球信息综合制图的基本原则与方法 *

第一节　地球信息综合制图的理论依据与制图方法

综合制图就是以地球系统或地理环境和人地系统为制图对象，反映其形成发展、形态结构、质量与数量特征；反映各要素和各部门之间的相互联系与相互作用；体现自然综合体、区域经济综合体和人地系统的基本特点与区域差异，为资源的合理开发利用、区域开发决策、国土整治与防灾减灾、全球变化与环境监测治理，为资源、人口、环境、发展的相互协调和经济与社会的可持续发展提供科学依据（图11.1）。

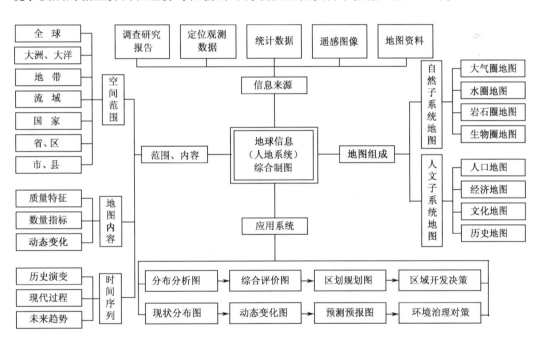

图 11.1　地球信息（地理环境、人地系统）综合制图体系

综合制图不仅使区域调查研究与规划设计获得比较全面正确和切实可靠的结论，而且将使各种专题地图充分利用各部门的研究成果，并通过各部门专题地图相互参证与对比分析，提供进一步发现自然规律的可能性。

* 本章由廖克撰稿

一、综合制图的理论依据

由大气圈、水圈、岩石圈、生物圈、智慧圈组成地球表层，亦称地球系统；或由地质、地貌、气候、水文、土壤、植被、动物界等要素组成自然地理环境。这些具有不同特点的每一个要素按照自己的规律存在和发展，同时又和其他要素相互依存和相互制约。它们有机地共同组成自然综合体，并处于物质迁移与能量转换的统一过程，体现一定的地带性规律和不同尺度的区域分异。社会经济各领域和各部门之间、人类同自然环境之间也都是相互联系和相互影响的，形成一定的区域经济综合体，并组成更高层次的人地系统。

综合制图不单是地图汇编与编图技术工作，也是一项综合实验研究，是地理学乃至地球科学综合研究的一种方式，而且研究和制图的对象是地理环境与人地系统，或地球系统。因此，综合制图必须以地学和地理学的一些理论为指导。如地带性规律与区域分异理论、自然综合体的概念与景观学理论、地理系统理论、地表物质与能量迁移转化理论、综合自然区划的理论方法、区域经济综合体与人地系统的概念，等等。我们经过较长时期的综合制图实践与理论探讨，认为必须对以下综合制图的基本理论依据进行深入研究，并在综合制图的设计准备阶段结合制图区域的特点进行具体分析，得出结论并指导和贯彻综合制图全过程：

（1）研究自然综合体与区域经济综合体的形成与结构、区域分异及其产生的原因；分析制图范围内形成不同区域特点的主导因素及其具体影响。这是综合制图选题与内容选择的出发点。

（2）研究自然综合体与区域经济综合体各要素或各部门在统一发展过程中相互影响与作用的机制及其具体表现；研究自然综合体各要素内在联系在外部形态结构上的反映；分析制图区域内各种要素之间的联系形式、联系因素与指标。这对轮廓界线的统一协调有重要指导作用。

（3）研究自然综合体及各要素地带性（包括纬向与经向地带、垂直地带）与非地带性规律的具体表现、区域特点及其形态结构、地理基本单元图形特征。分析上述三个层

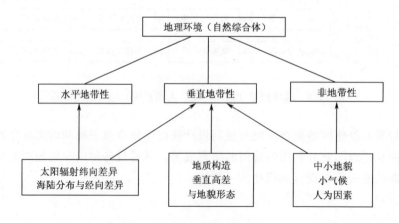

图 11.2　地域分异规律基本成因

次在制图区域范围内的不同比例尺地图上的反映，作为拟定分类、分级与轮廓界线统一协调的重要依据（图 11.2）。

（4）研究自然综合体各要素的形态结构、发生成因、组成物质、时代年龄，分析区域经济综合体各部门的组成、结构、规模、产值、效益；研究自然综合体和区域经济综合体不同等级之间的关系在分类分级系统和不同比例尺中的反映；分析制图区域内反映质量特征的分类体系、分类指标与制图单元，反映数量指标的分级方法、分级标准与制图单元。从而为各地图图例的拟定及其统一协调提供具体依据。

二、综合制图的基本环节

综合制图过程比较复杂，但最重要的是在上述深入研究的基础上抓好以下基本环节。

1. 选题内容与指标的综合性、系统性与完整性

根据综合制图的具体目的与要求，确定选题与内容，即确定编制哪些图幅、哪些内容与哪些指标，才能体现综合性、系统性与完整性，才能形成相互联系、相互补充的有机整体，这是决定综合制图形式与规模的前提。

2. 统一的地图数学与地理基础

统一的数学与地理基础是容纳与表示专题内容的统一地理骨架，是综合制图的共同基础，也反映各专题内容与地理基础之间的联系；同时数学与地理基础的正确选择也是保证制图精度的重要条件。可以根据综合制图的不同要求对地图投影与比例尺以及地理内容作不同的选择，但必须形成一定体系。

3. 共同的地图分类分级与图例设计的原则

图例是阅读地图的钥匙，是地图内容的具体限定。它建立在科学的分类、分级基础上。各部门地图都有自己的分类、分级原则，但作为综合制图，应考虑统一的综合性指标，或反映相互关系的指标。一般包括形态结构、发生成因、组成物质与时代年龄。数量指标的分级有多种方法。采用何种分级方法，主要是根据现象变化的规律和趋势来确定。一般先经过序列排队、作直方图、分析趋势、确定级差。需要强调的是，任何事物的发展都是由量变到质变的。一方面自然要素和现象质量特征的不同类型，必然有一定数量差异；另一方面数量的发展势必影响一定的质量变化。因此各种类型的划分要有一定的数量指标，而各种数量的分级要有一定的类型含义。

4. 地图轮廓界线的合理绘制与统一协调

地图上的轮廓界线是制图对象地理分布的具体体现。不仅通过其形状与结构反映制图对象的分布规律与区域分异，而且能够在一定程度上揭示它同其他要素和现象之间的联系。因为各要素和现象的外形特征，是其本身机制和外界条件综合影响的结果。因此，必须注意轮廓界线的合理绘制与各地图之间的统一协调。

5. 地图表示方法、色彩与符号设计的统一风格

主要考虑更直观有效地反映制图对象的分布规律与区域差异，显示各要素和现象之间的相互联系。因此色彩与符号的设计，要同所表示对象的性质、特点及区域变化的规律联系起来。例如，从色相、色调的总变化上体现出地带性变化规律；以冷暖色调体现气候的冷热变化；以黄、绿、蓝色调反映由干燥到湿润的过渡等等。又如统计地图以色系反映内容主题，色调的连续性反映一定含义，色度变化与分级相对应，从而保证综合制图整饰设计的统一风格与良好的总体感受效果。

从以上简要分析可以看到，综合制图中的研究实验贯穿于每个环节，抓好了这些环节为统一协调创造条件，就能保证综合制图达到较高水平。

三、综合制图的不同形式及其制图方法

综合制图有不同的形式、尺度和广度。我们对各种尺度和广度的单幅综合地图、综合系列地图和综合地图集都分别进行了较深入的研究实验和广泛的制图实践，现就三种基本形式的综合制图方法及其特点作简要的分析和比较（图 11.3）。

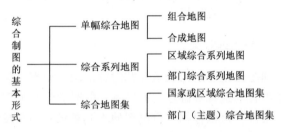

图 11.3　综合制图的基本形式

单幅综合地图是在一幅地图上同时表示多种要素和现象，或一种要素的多项指标。其中组合地图是运用多种表示方法与手段（底色、面状网线、个体符号）的组合，采用多层平面，点、线、面结合，直接表示关系密切的多种要素和现象或多项指标。合成地图表示多种相关要素或一种要素多项指标经过合成以后的结果。组合地图的优点是可以从图上直接分析相关现象之间的联系（如地震与地质构造、工业分布与原料基地等），或反映评价的依据与指标。例如，经济地图可采用组合地图形式以点、线、面的表示方法与手段的组合，分别表示工业（点状分布）、交通运输（线状分布）和农业（面状分布）及其相互关系，达到表示内容与表现形式的统一，比单纯的经济统计地图更有实用价值。1964 年为了配合全国稳产高产农田的选片与规划，我们组织全国各地理单位编制的农田样板地图，做到结论明确突出，依据确切可查（图 11.4）。合成地图是各种评价地图（如环境评价地图、土地评价地图等）、区划地图（如自然区划图、经济区划图、农业区划图等），以及土地类型图、景观类型图的基本形式，是深入分析基础上的高度综合。其优点是结论明确、图型简单易读。合成地图，包括以质量特征合成、以数量指标合成或以质量特征与数量指标相结合进行合成。随着地理学数量分析与数学模拟的加强以及计算机的应用，以多种指标按一定数学模型合成编制的合成地图越来越受到重视。

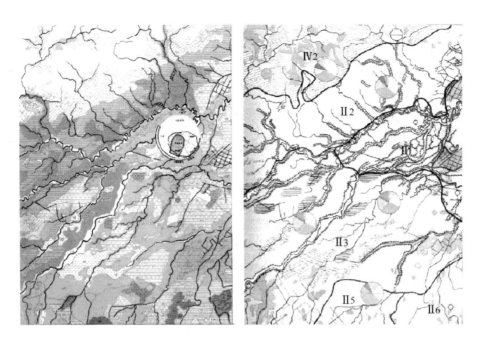

图 11.4　辽河农田样板地图片段

(左图为农田综合自然条件图，右图为土地利用与改良分区图)

第二节　遥感综合系列制图

综合系列地图，是统一设计编制的反映某个区域或部门基本概况的一套地图。我国过去组织的许多综合考察所完成的地貌、土壤、植被等系列成果地图，由于按专业组队、分别调查制图，最后归纳汇编，缺乏有机联系与统一协调，这些地图之间在内容方面不可避免地出现许多矛盾与分歧，即使采用同一遥感影像，也会因各专业人员分别判读的不同认识和制图概括的不同程度而造成各专题地图之间的矛盾或不协调，给地图的比较利用带来很多困难，使这些地图在综合评价与规划中的应用受到很大限制。

一、农业自然条件遥感综合系列制图

1981～1983 年我们曾经在中国科学院横断山区综合科学考察中，组织了自然地理、地貌、土壤、地植物、林业、土地利用与土地类型、水利、遥感与地图等专业人员，在云南丽江地区进行了遥感综合系列制图试验，首次采取演绎派生的遥感综合系列制图方法，即利用美国陆地卫星 MSS 多波段假彩色影像，在综合考察的基础上先编制自然地理单元轮廓界线图，然后派生编绘地貌、植被、土壤、土地利用、土地类型、土地资源、农业自然区划等地图组成的农业综合系列地图，取得了理想的效果，避免了各地图之间的矛盾与分歧，保证了各地图科学内容和表现形式的统一协调，为当地农业自然资源评价，特别是为土地资源评价，为农业结构调整、农业规划布局提供了重要科学依据。

鉴于自然综合体可以划分为相应等级的地理单元，自然综合体各组成要素也可以划分为相应等级的单元，并且各要素相应等级单元的轮廓界线在许多情况下是一致或部分一致的。自然综合体在形态上，反映出由地貌、植被、土壤等要素组成不同的自然景观。根据地貌、植被、土壤、土地利用与土地覆盖等景观特征及其过渡交替的变化，可以在实地确定每个单元的轮廓界线。航空与卫星遥感影像较好地显示各种地貌、植被及所有地表覆盖的特征。因此我们就以自然综合体为制图对象，利用遥感影像综合判读，结合野外综合调查与地形图分析，在各专业人员共同调查分析的基础上，先编绘自然地理单元轮廓界线图（或称土地单元图、自然景观单元图），并将每个单元的地貌、植被、土壤、土地利用以及卫星影像等特征列表记录（表11.1），并建立卫星影像判读标志（表11.2）与影像监督分类样本。然后再按照所拟订的每个要素专题地图的图例，归并派生编绘各要素专题地图（图11.5）。这一方法的实质是：在分析基础上的综合和在综合指导下的分析，是一种地图演绎法。其工作方法和步骤如下：

表11.1　自然地理单元各要素特征记录格式

轮廓编号	卫星影像与色调特征	地貌特征与类型	植被特征与类型	土壤特征与类型	土地利用特征与类型
1	浅灰桔黄色调	石灰岩低山（石牙）	石灰岩稀灌丛草甸	生草红壤	稀灌丛草地
2	浅灰黄色调	山麓洪积扇（湖积台地）	栽培植物-旱地栽培群落	耕种红壤	旱地
4	蓝灰色调	河滩地（湖积阶地）	栽培植物-旱地栽培群落	水稻土	水田
5	灰黄色调	高原面上残丘洼地（3000～3200米）	栽培植物-水田栽培群落	生草耕种棕壤	旱地轮休地
7	浅黄白色调	中山坡地与谷地（2000米以下）	干暖河谷灌草丛	普通褐红壤	灌丛草地
10	深红色调	中山坡地（3000米左右）	硬叶阔叶林（高山栎）	普通棕壤	阔叶林
19	红紫色调	中山（2600米左右）	云南松-灌木群落	普通红棕壤	针叶林
75	深紫红色调	中山（3100米以下）	云冷杉林	普通暗棕壤	针叶林

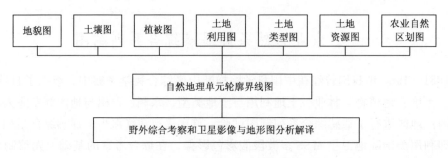

图11.5　遥感综合系列制图过程

表 11.2 一月份丽江地区假彩色卫星影像目视分析判读标志

假彩色合成卫星像片的色调	白色	浅灰黄色	浅黄白色	浅黄色	黄色	浅橙色
目视分析解译植被、土地利用与地表覆盖特征	冰川雪被	石灰岩稀灌丛草地	稀疏草地，生长差的旱地作物	一般草地，旱地	肥沃的草地或多年休闲地，作物生长好的旱地	灌丛或灌丛草地
假彩色合成卫星像片的色调	浅桔红色	桔红色	浅红色	红色	深红色	紫红色
目视分析解译植被、土地利用与地表覆盖特征	稀疏云南松中幼林	稀疏云南松成林	云南松中幼林	云南松成熟林	郁闭度大的云南松林，密灌木林	云、冷杉林，松栎混交林
假彩色合成卫星像片的色调	深紫红色	暗紫红色	蓝灰色	模糊蓝灰夹红色斑	深蓝色	深灰绿色
目视分析解译植被、土地利用与地表覆盖特征	郁闭度大的云、冷杉林	郁闭度大的栎树林或密灌（栎灌木林）	水田	水浇地	湖泊、水库	岩石裸露地

首先各专业人员共同讨论和初步拟订各要素和制图对象相互协调的分类系统与制图图例；再根据制图区域内不同景观类型和卫星影像与色调的不同特征，选定共同的考察路线与观察点（典型观察地段），不同的自然景观类型和不同的影像色调都应布置考察路线与观察点。遥感与地图人员根据卫星像片的影像与色调，结合对区域的一般认识，预先勾绘各地理单元轮廓界线。凡是卫星像片上能区分的图斑都勾绘出来，然后按计划将各专业人员集中一起进行野外实地考察。在考察中，除沿途观察外，重点应放在各观察点上。每到一点，各专业人员先分别观察、取样（植物标本、岩石标本、土壤剖面等），然后集中一起，共同讨论和分析所在点自然综合体的地貌、植被、森林、土壤、土地利用等方面的特征及其类型；分析判别假彩色卫星像片的影像与色调特征，找出解译标志，绘出所在点的地理单元的轮廓界线，并编号记录，同时尽可能分析邻近周围地理单元各要素的类型，编号记录并勾绘轮廓界线。野外实地考察后，根据对区域的全面了解与认识，以及所掌握和建立的解释标志，采取地理内延外推的方法，编绘出全县自然地理单元轮廓图（简称自然轮廓图）（图 11.6）。在此基础上，各专业人员再参照野外记录与标本分析结果，以及该地区卫星影像图和地形图分别编出各要素（各部门）专题地图，最后经过统一修改，审稿定稿，清绘整饰成图（图 11.7）。自然地理单元或生态环境单元就是在卫星遥感影像上或在实地能够明显区分的多边形轮廓（图斑），每个单元的多边形轮廓是单个个体，其属性（类型）以编码记录，一幅影像图上可能划分出千个以上多边形轮廓。自然地理单元或生态环境单元轮廓界线图因为所表现的是单元个体所以没有图例，只有以表格的形式记录的所有单元的属性编码。将相同编码的多边形轮廓自动归并为某个类型，成为类型图，这就是派生各专题地图的方法。当然不同分辨率的影像和不同比例尺制图的单元层次（单元等级）是不同的。

在各阶段工作中，有以下几点值得注意：

图 11.6　丽江地区卫星遥感影像地图（MSS）与自然地理单元轮廓界线图

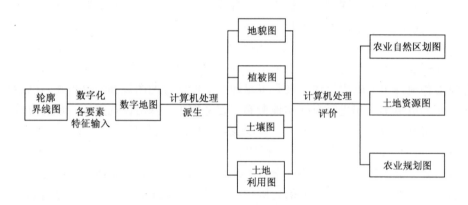

图 11.7　计算机综合系列制图过程

1. 室内准备阶段要做好野外考察的各项准备工作

首先是准备考察地区假彩色合成卫星像片。最好搜集不同时间（季节）并经过影像增强处理的多种卫星像片，按野外考察填图比例尺放大（如 1∶20 万），并复制多份；同时准备大中比例尺地形图（1∶20 万、1∶10 万或 1∶万）和一些典型地区的航空像片。其次要查阅有关资料，熟悉区域特点，这对部署考察路线和选择观察点以及初拟分类、制定图例是有帮助的。根据卫星影像与色调特征以及地形图分析，在透明塑料片上勾绘自然地理单元轮廓界线也是很重要的环节，需要花一定时间对不同地区的影像与色调特征进行分析，并仔细准确地勾绘轮廓界线。

2. 野外考察阶段应安排足够的路线和时间

目前遥感与综合系列制图仍然建立在野外实地考察基础上。只有足够的考察路线与观测点，才能建立较可靠的解释标志。在野外工作期间，除对一些观察点进行现场分析讨论外，还应集中一些时间对一些重要的地理区域进行综合分析。例如，我们先后对丽江坝、金沙江河谷、玉龙雪山等进行了专题综合分析，加深了对该区域自然综合体及各组成要素特点和规律的认识，以便在综合系列制图中更好地反映这些特点和规律。

3. 室内成图阶段首先要编好自然地理单元轮廓图

这是其他各专业地图的基础，决定各专题地图的质量。需要指出的是，不仅在野外考察时，各专业人员要集中一起共同分析各要素的类型和确定其轮廓界线，而且在室内编图时，各专业人员也要有一段共同工作的时间，以便共同分析确定未经考察地区的类型和轮廓界线，共同讨论加以修改。

4. 综合系列地图分类与图例的拟订和统一协调需要贯彻始终

主要根据成图比例尺大小、考察的详细程度、卫星影像可解译性等因素，来确定分类与制图单位。一般需要经过三次讨论和修改：野外考察前，共同讨论拟订各专题地图分类和图例初稿；考察结束后，根据对整个制图区域的全面了解和已掌握资料的详细程度，共同讨论修改分类和图例；最后经过地图编稿和最后成图的检验，共同讨论进一步修改定稿。由于各要素专题地图都以统一的自然地理单元轮廓图为基础编绘，图斑大小大体相同，以此为基础拟订的图例，其分类等级与制图单位必然大体相同。

二、生态环境遥感综合系列制图

2002～2004年在承担"数字福建"重大应用示范项目"福建省生态环境动态监测与管理信息系统"的建设中，完成了其中子项目——福建省生态环境综合系列地图的编制。进一步发展了遥感综合系列制图方法，即采用GPS（全球定位系统）、RS（遥感）、GIS（地理信息系统）方法技术，通过野外综合考察建立影像判读标志与监督分类样本，然后在室内生成生态环境单元轮廓界线图并采集生态环境及各要素属性数据，最后自动派生福建省生态环境综合系列地图。该系列地图包括1：10万生态环境类型、地貌、土壤、植被、土地利用等地图各108幅和1：25万同样地图各18幅，并建立了相应的生态环境综合系列地图数据库，成为福建省生态环境动态监测与管理信息系统的重要基础，为全省生态环境的空间分析、综合评价、规划建设提供直观形象的、翔实的基础地图和基本数据，也是全省生态环境基础数据库中的生态环境背景数据库与图形数据库的主要信息来源。

由地质、地貌、气候、水文、土壤、植被、动物界等要素，构成人类赖以生存的生态环境。而人类本身的活动又对生态环境产生一定影响，甚至造成对生态环境的破坏。构成生态环境的每一自然要素按照自己的规律形成和发展，同时又同其他要素相互依存和相互制约，有机地共同组成生态环境综合体，并处于物质迁移与能量转换的统一过程，体现一定的地带性规律和不同尺度的区域分异。生态环境综合体可以划分为不同等级的单元，生态环境各组成要素也可以划分为相应等级的单元，并且各要素相应等级单元的轮廓界线在许多情况下一致或部分一致。由地貌、植被、土壤、土地利用与土地覆盖等要素组成的不同景观，反映出生态环境不同类型的空间格局，而人类活动对生态环境的影响和破坏，也会间接反映出植被、土壤、土地利用与土地覆盖的变化。例如，森林砍伐使林地变为灌草地，植被破坏加剧土壤侵蚀，城镇扩大造成耕地减少等等。

　　根据生态环境类型及地貌、土壤、植被、土地利用与土地覆盖等景观特征及其过渡交替的变化，可以在实地确定每个生态环境类型单元的轮廓界线（多边形图形）。航空与卫星遥感影像较好地显示各种地貌、植被及所有地表覆盖的景观特征。因此，我们就以生态环境为制图对象，利用遥感影像对不同地物光谱特性的不同反映，根据影像色调、图形结构与纹理特征的综合判读，结合野外综合调查与地理相关分析，在各专业人员共同调查与分析的基础上，先编绘野外各观察点的生态环境单元轮廓界线，并将每个单元多边形轮廓的生态环境类型、地貌、植被、土壤、土地利用以及卫星影像等特征编码列表编号记录，并建立卫星影像判读标志与监督分类样本。然后在室内利用 GIS 技术生成所有制图区域生态环境单元轮廓界线图并记录其类型属性与编码，再按照所拟定的每个要素专题地图的图例，自动归并派生出生态环境类型及地貌、植被、土壤、土地利用等专题地图（图 11.8）。

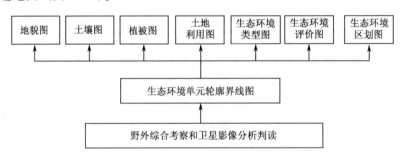

图 11.8　生态环境遥感综合系列制图过程

　　如前所述，生态环境单元就是在卫星遥感影像上或在实地能够明显区分的多边形轮廓（图斑），每个单元的多边形轮廓是单个个体，其属性（类型）以编码记录，一幅影像图上可能划分出千个以上多边形轮廓，生态环境单元轮廓界线图因为所表现的是单元个体，所以没有图例，只有以表格的形式记录的所有单元的属性编码。将相同编码的多边形轮廓自动归并为某个类型，成为类型图，这就是自动派生各专题地图的方法。这一方法的实质是：在分析基础上的综合和在综合指导下的分析，即在对各要素分析的基础上，先生成综合性的生态环境单元轮廓界线图，再将综合性的单元轮廓界线图自动派生出各要素专题地图。我们称这一方法为"地图演绎法"。

　　福建省生态环境综合系列制图主要过程与方法步骤：

1. 考察地区彩色合成卫星遥感影像的准备

　　室内准备阶段首先搜集所需时间（季节）并经过彩色合成与影像增强处理的卫星遥

感影像。福建省生态环境遥感综合系列制图经过对比试验，选用了 2001 年 5、4、3、8
波段合成的 ETM 影像（分辨率为 15 米），其色调接近天然色（例如植被为绿色，水体
为蓝色），有利于直观分析判读，影像的层次与清晰程度高于 TM 影像。福建省生态环
境综合系列地图最后成图比例尺为 1：25 万，为了保证地图的详细程度和建立地图数据
库，采用 1：10 万比例尺成图。实践证明，利用 ETM 制作 1：10 万影像地图并进行全
省生态环境的判读是比较合适的。为此同时准备上述四个波段合成好的数字影像地图和
彩色喷墨影像地图。影像地图需增加了地（市）、县（市）行政区划界线、主要道路、城镇
居民点名称等地图内容，经投影纠正并与地形图匹配。还要准备大中比例尺地形图（1
：25 万、1：10 万或 1：5 万），提供野外考察参考和作为影像图和专题地图底图的基本
资料。其次要查阅有关资料，熟悉区域特点，这对初拟分类、制定图例以及部署考察路
线和选择观察点是很必要的。

2. 参加人员的培训

对参加人员集中培训也是非常必要的。通过讲授、野外考察和上机操作，使他们了
解制图区域生态环境及其组成要素的特点与空间分布规律；了解生态环境及其组成要素
分类原则与编码体系，熟练地掌握 ArcView 软件的操作；准确地根据影像判读标志，
从 ETM 影像上识别生态环境及各要素的类型，并运用综合制图、地图概括的理论准确
地勾绘生态环境单元的轮廓界线，在计算机屏幕上参照野外建立的判读标志与观察记
录，生成生态环境单元的轮廓界线并确定各要素的基本属性。

3. 分类与图例的拟订和考察路线与观察点的选择

首先各专业人员根据成图比例尺大小，考察的详细程度，卫星影像可判读性等因素
讨论和初步拟定各要素相互协调的分类系统与制图图例。

目前还没有建立全国生态环境的分类系统，也没有省（区）的生态环境分类系统可
供借鉴。我们就以地学、生物学和环境科学的有关理论为指导，根据福建省生态环境的
特点，及制图比例尺与遥感影像分辨率，在广泛收集与深入分析各种文献、数据、影
像、地图资料的基础上，制定出福建省生态环境初步分类方案，并征求有关专家的意见
进行修改，再经野外考察验证，四易其稿，方予确定。划分生态环境类型的基本原则
是：以构成生态环境的自然要素为主，同时考虑人类活动对生态环境的的影响。其中气
候带是影响福建省生态环境的主要宏观自然因素，作为第一级（大类）划分的指标，划
分为中亚热带生态环境、南亚热带生态环境两大类，人工建筑生态环境也作为一大类；
地貌是福建省生态环境的主导因素，作为第二级划分指标，划分为山地、丘陵、台地、
山间盆地谷地、滨海平原、湿地等生态环境类型；植被、土壤、土地利用等作为第三级
划分的指标，同时通过植被的覆盖程度、土壤侵蚀的强度、人工建筑类型、土地利用类
型（如水田、旱作、果园、茶园等）反映人类活动对生态环境的影响。最后确定的福建
省生态环境类型共划分了三大类、13 个中类和 82 个类型。在分类的基础上建立了相应
的编码体系。同时拟定了福建省地貌、植被、土壤和土地利用等分类方案，并确定了各
要素的编码体系，也分别征求了各有关专家的意见。

Ⅰ中亚热带生态环境类型

A 山地生态环境类型

101 山地草甸生态环境类型；102 山地高覆盖轻侵蚀针叶林生态环境类型；103 山地低覆盖中侵蚀针叶林生态环境类型；104 山地针叶幼林生态环境类型；105 山地针阔混交林生态环境类型；106 山地高覆盖轻侵蚀常绿阔叶林生态环境类型；107 山地竹林生态环境类型；108 山地灌丛生态环境类型；109 山地果园生态环境类型；110 山地水田生态环境类型；111 山地旱作生态环境类型。

B 丘陵生态环境类型

201 丘陵高覆盖轻侵蚀针叶林生态环境类型；202 丘陵低覆盖中侵蚀针叶林生态环境类型；203 丘陵针叶幼林生态环境类型；204 丘陵高覆盖轻侵蚀季风常绿阔叶林生态环境类型；205 丘陵竹林生态环境类型；206 丘陵灌草丛生态环境类型；207 丘陵中侵蚀果园茶园生态环境类型；208 丘陵强侵蚀果园茶园生态环境类型；209 丘陵水田生态环境类型；210 丘陵旱作生态环境类型。

C 台地生态环境类型

301 台地低覆盖中侵蚀针阔混交林生态环境类型；302 台地灌草丛生态环境类型；303 台地果园茶园生态环境类型；304 台地旱水田生态环境类型；305 台地旱作生态环境类型。

D 山间盆地、谷地生态环境类型

401 山间盆谷地季风常绿阔叶林生态环境类型；402 山间盆谷地灌草丛生态环境类型；403 山间盆谷地果园茶园生态环境类型；404 山间盆谷地浸水田生态环境类型；405 山间盆谷地旱水田生态环境类型。

E 滨海平原生态环境类型

501 滨海平原防护林生态环境类型；502 滨海平原浸水田生态环境类型；503 滨海平原沙地生态环境类型。

F 湿地生态环境类型

601 河流生态环境类型；602 湖泊水库坑塘生态环境类型；603 滨海养殖滩涂生态环境类型；604 滨海未养殖滩涂生态环境类型；605 盐田生态环境类型；606 红树林生态环境类型。

Ⅱ南亚热带生态环境类型

A……B……C……D……E……F……

Ⅲ人工建筑生态环境类型

01 城镇居民点生态环境类型；02 农村居民点生态环境类型；03 高侵蚀独立工矿生态环境类型；04 轻污染独立工矿生态环境类型；05 重污染独立工矿生态环境类型。

在上述分类的基础上拟定了福建省生态环境类型图及福建省地貌、植被、土壤和土地利用等地图的图例。同时根据制图区域内不同景观或不同生态环境类型和卫星影像色调与纹理的不同特征，选定考察路线与观察点（典型观察地段）。不同的生态环境类型和不同的影像色调与纹理特征，都布置考察路线与观察点。

4. 野外综合考察与影像判读标志的建立

各专业人员集中一起进行野外综合实地考察。在考察中，除乘坐汽车沿途利用移动GPS定位，对照遥感影像进行观察并简要记录或用录音笔口述记录外，重点放在各观察点（典型地段）上。每到一个观察点，选择具有较好通视度的较高部位，先利用手持GPS在ETM影像图与地形图上确定所在地段的准确位置。各专业人员分别观察后集中一起，共同分析所在点的生态环境及其地貌、植被、土壤、土地利用等的特征及其类型；根据彩色卫星影像的色调与纹理特征，建立判读标志。在影像图上绘出所在点的生态环境单元的轮廓界线，在"生态环境单元特征记录表"中简要记录影像特征、各要素类型名称及其编码，并记录观测点的编号、经纬度、行政位置及考察日期（表11.3）。同时尽可能分析与确定可见到的邻近周围生态环境单元及各要素的类型，也勾绘其轮廓界线并记录其属性与编码。

表 11.3　生态环境单元特征记录表格式

观测点编号	野外单元编号	经纬度	色相	图案	地貌类型	编码	土壤类型	编码	植被类型	编码	土地利用类型	编码	生境类型	编码	行政位置	时间
1	1	25°52′1.4″N 119°20′3.9″E 1:5 万地形图编号 G5083	暗黄绿	成片	火山岩高丘	41	红壤	121	相思树	12	有林地	31	丘陵高覆盖低侵蚀相思树常阔生境	204	闽侯县青口镇	2004年2月21日
	2		黄夹绿	成片夹斑	火山岩低丘	31	红壤	121	灌草丛	26	荒草地	41	丘陵灌草丛生境	206		
	3		淡红紫	成片夹斑	冲击平原	11	耕作红壤	126			独立工矿(东南汽车城)	53	低污染独立工矿生境	04		
	4		暗红	成片	火山岩低丘	31	红壤	121	灌草丛	26		41	丘陵灌草丛生境	206		

　　需要强调指出，野外考察阶段应安排较足够的路线和时间。目前遥感与综合系列制图仍然建立在野外实地考察基础上。只有足够的考察路线与观测点，才能对制图区域有全面的认识，也才能建立较完整的、可靠的影像判读标志。福建省生态环境遥感综合系列制图共设计了闽东北、闽东南、闽西南、闽西北、闽东等五条考察路线。行程近7000公里，足迹遍布全省近70个市（县），选择了生态环境典型地区观测点120多个，野外采集数据12000多个。以此为基础，根据福建省生态环境类型空间分布特点，对各观察地段所记录的判读标志予以系统整理，建立了全省生态环境及各要素类型的ETM影像判读标志与监督分类样本（图11.9）。

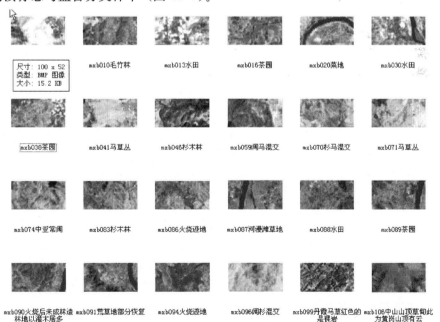

图 11.9　福建省生态环境不同类型卫星影像判读标志示例

5. 生态环境单元轮廓界线图及各要素专题地图的室内生成

野外在 ETM 影像图上所勾绘的生态环境单元轮廓界线，仅是沿几条考察路线零星分布的很小地段，总共只占全省面积的百分之三左右，因此主要在室内完成综合系列制图工作。根据野外综合考察所建立的判读标志和监督分类样本，以及 ETM 影像图上的生态环境单元轮廓界线及其特征记录，采用 ARCVIEW 软件，将计算机屏幕显示的 ETM 遥感数字影像的比例尺放大到 1∶10 万，在屏幕上勾绘生态环境单元轮廓界线（多边形），并将每个单元的生态环境类型及地貌、土壤、植被、土地利用类型以编码形式输入计算机，完成 1∶10 万福建省生态环境单元图的编制及其数据采集。

在勾绘生态环境单元轮廓界线后，对不易确定的地貌、土壤、植被等类型可以参考已数字化的过去编制的 1∶50 万地貌图、土壤图与植被图。因为这些由省内较权威专家编制的专题地图经过一定的实地调查，虽然地图的轮廓界线不很准确和详细，但其类型的划分与确定一般都比较正确，可以参考。同时采用 1∶25 万福建省数字高程模型同卫星遥感影像匹配，有利于中、小地貌及各相关要素类型的识别和垂直带类型的确定，提高了分析判读的准确性。

据初步估算，共在室内生成约 15 万个生态环境单元多边形（图斑），采集 150 多万个属性（编码）数据。组成了 1∶10 万比例尺生态环境综合系列地图为基础的数据库。按照生态环境类型图和地貌、土壤、植被、土地利用等地图的图例，经过 GIS 数据处理与归并，自动派生出上述综合系列地图（图 11.10）。若再增加生态环境评价和功能区划指标，还可生成生态环境评价图与生态环境功能区划图。在 1∶10 万生态环境单元轮廓界线图及其数据库基础上，又综合概括成 1∶25 万生态环境单元图。其主要方法是利用 GIS 软件自动删去面积小于 4 平方毫米的细小图斑，简化轮廓界线多边形图形的细小弯曲，合并与夸大具有代表性与典型特征的较小图斑与细小弯曲。在 1∶25 万生态环境单元轮廓界线图基础上，再自动派生 1∶25 万生态环境类型图、地貌图、土壤图、植被图、土地利用图，并生成生态环境功能区划图与生态环境评价图（图 11.11）。同时构建了以 1∶25 万地图为基础的生态环境综合系列地图数据库。

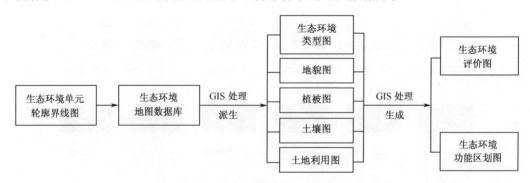

图 11.10　生态环境数据处理与综合系列制图过程

6. 生态环境综合系列地图的野外验证

在福建省生态环境综合系列地图基本完成后，为了验证室内遥感影像判读与类型划

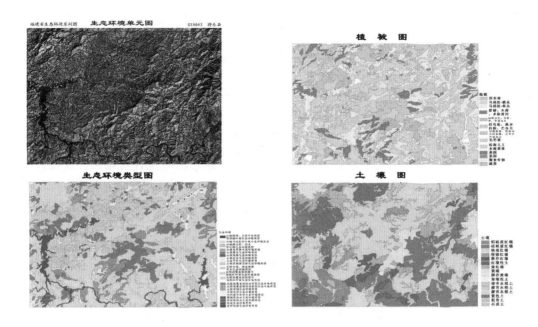

图 11.11　福建省生态环境综合系列地图的部分地图

分的准确性，保证系列地图的科学质量，我们组织了野外验证考察。考察路线从闽东南穿过闽中，转折到五夷山区及闽西北，再从中部返回福州。共行程近 2000 公里，考察了 20 多个市（县），大部分地区过去未曾考察过。在考察中，将遥感影像上生成的生态环境单元轮廓界线图及生态环境类型图和各要素专题地图（喷墨样图）同实地对照比较，找出错漏，进行修改。同时按原来野外综合考察的程序，勾绘出观察点的各生态环境单元的轮廓界线并记录各要素属性及其编码。在野外验证中发现在室内确定的生态环境类及相关植被和土地利用类型有些地区判读错误，例如东山市（县）大部分"南亚热带滨海平原旱地生态环境类型"误判为南亚热带的"滨海平原沙地生态环境类型"（原因是 ETM 影像上滨海干旱的沙地呈现白色调，而东山市（县）滨海的干旱沙地全部种了芦荟，因芦荟很稀疏，同样呈现白色调，实际应划为南亚热带的"滨海平原旱地生态环境类型"）。又如漳蒲县几乎所有丘陵与低山山坡均为荔枝果园，应划分为丘陵或山地果园生态环境类型。而在室内进行影像判读时估计不足，部分误判为丘陵或山地旱水田生态环境类型和丘陵或山地灌草丛生态环境类型。通过野外验证考察，进一步提高了综合系列地图的科学质量。

利用 GPS、RS、GIS 的方法技术，采用演绎派生的遥感综合系列制图方法，完成福建省生态环境综合系列地图的编制。同其他方法比较，具有以下特点：

（1）全球定位系统较好地解决了野外考察中的快速准确定位问题；遥感影像丰富信息的综合判读，特别是根据影像色调、图形结构与纹理特征的差异，结合相关的地理分析，能比较准确地确定与勾绘生态环境类型的轮廓界线；地理信息系统能够快速采集、分析、处理各类数据，并自动派生出各要素专题地图，不仅提高了综合系列地图的科学质量，而且大大加快了成图速度。

（2）避免了各专业人员分别野外考察、影像判读、地图编绘所带来的矛盾与分歧，保证了各专题地图的统一协调性，使综合系列图更好地反映生态环境各要素之间的相互联系，便于各地图的比较分析与综合评价；

（3）各专业人员共同分析研究自然综合体及各要素的分布规律与区域特点，相互启发，相互参证，有助于对制图区域的全面认识和各专业的深入研究；

（4）可以获得一致的、比较准确的生态环境各种类型与各类土地资源的数据，同时为地理信息系统（包括生态环境信息系统）基本单元及其数据库的建立，提供了最有效的方法。根据生态环境单元、自然地理单元、自然景观单元轮廓界线图及各要素属性特征与编码，通过 GIS 数据处理快速派生出各要素专题地图以及评价地图，这比目前通常采用的各要素分别制图、分别数字化，然后再将各种地图叠置起来，找出共同的轮廓界线作为评价单元，要合理得多，而且大大节省时间。

第三节　综合地图集的设计与编制的特点和方法

综合地图集是统一设计、一定范围或主题有机联系的地图系统汇编，是综合制图的高级形式。尤其编制出版国家综合地图集，不仅对国家的经济建设、科学研究与文化教育具有十分重要的意义，而且被认为是衡量国家科学技术和文化水平的标志之一。因为地图集能反映地学、生物学、海洋学、环境科学等自然科学和人口学、经济学、历史学等社会科学研究的广度与深度，反映国民经济各部门的发展水平，以及地图编制与印刷的科学技术水平。因此，世界各国都很重视各种地图集的编制。我们认为综合地图集的编制不仅是一项综合性研究设计与制图技术工作，而且是一项复杂的制图系统工程，应以系统工程的理论方法指导图集的设计编制工作。如能合理安排和科学地解决内容、图型、工作和组织等子系统内部及各子系统之间的关系，就能顺利地组织图集编制计划的实施，也就能够高质量和高速度地完成图集的编制和出版（图 11.12）。其中对图集科学质量起决定作用的是总体设计与统一协调两个关键。总体设计在设计准备阶段进行，主要要抓好以下环节：

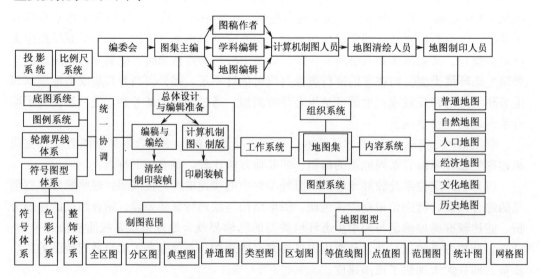

图 11.12　地图集系统工程示意图

1. 调查研究，摸清资料

主要向有关科研单位、生产部门和高等院校了解各有关学科和部门的调查研究成果，以及最新研究进展和新的研究结果，摸清和分析资料基础，以便反映已有的成果与设法补充资料缺乏部分，为确定图集选题内容作好准备。另外，听取有关领导机关、计划生产部门和科研教学单位对图集的要求，供总体设计参考。

2. 学习经验，开展实验

主要是了解和分析国内外同类地图集的编制经验，包括图集选题、内容、结构、图型、整饰等方面的优点和编辑出版方面的经验，加以借鉴。同时，对图集总体设计中一系列技术性问题进行实验，如开本大小、比例尺系统、图幅配置、拼版方式、图式符号、编绘方法、制印工艺、装帧形式等。通过各种方案比较，选择和采用最佳方案。

3. 拟订选题，征求意见

图集选题目录的拟订，主要从图集的目的与用途出发，考虑图集的完整性、系统性、综合性与实用性，以及资料基础和各专业研究的广度与深度。

具体设计应遵循以下原则：

1）既要强调科学系统性与完整性，又要考虑生产实用性

（1）科学系统性与完整性就是保证各要素或部门的基本选题。例如，国家与区域综合地图集，一般要反映 3 个基本方面：一是社会生活的物质基础（自然条件、自然资源和社会物质财富）；二是社会生活的主人（基本生产力与物质消费者）；三是社会生活的思想意识方面，即文化、政治和历史的发展。因此，它必须包括自然地图、人口地图、经济地图、文化地图和历史地图几个部分。其中自然地图包括地质图（普通地质、大地构造、第四纪地质、矿藏、工程地质、水文地质、古地理等）、地球物理图（地磁、地震、重力）、地貌图、气候图（气候动力因素、太阳辐射与日照、气温、降水、风、物候等）、陆地水文图、土壤图、植被图、动物图、海洋图（海洋地势、海岸带与海底地貌、海底地质构造与海底沉积、海底矿床、海洋表层海水密度、盐度和温度、海面风场与风速、海洋潮汐与潮流、海洋浮游植物、海洋浮游动物、海洋游泳动物、海洋珍稀保护哺乳动物）；人口地图包括人口自然特征图（人口分布、密度、性别、年龄、出生率、死亡率、自然增长率、人口流动率等）、社会特征图（各部门占有人口数、劳动力资源、社会构成、职业和行业的性别与年龄构成、受教育程度、家庭收入、婚姻与计划生育等）、人种和民族特征（人种、民族成分、语言、文字、风俗习惯）；经济地图包括经济总图、工业地图、农业地图（农业自然条件、农业生产力、农业生产分布与生产水平、农业区划与规划）、交通运输地图、邮电通讯地图、财贸金融地图、第三产业地图、教育与科研地图、医疗保健地图；文化地图包括体育文娱地图、广播电视地图、新闻出版地图等；历史地图包括各种社会发展阶段图、各朝代发展形势图、历代疆域沿革图、历代战争与近代革命运动与革命战争图、自然历史图、城市与经济史图。

（2）生产实用性就是从人类需要出发，选择自然资源及其利用、自然灾害及其防

治、环境污染及其治理等方面具有实用价值的选题。例如，国家自然地图集集中反映自然资源、自然灾害、自然利用保护的实用性图幅占图集总图数的40％。其中自然资源除表示各类矿产资源外，还表示了煤、煤成气、油页岩、石油、天然气、地热、水能、太阳能、风能等能源；水资源不仅表示了地表水资源，还表示了地下水资源、冰川水资源和湖泊水资源；同时还较详细表示了植物资源（森林、草场、食用与工业用野生植物、药用野生植物）、动物资源（淡水鱼、产业资源动物、药用动物）等。自然灾害方面，除了表示地质灾害（地震、滑坡、泥石流）、气象灾害（旱、涝、冰凌、冰雹、雷暴、台风、近海风暴潮）、土壤退化、盐渍化、土地荒漠化外，还表示了有害动物以及硒、碘、氟与地方病等。自然利用和保护部分，除有大型自然利用与改造工程、水土保持、土地利用、海水养殖等地图外，还选取了全国自然保护区、珍稀保护植物和动物、珍稀保护淡水鱼类和海洋哺乳动物分布图等。

衡量和评价地图集的设计与编制水平除了科学性与实用性外，还有地图的艺术性和政治思想性。艺术性，要求在地图集设计时应注意表示方法和符号设计的直观性、地图内容的清晰易读性（多层平面设计与适度的负载量）、图面配置的合理性和地图图型的表达力与视觉感受效果。政治思想性，要求在地图设计时体现政府的方针、政策，在反映自然和社会现象时符合辩证唯物主义和历史唯物主义观点，在国界画法上反映我国政府的立场，在政区界线、地名等方面符合我国政府公布的标准。

2）作为区域综合地图集应突出区域特点，而作为部门综合地图集，则应突出图集的主题

区域综合地图集突出区域特点就是反映区域特殊的自然条件、自然资源、经济优势以及具有重要意义的历史文化遗产。部门综合地图集突出主题就是围绕主题确定选题与内容。例如《青藏高原地图集》特意选编了高原隆起、冰川冻土、湖泊特征、地热资源、大河河源等地图；山西省地图集突出了山西煤炭资源、煤田地质、水土流失与水土保持、能源基地建设等；《西安市地图集》重点表示了古都历史、名胜古迹、旅游资源、教育文化、城市发展等选题和内容。《中国自然保护地图集》突出了自然环境破坏、珍稀与濒危保护野生动植物、自然保护区等内容。《中华人民共和国地方病与环境地图集》除了突出表示克山病、大骨节病、甲状腺肿与克汀病、氟中毒等四种主要地方病的发病率、患病率与死亡率外，还重点表示了相应的环境类型（如硒生态景观类型、饮水碘含量、氟中毒环境类型等），较好地显示各类地方病的分布与生态环境的关系。

3）注意反映新的分支学科和新的研究领域的最新成果

例如，新编中国国家自然地图集选取了反映板块构造、岩石圈动力学、大地热流、地震活动特点、黄土分布等新的研究成果的图幅。同时图集还应反映区域或部门调查研究的深度，多编一些评价地图、动态变化图与预测预报图。

4）选择部分典型图，反映具有深入调查研究，同时又具有代表性的典型区域或典型现象的特征，起"特定镜头"的作用

例如《青藏高原地图集》选编了典型区域地质图、典型区域地貌图、典型区域冰川

图与冻土图、典型盐湖图、典型湖泊退缩图、典型区域土壤图与植被图、典型沼泽图、典型区域土地利用与土地类型图等。又如,《中华人民共和国地方病与环境地图集》中选编了黑龙江克山县克山病环境图、四川冕宁县服硒防治效果图、山西省大骨节病与地理生态系硒图、陕西省永寿县大骨节病与环境图、内蒙古自治区乌兰察布盟地方性甲状腺肿与环境图、黑龙江省肇东县地方氟中毒与环境图等较多的典型地区地方病情及其相关的环境地图,较突出地反映这些地区对地方病深入调查研究的结果,对地方病病因的分析及其防治有很重要的作用。

5)地图、图表、影像、照片、文字等相结合,充分利用图面,丰富图集内容,增强直观易读效果

国外地图集大多数除了基本地图以外,都配置了较多的图表、影像、照片和文字说明,显得图集形式活泼,内容多样化,增强了直观易读效果。20世纪70年代以前的国内地图集大都只有地图和部分文字说明,图表与照片较少,显得形式呆板。80年代以后出版的地图集,已有所改进,增强了图表与照片。特别是90年代以后,由于计算机排版使地图、影像、图表、照片、文字很容易配置于同一版面,因此近年出版的地图集有很大改观,如《上海市地图集》、《深圳市地图集》、《长江产业带可持续发展地图集》、《中国地质图集》等等。

综合地图集在结构上,应按自然地图、人口地图、经济地图、文化地图、历史地图的顺序。其中自然地图从无机环境到有机环境,即按岩石圈(地质图、地球物理图、地貌图)、大气圈(气候图)、水圈(水文图、海洋图)、生物圈(土壤图、植被图、动物图)的顺序。在各部分(图组)中,依次由总体到局部,由基础到派生,由一般到特殊的顺序排列,即从反映各要素科学分类与区域规律的类型图开始,然后以区域典型图和各种分析图补充,最后以多种指标概括的区划图或评价图结尾。在一展开页或单页地图上,各种地图的编排在空间顺序上从北向南,以体现实际相对位置;在时间系列上各月份均按顺时针方向或从年青至古老的顺序排列。图集选题内容和结构确定后,应广泛征求和听取各方面意见。以使选题和结构更加充实和完善。

4. 组织协作,安排编稿

地图集的编制需要组织许多单位参加协作,承担图集中地图原图编稿或其他任务,因此在总体设计中要明确每幅地图的编稿单位和具体编稿人员;并且根据具体情况确定编稿形式与交稿计划,同时需要向编稿人员提供统一底图及提出对编稿的统一要求。

设计准备工作,特别是上述几方面工作完成以后,应编写地图集的总体设计书,一般包括:总体设计(图集目的意义,任务与用途,编制原则与特点,内容与结构);数学与地理基础(底图系统,地图投影与制图精度,基本资料与地理要素的选取,图面配置与拼版形式);各图组选题和内容;编制过程和方法等(编辑准备与总体设计,地图编稿,统一协调与地图编绘,图集的审稿与审定,计算机设计与制版等)。

大、中型综合地图集的完成,必须得到各级政府部门的支持,重要的地图集的编制都应争取列入国家规划或各级政府部门的计划,由政府部门主持(主管)。这不仅可以获得经费支持,而且由政府部门出面组织,可以获得各有关部门提供的编图资料。各级

政府的支持是完成地图集编制的关键，同时组织社会主义大协作也是完成大型地图集编制的重要条件。大、中型地图集的编制，往往涉及到许多政府部门、各有关单位、科研单位和高等院校，除了主编单位以外，一般都有几十个单位和百位以上专家学者参加。这些协作一般都由政府部门或权威学术机构主持组织，只有这样才具有权威性和号召力，各参加协作的单位才会在人员安排和资料提供等方面予以保证。参加人员既是代表单位，又是以专家学者身份参加，既体现单位的作用，又有个人的贡献。大、中型地图集的编制都成立了编纂委员会或编辑委员会，编委会由有关单位的领导和各方面专家学者组成，主持（主办）单位的领导担任编委会主任委员，以便更好地组织各单位的协作，保证地图集编制的顺利完成。

第四节　综合制图的统一协调性

统一协调是保证综合制图科学质量的关键，也是衡量综合地图集与综合系列地图科学水平的主要标准之一。统一协调的理论方法是综合制图理论方法的核心。我们对统一协调原理方法进行了深入研究，首次提出了统一协调的理论依据和解决内容与形式统一协调的原则和方法。在分析各要素和现象之间联系的类型和方式的基础上，确定各地图之间需要统一协调的因素和标志。统一协调，包括选题结构、内容指标、分类分级、图式图例、轮廓界线、地图概括、表示方法、地图整饰等许多方面，几乎贯穿于综合制图全过程。统一协调的目的是：

（1）正确而明显地反映地理环境各要素和现象之间的相互联系和相互制约的客观规律，有利于全面分析和综合评价；

（2）消除地图资料的不平衡与制图方法的不同产生的矛盾和分歧，使所有地图成为准确而可靠的图件；

（3）通过地图表示方法和图式符号的统一设计，使所有地图便于比较和利用。

一、分类分级与图例的统一协调

图例是地图内容的具体限定，它既决定着地图的内容，又决定了地图的表现形式。它建立在各要素科学分类、分级的基础上，而且应该内容完整、结构严谨，每个图例和符号的含义应该明确，命名应简练并合乎逻辑，便于理解和记忆。图例统一协调的主要目的，是选择和确定能够更好地揭示各要素和现象之间相互联系的、便于比较的图例（图11.13）。因此必须：

（1）选择可比较的分类、分级系统，包括分类指标与分级方法。

（2）根据比例尺确定可比较相对应的分类单元与区域等级及相同的级差表。

（3）体现共同的地带性规律与区域特点，选择体现地带性（包括水平地带与垂直地带）的代表性类型，过渡性类型或非地带类型也要对应；各种类型的划分要有一定的数量指标，而各种数量的分级有一定的类型含义。

（4）采取统一的图例结构、排列原则与命名方法。例如统一采用多级制结构（分等级和层次），即一级标题、二级标题、设色图例框及代号、低一级代号与说明。又如自

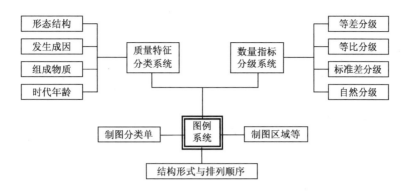

图 11.13　图例系统的统一协调

然地图图例的排列，应根据一定的分类体系和分级顺序，表示自然要素的质量特征，一般是先地带性类型，后非地带性类型。水平地带类型按从北向南的顺序排列，垂直地带类型以从高至低的顺序排列。各种地质图、构造图等以地质年代或地层新老为基础，以及其他反映时代年龄的地图都按照由年轻到古老、由新到老、由发育不成熟到发育成熟的顺序排列。

二、轮廓界线的统一协调

轮廓界线的统一协调主要包括以下四个方面（图 11.14）。

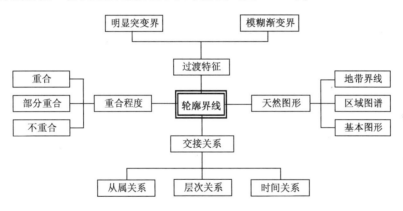

图 11.14　轮廓界线的统一协调

1. 正确反映各要素和现象共同的天然图形

在自然界，各要素和现象的分布在实地的形态和表示在地图上，一般都具有一定的平面结构，即呈现一定的天然图形，按其范围尺度可以分为宏观地带界线、中观区域图谱与微观基本图形。地球上最宏观的轮廓界线就是陆地与海洋的分界和七大洲的轮廓界线。就中国陆地而言，除了从寒温带到热带的自然地带（纬向地带与经向地带）界线外，还有非常突出的三大部分，即东部湿润地区、西北干旱地区和青藏高寒地区的明显分界。这三大部分的特征几乎在所有全国自然地图上都有所反映。中国的纬向与经向的自然地带界线，即中国自然区划图上所表示的一、二级区划界线，在植被、土壤、土地利用等地图上也都有明显的反映。中观的区域图谱主要表现为自然区域的差异或称自然景观的格局。例如东北大平原、华北大平原、长江中下游平原、黄土高原、四川盆地、塔克拉玛干沙漠、西南喀斯特地区、东南部山地丘陵等等。这些自然区域在自然景观上同周围地区有明显的差异，在形态结构或自然景观界线上具有一定独特性，我们称它为"区域图谱"。微观基本图形是指呈一定几何形态的明显的自然景观最小图形，这些基本图形主要有：岛状（孤立的闭合轮廓，如地质侵入岩、孤立山丘、中小盆地与低洼地地貌及其相应的土壤、植被轮廓）；斑状（在一定范围内由许多零星分布的闭合小图斑组成，如零星分布的森林，干旱地区零星分布的盐碱土壤图斑）；扇状（从一点扩张形成的扇状图形，例如所有冲积扇、河流三角洲部位的地貌、土壤、植被类型的总轮廓图形）；带状（在相当范围内呈带状的轮廓，如各种河谷、古河道，延伸较长的山地部位地质、地貌、土壤、植被类型的图形）；环状（环状轮廓，例如从盆地或洼地四周边缘到底部形成的地貌、土壤、植被的环状分布图形）；层状（在相当范围内由数条平行或近似平行的界线所构成的图形，如某些地层界线，各种要素高山垂直带类型的平面图形）；交叉状（一种类型同另外两种以上类型相邻，产生各种交叉的图形）。这些不同形状的宏观地带界线、中观区域图谱、微观基本图形，都是由不同的内部因素和外部条件综合作用而形成的，也就是各种自然要素本身形成机制并受其他外部因素影像与作用而形成发展，产生一定形态结构的天然图形。在确定和勾绘轮廓界线时，需要分析形成不同轮廓界线的原因，揭示天然图形的本质，以便正确反映这些天然图形的形状结构及其分布规律与区域差异。各相关地图都应正确反映这些共同的天然图形。

2. 正确反映轮廓界线共同的过渡特征

在自然界，各要素和现象的分布范围或各种类型与区划之间的分界，存在不同的过渡特征，即存在明显突变与模糊渐变两种过渡的界线。前者在强烈地球内外力作用下形成地质构造、地貌形态、组成物质、热量水分、生物土壤等的明显分异，并体现界线上的突然变化，如断层线、山麓线、分水岭、高原坎坡、盆地边缘、河谷、阶地、水体边缘、冰川边缘、绿洲、沼泽等地质地貌以及相应部位的植被土壤界线等。这类界线比较平直，细小弯曲较少。但自然界多数存在区分类型的主导因素在地区上由量变到质变的逐渐过渡，因此，实际的天然界线是一条或宽或窄的带，但在地图上只能表示成一条线，即表现为模糊渐变的过渡界线，这种界线不可能呈很长的直线，而是多弯曲摆动，并在界线两边出现相邻类型的斑状图形的交替。各相关地图都应体现其共同的过渡特征。

3. 正确反映轮廓界线共同的交接关系

各自然要素和社会现象在空间分布上往往不局限于一个平面，而是立体地分布在不同的高度和深度，互相叠置交错；在生成与发育的时间上也先后顺序不同。因此，可通过轮廓界线勾绘的先后顺序与交接形状，正确反映各现象空间分布的从属关系与层次关系，反映时间上生成和发展的先后顺序。例如，侵入岩、冲积扇、河谷、河流三角洲等都是新形成的,在各地图上这些类型都覆盖在其他类型之上。因此,在轮廓界线的勾绘顺序上,应先勾绘这些新发育的类型,然后再勾绘其他生成和发育较早的类型。而区划图的界线勾绘应从高级区划界线逐级勾绘,从而反映其从属等级关系。各相关地图也都应反映这种共同的交接关系。

4. 正确反映轮廓界线之间的重合关系

自然界各要素轮廓界线之间存在重合,部分重合与不重合三种情况。如果存在突变界线或各要素处于统一发生发展过程,并具有共同的占绝对优势的影响因素,或不同地图上表示相同的对象,各相关地图上的这些轮廓界线就应重合。例如,对云南丽江综合系列地图进行了重合程度的测量分析,地貌和土壤为 32.81%,地貌和植被为 27.58%,土壤和植被为 47.36%,土壤和土地资源为 48.09%。如果各因素相互影响和作用的程度有些不同,或对某些影响因素适应的程度也有些差异,或人为因素的影响,都会导致部分重合。如 $a = b_1 + b_2$ 或 $a_1 + a_2 = b_1 + b_2$ 等,即一种要素的一个类型轮廓同另一要素的两个类型轮廓相重合,或一种要素的类型的两个轮廓同另一要素的两个类型的轮廓的外边相重合。如果影响与适应的程度完全不同,就会使得一些类型轮廓界线在空间变化和时间发育上都不一致,轮廓界线就都不会重合。

三、综合制图科学内容统一协调的其他方法和措施

(1)制作和提供统一的多种比例尺系列底图和卫星影像地图,保证数学和地理基础的统一性。

(2)制定统一的地图编稿与编绘的原则和要求以及各项具体技术规定。

(3)根据各要素和现象之间的联系形式与协调关系,以及资料的可靠程度,确定合理的地图编绘顺序,先编资料可靠和制图方法精确的图幅。例如,区划图在类型图之后编绘,地貌图在地势图之后编绘,构造图在普通地质图之后编绘等。

(4)在广泛搜集分析有关专题地图、卫星影像与地形图的基础上,编制统一协调参考图,包括地貌要素(沙漠、冰川、黄土、山地、盆地、河谷、冲积扇等)协调参考图(无机界),生物土壤(沼泽、盐碱地、森林、草原、绿洲、水田、旱地)协调参考图(有机界),以控制明显过渡的共同的轮廓界线;

(5)召开统一协调会议,解决矛盾与分歧,并且以主要类型图和区划图为重点,逐区分析研究,发现和解决主要矛盾。例如《青藏高原地图集》各区划地图(包括地貌、气候、水文、土壤、植被、综合自然等六种区划)的统一协调问题就是召开统一协调会议解决的。经过讨论确定的统一协调原则是:

区划范围:按照统一确定的青藏高原范围为界,以保持青藏高原区划的完整体系,但为表示同全国和周围地区的关系,高原以外在图上注明一级区划名称。

区划等级与划分指标:都划分一、二级,每级要有各自明确的指标,并严格按指标分区。

区划代号:一级区采用罗马字母,二级区采用阿拉伯数字。

区划命名原则:第一级称"地带或带",第二级称"区",并分别加区域地理名称,

各区域地理名称也应统一。

区划排列顺序：自东南向西北（由湿润至干旱）和由南至北（由暖热到寒冷）的顺序排列。

区划界线勾绘顺序：一、二级区划界线以线划粗细区分，先绘一级界线，后绘二级界线。

区划界线的统一协调要求：第一级尽可能一致或相近。

区划设色原则：反映冷热、干湿的色相应该一致，但色调可以不同，以示各图区别。

第五节　在计算机制图与地理信息系统环境下的综合制图

信息时代地图学的变化趋势主要表现在以下方面：由区域性、全国性制图向大洲、大洋与全球制图方向发展；由部门制图向综合制图、系统制图与实用制图方向发展；由二维平面地图向三维立体地图、由静态制图向动态制图方向发展；由传统地图向全数字化的计算机制图与制版一体化方向发展；由常规地图向数字地图、互联网地图方向发展；由传统地图向图谱与信息图谱方向发展。上述这些变化和趋势都能在地球信息综合制图中体现出来，并在资料获取、地图内容、表现形式与制图技术上提高了综合制图水平。

1. 多媒体电子地图集与地图集信息系统及互联网地图成为综合制图的新的更有效形式

电子地图，尤其是多媒体电子地图集具有开窗放大、滚动漫游、动态动画、三维立体、影像视频、语言音响等效果，可以进行查询检索、分级组合、信息提取、叠加分析等。电子地图与多媒体地图丰富了地图的信息内容，提高了传输效率，增强了感受效果，加强了地图快速分析能力，因此得到迅速发展，并展示非常广阔的应用前景；同时更能充分发挥综合制图的综合分析与综合利用的地图功能。电子地图集编制过程往往也是地图集信息系统建立的过程，可以同时完成传统地图集（纸质印刷）与电子地图集并提供数字信息产品，后者可进行更深层次的开发利用，还为以后地图集的更新再版提供便利条件。互联网地图则实现全球信息共享，充分发挥地图的社会效益。

2. 计算机全数字化制图与制版一体化，从根本上改变了综合制图设计与生产的传统工艺

近几年比利时、美国、德国等推出的计算机出版生产系统，实现了地图设计、编辑和制版一体化处理。能够将编绘原图扫描数字化后，进行计算机符号、色彩和注记的设计与编排，通过喷墨打样检查修改后，用激光输出四张分色加网胶片，然后用该胶片晒版上机印刷。不仅提高制版质量，缩短生产周期，而且有助于实现地图符号与色彩的标准化与规范化。中国国家自然地图集采用这一套技术，比常规制图、制版质量和速度都有很大提高，首次实现大型综合性地图集由传统工艺向全数字化、计算机设计、编辑与自动分色制版的根本转变。目前国内多数大、中型综合地图集都已采用计算机设计、编辑与自动分色制版这一新的工艺和技术。

3. 全球定位系统、遥感、地理信息系统与地图方法（含电子地图）相结合，提高了综合制图的科学技术水平

（1）遥感与地理信息系统扩大了地图制图领域，提高了专题地图与综合制图质量，加快了成图速度，特别是遥感和地理信息系统不仅为地球信息综合制图提供了极其丰富的信息源，而且提供了地球信息快速处理、综合分析评价的技术手段。

（2）地图作为地球科学的观测与调查研究成果的主要表现形式和分析研究的重要手段，RS 与 GIS 离不开地图这样一种空间信息的图形传输形式、地图模拟、地图认知与综合制图手段。

（3）地图方法（含电子地图）、全球定位系统、遥感与地理信息系统都是地球科学研究的不可缺少的基本方法与手段，这四者的结合，为地球系统科学提供完整的、有效的观测、分析与研究手段。在此基础上形成的地球信息科学（Geo-Informatics）必将得到很大的发展。同时数字地球的综合分析与制图、区域综合信息图谱的建立也都会得到发展。

（4）尽管制图技术有很大进步，地图介质与形式也有很大变化，但综合制图的一些基本原则和方法在计算机制图与地理信息系统环境下仍然适用。综合制图将继续发展，并进一步发挥它在地学和地球信息科学中应有的作用。

参 考 文 献

[1] 廖克. 综合制图理论研究及制图实践. 地理学研究进展，1990，149～158

[2] 陈述彭. 综合地图集的设计与区域特点的反映. 地理学报，1961，27(1)：38～56

[3] 陈述彭、廖克等. 农田样板地图的编制. 北京：科学出版社，1964

[4] 廖克、傅肃性、沈洪全. 农业卫星影像和综合系列制图方法的探讨——以云南丽江地区试验为例. 农业地图编制文集. 北京：科学出版社，1991，26～33

[5] 廖克、刘岳、傅肃性. 地图概论. 北京：科学出版社，1985，150～157

[6] 廖克. 综合地图集自然地图之间的统一协调问题. 地理集刊（第4号）. 北京：科学出版社，1963，40～67

[7] 廖克. 中华人民共和国国家自然地图集编辑说明. 中华人民共和国国家自然地图集. 北京：中国地图出版社，1999

[8] 廖克. 中国国家自然地图集的特点与创新. 地理学报，2000，(1)：112～117

[9] 刘岳、张庆臻. 中国人口、环境与可持续发展地图集编制中的知识创新. 地理学报，56卷（增刊），2001，103～108

[10] 成夕芳、朱澈、姜丽惠. 中国鼠疫与环境图集的计算机编制. 地理学报，56卷（增刊），2001，117～121

[11] 齐清文、池天河、廖克等. 中国国家自然地图集电子版的设计和研制. 地理科学进展，20卷（增刊），2001，39～45

[12] 池天河、齐清文、廖克等. 中国国家自然地图集 Internet 版的设计与研制. 地理科学进展，20卷（增刊），2001，46～51

[13] 廖克. 中国现代地图学发展的里程碑——中国国家地图集的编纂与出版. ICA 国家与区域地图集研讨会论文集. 北京：气象出版社，2003，101～108

[14] 廖克. 地球信息综合制图的基本原则和方法. 地理科学进展，20卷（增刊），2001，29～38

[15] 廖克、池天河、齐清文. 中国国家自然地图集的设计编制与创新——数据库、电子图集与互联网图集的设计与制作. 北京：气象出版社，2003

第十二章　地学信息图谱 *

　　自 1997 年陈述彭院士等提出开展地学信息图谱的探讨与研究的倡议以来，中国科学院地理科学与资源研究所、北京大学等单位对地学信息图谱进行了初步研究和探索，对图谱与地学信息图谱的概念、定义、内涵、分类，地学信息图谱同地图学、地理信息系统、数字地球、地球信息科学的关系，以及地学信息图谱的应用等问题进行过研讨，发表过一些论文，出版了由陈述彭院士主编的《地学信息图谱的探讨》一书，地理科学与资源研究所开展了多项地球信息图谱的研究。作者结合"中国自然景观综合信息图谱的研究"和"福建省生态环境综合信息图谱研究"等课题进行地学信息图谱的研究与设计，已取得阶段性成果。本章就中国自然景观综合信息图谱和福建省生态环境综合信息图谱的研究设计，对地学信息图谱的基本概念、理论方法、设计生成及其展望作初步分析与探讨。

第一节　图谱的基本概念

　　"图"，主要是指空间信息图形表现形式的地图，也还包括图像、图解等其他图形表现形式。"谱"是众多同类事物或现象的系统排列，是按事物特性所建立的系统或按时间序列所建立的体系，亦称"谱系"。例如光谱、色谱、电磁波谱、化学元素周期表以及家族谱、脸谱、动物图谱、植被图谱、昆虫图谱等等。

　　"图谱"是"图"与"谱"相结合，兼有"图形"与"谱系"双重特性，即同时反映与揭示事物和现象空间结构特征与时空动态变化规律。它是经过抽象概括与综合集成的图形表现形式和分析研究手段。例如，日本竹内亮教授编著的《植物地理景观图谱》表示了包括热带雨林、常绿阔叶林、针叶林、稀树草原等 11 类植被的 154 个植物地理景观的图谱。

　　过去物理学在研究光谱、色谱、电磁波谱以及近年研究物理图谱方面已取得很多成果。近几年生物学界在研究与测定基因图谱方面也取得很大进展，已完成全部基因图谱的测定。在地学中，虽然过去使用图谱术语较少，但也有不少是图谱或类似图谱的表现形式，例如中国山地垂直带图谱（图 12.1）表示了各自然地带与不同海拔高程山地垂直带结构的空间变化。中国自然区划图、中国地质构造体系图（图 12.2）、中国古地理图、中国高空气流图、中国台风频数与路径图也都具有图谱的特性。另外，不同成因的自然景观的几何形态，也可以构成图谱。

　　图谱同地图比较具有以下特点：

　　（1）地图主要表示事物和现象的分布及其质量特征与数量指标的区域差异，而图谱能反映事物和现象形态结构、成因机制、组成物质、动态变化等综合性、复杂性规律，

---

　　* 本章由廖克撰稿

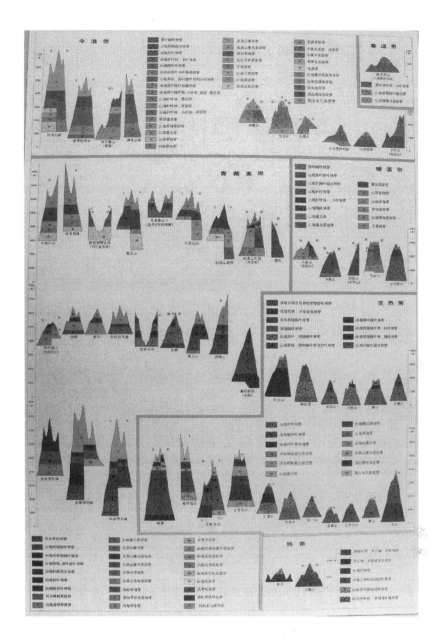

图 12.1　中国山地垂直自然地带

即通过图形特征与谱系结构的不同变化反映更深层次的规律。

　　（2）物理、化学图谱及基因图谱主要反映物质的结构与变化，不涉及空间地理位置。但生物与地学图谱的图形和谱系的结构与变化往往同地理空间相联系，即需要反映其时空分布和动态变化的规律。例如，植物图谱和垂直地带图谱同气候带（自然地带）有密切关系，植物的种类与形态、垂直带的基带与结构随气候带而发生变化。图谱往往以系列图形式表示时空动态变化，但也不局限于地图形式，有时以图像（如遥感图像）和图解、表格形式出现，如色谱、地物光谱、动物图谱、植物图谱等。

　　（3）地图表示的事物和现象经过一定抽象与概括（如居民地、道路分类分级、细小

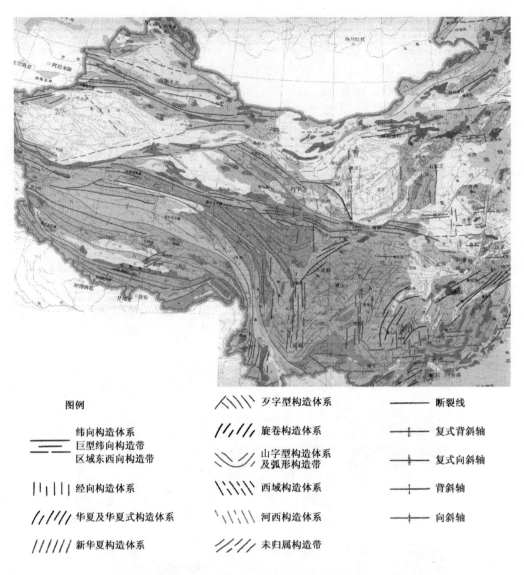

图例		
	⺆字型构造体系	—— 断裂线
—— 纬向构造体系 === 巨型纬向构造带 区域东西向构造带	旋卷构造体系	复式背斜轴
	山字型构造体系 及弧形构造带	复式向斜轴
经向构造体系	西域构造体系	背斜轴
华夏及华夏式构造体系	河西构造体系	向斜轴
新华夏构造体系	未归属构造带	

图 12.2　中国地质构造体系图（李四光的地质力学）及其图例

图斑的归并），而图谱比地图更多综合集成与抽象概括。因此图谱的建立比编绘地图困难得多，除了必须拥有大量资料与数据，必须深入研究事物和现象的形成机制、演变过程、组成物质以及影响它的各种变量，特别是更多运用空间图形思维方法和地学认知分析，更突出反映事物和现象的时空变化规律。

第二节　地学信息图谱的探讨

一、地学信息图谱产生和发展的背景

随着信息时代的到来与计算机技术的迅速发展，全球定位系统、遥感、地理信息系

统、地图学四者相结合并在地球系统科学和信息科学基础上诞生了地球信息科学，同时受物理图谱、生物信息基因图谱的测示与绘制迅速发展的启示，在传统的地学图谱基础上，由陈述彭院士等倡导，开始了地学信息图谱的探讨和研究。

地学信息图谱是在现代空间技术和信息技术基础上，全球定位系统、遥感、地理信息系统、因特网等先进的对地观测系统，以及定位观测台站网络的迅速发展，获取与处理信息的手段有很大改进，从而所取得的地球信息资源极大丰富，为地学信息图谱的建立提供了很好的信息基础。

地球系统科学和地球信息科学为地学信息图谱的发展奠定了科学与技术基础。随着地球系统科学的发展，对地球表层复杂巨系统的认识，包括各圈层之间的相互作用、物质与能量的迁移转化规律、全球气候与环境的变化趋势等的研究与认识不断深入，为地学信息图谱的建立提供了坚实的科学基础。地理信息系统、多媒体、互联网以及虚拟技术都为地学信息图谱的建立提供了强有力的技术方法和手段。其中包括三维、多维和动态变化的可视化，各种智能化分析应用软件、多媒体电子地图与互联网地图制作技术等，为地学信息图谱的建立和发展创造了条件。数字地球的发展为地学信息图谱提供了非常丰富且取之不尽的信息源和数字地球的应用要求。所以地学信息图谱是信息时代的产物。

二、地学信息图谱的定义与内涵

地学信息图谱是由遥感、地图数据库、地理信息系统与数字地球的大量数字信息，经过图形思维与抽象概括，并以计算机多维与动态可视化技术，显示地球系统及各要素和现象空间形态结构与时空变化规律的一种手段与方法。同时这种空间图形谱系经过空间模型与地学认知的深入分析，可进行推理、反演与预测，形成对事物和现象更深层次的认识，有可能总结出重要的科学规律，在此基础上为经济与社会可持续发展的规划决策与环境治理、防灾减灾对策的制定，提供重要的科学依据与明确的具体结论。

三、地学信息图谱与地学图谱的区别

（1）图谱是以地图、遥感影像、调查统计资料为主；而地学信息图谱具有极其丰富的数字化的信息来源。鉴于对地观测系统的建立，全球定位系统、遥感与地理信息系统技术的提高，图像与各种信息分析处理技术与软件的改进，遥感、台站网络、调查统计、电子地图以及地理信息系统、数字地球为地学信息图谱提供丰富的、源源不断的各种数字化的信息源，为地学信息图谱的建立创造了良好的条件。

（2）图谱以抽象概括的二维图形或以系列图形式表示事物和现象的动态变化；而地学信息图谱通过计算机可视化，显示事物和现象抽象概括的三维图形及空间动态变化，或随时间的多维图形连续序列变化。既使图谱采用地貌晕渲或透视写景方法显示三维立体效果，但只能固定一个或少数几个透视方向，而信息图谱可显示任一透视方向。

（3）图谱在显示事物和现象的时空分布规律时，只能补充有限的插图、图表、数据；而地学信息图谱拥有数据库作依托，可通过查询检索获取更多的相关信息与各种数据。

（4）图谱只能表示最终结果，修改与更新资料比较困难；而地学信息图谱可以通过交互式操作系统（人机对话），改变分类、分级，或改变数学模型与变量参数，或设定不同的边界条件，选择最佳决策方案，而且在数据库与计算机条件下，地学信息图谱的资料更新与图谱的修改也比较容易。

（5）地学信息图谱可建立相应的数学模型，借助于较多的分析应用软件，提出各种具体明确的应用方案，而且可以进行动态模拟分析，地理过程分析，反演过去，预测未来。

四、地学信息图谱的种类

地图涉及的对象非常广泛，从地球表层各圈层，到人类社会的物质生产与精神文明建设，从自然与人类发展的历史到未来环境与社会的变化。同样地学信息图谱也涉及到空间信息的所有领域。目前对地学信息图谱的分类还没有系统研究和成熟的看法，暂考虑以下几种分类方法：

1. 按信息图谱的对象与性质分类

地学信息图谱主要还是按照图谱的对象，即自然各要素与现象、经济与社会各部门等划分，但图谱的内容主要是反映事物与现象的分类系统、空间格局、发展过程与成因机制及相互关系。因此可按地学信息图谱的性质区分为：

（1）分类系统（按性质划分类型）图谱：是反映分类的图形谱系，如动物图谱、植物图谱、昆虫图谱、土壤图谱等。

（2）空间格局图谱（空间结构图谱）：是反映空间结构或区域格局的图形谱系，如地质构造图谱、山地垂直带图谱、水系图谱、海岸带图谱、交通运输图谱等。

（3）时间序列图谱：是反映时间序列的图形谱系，如历史时期的气候变化图谱、历史断代图谱等。

（4）发展过程图谱（时空变化图谱）：是同时反映时间和空间变化的图形谱系，如热带气旋图谱、环境污染图谱、古地理图谱、水系变迁图谱（图12.3）、城镇发展图谱等。

不过这四类图谱只是各有所侧重，实际上往往相互交叉，甚至相互结合成综合信息图谱。当然地学信息图谱的建立只能根据需要和条件逐步开展。目前可能先行开展研究与设计的信息图谱包括：景观信息图谱、生态环境信息图谱、大地构造信息图谱、地球化学信息图谱、地震信息图谱、水文信息图谱、海岸带信息图谱、热带气旋信息图谱、山地垂直带信息图谱、植被信息图谱、土壤信息图谱、城镇信息图谱、交通运输信息图谱等。

2. 按信息图谱尺度划分

地学信息图谱涉及从全球到较小的区域，尺度相差很大，从而所反映的时空分布规律差异很大。因此有必要划分地学宏观信息图谱（大尺度）、中观信息图谱（中尺度）

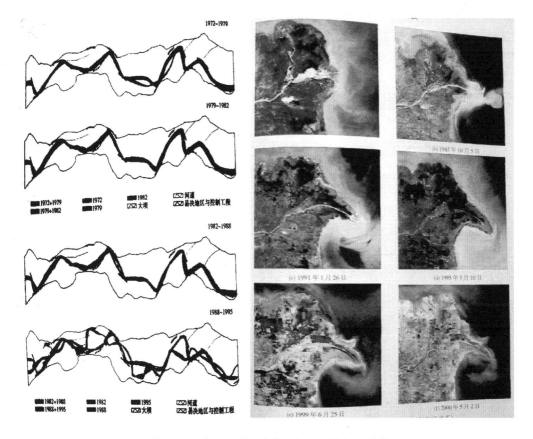

图 12.3　黄河下游河道变迁与三角洲变迁图谱

(取自《地学信息图谱的探讨》)

和微观信息图谱（小尺度）。

3. 按信息图谱的应用功能分类

可划分为征兆图谱、诊断图谱、实施图谱（陈述彭，1998）。

（1）征兆信息图谱：反映事物和现象的状况及异常变化或存在的问题，为进一步分析与推理提供基础信息与格式化数据。

（2）诊断信息图谱：针对征兆信息图谱所反映的问题与征兆，借助于各种定量化分析模型与工具，找出问题的症疾，并进行分类处理，即把过去对某一区域的认识，通过图形综合分析，以图谱形式实现区域诊断。

（3）实施信息图谱：是以诊断信息图谱为依据，通过改变各种边界条件，提出不同调控条件下的决策与实施方案。

第三节　地学信息图谱建立的基本过程与步骤

地学信息图谱的设计与建立的过程，实际是一个分析研究和探索的过程，比地图的编制要复杂和困难得多。地图的编制主要是根据掌握的资料，按地图用途和比例尺，根据一定质量或数量指标进行分类、分级或分区，选择相应的地图表示方法（包括符号与色彩），经过一定的地图概括后，表示出各种自然或社会经济要素与现象的实际分布。按地图传输理论，笔者曾提出地图编制与地图信息传输模式（图 12.4）。现根据地学信息图谱的性质、特点与功能，试提出地学信息图谱的生成与传输模式（图 12.5）。两者比较，显而易见，地图的编制相对容易，地学信息图谱的建立则难度较大。

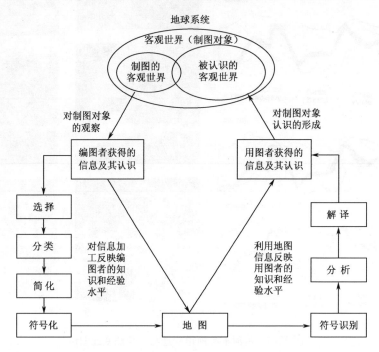

图 12.4　地图的编制与地图信息传输模式

在图谱建立的过程中，有以下重要环节与步骤：

（1）根据图谱设计和建立的要求，从各类数据库中提取所需信息，或采取某些手段补充获取新的信息；并进行分类、分级，必要时建立新的分类与分级体系。

（2）找出所有分布的类型（穷举），然后按信息图谱类型的定性与定量指标进行综合集成，并确立各类图谱的分布范围与界线。

（3）在进一步抽象概括的基础上，建立数学模型，以便图形思维与模型分析相结合，进行信息挖掘、知识发现及地学认知，找出规律，或根据需要制定供选择的应用方案。

（4）进行信息图谱的多维与动态可视化设计，以更好地显示空间与时间的分布规律和动态变化，反映已认知的规律或具体明确的应用方案。

（5）建立信息图谱的数据库和建立各项指标的查询检索系统。

总之，地学信息图谱的建立，首先必须对图谱信息进行广泛搜集与深入分析，对图谱的对象进行深入研究与深刻认识，然后进行实质性的抽象概括，建立定性定量指标体系与数学模型，进行计算机多维与动态可视化设计，建立数据库与检索体系，最后形成完整的图形谱系。

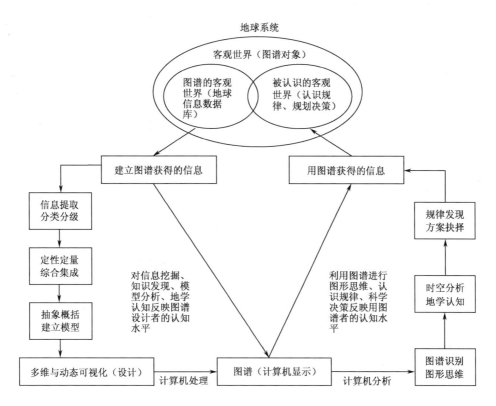

图 12.5　地学信息图谱的生成与传输模式

第四节　地学信息图谱实例之一
——中国自然景观综合信息图谱

由大气圈、水圈、岩石圈（或岩土圈）、生物圈、人类圈形成地球表层，或称地球系统。或者说由地质、地貌、气候、水文、土壤、植被、动物界组成自然综合体，这种自然综合体在地表所显示出来的综合特征面貌，就是自然景观。因此，自然景观包含了地质、地貌、气候、水文、土壤、植被、动物界等各种特征，而且是经过地质历史时期各要素相互作用和影响长期演变而成，这些组成要素处于物质迁移、能量转换与信息传输的统一过程，其分布体现一定的地带性规律（包括纬向与经向的水平地带性规律和垂直地带性规律）和不同尺度的区域分异。

自然景观同自然综合体一样，是一个复杂的系统，有不同尺度，也可划分为不同等级。前苏联依萨钦柯等地理学家把自然景观划分为景观、景相、景区三个等级。我们同意另一种观点，将自然景观划分为景观带、景观亚带、景观类型、景观亚类、景观单元，但需增加景观基本单元（即景观的最小单元）。以上共六级，其中景观带、景观亚带与景观类型作为大尺度（宏观）景观的区分；景观类型、景观亚类与景观单元作为中尺度（中观）景观的区分；基本景观单元作为小尺度（微观）景观的划分。景观带大体对应于自然地带；景观亚带大体对应于自然地区；景观类型大体对应于自然区，但比自然区划分得更多、更细。景观单元和基本景观单元，则大体相当自然综合体的自然地理单元和基本自然地理单元（最小自然地理单元）。

中国自然景观综合信息图谱以《中华人民共和国国家自然地图集》为基础资料，该图集不仅包括自然景观各组成要素的类型图、区划图，而且包括自然环境各要素与各现象及自然资源、自然灾害、自然利用保护方面的图幅。图集总结概括了 20 世纪，特别是建国五十年来我国自然环境方面所获得的极其丰富的第一手资料，每幅地图都有深入考察与调查研究资料或长期的观测数据，或具有创造性的研究结果作为基础，卫星影像、自然景观、地势、三维地形、地质、地貌、土壤、植被、土地利用等地图都以 1∶600 万比例尺进行编稿，为景观图谱提供了丰富而翔实的资料基础，而且具有较强的可靠性与权威性。

一、中国自然景观综合信息图谱设计和建立的原则与方法

1. 景观划分的原则

以《中华人民共和国国家自然地图集》中的中国综合自然区划图（黄秉维，1998）为框架，以中国卫星影像图为基础，参考中国自然景观、植被、土壤、地势、地貌、土地利用、地质等地图，将自然景观划分各种类型作为全国自然景观图谱的单元。综合自然区划图表示了以热量为指标的温度带，以水分为指标的干湿分区和以地貌单元为指标的自然区。这些是形成和影响我国自然景观总体格局的主导因素，也控制我国自然景观的基本框架。多光谱卫星影像通过不同波段光谱的反射与吸收，所显示出的不同影像色调与纹理特征，很好地反映自然景观的不同特点，从而能够划分自然景观的不同类型。其他各要素专题地图，也是划分自然景观类型的重要指标和确定自然景观的各要素类型的主要依据。

2. 自上而下与从宏观到中观

中国自然景观图谱是全国范围的宏观性景观图谱，采取自上而下划分到第三级，即从自然景观带到自然景观亚带划分到自然景观类型。自然景观类型是全国自然景观图谱的基础，大体对应于自然区划的自上而下的划分原则，即从自然地带到自然地区再到自然区；但自然景观类型比自然区划分更多、更细。中国自然区划图上共划分 44 区，而中国自然景观图谱上划分了 82 个景观类型。

3. 自然景观图谱的特征与指标体系

中国自然景观图谱是综合性信息图谱，它要反映自然景观的综合特点。鉴于自然景观划分到景观类型，因此地质、地貌、植被、土壤等自然景观组成要素及土地利用与土地覆盖也相应表示到类型一级。国家自然地图集中上述地图作为基本资料均可满足这一要求。不过这些地图类型划分较多，图斑也非常细致（最小图斑为 4 平方毫米，甚至个别达 2 平方毫米）。作为综合景观图谱的要素图谱，类型应作适当归并，以不超过景观类型的总数为宜，即 80 个类型左右。每一个景观类型中，每个要素分别选定 1～2 个代表性类型，轮廓界线也需作一定的取舍与概括。关于各要素的数量指标，主要以作评价

为目的,将建立一个评价指标体系,包括各要素的评价指标、评价标准与评价等级,以及在各要素评价基础上的自然景观综合评价指标体系。

4. 类型划分的主导因素

自然景观类型的划分与确定,需要考虑主导因素,包括占优势的地带因素和特殊的非地带因素。前者包括各种纬向与经向地带性自然景观类型、垂直带类型;后者如黄土、沙漠、沼泽、喀斯特等特殊景观类型。

5. 人类活动的影响

自然景观类型还适当考虑人类活动的影响,主要包括土地利用、农业熟制等所构成的大农业景观。今后还可适当增加人口、经济、社会等指标,为土地与资源利用及农业发展规划布局提供依据。

6. 景观类型的组合命名

自然景观类型的名称采取组合命名方法,一般包括地理与地貌名称+温度带、干湿状况+植被类型或+主要农业结构与熟制,个别景观补充特殊土壤类型。例如,三江平原中温带湿润草本沼泽景观;松辽平原中部温带亚湿润一年一熟粮食与耐寒经济作物景观;内蒙古高原西部中温带干旱灌木、半灌木砾漠景观;天山北麓冲积扇群暖温带干旱两年三熟粮食与经济作物绿洲景观等等。

7. 景观类型的组合代号

自然景观类型采用三级组合代号:自然景观带(温度带)为一级代号,以罗马数字表示,即Ⅰ、Ⅱ、Ⅲ、Ⅳ…分别代表寒温带、中温带、暖温带、北亚热带等等;自然景观亚带(干湿地区)为二级代号,以大写英文字母 A、B、C、D 分别代表湿润、亚湿润、半干旱、干旱地区;三级景观类型以阿拉伯数字为代号,组合以后如ⅠA1 为大兴安岭北部寒温带湿润落叶针叶林景观,ⅡB1 为大兴安岭中部中温带亚湿润落叶中叶与落叶小叶林景观,ⅡC1 为松辽平原西南部中温带半干旱落叶灌丛与一年一熟粮食与耐寒经济作物景观,ⅡD1 为内蒙古高原西部中温带干旱半灌木、灌木沙漠景观等。这种组合代号体现一定的谱系结构。

8. 全国各尺度的统一体系

目前提出的中国自然景观图谱属于大尺度宏观自然景观图谱。在此基础上,以省区或自然区域为单位,在每个景观类型基础上进一步细分,划分出自然景观亚类与自然景观单元,扩展为中尺度中观自然景观图谱。如果需要,在中观自然景观图谱的自然景观亚类与自然景观单元基础上,再进一步划分出基本自然景观单元,即最小景观单元(最小自然地理单元,或最小土地单元),建立小尺度微观自然景观图谱。这样自上而下形成全国统一的自然景观图谱体系,在此基础上除建立全国宏观自然景观图谱数据库外,还可建立中观与微观自然景观图谱的分布式数据库。

二、中国自然景观图谱的表现形式

1. 中国自然景观图谱的基本形式

中国自然景观综合信息图谱，拟采用两种基本表现形式：

（1）以国家自然地图集中自然景观图为背景，自然景观图谱的界线叠置在该自然景观图上，并以组合代号标注出每个自然景观类型。组合代号体现一定的谱系结构，并可分层分区显示（图 12.6）。

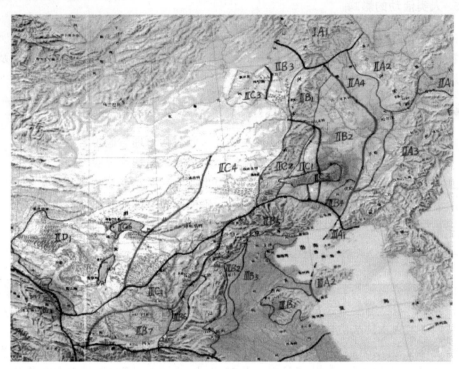

图 12.6 中国自然景观综合信息图谱表现形式之一

（以自然景观图为背景）

（2）以卫星影像图为背景，自然景观图谱界线勾绘在卫星影像图上，以组合代号标出每个自然景观类型，组合代码体现一定的谱系结构，也可分层分区显示。卫星影像图采用假彩色或接近自然色（即植被为绿色），并将采用二维和三维立体影像两种形式（图 12.7）。

2. 中国自然景观图谱时空变化的表现形式

（1）自然景观图谱的时空变化（或自然景观时空变化图谱）拟采用不同年份与同一年份的不同季节（如 1、4、7、10 各月）的卫星影像（地球资源卫星、气象卫星或 MODIS 卫星影像）作为背景，分别叠置自然景观图谱界线。根据需要可显示出该时间的自然景观图谱。如果按顺序显示 1、4、7、10 各月自然景观图谱，也会产生按季节连

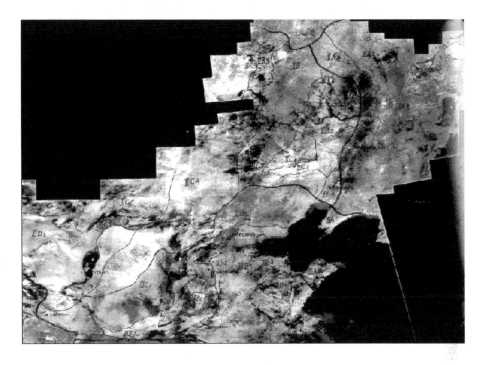

图 12.7　中国自然景观综合信息图谱表现形式之二
(以卫星影像图为背景)

续变化的效果。不同年份与不同季节图谱的界线或某些指标可能有些变化,需要作相应修改与调整。

(2) 历史自然景观图谱可利用各地质时期古地理图与历史时期环境变化地图及各种文献资料进行局部地区或全国范围概略地自然景观复原,设计与建立相应的自然景观复原图谱。

3. 中国自然景观图谱的综合表现形式

(1) 中国自然景观综合信息图谱是综合性图谱,除两个基本图谱形式外,还包括与其相对应的自然景观各要素图谱,即地貌、植被、土壤、土地利用等图谱。单要素图谱采用浅淡色调的卫星影像为背景,将经过概括的该要素代表性类型的轮廓界线和代号叠置在二维或三维影像上面。

(2) 自然景观综合信息图谱的每一景观类型也都隐藏大量、丰富的可检索信息。检索任一景观类型,将出现一表格形式(表 12.1),显示该自然景观类型范围内的一系列定性、定量指标,包括卫星影像特征、所属温度带与干湿区、地质与构造特点、地势起伏与地貌类型、水系结构特点、植被类型、土壤类型、土地利用类型、利用与保护方向等。此外还附有典型航空或卫星影像(高分辨率)、典型地面景观照片,有条件的地区可附简短视频影像。若检索单要素图谱的任一类型,也将显示各单要素及相关要素的定性、定量指标。

表 12.1　中国自然景观综合信息图谱特征与指标检索表

代号	编码	卫星影像特征	温度带与干湿区	地质与构造特点	地势起伏与地貌类型	水系结构特点	植被类型	土壤类型	土地利用与土地覆盖类型	利用与保护方向	高分辨率卫星影像(局部)(或典型航空像片)	典型地面照片

（3）中国自然景观类型名称索引表，可双向检索，显示任一自然景观类型的空间或时空图形。

第五节　地学信息图谱实例之二
——福建省生态环境综合信息图谱

2002～2005 年"数字福建"重大应用示范项目"福建省生态环境动态监测与管理信息系统"中，设有"福建省生态环境综合信息图谱"的子项目。同时还有国家自然科学基金项目"生态环境综合信息图谱的研究——以福建省为例"，目前已取得初步研究结果。

一、生态环境问题的重要性和生态环境综合信息图谱的意义

生态环境问题在许多发展中国家是一个比环境污染更为严重的问题，为此世界各国均把原来侧重对环境污染问题的关注扩大到对环境污染和生态环境保护同时并重，为人类发展强化对生态环境的管理能力。

全国和福建省的大量事实表明，生态环境是人类社会赖以生存的物质基础，也是经济建设和社会发展中的不可忽视的限定因素。我国政府继 1999 年发布《全国生态环境建设纲要》之后，2000 年 11 月又颁布了《全国生态环境保护纲要》，要求各省区抓紧制定生态环境保护规划，采取积极措施，加大生态环境保护工作力度，扭转生态环境恶化趋势，要坚持预防为主，把防止人为生态破坏作为重点，保护好那些直接影响国家和地区安全的生态功能区，建设一批经济和生态良性循环的生态示范区，加强自然保护区建设和管理，继续有计划有步骤地实施退耕还林还草工作，努力提高我国生态环境保护能力和水平，加强生态环境科研、标准、监测、信息和宣传工作教育。

新中国成立以来，福建省同全国许多省（区）一样，虽然在生态环境建设方面取得一定成绩，如水土流失的治理、沿海防护林带的建设、森林覆盖率的提高、自然保护区的设立与建设、生态农业的试验和防灾减灾体系的建设等，但是仍存在许多突出问题，如林草植被遭到破坏、生态功能衰退、水土流失加剧、水生生态环境恶化、耕地面积减少、土地退化等等。为此，《福建省可持续发展行动纲要》把生态环境保护、改善和重建摆在重要地位，"数字福建"也把"福建省生态环境动态监测与管理信息系统"的建设列为重大应用示范项目之一。2002 年福建省还制定了生态省建设纲要，要实现这些目标和计划，必须对全省生态环境进行全面系统的调查研究，深入研究生态环境的区域

分异格局、历史演变过程与动态变化趋势，以便为治理对策的制定提供科学依据，其中生态环境综合信息图谱是生态环境调查研究成果的最好表现形式和时空分析研究的有效手段。生态环境综合信息图谱是在生态环境调查与动态监测基础上，运用生态环境基础与动态数据库的大量数字信息，经过图形思维的抽象概括，并以计算机多维动态可视化技术，显示生态环境及其各要素空间形态结构与时空变化规律的一种方法与手段。同时这种图谱经过空间模型与地学认知的深入分析，可进行推理、反演与预测，形成对区域生态环境更深层次的认识，有可能总结出重要的科学规律，并为生态环境的规划决策提供重要的科学依据和具体的实施方案。本项研究的成果将不仅为福建省生态环境的规划与治理、保护及生态省的建设提供重要科学依据，而且为生态环境综合信息图谱的建立提供方法与经验，并充实地学信息图谱的理论和方法。因此，福建省生态环境综合信息图谱具有重要的科学意义与应用价值。

二、设计生态环境综合信息图谱的目的与要求

鉴于福建省生态环境动态监测与管理信息系统项目中，已完成全省 1∶25 万生态环境综合系列地图，其中包括生态环境类型图，以及地貌、土壤、植被、土地利用等要素地图，并且建立了相应的地图数据库，包括生态环境及各要素的属性及其编码文件。这些都是生态环境综合信息图谱生成的基本数据。福建省生态环境综合系列地图较详细地反映福建省生态环境各种类型的分布规律和区域分异，而生态环境综合信息图谱是在生态环境类型图基础上，经过抽象概括与提炼集成，更明显地突出生态环境的空间分布的总体规律，以计算机可视化多维动态地显示生态环境的图形谱系，并在图谱信息数据库基础上进行属性检索。为此：

（1）在野外考察、卫星影像与生态环境综合系列地图及其他有关生态环境资料的基础上，深入分析福建省生态环境的空间分布特点、成因机制和时空变化规律，特别是人类活动对生态环境的影响。

（2）福建省生态环境综合信息图谱应非常清楚地表示全省生态环境最主要的基本类型，其中要体现人类活动影响的程度；要非常清晰地显示全省生态环境不同类型的空间格局及其变化趋势，同时还要明确地反映不同类型和不同区域生态环境的质量及其治理、保护和建设的方向。

（3）在研究制定的生态环境综合信息谱图指标体系的基础上，建立信息图谱数据库，数据库应能实现图谱与属性（指标）、属性与图谱的双向检索。

（4）综合信息图谱能够建立在数字立体影像和数字地形立体模型的基础上，实现生态环境综合信息图谱的三维立体显示。

（5）在生态环境定量指标基础上，建立生态环境综合信息图谱的数学模型。

三、生态环境综合信息图谱设计与建立的方法和步骤

生态环境综合信息图谱的设计与建立的过程，实际是一个分析研究和探索的过程。福建省已完成生态环境综合系列地图的编制并建立了该系列地图数据库（包括全省

1：10万生态环境类型单元轮廓界线及其属性）。福建省生态环境综合信息图谱，以此为基础进行抽象概括，提炼集成。具体方法如下（图12.8）：

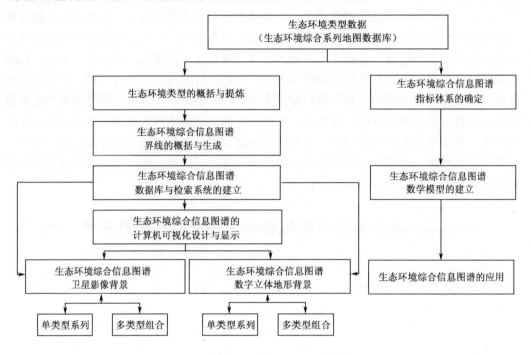

图 12.8 生态环境综合信息图谱生成的方法

1. 生态环境综合信息图谱类型的概括与提炼

目前国内对生态环境类型的划分还没有统一的标准。我们根据福建省生态环境形成的主导因素气候、地形、植被、土壤、土地利用等自然因素和人类活动的影响分别作为划分不同等级类型的主要依据。其中1：25万福建省生态环境类型图共划分了 3 个大类、12 个中类和 83 个生态环境类型。对于生态环境综合信息图谱这种分类过于详细，不宜作生态环境综合信息图谱的类型划分标准。因此进行了归纳和概括，概括后的图谱分类划分为两级，包括亚热带山地丘陵、台地生态环境类型、亚热带山间盆谷生态环境类型、亚热带滨海与湿地生态环境类型、人工建筑生态环境等 4 个大类和 22 个类型（表 12.2）。概括后的分类更突出福建省地貌和人类活动对生态环境类型划分的影响，以及全省最主要的生态环境类型。

2. 生态环境综合信息图谱指标体系的确定

生态环境受各种自然因素和人为活动的影响，比较复杂，主要应选择对生态环境区域格局与时空动态变化产生作用和影响的各种因素，并分析和确定这些影响因素的具体定量指标。例如气候的热量与水分、地势高程与坡度、水网密度、土壤物理化学性质与侵蚀强度、植被覆盖率与成分比例等。这些指标将是综合信息图谱数据库及其检索系统的基本数据。

表 12.2 福建省生态环境综合信息图谱分类系统

大类	A 亚热带山地丘陵台地生态环境类型	B 亚热带山间盆谷生态环境类型	C 亚热带滨海与湿地生态环境类型	D 人工建筑生态环境类型
类型	1 高覆盖轻侵蚀针叶林生态环境类型(代码 A1) 2 低覆盖中侵蚀针叶生态环境类型(代码 A2) 3 针阔混交林生态环境类型(代码 A3) 4 常绿阔叶林生态环境类型(代码 A4) 5 竹林生态环境类型(代码 A5) 6 灌草丛生态环境类型(代码 A6) 7 果、茶园生态环境类型(代码 A7) 8 农田生态环境类型(代码 A8)	1 灌草丛生态环境类型(代码 B1) 2 果、茶园生态环境类型(代码 B2) 3 水田生态环境类型(代码 B3)	1 防护林生态环境类型(代码 C1) 2 浸水田生态环境类型(代码 C2) 3 沙地生态环境类型(代码 C3) 4 旱地生态环境类型(代码 C4) 5 养殖滩涂生态环境类型(代码 C5) 6 盐田生态环境类型(代码 C6)	1 城镇居民地生态环境类型(代码 D1) 2 农村居民点生态环境类型(代码 D2) 3 高侵蚀独立工矿生态环境类型(代码 D3) 4 轻污染独立工矿生态环境类型(代码 D4) 5 重污染独立工矿生态环境类型(代码 D5)

福建省生态环境综合信息图谱指标体系的确定原则如下:

(1) 能深刻反映生态环境的现状,并能体现生态环境内部的整体一致性原则;

(2) 指标的可比性原则,即标准化和规范化,以实现生态环境综合信息图谱之间的横向及纵向比较;

(3) 指标的相对独立性原则,即能清晰、深入地体现生态环境的本质特征;

(4) 指标的简便、易得原则。

根据上述原则,我们选取了表 12.3 中的各指标作为福建省生态环境综合信息图谱的指标体系。

表 12.3 生态环境综合信息图谱特征与指标检索表

代号	编码	卫星影像特征(色调与纹理)	气候特点(热量与水分)	地质构造与岩性	地势起伏与地貌类型(高程与坡度)	水系结构特点(水网密度)	植被类型(植被覆盖率及成分)	土壤类型(土壤理化性质及侵蚀强度)	土地利用类型与土地利用变化	生态环境类型(治理保护方向)	高分辨率卫星影像(局部)	典型地面照片
1	A1	成片绿	年均温13~20℃,年降水量>1500毫米	花岗岩	300 米以上,25°以上	<1 公里/公里²	杉木马尾松混交林	硅铝质赤红壤	有林地	高覆盖轻侵蚀针叶林生态环境类型		
2	B3	蓝夹浅黄绿片状夹小块	年均温15~22℃,年降水量1200~1800毫米	冲积物	100 米以下,25°以下	1~2 公里/公里²	作物粮食	水稻土	水田	山间盆谷水田		

3. 生态环境综合信息图谱界线的概括与生成

福建省生态环境系列地图中的生态环境类型图的轮廓界线是综合信息图谱轮廓界线的基础。首先应按照经过概括与提炼的生态环境综合信息图谱的类型重新自动生成轮廓界线。新生成的轮廓界线比原生态环境类型图的轮廓界线经过归并大为简化，但仍保留较多的细节（细小的轮廓与细小弯曲）。因此有必要再进行一次图形的取舍与概括。生态环境类型图确定的取舍指标为 4 毫米^2（1：25 万比例尺，而 1：10 万编稿图的取舍指标为 16 毫米^2）。福建省生态环境综合信息图谱的基本比例尺定为 1：50 万，取舍指标暂定为 4 毫米^2，在 1：25 万地图上的取舍指标为 16 毫米^2，因此有较多的小图斑（闭合轮廓）要舍去或合并，重要的需保留的图斑要夸大表示。轮廓界线的细小弯曲要去掉，只保留较大的弯曲或夸大一些重要的有特征的细小弯曲。此项取舍和概括以计算机处理为主，人机交换处理为辅。

生态环境类型图概括前后效果见图 12.9 和图 12.10。

图 12.9　概括前生态环境综合信息图谱类型图

4. 生态环境综合信息图谱数据库与检索系统的建立

生态环境综合信息图谱数据库是存储在计算机内的有结构的数据集合，包括关系型属性数据库和空间数据库两部分。生态环境这些元数据描述了综合信息图谱数据的分类信息以及图谱特征与指标。数据库的建立采用支持管理决策过程的、面向特征的、集成的数据库技术。我们在遵循数据的规范与标准前提下，构建了福建省生态环境综合图谱数据库系统。在 GIS 技术支持下，系统的数据流向主要分两大块：一是利用 Map ob-

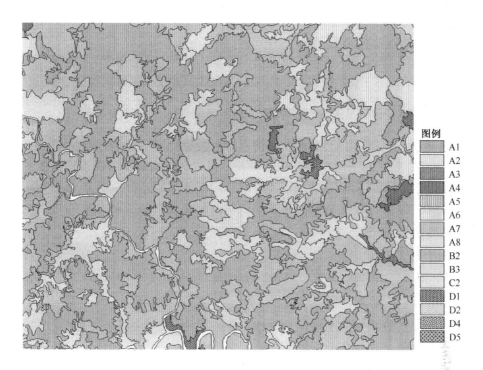

图例
A1
A2
A3
A4
A5
A6
A7
A8
B2
B3
C2
D1
D2
D4
D5

图 12.10 概括后生态环境综合信息图谱类型图

jects 来显示图谱数据,并对图谱数据进行查询;二是利用 ADO 组件访问图谱数据的元数据,这些元数据描述了图谱数据的分类信息以及图谱特征与指标,通过对元数据的查询可进一步细分查询类型。系统已实现三大功能,即:数据输入功能、查询和双向检索显示功能和输出功能。

5. 生态环境综合信息图谱计算机可视化设计与显示

生态环境综合信息图谱是在计算机技术、GIS 技术、可视化与虚拟现实技术等支持下为用户提供的经过深加工的更高层次的地学信息产品。在生态环境综合信息图谱研究中利用计算机多维与动态可视化技术,能更加生动形象化地显示生态环境空间与时间的分布规律和动态变化,反映已认知的规律或具体明确的应用方案。目前研究的重点是生态环境综合信息图谱的二维与三维显示、生态环境时空变化规律的动态显示、图谱特征与指标的双向查询、图谱界线与三维卫星影像的匹配方法与技术等。信息图谱的计算机可视化是信息图谱的重要特点之一,也是信息图谱的基本表现形式,生态环境综合信息图谱的可视化有多种表现形式:

(1)以卫星影像为背景的生态环境综合信息图谱。卫星影像又可分为二维平面影像与三维立体影像。图谱类型及其轮廓界线可以单类型分别显示(图谱系列),也可多类型组合显示。

(2)以数字地形为背景的生态环境综合信息图谱。数字地形也可分为二维平面表示(等高线为平面图形)与三维立体表示。图谱类型及其轮廓界线可以单类型分别显示(图谱系列),也可多类型组合显示。

（3）无背景衬托的生态环境综合信息图谱。但每个图谱类型均以色彩或代号区分，同样可以单类型分别显示和多类型组合显示。

不论以何种形式显示的图谱，都能双向检索，即点击任意图谱类型均显示其各种定性定量指标，或点击任意图谱索引，均显示出图谱图形及其各种定性定量指标。

6. 生态环境综合信息图谱数学模型的建立

在进一步对生态环境综合信息图谱抽象概括的基础上，研究和建立数学模型，包括时空分布的数学模型和空间结构的数学模型，对数学模型的参数的确定需要更深入研究，使其更符合客观实际，从而使图谱的图形思维同模型分析相结合，进行信息挖掘、知识发现和地学认知，更好地找出生态环境时空分布与动态变化的规律，并根据需要，制定治理对策和决策规划方案。

目前已建立福建省生态环境综合信息图谱（图 12.11、图 12.12 和表 12.4）和生态环境评价图谱（图 12.13～图 12.17）。

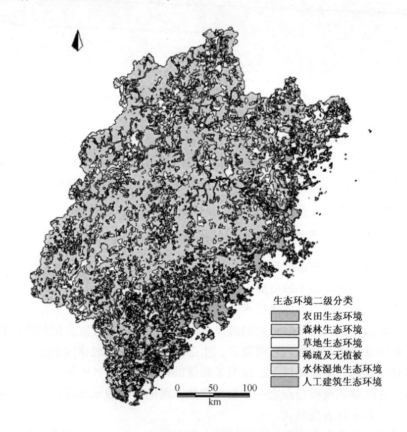

图 12.11　福建省生态环境综合信息图谱二级分类图
（引自陈菁博士论文）

表12.4　福建省生态环境综合信息图谱类型指标示例(引自陈菁博士论文)

一级分类	二级分类	三级分类	遥感影像	典型照片	气候特征	地貌特征	植被类型	土壤类型	生态环境类型治理与保护方向
30 闽东北沿海生态环境	10 森林生态环境	14 茶/果园			温暖湿润,湿热同季,雨量适中,光能适中,年均温在17℃以上,年降水量1000毫米以上	主要分布在海拔400~500米的中山、低山、丘陵地带	主要茶有绿茶,兼产部分红茶和白茶,近年来还有茉莉花茶;主要果树有荔枝、龙眼、香蕉、枇杷、柑橘、柚、番石榴、芙蓉等	主要黄壤、红壤及紫色土等,呈微酸性,有机质含量适中	老茶园比重较为粗放,水土流失严重,需要加强更新改造,以提高内涵挖潜,并适度发展优势高产新茶、果园,形成具有本区特色的稳固茶叶、果园基地
		15 防护林			属南亚热带气候,光热充足,雨水丰沛,年降水量1250~2350毫米,≥10℃积温4340~6240℃	分布于本区海岸线和主河流、公路两侧	主要是木麻黄群落、湿地松	风沙土,土壤发育微弱,风砂性已大部分固定,只是林下植被较稀疏,且人为清格残落枝叶,生物积累较弱,有机质含量低,肥力低	结合各地实际,努力增加防护林比重,并逐步地把海岸线内侧1公里范围内划为海岸防护林,把江河主干流两侧及水库周围重山范围内划为水源涵养林区,同时把公路主干道两侧1公里范围内划为护路林区,抓紧对中、强度水土失区的水土保护的营造,把水土流失控制到最低限度
	20 草地生态环境	21 灌草丛			温暖湿润,湿热同季,雨量适中,光能充足的中亚热带气候	分布在海拔800米以上的中山地带和海拔500米以下的滨海丘陵平原地带	多耐荫阳性植物,主要有小叶赤楠、桂木、乌饭、杜鹃等	土壤主要是富铝化的红壤体系,主要有红壤、黄壤、黄红壤等	灌草丛有可能发展为森林,故宜实行封山育林,辅以人工培育,促进天然更新,促进森林恢复,实现森林的价值

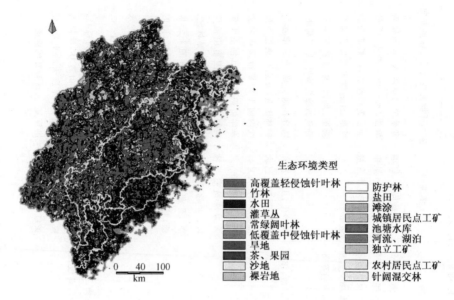

生态环境类型

高覆盖轻侵蚀针叶林   防护林
竹林   盐田
水田   滩涂
灌草丛   城镇居民点工矿
常绿阔叶林   池塘水库
低覆盖中侵蚀针叶林   河流、湖泊
旱地   独立工矿
茶、果园   农村居民点工矿
沙地   针阔混交林
裸岩地

图 12.12   福建省生态环境综合信息图谱类型图

（引自陈菁博士论文）

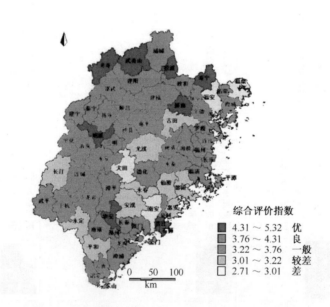

综合评价指数

4.31 ～ 5.32   优
3.76 ～ 4.31   良
3.22 ～ 3.76   一般
3.01 ～ 3.22   较差
2.71 ～ 3.01   差

图 12.13   福建省生态环境综合评价指数空间格局图谱

（引自陈菁博士论文）

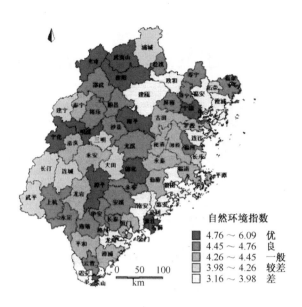

图 12.14 福建省生态环境自然环境指数空间格局
（引自陈菁博士论文）

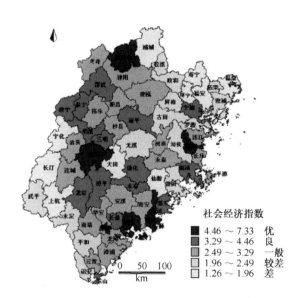

图 12.15 福建省生态环境社会经济指数空间格局图谱
（引自陈菁博士论文）

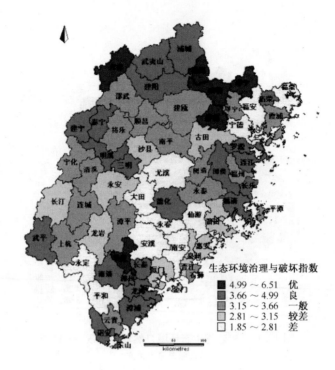

图 12.16　福建省生态环境破坏与治理指数空间格局图谱

（引自陈菁博士论文）

图 12.17　福建省 1995～2001 年生态环境单元演变图

（引自武国胜博士论文）

第六节　地学信息图谱的意义与展望

地学信息图谱由地图和地学图谱进一步发展而成，是信息时代的产物。21世纪是更高度的信息化社会，地球系统科学和地球信息科学也必将进一步发展，数字地球将深入到社会的各个层面。地学信息图谱将成为地球信息科学空间信息图形时空分析研究、数据挖掘与知识发现及地学认知的主要手段，将为地球系统科学新概念与新理论的发现与诞生创造一定条件，也将为数字地球广泛而深入的应用提供重要方法和手段。正如陈述彭院士指出的，"地学信息图谱将成为数字地球战略的应用理论基础和新领域开发研究的核心"。因此，地学信息图谱的研究和探索具有十分重要的理论意义与应用价值。地学信息图谱同样将为解决人口、资源、环境与经济社会协调发展，实现"可持续发展战略"发挥应有作用。地学信息图谱的研究和探讨还刚刚起步，地学信息图谱的理论和方法的研究还有待深入，真正的地学信息图谱的实例还很少；但我们相信，21世纪地学信息图谱必将获得广泛而深入的发展，将会设计和建立内容丰富、形式多样的各类信息图谱，而且会显示出越来越重要的作用，把地球信息科学和地球系统科学推向一个新的发展阶段。

参　考　文　献

[1] 陈述彭. 地学信息图谱研究. 北京：商务印书馆，2001

[2] 陈述彭. 地学信息图谱刍议. 地理研究，1998（增刊），3～9

[3] 廖克著. 现代地图学. 北京：科学出版社，2003

[4] 廖克. 地学信息图谱的探讨与展望. 地球信息科学，2002，4(1)：14～20

[5] 周成虎，李宝林. 地球空间信息图谱初步探讨. 地理研究，1998（增刊），10～16

[6] 承继成. 资源环境信息图谱机理探讨. 地理研究，1998（增刊），17～22

[7] 廖克. 中国自然景观综合信息图谱设计和建立的原则与方法. 地理学报，2001（增刊），19～25

[8] 廖克等. 地球信息图谱与数字地球. 地理研究，2001，20(1)：55～61

[9] 齐清文，池天河. 地学信息图谱的理论与方法. 地理学报，2001（增刊），8～18

[10] 陈毓芬，廖克. 中国自然景观综合信息图谱的界线确定与指标体系. 地理学报，2001（增刊）：26～31

[11] 廖克，陈文惠. 生态环境动态监测与管理信息系统的设计与建设. 测绘科学，2004，29(6)：11～14

[12] 武国胜，林惠花，廖克. 福建省生态环境空间格局图谱分析. 地球信息科学，2005，7(1)：116～121

[13] 廖克. 生态环境遥感综合系列制图方法. 地理学报，2005，60(3)：479～486

[14] 余明，祝国瑞，李春华. 探讨地学信息图谱图形与属性信息的双向查询与检索的方法，武汉大学学报，2005，30(4)：348～350

[15] 廖克，陈文惠，陈毓芬等. 生态环境综合信息图谱的初步研究——以福建省为例，测绘科学，2005，30(6)：11～15

下 篇
地球信息科学的应用

第十三章　区域可持续发展信息化 *

世界环境与发展委员会（WCED）发表"我们共同的未来"（Our Common Future）（Mrs Bruntland，1987）的报告，提出"可持续发展战略目标"迅速得到各国政府的认同和响应。我国政府将"可持续发展"作为国家发展战略和各地区各部门共同追求的总目标。

我国人口众多，资源相对不足，生态环境承载能力弱；尤其是随着经济快速发展和人口的不断增长，能源、水、土地和矿产资源不足的矛盾越来越尖锐。资源匮乏与失衡、环境恶化与生态破坏是制约区域可持续发展潜力与后劲的瓶颈。未来 10 年，我国既要处理好人口、资源、环境等领域长期积累的问题，又要解决在发展过程中出现的新问题，国民经济可持续发展将面临一系列的严峻挑战。科学技术的进步对解决上述问题，实现可持续发展具有重要作用。

当今世界已进入信息化时代，信息技术已经和正在带动一场全球范围的新的技术革命，并在各行各业得到广泛的应用。信息革命深刻改变着人类的生产生活方式，为可持续发展开辟了新天地。

信息化有效降低资源、能源消耗，减轻物流、人流负担，具有传统手段无可比拟的优越性。通过信息技术创造先进的智能工具，提高物质能量开发利用水平，开发新资源，改善产业结构，提高社会效率，降低环境污染，使许多悲观难题迎刃而解。

可持续发展战略的实施，也必须建立在科学决策基础之上。科学决策要求掌握大量信息并随时获取最新信息。建立可持续发展信息系统和信息网络是实施科学决策，加强可持续发展能力建设的重要措施。

《中国 21 世纪议程》明确提出应该对中国现有可用来支持可持续发展的信息系统做出技术评价和比较，找出存在的问题和改进的途径，在此基础上，"逐步建立起可持续发展信息系统与统计监测系统"。可持续发展信息系统不仅应包括有关环境与资源的自然特性、动态变化及其利用趋势等方面信息，而且还应包括人类社会有关的经济、社会、科技、人口等信息；不仅要求信息的数量和完整性，而且强调信息的质量和及时性。创造一个可操作的开放式的基于空间信息技术的可持续发展信息系统，营建一个以因特网为依托、支持可持续发展的数据共享系统和网络信息技术空间，这对于确保资源环境与社会经济协调发展，迎接信息时代和知识经济的挑战，建设数字化中国具有重要意义。

因此，信息化是实现可持续发展的必由之路和高级阶段，可持续发展的理论和实践必须进入信息化层面。区域可持续发展信息化，既体现了区域可持续发展的基本内涵，也是实现可持续发展的重要保证。联合国副秘书长斯特朗先生曾指出"在可持续发展研究和决策中，没有任何其他领域比利用空间信息系统更重要"。

---

* 本章由崔伟宏撰稿

在全球性的信息革命时代，将物质流、能量流、信息流紧密地结合在一起的全球性对地观测系统、遥感、地理信息系统、"三S"集成技术以及因特网的飞跃发展，已为区域可持续发展的理论和实践进入信息化的新时代提供了强大的技术支持。

第一节　区域可持续发展信息化若干理论和方法问题

一、区域可持续发展的内涵

可持续发展思想、目标和发展模式的提出是人类经过工业革命以后，对走过的道路进行逐步总结的结果，从 20 世纪 80 年代初国际自然资源保护联合会、联合国环境规划署和世界自然基金会提出"世界保护战略、保护生存的资源，以促进持续发展"（IUCN，UNEP WWF World Conservation Strategy，Living Resource Conservation for Sustainable Development）到 1987 年布伦特兰夫人（Gro-Harlem Brundtland）领导的世界环境与发展委员会提出"我们共同的未来"报告，逐步形成了可持续发展新概念。这一新概念在 1992 年联合国环发大会通过的"21 世纪议程"中，得到各国政府和科学界所公认。布伦特兰报告中所确定的持续发展定义是："持续发展是既满足当代人的需求，而又不对后代人满足其需求的能力构成危害的发展。"

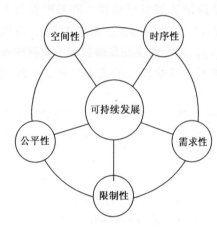

图 13.1　可持续发展的五个方面

根据布伦特兰报告，我们认为"可持续发展"概念包含着以下五个方面的内容（图 13.1）。

1. 空间性

区域的可持续发展过程，是与区域社会经济活动的空间分布演化过程紧密地结合在一起的。可持续发展的核心问题是资源分配，它既包括不同代之间的时间上的分配，又包括当代不同国家、地区、人群间的资源分配。当代人和后代人是定位于地球空间系统中，定位于各个国家和地区中的，不同的地区由于自然与社会经济环境的差异，可持续发展的方式与过程也会有不同，所以要达到全球可持续发展必然也要注意国家与国家之间、地区与地区之间的和谐、协调发展，做到人与环境和谐相处，社会与自然系统协调发展，保持地球空间系统的和谐有序。

2. 时序性

当代人和后代人本身包含着鲜明的时间概念，可持续发展是把社会、经济、资源和环境的协调发展看作一个过程，用"代"这个时间尺度来衡量，在代内、代间使经济的发展适应资源的承受能力和环境的承载能力。可持续发展是一连续渐进的过程。

3. 公平性

当代人和后代人之间，富国和穷国之间，不同地区之间对资源分配的公平，对环境影响与承受影响的公平，对需求发展的公平都是持续发展必须遵守的准则。

4. 需求性

发展的目标是要科学地满足人类需求——当代人和后代人的需求，包括物质方面的需求和精神方面的需求。应在不损害后代人满足其需求能力的前提下，建立起最大限度地满足当代人需求的发展模式。

5. 限制性

当代人需求的增长具有一定限制性，是以保证不损害后代人满足其需求能力为原则，对当代人的需求加以限制，同样对于国家之间、地区之间也存在着在满足某一国家、某一地区需求时，必须以不危害其他国家、其他地区满足其需求的能力为准则对该地区的需求加以约束。

以上五方面，即持续发展的空间性、时序性、需求性、限制性和公平性构成了持续发展的主要内涵，是我们研究区域可持续发展决策支持系统，进行理论和方法设计的主要依据。

二、我国区域可持续发展方面所面临的问题

1. 区域可再生资源的质量和数量下降，水资源供应出现危机，土地质量下降，生态环境破坏

（1）可更新资源，即水、土、气、生物等资源是区域可持续发展的支持系统。但是，由于人类活动的影响，这一支持系统发生显著变化，并引发了一系列资源、环境和生态问题，成为区域可持续发展的重要制约因素。

（2）我国耕地资源数量日渐减少，土地质量不断退化，主要表现为荒漠化、盐渍化、水土流失、土壤污染、肥力减退等。全国水土流失面积 367 万平方公里，占国土面积的 38%，荒漠化土地面积已达 262 万平方公里，并且每年还以 2460 平方公里的速度扩展，耕地污染面积约占耕地总面积的 1/5，每年因土壤重金属污染减少的粮食 1000 万吨，直接经济损失达 100 多亿元。

（3）我国是近年来经济发展速度最快的国家之一，更加大了人类对环境、特别是生物多样性的压力。据调查，我国的生态系统有 40% 处于退化甚至严重退化的状态，已经危及到社会和经济的发展，在《濒危野生动植物国际贸易公约》列出的 640 个世界性濒危物种中，我国占 156 种，形势十分严峻。

2. 区域环境质量不断下降，污染严重

区域环境质量下降的根本原因，是经济活动中污染物的排放。在经济高速发展过程中，研究和监控区域环境的变化是区域可持续发展研究的重点问题之一。在研究区域环

境质量变化及对生态系统影响的基础上，提出调控、修复区域污染环境的理论和方法，提出改善和提高环境质量的措施和途径，保证区域经济的可持续发展有重要意义。

3. 区域灾害不断发生，灾情加重

自然灾害影响区域经济的发展。最近一个时期以来，一些地区自然灾害不断发生，灾情加重，引起人们对灾害影响区域的可持续发展的进一步关注。不论经济发展到何种程度，都无法避免来自本地区或异地区自然灾害对人类活动和发展所造成的影响。面对区域自然灾害不断发生的危险，研究自然灾害对可持续发展的影响机制，研究灾前灾中和灾后对可持续发展的影响，例如灾前灾害发生的背景分析及灾害风险分区和预测、灾中的灾害监测和动态监测、灾后的灾害损失评估、灾后重建规划等，都有重要意义。

三、全面贯彻科学发展观

1. 全面贯彻科学发展观

党的十六届三中全会明确提出要全面贯彻科学发展观。科学发展观是一个内涵丰富的新概念，"全面、协调、可持续的发展观"，旨在"促进经济社会和人的全面发展"，是最近几年经济发展实践的升华。

科学发展观强调，"按照统筹城乡发展、统筹区域发展、统筹经济社会发展、统筹人与自然和谐发展、统筹国内发展和对外开放的要求"统筹协调发展中的各种关系，走可持续发展的道路，推进改革和发展。

改革开放以来，我国经济得到快速发展，但发展中暴露的问题，不容乐观。例如，生态平衡遭到破坏，沙漠化越来越严重。最近几年，每年减少的草地，相当于两个县的平均面积。沙漠化地区南移，不断扩大，逐步逼近北京。我国是世界上水土流失最严重的国家之一，也是森林的人均占有量和水资源人均占有量最低的国家之一；但是，我国的森林人均消耗和水资源的人均消耗却在全世界都位居前列。

中国在未来 20 年的时间内，要实现全面小康社会的宏伟目标，达到经济更加发展、民主更加健全、科教更加发达、文化更加繁荣、生态更加良好、社会更加进步、精神更加富足，全民的生活质量得到很大提高，这就必然要求我们用科学的发展观加以统帅，实现全面发展、协调发展、可持续发展，落实"五个统筹"，充分体现以人为本，促进人的自身完善，努力走出一条生产发展、生活富裕、生态良好的文明发展道路。

2. 以发展为基础在发展中实现动态平衡

从联合国环境大会"我们共同的未来"报告中，对可持续发展我们可以理解为不断满足当代和后代的生产与生活对物质、能量和信息的需求，同时创造一个自然—社会—经济协调发展的运行机制。但是随着各国资源需求的增长，能源消耗的增加，资源承载力的下降和环境问题的突出。可持续发展问题尖锐地摆在各国政府面前。然而，对如何实现"可持续发展"，发达国家与发展中国家截然不同。这是我们需要高度注意的问题。发达国家主要致力于环境治理，致力于资源、环境、社会、经济之间的协调有序，循环再生和高度和谐（Brown，1987）。发展中国家则主要致力于发展，在发展中实现动态

平衡，即"发展"旨在环境的动态平衡中求得经济体系质量上的变化（Cou，1990）。在我们所有建立和实现可持续发展信息化的示范区中，都把发展作为重点，在发展中求得动态平衡，作为建立可持续发展的重要目标和主要途径。

四、可持续发展指标体系

对于区域可持续发展信息化来说，需要有一个指标体系来支撑。建立可持续发展指标体系，是进行可持续发展定量评价、建立可持续发展数据库、实现区域可持续发展信息化所必不可少的。

由于区域可持续发展问题本身非常复杂，可持续发展的指标体系研究还处于一个初期阶段，目前还未有一个全体公认的指标体系及在全球得到很好的应用。

但在实际运行中，没有定量的比较，对于认识和评价一区域的可持续发展状况也是不可行的。所以人们根据不同的评价目标，提出了不同的区域可持续发展评价指标体系。

最早提出的是关于区域的景观指标和资源类型的指标。指标是以经验方式取得，是专家经验的指标化、定量化。其中，专家规划的经验，是在研究区域发展规律的基础上考虑区域发展的途径和方法，提出的景观程度，是旨在对自然资源的评价。

在提出指标体系时，要考虑区域的生态问题，现代情况以及对生态发展的预测；同时根据区域环境的内外特征而区分为不同的指标子系统。指标体系大体可以分为以下六个方面：

（1）区域生态环境的负载指标；

（2）人类活动负载指标；

（3）自然保护措施指标；

（4）自然资源消耗指标；

（5）某一确定区域的质量状况指标；

（6）生态环境变化与警戒指标。

1. 联合国环境与发展大会建议（1992）的生态状况指标

联合国环境与发展大会提出的生态状况指标大体包括三个组：

（1）自然资源利用和密度，周围环境的负载量，以及周围环境的相互作用（包括自然资源的质量，人体健康水平等）。

（2）自然资源以及生态状况的保护和恢复。

（3）自然资源和生态系统：①形成生态系统的地理信息保障的指标；②现在生态系统的各要素指标，包括一些种植指标；③自然-人口-经济相互关联的指标；④对所有系统统一的指标，包括区域指标及各子系统的指标。

联合国的指标体系中，提出两个重要参数组，一个是"生活质量"，一个是"生态稳定"，这是两个非常重要的概念。

什么是"生活质量"？生活质量包括人的平均寿命、人均收入、人均教育水平和人权指标。生活质量作为可持续发展的一个重要指标，对于我们理解和组织可持续发展非常重要。

"生态稳定"包括：生物的多样性和生态系统的保护；再生和非再生资源；在生态系统中潜在容量和边界；生态系统的负载量等。其中包括：自然资源的污染指标；有机质类型和数量；景观的保护和恢复；景观整体支撑程度和周转尺度；资源利用现状指标；对某一类型资源取得产品的生产力大小规模和生产力的变化，以及社会对资源消耗。对于负载性和容量质量的极限指标，最为重要的是对每一个人平均资源能量消耗的相对值、产品数量和污染量的消耗值。

1993年10月在加拿大渥太华召开了"可持续发展国家进程国际会议"，讨论了可持续发展指标，得出结论"建立和改善可持续发展信息系统，将成为国家和地区编制可持续发展规划的新起点。

2. 美国的可持续发展指标

美国总统"可持续发展"委员会提出10个国家目标及相应的可持续发展指标体系。其目的在于建立"国家行动计划"（1995）。该计划的主要内容为：

（1）保障健康的周围环境（包括人均寿命、婴幼儿的死亡率、饮用水的安全和空气污染等）。

（2）经济富裕程度（包括人均收入的增长、劳动生产力的增长、资金的积累和生态保护等）。

（3）自然保护（包括减少占用土地、减少土壤退化和水资源的消耗等）。

（4）资源的保护（包括减少资源的消耗、最大限度的使用再生资源等）。

（5）地区的生态稳定（包括绿化率和绿化区域的保护）。

（6）各种类型资源的人均需求。

（7）各种类型资源的消耗标准。

（8）自然资源的状况（大气质量、天然水资源、绿地森林面积等的数量）以及自然资源的变化。

以上各项指标可以分为五个方面：①现状评价；②发展趋势；③过去的变化；④原因及影响；⑤各项指标间的相互关系。

这些指标对于建立地理生态数据和信息系统是十分必要的，其中有些属于标志性的指标，例如：

（1）健康及寿命（期待寿命）：一般都认为文明社会发展水平的重要标志是"寿命"，对于区域可持续发展来说，平均寿命是一个重要标志，同时，人类平均寿命的提高和减少也涉及国家生产物资的重新分配。总体来说，人均寿命在很大程序上取决于生活条件的改善。与"寿命"相比具有同等重要作用的是"健康生活的年数"，有些人寿命长，但健康生活的年限并不长，同样影响生活质量。据统计人的身体健康40%～50%取决于生活方式，10%～15%取决于医学的发展，20%～25%取决于遗传基因，15%～20%取决于周围环境。

（2）人口的数量和密度：根据人口调查数据，建立可持续发展人口数据库及人口的指标体系，如生育率、死亡率、疾病率等，不仅是人口数量，而且包括人口的密度。人口密度涉及人类生存周围的环境、人的生活空间和人对生物圈的影响。

（3）能源需求：人类对能源的需求是人类对周围环境相互作用的一个重要方面，除了总的负载量以外，对可持续发展来说，能源的需求被认为是有效益自然结构经济和无效益的自然结构经济的重要标志。可持续发展分析了两种可能评估的类型：一种是资源的可能性；另一种是工作的有效性。有人提出能源需求的密度值为 125 千瓦/公里^2·小时，为最大的能源需求密度，而 15 千瓦/公里^2·小时为允许的最小能源需求密度。而在 15～125 千瓦/公里^2·小时之间是能够实现生物地理化学的平衡的。

（4）经济指标：现在还没有一个世界公认的经济指标。一般提出可持续发展富有经济指标来表述，用国民经济总产值来说明；对生态资源来说，当前并不知道哪些资源在使用，也不知道哪些资源在生态系统中所起的作用。因此，指标体系只能说明需求者的需求及当前总体财富的分配状况。总之，经济指标是一个综合性的指标。这样的经济指标是以生态环境对国民经济产值的支持能力来考虑经济发展的合理性，总的来说经济指标仍处于广泛应用的初始阶段。

（5）生活水平和质量：生活质量是一种客观的社会现象，它成为人类生活的一个整体要素。生活质量包括两个方面的内容：①数量的水平（生活标准）；②质量的水平（生活质量）。这两个方面是相互连接的。欧共体经济委员会（1994）和经济人杂志（1996）认为可持续发展中生活质量指标与社会组织和结构有关，目前采用的生活水平指标，包括：健康水平、就业情况、居住条件、文化水平（平均教育年龄）四个方面。联合国提出了人类发展指标（Human Development Index 简称 HDI，1994），根据这个指标，人类生活水平和质量，应包括平均期待寿命、教育水平（受教育年度平均值）和人均收入；其辅助指标，包括社会贫困化、失业率、居民死亡率、失业时间、购买力、平均工资等。

以上是关系可持续发展数据库体系的基本内容和要求。

第二节　区域可持续发展信息化设计若干要点

一、区域可持续发展的空间性基础

区域空间系统是体现区域可持续发展空间性的基础。可持续发展以人类生存的地球空间为基础，地球空间由岩石圈、水圈、大气圈、生物圈组成。人类出现以后形成了人类、生物和非生物之间互相作用、互相依存、互相制约的整体。

区域是在地球空间内不断发展、多层次的综合体。在区域内部，社会、经济、资源、环境之间是互相紧密的联系在一起的；而区域的发展是经济的发展、资源的有效利用、环境的合理保护以及人口的增长等相互制约和统一的结果。

区域的持续发展具有以下特点：

（1）区域的持续发展可以看成是在地球空间，一定区域范围内社会、经济、环境、资源四个基本截面之间相互制约的协调发展的综合系统。

（2）区域的持续发展是一个动态的过程，对于这一个过程的监测、分析和调控，成为区域持续发展的重要关键。

（3）控制引导区域持续发展的关键是持续发展的决策。有三种不同层次的决策：即宏观决策、中观决策和微观决策。宏观决策指规划，中观决策指管理，微观决策指工程，因此规划、管理和工程决策构成区域持续发展研究的中心环节。

从 20 世纪 40 年代计算机技术的出现，到 80 年代形成全球性的住处革命浪潮，将物质、能量和信息紧密地结合在一起，到了 90 年代全球性的对地观测系统形成、遥感技术的应用、地理信息系统的发展和产业化、遥感、地理信息系统和全球定位系统的一体化，以及信息高速公路的发展，这些新的进展不仅形成强大的技术支撑，而且也标志着区域空间系统的研究、区域可持续发展研究进入区域空间信息系统支撑的新时代。这样一个新形势为区域可持续发展提供了新的前提、新的工具和新的前景。这正如联合国副秘书长斯特朗先生所指出的"在持续发展研究和决策中，没有任何其他领域比利用空间信息系统更为重要。"

二、区域可持续发展的时序性标志

由遥感动态监测、动态分析、动态规划形成的可持续发展决策的动态体系是体现区域可持续发展时序性的主要标志。可持续发展中时序性的内涵是将当代人和后代人之间，本地区和其他地区之间的需求和制约，以"代"作为一个时间过程，进行判断。判断是根据对区域进行整体的、宏观的和动态的监测，将取得的区域地球资源、环境及其变化数据，进行加工和分析以后，得出的结论。因此动态监测成为区域可持续发展研究中不可缺少的重要内容。

用什么手段进行动态监测呢？从 20 世纪 70 年代开始遥感技术逐步发展成为对地观测的重要技术手段，从 1972 年美国发射第一颗地球资源卫星开始，法国的 SPORT、日本的 ERS-1、我国和俄罗斯等都在发展空间技术，加强对地观测系统。陈述彭先生指出遥感技术的发展可分为四个阶段：瞬间（实时）信息的定性分析、空间信息的定位分析、时间信息的趋势分析、环境信息的综合分析。这些分析无疑将对区域的可持续发展提供重要的动态监测依据。

区域可持续发展遥感动态监测包括：生物量的动态监测、土地资源动态监测、城市化动态监测、环境变迁的动态监测等。

生物量的多少是生态环境状况的一个重要标志。这里生物量主要指植被的生物量，在遥感图像上植被信息反映植被本身及其生长状况以及植被等物质的积累及生物量的多少，通过植被指数进行生物量的估算、评估生物量的变化。

土地资源是人类赖以生存的基础，在区域可持发展中以遥感为主要手段，以遥感和空间数据库的逻辑联接为基础，通过多要素综合分析和不同时间序列的对比分析建立土地资源动态监测体系，监测水土流失、土地退化、沙漠化、沼泽化、盐碱化以及土地利用和土地利用结构的变化等。

城市化的动态监测，主要监测城市的发展、农业土地向非农业土地转化的速度和结构、城市环境本底和城市污染，特别是水污染和热污染的变化等。

环境的变迁的动态监测，包括对水域的变化、海岸带的变迁、河道的迁移、道路网络的发展、重大工程的开展（京九铁路、三峡库区工程等），以及城市和居民地的发展等监测。

对于区域的可持续发展研究，动态监测仅仅是区域可持续发展动态体系的一个起点，在这个基础上必须进行相应的动态分析，主要是分析动态变化的原因和今后发展的趋势。

动态规划是解决多阶段的决策，按照相互联系着的若干个阶段每阶段根据最优化原理做出决策。可持续发展的动态规划，一方面根据动态监测的结果和动态分析的结论，另一方面根据决策者对决策的不断调整，特别是多目标的调整，进行多阶段最优决策和滚动发展规划。这样就可以建立了完整的从动态监测、动态分析到动态规划的可持续发展决策动态体系。

三、区域可持续发展中的系统论和系统分析方法

区域可持续发展研究是指在一个区域范围内，以人为中心的主系统和以自然、资源、环境、经济、社会子系统之间的相互制约与协调发展关系。从系统论来说，主要涉及生态系统理论和人地关系理论。生态系统理论来源于生态环境的研究，也就是说把环境和人联系起来。所谓环境，是包括生物和非生物组成的要素以及社会经济要素。这些要素通过物质-能量代谢、生物地球化学循环，以及物质供需和产物处理，形成相互联系着的生态系统。马世骏先生提出的社会-经济-自然复合生态系统理论，将区域生态系统划分为社会、经济、自然环境三个子系统，每一个子系统再划分为若干个不同层次的互为补充的系统。人地关系系统理论在可持续发展中以人类的社会经济为主，强调以人类为中心，突出人的作用来分析系统的总体，也就是说在一定的区域内，人和环境、资源、社会的发展是互相制约的，形成区域分异的综合体。不同的区域分别是区域差别不同的综合体。这些不同的综合体所形成的整体性、系统性、层次性和有序性组成了整个地球系统。由此可见，人地系统的理论第一强调了区域性，即区域之间和区域内部的空间差异；第二强调了人与地球之间双向的相互关系、相互影响和制约。这种双向关系的结果，形成了区域现象。在区域可持续发展中，如果这种双向关系是协调的，那该区域就是可持续发展的；如果双向关系是不协调的，那就不是可持续发展的。由此可见，无论生态系统理论还是人地关系理论都是从不同侧面来说明地球系统，可持续发展理论是在人地关系理论和生态系统理论的基础上发展的新的理论模式。最近，许多专家在这方面进行了初步探讨，有许多真知灼见，但基本上还是在各自专业基础上阐述各自的关于可持续发展的观点。由于可持续发展毕竟是一个新的发展模式，它的理论研究和应用，必然要经历长期的不断完善的过程。但是必须指出，可持续发展理论的重要作用在于指导决策、加强管理、进行规划，建立可持续发展决策支持系统是深化和完善理论的最佳途径。

建立可持续发展决策支持系统必须采用系统分析的方法，注意系统内部社会、经济、环境、资源四个截面，各子系统之间的相互关系和系统的层次结构。从系统环境、系统功能、系统结构这三者之间的相互关系入手研究可持续发展的规律，从分析、综合和统一性出发研究影响和改变系统结构和系统功能的途径。

四、区域可持续发展决策支持系统数据结构的一体化

区域可持续发展决策支持系统的设计，要求能够实现空间与非空间相结合、遥感与非遥感相结合、静态判断与动态反馈相结合。由于区域可持续发展涉及社会、经济、资源与环境等截面，因而区域可持续发展决策支持系统必然面临多种数据源、多种数据结构、多种分析方法和多目标决策。而要实现这一点唯一的途径是实现数据结构一体化。

目前存在着三种不同类型的数据结构：层次结构（Hierachical Structure）、关系结构（Relational Structure）和网状结构（Network Structure）。层次结构用来表达数据元素之间的层次关系，即1对多关系。每一层数据与下一层数据中的多个数据元素相关。关系结构主要通过关系表来表述。关系表是一个二维数据，数据元素之间的关系是线性关系，实体与属性关系常用行列表示。每一个数据元素只有一个直接前趋和一个直接后继。网络结构是非层次的，它所表达的是多对多，即 $N : M$ 的关系，即一个子结点可以有两个或两个以上的父结点。

数据模型主要有三种，即矢量模型（Vector）、镶嵌模型（Tessellation）和混合模型（Hybrid）。矢量模型的基本单元是 O 维目标（点），点集组成高维目标，镶嵌模型的基本单元是二维目标（嵌点），混合模型兼有矢量和镶嵌模型的优点。

在区域可持续发展决策支持系统的设计中，面临着多种数据源、多种数据结构、多种分析方法和多种目标决策。那么上述数据结构、数据模型能不能够寻找出一条可靠而又有效的途径去解决它们的一体化呢？答案是非常困难的。

针对上述问题，我们多年来一直研究一种崭新的数据结构，即超图数据结构系统（Hyper-Graph Based Data Structure）是新的一体化的数据结构。以图论和数据集理论为基础，以"现象结构"这一新概念代替了传统的数据结构概念，建立了抽象数据类型（ADT）、超图字符串（DSS）、超图层次分析和非层次分析、超图模糊数、隐含数据结构等理论，这是一种崭新的理论。我们在1984～1986年与 R，Rugg 教授共同在 Boulle 的 HBDS 理论基础上研究了 HBDS 城市信息系统，同时在国家自然科学基金委的支持下，我们先后结合城市土地资源动态监测（1989）、城市快速反映系统（1993）和区域可持续发展决策支持系统（1994）的研制，进一步发展了超图数据结构系统，取得了良好的效果。

区域可持续发展中超图数据结构系统包括四个主要部分：

1. HBDS 数据采集系统

HBDS 数据采集系统是根据图论中回路分析改进算法，以弧矩阵表示点与点间的连接，根据点的坐标进行有目的的向前搜索，从图中直接分出每一个最小回路，并保证小区的单一，每个回路只计算一次，同时进行自动拓扑，最后形成 HBDS 头文件和 HBDS 数据集。

HBDS 数据采集系统是人机交互开放式的，易于数据的检查、修改和订正，地名和属性采用汉字系统，为超图数据结构的数据库中的汉字属性、地名数据采集创造了条件。

2. HBDS 数据处理系统

HBDS 数据处理系统包括四个主要功能，即：

数据复合分析：检查数据集的精度，发现误差加以纠正。

坐标系统转换：从内部笛卡儿坐标右方系统向地球表面的参考系统转换，用十进制、X、Y 各八位表示。

重新排序和数据分解：按实体标志或类别、属性标志排序，利用 HBDS 的属性和坐标可以分开的特点进行数据分解，定义内部的数据结构，通过改变数据输入输出接口，实现与其他数据结构的连接与转换。

建立 HBDS 预处理文件：在检查、纠正、坐标转换与排序，分解生成以后建立HBDS 预处理文件，按 HBDS 头的字符串和 HBDS 数据集分别存储。

3. HBDS 数据库系统

在 HBDS 数据库系统中，以超图数据结构理论为基础包括抽象数据类型（ADT），共享数据结构单元（SDSU）、数据链（DSS）、ADT 运算等以及 Cobett 单元结构理论，将这两种理论结合起来，发展了新的超图数据结构数据库管理体系。在这个系统中一单元结构是整个数据库的核心，在一单元结构的基础上，数据库自动生成二单元拓扑关系，生成的过程是一个迭代的过程，每一步迭代搜索，在满足条件下返回，构成多边形封闭或单弧段封闭；同时采用空间剪取技术，实现按行政系统(如县、乡)查询。

4. HBDS 分析和目标管理系统

在 HBDS 深度搜索软件和广度搜索软件的支持下，发展 HBDS 分析和目标管理系统。该系统为区域可持续发展决策支持系统的必要支持，是进行模型分析的重要工具，在试验中根据软件工程的方法将各子功能编成模块，在增加功能的修改程序时并不涉及其他模块，增强了软件的可维护性，同时利用 HBDS 属性和坐标分开的优势提高分析的有效性和速度。

五、区域可持续发展空间决策支持系统

区域可持续发展决策支持系统属于空间决策支持系统(SDSS)，这是由可持续发展概念中空间性的内涵所决定的。SDSS 不同于 GIS，它是最近几年 GIS 在深入到实际应用，特别是深入到现代管理与决策的应用以后的新发展。从理论上看 GIS 与 SDSS 的主要区别在于 GIS 研究对象是地理信息，而 SDSS 研究对象是决策支持。也就是说 GIS 涉及的主要领域是空间信息的处理与分析，而 SDSS 涉及的主要领域是空间规则与决策，这是一个很大的飞跃。为了进行空间决策，需要得到现代技术的支撑，其中包括地理信息系统（GIS）、遥感（RS）专家系统（ES）、决策支持系统（DSS）和全球定位系统（GPS），以及正在发展着的多媒体（ICON）技术和数据结构（DS）理论的支撑（见图 13.2）。

在区域可持续发展决策支持系统中，SDSS 的设计有以下特点：

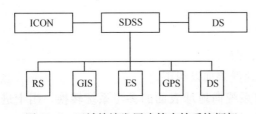

图 13.2 区域持续发展决策支持系统框架

（1）SDSS 以全开放的 ICON 作为与用户之间的上下联系，在 ICON 的支持下，按照一定的目标，上下关联组织起一个新型的系统，为用户直接进入目标决策创造条件。所谓全开放是指通过声音、图形、图像，把决策的目标、参数、方案等直接与决策者见面，并进入动态运行状况，根据决策者选择修改目标或参数以后，重新运行。

（2）SDSS 支持复杂的、多层次的模型体系。在空间决策中能够处理三种层次的模型即：概念模型、结构（半结构）模型和数学模型。概念模型是建立在传统经验的基础上，根据人们对客观事物的认识进行推理，这种模型比较广泛地运用于 GIS 中，它根据用户的知识进行推理。但所取得的结果往往是单要素的，其结论往往是假定的。结构式半结构模型是在概念模型的基础上进一步发展，具有某些定性和定量的特征，但是仍然缺乏系统分析的深度。数学模型以一定的数学分析方法为依据，具有比较严格的综合分析能力。但区域可持续发展中，作为区域模型有的可以用数学表达，有的不能用数学表达。因此，区域可持续发展决策支持系统的模型体系必须是包括概念模型、结构模型和数学模型的多层次的模型体系。

（3）SDSS 采用新的目标决策管理系统。在区域可持续发展中，目标决策管理系统必须能够对多种数据源、多种分析方法、多种目标决策进行管理。这种管理是动态的、结构和半结构的，这对于一般 GIS 是难以实现的。我们采用 HBDS 目标定向的管理系统，对每一个实体（entity）、目标（object）、实例（instance）进行管理；目标之间的关系可以是任意的，在超图概念中任何数据元素之间都可以相关。

（4）SDSS 建立多目标动态决策。多目标动态决策是 SDSS 的一个重要特点。该系统必须能够不断地对不同层次的目标进行估选、排序，不断地对各相关要素进行反馈，同时还必须按照时间序列对相互联系的各个阶段进行多阶段决策，整个过程由决策向量（决策变量序列）所控制。图 13.3 是 SDSS 设计的结构框架。

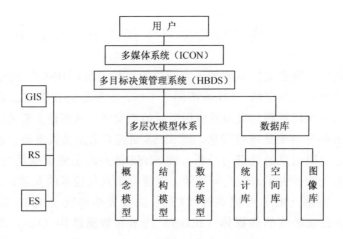

图 13.3 空间决策支持系统框架图

六、区域可持续发展以发展为基础，在发展中实现动态平衡

根据我们开展区域可持续发展信息化示范研究的经验，发现在可持续发展方面，根据不同示范区的需求和各示范区的不同发展模式，大体可以区分为两种类型："发展牵引"和"诊断决策"。

所谓"发展牵引"是指该地区具有明确的发展驱动目标和具体的驱动措施。在发展目标的带动下，逐步解决资源、环境、社会、经济的相互制约关系，这种模式在东部沿海地区十分普遍。所谓"诊断决策"是指没有明确的发展驱动目标，但按照统一协调全面发展，计划实施年度考核逐步完成，这种类型对于大多数经济发展平稳地区比较普遍。换句话说，对于这种地区根据规划，不断"诊断"找出问题，及时调整，做出决策，这是诊断型的区域可持续发展信息化，通过系统本身的"诊断决策"为政府的科学决策提供依据。

对于"发展牵引"来说，系统考虑的整体框架是：

1. 目标驱动

（1）目标带动：围绕发展的目标，建立实现该目标的资源环境、经济社会之间的系统反馈机制。

（2）驱动分析：围绕发展的任务，建立可持续发展模型体系，深入分析可持续发展的驱动因子和障碍因子并进行分析和优化。

（3）模拟仿真：围绕发展目标和任务，进行历史模拟和仿真预测，以便对发展前景进行评估。

（4）动态平衡：围绕步骤和计划建立可持续发展综合评估和可持续发展指标体系，为实现动态平衡提供决策依据。

对于"诊断决策"类型，系统考虑的整体框架是：

（1）诊断：对照可持续发展规划和可持续发展指标体系，进行诊断，发现可持续发展中特别是资源、社会、经济、环境的主要问题（发展中不协调的问题）。

（2）分析：分析这些问题产生的原因，及可持续发展的演化状况和发展趋势。

（3）评价：评价可持续发展状况，发展程度和空间分异，及各可持续发展制约因素对持续发展的影响。

（4）决策支持：提出实现可持续发展目标可能采取的决策方案，评价各方案的利弊，为领导决策提供科学依据。

2. 以人为本，强调人的能力建设

要坚持科学发展观，必须强调以人为本，强调人的能力建设。1995 年世界银行发布了一个新的评价各国财富的方法，这种方法是把各国各地区的财富分为三个部分：

（1）自然资本：包括土地资源、水资源、森林、矿产资源等。

（2）创造性资本：包括工厂、机器、水利、交通、建筑等人类创造的财富。

（3）人才资本：包括公共教育水平，健康水平、公共素质等。

这种计算方法的核心是把人才资源作为最重要的财富之一，比较真实地反映一个国家、一个地区的财富状况。

世界银行提出的人才资本的内容包括三个主要部分，即公共教育水平、健康水平、公共素质。

七、地理生态信息的选题和评价

地理生态信息的选题，是根据各不同的生态地区的特点来确定的，从通用性考虑和国内外各地区开展地理信息系统的经验，提出七个方向：

(1) 形成生态现状的自然资源，自然条件的现状及其变化。

(2) 自然-人类活动的现象。

(3) 人类活动对自然资源的影响及变化。

(4) 医学-生态环境及地理化学状况。

(5) 自然保护和资源保护措施。

(6) 生态稳定性、生态现状和生态预测预警。

(7) 生态安全。

以上七个方面具体的选题可包括：

1. 自然社会经济基础

(1) 自然资源和资源应用的负载量；

(2) 人口的数量和密度、人口预期寿命和劳动力状况；

(3) 按人口计算的国民经济产值及平均收入；

(4) 经济和自然资源的利用。

2. 可持续发展及生态环境的主要问题

(1) 城市化的发展和进程；

(2) 地表水的状况和水资源的保证程度；

(3) 自然资源的重金属和其他污染；

(4) 土地退化现状及发展趋势；

(5) 居民收入（平均收入、贫富差距）、居民健康（疾病类型、死亡率及类型）；

(6) 居民职业现状（职业构成、各类职业人员比例、职业的稳定性）；

(7) 居民教育水平（平均教育年龄、文盲比例）；

(8) 居民居住水平（居住条件）；

(9) 总的人类活动负载（包括森林分布、土壤侵蚀、污染物采集和处理、地区退化程度及生态压力）；

(10) 自然资源和景观的综合污染；

(11) 景观的稳定性和生态危机；

(12) 经济的自然容量及经济的有效性（包括能源需求、每单位能源的效益、水资源的需求、每立方米水资源的效益、每人的生产总值等）；社会财富评价；居民生活质量评价，包括死亡率、失业率，每周工作时间、居住条件及适应性、周围环境对人的居住条件影响、人均收入、人均购买力、每 1000 人的重大疾病率、儿童死亡率、平均寿命、人均健康（无病）年数等。

3. 可持续发展中对地理生态信息保障的评价

通过对地理生态信息进行分析，对各种信息的质量及对可持续发展中的作用进行了评价（表 13.1、表 13.2），注意各种信息的：

（1）频率性：这些数据获取的频率是一月一次，还是一年一次。

（2）客观性：自然资源及其利用。

（3）周期性：应用自然资源对某些资源的综合应用周期。

（4）非周期性：应用的自然资源非周期性。

表 13.1　不同类型地理信息的一般性评价

序号	数据类型	地理-生态信息特征						对可持续发展的应用
		数量	完整性区域分析	内容	可信度	价值	区域性	
1	地方地图	++	++	+	+	++	++	自然资源评价及动态变化
2	报告	+	—	+	0	0	—	个别问题
3	统计资料	++	—	+	+	+	—	人类活动对资源的影响
4	设计资料	+	—	+	+	+	+	人类活动负载量的预测
5	正常调查	+	+	+	+	++	++	资源及环境现状
6	分布图	+	++	++	+	+	+	区域规划及预测
7	科学调查	+	—	++	++	++	+	问题研究及预测
8	科学出版	—		+	+	++	+	问题调查及组织

表 13.2　地理生态信息完整性评价指标

地理生态信息的内容		信息的完整性				完整信息
		很少信息	有限信息	不完整信息	不完全完整信息	
现有资源	a)数量	最一般评价(少-多)	+	+	+	合适的数量特征
	b)质量	最一般评价(不好-好)	+	+	+	合适的质量特征
动态资源	a)数量	最一般评价(少-多)	+		+	指出所有方面的数量指标
	b)质量	最一般评价(不好-好)				指出所有质量的指标
特例资源状况	a)危险性	指出具有				指出所有特别资源的现状及危险程度
	b)很少用	指出具有				指出所有现状及程度
反映资源负载量		关于状况(少-多)				按类型指出恶化程度
警告(光谱)	a)内市	对警告接近程度(是-否)				按作用类型的光谱特征
	b)外市	对警告接近程度(是-否)				按作用类型的光谱特征
预测	a)现状	将更坏-好	+	+	+	利用的不同方案
	b)利用程度	加以利用-减少				

从以上分析的情况可以看出可持续发展的地理生态信息保障很大程度上取决于地理信息本身的状况。根据实际应用，地理生态信息存在的主要问题是：

1）地理生态信息的质量

信息质量是非常重要的问题，根据可持续发展的概念及任务，其信息领域覆盖自然科学与社会科学，涉及数据采集的软硬件设施。因此当分析和评价信息质量时，仅仅从该信息性质的"内部"是不够的，还要看"内部"的结构和该信息与"外部"的相互关系，还要分析信息采集方法和信息的来源，来全面评价信息的质量和可信度。

2）地理生态信息的集成

信息集成时存在着以下困难：

（1）时空一体化：时空一体化对可持续发展系统集成来说，比起其他信息系统更为重要，因为联合国环发大会提出的可持续发展概念本身就是定位于考虑"当代人"和"现代人"的需求，以及各地区之间的关系。这是一个时空一体化的关系，但是目前信息系统是时空分离的。

（2）信息本身组织的技术障碍：由于数据源采集方法不同，统计口径不一样，数据源本身又包括空间定位数据和非空间定位数据；有些数据特别是有关生态环境质量的数据缺乏定量化。因此，在信息集成时很难具有定性、定位、定量又有一个统一计算口径的数据体系。

第三节　区域可持续发展信息化若干实践

随着全国各地信息化水平的不断提高，可持续发展这一国家发展战略的不断深入人心，可持续发展从理论、概念走向实际操作和运用，区域可持续发展信息化取得了迅速的进展。

黄淮海地区可持续发展信息化系统，在两个层次上建立了可操作的相互关联的区域可持续发展信息化体系（覆盖五省二市，307个县）和区县级系统（山东同林、江苏铜山和连云港），被列为中国科技部跨"八五"、"九五"的科技攻关计划。随后，"九五"、"十五"期间又在国家可持续发展实验区——河北的正定、江苏省的大丰市进行了示范，启动了"区域可持续发展决策支持系统研究示范"和"可持续发展公共信息网"项目；石家庄市科技局"十五"期间又启动了"可持续发展公共信息网系统"集成与示范等项目。目前，区域可持续发展信息化工程的建设，正在向全国各地、县市展开。

区域可持续发展信息化的建立，是遥感、地理信息系统、全球定位系统实用化的必然结果。区域资源、环境、社会、经济的信息是国家重要的战略资源，也是区域可持续发展信息化建设的核心。多年来，资源、环境调查及其图件、数据不断更新，但条块分割自成体系，且多为部门所有，很难在数据共享和地理信息系统支持下进行可持续发展定量化空间分析和综合评价。因此，建立统一规范标准和统一信息化分类和编码，成为十分紧迫的任务。

1. 信息分类

在区域可持续发展信息化建立的过程中，为了有效地发展来自不同单位、形式多样、格式不一，内容丰富的资源、环境、社会、经济的数据，需要制定科学的、实用的信息分类标准。在实施可持续发展信息化的项目中，初步制定了信息分类标准。

在分类方法方面，采用线分类和面分类相结合的分类方法。线分类法是一种有层次的，按层次逐级展开的分类体系。面分类体系，分类对象是面，把这些面的类目组合在一起，建立复合类目。两种方法各有优势，综合两种方法，以线分类为主体，以各种定位信息为基本单元，建立一个多层次的分类体系是适合区域可持续发展信息分类需要的。

区域可持续发展信息分类，按内容分为六大类：①人口类；②社会类；③经济类；④资源类；⑤环境类；⑥灾害类。

2. 信息编码

信息编码是信息分类结果的符号展示。信息编码的标准是信息共享的前提和依据。信息编码采用以下原则：

（1）等长性：无论分类中级别数多少，代码长度相等；

（2）唯一性：每个代码都是代表某一类；

（3）灵活性：编码体系都能扩充；

（4）实用性：代码清晰，分行记忆，查找方便；

（5）规范性：系统规范，格式统一。

信息编码通用类型，包括数字型、字母型和混合型。根据区域可持续发展信息化的特点，采用混合型代码具有数字码和字母码的共同优点，其结构简单，使用也比较方便，码为分三位（三部分）（图13.4）：

第一位：代表时间信息编码，用四位数字表示；

第二位：代表空间信息编码，用四位数字表示；

第三位：代表可持续发展特征分类码，用一位为基本大数字识别码，其余两位为识别单元，从高位向低位识别。

图13.4 不同信息编码表示方法

一、可持续发展公共信息网中的元数据和元数据管理系统

元数据是关于数据的数据，随着公共信息网的发展，元数据的建立和发展提到重要

日程。在已经建立的区域可持续发展信息化示范工程中，元数据、元数据库和元数据库管理系统，占有十分重要的地位。元数据用于建立数据文档，进行数据发布，对实现数据共享和数据库转换有重要意义。元数据库是关于数据库描述信息的数据库，主要目的是将整个集成系统的各个数据库信息纳入系统的统一管理之下，形成信息系统的数据库，并维持整个系统数据的完整性。

对于区域可持续发展信息化工程来说，信息网中元数据标准涉及公共信息、入网的信息源和产生这些信息源的许多部门和单位。目前公共信息本身的标准化还不成熟。标准化是技术性和管理性为一体的复杂工作，是在经济、技术、科学及管理等社会实践中通过判定、发布和实施标准达到统一，标准要由一定的权威机关审批。我们这里提到的标准化是以技术性作为切入，在进行区域可持续发展中，信息标准的技术性研究是为整个标准化做准备。

作为信息网络本身，具有分布式特点。这种分布式数据结构的特点是结构自治（Site Autonomy）和设有全局数据模式（Global Data Schema）。每个特点所涉及的数据模式，不仅限于该特点所用到的数据，而且由于源全局数据模式，一个结实的数据模式的修改，以及一个结点的加入，仅仅影响有关结点。一个结点在给数据对象命名时，只要求在本结点的数据模式内唯一，而无需考虑与其他对象的重名。每个结点只需要拥有满足自己需要的集中式数据库，而不受制于全局数据模式，这种分布式数据库系统有别于数据库的集成、扩展和重新配置。

在分布式数据库系统条件下，数据的标准化从技术上讲，将集中在公共信息网上的源数据与数据库的动态一致性维护，以及基于元数据的过程描述、元数据标准和元数据管理等关键性问题上。

关于地理空间元数据（MetaData）的国际国内标准有很多，如国家标准 ISOHC211 等。它们大多数是为了发布地理空间数据库制订的，在区域可持续发展的信息化示范工程中，参考了国内外已有的各种元数据标准，以及信息网络的特点，建立了适合中国区域可持续发展的 MetaData。

在进行 MetaData 系统设计时，需要考虑公共信息网中包含有许多不同类型数据，如属性数据、空间矢量数据等，因为各种空间数据的 MetaData 有很大一部分是相同的。因此，在可持续发展信息化中，建立了属性数据的元数据和通用的空间信息 MetaData 系统，并在元数据的数据质量信息、空间数据组织信息和实体属性等方面反映出不同类型数据的元数据差别。

区域可持续发展的元数据系统，包括元数据采集系统、元数据管理系统、元数据发布系统和元数据库，同时提供在浏览器下的统一接口。

元数据采集系统，即元数据录入系统。元数据的录入，采用在浏览器页面的文本框、文本域、单选按扭、多选按扭和下拉菜单等多种方式，提供用户友好界面输入环境。

元数据管理系统，包括对元数据的增加、删除和修改等功能。既可以在数据库的环境中进行，也可在浏览器页面中进行管理。

元数据发布系统，是通过通用的浏览器平台来实现的，并提供多种查询方式，以方便用户使用。用户可以输入元数据库的名称来查询，也可以任意输入一个元数据项，或者通过多种条件组合来查询。

1. 可持续发展公共信息网中的元数据标准

可持续发展公共信息网中，包括空间数据和非空间数据，在系统中作为一个整体来考虑。

空间元数据通过地理空间数据的内容、质量、条件和其他特征进行描述，帮助和促进用户有效的定位、评价和使用地理相关数据。元数据通常是由若干复杂或简单的元数据项组成。空间元数据和非空间元数据的主要区别，在于其内容中包括了大量与空间位置有关的描述性信息。因此我们在一个统一标准框架下进行，包括空间和非空间元数据的数据处理，随着 Internet 和 Web 的迅速发展，元数据已经从一种数据描述与索引的方法扩展成为包括数据发现、数据转换、数据管理、数据使用和数据集成的网络信息过程中不可缺少的工具和方法。

维护元数据是建立公共信息网发布系统的关键所在。因为用户只有通过查询和浏览才能了解所描述的数据的有关特征，才能知道究竟有哪些可用的信息，以及这些信息放在何处。

元数据技术系统是用以支持对元数据进行获取、检查、存储、处理、流转和应用的软件系统，包括工具系统和可运行系统两类。目前有一些厂商开始提供商业化的元数据工具系统软件，以支持用户建立自己的元数据库和元数据管理运行系统。但由于区域可持续发展元数据的自动提取，知识挖掘，内容标准，不同标准的元数据相互转换，元数据与数据库的动态一致性维护版本控制，以及基于元数据过程描述与分布式数据模型等一系列关键技术，还没有很好的解决，因此，在区域可持续发展信息化过程中，建立了实用性和针对性的区域可持续发展元数据体系。

2. 区域可持续发展元数据库软件编程

系统采用的数据库是 Microsoft FoxPro，具体的访问方式是从浏览器打开 ASP 网页，存取 Web 数据库，最后信息被传输回到浏览器，请参考下图（图 13.5）。

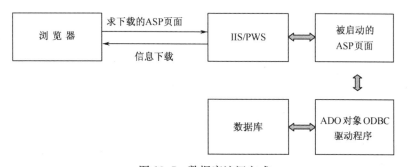

图 13.5　数据库访问方式

公共信息网元数据系统主要包括四个部分：元数据的查询、元数据的添加、元数据的修改、元数据的删除。

元数据的查询是通过指定元数据库的名称和年来查询的，也可以指定特定的数据项，如产品的生产单位等数据项来显示指定的数据库中的内容（图 13.6）。

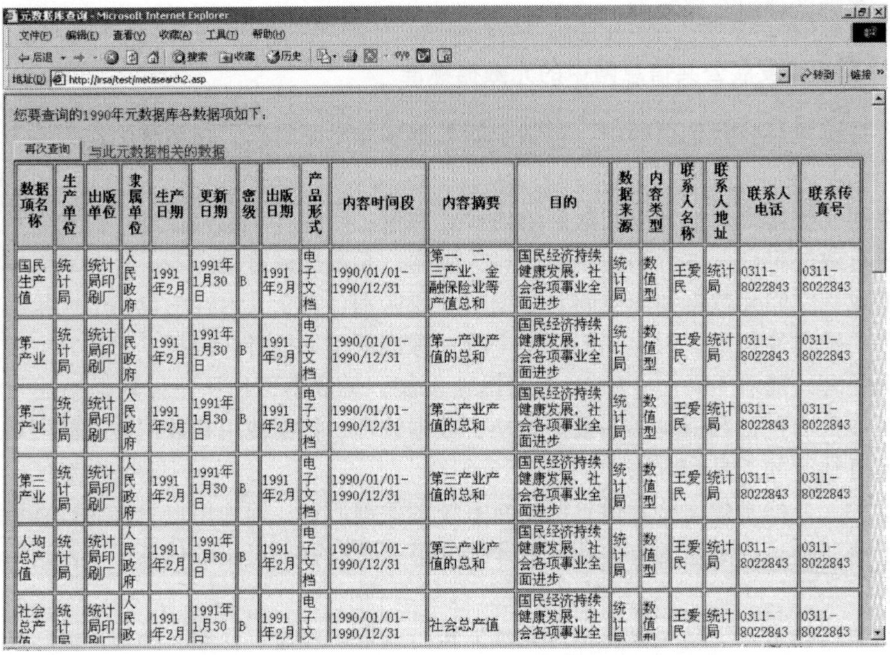

图 13.6 可持续发展公共信息网中元数据查询页面

元数据的添加也是通过指定元数据库的名称和年来查询的，亦可以指定特定的数据项，如产品的生产单位等数据项来显示指定的数据库中的内容（图 13.7）。

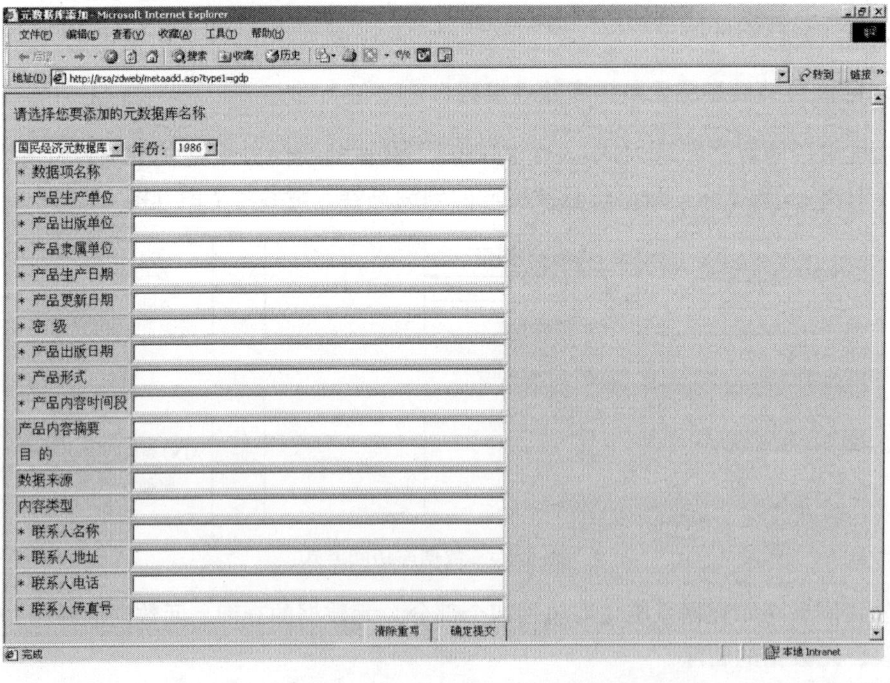

图 13.7 可持续发展公共信息网中元数据录入页面

元数据的修改是元数据库维护中的重点，在选中了欲修改的数据项后（如图13.8中播种总面积即是被选中的数据项），单击上面的确定修改此项的按钮，即可修改选中的数据项。

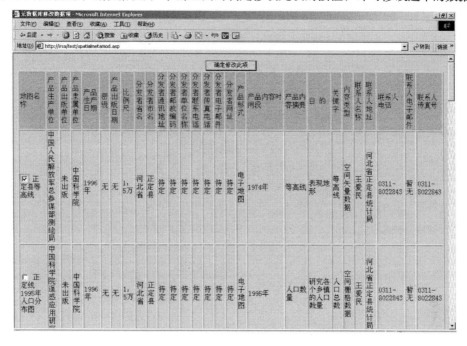

图13.8　可持续发展公共信息网中元数据项修改页面（1）

此时，页面就会以文本框的形式显示数据项的内容，用户可以修改其中的数据项，修改完成按确认修改的按钮即可对数据库的内容进行更新（图13.9）。

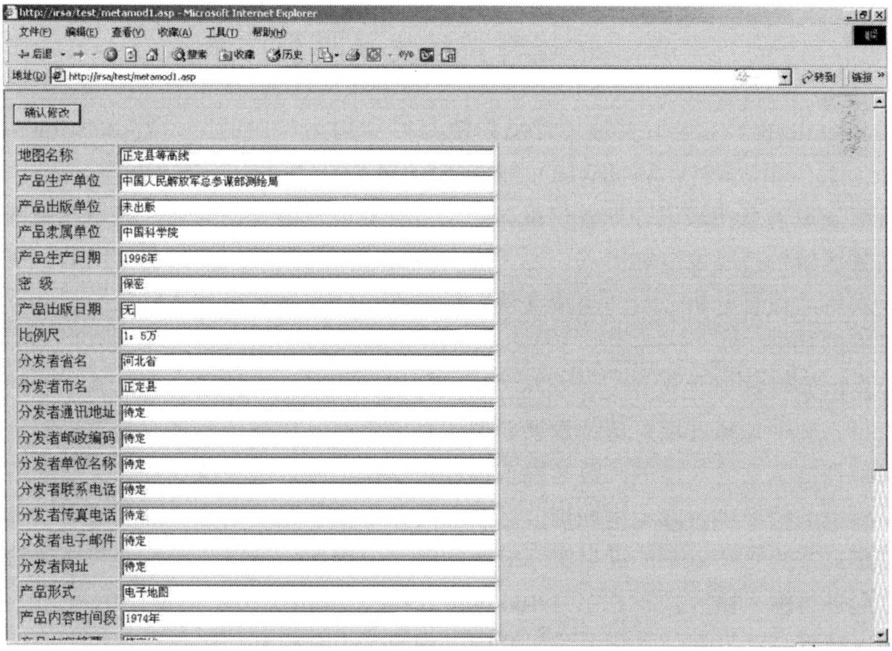

图13.9　可持续发展公共信息网中元数据项修改页面（2）

元数据的删除和元数据的修改差不多，也是先确定欲删除的元数据库的数据项，选中后按“确定删除”的按钮，即从数据库中删除（图 13.10）。

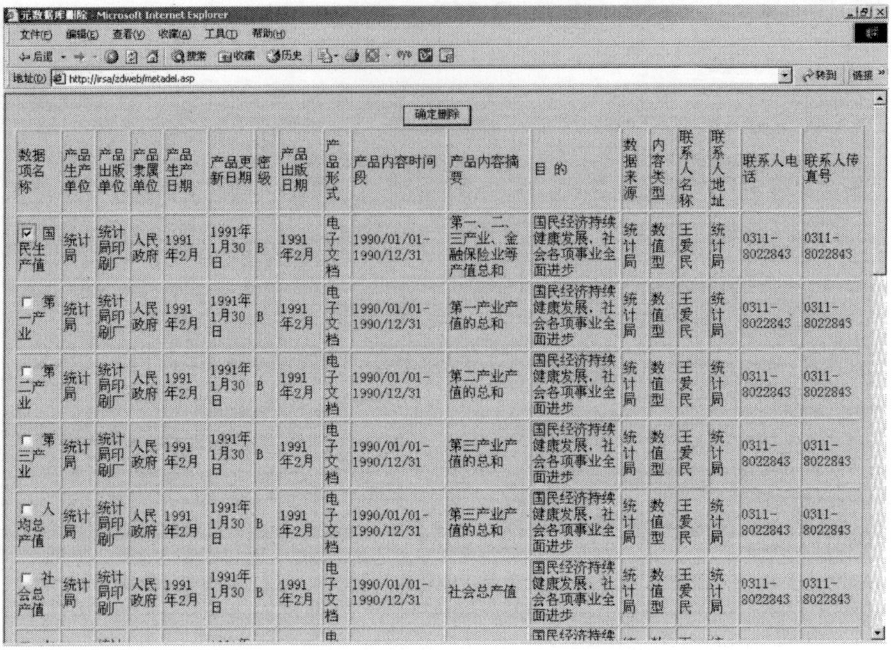

数据项名称	产品生产单位	产品出版单位	产品隶属单位	产品生产日期	产品更新日期	密级	产品出版日期	产品形式	产品内容时间段	产品内容摘要	目 的	数据来源	内容类型	联系人名称	联系人地址	联系人电话	联系人传真号
☑ 国民生产值	统计局	统计局印刷厂	人民政府	1991年2月	1991年1月30日	B	1991年2月	电子文档	1990/01/01-1990/12/31	第一、二、三产业、金融保险业等产值总和	国民经济持续健康发展，社会各项事业全面进步	统计局	数值型	王爱民	统计局	0311-8022843	0311-8022843
☐ 第一产业	统计局	统计局印刷厂	人民政府	1991年2月	1991年1月30日	B	1991年2月	电子文档	1990/01/01-1990/12/31	第一产业产值的总和	国民经济持续健康发展，社会各项事业全面进步	统计局	数值型	王爱民	统计局	0311-8022843	0311-8022843
☐ 第二产业	统计局	统计局印刷厂	人民政府	1991年2月	1991年1月30日	B	1991年2月	电子文档	1990/01/01-1990/12/31	第二产业产值的总和	国民经济持续健康发展，社会各项事业全面进步	统计局	数值型	王爱民	统计局	0311-8022843	0311-8022843
☐ 第三产业	统计局	统计局印刷厂	人民政府	1991年2月	1991年1月30日	B	1991年2月	电子文档	1990/01/01-1990/12/31	第三产业产值的总和	国民经济持续健康发展，社会各项事业全面进步	统计局	数值型	王爱民	统计局	0311-8022843	0311-8022843
☐ 人均总产值	统计局	统计局印刷厂	人民政府	1991年2月	1991年1月30日	B	1991年2月	电子文档	1990/01/01-1990/12/31	第三产业产值的总和	国民经济持续健康发展，社会各项事业全面进步	统计局	数值型	王爱民	统计局	0311-8022843	0311-8022843
☐ 社会总产值	统计局	统计局印刷厂	人民政府	1991年2月	1991年1月30日	B	1991年2月	电子文档	1990/01/01-1990/12/31	社会总产值	国民经济持续健康发展，社会各项事业全面进步	统计局	数值型	王爱民	统计局	0311-8022843	0311-8022843

图 13.10　可持续发展公共信息网中元数据项删除页面

这样，通过以上四个环节功能的实现，也就完成了在线对元数据库的管理。

二、区域可持续发展模型体系

Goodchild 曾经指出，“地理信息系统是以应用为导向的”（Applicationg is Geographic information System driven），而应用的核心是“分析”与“决策支持”。对于区域可持续发展信息化来说，如果仅仅局限于对资源海量数据的处理、显示和制图，那就无法满足区域可持续发展的要求，也无法实现区域可持续发展信息化。因此，实现区域可持续发展“信息分析”与“决策支持”是关键，建立区域可持续发展模型体系是实现这一目标的基础。

根据国家科技部“九五”、“十五”攻关计划，将区域可持续发展信息化的系统集成列入项目，其中包括区域可持续发展模型体系的集成。模型体系集成的方法大致分为四种：将地理信息系统功能嵌入数学模型；将数学模型嵌入地理信息系统；地理信息系统与数学模型的松散耦合或者将地理信息系统与数学模型紧凑耦合。目前地理信息系统与模型的集成方法，远远不能满足实际应用的需要。因此，还需要在模型和地理信息系统集成方向进行深入研究。布兰宁（Blaning，1980）提出了关于模型库的概念，在我们从事的区域可持续发展信息化系统研究中，积累了大量模型，然而，这些模型一般缺乏友好交互界面，各模型之间数据不能相互使用，模型的重用率很低。在区域可持续发展信息化的系统集成方面，我们采取的是建立模型库，在模型库支持下的模型与 GIS 的集成，这种方式是较为理想的集成方式。模型库系统具有完整的模型管理功能，能动态组合复合模型，灵活性好，可扩展性强，可以支持模型的静态连接和动态调用，实现动态分配内存，提高运行效率。

区域可持续发展模型库提供基础模型和应用模型。基础模型提供常用的统计数学计算模型；而应用模型包括空间分析模型和应用数学模型。模型库应用动态连接库方法进行封装，各模型用 API 接口方式提供。

区域可持续发展应用模型包括以下内容：

1. 人口分析与预测

人口随着时间发展的变化，是由许多因素决定的。例如，社会制度、自然环境、生活水平、文化程度、思想观念，以及战争、灾害、移民等都能影响社会人口的发展过程。一般由婴儿的出生、人口的死亡、居民的迁移，以及时间的变化四种因素构成。

人口分析包括四个方面：人口现状与人口预测、人口年龄与文化分析、人口职业构成与农村劳动力分析、人口教育构成与预测分析。

1) 人口现状与人口预测

(1) 人口现状；
(2) 人口预测；
(3) 人口密度。

2) 人口年龄与文化构成分析

(1) 人口年龄构成；
(2) 人口期望寿命；
(3) 人口文化构成。

3) 人口职业构成与农村劳动力分析

(1) 人口职业分析；
(2) 农村劳动力在大农业中的分配；
(3) 农村剩余劳动力的转移压力。

4) 教育分析

(1) 学龄人口的构成；
(2) 教师队伍的素质；
(3) 学校现状与未来发展。

人口分析与预测的数学模型，有两种：连续模型，离散模型。

连续模型可以使用一元线性回归模型，收集多年间人口总数（Y）和时间（X）建立人口总数和时间之间的线性关系和建立线性回归模型（一元线性回归方法）。

离散模型可以采用矩阵方程模型。采用离散化的连续模型——矩阵方程，是年龄与时间的函数，可作长期预测，可以分析与年龄性别有关的人群数量和变动率。

2. 土地人口承载潜力

土地人口承载潜力，是通过对土地资源的数量和质量、土地利用现状分析、农业内部结构、水资源和生物资源的分析，预测未来一段时间内土地的生产潜力和人口承载力，是区域可持续发展的重要指标。

土地承载潜力研究方法，包括：①静态范围分析法；②逆向限制因子修正法；③资源综合平衡法。

考虑到模型的实用性和可操作性，采用灰色线差修正预测模型。该方法的理论基础是农业生产渐变性和连续性。预测时间愈长，和可靠性愈好。逆向修正法是根据农作物形成产量的物质能量转化过程，计算出光合生产潜力。由于产量的形成还受温度、水分、土地等因素的影响，还必须进行土地、水分校正，形成光温潜力和气候潜力。

在利用线差修正预测模型时，既要考虑时间上的变化，又要考虑空间上的差异。在县级可持续发展信息化实验区中，承载力和耕地潜力预测以乡为空间单元，反映区内差别。在中远期预测中，以全区坡度、土壤质地、有机质含量及地貌类型等空间数据为支撑，对土地进行分级评价，确定耕地面积，反映空间上的差异性。

可持续发展信息系统与一般信息系统的主要区别在于：它强调对于可持续发展有关的信息的收集与管理，特别关注全球和区域资源枯竭和环境恶化状况，直接为可持续发展规划和决策服务。目前，中国各部门、各地区都有自身的信息中心或信息港。中国21世纪议程管理中心作为联合国可持续发展网络在中国的主结点，已经建立了中国可持续发展信息网。它包含一个中心网络、16个分中心，通过Internet互联，是一个集中与分布式相结合的异构数据库群管理系统。其内容以我国自然资源、生态环境、环境保护和灾害信息为主，并吸纳了部分社会经济信息；同时还包括了与可持续发展密切相关的政策、法规、知识、词典、动态以及国际、国内相关数据库连接站点信息。数据类型包括属性数据、空间数据以及多媒体数据等。

按照人类社会生产活动地域空间范围的尺度，可持续发展可以分为全球可持续发展、国家可持续发展、区域（比国家小一级的地域单元，如我国的省、美国的州等）可持续发展等不同的等级。区域是地球表层人类从事社会经济活动的具有相对稳定性的地域空间。区域可持续发展是国家乃至全球可持续发展的基础，也是比区域更小的地域生产系统可持续发展的综合，具有承上启下的地位。同时，区域可持续发展也是按人类社会生产活动的内容划分的产业可持续发展的综合。由于区域社会经济活动环境的相对稳定性和独立性，区域可持续发展的研究和实际调控过程便具有较强的针对性和实际意义。因此，区域的可持续发展就成为人类社会可持续发展进程中最具体、最现实、最有实际意义的部分。

三、水资源与区域可持续发展

由于水资源的不可替代性，成为区域可持续发展的关键基础条件之一。水资源的有限性与人口、经济增长一定时期内的相对无限性存在着矛盾，这种矛盾如果不加以协调和控制，必将成为区域可持续发展的障碍。目前，我国不少地区水资源供需矛盾十分尖锐，工业特别是乡镇工业的迅速发展和人口的增长，使需水量逐年增加，农地灌溉是稳产、高产的必须条件，如何在有限的水资源条件下，最大限度的发挥水资源的作用，使可持续发展处于最佳状况，成为许多地区发展的关键。

解决这个问题涉及许多要素，互为因果，交织在一起，是一个非线性的复杂问题，用单因果的链式思维和单目标的处理方法去调控，显然是不恰当的。根据我们在山东周村区的区域可持续发展信息化实践证明，应用多目标动态定量复合系统的动力学原理和控制论方法是比较成功的。

这里涉及三个问题：多目标决策、动态决策和定量决策。

决策实际上是以决策目标为基准，从三个以上方案中选择出最佳方案的过程。水资源与区域可持续发展决策是一个非线性的时空动态系统，因此必须把握各要素的变化才能进行较长期的区域发展动态趋势预测和策略效果对比，根据我们在可持续发展实验区的实践，应用系统动力学计算机访真模型可以满足这一要求。

系统动力学模型是基于系统论，吸取了控制论和信息论的一种模型，它是结构方法、功能方法和历史方法的统一。强调系统行为模式主要根植于系统内部的反馈机智。系统结构是组成系统的各单元和诸单元的作用和关系，它标志着系统构成的特征，反馈回路是构成系统动力学模型的结构。

四、环境评价与区域可持续发展

环境评价是区域可持续发展中关注的热点，我们在环境评价中根据各地区各环境要素的特殊性一般采用以下方法：

1. 主成分分析法

主成分分析法可以对水资源的水质状况进行综合评价。应用主成分分析法对于处理环境数据并进行分析，有较强的客观性，能够反映区域内主要污染源的特征。主成分分析法以原始数据为基础，比较客观地建立综合指标，对各监测点有最大方差，显著地反映监测指标、监测点间的差异，可以作为监测点分类，其分析结果比较客观和合理。

2. 等标指数法

对于地表水环境质量评价，采用等标指数法，即采用单项类别、综合或均值指数法，对主要有机物质（COD_{mn}，NH_3，$NO_3\text{-}N$，$NO_2\text{-}N$，BOD）和毒物类（CN，As，Cr^{6+}）指标进行评价。

确定单项指数 I_i，有机类指数 $I_{有机}$，毒物类指数 $I_{毒物}$ 和综合指数 $I_{综合}$。

3. 综合污染指数法

确定河流河段综合污染指数为 P，按 P 值大小将各河流或河段污染程度划分为较清洁，轻度清洁，中度污染，重污染和严重污染等，等级划分>P值是根据由某污染物的实测平均浓度及 C_i 和某污染物的环境标准 C_{oi} 的总和计算而成，这种方法比较简单，在对河流水质评价中经常使用。

4. 模糊综合评价方法

应用于对环境质量的综合评价。环境质量的主要依据是环境污染的指数。目前较为普遍的方法是应用污染综合指数进行评价，但污染综合指数有容易掩盖主要污染因子对环境质量的影响等缺点；而采用模糊综合评价的方法，则可以确切地对环境进行质量评价，它比较适合处理受多种因素影响的环境质量评价。在模糊综合评价中采用标倍数污染分担率赋值法，而隶属函数的分界值取环境质量标准的级值，以及选用 $M(* , +)$ 因子进行合成运算均比较符合实际情况。总的来说，模糊综合评价方法基于环境质量标准的全部评价空间，比较适合于区域性的环境质量评价。

五、可持续发展综合评价与可持续发展度

区域可持续发展综合评价与区域可持续发展度的研究，一直是可持续发展理论研究的中心内容之一，国内外学者从社会福利、人文发展、人类活动强度、环境资本等不同角度来研究区域可持续发展度。但是许多研究结果证明，可持续发展度（或水平）实际操作和运用存在一定的难度（World Bank，1995；UNDP HDF，1995；ISEW，1991）。其主要原因是：

（1）既能满足科学性，又具有完备性的指标比较困难。

（2）在可持续发展度的计算中，如何确定理想状态值 P_0，具有一定的随意性。

（3）确定各指标的相对权重及这些权重如何随时间而变化，缺乏足够的依据。

我们在正定区域可持续发展的信息化中，采用了实用的可操作的方法。假设区域可持续发展指标体系由几个因子组成：

$$S_{指标} = (x_1 , x_2 , \cdots , x_n)$$

这几个因子很难保证相互是独立的，存在一定的相关性，因此，最后的综合指数将突出某些指标群。为了避免人为确定权重，采用 R 型因子分析方法，即主因子得分法，通过选择评价指标集，获取每个指标及其样本的观测值，运用 R 型因子分析方法提取 K 个主因子，计算主因子得分和确定主因子权重系数，最后确定区域内可持续发展水平在时间和空间上的变化，得到可持续发展实验区内各个子区域不同时间可持续发展水平及其变化。我们在黄淮海地区对 307 个县进行的区域可持续发展综合评价和对正定国家可持续发展实验区的可持续发展及分析，均采用了主因子得分法，得到很好的结果。在正定确定了不同微小地貌单元、不同乡镇可持续发展度，发现该地区不同时间可持续发展度的变化规律，其结果对实验区政府进行可持续发展指导与决策有重要帮助。

参 考 文 献

[1] World Comussion on Environment and Development. http://www.riel.whu.edu.cn/show.asp? ID＝4007

[2] 牛文元. 持续发展导论. 北京：科学出版社，1994

[3] 崔伟宏. 区域可持续发展决策支持系统研究. 北京：宇航出版社，1995

［4］崔伟宏．空间数据结构研究．北京：中国科学技术出版社，1995

［5］崔伟宏．P Ya Baklanov 可持续发展与循环经济信息化．北京：中国科学技术出版社，（已录用）

［6］侯文阁．落实科学发展加快经济社会可持续发展．理论导刊，2006，（6）：86～87

［7］罗勇．中国城市可持续发展若干战略．经济社会体制比较．2006 年第 3 期

［8］杨振凯．西方现代可持续发展思想的局限性及对策．延安大学学报，2006(2)：68～71

［9］欧阳建国，欧晓万．我国区域可持续发展的特征．统计与决策，2006(5)：75～77

［10］邱焕玲．以人为本的科学发展观是可持续发展的战略的新发展．山东经济，2006(3)：1～18

第十四章　数字省区和数字城市 *

第一节　数字省区和数字城市建设的基本内容

一般认为数字省区和数字城市的建设内容包括以下几个方面：

（1）通讯和网络设施的建设：数字省区和数字城市涉及到大量图形、影像、视频等多媒体数据，信息量非常大，必须使用宽带网络。

数字省区和数字城市的基础是信息基础设施，包括高速宽带网络、支撑的计算机服务系统和网络交换系统，也就是数字省区和数字城市建设的"修路"问题。网络和通讯技术在近几十年取得了令人鼓舞的飞速发展，特别是宽带网络技术、IP 技术、WAP 技术以及数字微波技术等为数字省区和数字城市的建设创造了必要的条件。

（2）基础数据库建设：包括空间数据和非空间数据是数字省区和数字城市建设的战略基础。

数字省区和数字城市的建设除了"修路"以外，还需解决第二项基础——数据，特别是"空间数据"，即空间信息基础设施。空间信息，特别是具有地理参考特征的各种属性信息约占信息总量的 80％左右，是信息化的核心和信息开发的基础。空间信息是被社会各部门广泛使用的基础信息，它同国家的交通、通信、能源和市镇等基础设施一样具有基础性。空间信息是研究和观察城市以及城市地理分析所需要的最基本和公用的数据集，它是其他信息的空间定位和载体。因此，需要建立作为各部门共同使用的基础信息，避免部门重复建设问题，提高信息标准化程度，为信息共享和网络上的协作扫除障碍。数字省区和数字城市基础数据库的建设包括三个部分：空间数据基础设施、专业数据基础设施以及城市社会经济数据。

（3）政策、管理、标准和法规建设：包括技术规范与标准，数据与资源共享制度，系统与网络安全保密制度，电子信用和认证制度。

数字省区和数字城市建设的核心是信息资源的开发利用，这必然涉及到信息资源的共享问题。信息资源共享必须要有一个良好的共享环境，它包括政策、管理和标准等多方面的环境因素，没有这样一个共享标准，则信息共享仅是一个概念和意愿，是不可能实现信息共享的。

（4）应用系统建设：如城市基础地理信息系统、城市规划信息系统、测绘信息系统、旅游信息系统、城市房产管理信息系统、城建政府办公管理系统。

数字省区和数字城市的建设在作好详细需求调查的基础之上，应集中力量开发推广应用面广、社会经济效益明显、利用率高、与百姓关系密切的示范和应用系统；从实际需求和促进产业化着手，认真论证筹划、组织实施，成熟一个启动一个，避免无序、重复建设和一哄而上，以求重点攻关、取得经验、总结推广。可开发的应用系统包括：政

---

* 本章由池天河撰稿

务信息资源整合改造示范工程、数字社区示范工程、电子商务示范工程、数字海洋示范工程、数字林业与农业示范工程、数字环保示范工程、远程教育平台与网络教育示范工程等。

（5）技术体系建设：包括高分辨率卫星图像信息提取技术、元数据的统一操作和标准化技术、城市综合信息的共享及数据互操作技术、城市空间信息的可视化及虚拟空间技术、城市空间信息决策支持技术等。

数字省区和数字城市技术体系建设，是目前面临的首要问题之一。这是数字省区和数字城市基础技术框架，也体现整个系统的技术水平，数字省区和数字城市关键技术研究具有重要的战略意义。然而，数字省区和数字城市关键技术体系是目前工作的薄弱环节，主要表现为：缺乏数字省区和数字城市信息的综合集成与数字省区和数字城市综合决策支持系统。因此，加强对数字省区和数字城市关键技术体系建设、加强信息的综合集成、建立数字省区和数字城市信息基地和综合决策支持系统，已成为目前数字省区和数字城市建设的急需。

第二节　地球信息科学在数字省区中的主要应用

1. 省区政府系统信息化建设（三网一库）

依托省区政务信息网络，建设省区政府系统信息化的枢纽框架，即建立机关内部的办公业务网，实现机关内部公文、信息、值班、会议、督查等主要办公业务的数字化和网络化应用；建立县以上政府及部门间的办公业务资源网、实现多媒体应用服务；共建政府系统电子信息资料库，逐步建成体系完善、标准统一、内容实时、流程规范的动态信息资源库，并实现信息资源共享；通过安全隔离措施，建立以因特网为依托的政府公众信息网。在建成省区政府系统"三网一库"和省直机关宽带交换网的基础上，建成以1：25万基础空间数据库为支撑的、以地区和县级行政单元为数据实体的综合省情数据库，为省行政机关提供进行经济管理、防汛抗灾和政务信息管理的辅助决策工具；与国务院办公厅的"综合国情地理信息系统（9202）"的架构接轨，并在此基础上建设若干重点信息系统，包括海洋、农业、林业、地勘、测绘、土地、经济社会等信息集成及应用系统。

2. 省区资源环境动态监测体系建设

利用遥感信息源和信息提取技术，开展中大尺度省区土地、矿产、海洋、森林、水、旅游等资源现状和构造稳定性、土壤侵蚀、地质灾害、气象灾害等生态环境状况调查以及大比例尺重点地区（城市）综合调查；编制省区国土资源和环境系列图件及相应的调查评价报告；最终利用相关技术集成调查数据信息，按统一的规范、标准、编码、格式集成，建立一个包括图形数据、图像数据、统计数据和元数据等内容的综合性国土资源与环境数据库；建立可靠、准确、可视化、高效运作以及规范化与可共享的国土资源信息系统。

1）国土资源遥感动态监测

利用遥感技术开展重点地区土地资源和矿产开发的动态监测，为省区国土开发、整治提供依据。在省区国土资源综合调查的基础上，引进多时相、不同分辨率的遥感图像对政府感兴趣的地区，如城乡结合部、重点建设地区等进行土地资源动态监测，对重点矿区、矿业秩序不稳定区的矿产开发进行动态监测。

2）陆域生态环境动态监测

生态环境问题是世纪之交人类特别关注的问题之一。生态环境有四个重要特征：一是信息量巨大，因而仅依据常规的调查和整理将耗费巨大的力量和时间，且不能达到满意的结果；二是空间和属性信息并存，大量以空间图形信息的形式存在；三是一种动态信息，生态环境由于自然本身的规律和人为活动的影响，时效性十分明显；四是生态环境各要素之间相互关联，往往互为因果，错综复杂。由于这些特点，仅用常规手段难以掌握生态环境的全部信息，更难以进行全面的动态监测、科学管理和进行与生态环境有关问题的科学决策，也难以在发生重大生态环境问题时采取及时的措施。遥感、地理信息系统和全球定位系统，是当前世界上动态监测和管理生态系统的最先进手段。各省区在社会经济迅速发展的同时，生态环境问题十分突出，因此进行生态环境动态监测，实现生态环境的数字化、现代化管理是十分必要的。

3）海洋生态环境动态监测（沿海省份）

在调查搜集省区海洋生态及相关资料的基础上，利用遥感和 GPS 技术建立基于地理信息系统的海洋生态动态监测系统，系统建设将充分考虑其实用性，即满足海洋开发、环境保护及相关管理部门和公众对省区海洋生态资源环境各种背景资料及其空间分布信息进行分类存储、检索、查询、补充修改，便于进行数据分析和生态保护规划管理，等等。实现对省区海洋资源开发、管理、生态保护、污染防治、灾害预警的信息化。科学合理配制软、硬件，实现对省区海域生态环境现状及相关基础数据和日常管理的数字化存储、查询、检索、动态更新等功能，软件设计力求简单、合理、易用，并具备动态更新等功能。

3. 数字海洋信息系统（沿海省份）

集成各种传感器的海洋现场自动监测系统的开发；陆地、气象和海洋水色卫星数据与现场数据的配准、融合；模型的研究，如风暴潮预报模型、污染物扩散模型等；综合信息管理系统的建立，以分布式的卫星影像库、空间数据库等，并实现网络化运行。集成各种传感器的海洋现场自动监测系统的开发，实现水文气象与海洋生态环境参数实时数据传输；陆地、气象和海洋水色卫星与现场数据的配准融合，形成高分辨的分析资料；各种模型的研究；建立综合管理信息系统，实现网络化运行。采用"3S"集成的方法，利用多部门、多渠道的数据源，形成 4 个子系统：资源与环境信息系统、日常管理信息系统、紧急快速反应系统、公共参与支持系统。

4. 减灾防灾系统建设

随着我国航天事业的蓬勃发展，风云 1 号、风云 2 号卫星和资源 1 号、资源 2 号卫星的成功发射与省区环境监测网站建成，为减灾防灾遥感监测提供丰富的数据源，必将为卫星遥感在减灾防灾保护领域的广泛应用起到积极推动作用，更好地为省区环境管理决策服务。

省区减灾防灾系统建设内容：

（1）接收来自灾害和环境监测小卫星星座系统、气象卫星系统、资源卫星系统等各种环境监测信息，以及省区环境监测网站地面监测信息，结合省区社会经济及各部门环境与生态数据，进行综合处理与分析。

（2）根据卫星遥感信息，对森林覆盖、荒漠化、水土流失、湖泊干涸、河流断流、湿地、绿洲、草场、冰川、河口等生态环境状况进行动态监测；对湖泊富营养化、大江大河污染带进行遥感监测，并制作和分发环境遥感数据产品。

（3）应用环境卫星监测与预报系统，结合现有地面环境监测站数据，建立天地一体化的省区减灾防灾系统，定期向省政府报告省区大气环境状况、水环境状况、生态环境状况、森林环境状况；建立防汛、防林火、防地震事故指挥应急监测和灾后评估系统。

5. 国土资源信息管理系统工程

将已有国土资源信息进行分析筛选并数字化，建成具有信息管理、综合分析和评价功能的国土资源数据库、图库，实现调查和评价成果的数字化和信息内部网络化，向国土资源信息发布单位提供规范的国土资源调查评价成果信息。

（1）土地管理信息数据库系统建设

主要包括 1∶1 万比例尺的土地利用现状、土地利用总体规划、基本农田保护区、耕地开发项目、城镇地籍数据库及相应信息系统建设。

（2）地质矿产信息数据库系统建设

具体包括地质图文资料目录检索、地质图文资料光盘、实物地质资料、地质矿产储量、矿业权管理、水文工程环境地质、简化地理图、区调成果、水资源、遥感成果等数据库和地质矿产信息管理系统。

（3）国土资源遥感调查与遥感动态监测工程建设

利用遥感信息源和信息提取技术，开展省区土地、矿产、海洋、森林、水、旅游等资源现状和构造稳定性、土壤侵蚀、地质灾害、气象灾害等生态环境状况调查以及重点地区综合调查；编制省区国土资源和环境系列图件及相应的调查评价报告；最终利用"RS"、"GIS"等相关技术集成调查数据信息，建立一个包括图形数据、图像数据、统计数据和元数据等内容的综合性国土资源与环境数据库；引进多时相、不同分辨率的遥感图像对重点地区进行土地资源和矿产开发动态监测。

6. 省区林业信息资源管理系统

建立省林业部门分布式网络系统，开发系列业务管理信息系统，实现信息的快捷传递和办公自动化；建立省区森林资源监测地理信息系统，对森林资源连续清查数据、各类专项调查数据、各县二类调查数据、遥感数据及森林资源管理基本信息等基础数据及空间分布进行分析管理与应用。

7. 省区交通信息管理系统

省区交通计算机网络管理信息系统，旨在建立一套省区交通信息处理计算机化、信息交流网络化、信息管理数据化、信息服务电子化的高水平的综合管理信息系统，以适应我国国民经济以及交通建设的飞速发展，同时作为"数字交通"的一个主要部分、各地市交通主管部门数据传递、交换的枢纽以及交通部在省区的中心接点，整个系统均采用国际先进的网络技术、大型数据库技术以及先进的软件工具。

8. 省区卫生防疫信息系统

依托国家多媒体公共数据网，建立卫生防疫信息传输虚拟专网（VPN），实现上至卫生部、国家疾病控制中心，下至地（市）、县（区）卫生防疫机构互联互通、资源共享的基础信息服务平台；建立健全省区疫情和相关卫生信息数据库，向卫生系统和全社会提供相关信息服务；借助网络平台，建立一套适应突发疫情、重大灾害的应急、应变指挥通讯系统；利用现代多媒体技术为国家有关方面控制疾病、扑灭暴发疫情的决策服务。在发生自然灾害的情况下，可以为灾区防病提供应急应变指挥的决策支持。建立省、市、县三级防疫机构计算机网络系统，构成省区的卫生防疫信息系统专网。

9. 省区国民经济动员信息管理系统

建设上联国家、军区两级经济动员办，横联省国动委各办公室及省直有关单位，下联省辖市、县（市、区）经济动员办的灵敏、高效的经济动员信息管理自动化网络系统。建立省至各省辖市、县（市、区）经济动员计算机网络系统，各级经济动员潜力综合数据库和地理信息系统具有以下功能：各级数据库之间资源共享，电子地图与数据关联及互动操作，文书处理自动化，建立经济动员辅助决策系统，可在网上召开实时电视电话会议。

10. 省区农业信息应用系统

例如，以"3S"一体化技术为手段，建设福建农业信息应用系统。

（1）制定省区"数字农业"发展战略、分阶段目标、规模和建设方案。

（2）建立省区农业资源空间数据库（自然资源和社会经济状况）和农业信息数据库（人才、农业成果、品种资源、文献等）。

（3）子系统和示范应用工程：包括农业专家决策支持系统和远程咨询服务系统，含软件、网站及其应用示范工程；水土流失和土地利用覆盖变化（LUCC）动态监测系统及其在山地生态重建中的应用示范；肥力动态监测及土肥技术远程服务系统；农业灾害监测评估系统及病虫害远程诊断系统；农业信息多媒体管理平台及农业科技推广互联网站；农业资源和农副产品销售电子商务网站等。

11. 省区统计信息系统

利用"数字省区"建设的政府信息传输平台，把网络延伸到县级统计局。整合各类统计信息资源，建好统计数据库，提高信息共享和综合利用水平。项目建设的主要内容：

（1）完善省区统计信息网络控制管理中心和管理系统建设。

（2）建成统计信息资源库和主要统计信息应用系统：主要包括"统计信息标准数据库"、"统计主要经济指标综合数据库"以及工业普查、农业普查、第三产业普查、人口普查、基本单位普查、税源普查等各类专项调查、普查资料数据库；建立统计信息标准查询和应用系统、季度与年度统计信息处理及应用系统、统计报表电子报送系统、统计信息发布和服务系统、办公自动化系统、城市统计地理信息系统。

12. 省区劳动和社会保障系统工程

系统由省、市、县三级网络组成，由社会保险核心业务系统、就业服务信息系统、基金征集系统、社会保障（险）基金社会化发放系统、基金平衡监控系统、政策法规和服务监督系统组成的一体化综合社会保障网络系统。其中宏观决策系统，包括统计信息管理系统、基金监测系统、进行分析预测的决策支持系统；业务管理系统，包括社保经办机构业务处理层、劳动就业经办机构业务处理层、劳动和社会保障服务监督业务处理层。

13. 省区气象信息网络服务系统

气象信息网络服务系统建设，能满足数字、语音、图形、图像等多媒体信息以及综合科研信息传输和处理需要的综合数字气象网。在省区中尺度灾害性天气预警系统建设基础上，扩展建设信息网络服务系统，使得气象信息在网上能提供快速的动态多媒体服务，实现"数字省区气象"。建设内容：新的数字化网络主干建设（要求与原有中尺度预警系统网络建设实现最佳连接）；现有的网络升级与新的主干网接口。

14. 省区旅游信息应用系统

省区旅游信息应用系统由两个基本部分组成：一是政府旅游管理电子数字化；二是利用信息网络技术发展旅游电子商务，与国际接轨。总体目标是最大容量地整合省区内（外）旅游信息资源，逐步建立省区三级（省、市、县和重点旅游城市）计算机网络、旅游业的业务处理、信息管理和执法管理的现代化信息系统，初步形成旅游电子政务的基本框架；同时，逐步建立一个旅游电子商务的标准平台，支持省区旅游传统企业向旅游电子企业转型。

第三节　数字省政务信息共享平台总体设计

一、建设目标

根据数字省经济、社会发展和信息化建设的具体需要，研究开发信息共享的关键技术和制定数据标准，在数字省省直机关宽带网的基础上建立综合的政务信息共享平台并在各部门建立分布式的网络分中心，对各部门的现有数据库进行规范化、网络化和空间化改造，建设和更新公用基础信息源，建立省直机关内部的政务信息共享体系。

二、政务信息共享平台的体系结构

系统体系结构涉及到两个层次：一是由多个站点形成的网络系统；二是浏览器与服务器之间形成的系统。前者关系到如何把若干空间上分离但逻辑上属于一种信息服务类型的站点组织到一个统一的信息空间中，让用户在接受这一信息服务时，感觉不出自己是在不同的站点间来回穿梭，而是在接受同一个信息提供者的服务，因此其主要任务是组织一个无缝的信息服务环境；后者关系到用户如何同后台实际上是不同的信息提供者进行交互，完成信息获取，享受高质量的信息服务，因此，其主要任务是提高信息服务质量。

网络层次的体系结构所要达到的目的，是组织一个风格一致、由多个站点构成的、网络耦合度较高的基础框架。各个站点的数据库包括属性数据库、空间数据库和模型库三个部分，每个站点还包括该站点到上级站点和下级站点的访问路径信息。除数据库外，每个站点都配置必要的软件组件（服务代理），负责处理各个服务器之间的交换信息。在浏览器端用户发出的服务请求的驱动下，各服务器之间可彼此交换信息。这样，网络成为一个真正的计算平台，各站点在这个计算平台中互相协作，共同完成用户提交的请求任务。而且，利用各站点到上下级站点的入口信息和站点间的信息交换能力，在浏览器端就可以按照一定途径建立起整个网络的全局视图，从而实现基于网络的综合分析。

随着 Internet 的兴起和迅速蔓延，客户机/服务器（Client/Server）计算模式向广域网延伸，并逐渐适应网络应用的发展，演化成为如今在 Internet/Intranet 上得到广泛采用的浏览器/服务器（Browser/Server）结构。浏览器/服务器结构综合了浏览器、信息服务和 Web 等多项技术。通过一个浏览器可以访问多个应用服务器，形成点到多点、多点到多点的结构模式。使用浏览器与某一台主机或系统连接，并不需要更换软件，或启动另一套程序。这种结构使得开发人员在前端浏览器方面减少了很多工作量，而把注意力转移到更合理的组织信息提供服务上来。同时，浏览器/服务器结构将客户机/服务器计算体系的两层结构自然延伸为三层甚至多层结构，弥补了客户机/服务器计算体系单纯两层结构带来的不足。数字省政务信息共享平台的体系结构也采用目前流行的三层结构。

三、政务信息共享平台提供的信息服务

通过以上系统的建设及其软件集成，形成如下的数字省政务信息共享平台（图14.1）。该平台在总体上具备如下功能模块：

1. 服务器端（Server）

主要完成用户管理与数据库管理的功能：

（1）数据库的查询与检索：建立空间数据索引机制，开发界面友好的属性与空间数据库浏览软件，要求用户操作简便，并且保证能在用户忍耐限度之内，得到所需要的浏览查询结果。

图 14.1 数字省政务信息共享平台的功能

（2）数据库的安全管理：建立入网数据库的安全信息数据库，保存包括安全级别、数据类型、用户级别、共享形式等信息。利用这些信息开发实现系统设计的安全管理办法的软件工具。

（3）用户注册与管理：在用户注册时，把用户信息登记到系统用户数据库，数据库中除保存用户的一般信息外，还需保存用户的安全许可级别，用以完成对用户的身份标志、认证、授权以及行为监控等功能，需开发相应的软件工具。

（4）访问计费：开发网络访问的计费软件工具，按照设计的计费规则记录用户的网络访问费用。

（5）数据入库管理：当有新的数据库加入到共享网络中时，需进行对数据库的质量认可（包括数据库所有者、数据库共享级别、安全级别等）、数据库信息的注册以及数据资源的更新等操作，需要开发相应的软件工具。

（6）数据的网上传输管理：为了保证数据在网上传输的安全与快捷，需要开发对部分加密数据进行加密和压缩处理的软件工具，以保证网络系统的安全与高性能。

2. 前端（Browser）

（1）数字省政务信息共享平台网站开发：建立详尽的网络导航系统，对政务信息网络的数据资源进行多方位的介绍，并对用户进行有效的引导。

（2）数据浏览：除利用网上浏览工具访问主站点及各个分站点的主页外，还需要开发属性及空间数据的浏览工具，实现对用户来说无差别的访问。同时，在服务过程中，根据需要实时对数据进行解压，对加密数据进行解密。

（3）数据交换：提供一种有效、直观、方便的网上数据交换功能。该功能的目的是为部分有偿共享数据在网上进行共享时，供求双方可以通过本系统提供的工具，进行交易协商，在对数据的数量、质量、格式、交易方式等方面取得一致，并约定加密解密方法、压缩解压方式，数据提交方式等，然后双方进行数据的交付或交换。

四、总体建设方案

根据系统总体建设目标，数字省政务信息共享平台是建立在省直机关宽带网的基础上建立起的分布式信息网络系统。其建设内容包括：政务信息共享政策、标准和技术的研究与开发；信息共享平台软硬件系统的建设；政府日常办公自动化系统的开发；信息资源的标准化、网络化与空间化改造；政务公用基础信息资源库的建设和数据更新；现有应用系统的改造接入和共享集成等。具体内容分述如下（图 14.2）。

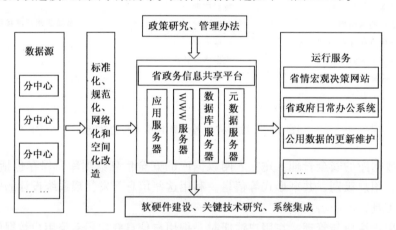

图14.2　数字省政务信息共享平台的总体建设内容

1. 政务信息共享政策和标准环境研究

1）信息共享政策与管理环境建设

在现有的国家、行业、地方信息共享政策、管理和立法基础上，同各厅局共同研究将"八五"、"九五"期间的国家、行业、区域的研究成果转化为各部门可接受的、具有可操作性的信息共享管理办法和政策体系，为"数字省"建立一个共享管理服务体系。主要内容包括：根据全省信息化建设的需求，提出和制订系列"数字省"政务信息共享的管理办法，并付诸于实践；根据省政府的要求，研究和提出"数字省"信息共享的政策体系和运行机制。

2）信息共享标准环境建设

研究和制定"数字省"的数据标准与规范：包括元数据、数据分类编码体系、数据质量控制与评价方法、数据字典。主要内容：

（1）标准体系："数字省"信息共享技术标准分类，不同标准间的相互联系和相互制约关系确定等；

（2）数据分类编码体系：研究制定信息数据分类体系框架和编码体系；

（3）数据字典：根据数字省信息数据库内容和集成需求，制定数字省数据字典内容标准；

（4）数据质量控制与评价方法：建立描述数据质量的原则，提出数据质量评价方法，确立数据质量模型，制定数据质量报告格式；

（5）元数据标准：制定数字省的元数据标准。开发元数据管理工具软件（具备建立、管理、发布和更新元数据的功能）。

2. 政务信息共享平台关键技术研究

针对数字省建设的数据管理、技术操作、数据分析、信息查询、信息显示和综合集成等功能要求，开发一系列的政务信息共享技术和软件系统产品，主要包括：数据处理和分析 API 和控件（OCX）的开发、信息网络共享管理服务器系统的设计、元数据管理与操纵软件的研制、数据格式转换工具的开发、多维空间数据可视化与分布式虚拟地理环境系统的实现、基于 WebGIS 的分布式空间信息管理与查询软件的开发与集成、智能化决策支持与专家系统的设计开发等。

1）网络信息安全防护体系技术研究

该技术的主要目标是与数字省中的 CA 认证中心和安全监控中心共同配合将防火墙技术、防病毒技术与黑客入侵侦测技术相结合，研究生产各种病毒特征数据库、黑客攻击行为特征数据库，实时监控发生在网络和计算机上的各种病毒和各种黑客攻击行为及其网络传输过程中的信息安全监控技术。具体研究内容包括：

（1）信息安全：信息传输安全（动态安全）、数据加密、数据完整性鉴别、防抵赖、信息存储安全（静态安全）、数据库安全、终端安全管理、信息的防泄密、信息内容审计、用户鉴别授权（CA）；

（2）网络安全有：访问控制（防火墙）、网络安全检测、网络漏洞探测、入侵检测监控 IPSEC（IP 安全）、审计分析；

（3）链路安全主要是链路加密：网络信息系统一般应包括如下安全机制：访问控制、安全检测、攻击监控、加密通信、认证、隐藏网络内部信息（如 NAT）等。

2）多源空间数据的标准化与一致化改造技术

该技术的主要目标是把"数字省"建设中所涉及到多种来源、不同空间分辨率的空间数据，利用地理信息系统的综合分析技术通过投影变换和数据格式转换技术把它们统一到具有空间分辨率、统一数据参数的空间数据基准中。具体内容包括：

（1）多源空间数据的融合；

（2）基于不同空间参照系统的投影变换；

（3）各种空间数据格式的相互转换；

（4）特定应用目标的数据库重组。

3）基于网络的空间信息智能表达方法研究

该技术的主要目标是针对"数字省"所涉及到的各种类型的空间和统计信息设计出基于网络环境下的符合地学规律和国家规范的符号和颜色的智能表达，使之能够充分反映屏幕地图的特点。其具体的研究内容包括：

（1）"数字省"点、线、面地物的符号库设计与实现；

（2）"数字省"颜色库的设计与实现；

（3）"数字省"信息的多维动态可视化；

（4）特定应用目标的地理环境虚拟；

（5）动态环境建模。

4）大容量空间信息的压缩传输与空间索引方法研究

该技术的主要目标是在空间信息的共享过程中，解决大数据量的空间信息在有限的网络带宽的限制下的传输矛盾问题，以提高网络环境下大容量空间信息共享的效率。其具体内容包括：

（1）矢量数据的压缩和解压缩技术；

（2）影象数据的压缩和解压缩技术；

（3）空间数据的空间索引结构设计；

（4）空间数据的分布式网络站点索引。

5）有关信息管理、操作、查询与分析软件的开发与集成

该技术的目标是把以上所研究的技术与软件的基础之上，针对空间信息的管理、操作、查询、分析和表现等功能来开发系列的软件系统，为全面建成政务信息共享平台奠定基础。其主要内容包括：

（1）空间数据处理和分析 API 和控件（OCX）的开发；

（2）"数字省"空间信息网络共享管理服务器系统的设计与实现；

（3）"数字省"元数据管理与操纵软件的研制；

（4）空间数据格式转换工具的开发；

（5）基于 WebGIS 的分布式空间信息管理与查询软件的开发与集成。

五、数字省政务信息共享平台的系统实现

1. 政务信息共享平台的总体框架

"数字省政务信息共享平台"可以划分为以下 7 个子系统：平台管理，包括网络安全管理、机构用户管理、文档资料管理、角色管理、权限管理、计费管理及日志管理等；元数据库与数据字典，包括元数据操作工具及数据字典操作工具；数据库管理，包括数据库工程管理、权限管理、日志管理、结构管理、一致性管理、数据索引、数据备份与恢复；数据管理，包括数据更新、数据传输（压缩、加密、解密）及数据集成；数据处理与分析，包括数据格式转换、查询检索、统计分析、模型分析等；数据表达，包括统计图表、专题地图及多媒体信息表达等；接口，包括与电子政务公文流转系统及其他应用系统的接口（图 14.3）。

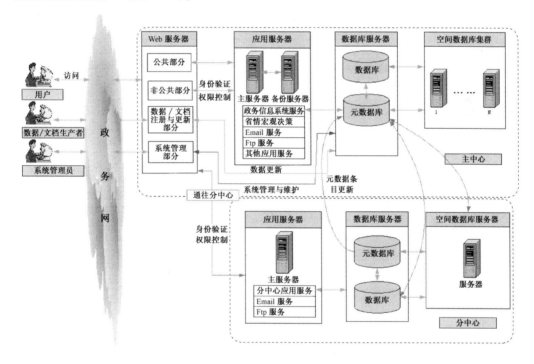

图 14.3　数字省政务信息共享平台的总体框架

平台管理子系统中机构用户管理功能模块，是平台拥有者用来管理有关机构资源的模块。在这个模块中包括：机构用户资料管理、机构用户个性化界面设置、机构用户个性化地图设置等功能；文档资料管理主要用来管理有关文档资料档案；组织结构管理主要用来管理其部门组织结构；人员管理主要用来管理其部门人员档案；安全管理可以在安全管理模块实现平台访问用户的管理、平台访问角色的管理和平台权限的定义。基础数据设置是指作为一个集成的软件系统，在各个模块中有可能要用到许多相同的公用的基础数据，比如度量单位和地图目录。基础数据设置功能模块就是用来管理各种基础数据的设置，主要包括地图目录管理、度量单位设置等功能项。日志管理模块中可以进行

日志记载、日志查询以及费用结算等。

　　元数据操作子系统可以根据登录用户的不同权限，对用户可以进行的操作实施不同程度的控制，可以对元数据库实施管理、维护、查询、输入和输出功能。

　　数据库管理子系统中信息服务功能包括信息请求、信息服务管理、信息服务处理；数据库维护管理功能包括数据库结构维护、数据库操作权限管理、数据库操作日志管理、数据库操作一致性控制以及数据库的备份与恢复。

　　数据文件管理子系统中数据更新功能可以对数据进行及时地更新，以保证平台提供的数据有效、实时、准确；数据传输功能可以根据请求方要求，将数据进行压缩和加密后在网上传输，请求方接受到数据后进行解密及解压操作。数据集成功能根据用户需求，对从元数据中检索出的各类数据进行再加工、合成需要的信息（图 14.4）。

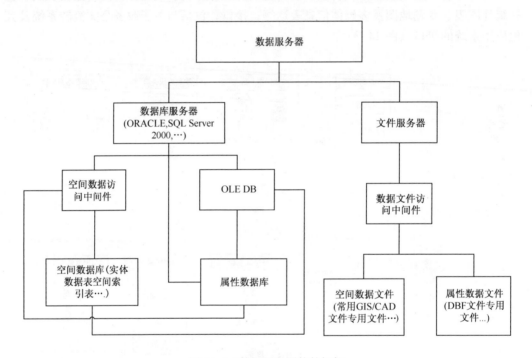

图 14.4　数据服务器软件框架

　　数据处理与分析子系统中数据格式转换功能提供系统自身空间数据存储格式，并实现当前国际、国内空间数据/属性数据常用格式的相互转换；查询检索功能通过一系列查询工具实现各类数据的空间-属性双向联合查询，并生成新的图层和子集；空间（叠合）分析功能利用应用服务器配置的大型地理信息系统软件所提供的基本功能，进行二次开发，提供友好的用户界面实现空间数据的叠合分析，将分析结果以图层方式送到客户端表达或呈现；统计分析功能利用应用服务器配置的大型地理信息系统软件所提供的基本功能，进行二次开发或者自行开发一些常用的空间统计功能；模型分析功能利用通用的开发语言构建模型基本对象，并在此基础上开发一个基于 Internet/Intranet 环境的可视化通用模型生成器。利用模型生成器，开发面向具体行业应用和特点的多模型系统；地学专题分析功能利用大型 GIS 软件提供的专题分析模块功能进行二次开发，实现常用的地学专题分析功能；投影变换功能为"数字省"各类空间数据提供投影变换功能，提供多源空间数据的叠加和分析的统一地理框架（图 14.5）。

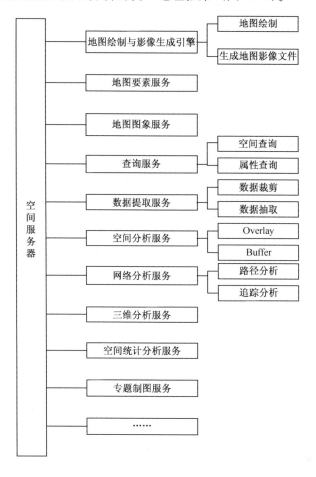

图 14.5 空间服务器软件框架

政务信息共享平台中有三类不同数据结构的信息，它们是：文本信息、存放在关系数据库中的属性信息和空间信息三类。文本信息可以组织成超文本格式，变成 Web 页面，查询非常简单。关系数据库中属性信息的查询是通过一定的查询界面实现的。用户在查询界面上输入查询的条件，服务器执行这些查询条件，并把满足条件的查询结果转换成 Web 页面返回给用户；空间数据的显示、查询是在 WebGIS 技术的支持下实现的。它能够在 Web 页面上实现 GIS 的前端，在后端服务器的支持下实现传统 GIS 系统的功能。包括地图显示及操作、空间信息查询、动态制图、空间分析及时空序列的统计分析等功能。

接口子系统可以实现与电子政务公文流转系统及其他应用系统的接口。电子政务公文流转系统可以实现身份认证、SSL 安全传输、系统设置管理、电子邮件、文档流转、领导决策等功能，同时可以保证其他应用系统的顺利接入（图 14.6、图 14.7）。

2. 数字省政务信息共享平台的网络结构

1）网络中心的网络结构

数字省政务信息共享平台的网络采用分层结构。从网络拓扑结构的角度看，网络层次分为三级：骨干网、纵向网和接入网。信息共享平台在骨干网上控制并协调各分中心的工作。

信息共享平台主干采用 1000Mbps 交换机，主要连接数据库服务器、应用服务器、犠犠犠 服务器和下级交换机。中间层次采用 100Mbps 交换机，客户端采用 10/100Mbps Hub 连接。数据库服务器承担着海量数据的管理和服务，是信息共享平台的重中之重，为确保其稳定和高效，采用 HA 体系结构的集群服务器，并配置 TB 级的硬盘阵列和 TB 级的磁带库。应用服务器和 WWW 服务器承担着众多用户大量信息的处理工作，为保证系统的稳定并实现负载均衡和容错功能，采用并列的多服务器结构。硬件防火墙将实现包过滤、端口号过滤和地址转换功能，有效隔离内部网信息的外传，防止内部信息的外露，从而为网络安全及计费、审计提供强大的功能支持。

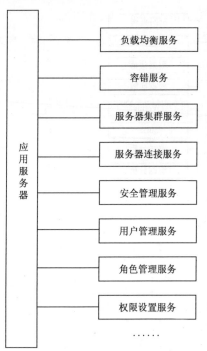

图 14.6　应用服务器软件框架

2）网络分中心的网络结构

数字省政务信息网络分中心采用与信息共享综合中心相适应的软硬件环境，包括路由器、100Mbps 交换机/Hub、网管工作站、数据库服务器、应用服务器、WWW 服务器等，其软件业采用大中小型数据库软件、办公自动化软件、地理信息系统及图象处理系统相结合。其网站的基本结构如图所示（图 14.8）。

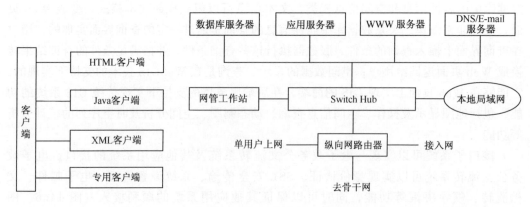

图 14.7　客户端软件框架　　图 14.8　数字省政务信息共享平台网络分中心网站的基本结构

第四节　地球信息科学在数字城市中的主要应用

一、数字城市地理空间信息系统

城市地理空间信息系统建设分为以下几个组成部分：公用网络平台与公用硬件平台部分是系统的基础支撑部分，包括基础通信硬件、网络、存储设备等，这部分是系统的基础，也是所有其他类似系统的共有部分。除此两部分之外，其余各部分构成了城市地理空间信息系统的主要组成部分。

公共基础数据库、公共技术平台、信息共享环境构成数字城市（如绍兴市）地理空间信息系统的三个重要组成部分，如图 14.9 所示。

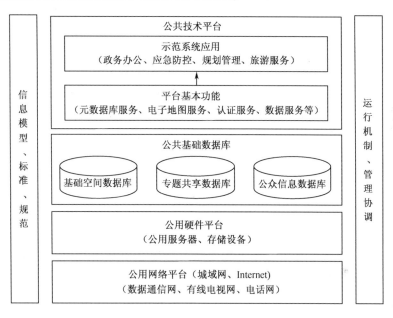

图 14.9　城市基础地理信息系统的主体内容

如图 14.9 所示，公共基础数据库由基础空间数据库、专题共享数据库、公众信息数据库等组成。其中，基础空间数据库负责存储城市基础地形等数据（包括 1∶500、1∶1000、1∶2000 等比例尺的数据）；专题共享数据库负责存储城市所属各局中需要共享的各种专题数据，如各种地下管网数据及其相应信息等；公众信息数据库负责存储各种与公众信息有关的信息。公共基础数据库部分是城市基础地理信息系统建设的重点与基础，它通过数据库系统负责提供城市各部门需要的各种基础的共享数据。图 14.9 中公共技术平台部分对应着系统中各种数据操作和分析功能、平台系统的服务功能，以及基于上述功能的各种平台示范应用；图中左侧的信息模型、标准与规范及右侧的运行机制与管理协调（机制）共同组成城市基础地理信息建设的信息共享环境，以保障系统正常、稳健地运行。

图 14.10 给出了系统中公共技术平台的结构。在城市地理空间信息系统建设过程

中，公共技术平台部分主要通过软件方式完成系统中的各种操作功能，其中包括数据库的各种存储、共享、更新等操作，还包括系统本身需要的一些系统维护功能，以及在此基础上的各种应用示范系统的构建功能。

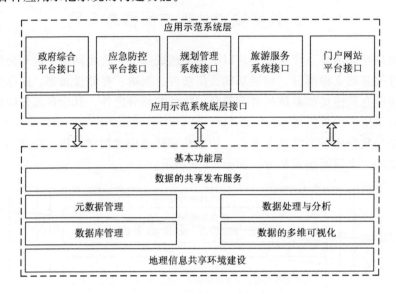

图 14.10 公共技术平台组成

二、主要模块划分及功能划分

根据系统的业务流程和系统的具体功能特点，将整个系统分为 4 大部分 15 个具体的工具、模块或系统。其中，数据获取与更新部分以及信息管理部分贯穿于整个系统之中，信息发布部分和示范应用系统是整个系统具体的外在表现，系统的最终实现有赖于此。系统的主要功能模块划分具体如图 14.11 所示。

1. 数据获取与更新子系统

数据获取与更新部分是整个系统数据输入的最主要接口，是基础空间矢量数据、遥感数据、DEM 数据，以及其他已有不同格式、不同坐标系统、不同投影数据输入的最主要途径，也是实现系统定期更新与维护的最主要手段。由于此部分涉及整个系统中从信息获取，到信息处理等诸多环节的操作，具有非常重要的作用。

与本部分所处理信息相关的元数据操作由具体的元数据管理模块完成，元数据的生成与修改应与数据获取与更新过程同步。

由各部门间协作而生成的专题共享信息由数据汇交管理系统来实现，因为专题共享信息的生成与更新主要由各部门所在分节点实现。

该部分需要实现的具体内容包括数据获取与更新工具和数据转换工具，前者是用来进行系统数据的获取与日常更新工作的工具型软件，后者是实现不同格式、不同坐标系统、不同的投影数据之间转换的工具型软件。

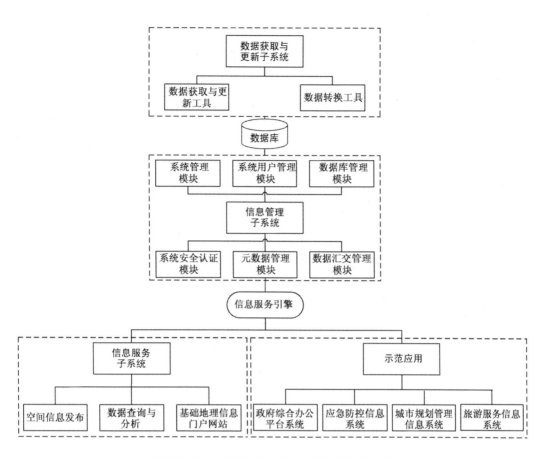

图 14.11 城市地理空间信息系统模块划分图

该部分数据流程图如图 14.12 所示。

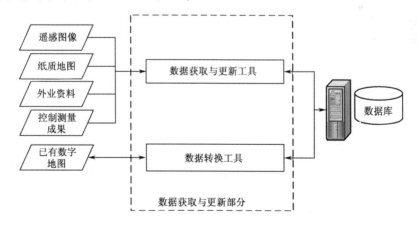

图 14.12 数据获取与更新部分流程图

1）数据获取与更新工具

此工具主要实现城市地理空间信息系统中基础空间数据的获取与更新的相关功能。

基础空间数据是整个系统的数据核心，是实现元数据生成与发布的依据，也是实现专题共享数据管理与发布的地理数据支撑。因此，基础空间数据的获取与更新处理能力在很大程度上制约着系统平台预期功能的实现效果，有必要提供功能全面、兼容性强、可扩展性好的数据获取与更新工具。

具体地说，该工具主要实现以下功能：

（1）地图数字化。实现现有地图的屏幕数字化和由外业获取的地图数据的处理，生成满足入库条件的数字地图数据；

（2）矢量地图数据获取。实现矢量地图数据的自动、半自动数据的智能提取；

（3）数据更新。利用实时性强或最新获得的空间数据更新库中已有的地图数据，保持数据库中地理数据（信息）的现势性；

（4）数据编码与管理。按照平台数据标准要求，实现数据编码体系的建立与管理；

（5）数据质量分析。利用数学方法设计数据质量评价模型，实现对所得数据的抽样检查，评价其数据精度范围，保证数据获取能满足系统的精度要求；

（6）影像数据智能提取。基于模式识别技术和影像融合技术，实现基于统计和基于结构的目标识别与分类以确定影像目标的实地位置（三维坐标）；

（7）航空影像调绘。实现航空影像数据的数字辅助调绘功能。

2）数据转换工具

本工具主要实现不同格式、不同坐标系统、不同的投影数据之间的转换功能。

城市许多部门经过几年的信息化建设，已经积累了丰富的地理空间信息资源，国家和省级测绘部门也已建有系统的城市境内的地理空间信息资源。但由于各种数据的空间参照标准、坐标投影系统、信息的侧重点、所用软件系统和版本、数据格式等的差异，使这些信息千差万别。为保证有效利用现有的各种数据（信息）资源，并使系统平台能够为现有的各种应用系统提供空间信息支持，需提供数据转换工具，实现现有数据与本系统标准数据之间的相互转换功能。

数据转换工具主要实现以下功能：

（1）数据格式转换功能：主要完成不同的数据格式之间的转换功能，支持与 Arc/Info（E00、Coverage）、ArcView（SHP）、MapInfo（MIF）、MapGIS（PA *）、AutoCAD（DXF）、MGE（DGN）等多种流行空间数据格式的转换。

（2）数据投影转换：提供投影坐标的相互转换，主要包括高斯—克吕格投影与UTM 投影正反解公式，高斯投影计算，地理坐标变换成高斯平面坐标，地理坐标变换成墨卡托投影平面坐标，地理坐标变换成等角圆锥投影平面坐标，地理坐标变换成通用墨卡托投影平面坐标，地理坐标变换成等角方位投影平面坐标，地理坐标变换成等积方位投影平面坐标，高斯投影坐标变换成墨卡托投影平面坐标，墨卡托投影坐标变换成高斯投影平面坐标，墨卡托投影坐标变换成等角圆锥投影平面坐标，等角圆锥投影坐标变换成墨卡托投影平面坐标，高斯投影坐标变换成等角圆锥投影平面坐标，等角圆锥投影坐标变换成高斯投影平面坐标等功能。

（3）数据坐标系统转换：提供不同坐标系统之间的相互转换功能。

（4）矢栅数据格式转换：系统具有矢量数据、栅格数据之间的相互转换功能，也包括从矢量位置坐标到 DEM 数据之间的自动生成功能。

2. 信息管理子系统

信息管理部分主要实现与系统管理相关的各种功能。城市地理空间信息系统建设所需的信息具有涉及面广、多要素、多层次、多维度、多时空等特点，其系统架构较为复杂。另一方面，该系统面向不同层次或不同类型的用户，包括社会公众、政府业务部门、政府决策者、企事业单位等等。不同的用户有着不同的应用特点，因而需提供完备的系统信息管理方案，以适应系统用户多样化、系统安全、系统运行和系统维护的要求。

信息管理部分与其他部分之间是相互联系的，该部分需要实现的具体内容包括：①元数据管理模块；②系统用户管理模块；③系统管理模块；④数据库管理模块；⑤系统安全认证模块；⑥数据汇交管理系统。

信息管理部分的主要操作用户参见图 14.13。

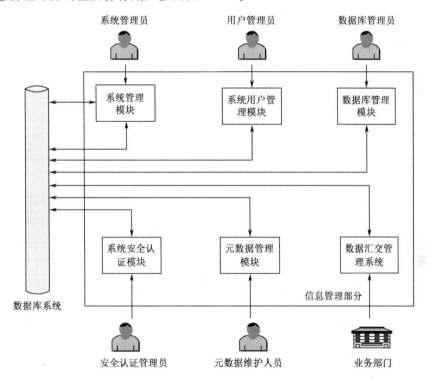

图 14.13　信息管理部分业务分配图

1）元数据管理模块

元数据用于说明基础地理空间数据、专题共享数据的内容、质量、状况和其他有关特征的诠释信息，是描述数据的数据，用于数据的管理、使用、发布、浏览、转换、共享等。

元数据管理模块主要完成以下功能：①元数据录入维护。完成元数据的录入、编辑、查询、检索和管理，并根据需要对元数据进行扩展。可提供多种查询方式，包括属性查询、关键词查询、时间范围查询、历史记录查询、空间数据和属性数据查询等；②元数据输入输出。可实现元数据的合并、导入、导出，实现元数据与空间数据库的链接，保证元数据与相应实体数据的一致性，通过输出接口实现元数据的外部发布（内网或外网）；③元数据的安全管理。验证元数据用户的合法性，修改元数据用户的口令。

2）系统用户管理模块

系统用户管理模块由用户管理员使用，用于管理与系统用户相关的操作。

该模块主要实现用户信息的创建、管理、维护等功能。该用户对象可由系统用户管理员预先创建并赋予相应的权限，这部分用户主要是指可预见的特定用户群，如政府部门用户、数据输入与更新维护用户、匿名用户等。该用户对象也可以由用户自身通过系统连接接口进行注册，来创建自己的用户对象。具体地，该模块可实现：①当用户登录系统时对其身份的合法性进行检测。通过用户的 IP 地址、口令的合法性、口令重试的次数等多种方法检测系统访问用户的合法性，并做出相应的动作。②监控用户的实时行为。查看并记录正在访问系统的用户的操作内容、过程的等信息，监督并控制用户的实时数据操作行为。③查询用户相关历史数据。可查询系统记录的用户资料、权限、主要操作内容等具体信息，用于评估系统使用情况、用户使用数据特点等指标，可作为系统进一步维护与扩展的参考与依据。

3）系统管理模块

为了保障系统的正常运行，监督记录系统运行期间的相关信息，管理系统安全方面的具体信息，应当设置系统管理模块。

该模块的具体功能包括：①管理系统日志，管理用户操作的发生时间、网络地址、使用电脑、功能模块等信息，记录与管理系统文件变化、系统入侵、主机的系统事件等的信息，记录与管理系统及各个主要工具或模块等在运行过程中的错误信息、系统关闭或重启的时间、地理空间数据或数据库备份信息；分析系统流量，记录并分析用户使用系统时数据的流量信息。②管理安全权限，帮助用户提高其对信息的控制和保护能力，引导用户从权限的设置、权限的更新、权限级别的划分、用户密码的保护与定期更改等多个方面保护用户的数字信息。③系统维护。定期进行系统检测、系统优化、病毒扫描、文件整理、数据备份，定期下载和安装操作系统和应用软件的补丁，定期进行硬件设备的维护与更新。

4）数据库管理模块

数据库管理模块的等级位于系统管理模块之下，为信息管理部分的重要应用模块，是系统管理模块的重要服务对象。数据库应用程序开发者是惟一需要特殊权限完成工作的数据库用户，当然开发者仅具有特定的限制性系统权限。

数据库管理模块的具体实现功能有：①地理空间数据及相关元数据的入库与出库。把数据获取与更新模块、元数据管理模块、数据汇交管理模块所得到的各种数据转入基础数据库中，以及利用相应工具导出基础地理空间数据库中存储的特定范围、内容、尺度的数据。②实现数据接边。完成基础地理空间数据库中空间及属性数据在指定边界范围内的接边处理，实现空间数据在数据库中无缝存储。数据接边包括数字线划图中线要素的连接、面要素的合并以及拓扑关系和属性信息的处理等，DEM数据的接边，接边报告的输出等。③管理数据库用户，完成数据库用户的增加、信息修改、权限设置等。④备份数据库中存储的数据，根据数据库备份实现数据的有效恢复。⑤管理并维护数据库访问用户的权限。⑥海量数据管理功能。针对地理空间信息数据量大的特点，采用海量数据管理功能，实现对数据的有效管理，并提供快速的数据检索功能，以满足系统响应时间的要求。⑦实现图层管理功能。主要分为DLG图层管理、DEM图层管理、DOM图层管理、专题数据图层管理以及大地测量数据集图层管理等几大类，实现对图层属性、显示、比例尺等的有效管理。⑧提供历史记录查询功能。根据数据备份内容，查询数据备份时间点的指定数据内容。

5）系统安全认证模块

为保证系统与用户交互过程中信息传输的安全性，保证系统采用安全证书方式加密信息，需设置系统安全认证模块。该模块主要实现安全证书的发放、更新与维护的相应功能。

6）数据汇交管理系统

为实现系统与用户之间以及子系统之间的数据转入转出等功能，应当建立数据汇交管理系统。

该系统可以实现的主要功能有：①用户处理数据的权限认证。根据不同的权限功能，提供用户不同的数据使用和汇交功能。②数据导入导出。将用户的外部数据导入数据库，在导入数据库时进行数据分层、数据格式检查和数据转换等功能。③按照用户的权限用户所需数据特点，提供用户所需数据下载。④提供数据历史记录，记录数据汇交管理系统所处理的历史数据，跟踪数据的具体变化情况。

3. 信息发布子系统

浏览与查询系统提供给外部所有用户的公共基础信息、地理空间信息发布等功能由该子系统实现，其主要数据源是公共基础数据库，而信息管理部分是其主要的底层支撑和环境保证。

具体地，该子系统需要实现的内容包括：①数据查询与分析模块。主要完成基础数据库的信息查询任务，进行空间分析，如最短路径分析、缓冲区分析等。②空间信息发布模块，主要完成空间信息的网络发布。③建立基础地理信息门户网站。宣传城市基础地理空间信息系统建设成就的主要网络窗口，为公众和企业提供各项地理信息服务（图14.14）。

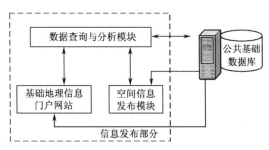

图14.14　信息发布子系统数据流程图

信息发布部分包括以下三方面的内容：数据查询与分析模块，空间信息发布模块和基础地理信息门户网站。

1）数据查询与分析模块

以公共基础数据库为主要数据来源，该模块主要实现地理数据的按需浏览和基于地理空间数据的基本 GIS 分析功能。

该模块的具体实现功能为：依据位置、属性、关系、区域进行信息查询，实现包括交通路径、最短路径、最优路径等的路径查询功能；实现缓冲区分析、通视分析、坡度分析、网络分析等分析功能。

2）空间信息发布模块

空间信息发布主要实现地理信息网络发布的相关功能，其实现依赖于公共基础数据库和查询分析模块。该模块是公共基础数据高层应用模块，是基础地理信息门户网站的基础。

该模块的具体实现功能为：①空间信息可视化和数据输出。以二维电子地图、三维电子地图、数据表格显示以及专题地图等多种形式可视化表达公共基础数据，并提供可视化信息的相应打印、统计表格的输出等功能。②提供基于遥感影像以及 DEM 数据的在线虚拟浏览功能。③提供一系列专题图制作功能，单值专题图、分段专题图、等级符号图、点密度图、标签专题图、统计专题图，其中统计专题图包括：面积图、散点图、阶梯图、折线图、柱状图/三维柱状图、饼图/三维饼图、玫瑰图/三维玫瑰图、堆积图/三维堆积图等。

3）基础地理信息门户网站

基础地理信息门户网站是公共基础地理信息的高层应用系统，它建立在公共基础数据库、查询和分析模块、空间信息发布模块之上。

该网站的具体实现功能为：①信息查询。可查询网点可视化的各种要素所代表的具体信息，要素间的各种内在联系信息，以及要素所连接的数据库中的相应属性信息。②数据统计。实现所表示要素的统计功能，并完成相应的专题图输出。③电子地图发布。主要以电子地图、影像、虚拟现实等形式进行电子地图发布。④路径分析。提供符合用户需求的实用路径和网络分析功能。⑤生活信息服务。提供生活中位置相关的各种基本信息的显示与分析功能。

三、系统运作模式

鉴于在城市地理信息系统建设过程中，涉及大量的基础地理空间数据，特别是大量的大比例尺地形数据，以及大量相关的信息，因此需要在专业部门、专业人员的管理下开展相应的建设工作。

城市基础地理空间数据包括大量的基础地形图数据以及其他相应的空间数据与属性数据。在城市发展过程中，还需要根据国家标准及城市城市发展状况进行定期及非定期的数据的更新与维护，这其中涉及大量的数据备份、恢复等操作。另外，还需要在平台的基础上实现数据共享。由于系统建设、运行需要相当数量的计算机软件、计算机硬件、网络技术、数据库技术和空间信息技术等方面的专业人员，因此建议在城市地理信息系统建设过程中成立城市地理空间信息中心，专门负责完成城市基础地理空间信息基础设施的建设任务（图14.15）。

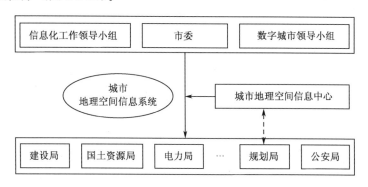

图 14.15　城市地理空间信息中心角色及职能

城市地理空间信息中心，是受城市地理空间信息协调小组及城市地理空间信息系统专家委员会领导与指导、由城市规划局管理的处级企业化运营实体。经城市人民政府授权，城市基础地理信息中心承担城市地理空间信息系统建设和正常运营所必须开展的各项业务。

在城市地理空间信息系统正常运行之前，在城市地理空间信息协调小组及城市地理空间信息系统专家委员会的统一领导与协调下，由城市规划局测绘管理处负责城市地理空间信息系统规划编制与建设实施，由其负责城市地理空间信息中心的组建与人员培训等任务，并承担城市地理空间信息中心的所有职责。在系统建成后，系统的具体运行交由城市地理空间信息中心负责。

四、城市地理空间信息系统数据库建设

城市地理空间信息系统数据库是数字城市系统应用的基础，也是城市地理空间信息系统的基础和核心。城市地理空间信息系统数据库主要分为两类：一是支撑公共平台的公共平台数据库；二是支撑专业应用系统的专业数据库。其中，公共平台数据库又分为公共基础数据库和专业共享数据库。

这三类数据库之间的关系如图14.16所示，城市地理空间信息系统公共平台数据库体系结构如图14.17所示。

五、城市地理空间信息共享技术平台建设

在数字城市数据库建设的基础上，为实现信息共享，必须建立城市地理空间信息共享技术平台。如图14.18所示，城市地理空间信息共享技术平台的建设主要包括两大部

分：一是统一的、标准化的基础与公共数据库的建立与共享；二是包括硬、软件与网络所形成的信息管理平台、信息发布平台和信息服务平台的建设。

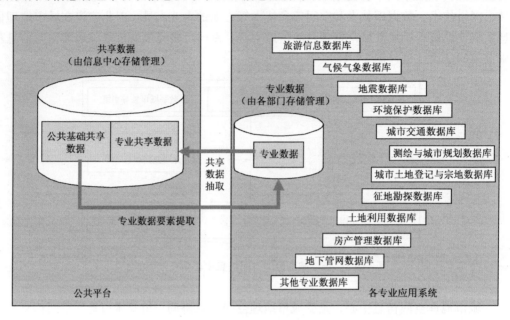

图 14.16　共享平台数据库框架

首先，需建立地理空间信息的共享环境，包括制定地理空间数据政策法规的共享标准，构建数据服务的体系结构。在此基础上，开发包括基础应用和专业应用的地理信息共享技术平台，其中基础应用平台包括数据管理、数据分析、数据分发等模块，专业应用平台则是为了能保证政府各个部门和社会公众能够有效利用基础数据的应用接口和工具。

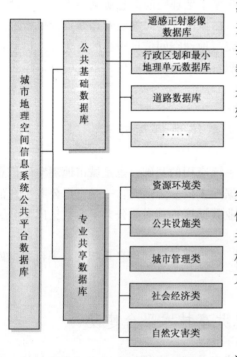

图 14.17　公共平台数据库体系结构

1. 地理空间信息共享环境

地理空间信息共享环境的建立是保障地理空间信息得到有效共享和应用的基本保障条件，包括数据管理政策与立法的相关规范、相关标准的制定、维护与管理和实现信息共享的相关技术环节与技术问题。具体包括以下几个方面：

1）地理空间信息共享的政策管理环境

包括确立地理空间信息共享的组织体系、运作模式和指导原则，确定各参与建设单位的协作关系，制定建设工程的指导、协调、审核、检查机制，配套保障平台建设的法律、政策与法规体系，从而提出一套共享平台建设的管理办法。

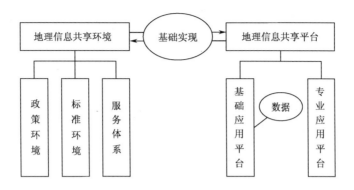

图 14.18　数字城市信息共享环境建设内容

2）地理空间信息共享的标准环境

制定地理空间信息共享的管理标准，开发基础数据分类标准和基础空间数据的元数据标准，形成一套数据、信息标准体系。数据、信息的标准化，是系统正常运行的根本保证和要求。数据标准体系建设是数据库建设的重要内容，也是提高数据质量的重要保证。数据标准体系包括数据标准、数据生产标准等内容。

3）地理空间信息共享的技术环境

探索在共享平台建设中的相关关键技术，包括网络地理信息技术、信息网络安全保障技术、海量数据的管理与索引技术等，开发综合的技术产品，形成具有城市特色的技术支撑体系。

4）地理空间信息共享的信息服务体系

通过研究城市公共信息服务平台，形成一套集信息服务和信息资源应用服务于一身的开放式软件系统平台的建设模式，以此为基础，研究基于该平台的部门级信息和应用服务体系的构建，探索并建立适合城市特色的信息服务体系。

2. 地理空间共享公共技术平台

建成后的城市地理空间信息系统数据库中的数据信息，主要是通过地理空间信息共享公共技术平台（以下简称公共技术平台）来实现其共享和服务。因此，公共技术平台的建设是本系统提供服务的技术保障。公共技术平台从总体结构上分为五个层次，即门户层、业务服务层、核心服务层、数据资源管理层和网络平台层，每一层次的服务有着不同的功能。平台总体层次结构见图 14.19。

公共技术平台负责系统中的各种数据间共享与交换的实现。以下仅涉及公共技术平台的共享功能。公共技术平台主要包括以下几个方面的内容：

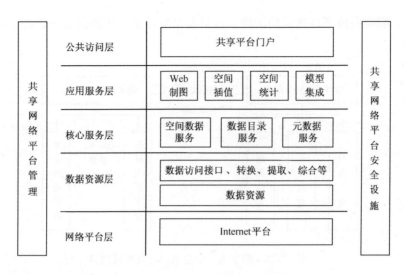

图 14.19　数字城市共享平台体系的基本层次结构

1) 基础地理空间数据的元数据管理

元数据（Metadata）是对数据的描述，是对数据集中数据项的解释。元数据管理是建立城市地理空间共享平台的关键技术之一，它是地理空间信息系统建设能否成功和实用的关键。城市基础地理空间信息共享技术平台的空间信息交换中心的工作机制就建立在元数据标准规范的基础上。它要求数据的生产者、管理者都按照元数据规定的格式提供数据。这样，用户可以通过网络，利用简单的浏览器查询和获取远程分布式站点或数据库中按照元数据标准提供的数据。

2) 数据库管理与更新

数据库管理平台是专门提供给系统管理员使用的，是系统拥有者用来管理系统、维护和操作数据库，并使其正常运行的工具。

3) 空间数据处理与分析

在数据库基础上，依靠 GIS 各种数据处理与分析功能，通过组件技术向用户提供完备的空间数据处理与分析等计算服务，包括空间统计分析、空间叠加分析、空间缓冲区分析、最短路径分析、空间关系分析等等。

4) 数据多维可视化表达

利用二维和三维可视化表达的优势来进行信息表达，能帮助用户与管理人员在查询、分析大量数据同时将查询或分析的结果以直观的方式、生动的形式显示出来，将传统的数据库带入到可视化空间中，从而弥补了 GIS 系统中空间数据分析和显示的局限性。通过对城市区域的三维模拟，可了解整个区域的空间布局和形态，又可方便地估算某个小区的容积率。利用数据多维可视化表达，可实现三维对象浏览、漫游、查看和选择，从而为广大用户提供各种信息服务。

5）数据发布与服务

在数据框架建立的基础上，城市公共技术平台的主要任务是开发出基础数据安全管理平台、基础地理空间元数据系统、基础地理空间信息标准化建设、基础地理空间信息共享技术平台、基础地理信息发布平台，从而实现基础地理空间信息的共享和服务。如面向社会公众发布各类基础地理信息以及政务信息，让社会公众参与城市规划、建设、管理、国土资源管理，并及时展现城市的建设成就。

六、城市专业应用系统建设

根据城市各职能部门主要的业务内容，城市专业应用系统可分为城市管理信息系统、城市公共设施专题应用系统、城市农村与城镇信息化应用系统、城市资源环境专题应用系统、城市社会经济发展专题应用系统五大类。五大类别的专业应用系统具有不同的建设模式。同类别专业应用系统中的不同专业子系统既具有相似的建设模式，又应根据已有基础、需求的迫切性等具体情况选择具体的实施方案。

1. 城市管理信息系统

城市管理信息系统，是指与城市管理有关的专业部门的业务运行系统。这些系统可实现相关行业信息的有效管理，为用户提供快捷方便的信息服务。同时，系统可与规划知识库和决策支持系统相联接，利用 UGIS 的空间分析技术并结合有关的预测模型，可以为管理人员提供必要的决策信息。

城市地理空间信息系统建设调研报告中显示，国土资源局、规划局、房管局、民政局、公安局都建有有关城市管理的系统，在实际业务工作中已起到了一定作用。因此，城市管理信息系统的建设应着重充分利用现有工作基础和成果，进行改进、提升和整合，避免重复建设。

对已有 GIS 支持且具有一定规模的系统，如国土资源局的城市地籍系统、规划局的城市地下管线系统、房管局的城市数字房产地理信息系统，应按照城市地理空间系统提供的标准规范对系统的业务数据进行改造和重组，充分利用城市地理空间信息系统公共平台的公共基础数据和专业共享数据进行数据更新，同时将新的共享数据提供到公共平台，也可利用公共平台提供的技术支撑扩展需要的功能。目前有的城市各部门没有GIS 支持的管理信息系统，例如公安局的各业务系统、民政局的地名信息登记系统等，应以城市地理空间信息系统为基础载体，加载管理信息，使其成为现有系统的可视化工具，实现城市地理空间信息系统与现有系统一体化。准备建的系统应按照总体规划在城市地理空间信息系统公共平台上建设，以节约成本、避免重复投资，实现资源共享、信息互通。

城市管理信息系统主要包括：

（1）国土资源局：城市地籍系统、公文流转系统；

（2）规划局：规划办公自动化系统、城市地下管线系统；

（3）房管局：城市数字房产地理信息系统、城市产权产籍管理地理信息管理系统；

（4）民政局：地名信息登记系统；

（5）公安局：人口管理系统、道路交通系统、综合查询系统、办公自动化系统、旅馆管理系统、在逃人员管理系统、被盗车辆管理系统、机动车管理系统、违章管理系统、船舶登记管理系统、房屋出租管理系统、警务信息综合系统等。

2. 城市公共设施专题应用系统

城市公共设施专题应用系统，是指与城市公共设施管理有关部门的业务运行系统。这些系统可实现城市公共设施信息的有效管理，充分发挥公共设施的效能，提高公共设施资源的综合应用水平。

基于公共设施建设的自身特点，城市公共设施专题应用系统中每一子系统的建设需要多个部门提供其专业数据。如消防支队的灭火救援信息预警指挥系统，需要全市供水管道数据、供气气源和管道数据、城市消防通道数据、地名数据、气象数据、建筑数据、消防力量的数据、人防数据等。因此已有 GIS 支持的系统，如消防支队的地理信息系统、卫生局的疾病控制与急救指挥信息系统、供电公司的城市供电公司输、配管理地理信息系统，除按照城市地理空间系统提供的标准规范对系统的业务数据进行改造和重组，充分利用城市地理空间信息系统公共平台的公共基础数据和专业共享数据进行数据更新外，还需将新的专业共享数据提供到公共平台。

城市公共设施专题应用系统主要包括：

（1）交通局：公路路政管理系统、养护管理系统、城市交通地理信息系统、城市智能化运输系统；

（2）消防支队：DS 地理信息系统、消防水源系统、消防重点单位系统、城市重特大危险源系统、消防力量系统、灭火救援信息预警指挥系统；

（3）旅游局：旅游地理信息系统；

（4）卫生局：疾病控制与急救指挥信息系统；

（5）人防办：人防工程信息管理系统、人防指挥和通信警报系统、防灾减灾指挥系统；

（6）供电公司：城市供电公司输、配管理地理信息系统；

（7）电信局：城市电信地理信息系统。

3. 城市范围内的农村与城镇信息化应用系统

城市范围内的农村与城镇信息化应用系统，主要为城市境内的各个县（区）、城镇和乡村提供空间信息管理与运行系统。通过该类系统的建设，可利用城市地理空间信息系统的标准规范和技术实现基层数据的采集、改造，并通过接口与公共平台实现交互，以提高城镇与乡村的空间信息化水平。

城市范围内的农村与城镇信息化应用系统，应由市直单位和县（区）对口单位在城市地理空间信息系统公共平台上按统一标准对接，统一规划，统一建设，不能够重复建设，并由县（区）负责维护和管理。

4. 城市资源环境专题应用系统

城市资源环境专题应用系统，是指与城市资源环境有关的部门业务运行系统。这类系统为城市提供资源环境领域信息管理功能，实现城市资源环境的现代化管理，提高资源环境的综合应用水平。

该类系统主要包括：

（1）国土资源局：地质矿产地理信息系统；

（2）林牧渔业局：林业集成信息管理系统、渔业资源管理系统；

（3）农业局：农业资源管理系统；

（4）水利局：防汛抗旱指挥系统、洪水预报系统、防洪调度系统、灾情评估系统、汛情监视系统、城市防洪系统、会商系统；

（5）气象局：城市人工增雨消雹指挥基地系统、中小尺度灾害性天气预警服务系统、气候资源调查与监测系统、气象灾害监测与预警系统、生态环境监测系统、农作物长势监测和估产系统；

（6）地震局：地震地理信息系统。

5. 城市社会经济发展专题应用系统

城市社会经济发展专题应用系统，是指与城市社会经济领域有关部门的业务运行系统。该类系统主要为城市的社会发展与经济建设提供信息管理与分析功能。

该类系统应基于城市地理空间信息系统公共平台提供的数据与公共技术支撑，以各专业部门业务运行流程为基础建立，以能够很好的实现与公共平台的共享与互操作的实现，实现相关行业信息的有效管理，为用户提供快捷方便的信息服务。在系统分析与设计阶段进行业务流程与数据流程的集成化设计，做到统一数据标准、统一数据流程、统一数据库系统。

该类系统主要包括：

（1）劳动保障局：劳动保障信息管理系统；

（2）财政局：财政信息管理系统；

（3）税务局：税收信息管理系统；

（4）工商局：企业法人信息管理系统。

七、城市综合应用系统建设

城市地理空间信息的时间尺度、空间尺度以及数据的类型发展到一定层次以后，需要结合电子政务建设的其他三大基础数据库，构建面向整个城市发展需求的综合应用系统，以促进整个城市的快速、和谐和可持续发展。这些综合应用系统主要是面向市领导辅助决策和广大人民群众的需求，提供整个城市宏观的、系统性的辅助决策支持。综合应用系统的特点在于不是针对某一个行业、某一个领域，而是针对整个城市综合性问题提出应急措施、公共服务和宏观调控辅助依据，从而提高整个城市信息服务水平和宏观问题决策的科学性、高效性、持续性。

综合应用系统由于本身的特点在建设过程中要遵循以下重要原则：

（1）由政府投入并主导实施。综合应用系统的建设涉及到众多的政府部门与企事业单位，与社会经济发展和公众生活极为密切，因此应该而且必须由市政府进行统一协调实施。

（2）由政府、科研机构和相关企事业单位联合攻关才能完成。综合应用系统的建设面向政府综合决策，从规划上、建设上具有很大的创新性和挑战性，不能够依靠独立的公司行为建成，只能依靠当地政府机关和国家权威的科研机构和相关部门联合攻关才能取得实质性成效。

（3）分阶段，逐步完善。综合应用系统面对的问题十分复杂，不能够一步到位分析清楚，许多应用模型要在使用过程中根据结果反馈，逐步进行完善提高。

1. 突发性事件的应急防控信息系统

城市应急防控信息体系，是针对城市突发事件以及事件应急而开发出来的由多个软件系统构成的一套技术支撑体系。该体系集成了多种突发性事件行之有效的应急预案，通过这套应急防控信息体系可以在危机事件发生时为决策人提供紧急的决策支持，并且是一种可通过多种高科技通讯手段进行指令信息传递和布达的控制系统。

突发事件对城市居民的生活和工作造成很大的伤害和损失，如何应对突发事件以及在处理突发事件的过程中实现各个部门间的业务联动，是城市所要解决的问题，做出快速、高效的措施应对，将突发灾害的损失控制到最低范围之内。城市应急防控信息系统，是针对城市具体可能的突发事件以及城市各部门的相关应急预案，基于市地理空间信息基础平台，集成整合市电子政务的相关系统，而定制的软件系统。

2. 城市宏观经济决策支持系统

城市宏观决策支持系统主要为城市政府部门与社会公众提供宏观经济决策分析，提高政府的综合决策能力。该类系统在已建设的城市公共平台的基础上，通过城市经济社会和资源环境数据与遥感动态数据集成，建立基于各县区为单元的宏观经济评价决策系统；提高市政府对各地资源环境现状、经济社会发展和区域产业结构变化趋势进行动态监测的水平；增强政府宏观决策、预测和应急辅助决策的能力。

3. 城市法人综合应用系统

随着城市政府部门信息化水平的提高，各部门已经普遍利用各种业务信息管理系统开展工作，并建立了相应的数据库系统，但在法人单位信息资源的管理和使用却存在着涉及部门过多、信息管理不统一等问题，这就导致了对法人管理的不一致性和效率低下，严重影响政府办公效率和管理水平。所以需要从整个市政府的角度，统一建设法人综合应用系统，协调相关部门的信息管理业务流程，提高法人管理的协调性和效率。尤其是以城市地理空间信息为基础，管理法人单位并对法人的经济行为、社会行为进行空间分析，能够有效提供给政府对法人单位的管理水平和相关决策水平。

4. 城市人口综合应用系统

城市政府部门与人口基础信息密切相关的部门，如公安、人口计生、劳动和社会保障、卫生、民政、地税等都相继建立了自己的以人为管理和服务对象、相对独立的管理信息系统，人口基础信息零散分布于这些系统之中。这种零散、标准各异的人口信息管理模式势必导致都参与管理、都不权威的尴尬局面，也为一些违法犯罪活动提供了漏洞。所以需要对人口统一管理，提高人口管理的协调性和效率。以城市地理空间信息为基础，管理人口并对人口的经济行为、社会行为进行空间分析，能够有效提供给政府对法人单位的管理水平和相关决策水平。

5. 城市企业与公众信息服务系统

城市公众信息服务系统是从公众日常生活需求出发，建立政府和公众之间的信息交互渠道，提高政府对公众信息服务质量、效率、范围和水平。"城市公众信息服务系统"是全市党政机关网络导航平台、信息网上整合发布平台和面向公众的电子政务服务平台，将为党政机关开展面向公众的电子政务和社会公众网上交互办事提供一站式服务，促进全市信息化水平的提高。

"城市公众信息服务系统"需要建设政务信息支持平台，开发公共信息子系统、信息发布子系统，并建设网上办事、网上投诉、网上招标与政府采购、企业资信查询、企业产品数据库、网上新闻点播、网上旅游等业务系统。并主要连接工商、税务、科技、医疗、教育、农业、利用外资等多个信息服务系统，在后期建设逐步连接其他个单位对外服务信息系统。

本系统的重要功能包括：

（1）面向公众日常生活的地理空间信息服务功能。从普通公众的衣、食、住、行、旅游、就医、保健、娱乐等角度的需求出发，为公众提供及时、准确、周全的信息服务，提高城市居民的生活质量。

（2）社会经济相关信息发布功能。该类系统主要包括资源环境状况发布服务、经济发展状况发布服务、企业与个人信息查询服务等。

（3）拓展政府向公众的服务渠道的功能。通过政务公开、网络办公、网络信息交互等模式拓展政府向公众的服务渠道，从行政效率、行政透明度、民主程度等几个层面提高政府对公众的服务水平。

（4）增强公众向政府信息交互的功能。通过网络投诉、企业资质查询等措施，使得公众信息能够及时反映到政府决策层中去，增强公众与政府之间的交互频度，减少不必要的冗余环节。

6. 城市可持续发展分析评价系统

可持续发展是指人类在社会经济发展和资源开发中，以确保它满足目前的需要并不破坏未来需求的能力的发展。自然资源短缺、环境质量恶化、资源与环境管理能力薄弱、科技储备能力不足等问题，已经在相当程度上制约着城市经济的持续快速发展，影响着人民生活质量的提高。例如，洪泽湖作为我国著名的五大湖泊之一的蓄水量正在减少。因此亟需建立城市区域可持续发展分析评价系统，利用信息化手段提高政府可持续发展决策分析水平，阻止生态系统退化，提高城市承灾能力，使发展与环境保护协调，人口、经济、社会、环境和资源相互协调，从而实现可持续发展。

建设目标是吸收国内外先进的可持续发展研究成果，针对城市可持续发展战略实施中所面临的重大资源、环境、灾害等问题，建立适应城市的区域可持续发展指标体系，构建具有城市的可持续发展多维临界调控模型，提高城市区域可持续发展调控的水平。

城市区域可持续发展分析评价系统主要为城市的进一步发展提供信息与技术支撑，通过提供城市周边可持续发展信息，建立相应的可持续发展分析评价模型，为城市的健康稳定快速发展提供信息支撑。

首先要实现城市可持续发展信息的发布共享，涉及的数据门类非常多，主要包括：城市基础地理、植物资源、动物资源、微生物资源、生物多样性、农作物品种、水文水资源、农业生态环境、地理环境、森林资源、矿产资源、环境保护、环境无害化、自然灾害、气候气象、宏观经济、粮食基础数据等；同时该系统还需要一些专业可持续发展系统的支持，主要包括城市区域经济可持续发展、城市区域环境可持续发展、城市区域人口资源可持续发展、城市区域农业可持续发展等。另外城市区域可持续发展分析评价系统建设还要包括以下重要内容：城市区域可持续发展评估体系；可更新资源演变对城市区域可持续发展的影响分析；环境质量变化对城市区域可持续发展的影响分析；重大自然灾害对城市区域可持续发展的影响分析；经济发展空间格局演变与城市地区发展的可持续性分析。

第五节　数字城市信息共享环境建设

一、数字城市共享环境建设在系统建设中的地位

在城市地理空间信息系统建设过程中，我们从公共基础数据库建设、公共技术平台建设、信息共享环境建设等三个主要组成部分对其进行展开，各部分的主要关系如图14.20所示。

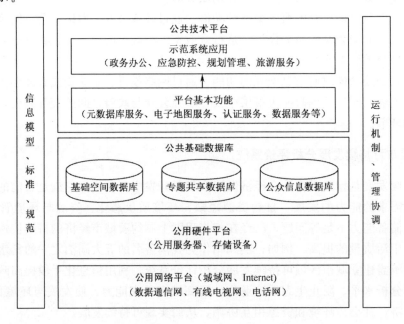

图 14.20　数字城市共享环境建设在系统建设中的地位和作用

图 14.20 示意了城市地理空间信息系统的整体架构，其中公用网络平台和公用硬件平台是系统建设和运行的硬件设备和通讯、联络保障，公共基础数据库、公共技术平台、数字城市共享环境构成了城市地理空间信息系统三大主体内容。

公共基础数据库主要管理和维护三个子数据库：基础空间数据库，以基础空间矢量数据、城市地形数据、航空航天遥感数据、数字高程数据、控制测量数据等为主要内容；专题共享数据库，主要管理由其他各部门提供数据并负责更新、由信息中心共享管理的专题共享数据；公众信息数据库，主要管理满足公众日常生活的相关信息。

公共技术平台是提供基础地理信息操作的技术支撑体系，并负责提供系统数据的出入接口。

数字城市共享环境，负责提供系统信息模型、标准、规范，并负责建立系统的组织体制、运营机制和相应的管理协调功能。数字城市共享环境，为公共技术数据库建设、管理和公共技术平台的开发建设提供了一系列的标准和规范，是实现地理空间信息共享的基础和保障，因而其意义重大。

二、数字城市共享环境体系结构

地理信息共享环境是指通过市场经济和政府宏观调控，依据一定的规则和法律，实现的一个以网络化共享为特征的海量地理信息充分流通与共用的环境。营造地理信息共享环境需要解决地理信息共享的组织、政策、管理、标准和技术等一系列问题，包括信息中心、政策环境、数据标准环境和技术规范环境建设（图 14.21）。政策环境，指用于保障地理信息共享和有效的政策、管理和法律法规等。从共享政策环境的制定与应用角度讲，政策环境实际属于信息中心建设的一部分，为突出共享政策在系统建设中的重要性，将其单独列出；数据标准环境指系统所管理基础地理空间数据的一系列标准规定，包括基础空间数据标准、专题共享数据标准、公众信息数据标准、元数据标准、数据字典标准等；技术规范环境主要是指与数据相关各种操作的配套技术规程，包括数据采集规程、数据更新规程、数据汇交规程、数据库建库规程和数据质量控制规程；信息中心建设是指系统组建与系统运营过程中的组织管理体系及硬环境支撑体系。

通过地理空间信息共享环境的建设，首先可以保证数据资源的充分和高效利用，避免重复建设；第二，提供了统一的共享规则、办法和框架，保障其能够顺利、有序地建设、运行和通信；第三，保证城市各部门之间、城市与其他城市之间、城市和国际上其他国家城市间，能够很好的实现地理信息共享和沟通。

目前，在城市信息化建设中，虽已有若干地理信息共享的标准和管理办法，但远没有形成一个信息共享的环境。因此，必须在地理空间信息的系统建设、数据建设之前，投入很大的精力进行信息共享环境的建设。

信息共享环境的建设不可能一蹴而就。为此，应首先营造一个氛围，解决信息共享中的标准、规范和管理办法，这是信息共享环境建设需首先解决的问题。信息共享环境的其他部分如信息共享的技术环境、政策法规等可在公共技术平台系统、专业平台系统、综合平台系统和保障体系的建设过程中不断得到建设和完善。

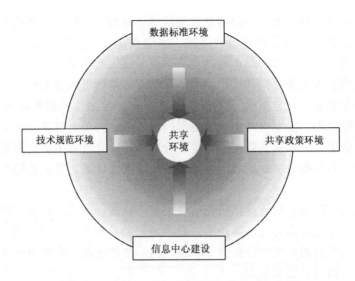

图 14.21　基础地理空间信息共享环境体系结构

三、数字城市共享环境建设的主要内容

城市地理空间信息系统的建设是一个系统性工程。为保证系统的建设质量，使系统在建成后能够发挥最大的社会和经济效益，设计保证基础地理空间信息的有效共享和定期更新的合理环境是系统在建设过程中必须考虑到的重要内容。这主要应从系统信息的技术因素和系统运行维护的保障因素来考虑。

1. 实现信息通用的标准化环境建设

根据系统基础地理空间信息的具体分类情况，数据标准化环境包括的具体内容可用图 14.22 表示。

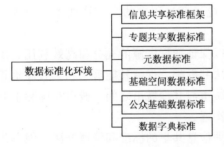

图 14.22　数据标准化环境构成图

1）公共平台信息共享标准框架

制定城市地理空间信息系统标准框架，为城市基础地理空间标准的制定提供依据，形成涵盖城市基础地理空间信息公共平台与各个专业部门的标准框架，为城市地理空间信息系统建设提供标准与规范保障。

2）元数据标准

地理空间信息系统公共平台元数据标准规定地理信息元数据的内容，包括数据的标识、内容、质量、状况及其他有关特征。可用于对各种地理信息数据集的全面描述、数据集编目及信息交换网络服务。实施对象可以是数据集、数据集系列、要素实体及属性。地理信息元数据标准是地理信息共享最为重要的标准之一，数据的生产者、管理者都按照元数据规定格式提供数据。

3）基础空间数据标准

城市基础空间数据主要包括1∶500、1∶1000、1∶2000、1∶5000、1∶10000系列比例尺的 DLG、DOM、DEM、DRG 类型的空间信息，以及空间历史档案信息等。这些基础空间数据是城市其他信息系统建设的基础和保障，为了实现这些基础空间数据的充分共享，在基础空间数据获取、处理、入库、数据库建设、应用规划、数据编码、数据分类等方面，必须有相应的标准和规范进行制约和对其进行标准化处理。

4）专题共享数据标准

专题共享数据是各个部门对外进行共享发布的数据信息。由于各个部门信息应用的领域与应用逻辑不同，因此在发布专题共享数据信息时，必须有相应的标准和规范来进行其信息发布的制约和规范化。

5）公共基础数据标准

城市基础地理空间数据无论是公共基础数据还是专业共享、部门专业数据，都具有数据种类繁多、数据量大的特点，涵盖资源、环境、灾害以及人口、社会和经济等诸多方面，利用分类编码体系标准对城市信息资源进行分类和编码，将直接改善数据库性能和提高整个地理空间信息系统的应用效率。

数据分类编码标准是通过科学地认识数据，采用一定的分类方法将具有某种共同特征的地理空间数据归并在一起，使之与不具有上述共性的数据区分开来，并对分类标以一定的分类代码，用以标识数字形式的地理信息，保证数据存储及交换的一致性，实现数据有效组织与管理，最终实现数据共享的目的。该标准适用于各种类型专题地理信息系统的公共基础地理信息平台及在系统间交换基础地理信息。

6）数据字典标准

数据字典是关于数据及数据库的详细说明，它以数据库中数据基本单元为单位，按一定顺序排列，对其内容作详细说明。数据字典可用于数据库数据的查询、识别与相互参考。数据字典内容涉及各类地理信息的定义及说明，用于数据管理、数据维护、数据共享、数据分发服务等。数据字典标准是地理信息共享最为重要的标准之一。

2. 实现信息可用的技术规范环境建设

数据信息的标准化需要操作数据相关技术的规范化作保证。技术规范主要涉及数据流程相关各种操作的规范化。

以数据流为主线，实现数据操作标准化的技术规范化环境可用图 14.23 来表示。

1）数据采集规程

城市地理空间信息的采集，包括观测数据（气象、水文台站的野外实地观测、量算获取）、分析测定数据（物理和化学方法测定水质、土壤成分等）、图形数据（专题地图、地理格网等）、统计调查数据（各类型的统计报表、社会经济和资源及环境的调查数据）、遥感数据等。通过该规程的制定，规范城市各个数据采集部门的数据采集行为，以规范数据质量与相关数据采集参数等。

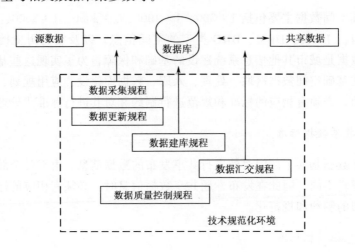

图 14.23　数据规范化环境构成图

2）数据更新规程

数据更新规程定义了公共平台不同类型数据的具体更新方法，包括影像数据、矢量数据、属性数据以及栅格格网数据的更新方法。

3）数据建库规程

该规程内容主要包括：①数据源选择，包括数据源内容、数据源精度、质量、数据源现实性、数据源加工难易程度、数据源介质、数据源形式；②数据预处理，包括现实更新、专题图转绘、地图整理、统计报表整理、数据转换；③数据采集与录入；④数据编辑、数据库建立等。

4）数据汇交规程

基础数据库与各类用户的数据交流不可避免。该规程主要定义实现基础数据库与用户之间交换数据的具体操作方法。主要有数据上传和数据下载等方面的标准化内容。

5）数据质量控制规程

数据质量控制规程，主要针对公共平台数据库的数据质量进行控制。质量控制的内容，包括数据状况、位置精度、属性精度、逻辑一致性、数据完整性、时间精度等。

3. 保证信息有效共享的共享政策环境建设

建立城市地理空间信息系统的主要目的，是实现标准化基础地理空间信息的有效管理与服务。信息的有效性主要包括信息的实时性要求、可供共享的信息标准化要求、保护信息知识产权的法律制度要求，我们在此将它们统称为共享政策。

一方面，为使用户有效利用共享数据，更加准确地掌握基础地理空间信息的共享服务内容，并使所提供的共享信息具有通用性，为广大用户所接受，必须建立详细的信息共享内容标准。

另一方面，必须建立基础地理空间信息的有效更新机制，使系统所管理的基础地理空间信息满足各种应用的数据实时性要求。系统数据的定期更新机制是保持系统生命力的重要条件。

同时，由于基础地理空间信息是一类特殊的信息，其采集、制作、管理都需要花费大量的人力物力资源，建立有效合理的信息知识产权的保障机制和在此基础上的数据共享服务机制也是确保系统良性发展的重要保障。使用和共享信息是否需要付费，费用的具体计量方式等都是需要具体考虑的内容。

在本方案的设计过程中，共享政策环境主要由如图 14.24 中所示的部分组成。

4. 信息中心建设

城市地理空间信息系统是一个融数据采集、更新、处理、管理、共享、交互于一体的大型综合基础地理信息系统平台，此平台将直接服务于政府机关、企事业单位，及社会大众。随着社会信息化程度的不断提高，城市地理空间信息系统将发挥越来越大的作用。

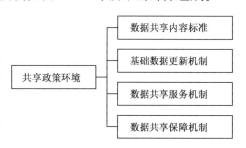

图 14.24　共享政策环境构成图

为了保证系统在今后信息化革新的大潮中具有强大的竞争力、良好的扩展性能、方便的产品更新换代能力，以及最大限度的信息服务能力，除了系统技术平台构建过程中要高标准、严要求外，更需要在系统建设过程中成立一个有效的专门机构来全程负责，需要在系统建成后立即有相应的机构能够按系统设计要求保障系统的运行、维护和更新。

强有力的机构建设是系统充分发挥既有性能的组织保障。在系统的建设阶段，专门的临时负责机构是"城市地理空间信息协调小组"（以下简称"协调小组"），由市政府牵头成立。系统建成后，协调小组即完成任务，并成立专门机构来负责城市地理空间信息系统的运作，我们称专门机构为"城市地理空间信息中心"（以下简称"信息中心"）。

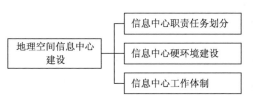

信息中心的成立，既有组织机构的建设，又有运行体制的建设和配套的规章制度和法律法规的建设。

以上内容我们均归入信息中心建设部分，如图 14.25 所示。

图 14.25　信息中心建设环境构成图

四、数字城市共享环境模块划分

根据数字城市共享环境所包含的内容，数字城市共享环境有技术和保障两大体系，各体系又可分别分为两部分。技术体系可分为数据标准部分和技术规范部分；保障体系可分为共享政策部分和信息中心部分。然后，各部分又可进行进一步的细分。数字城市共享环境的构成如图 14.26 所示。

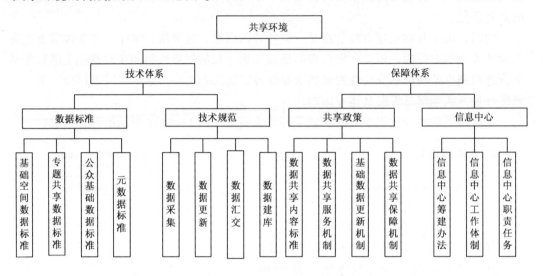

图 14.26 数字城市共享环境模块划分图

五、数字城市共享环境的建立办法

数字城市共享环境的建立主要围绕其技术与保障两大体系来进行，数字城市共享环境的建设按这两条主线来开展。

1. 技术体系的建立

技术体系主要包括数据标准和技术规范。数据标准是用于标准化基础地理空间信息，是操作基础地理空间信息的前提。因此，数据标准的建立主体应在数据库建设之前完成，在数据库的建设过程中加以完善，并在系统的运营维护过程中根据地理信息的实际变化情况进行不断的扩展与更新。因这些标准是最基础性的内容之一，在标准主体建成之后，通常不能进行随意的基础性改动，否则会造成大量相关基础数据甚至全部分数据库的变动。

技术规范是系统在平台管理与数据操作过程中的规范性内容技术规范与技术平台建设和数据库建设相互作用，共同构成平台操作的基础。因此，技术规范的建立在系统设计阶段应构建其主体框架，在系统的具体构建过程中与数据库建设和技术平台建设互相沟通并逐步完善其内容。

在进行城市基础地理空间信息共享的标准、规范和管理办法的建设过程中，遵循充分利用已有标准规范和管理办法的原则。首先要充分研究国内外目前已经发布实施的现有标准规范和管理办法，分析适合数字城市建设的部分，能够直接引用的就充分利用；在没有国家标准的情况下，充分考虑建设部的行业标准，若无行业标准，可以参考国际标准。对于不太符合城市实际情况的可以通过修改后采用，并尽量与相应的国家标准、行业标准和部门标准不冲突；同时根据需要制定符合城市实际情况的地方和暂行的标准规范和管理办法。最终为城市地理空间信息系统建设，提供一套完备的数据标准、技术规范和管理办法，技术路线图如图14.27。

图 14.27　标准规范建立的技术路线

2. 保障体系的建立

保障体系主要为保障系统平台建设和投入运营后能够正常运作，能够保障系统管理的基础地理空间信息定期更新，保障系统的软硬件和技术体系能够及时升级，并建立完备和制度与法规体系。所以，保障体系的建设过程应贯穿于系统设计与建设的整个过程，并在系统投入运营时基本完善。

参　考　文　献

[1] Open GIS Consortium. Overview of Open GIS Implementation Specifications. 2002

[2] ISO/TC211. ISO/DIS 19119，Geographic Information Service，2002

[3] Open GIS Consortium. The Open GIS Service Architecture. 2001

[4] OGC. The Open GIS Abstract Specification. Topic 13：Catalog Services（version 4），1999

[5] OGC. The Open GIS Abstract Specification. Topic 5：Features（Version 4），1999：4

［6］ OGC. The Open GIS Guide：Introduction to Interoperable Geoprocessing and the Open GIS Specification（Version 3）. 1998：37～45

［7］ 陈述彭等. 数字城市建设的本土化. 数字城市的理论与实践. 广州：世界图书出版公司，2001

［8］ 陈述彭. 城市化与城市地理信息系统. 北京：科学出版社，1999

［9］ 陈述彭等. 地理信息系统导论. 北京：科学出版社，2000

［10］ 徐冠华，孙枢，陈运泰，吴忠良. 迎接"数字地球"的挑战. 遥感学报，1999，3（2）

［11］ 徐冠华. 构筑数字地球 促进中国和全球的可持续发展. 科学对社会的影响，1999，（4）

［12］ 李德仁. 我国地球空间数据框架的设计思想与技术路线. 武汉测绘科技大学学报，1998，（4）

［13］ 李德仁. 信息高速公路、空间数据基础设施与数字地球. 测绘学报，1999，28（1）

［14］ 李德仁，朱庆，李霞飞. 数码城市：概念、技术支撑和典型应用，武汉测绘科技大学学报 2000，25（4）

［15］ 承继成等. 数字地球导论. 北京：科学出版社，2000

［16］ 崔伟宏. 数字地球. 北京：中国环境科学出版社，1999

［17］ 承继成等. 国家空间数据基础设施与数字地球. 北京：北京大学出版社，1999

［18］ 郭华东，杨崇俊. 建设国家对地观测体系，构筑"数字地球". 遥感学报，1999，3（2）

［19］ 中国科学院地学部. 关于中国数字地球发展战略的建议. 科学对社会的影响，1999，（4）

［20］ 王钦敏，池天河等. 从"数字地球"概念到"数字福建"实践. 广州：世界图书出版公司，2001

［21］ 池天河等. 中国可持续发展信息共享系统的 Web GIS 解决方案. 资源科学，2001，23（1）

［22］ 池天河等. 中国可持续发展信息共享网络系统研究. 中国图像图形学报，1999，增刊. 5

［23］ 何锋. 积极推动"数字海南"建设. 测绘软科学研究，2000，6（1）

［24］ 杨开忠，沈体雁. 数字北京发展战略研究. 北京规划建设，2001，（2）：254～258

［25］ 李琦等."数字地球"的体系结构. 遥感学报，1999，3（4）

［26］ 李琦等. 空间信息基础设施的体系结构研究. 遥感学报，2000，4（2）：161～164

［27］ 龚健雅. 数字城市建设的基本策略及关键技术. 数字城市的理论与实践. 广州：世界图书出版公司，2001

［28］ 杨崇俊. 浅论数字城市. 数字城市的理论与实践. 广州：世界图书出版公司，2001

［29］ 杨崇俊."数字地球"周年综述. 测绘软科学研究，1999

［30］ 顾朝林等. 论"数字城市"及其三维再现关键技术. 地理研究，2002，21（1）

［31］ 王丹. 数字城市与城市地理信息产业化——机遇与挑战. 遥感信息，2000，（2）

［32］ 朱庆等. 数码城市 GIS 的设计与实现. 武汉大学学报（信息科学版），2001，26（1）

［33］ 赵永平. 数字地球的体系研究. 地理科学进展，1999，18（1）

［34］ 牛文元. 中国数字城市建设的五大战略要点. 数字城市的理论与实践. 广州：世界图书出版公司，2001

［35］ 顾朝林等. 论数字城市关键技术研究. 数字城市的理论与实践. 广州：世界图书出版公司，2001

［36］ 周大良. 数字城市中的 GIS 关键技术和应用系统. 数字城市的理论与实践. 广州：世界图书出版公司，2001

［37］ 黄杏元等. 地理信息系统概论. 北京：高等教育出版社，1990

［38］ 黄裕霞等. 可互操作的 GIS 研究. 中国图像图形学报，2001，6（9）

［39］ 李琦等. 数字城市：创建 21 世纪的智能服务平台. 数字城市的理论与实践. 广州：世界图书出版公司，2001

［40］ 杨开忠等. 北京迈向世界数字城市. 数字城市的理论与实践. 广州：世界图书出版公司，2001

［41］ 陈军. 试论中国 NSDI 建设的若干问题. 遥感学报，1999，3（2）

［42］ 陈军. 加大 NSDI 建设力度 发展中国数字地球. 测绘通报，1999，（11）

［43］ 陈述彭."数字地球"战略及其制高点. 遥感学报，1999，3（4）：3～5

［44］ 承继成，林珲，周成虎等. 数字地球导论. 北京：科学出版社，2000

［45］ 阎守邕. 国家空间信息基础设施建设的理论与方法. 北京海洋出版社，2003

［46］ 曾澜. 加快我国城市空间信息基础设施发展的基本思路和对策. 广州：数字城市的理论与实践. 世界图书出版公司，2001

［47］ 王丹. 数字城市空间数据获取与应用服务的几个问题. 数字城市的理论与实践. 广州：世界图书出版公司，2001

［48］ 陈俊，宫鹏. 实用地理信息系统. 北京：科学出版社，1998

［49］ 宫鹏主编. 城市地理信息系统：方法与应用. 中国海外地理信息系统协会，1996

第十五章　地理信息系统在自然灾害研究中的应用 *

地理信息系统不仅可以用于自然灾害的灾情评估，而且可以辅助减灾救灾决策。通过 GIS 的应用，不仅可以更精确地分析和评价自然灾害的各种属性，而且可以重新描述和表达自然灾害现象，在全定量化的基础上，实现对灾害的分析与模拟。本章以滑坡和洪水灾害研究为例，叙述 GIS 在自然灾害研究中的应用。

第一节　地理信息系统在滑坡灾害研究中的应用

在 20 世纪 70 年代末与 80 年代初，GIS 已开始在滑坡研究应用（Richard Dikau，1996），如 Newman 等（1978）分析了利用计算机技术制作滑坡易损性地图的可行性；Carrara 等（1978）考虑 25 个滑坡影响因子，利用 200 米×200 米网格运算进行多要素滑坡灾害区划；Huma 和 Radulescu（1978）给出了考虑滑坡诱发因子、地质、构造地质和其他要素的定量滑坡灾害分析示例。20 世纪 80 年代，GIS 已开始用于滑坡稳定性、滑坡风险评价等滑坡制图（Earl E. Brabb 1984，Ch. Bonnard and F. Noverraz，1984，Okimura and Kawatani，1987，Brass et al.，1989，R. P. Gupta and B. C. Joshi 1990）。GIS 在滑坡中的应用领域包括滑坡编目、滑坡制图、滑坡统计分析、风险评价等（戴福初、李军，2000）。

从信息表达处理的角度，S. J. Walsh 等（1998）将 GIS 的功能可以归结为：①量度地理特征和过程的形态；②把这种量度表达成主题、实体及其间的关系；③对这些表达进行操作以形成信息的表达、发现其间的关系，并利用可视化技术表达其结果；④集成相同空间和主题域的离散数据；⑤将这种表达传递给其他空间和主题域或实体与关系。这 5 部分内容是一个连续的过程，表现在滑坡应用研究中，GIS 在滑坡研究中的应用可以分解为滑坡信息表达、滑坡制图、滑坡空间分析、滑坡风险评价和滑坡防灾减灾等。

一、基于 GIS 的滑坡研究方法论

1. GIS 在滑坡信息表达中的应用

GIS 在滑坡信息表达中的应用主要利用 GIS 空间数据与属性综合管理能力、数据处理能力，来抽象表达滑坡或滑坡群体的状态。随着 GIS 技术的发展，其在滑坡信息表达中的应用也在逐渐拓宽（A. Carrara et al.，1991，David. N. Rowbothan et al.，1998）。

---

* 本章由周成虎撰稿

GIS 的最大优势是以图形方式表达滑坡的位置和属性，即滑坡的可视化。在滑坡信息表达中 GIS 最直接的应用是滑坡空间位置表达，如图 15.1 是表示由地震诱发的滑坡的空间分布。GIS 技术与计算机多媒体技术的结合更可以生动表达滑坡信息，图 15.2 是 D. J. Varnes 和 W. Z. Savage（1999）制作的一幅美国克罗拉多州 Hinsdale 县 Slumgullion 滑坡的虚拟野外旅游图，点击图中的红点则可以得到对应位置滑坡的详细资料。

图 15.1　美国加州 Oat 部分山区 1994 年 Northridge
地震诱发的滑坡分布
（据 Randall W. Jibson，1998）

在滑坡信息直观表达研究的同时，GIS 管理滑坡信息的模式、方法的研究也逐渐开展，如 C. P. Nathanail 等（1998）给出一种基于 GIS 的滑坡信息管理和分析模型。

2. GIS 在滑坡制图中应用

制图是 GIS 最基本的功能，滑坡研究中不论是滑坡分布、风险区划、风险评价结果、滑坡易损性分析、滑坡防治规划等均可以地图表达。在这方面 GIS 已得到了成功的应用，方法也较为成熟，使用中的难点在于多尺度数据的融合使用、滑坡风险评价中最小评价单元的选取等。

从数据处理角度，GIS 在滑坡制图中应用可以分为几个层次，最基础的制图是滑坡基础环境信息、滑坡信息直接图形表达；其次是利用 GIS 功能对处理、提取的滑坡信息进行表达；第三是基于滑坡专业知识对基础数据进行运算得到结果的图形表达，如根据估算的引起

图 15.2　美国克罗拉多州 Hinsdale 县
Slumgullion 滑坡的虚拟野外旅游图

坡体不稳定因子对坡体稳定影响程度将地表分为不同的稳定区域（Gokceglu，Aksoy，1996）；滑坡制图的最高层次是利用 GIS 的多时空维表现功能，再现滑坡及其环境的全方位特征。

3. GIS 在滑坡分析中的应用

简单地理解，滑坡分析包括滑坡易损性分析、滑坡时空分布、滑坡运动分析、滑坡风险区划等在内，由信息到知识、由现象到规律、由已知到未知的分析过程。在滑坡分析中，GIS 主要作用是发挥其空间分析功能，使传统方法下不好解决的问题清晰表达出来。

GIS 的空间分析功能，为统计意义上的滑坡环境因子及诱发因子相关分析提供了可靠的工具。依据这些相关性，则可以进行滑坡的易损性和基于统计规律的滑坡机制分析，如 Brabb（1984）给出一种基于出现滑坡地质单元百分比和坡度权重的滑坡易损性分析方法；Mark 和 Ellen（1995）结合浅层滑坡在相同地层条件下滑坡的空间分布和频率，模拟运算滑坡启动地形部位。

用已有滑坡位置与地形（DEM）数据叠加，则可很容易计算出滑坡发生区域的高度、平均坡度、坡向等参数；滑坡位置数据与降水的时空分布数据叠加，则可以计算出滑坡出现频率与降水量之间的关系。20 世纪 80 年代后期，GIS 开始与滑坡确定性模型结合，使滑坡的定量分析变得更可靠，Carrara 等人利用 GIS 进行了系列滑坡多要素统计分析研究（Carrara et al.，1978；Carrara，1989；Carrara et al.，1990，1991，1992）。使用这种简捷的计算方法，便可轻松计算滑坡与环境因子或诱发因子之间的统计空间关系。

对于滑坡风险评价中确定性模型和统计模型两类方法中，GIS 均有成功的应用和成熟的应用经验（Zhou et al.，2000），在单要素、多要素、静态、动态、定性、半定量及定量滑坡风险评价中，GIS 均可以计算和表达滑坡影响因子的空间展布、空间相互作用、多要素相对集聚性，并将滑坡风险度图形化表示。

4. 地理信息系统对滑坡研究的影响

如果说地理信息系统（GIS）的引入给滑坡研究带来了一场革命，那是夸大了 GIS 的作用，但 GIS 的出现及其在滑坡研究中的应用的确是有益于滑坡研究的。这种影响可以从两方面体现，首先 GIS 的引入使滑坡研究的手段和方法得到发展（A. Carrara，1995），另一方面 GIS 的引入和发展对滑坡研究的方法论也有影响，而后者并未得到滑坡研究者的普遍认可，目前多数研究者仍仅仅把 GIS 作为一种工具来使用。

首先，空间认知角度的滑坡研究可分为滑坡表达、滑坡解释、滑坡预测和减灾三部分，GIS 以其强大的空间数据管理和分析功能，在滑坡研究的各个层次上均有应用；但其在各层次上 GIS 所起的作用、可以发挥的优势不尽相同，具体表现在：

1）滑坡表达

优势在于滑坡空间分布、滑坡属性的空间图形（图像）表达、滑坡与其背景要素的空间叠加显示、滑坡与受灾体及影响实体的空间叠加显示、滑坡体场景恢复、滑坡运动模拟、滑坡基础信息数据库及信息系统、滑坡分布及其他制图。

2）滑坡解释

滑坡与影响因子空间相关关系分析、各影响因子的空间自相关分析、暴雨的时空迁移分析、滑坡相关信息提取、滑坡信息遥感图像提取基础数据支持、各相关因子的叠加分析、GPS 测量定位及环境数据支持（David L. Higgitt et al.，1999）、滑坡信息系统中信息相关提取分析功能实现、滑坡信息数据质量控制与评价、滑坡体的场景模拟、滑坡运动状态模拟、地下水空间特征模拟。

3）滑坡预测与减灾

滑坡危险性区划、危险性制图、滑坡危险性模型建立、滑坡风险评价模型建立、滑坡受灾体（影响实体）危险或风险评价、滑坡影响因子级别或程度假设下滑坡发生概率空间预测、滑坡监测系统软体部分的实现、利用危险性分析及风险评价的结果进行滑坡预测、滑坡影响下土地评价、小流域滑坡治理模式模拟等。

GIS 的引入对滑坡研究方法论已产生了一定的影响，这种影响往往是潜移默化的，虽然一些滑坡研究者不承认这些影响。对于已将 GIS 作为一种基本的滑坡研究工具的学者来说，这种影响更容易理解。

GIS 在滑坡研究中的应用，特别是三维技术、虚拟现实技术和时空动态分析技术在 GIS 领域中的应用和发展，使滑坡研究者可以在一种接近现实的虚拟滑坡环境中分析滑坡形态、变化、稳定性等。通过这种数字滑坡技术，可以把客观世界中的滑坡在计算机中重现，利用三维技术，研究者可以从不同的时空方位分析滑坡过程。

GIS 的空间分析功能为滑坡信息的获取提供了新的途径，遥感技术和航空摄影测量技术为滑坡参数获取开辟了有效的技术通道（Franco Mantovani et al.，1996），而 GIS 则可以利用这些结果、基于滑坡环境相关知识获得更多的滑坡信息，例如有滑坡的位置、地形数据，则可以轻易计算出滑坡各部位的高程、坡度、坡向，利用可视化技术可以用图形表达地下水、滑坡应力、运动趋势轨迹等。人们对图形的理解远比抽象的概念为准确和清晰，这些技术对研究者认识滑坡的机制将会有新的启示。

GIS 的引入，使研究者考虑滑坡影响因子时可以将多个因子归为一个进行计算，即相互作用的多因子可以作为一个因子处理。GIS 最擅长于空间要素的拓扑叠加运算，即将多个因子合并成一个综合性因子如坡体稳定度，如滑坡的易损性量度、滑坡危险性指数等。这种运算可以根据权威专家知识转化成 GIS 专业模型库，直接被其他滑坡研究者使用，这将为滑坡专业知识直接服务于滑坡管理决策层的灾害管理、防灾和减灾决策支持。

基于 GIS 的滑坡属性的分解为重新认知滑坡奠定了基础。借助于 GIS 的空间分析功能，可以把滑坡的某些平均属性分解到滑坡各部位，如图 15.3 中 A 是滑坡平面轮廓图，B 是滑坡所在部位纵剖面图，将两者叠加后则可以把滑坡分解为不同的部分（图中 C 部分），各部分对应的参数也可以计算出来，这在一定程度上则是数据细化的内容。

GIS 的引入，把其他领域的一些概念，如面向对象、集聚中心、趋势面、游移等引入到了滑坡研究领域，这些概念引入到滑坡领域后其内涵相应地发生变化，但它们对滑坡研究的影响远远超出了概念本身。图 15.4 是滑坡距离的坡度图，简单地理解它是空间上距滑坡空间位置的变化状态，但图中显示的规律已超出了现象本身，距离坡度如此分布的原因及其表达的物理意义都值得深入研究。

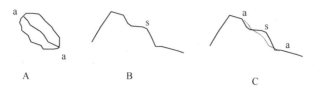

图 15.3 利用滑坡因子相关性离散滑坡的平均属性

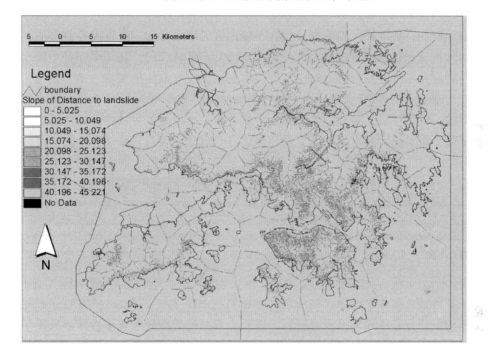

图 15.4 滑坡距离坡度图

二、香港滑坡与环境因子关系分析

影响滑坡的因子可以大致归为内部因子和外部因子。前者如地形、坡体结构、坡体物质构成等坡体自身因素；后者如地下水、地表水、地震、降水、地表覆盖、人工活动等坡体外因素。滑坡的形成是外因作用于内部因素的结果（P. Buchanan，1990），通常情况下，当外部因子的作用强度超过某一阀值时则导致滑坡坡体失去平衡形成滑坡。分析滑坡与环境因子的关系目的在于考察两类问题：其一是环境因子及环境因子内部差异对滑坡的贡献率；其二是滑坡事件与诱发因子强度统计关系。结合香港地区的统计滑坡数据及环境、滑坡诱发因子数据，本章重点就降水、地质、植被、土地利用等与滑坡的关系进行了分析。

1. 滑坡灾害与降水关系

在热带地区，强降水往往是滑坡的主要诱发因子，因而滑坡与降水的研究由来已久。该领域中有大部分学者对诱发滑坡的降水阈值进行了广泛的讨论，Mark 和 Newman（1989）分析降水量与滑坡灾害之间的关系后得出当暴雨降水量超过 250 毫米时滑坡活动明显加强。Cannon 和 Ellen（1989）研究表明诱发滑坡的暴雨累积降水量与年平均降水量呈线性相关，相关系数达 0.75。这些研究中往往把一区域看成是降水强度均一的状态，但实际上特别是暴雨在空间上分布是不均衡的，Evans（1996）分析香港地区的降水后发现，即使考虑地形对降水的影响，香港地区的年降水仍存在区内差异。

毫无疑问，香港地区的多滑坡灾害与该地区的降水量大、强度高有直接的关系，不论以何种机理来解释香港地区的滑坡，水条件是不可缺少的。利用多年平均降水量空间分布与滑坡分布统计分析可以得出不同降水量区域滑坡发生的频数（表 15.1）。大型滑坡多发生在 1600～2000 毫米降水带内，单就数量而言在 2000～2400 毫米降水带内滑坡数据最多。该统计只是各种降水量带内滑坡总数，并不是各区域内滑坡密度数据，通过滑坡密度分析发现滑坡密度与降水量与强度有一定的正相关。

表 15.1 不同地区多年平均降水量区域滑坡发生状况

降水量/毫米	总数	≤1600	1600～2000	2000～2400	2400～3200	≥3200
所有滑坡个数	4254	17	1002	1821	1414	0
大型滑坡个数	298	2	99	109	88	0

从香港地区多年平均降水与滑坡的分布关系来看（图 15.5），滑坡的分布与多年平均降水的空间分布不均匀性没有必然的联系。如在港岛滑坡灾害多发区，其年平均降水量也只有 2000 毫米左右，相反在新界 3200 毫米降水区滑坡发生的频数并不高。当然该结果与选取的滑坡样本有关，这里用到的滑坡均为 GEO 记录的人工边坡破坏而致，若考虑发生在未开发区域（大屿山新界局部地区）数量巨大的自然滑坡发现，在年降水量超过 2000 毫米的地区滑坡出现的密度较高。

根据多年的研究发现，香港的滑坡多数与暴雨有关（DAI Fuchu，1999；Premchitt J.，1994），即暴雨往往成为滑坡灾害的触发因子，特别是强度高、历时长的暴雨。如1993 年 11 月 5 日中心位于大屿山地区的暴雨等降水量线分布与同时间内发生滑坡位置有直接关系（图 15.6）（24 小时降水量 1993 年 11 月 4 日 06 时到 5 日 06 时（W. L. Chan，1993））。据统计这次暴雨引发了 300 处人工边坡的破坏及 600 处自然滑坡的发生（H. N Wong & K. K. S. Ho，1993）。但滑坡在各降水量区域形成滑坡的数量有很大变化（如表 15.2），在这次暴雨引发的有记录的 400 处滑坡中多数集中在 200～300毫米暴雨量带，而非在降雨量最多的区域，这跟大屿山地区的地形地貌条件与暴雨带空间叠合有关，200～300 毫米暴雨量带地区正是暴雨多发的地形地貌区。

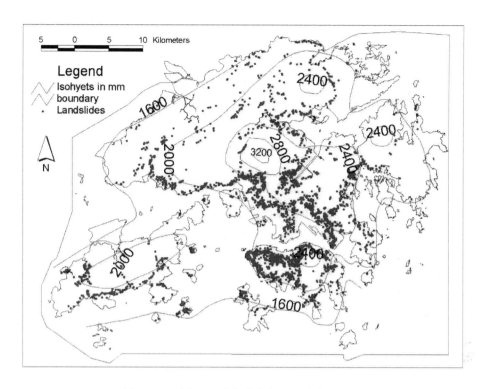

图 15.5　香港地区多年降水与滑坡分布的关系

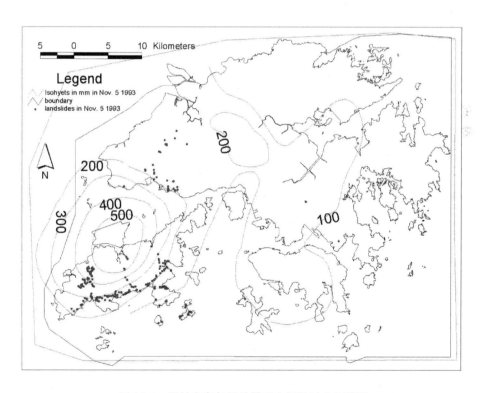

图 15.6　滑坡灾害与相关暴雨之间的时空相关图

表 15.2　1993 年 11 月 5 日大屿山暴雨引发滑坡与降雨量带的关系

暴雨量带/毫米	<100	100~200	200~300	300~400	400~500	≥500
滑坡个数	16	71	185	67	52	8

2. 暴雨中心迁移与滑坡频率

一般情况下滑坡频率指某地区某时段内滑坡出现的数量和规模，要想分析降水与区域内滑坡频率的关系，需要有动态的降水资料和滑坡全样本数据。如前所述，有关诱发滑坡的暴雨阈值问题已有许多学者研究过，但暴雨过程中降水空间分布有不均匀性，暴雨中往往存在一个或几个降水相对集中的地方，我们称之为暴雨中心。研究发现，香港地区暴雨过程中暴雨中心空间变化与时间有某种关系。那么暴雨中心的空间变化会不会影响滑坡的分布，于是提出了暴雨中心迁移与滑坡频率关系问题。

由于滑坡数据的限制，这里只能选取个别较典型的暴雨事件分析暴雨中心迁移与滑坡频率的关系，因为许多暴雨事件中没有准确时间和地点的滑坡记录。经过认真筛选后选取 1992 年 5 月 8 日暴雨为暴雨事件。GEO 记录的发生于 1992 年 5 月 8 日有准确时间记录的滑坡事件有 64 个。

1992 年 5 月 8 日的暴雨时间和空间上均有很大的不平衡性。从时间上（图 15.7），暴雨于 5 月 8 日 04：30 开始出现，06 时到 07：30 分之间出现强降水，最大 30 分钟降水达到 34 毫米，13：30 到 15：00 又出现一次较弱的降水峰值，最大 30 分钟降水达 21 毫米，到 18 时，整个暴雨过程基本结束。暴雨过程中降水的空间变化也十分明显（图 15.8），降水最少的地方只有 100 毫米左右，降水多的地方则可到 370 毫米。多数雨量站测得的平均降水量在 200~300 毫米之间。

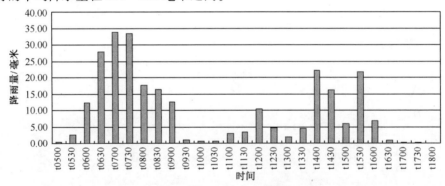

图 15.7　暴雨过程中降水量的时间变化

暴雨中心序列图显示，暴雨过程中暴雨中心空间位置存在迁移（图 15.9）。图中仅标出了每个时段的一个暴雨强度较高的区域，暴雨中心面积大小表示降水强度的相对强弱，暴雨中心位置在各时间段的变化如下：粉岭（04：30~05：00）→大帽山（05：00~05：30）→大帽山（05：30~06：00）→九龙（06：00~06：30）→油塘（06：30~07：00）→柴湾（07：00~07：30）→薄扶林（07：30~08：00）→鸭利洲（08：30~09：00）→赤柱（09：00~09：30）→赤柱（09：30~10：00）（北潭涌有次中心）→

→赤柱（10:00～10:30）→梅窝（10:30～11:00）→沙田（11:00～11:30）→梅窝（11:30～13:00）→赤柱（12:00～12:30）→西环（12:30～13:00）→上水（13:00～13:30）→西环（13:30～14:00）→鲤鱼门（14:00～14:30）→兰田（14:30～15:00）→西环（15:00～15:30）→北潭涌（15:30～16:00）→北潭涌（16:00～16:30）。16:30以后降水已很少，很难划分出明确的暴雨中心，由以上分析可以得出如下认识。

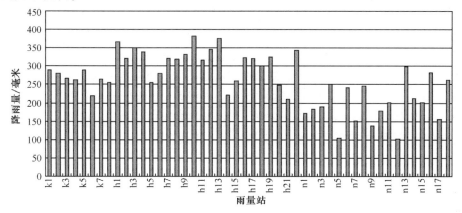

图 15.8　暴雨过程中降水量的空间变化

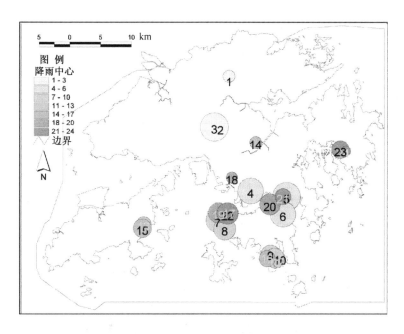

图 15.9　暴雨过程中暴雨中心的迁移

(图中数字表示从 04:30 开始间隔为 30 分钟的时间顺序)

（1）暴雨过程中暴雨中心存在时空变化；

（2）一次暴雨过程中一区域可能反复成为暴雨中心；

（3）降水强度大时往往只有 1 个暴雨中心，降水强度小时暴雨中心也较分散；

（4）雨量站密集时反映的暴雨空间分布较为准确。

为分析暴雨中心的时空迁移与滑坡的时空分布的关系，暴雨中心序列图中已把各对应时段的出现滑坡的状况表达出来。时段 A、B 均没有滑坡；时段 C 在暴雨中心边沿有 3 处滑坡，其中 1 处出现在 B 时段的暴雨中心；时段 D 没有滑坡，但降水强度很大；时段 E 出现 12 处滑坡，且均出现在暴雨中心及其边沿或上一时段暴雨中心；时段 F 有 3 处滑坡，2 处在前一时段的暴雨中心，1 处在暴雨中心边沿；时段 G 有 7 处滑坡事件，均处在暴雨中心边沿；时段 H 有 2 处滑坡，1 处在暴雨中心，1 处在暴雨中心边沿；时段 I 有 2 处滑坡，均处在上一时段暴雨中心边沿；时段 J 有 1 处滑坡，在上一时段的暴雨中心；时段 K 有 3 处滑坡，2 处在暴雨中心边沿，1 处在上一时段次暴雨中心边沿；时段 L、M、N 均没有滑坡出现；时段 O 有 5 处滑坡，2 处在暴雨中心，其余在中心边沿或上一时段暴雨中心边沿；时段 P 有 1 处滑坡在暴雨中心边沿；时段 Q 有 1 处滑坡，在中心边沿；时段 R 有 2 处滑坡，1 处在中心，1 处在中心边沿；时段 S 有 1 处滑坡在中心区；时段 T 有 1 处滑坡，在暴雨中心；时段 U 有 7 处滑坡，1 处在暴雨中心，其余在中心边沿；时段 V 有 5 处滑坡，3 处在暴雨中心，其余在中心边沿；时段 W 有 2 处滑坡，均处在上一时段暴雨中心；时段 X 有 1 处滑坡，在上一时段暴雨中心边沿；时段 Y 没有滑坡出现；时段 Z 有 1 处滑坡，处在暴雨中心边沿；时段 AB 滑坡时间为 17：30 分以后，共有 3 处滑坡，其位置与前些时段的暴雨中心位置有关。

由以上分析可以得出以下认识：

（1）空间上滑坡均出现在暴雨中心或暴雨中心的边沿地区；

（2）时间上滑坡事件出现在暴雨中心出现或上一阶段时间的暴雨中心；

（3）暴雨强度高或上一时段降水强度大的时段滑坡出现频率高；

（4）暴雨中心在一地区多时段停留往往使该地区周围滑坡出现频率较高；

（5）暴雨中心的迁移从一定意义上表达滑坡时空频率变化。

分析暴雨中心迁移与滑坡时空频率的关系，最终的目的是通过暴雨中心的时空变化来预测滑坡出现的时空几率，这对滑坡警报的发布有一定的参考意义。当然靠分析一场暴雨建立其间的关联模型还不成熟，但在提供详细滑坡资料和多场暴雨分析的基础上可以建立其暴雨中心迁移与滑坡分布的时空关联模型。

3. 滑坡灾害与地质要素的关系

地质要素对滑坡灾害的作用方式主要有：①岩石的性质影响岩石的抗风化能力，进而影响其作为滑坡物质来源时抵御滑坡诱发因子的能力。如 Lumb（1975）认为香港地区一般情况下花岗岩容易风化为砂，而火山岩则容易风化为泥。这对小型滑坡影响十分明显。②大大小小的地质构造为滑坡的形成和发展提供了条件，较大的断层、节理往往成为滑坡易出现的地区，岩石的产状、岩层间的破碎面、一定方向的岩层倾向均为滑坡出现提供机会。

区域性地质条件会直接或间接影响滑坡的孕育、发生及发展。基岩地质与表层地质条件为滑坡提供了物质基础与触发条件，断层、节理、层理等地质构造为大型滑坡的形成和发育提供构造基础（Sassa K.，1984），图 15.10 是香港地区大型滑坡（滑坡体体积大于 50 米³）与距断层距离关系，图中滑坡的体积为立方米，到断层距离单位为米，距断层的距离是用空间分析方法按 50 米×50 米格网计算全区域范围内任何格网点到所有断层的平均距离，从图中可以看出大型滑坡的位置均在离断层 500 米以内的范围内。

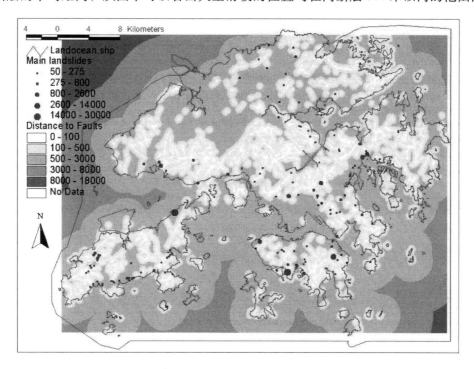

图 15.10　滑坡灾害分布与断层距离之间的空间相关

用 GIS 的缓冲及空间叠加功能，分别做 200 米和 300 米的缓冲区发现（表 15.3），大型滑坡位于距断层 200 米带内的占 32.9％；距断层 300 米带内的占 69.6％，说明大型滑坡与断层有很强的关联性。对于所有参与统计的滑坡，距断层 200 米带内的占 30.3％；距断层 300 米带内的占 66.6％，由此，可以从一定程度上说明许多小型滑坡与地质构造没有明显关联。

表 15.3　距断层不同距离带内滑坡出现个数

距断层距离/米	200	300	总个数
大型滑坡个数	53	112	161
所有滑坡个数	1076	2370	4254

4. 滑坡与地形地貌关系

地貌对滑坡的影响，是通过不同地貌部位对滑坡诱发因子抵抗能力及作用方式来实现的。Hansen（1984）把香港地貌定义为两种地貌单元，即高台和低台组合。前者包括强风化高原、山脊、山峰及凸形坡；后者包括凹坡、洪积沉积平地等。滑坡在不同地貌部位出现的几率状态不尽相同，由此 Hansen 基于地貌类型把滑坡分为四种类型：发生于高台地较平缓或凸出山体的小型浅层滑坡；发生于由于水流冲刷导致的过陡坡引发的各种大小的滑坡；发生于高台地与低台地地貌组合交接部位的滑坡；发生于低地地貌组合过陡坡部位的滑坡。不同类型的滑坡其作用地形对其影响方式有差别，Fourie (1996) 发现强降水中平行于坡体方向的浅层滑坡与土壤失去土壤的凝结力有关，不像深位滑坡有离散的滑动面。

地形对滑坡的影响可以从高程和坡度两方面说明，表 15.4 是香港全区 GEO 统计的滑坡与高程的关系，50～100 米高程带的滑坡密度最高，200～300 米之间滑坡密度明显降低，这主要是统计的滑坡主要为人工滑坡，形成滑坡的人工边坡多数分布在 200 米以下。

表 15.4　滑坡分布与高程的关系

高程带/米	＜1	1～50	50～100	100～200	200～300	300～400	400～500	500～600	＞600
格网数	422 501	163 731	68 391	89 039	54 760	28 631	12 980	5099	4186
面积/平方公里	包括海洋	409.33	170.9	222.6	136.9	71.58	32.45	12.75	10.47
滑坡数	95	1912	878	1004	241	76	42	6	0
密度/(数目/平方公里)	误差	4.67	5.14	4.51	1.76	1.62	1.29	0.47	0
与平均密度比	误差	1.20	1.32	1.16	0.45	0.27	0.33	0.12	0.00

高程只能反映区域的海拔高度状态，而地形起伏状况需要由坡度来表达，空间上高度变化速率（坡度）则说明能否为坡体重力作用提供条件。表 15.5 是香港全区 GEO 统计的滑坡分布与坡度的关系，其中 990 处滑坡出现在坡度为 0 的区域，这显然是算法和（或）数据错误，在 GIS 与滑坡风险评价一章中对该问题进行了专门说明。从统计结果看，多数滑坡所在的自然边坡坡度不超过 $18°$，但由于有切坡出现滑坡发生的坡体坡度要远远高于该统计值，$25°～35°$ 坡度带滑坡数量是最多的。

表 15.5　香港滑坡分布与坡度的关系

坡度带/(°)	0	0～10	10～18	18～25	25～35	35～45	＞45
格网数	540 310	45 870	40 445	71 551	102 141	29 010	5998
面积/平方公里	平地及误差	114.68	101.11	178.88	255.35	72.53	15
滑坡数	990	789	635	684	840	248	68
密度/(数目/平方公里)	计算误差	6.88	6.28	3.82	3.29	3.42	4.53
与平均密度比	误差	1.55	1.42	0.86	0.74	0.77	1.02

以上分析的滑坡多为人工边坡的滑塌而致，应该说只有分析自然边坡滑塌形成的滑坡才有实际意义。为此这里以发生在 1993 年 11 月 5 日暴雨中大屿山本岛区域的滑坡为例，说明滑坡分布与地形的关系，这次暴雨中记录到的自然滑坡共 907 个，其分布见 GIS 与滑坡风险评价部分。滑坡分布与高程的关系如表 15.6 所示，滑坡主要集中在

50～400米高程带内，从滑坡密度看200～400米高程带密度最高，50米以下区域较少有滑坡出现。

表15.6 大屿山地区滑坡分布与高程的关系

高程带/米	<1	1～50	50～100	100～200	200～300	300～400	400～500	500～600	>600
格网数	924961	417137	232927	342108	234415	149740	85819	42675	43166
面积/平方公里	包括海洋	47.71	23.29	34.21	23.44	14.97	8.58	4.27	4.32
滑坡数	0	15	88	248	278	180	81	12	5
密度/(数目/平方公里)	误差	0.31	3.78	7.25	11.86	12.02	9.44	2.81	1.16

滑坡与坡度之间表现出的规律与香港全区的情况有较大差别，坡度在18°以下的区域较少有滑坡分布35°～45°坡度带滑坡密度最高（表15.7），说明自然状况下地形坡度对滑坡的分布有着至关重要的作用。

表15.7 大屿山地区滑坡分布与坡度的关系

坡度带/(°)	0	0～10	10～18	18～25	25～35	35～45	>45
格网数	238 733	90 789	172 386	324 992	463 090	137 947	27 382
面积/平方公里	平地及误差	9.08	17.24	32.5	46.31	13.79	2.74
滑坡数	72	2	16	118	496	177	26
密度/(数目/平方公里)	计算误差	0.22	0.93	3.63	10.71	12.84	9.49

5. 滑坡与植被覆盖

不难想象，地表覆盖的植被类型对于浅层滑坡会产生一定的影响，但不同的研究者得出的研究结果却不尽相同。Collison 和 Anderson（1996）认为植被的根系会使土壤的凝结力减弱，从而有利于滑坡的形成。通过对北大屿山自然滑坡的研究，Franks（1996）发现植被稀少的坡体容易出现滑坡，也即植被对滑坡有一定的抑制作用。

滑坡与植被的关系还表现在滑坡出现后滑坡位置上的植被恢复上，Evans 等人（1997）的研究发现滑坡的不同部位植被恢复的时间周期差别很大，通常在滑坡尾部即滑坡堆积物区5年可以恢复70%、8年内可以恢复90%、18年内全部恢复，而在滑坡源部植被恢复到70%需要20到30年，35年后植被恢复的比率也不会超过90%。

由中国科学院植物研究所王绍庆教授为主的专家组通过对香港遥感影象的解译，把香港地区的植被覆盖类型分为139种。为便于分析，这里将植被归并为4类，即森林、灌木、草地及其他（包括园林、行道树、公共设施用地等），各种植被类型下滑坡分布状况见表15.8。其他类型植被覆盖下滑坡密度最高（多数滑坡均分布在道路沿线），在森林、灌木和草地类型中，林地区域内的滑坡密度最高。

表 15.8 香港地区滑坡分布与植被的关系

类型	林地	灌木	草地	其他
面积/平方公里	497.16	13.03	323.38	276.29
滑坡个数	1457	33	450	2290
密度/(数目/平方公里)	2.93	2.53	1.39	8.29

第二节 地理信息系统在洪水灾害研究中的应用

一、GIS 与洪水灾害研究

1. GIS 与洪水灾害风险监测、预测

洪涝灾害监测评估是抗洪减灾中一个重要组成部分，GIS 是其中重要的技术支撑之一。洪涝灾害的监测评估除了采用常规的水位、流量观测外，遥感是监测的主要手段，而以 GIS 技术为基础的各类基础数据库则是风险监测及评估的技术保障。目前常用来获取洪水水体范围的遥感图像数据包括：NOAA AVHRR，LandsatTM，JERS SAR，ERS SAR，Radarsat SAR 等。这些遥感图像都有各自的特点，如 NOAA 影像的空间分辨率相对较低，但时间分辨率较高，一天可四次获得图像，对宏观的洪水动态监测非常有利。Landsat TM 图像主要适用于洪水灾害监测评估中本体水体的提取。后两者为雷达遥感影像，由于属于微波遥感，具有全天候、全天时、穿透云雾等特征，成为洪水灾害监测的首选数据。

在洪涝灾害的评估以及从遥感影像提取现势水体，GIS 都能发挥着重大的作用。它是决定洪涝灾害监测评估水平的决定因素，尤其是评估内容，完全决定于基础背景数据库数据层的多少。目前我国已经建成了洪涝灾害监测评估业务运行系统。该系统运行在 Windows NT 系统平台上，以 ArcInfo 和 Erdas 作为地理信息系统和遥感图像处理系统的支撑软件。该系统的主要功能如下（李纪人，2001）：

（1）可以完成遥感图像的输入输出、几何校正与配准、镶嵌切割、影像灰度调整与增强等预处理过程；

（2）矢量数据的编辑、格式及投影转换、多层数据之间的叠加运算等，可快速准备评估前的背景数据；

（3）从遥感影像中人工以及自动提取水体；

（4）通过受淹范围与土地利用基础背景数据的叠加，完成受淹范围内居民地和耕地等土地利用信息的提取以及面积计算，按县市统计计算受淹居民地和耕地面积；

（5）有关专题图及报告模板的生成。

在洪水风险预测方面，刘权等基于气象卫星遥感与 GIS 集成对洪水监测与预报方法进行了研究，并将其应用到辉发河流域的山洪预报中，该系统的工作原理是（刘权，2001）：

（1）由 NOAA 卫星提供的 TIF 数据、测雨雷达数据气象联网数据综合分析而获得区域降雨、蒸散发、温度场等实时物理量，并以此与 GIS 复合得出指定流域内上述诸

物理量；

（2）通过 NOAA 卫星数据获取前期土壤含水量和地下水动态、水位等实时数据；

（3）通过 Landsat TM 数据获取土地利用、土壤类型、地形、流域特征等下垫面背景参数，并将这些参数作为流域常规水文预报模型的修正和补充，建立水文预报模型。

2. 地理信息系统在水灾风险管理中的应用

地理信息系统在水灾管理中的应用主要体现在以下几个方面：

1) 利用地理信息系统的强大数据库管理功能对空间数据库进行管理

水灾管理中涉及到大量的数据信息，从流域洪水灾害管理实际业务运行的数据需求出发，可将这些数据分为七大类，分别为：实时水雨情库、工程信息库、社会经济信息库、地理信息库、动态信息库、超文本库、历史灾害数据库。这些数据库中的空间信息用地理信息系统来进行管理，其他的专业信息如实时水雨情信息可用 Sybase、Oracle 等大型数据库来进行管理，它们之间可以用空间数据引擎来进行连接（刘舒，2001.，万洪涛，2002）。

2) 遥感技术与地理信息系统相结合，能提高洪涝灾害监测与评估水平

在对遥感影像进行特征提取时需要地理信息系统背景数据库的支持。如从遥感图像提取现势水体时，由于洪涝灾害发生时，天气条件一般都比较差，因此一般采用机载或星载侧视合成孔径雷达来获取遥感影像。由于水体和山体阴影极易混淆，目前还不能利用计算机自动进行水体边界的提取，一般实际操作中需要结合 GIS 考虑背景信息，这样能加快水体特征提取的效率与准确性。

3) 与各种专业模型相结合，为它们提供背景数据库和集成平台

这些专业模型，包括水文模型、水动力学模型、洪水调度模型、抢险避险模型等。一般来讲，专业模型在数据管理和维护、模拟结果的表达以及空间分析上的能力有限，而 GIS 正好可以填补这一空白。

4) GIS 强大的空间分析以及地统计模块为洪水灾害风险研究提供了有力的分析工具

洪水灾害风险分析涉及到许多种类的信息，有自然的，也有社会经济的，而洪水灾害风险是这些信息的一个综合的反映。在进行洪水灾害风险区划时必须综合考虑这些因子，并且有时还要进行因子的空间叠加与空间统计，而这些都是 GIS 软件的强项。以 ArcGIS8 的空间分析模块为例，该模块可以帮助用户解决各种各样的空间问题，包括有关派生信息的获取。如计算区域内的人口密度，创建山体阴影以提供现实的山体背景，通过计算坡度来识别陡峭的坡面，确定某位置到各条道路的距离或方向。

5) GIS 软件的强大制图功能使得洪水灾害风险的分析与表达更加直观

实际上洪水灾害风险图很大程度上不过是专题图的一种形式。

二、基于 GIS 的洪水淹没水深分析计算

1. 基本原理

洪水淹没水深是度量洪灾严重程度的一个重要指标，是评估洪水灾害损失的一个重要因子。例如，对于不同农作物受淹后所能忍耐的积水深度和积水时间不同，水稻在不同生育阶段积水深度为 10～20 厘米，允许积水时间为 2～10 天，而棉花、玉米等旱作物分别在积水深度 5～12 厘米允许积水时间为 1～2 天。分析和计算洪水淹没水深的方法很多，例如现场实测方法、水力学模拟方法等。GIS 技术的发展为估算水深提供了新思路。运用 GIS 方法获取淹没水深，需要数字地面高程模型的支持，由水面高程与地面高程共同决定。

$$D(x,y) = E_w - E_g(x,y) \qquad (15.1)$$

式中：$D(x,y)$ 为洪水淹没水深；E_w 为洪水水面高程；$E_g(x,y)$ 为地面高程；其中 $(x,y) \in FA$ 为洪水淹没区。

确定水面高程有多种方法，如通过地面水文观测站网、卫星激光测高仪和应用水陆边界线上的地面高程值估计等。第一种方法有比较稳定的数据来源，具有较高的精确性和可靠性，但水文观测站点的数量是有限的，构成水面高程表面具有一定的困难。激光测高仪可直接测量水面高程，但由于卫星轨道精度和数据来源的限制，目前还没有进入实用化阶段。水陆边界与数字地面高程模型相结合的方法主要局限是精度问题，其精确程度受水陆边界线位置的精度、DEM 的精度以及水陆边界线所处的阻水地物的坡度等因素决定。

理论上分析，洪水水面是一个复杂的曲面，尤其对较大洪水面而言。为了便于分析，一般要对水面进行近似和简化，例如，对于湖泊、水库、蓄滞洪区或局部低洼地等，水面可以近似简化为水平平面（图 15.11）。

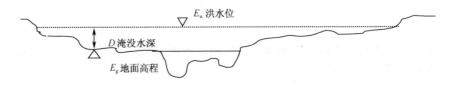

图 15.11 水面可近似为水平平面的水深计算方法

对于河滩地，在洪水泛滥时洪水与河流水体连为一体，但水面并非水平平面，而是倾斜平面或复杂曲面。对曲面形式的处理在精度允许范围内可概化为单个倾斜平面或多个倾斜平面的连接体（图 15.12）。如果得到的水面高程是离散的，要获取连续性的水面高程需采用空间插值技术。由于水流的影响，对水面不应采用各向同性的插值方法，而应考虑流向影响获取水体表面高程。各向异性的空间插值技术和 GIS 中邻近性分析方法，可用于解决这一问题。

2. 淹没水深的 GIS 估计方法

根据已知条件的不同，可以将基于 GIS 的淹没水深估算模型划分为静态模型和动

态模型。静态模型是在已知洪水淹没范围的条件下，利用离散化的水位高程数据、地面高程模型，通过空间内插计算得到淹没水深；而动态模型是通过求解水文水力学模型来获取水面高程表面，再与地面高程作相减运算，计算淹没水深。其中静态模型是本章讨论的重点。

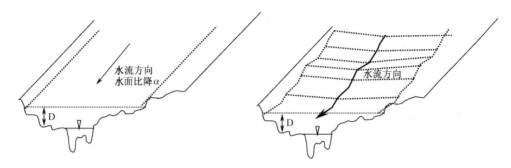

图 15.12　水面近似为或倾斜平面或多个倾斜平面连接体水深计算方法

1）静态模型

对于湖泊区，包括水库、蓄滞洪区和局部低洼地等形成的淹没区一般水流缓慢，水面比降小，一般可近似为水平平面。通过一个或多个水位数据近似表达水面的高程。在这种情况下，确定地面高程是计算水深的关键，淹没水深的计算流程见图 15.13。

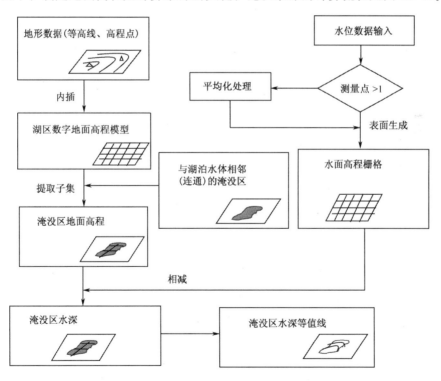

图 15.13　湖泊型淹没水深计算流程

地面高程由等高线数据和高程点数据首先生成不规则三角网（TIN），然后再插值生成规则栅格数据（GRID）。一般来讲，淹没区多为地势相对低平的地区，因此需要相对高精度地形数据，比例尺多为1：2.5万～1：1万，等高距达到1米。由于平坦地区缺乏地形特征，在创建地面高程模型的过程中应充分利用高程点和断线（如水系）信息。淹没区通过遥感方法获得，具体方法在上一节已经论述。需要解决的问题是要划分出湖泊水体的影响区范围，在一定范围以外湖水影响减小，主要受河流水动力控制。一方面通过自动寻找连通区的方法，另一方面还需通过人机交互的方式给予核定。对于小型水体，单个水位测量点可以满足要求。对于可以得到多个水位测量数据的大型水体，如果多个水位测量值相差不大，可进行平均化处理。如相差很大需要采取分片或作为倾斜平面处理。经过以上准备工作，利用GIS的栅格计算功能，应用公式（15.1）计算淹没水深。对计算结果可以通过再分类和生成等值线方法，以需要的方式对结果进行表达。

滩地型淹没区是由河水泛滥溢出河道，淹没平水位以外的滩地、低洼地所形成的淹没区。在这种情况下，泛滥洪水与河道中水体混为一体。虽然整个水体形态有很大改变，但如果仍按主流线方向流动，则水位主要沿水流方向变化，水面存在一定的比降，利用势能的变化，克服阻力做功和产生动量的变化。在忽略河水侧向运动的情况下，可以近似水面高程仅沿主要流动方向变化，在垂直于主要流动方向上变化很小甚至没有变化。

与湖泊型淹没区相比，滩地型的淹没水面相对复杂。首先，单个或太少的水位测量数据经常难以满足要求，需获取多个水位观测数据，除了水文站观测数据以外还要配合其他手段。通过遥感提取洪水边界线配合地面地形信息方法，可以弥补水文观测站点的不足。

遥感解译的水陆边界与地面的高精度地形信息复合分析，可以获取水面高程信息。如果水陆边界线主要由自然地形形成，这是一种比较有效的方法。提取水陆边界高程的过程需要一定人工干预，尽量避开地形突变线（如陡坎）或人工地物影响（如堤坝）。与DEM复合提取边界上的高程信息，可能有一定的采样间隔，并且对采集的数据还需要进行如去掉异常值、滤波等处理。河流主流线作为表面插值的方向控制，并采用最邻近分析和插值技术获取主流线水面高程和横断面线（图15.14）；然后根据横断面线所控制的方向和水面高程采样进行插值，生成水面高程表面，再与DEM复合获取淹没水深分布。具体计算流程见图15.15。

2）动态模型

河道一维洪水演进通过联立求解圣维南微分方程组实现，见式（15.2），圣维南方程组缺乏通用的解析解法，一般经过各种简化采用数值解法求解。

连续方程
$$\frac{1}{B}\frac{\partial Q}{\partial X}+\frac{\partial Z}{\partial t}=0 \tag{15.2}$$

动量方程
$$\frac{\partial Q}{\partial t}+\frac{\partial\left[\dfrac{Q^2}{A}\right]}{\partial X}+gA\frac{\partial Z}{\partial X}+g\frac{Q^2}{AC^2R}$$

式中：Q、Z、A分别代表过水断面上的流量、水位、过水断面面积，它们均是流程X

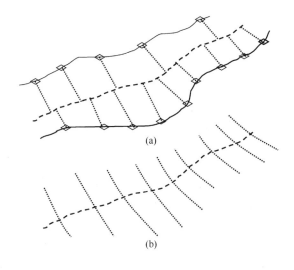

图 15.14　河流水面高程采集方式（a）和横断面线生成（b）

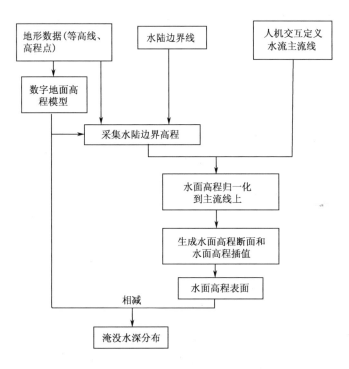

图 15.15　滩地型淹没水深计算流程

和时间 t 的函数。B、g、C 为过水断面宽度、重力加速度和谢才系数。

　　根据河道状况，将其概化为单式断面河槽或者有滩地的复式断面处理。求解圣维南微分方程组的数值解法主要有特征线法（Method of Characteristics）和有限差分法（Finite Difference Method）。特征线法反映波动传播的物理特征，稳定性好，计算精度高，但有求解格式复杂和耗时多等缺点。有限差分法用差商代替微商进行离散化，从而建立代数方程组来求解。这种方法数学概念直观，表达简单，计算比较方便。其缺点是解的稳定性会受差分格式的影响。相对来讲，目前有限差分法的应用更广泛一些。

对于通过数值求解的水位信息可以应用与静态模型相似的方法处理，结合地面高程模型计算淹没水深，这里不再赘述。

三、浑太流域洪水淹没水深反演

1. 洪水概况

1960年洪水发生于该年的8月1～5日，影响范围包括辽宁东部（辽河以东），鸭绿江中下游（包括吉林省的南部）和辽东半岛以北的广大地区。1、2日暴雨中心分别在浑太河下游区。1日抚顺日雨量185.4毫米，2日抚顺附近的棋盘山日雨量为199.6毫米，太子河下游的官草沟为140.1毫米。3日本溪站日雨量为302.9毫米，黑沟站为417.2毫米。浑河沈阳站8月4日还原流量达8800米³/秒，太子河3日参窝水库出现历史最大洪峰流量16900米³/秒。图15.16为1960年洪水在浑太流域下游形成的洪泛区范围，洪泛区范围基本上是沿着浑河和太子河走向的狭长地带，浑河上的洪泛区约开始于黄蜡坨子公路桥以下，向西达辽河左岸。太子河上的洪泛区开始于辽阳市以东，向北达北沙河下游。两河泛区连为一体，向南向西延伸，其中太子河泛区在运粮河口的唐马寨以下，被逼入太子河右侧。洪泛区结束于二河汇合处的以南地区。

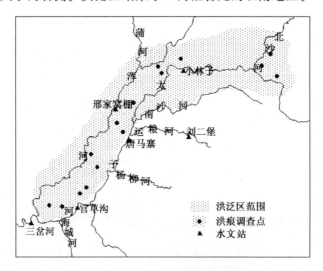

图15.16　辽东1960年洪水洪泛区范围和洪痕调查点分布

2. 淹没水深的估计

本节应用1960年辽东洪水洪痕水位调查数据和地形数据，对辽河流域中下游洪泛区的淹没水深进行估计。由于该地区缺乏洪灾期间的高精度遥感数据，因此应用了洪水痕迹调查资料。这里所涉及的地区为辽宁东部的浑河和太子河地区。洪水调查的洪痕点分布见图15.16，虽然本次洪水在浑太流域形成的淹没区并不是严格意义上的滩地型淹没区，但整个洪泛区沿两河走向狭长分布，并在"浑太胡同"混为一体，因此近似应用滩地型淹没水深计算方法是可行的。

按照图 15.15 所示的计算流程进行计算：

（1）评估地区数字地面高程模型建立：采用 1：10000 地形图上采集的等高线（等高距为 1m）和高程点建立数字地面高程模型，见图 15.17。这一地区地面起伏不大，高程 2～24 米，由北向南倾斜。

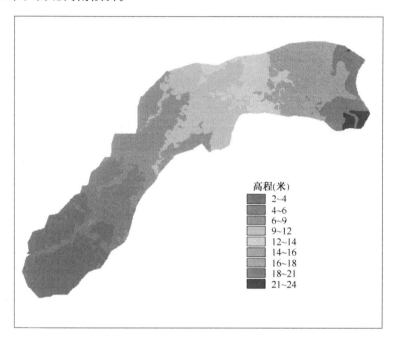

图 15.17　辽河实验区的数字高程模型

（2）水面高程表面的建立：根据洪痕调查数据，洪泛区范围，沿主流线方向进行各向异性插值，即插值主要受样本点垂直于流线方向的分量影响。

（3）水深的计算：根据地面高程和水面高程，利用 GIS 的栅格计算功能，生成水深分布栅格，计算范围由洪泛区范围限定。淹没水深分布计算结果见图 15.18。

3. 结果分析

从图 15.18 中可以看出，淹没水深在 3～4 米的面积最大，从南至北连续分布，面积约 47800 公顷，占整个洪泛区面积的 44％。局部的低洼地形成了淹没水深更大的区域，在蒲河口附近形成了面积很大的水深大于 4 米的受淹区。地势略高的地区淹没水深也相对小。由于 1960 年洪水量级很大，各条河流几乎同时涨水，河道宣泄不畅，致使浑河、太子河下游平原堤防决口，各河相互窜通，连成一片，而且在浑、太河汇合处的三岔河站还受潮水顶托，高水位持续时间很长，形成了大面积的深水淹没区，洪痕水位记录了淹没时形成的最高水位，可以作为这一地区淹没状况的客观估计。

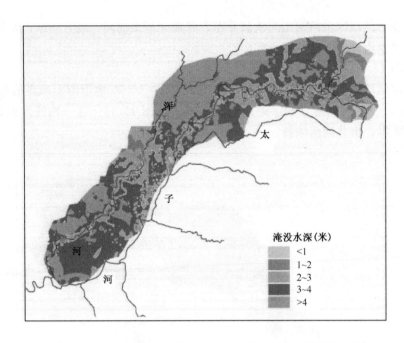

图 15.18　（1960 年辽东洪水）淹没水深空间分布的模拟结果

表 15.9　各区段不同淹没程度的面积　（单位：公顷）

淹没水深/米 区段	<1	1~2	2~3	3~4	>4
辽阳—小林子	2235.01	2750.84	9978.30	15395.75	7506.87
小林子—唐马寨	137.38	924.33	5172.86	10177.27	16451.13
唐马寨—小北河	251.62	1681.09	4728.38	7565.61	968.87
小北河—三岔河	37.00	572.73	2055.46	14746.36	5897.15

　　严重的洪水淹没状况造成了当时严重的灾情，根据松花江、辽河流域洪灾财产损失调查结果，2.5 米以上的淹没水深，农村家庭房屋损失率大于 70%，城镇房屋大于 12%，农村家庭财产大于 52%，农作物损失为 100%。据不完全统计，1960 年洪水，辽宁省淹没耕地 307 万亩，减产粮食约 2.5 亿公斤，倒塌、冲走房屋 19.5 万间。同时也影响了工业生产和交通运输的正常进行，6 条铁路被毁坏，一度中断运行，一些地区的运输和电讯受阻。

四、洪水灾害动态变化过程的分析

1. 基本概念

　　洪水灾害在发生、发展过程中，其时间特征和空间特征都不断地变化。通过一个或多个洪灾属性指标（如淹没面积、平均水深等）随时间的变化过程可以描述洪灾的发展过程。理论上应结合淹没范围和严重程度两方面反映整个洪灾的发展过程，如图 15.19

· 416 ·

所示，其中总淹没面积的时间变化曲线反映了洪灾空间影响范围的动态变化，不同水深面积的时间变化曲线则反映了洪灾严重程度的动态变化。

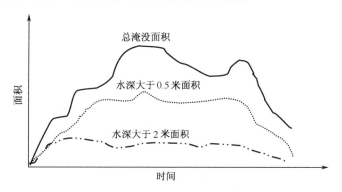

图 15.19 洪水灾害的动态变化过程

2. 洪水灾害动态变化类型

认识洪水灾害的发展过程具有重要意义，因为一次洪灾的严重程度不仅由其强度和空间范围决定，还与其发展变化密切相关。图 15.20 为按洪灾的量级和延续时间划分各种类型的洪灾，其中类型 a 为对区域各方面影响都不大的短历时小强度型洪灾，类型 b 为短历时高强度型洪灾，这种类型洪灾一般持续时间短，但强度大，来势凶猛，破坏力很大，如 1985 年陇中天局洪水，降雨历时仅 70 分钟，笼罩面积 446 平方公里，中心雨量却达 436 毫米，降雨总量达 0.65 亿立方米，集水面积仅 57.9 平方公里，产生了高达 1470 立方米/秒的洪峰流量。这种类型的洪灾经常伴随泥石流发生，对于中小型水库、铁路交通和局部地区的村庄和农田是毁灭性的灾害。

类型（c）、（d）为长历时型洪灾，一般影响范围大，涉及多个地区甚至整个流域。1931、1954 年江淮洪水和 1998 年长江、松花江和嫩江洪水是这种类型的极端典型。这种类型洪灾作用时间长，可达 1～2 个月，时间累积效应往往会放大洪灾影响，特别对于原来强度不高的洪灾，如果持续时间特别长也会酿成大灾。由于农田长期积水无法排出，造成农作物淹渍致死，如果持续时间特别长，不仅会影响本茬作物产量，还会影响下茬作物的播种。并且使灾区缺粮人口急增，救灾难度增大。

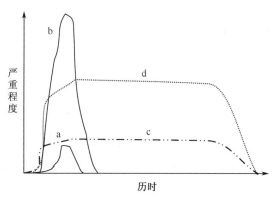

图 15.20 按洪灾持续时间和强度划分的洪灾类型
a. 短历时低强度洪灾；b. 短历时高强度洪灾；
c. 长历时低强度洪灾；d. 长历时高强度洪灾

尽管存在着多种组合，洪灾的空间范围、时间范围和强度三个要素经常紧密关联，一场空间范围广大的洪灾往往是历时较长并且相对严重的洪灾。

参 考 文 献

[1] Lumb P. Slope failure in Hong Kong. Quarterly Journal of Engineering Geology, 1975, 8: 31265.

[2] Carrara A., E. Catalano, M. Sorriso, et al. Digital terrain analysis for Land Evaluation. Geologia Applicata e Idrogeologica, 1978, 13: 69~127.

[3] Huma I., and D. Radulescu. Automatic production of thematic maps of slope instability. Bulletin of the International Association of Engineering Geology, 1978, 17: 95~99

[4] Newman E. B., A. R. Paradis, and E. E. Brabb. Feasibility and cost of using a computer to prepare landslide susceptibility maps of the San Franciso Bay Region. 1978, California. Bulletin 1443. USGS, Reston, Va., pp29.

[5] Brabb E. Innovative approaches to landslide hazard and risk mapping. Proceedings of the Fourth International Symposium on landslide, Toronto, 1984, Vol. 1: 307~323

[6] Brand E W, Premchitt J, Phillipson H B. Relationship between rainfall and landslide in Hong Kong. Proceedings of the Fourth International Symposium on Landslide, Toronto: 1984. 377~384.

[7] Okimura T and Kawatani T. Mapping of the potential surface-failure sites on granite mountain slope, In: Gardiner (ed), International Geomorphology, Part 1, John Wiley, New York, 1987, 121~138.

[8] Buchanan P, Savigny K W. Factors controlling debris avalanche initiation. Can. Geotech. J., 1990, 27: 6592675.

[9] Carrara A. et al. GIS techniques and statistical models in extracting landslide hazard. 1991, Earth surface process and landforms, 16: 427~445.

[10] Richard Dikau, Angelo Cavallin, Stefan Jager. Databases and GIS for landslide research in Europe. Geomorphology, 1996, 16: 27~239.

[11] Evans N C. Natual terrain landslides study: rainfall distribution and orographic effects in Hong Kong. Hong Kong: Geotechnical Engineering Office, Discussion Note DN 3/96, 1996.

[12] Atkinson P M, Massari R. Generalized linear modelling of susceptibility to landsliding in the Central Apennines, Italy. Computers & Geosciences, 1998, 24 (4): 373~385.

[13] Zhou Chenghu, Luo Jiancheng, Yang Cunjian, Li Baolin, Wang Shixin. 2000. Flood monitoring using multitemporal AVHRR and RADARSAT imagery, Photogrammetry Engineering and Remote Sensing, 66 (5): 633~638.

[14] C. H. Zhou et al. Satellite Image Analysis of a Huge Landslide at Yigong, Q. J of Engineering Geology and Hydrology, 2001, 34: 325~332.

[15] C. H. Zhou, C. F. Lee, J. Li, Z. W. Xu, The spatial relationship between landslides and causative factors on Lantau Island, Hong Kong, Geomorphology, 2002, 43: 197~207

[16] 李纪人. 遥感、地理信息系统和水文模型研究. 遥感在中国——纪念中国国家遥感中心成立 15 周年论文集. 北京：测绘出版社. 1996.

[17] 周成虎、黄诗锋等. 基于 GIS 的洪水灾害风险区划研究. 地理学报, 2000, 55 (1): 15~24

[18] 李军、周成虎. 基于栅格 GIS 滑坡风险评价方法中格网大小选取分析. 遥感学报, 2003, 7 (2): 86~92

第十六章 农业信息化研究进展 及其示范应用 *

从农业发展的历程看，现代农业发端于 18 世纪的西方工业革命，因为蒸汽机车和电力的发明促成了西方工业文明的诞生，随之而来的工业高速增长推动了农业进步，工业技术向农业领域渗透，机械化逐渐介入农业生产活动，并不可阻挡地替代了传统的手工劳作，使得农业生产方式发生了革命性的变化；19 世纪末到 20 世纪初，西方国家的农业机械化和化学化得到了普及，现代农业生产方式基本奠定。到 20 世纪 70 年代，以信息技术、新材料技术、空间技术和生物技术为代表的第三次技术革命，推动世界经济向着信息化的方向发展，农业也得益于信息化的导入而发生了深刻的变化。在信息化新技术手段的支持下，90 年代初期，占世界耕地总量 46%、人口总量 24% 的工业化国家和地区基本上实现了农业现代化。在发达国家，信息技术在农业领域的应用和普及速度很快，信息技术对农业的改造与对其他产业的改造步伐基本一致。国外已经出现了信息农业这样的新概念，比如数字农业（Digital Agriculture）、信息农业（Information Agriculture）、智能农业（Intelligence Agriculture）、精细农业（Precision Agriculture，Precision Farming 或 Farming in inch）、虚拟空间农业（Cyberfarm）等来称谓以信息为基础的农业。当前这种信息农业已经进入到一个新的阶段，已从简单的计算机在农业领域中的应用发展到对农业生产经营和管理的全过程提供支持。发达国家的信息农业是以网络化、综合性、标准化为特征的；发展中国家的农业信息化则处于一种追赶的状态，信息化先行起步的发达国家，会向发展中国家转移工业生产能力，从而加速发展中国家的工业化进程。因此，在世界信息化潮流的带动下，发展中国家有可能提前（相对于工业化而言）进入信息化时代，并利用信息化来推动和带动产业改造，甚至形成工业化与信息化相结合的新模式。但由于发展中国家农业部门技术环节原来就较为薄弱，尤其在信息技术方面差距更大，因此如何面对新经济形势下的全球信息化，是每一个发展中国家都需要引起重视并及时加以解决的问题。

第一节 农业信息化的出现

一、农业信息化的概念及其内涵

农业机械化与农业化学化是 20 世纪农业发展的重要标志，而农业信息化将成为 21 世纪农业发展的重要标志。信息化的概念起源于 20 世纪 60 年代，首先是由一位日本学者提出来的，而后被译成英文传播到西方，西方社会普遍使用的"信息社会"和"信息

---

* 本章由朱鹤健、章牧撰稿

化"概念是70年代后期才开始的。在信息社会，信息不单在产业领域使生产力发生新的飞越，使生产率大大提高，而且还将具有解决社会问题，扩大人类活动领域的效果。历史上还没有哪一种技术像信息技术这样，对人们的生产生活产生如此广泛和深刻的影响。因此，信息化对社会各方面的影响必将超过以往的产业革命对社会的影响。随着科学技术的进步和社会的发展，人类社会正在从工业化社会迈向信息化社会。信息是继材料和能源之后的第三资源，是支撑社会发展的三大支柱之一。微电子、计算机、光电和通信技术构成了信息技术的主体，也是信息化的基础。信息化是以丰富的信息资源、先进的信息技术、发达的信息技术产业和完善的信息咨询服务业为标志的。

根据 Gordon Waitt 对信息农业的概念："信息农业将是高度智能化、信息化的系统产业，是将遥感、空间信息、全球定位、计算机、自动控制、通讯、网络与农学、生态学、地理学、土壤学、经济学等基础学科集成一体的农业服务与农业生产管理系统"。信息农业或农业的信息化，其理论基础就是农业信息化过程中所运用的农业信息学的基本原理和方法。农业信息学的研究包括农业信息采集、存储、加工、分析、传输方法和综合集成应用方法。农业信息化的实现将彻底改变传统农业时空变异大、可控性差、稳定性和定量化程度低等弱质产业特征，推动农业现代化和农村经济的飞跃发展。

关于农业信息化的表述，在我国学术界有过较长时间的研讨。有人认为，信息化就是计算机、通信和网络技术的现代化；有的认为信息化就是从物质生产占主导地位的社会向信息产业占主导地位社会转变的发展过程；有的认为信息化就是从工业社会向信息社会演进的过程等等。1997年召开的首届全国信息化工作会议，对信息化和国家信息化定义为："信息化是指培育、发展以智能化工具为代表的新的生产力并使之造福于社会的历史过程。国家信息化就是在国家统一规划和组织下，在农业、工业、科学技术、国防及社会生活各个方面应用现代信息技术，深入开发广泛利用信息资源，加速实现国家现代化进程。"实现信息化就要构筑和完善6个要素（开发利用信息资源、建设国家信息网络、推进信息技术应用、发展信息技术和产业、培育信息化人才、制定和完善信息化政策）的国家信息化体系。通过信息化推动经济体制和经济增长方式的根本转变，促进工业化和现代化建设，提高综合国力和国际竞争力，改善和提高人民的物质和精神生活质量，实现物质文明和精神文明的全面发展。信息化在其自身发展过程中，作用于社会的各个方面，因此信息化的概念可以从多方面理解，比如社会信息化、经济信息化、农业信息化、家庭生活信息化等等。由此可见，农业信息化是一个内涵深刻、外延广泛的概念。其基本涵义是指信息及知识越来越成为农业生产活动的基本资源和发展动力，信息和技术咨询服务业越来越成为整个农业结构的基础产业之一，以及信息和智力活动对农业的增长的贡献越来越加大的过程。总之，农业信息化的概念应该是，不仅包括计算机技术，还应包括微电子技术、通信技术、光电技术、遥感技术等多项信息技术在农业上普遍而系统应用的过程。从另外意义理解，农业信息化是指培育和发展以智能化工具为代表的新的生产力并使之促进农业发展，造福于社会的历史过程。

农业信息化和农业信息技术对农业现代化起着重要的支撑作用，美国、法国、日本等国高水平的现代化农业无不得益于此。美国是集机械化、自动化、遥感遥测、计算机网络为一体的现代农业，从农田耕翻、作物播种、田间管理到收获、运输等生产环节都是通过卫星监测、遥感和计算机程序来遥控机械作业完成的；计算机网络还可及时通报有关天气变化、农产品市场价格及供求状况，了解新技术、新知识、新发明等，制定最佳生产计划，确定最佳饲料与施肥配方，进行生产管理与控制，这是农业信息技术高度发展的范例，是经济、科技、资源的雄厚实力为依托的农业现代化典型代表。我国人多地少，可以不重复美国的发展道路，但是在由传统农业向现代农业转变的过程中，农业信息技术已经全面地进入了农业生产环节，并将发挥越来越大的作用。

二、发展农业信息化的战略意义

有资料表明，美国农业信息化强度高于工业 81.6％，而我国农业信息化强度低于工业 288.9％。我国的农业信息化在人才、标准、网络、开发、推广和教育等方面尚存在许多问题，农业信息化应与国民经济的信息化同步进行，应"提高劳动者素质，大力开发信息资源以节省和替代不可再生的物质和能量资源。广泛应用现代信息技术以提高物质、能量资源的利用效率，建立完善的信息网络以提高物流速度和效率过程，提高农业产业的整体性、系统性和调控性，使农业生产在机械化基础上实现集约化、自动化和智能化"。有学者提出："农业信息化建设是历史上最为复杂的、知识高度密集的、大规模综合集成的系统工程。它应包括农业基础设施装备信息化、农业技术操作全面自动化、农业经营管理信息网络化三个方面"。目前我国已经加入世界贸易组织，中国农业面临的挑战愈加严峻，农业肯定是受到冲击最大的行业之一，根据 WTO 的农产品协议，我国目前高达 45％的农产品关税将在 2004 年之前根据不同产品种类，分别降低10％～12％，在 2004 年农产品平均关税降至 17％；重点农产品关税更降低至 14.5％。入世后，我国农产品除了茶叶、水果、蔬菜等优势产品外，来自发达国家的部分农产品挤占国内部分市场份额，例如肉类、禽类及饲料等。由此可见，中国农业信息化建设势在必行，没有信息化的支持，农业与农村的可持续发展就难以维系。

目前我国在农业信息技术应用上的主要问题还在于对 R&D 的认识和投入不足，缺乏应有的体制、政策、计划和良好的环境等"软件"条件，尤其是要建设资金的投入。改革开放以来，中国经济建设取得了辉煌成就，但 R&D 在 GDP 中所占的比例一直较低且有下降趋势。1990 年 R&D 在 GDP 中只占 0.7％，1996 年下降到 0.48％，现在也不过 0.65％ 左右，其中农业份额更是有限。目前发达国家一般为 2.5％～2.8％，发展中国家也在 1.5％ 左右。以高科技立国的以色列，GDP 中的 R&D 份额高达 3％；韩国 1991～1996 年 GDP 中 R&D 的比例由 1.9％上升到 3.5％。联合国九届贸发会议的资料指出，发达国家经济增长中的科技贡献份额是 70％，东亚平均水平为 10％～40％；联合国教科文组织《1996 年世界科学报告》提到，世界经济合作组织 27 个成员国的 R&D 投入占世界的 85％。在科技和经济迅速发展和竞争日益激烈的形势下，强者更强、弱者更弱、富者愈富、贫者愈贫的两极分化趋势日趋明显。

农业的出路在于科技。50 年来，中国以世界 7％ 的耕地生产了 24％ 的粮食，养活了占世界总数 22％ 的人口，取得了举世公认的成就。但是，人口、资源、环境和需求的重负，底子薄、投入少、生产和技术水平低的现实，使中国农业担负着艰巨而久远的任务。紧缺资源的替代要靠科技，技术和生产力水平的提高要靠科技，资金不足更要开发技术和人力资本。工业化社会初期，财富来源于原材料、土地和资本（凯恩斯），马克思提出了劳动价值论，而在科学技术和社会经济高度发达的当代，人力资本和技术资本成为创造社会财富的主体。罗默提出世界经济增长将主要归之于知识的"新经济增长理论"，托夫勒提出知识将是一切经济活动中最终的"替代资源"。面对全球性激烈的经济竞争，1994年，欧盟制订了"第四个科技发展和研究框架计划"；美国提出了"科技白皮书"，"国家标准与技术研究院（NIST）"提出了"先进技术计划（ATP）"等，它们都突出了"以技术促进经济发展"的主体思想；1991年4月 FAO 在荷兰丹波召开的国际农业与环境问题大会上，发出了《关于可持续农业和农村发展的丹波宣言和行动纲领》的倡议，提出了发展中国家"可持续农业与农村发展（Sustainable Agriculture and Rural Development）"的新战略，简称为 SARD。其指导思想包括"持续农业与农村发展"、"重视农业与环境的关系"以及"通过管理和保护自然资源基础，调整技术和机构改革方向，以确保获得和持续满足目前几代人和今后世世代代人的需要"等内容；与此同时，为了指导各国政府实施农业的可持续发展战略，FAO 还发布了一个涉及面很广和具体措施明确的全球农业与农村持续发展框架图（图16.1）。同年9月，联合国总部正式成立了世界可持续农业协会（World Sustainable Agriculture Association，简称WSAA），这些工作对世界范围内可持续农业与农村发展观念的普及和深化发展，乃至具体实践，都产生了巨大的推动作用。

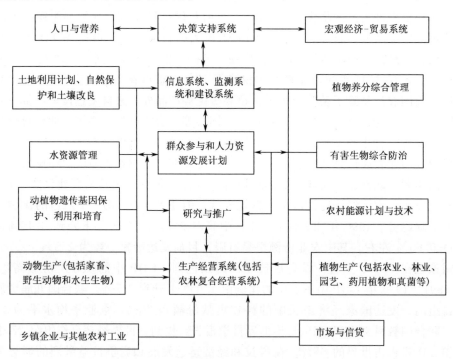

图 16.1　持续农业与农村发展框架
(FAO，1992)

我国也制订了"科教兴国"的战略。中国农业既要正视，但又不应沉沦于资源、基础、资金的困扰，而要清醒认识时代提供的科技机遇，这对发展中的中国更加重要和珍贵。中国要站在战略高度上，重视开发技术资本和人力资本，加速传统农业向高效低耗和可持续发展农业的转移。由此可见，农业信息化的发展趋势，就是通过信息技术的应用，追求体现高科技水平的新型农业模式，使农业生产更符合可持续发展思想，与SARD的发展目标更加一致，对农业现代化的促进作用更加明显。所以，可以将今后的农业定义为以知识为基础的、包含高新技术的新型农业经济系统。

1998 年 10 月召开的中国共产党第十五届三中全会通过的《中共中央关于农业和农村工作若干重大问题的决定》明确指出，"推进农业科技革命，要在广泛运用农业机械、化肥、农膜等工业技术成果的基础上，依靠生物工程、信息技术，使我国农业科技和生产力实现质的飞跃，逐步建立起科技创新体系"。从国内形势看，我国信息化发展虽落后于发达国家，但近年来政府对信息产业越来越重视，信息化建设已全面起步。我国的信息基础设施计划投资 5000 亿人民币。目前中国国家公用数据通信网已基本建成，连接了数十万台计算机和数千个网络。1997 年初，我国入因特网的人数 18 万人，入网计算机 2.4 万台。1997 年上半年电子信息产业完成总产值 1626.2 亿元，其中信息服务业 77 亿元。以"三金"工程为龙头的金系列工程于 1993 年后相继启动，其中一项是"金农工程"。金农工程的主要目标是建立以主要县城为信息源的农业基本情况数据库，为国家宏观调控及满足社会对农产品的总需求提供服务。随着国民经济信息化步伐的加快，对信息产品和信息服务的需求也越来越大。1995 年 10 月，党的十四届五中全会就提出了"加快国民经济信息化进程"的战略任务；八届人大四次会议把推进信息化纳入了《国民经济和社会发展"九五"计划和 2010 年远景目标纲要》。在"九五"计划中，"国民经济信息化程度显著提高"被列为一项重要目标；在科教兴国战略中，还明确提出要"积极促进生物、计算机、遥感等高技术在农业上的应用"。这一切充分表明了政府推进信息化的决心，以及信息化在我国经济全局中的战略地位。

三、农业信息化的发展趋势

从本质上看，农业是高风险行业，除了市场风险之外还有自然风险。现代信息技术可以通过信息的有效传递使农业经营的风险系数大大降低。这也是 20 世纪 60、70 年代发达国家农业向信息化迈进的最初动力。然而，目前中国农业实际面临的信息化压力已远远高出发达国家当初的情景：

1. 信息化使全球经济向一体化方向发展

经济互依性增强，产品、资金、劳力、技术等都在国际市场上加速流动，国际社会对农业的渗透力越来越强。如果中国农业在信息交流方面跟不上，就不具备起码的国际市场参与能力，在竞争中只能处于被动挨打的境地。1995 年和 1996 年两年，我国国内粮食丰收，却进口了大批粮食，其中就有信息传递方面的原因。

2. 农业历来是中国产业中最落后的部门

长期不利的贸易环境和基础产业地位，使得我国农业的基础十分薄弱，资金匮乏，技术水平低，亟待通过信息化的促进作用改善其落后局面。在工业信息化已经起步的条件下，如果农业不能借助信息产业的强大辐射力，搭不上信息化的快车，便会更加拉大与工业和其他产业的差距，削弱其国民经济的基础地位。

3. 在经济以外的其他领域，信息化对农业的冲击也十分明显

现代信息文化是以共享、沟通、联合、开放为显著特征的。然而，尽管中国农业信息化面临种种挑战，但是国内外信息化的局势也给中国农业提供了难得的发展机遇：

（1）从国内经济形势看，我国是在农业基础还不稳固，工业化尚处于中期阶段时拉开信息化序幕的。信息化需要大量资金投入，尤其是初始投入，靠农业自身是难以满足的。国家大规模信息基础设施建设在为各个产业创造了二次开发机会的同时，也将机会赐予了农业。中国农业应当紧紧抓住国家经济信息化起步的机遇，以实现历史性飞跃。

（2）从技术的内在特征看，信息技术改变了人们对时间、空间和知识的认识。在信息技术面前，传统的比较优势如资源、人力等的作用将大大削弱，但为传统意义上的弱者提供了更为广阔的空间和多种多样新的可能性。信息技术的突出特点是共享性、公共产品性和开放性，如果后来者或低起点者能够有效利用，无疑可以后来居上。

（3）从信息产业的发展规律看，信息技术的进步是从技术开发延伸到信息资源开发，信息化管理也是从信息技术管理过渡到信息资源管理。信息基础设施初步建成之后，资源建设就是方向。如果能不失时机地抓好农业信息资源建设，便有希望在信息基础设施利用方面先走一步，抓住今后发展的契机。

第二节　农业信息化进展及其技术支撑

现代信息技术在农业生产上的应用已成为农业现代化、集约化的必由之路。美国专家委员会（National Research Council）为此专门立项对农业高新技术发展战略进行研究，经过美国科学院、美国工程院的两院院士组织讨论，于 1997 年发表了名为"21 世纪的精细农业——农作物管理中的地学空间和信息技术"（Precision Agriculture in the 21st Century—Geospatial and Information Technologies in Crop Management）的报告，全面分析了地学空间信息技术在改善作物生产管理决策及改善经济效益方面的巨大潜力，阐明了现代精细农业的研究现状及地学空间信息技术给农业带来的发展机遇。目前，国外在数字农业方面已经开始起步，主要利用遥感、全球定位系统、地理信息系统、遥测系统、作物生产与管理决策支持系统等地学空间信息技术和生物工程、自动化的农业操作技术及生产管理技术。因此，农业信息技术将是新世纪农业国际化的发展趋势，我国农业必须尽快进入农业信息化的探索与应用领域。

一、农业信息化发展回顾

农业信息技术是一门新兴的边缘应用学科，是农业科学和信息科学相互交叉渗透而产生的新领域。国际上，发达国家的信息技术已在农业中得到广泛应用。农业信息化的初始阶段研究主要体现在计算机在农业上的应用研究方面。20 世纪 50 年代初，美国首次利用计算机研究饲料问题，至今已有 40 多年的历史了。农业领域的计算机应用，大致经历了三个发展阶段。20 世纪 50～60 年代，计算机主要用于农业科学计算；70 年代主要用于数据的处理和数据库的开发；80 年代以来，应用重点是知识的处理、农业决策支持与自动控制的研究与开发。随着研究的进展，其应用范围不断扩大，现在已经渗透于农业的各个方面，如大田生产管理、畜禽生产、农业信息管理、宏观农业经济分析等。90 年代以来，计算机在农业上的应用研究主要集中在六个方面：农业数据和图像处理、农业系统模拟、农业专家系统、农业计算机网络、农业决策支持和农业信息实时处理。农业中得到应用的信息技术主要包括：计算机、信息存储和处理、通讯、网络、人工智能、多媒体、遥感、地理信息系统等。

目前，信息技术在农业上的应用和发展大致包括农业信息处理和获取、农业系统模拟、农业生产管理、农业决策支持系统、农业计算机网络、农业专家系统、农业信息实时处理等方面。发达国家早已意识到信息技术的重大战略意义，美国计划投资 4000 亿美元建设信息高速公路，欧盟以及新加坡、日本等亚洲国家也紧紧跟上。信息化程度或信息产业的发展水平已成为评价综合国力的重要标志。1996 年 5 月，在南非召开的"信息社会与发展"大会上，以美国为首的发达国家显示出争夺全球信息化制高点的明显趋势。目前，世界电信市场与信息技术市场的贸易额已经超过 1 万亿美元，相当于农产品、汽车、纺织品全球贸易的总额。企业市场上出现了以向其他企业提供信息技术和相关服务为生的专业化信息服务企业，行业分工上产生了专门从事信息产品生产加工和交易的"内容产业"。据加拿大政府统计，其国内内容产业已有相当规模，近年来企业数量稳定在 3300 个左右，雇员数约 10 万人，1994 年总收入约 160 亿加元。信息技术在农业方面的应用也很广泛。例如，美国的农场中计算机应用已经很普遍，农户可以通过计算机网络了解市场行情、农业政策和世界动态。专门的技术服务组织"农民软件协会（FSA）"可以向农民提供最好的计算机软硬件产品，其产品服务涵盖了主要的农场计算机管理系统的应用，包括：农场财务、农牧业数据存储、收获业务处理、测量监测等，并可与地理信息系统软件集成使用。1997 年 6 月，世界银行在加拿大召开"以知识求发展"会议，主题之一是"知识、技术、工程与可持续发展"。会议强调了科技对发展中国家解决食物问题的重大意义，同时提出其中的核心问题是如何将科技信息送到所需要的人手中，同时又必须考虑信息输送的成本与收益。看来信息技术的辐射力已经越来越强烈地波及发展中国家。信息手段的现代化，是信息工作和信息服务的基础。20 世纪 90 年代以来，信息技术迅猛发展，一些国家和地区都在建立"信息高速公路"，抢占经济和社会发展的制高点。新的农业科技革命以生物技术和信息技术为重要突破口。生物技术的伟大之处在于突破了动物、植物和微生物之间的界限。计算机和信息技术的出现将大大改变农业高度分散、生产规模小、时空变异大、量化规模化程度差、稳定性和可控程度低等行业性弱点。生物技术在农业上的广泛应用促进了农业的发展。信息技术在农业上的普遍应用，也就是农业信息化，对农业的发展将起到越来越重要的作用。没有农业信息化，就没有农业科学技术的迅速进步，也不可能有农业和农村经济的快速发展。21 世纪农业将是信息农业的时代，这一点已成为人们的共识。计算机和信息技术以及与其相关的遥感技术、地理信息系统和全球定位系统技术对传统农业的现代化改造将产生深刻的影响，使宏观性农业资源环境的检测管理、气象和病虫害的测报预警、动植物生长和农业综合发展的动态仿真模拟，以及精细播种、施肥、灌溉等都将以全新的面貌出现，支撑着现代农业的发展。

二、国外农业信息化研究进展

20世纪60年代时，伴随着数据库技术的出现，以农业数据库和数据库管理程序构成的农业信息系统随之发展起来，这类系统具有数据查询、检索、修改和删除等功能；作物生长模拟模型也是在60年代中期开展的，由荷兰的 C. T. deWit 和美国的 W. G. Duncan 开创了作物生长动力学模拟的实验，前者侧重于作物生长机理模型的研究，以作物生长、发育和产量形成过程的机理（光合、呼吸和蒸腾）为基础，建立了环境因子与这些过程的数学方程，模拟作物生产力；后者则将作物生长、发育和产量形成的基本过程进行简化，通过经验关系式表达环境因子与作物生长、发育间的关系，以函数模型方式模拟作物生产力。不论是机理模型还是函数模型，均是用数值模拟的方法揭示大气、植物、土壤之间的观察及环境对作物生长、发育的影响，并通过可控因子（施肥、灌溉）来调节作物的生长、发育的进程，在特定的气候条件下，预测作物的产量。因此，这些模型为研究作物生长发育的动态变化规律以及环境、栽培技术对作物生长发育的影响提供了有用的工具。作物生长模拟模型的研制表明计算机技术首次介入农业应用研究，应视作农业信息化研究的发端；70年代初期美国麻省理工学院的 Scotte Morton 提出了决策支持系统（DSS）的概念，DSS 及其相关技术作为管理决策的辅助支持工具，在许多领域里得到了广泛的应用。1982年 Sprague 和 Carlson 将决策支持系统定义为，交互式计算机支持系统，能帮助决策者运用资料和模式解答非结构性问题。70年代后期，农业决策支持系统开始出现，它是模拟农业专家解决某一领域特定问题的程序系统，让计算机模拟人脑从事推理、规划、设计、思考和学习等思维活动，解决专家才能解决的复杂问题。经过近30年的发展，目前 DSS 已经广泛应用于工业、农业、商业和贸易等领域；成为为高层或基层的管理决策和策略的制定提供辅助决策的工具。当代农业 DSS 的发展仍以美国水平最高，于70年代开发的大豆病害诊断决策支持系统、玉米病害决策支持系统、农业害虫和果树管理决策支持系统以及80年代后期的棉花生产管理决策支持系统，都成为农业 DSS 的示范工程。90年代以后，农业决策支持系统又有了进一步的发展，形成了以知识库或以决策支持系统支持的智能化的系统。佛罗里达大学农业工程系的 H. Lal 等人研制和开发了农场机械化管理决策支持系统，D. E. Kline 等人研制了农场级智能决策支持系统。随着 GIS 的广泛应用，农业决策支持系统向更深层次发展，加拿大的 H. Montas 及 C. A. Madramootoo 等人开发了水土保持决策支持系统；美国多名科学家将原有决策支持系统或作物生长模拟模型结合 GIS 重新集成为具有空间分析功能的农业决策支持系统，丰富和发展了农业决策支持系统的内涵和实用价值。

另外，我国台湾逢甲大学周天颖等人利用 GIS、RS 技术结合水稻生长发育模型，建立了台中市水稻生产的农业土地使用决策支持系统。这些系统的出现，对农业现代化进程起到了极大的推动作用。

随着信息技术和网络技术的发展，国外农业决策支持系统除了继续在农业信息决策支持系统、农业生产管理决策支持系统和农业智能决策支持系统方面进一步深化以外，更向群决策支持系统和网络决策支持系统发展。群决策支持系统是将同一领域不同方面或相关领域的各个决策支持系统集成起来，形成一个功能更全面的决策支持系统；而网络决策支持系统，亦称为分布式决策支持系统，它把一个决策任务分解成若干个子任务，分布在网络的各个节点上完成。

综合考察上述国外以 DSS 为主的农业信息化发展历程，可将划分为以下几个不同的阶段：

（1）20 世纪 60 年代末至 70 年代初期：农业信息化开始起步，主要实现辅助管理者对半结构化问题的决策过程，其主要标志是将交互技术用于管理任务；

（2）70 年代中后期：农业 DSS 主要是实现支持管理者做出判断和决策，强调的是支持而不是决策过程；

（3）70 年代末至 80 年代初：DSS 已经产生较广的应用范围和效益，运筹学、系统论、决策学的理论与方法加入到 DSS 中，这一时期的 DSS 主要侧重于提高决策的有效性而非效率；

（4）80 年代中期：实用 DSS 相继出现，此时的 DSS 功能已经很强，而且 AI 技术尤其是 KE 和 ES 的思想方法渗透到 DSS 领域，使得 DSS 的柔性最佳；

（5）90 年代以来，DSS 更加注重多种技术的综合运用，强调系统模型的自组织管理、系统的动态适应性、人机交互的友好性以及系统的定性和定量集成。

三、我国的农业信息化研究进展

我国的农业信息化工作起步较晚。20 世纪 80 年代以来，开展了系统工程、数据库与信息管理系统、遥感、专家系统、决策支持系统、地理信息系统等技术应用于农业、资源、环境和灾害方面的研究，已取得一批重要成果，不少已得到应用，有些已达到国际先进水平。目前全国大多数县配备了微机用于信息管理，县以上各级农业信息中心逐步建立，已建成了一些大型农业资源数据库和优化模拟模型、宏观决策支持系统，应用遥感技术进行灾害预测预报与农业估产，各种农业专家系统和计算机生产管理系统应用于实践。信息技术和计算机应用在我国农业部门和农村已开始发挥作用，有些已取得显著的效果。如中国农业科学院草原研究所应用现代遥感和地理信息技术建立了"中国北方草地草畜平衡动态监测系统"，该系统的建成使我国的草地资源管理进入一个新阶段，将过去由常规方法上百人 10 年完成的工作量，用该系统只需 7 天既可完成，运行三年，节约经费 1669 万元。该项研究成果获得 1997 年国家科技进步二等奖。农业部在 1994 年开始筹建农业信息网络，现已初具规模，有 1000 多个县联网运行；中国农业科学院院域信息网于 1997 年 10 月开始运行；可供农业部门使用的网络通信基础设施得到改善。然而，从总体上来说，农业信息化在我国还未受到足够的重视，还缺乏全国整体规划，研究与应用发展不平衡，尤其在成果转化与实际应用的开发和推广上还存在着严重的困难，农业信息产业化水平还比较低。因此，应该进一步加强我国农业信息化发展战略研究，使我们能够寻找一条适合中国国情的、效果最佳的农业信息化发展模式，其最终目的是促进我国农业和农村经济的快速、协调发展。

农业信息技术提高了我国农业生产的科技含量，提高了农业物料流通的效率、资源利用效率和示范区农民的文化素质，使我国农业的发展达到一个新水平，即实现自动或半自动获取信息，实现信息处理的自动化和传播定量化。据科技部资料，1996年国家"863"计划开展了智能化农业信息技术应用示范工程，已建立的智能化农业示范区有比较富裕、现代化农业基础较好的北京市、东北重要的粮仓吉林省、黄淮海区域的农村改革示范安徽省以及比较贫困的多民族地区云南省等，开展农业智能化信息技术推广应用工作。示范工程以农业决策支持系统为核心，集人工智能和农业知识为一体，通过对单项技术的加工集成，形成了可为农业生产和农业管理提供决策、咨询信息、指导农民进行高效率、集约化生产的综合性的决策支持系统。如今已被大面积推广应用于的有水稻、小麦、玉米、棉花和大豆等五种主要作物的农业决策支持系统和开发工具，包括了引种与良种推荐、合理施肥、节水灌溉、病虫害综合防治、综合栽培调控，覆盖了作物栽培的全过程。其他如烤烟、甘蔗、苹果、养牛等方面的决策支持系统也已得到应用。如云南省宁蒗县，从1992年开始实施示范计划至今，实施面积逐年扩大，农户逐年增多，效益越来越显著。实践证明，智能化农业决策支持系统不但能够为农民所用，而且很适合我国农村的现状，我国农业生产迫切需要信息技术。除了农业决策支持系统之外，遥感、地理信息和空间定位系统（即3S）信息网络，DNA芯片等技术的研究与应用在我国农村都将大有可为。我国已明确指出要"依靠生物工程、信息技术等高新技术，使我国农业科技和生产力实现质的飞跃，逐步建立起农业科技创新体系"。智能化农业信息技术应用示范工程所取得的成效，为农业信息化科技工作找到了突破口，也为高新技术在传统产业中的广泛应用进行了积极而有益的探索。信息技术只有与基础产业发展相结合才能产生巨大的推动力和经济效益。应该说，信息技术在不同起点和条件的示范区都起到了显著的示范作用：另一方面，在工业基础较好的地区制定21世纪农业发展的新方向，如北京市已绘制了实施精确农业、赶超发达国家农业信息技术的远景规划图——小汤山标准农业示范工程，两年之后将成为展示现代农业的典型示范区。现在，示范区从当初的4个省发展到了20个省，研究开发出了系列技术含量高、拥有自主知识产权的农业技术应用服务平台和各类使用工具，建立了100多个农业智能应用系统，包括粮食、果树、蔬菜、畜牧、水产等不同农业领域，累计示范应用面积2000万亩、辐射推广面积1亿亩，增加农产品产量15亿公斤、降低生产成本6亿元，累计取得经济效益15亿元。

从总体上来说，我国农业信息技术的研究和应用还只是刚刚起步，农业信息化水平较发达国家有很大差距。主要表现在：

（1）我国工业化水平还比较落后，农业信息基础设施薄弱；

（2）缺乏统一的农业信息标准和资源共享的机制；

（3）农业信息资源缺乏，尤其是能提供给农民用的有效资源严重不足；

（4）农业信息化专门人才缺乏，且研究力量分散、水平低；

（5）农业信息技术成果应用程度低，远远无法满足新世纪、新阶段我国农业和农村经济发展的要求。

除此之外，还存在一些具体的难题，比如数据科学性、权威性、标准化的问题，实际问题中需要面临的信息必要性、重要性问题，以及用户将研究成果应用于实际生产管理的问题等，都是当前实施农业信息化迫切需要解决的突出问题。解决的方案是实施政府主导战略，解决农业信息化建设过程中部门封闭、信息不通、资源分散和建设规模小的问题，真正将农业信息化建设成为国民经济信息化的重要组成部分。

我国农业在 20 世纪 90 年代取得的成果包括：全国农业统计、农业资源宏观分析、粮食流通管理与粮食生产辅助决策、农业生产潜力研究、农作物估产、土地利用调查和土地利用分析、农用地土地适宜性评价、粮食生产潜力分析、森林资源动态监测和农业机械调配等。与国外 GIS 的应用实践相比，国外 GIS 应用已经较为深入细致，他们的应用与研究项目包括多目标农业信息系统、区域粮食安全与可持续发展、农业物质流通与贸易、农田土壤侵蚀与保护、农作物最佳播种期的选择与确定、精确农业的定量作业研究、农业生态系统监测、农村规划与管理、农业投入产出效益与环境保护等等。我国 GIS 在农业中的应用还有极为广阔的开拓空间，而且农业部门因为巨大的人口压力在我国仍将是重要的产业门类，所以对 GIS 的应用需求量是很大的。GIS 因其可以用数字形式存储地理数据，并利用数据库组织和管理这些数据信息，提供接口允许用户对原有信息进行分析和处理，最后用可视化方式来显示地理信息之间的关系、类型和发展趋势；利用某些模型进行空间分析，使用户从中获得新的知识和信息，因此，今天的 GIS 已经成为农业自然资源规划和生产管理决策的重要工具。

虽然 GIS 已经在农业应用领域中发挥了越来越重要的作用，但是因为农业生产特殊的自然与经济再生产交织的属性，仅仅依靠 GIS 较为简单的数据采集、存储、更新、查询、计算、制图等方面功能，还不足以满足农业生产管理的复杂特性，需要发展更强的空间分析及作物生长模拟以及丰富决策判断的专家知识，使得 GIS 在农业信息化过程中能起到更大的作用，所以具有智能化特征的决策支持系统应是一种较为理想的解决方案。所以，融入了 GIS 方法的决策支持系统是福建省农业信息化建设的一个重要方向，目前已经出现了所谓的空间决策支持系统（SDSS），它就是加入了 GIS 技术的决策支持系统，以解决 DSS 不能很好解决的空间数据管理问题，其以支持对复杂或半结构化空间问题的决策过程，为各级决策者解决问题创造和提供一种灵活、方便、有效且能适应不同决策阶段、方式和风格的技术环境。传统 GIS 一般面向信息，其对象多数为结构化问题，可以方便的描述和表示客观物质世界的空间特征，可以提高用户工作效率；而空间决策支持系统更多的时候是面向半结构化或非结构化问题，需要解决决策问题，其最终结果是输出各种决策方案，可以为用户自主驱动并求得最优解决方案。因此空间决策支持系统逐渐成为当前较为热门的信息管理技术，国内已经有不少专家学者对空间决策支持系统开展了项目实践，推动了我国在这一领域的工作，马蔼乃探讨了地理专家系统的设计与开发，崔伟宏讨论了区域可持续发展决策支持系统的建立，孙亚梅、阎守邕等进行了空间决策支持系统软件工具的开发研究，梁启章开发了农业决策支持系统，冷允法等建立了农业自然资源高效利用管理决策支持系统，李军等建立了华北平原节水农业作物布局空间决策支持系统。总体上看，空间决策支持系统的研究在我国尚处于起步阶段，还没有一套完整的工具型决策支持系统软件可资利用；同时对于不同的生产部门，所用的模型和专业知识相距较远，所以，基于 GIS 的农业决策支持系统在国内尚处于初期阶段，作为我国农业信息化的核心示范技术，农业 DSS 因其实用性和可行性，在农业生产上的应用上还有着较为广阔的开发价值。

现代信息技术和网络技术的日益成熟和普及，给农业信息化的发展提供了良好的机遇，从应用前景看，以数据处理为主转向以知识处理为主，是计算机技术应用的总趋势，同样也是农业信息化技术发展的基本趋势。农业信息化产品在市场上将越来越多并日益趋向智能化，类似农业决策支持系统这样的产品将不再局限于数据收集、分类、储存、检索和查询；而是能够辅助决策，并提供良好的用户接口（界面）。农业决策支持系统很快也将不再以一库（数据库）系统为主，更多的将是二库（数据库、模型库）、三库（数据库、模型库、知识库）、四库（数据库、模型库、知识库、文本库）系统。随着计算机软硬件的升级和开发完善，多媒体技术的广泛应用，农业计算机系统的开发应用将有广阔的发展前景。

概括而言，农业信息化对农业生产的意义是十分重大的，主要体现在：信息化手段可以在农业以下几个方面发挥重要的作用：

(1) 建立符合市场经济规则的农业宏观调控体系——防止生产盲目性；
(2) 发挥区域的农业比较优势，优化农业生产布局；
(3) 推进农业生产从粗放、数量型模式向集约、质量型模式转变；
(4) 预测预报农业风险，提高农业生产的稳定性；
(5) 提高农业劳动者的素质。

四、农业信息化的技术支撑

发达国家在完成农业工业化、农业实现机械化后，开展了广泛的农业信息化工作，从农业硬件设施的操作，到农业生产技术和知识的推广普及，到产品市场经营，无一不渗透着信息技术的作用。利用信息技术加快技术推广与扩散，服务农业、农村、农民，提高农业劳动生产率、资源利用率、农业经济效益、保护环境等方面取得了令世人瞩目的成就。美国建有全国作物品种资源信息管理系统，有 60 万个植物资源样品信息用计算机管理，可通过计算机和电话存取，在全国范围内向育种专家提供服务；法国农业部植保总局建立了全国范围的病虫测报计算机网络系统，可适时提供病虫害实况、药残毒预报和农药评价等信息；日本农林水产省建立了水稻、大豆、大麦等多种作物品种、品系的数据库系统，发达国家的农业信息化实践，为我国农业信息化示范提供了可供借鉴的经验。

农业信息化的技术支撑是农业信息技术，是指有关农业生产、经营管理、战略决策过程中，对自然、经济、社会信息的收集、存储、传递、处理、分析和利用的技术，主要包括：农业数据库、管理信息系统、地理信息系统、决策支持系统、模拟模型系统、计算机网络、遥感系统、全球定位系统、远程通讯等。农业信息技术的代表包括传感技术、通信技术和计算机技术。传感技术可以高精度、高效率、可靠地采集各种形式的农业信息，通信技术则能保证高速、高效、高质量地准确传输各种信息，计算机技术则通过对输入的信息进行分析和逻辑运算，提取可用于指导农业生产和管理的有用信息，为农业生产提供咨询服务与辅助决策。总体上看，国际上农业信息技术在最近 20 年来已得到很大发展。20 世纪 90 年代以来，农业信息技术在农业生物系统模拟模型、农业管理资源数据库建设、农业专家系统与生产决策支持系统，以及农业生产者获取、处理、利用知识、信息的适用技术与智能型高新技术应用开发研究方面均取得重要进展，遥感、通信技术以及信息基础设施的建设也为农业信息技术提供了技术基础，其发展前景广阔。

农业信息技术有很多种，目前在实际生产实践中应用较多的是地理信息系统技术，它是一项以计算机为基础的新技术，围绕这项技术的研究、开发和应用形成了一门交叉性、边缘性的学科；在适当的计算机软硬件支持下，可以对空间数据按地理坐标或空间位置进行各种处理、对数据进行有效管理、研究各种空间实体及其相互关系。通过对多因素的综合分析，可以方便地获取满足应用需要的信息，并能以地图、图形或数据的形式表示处理的结果。一般认为 GIS 是具有数据采集、管理、查询、计算、分析与可视表现等多种功能的计算机技术系统。GIS 可以有效的管理和组织具有空间位置特征的农业资源信息，所以 GIS 在农业生产中的应用是较为普遍的。GIS 已成为发达国家农业计算机应用的重要领域之一，国外 70 年代就在土地资源调查、土地资源评价和农业资源信息方面进行了应用。我国的 GIS 自 80 年代起开始大规模应用于国土资源管理领域，后来逐渐扩展到国民经济的各个门类，目前已经研制成功了自主版权的国产 GIS 软件，在资源管理、土地评价、城市规划、森林监察、灾害防治、作物估产等应用领域取得了一定的成绩；20 世纪 90 年代 GIS 应用更趋向实用和高效，应用范围愈加广泛，直接服务于农业生产、流通、加工环节和农业生态环境的应用成果不断增多，为农业增长提供了信息技术的有利支持。

GIS 的核心是空间数据及应用软件，尤以 GIS 软件最为引人注目，现在已知的 GIS 已经广泛应用于政治、军事、经济、文化和社会生活的各个方面。GIS 软件在其中起到了巨大的作用，现代 GIS 软件是在 20 世纪 60 年代中期发端的第一代和 80 年代末的第二代软件产品的基础上，在 90 年代中期开始出现第三代的 GIS 软件，其特征是面向对象的软件构造技术和广域网尤其是 Internet 技术的支持下，出现了一些新的特点，加快了 GIS 在国民经济和社会生活各方面的应用：

1. 组件化

采用了面向对象的软件技术后，就可以利用商用的软件构造工具，实现地理信息系统的组件化结构，极大地提高了支持二次开发的能力，模糊了软件平台和应用系统之间的界线。客户可以利用传统的软件开发语言和空间数据处理组件方便地构造个性化的应用软件系统，实现系统的灵活配置，对于提高应用软件的可靠性也有积极的促进意义；

2. 空间数据与属性数据的一体化存储

新软件采用商用 DBMS 的扩充功能、或自行在传统 DBMS 上扩充其数据管理能力，普遍实现了空间数据和属性数据的一体化存储和查询。这种一体化技术实现了数据管理的规范化和数据操纵的标准化，其好处是用户可以方便地组织各类空间信息处理事物，在数据完整性和一致性方面提供有效的保证；

3. B/S 结构

Internet 技术尤其是 WEB 技术的发展和跨平台软件技术的发展，使得计算机应用系统迅速由 C/S 结构转为 B/S 结构。B/S 结构模糊了系统的界线，实现了最终用户端软件的零维护，其好处是显而易见的。第三代地理信息系统软件普遍采用 WEB 和"软总线"技术，一方面实现了以浏览、查询为主的应用系统的 B/S 结构，另一方面实现了多级服务器和多用户协同工作方式，使应用系统的构建跨越了地域及规模上的限制，为地理信息系统由以系统为中心向以数据为中心的过渡奠定了良好的基础。目前超大型应用系统（成百上千用户）已经开始出现，特别是将空间信息与人们的日常生活相联系，真正将地理信息系统带入主流软件的行列，可以预见在不久的将来，GIS 将和数据库系统、图形库系统一样，成为计算机应用系统中不可缺少的组成部分；

4．"3S"集成

遥感技术是迄今为止人类获取空间数据规模最大、时间最短的技术，卫星定位技术可以帮助人们快捷地获得地球表面任意物体的空间位置信息。但是，作为重要的空间数据获取手段，它们只有和地理信息系统技术结合，才能产生广阔的应用前景。第三代地理信息系统软件开始注重 3S 集成，实现了矢量、图像某种程度上的一体化存储、叠加显示和矢量—栅格数据的相互转化，尽管这种集成是相当初步的，但是在实际应用中已经显示了积极的作用。

五、农业信息化的技术系统

农业信息化是以数字化、网络化、智能化和可视化四个部分组成的。

1．数字化

数字化主要是完成基础数据库的建设工作，从而为实施农业信息化战略奠定基础，工作内容包括：

1）构建数据源

通过数字化将有用信息录入计算机系统，例如地图、遥感数据、GPS 数据、定点观测、实测资料、统计数据、文献资料等。

2）建立大型数据库

根据数据特征将矢量数据结构和栅格数据进行分类存储，以便于查询，并记录相应的数据特征及空间属性；数据库的设计还应将数据库的库结构与功能设计完善，建立相应标准如数据语义标准、数据库功能结构和工艺流程的标准。例如 SOTER 数据库，可用地形、岩石、地表形态，坡度、母质和土壤的组合模式对土地区块进行辨识；每一块 SOTER 单元表示独特的地形和土壤特性组合；地体组分则可用地球表面形态特征（如地形起伏、坡度、等高线等）来表示；地形组分以地形、母质加以区分；土壤组分可依据土壤属性来提取。

2．网络化

网络化是将农业信息化导入生产实践和宏观管理的主要途径，网络化可便捷地的实现农业信息资源共享，对农业资源实施动态监测以及长期定点定向观测和收集数据。目前较为尖端的客户机/服务器模式，浏览器/网络服务器模式、Internet 上分布式组件模型以及 WebGIS 等为建设农业信息服务网络体系奠定了底层基础。国内外一些农业网站已经基本上实现了信息共享等方面的功能，并为越来越多的人所熟悉。例如，国外的联合国粮农组织 http://fao.org/、美国农业部 http://www.fao.gov/、美国国会图书馆 http://www.loc.gov；Advance Technology Information Newwork．Telnet：caticsuf．csufreeno.edu；Agricola．Telnet：isn.iastate.edu；Bee Biologg．FTP：sunsite unc.ed；Commoldity Market Reports．；Wais：agricultural-market-news；The Gardener's Assistant．ftp：wuarchive．wustl.edu；Iowa State university Scholar System．Telnet：isn.iastate.edu；Not Just Cows．FTP．ftp.sura.net；PEN pages．Telnet：psupen.pus.edu等；国内的中国农业大学、南京农业大学、东西农家、中国农业信息网、中国林业科研网、中国肥料信息网、中国农网、中国农业在线、中国农业信息网、中国农业科技信息网、中农网等等，都为农业信息化提供了发布信息的窗口。

3. 智能化

智能化是实现农业信息化的技术核心，决策支持系统、专家系统、自动化农机技术都离不开智能化的支持。

4. 可视化

可视化是将农业信息化应用成果以直观可视方式提交管理者或生产经营者查询分析的有效手段。应用计算机科学计算和多维表达，生成逼真物体，具有三维视觉，立体听觉和触觉的效果，使人如身临其境，通常称之为虚拟——仿真技术，这可用于虚拟农业生态系统、水土流失、洪涝灾害，流域开发与综合治理实验等。

第三节　农业信息化示范应用——以福建省为例

福建省环境生态问题一直不容乐观，比如生物多样性丧失严重，一些地带性植被被破坏，天然湿地面积不断缩小，区内水土流失严重，地力衰退，耕地资源日渐短缺，人地关系矛盾尖锐；沿海地区的河流下游和河口区，中上游的大多数污染物均汇集于此，多数港湾又都是半封闭或封闭形态，海水污染已较为严重，沿海各地市如福州、泉州、厦门、莆田、漳州等经济发达，乡镇企业发展快，非农占地增长很快，排污状况严重。这些生态环境问题必须及时予以解决，否则必然影响到农业生产各个环节，直接导致农产品质量下降，阻碍农业经济的持续发展。因而从地区发展战略出发，闽东南地区迫切需要建设相应的农业生产机制，体现出高技术、高产投比、高商品率和高生态稳定性的复合农业生态系统，从整体上看，选择符合持续农业与农村发展要求的信息化农业建设将是有效缓解生态恶化问题，发挥特色农业优势的必要措施。

一、农业信息化工作方案的拟定

1. 宏观把握数字农业的应用步骤与实施方法

制定福建省数字农业发展的总体战略规划，确定长期战略目标及"十五"期中的具体目标；提出必须解决的关键技术与应实施技术体系；安排发展的空间和时间序列，提出数字农业发展的政策建议。

2. 完成数字农业前期发展主要关键技术研究与开发

吸收消化国内外数字农业的技术体系，制定适应本省农业发展的数字农业的技术方案和技术体系的构成，包括信息、监测和测控系统的研究与开发。

3. 实现数字农业第一批技术集成与示范

以闽东南特色农业、闽西北山地生态重建和田间技术管理为研究对象，建立各种类型的农业技术集成体系与示范基地，不仅支持本省农业现代化进行技术改造和知识创新，而且为我国人多地少，经济快速发展的东南沿海地区提供新技术应用的典型经验。目前规划开发的项目包括：

1）福建数字农业的发展战略规划研究

根据对国内外数字农业发展过程和省内对数字农业发展的需求分析，制定本省数字农业的总体战略与区域战略。探求本省数字农业发展方向与分阶段目标，以及发展规模、主要地区发展的具体方案，编制福建数字农业的发展战略规划。

2）建立农业资源高效利用技术集成专家系统

启用农业资源高效利用技术集成专家系统（EUARES），对农业资源利用状况进行动态的分析、诊断、评价，对农业资源高效利用模式进行优化和改进，对农业资源高效利用技术体系进行集成，并在此基础上提出专家建议方案。

3）建立闽东南特色农业决策支持系统

构建闽东南地区自然要素与社会经济空间数据库与特色农业具体化模式，指导农业产业空间布局，构建种—养—加、产—供—销一体化的农业产业化框架，确定外来投资取向。

4）山地生态建设技术集成研究

建立山地地理信息系统（MGIS）解决山地重大资源开发项目的综合论证，开发区的建设布局与开发步骤，山地资源深层次开发、加工增值与提高效益的途径。

5）农业监测、预测系统建设

包括建立水土流失动态监测技术体系，它是基于 GIS 和遥感技术的水土流失分析模型和技术体系，可现水土流失的动态和快速监测预报功能；以及 LUCC 动态监测系统，这一系统可用于辨识和评价福建省土地利用和土地覆盖变化的物理、生物、化学与人文因素的作用的过程和强度，分析土地利用变化驱动因子，预测土地覆被时空变化的趋势，建立诊断模型，提出调整方案与措施；第三是建立农业灾害预测预报系统，拟以涝、旱、寒三个灾害为对象，分别建立动态监测与预测预报信息系统，研究这些灾害发生规律、基本特征、出现频率、影响因子、危险性分析和控制措施；完成这些灾害活跃程度与危险程度分区，为了解灾情与救灾决策提供技术保证。

6）数字农业田间管理技术集成与示范

主要研究小尺度精准灌溉和施肥技术集成与示范；大尺度精准指导灌溉与施肥方案编制与示范。

二、农业信息化示范工程的设计

沿海地区特色农业及其信息化技术的示范性研究具有重大的理论与实践价值，也具有同样重要的战略意义，对国际农业竞争也有积极的促进作用。我国在20世纪80年代以来在沿海地区推行的对外开放政策，已经取得了丰硕的成果，工业化进程明显加快，农业经济也有长足进步，广大农村腹地的经济增长也体现了较高的增长水平，农民生活水平大为提高，农村社会安定，农业生产的外向型模式基本形成。在这种形势下，沿海地区的农业发展环境和基础设施条件都发生了较大的变化，为了特色农业在更大的范围内推广，充分发挥沿海地区特色农业的高效益、高效率和产业化作用，利用农业信息化技术改造传统农业生产模式十分必要，而且具有重大的理论与实践意义。

在福建省农业信息化示范工程的规划体系中，拟在近期建设以下示范性工程：

1. 决策支持系统（Decision Support System，DSS）

福建省地形复杂，形成许多农业小环境，从宏观看，有闽东南沿海地区和闽西北山区之分，两大区之间自然、社会、经济等条件存在较大差别。农业生产布局要从各地的自然资源和社会经济条件出发，打破行政区域界线，因地制宜，发挥资源、经济、市场、技术等方面的区域比较优势，发展本地优势农产品，逐步形成具有区域特色的农业主导产品和支柱产业。

2. 农业专家系统（Expert System）

随着买方市场的形成，农产品的需求呈多样性和挑剔性，提出发展优质农产品和绿色食品的新要求，从数量型粗放经营转向质量型的集约经营，以提高农产品的竞争力。目前本省水果总产量居全国第六位，人均占有量全国第二位，其中龙眼居全国首位，荔枝、香蕉产量居全国第二位；茶叶总产量和人均占有量均居全国第一位。当前迫切需要按照国际惯例的农产品质量标准，实施优质化生产技术集成体系，提高这些农产品国际竞争力，应用专家系统，实施"精确农业"，适应这个需求。

3. 农业监测预测系统

福建属于多山省份，生态环境脆弱，建立基于GIS和遥感技术的水土流失分析模型和技术体系，实现水土流失的动态和快速监测预报。以涝、旱、寒三个灾害为主要对象，分别建立动态监测与预测预报信息系统，研究这些灾害发生规律、基本特征、出现频率、影响因子、危险性分析和控制措施，完成这些灾害活跃程度与危险程度分区，为了解灾情与救灾决策提供技术保证。

决策支持系统、专家系统以及农业监测预测系统支持管理者尽可能完全或准确地对决策问题进行仿真模拟，试验不同的决策方案并预测其效果或效益，从而使管理者有的放矢地做出科学客观的决策。将 DSS 技术用于闽东南特色农业发展的系列决策问题，诸如确定农业投资规模、优化农业结构、预测产量潜力等，可帮助和支持管理者进行分析判断，制定解决问题的方案和计划，取得预期的理想效果。预期通过选定闽东南沿海某区作为研究目标，这些示范技术和信息系统的成功研制，在未来的收益上主要体现在以下几个方面：

(1) 明确地方资源优势及投资环境状况，可以吸引更多的外资注入漳州市的特色农业生产体系，解决地方政府建设特色农业的资金缺口；并通过对外资投入的导向性分析，给投资者、决策者提供决策辅助的信息。

(2) 示范工程的成功运行，将有利于促进闽东南地区农业外向型经济的发展，带动广大农村经济的发展，并最终参与到亚太甚至国际性的经济循环当中去。

(3) 示范区研究的范例，将有益于在闽东南甚至东部沿海地区推进农业信息化的发展进程，众多的专家系统开发与建设，有利于农业的现代化、市场化、产业化的发展，具有良好的示范意义。

三、特色农业 SARD 系统优化分析——以漳州市为例

我们以漳州市为对象，研究特色农业的发展，特色农业不过是 SARD 在某一区域内的具体体现，它强调特色农业的高效益、高产出和合理的生态环境保护与资源适度利用，构成农业生产的可持续发展图景。作为现代农业的一种，特色农业在实现的过程和方法上值得各国经济学者和农学专家认真探究。就我国国情看，特色农业有着较为广阔的市场前景，尤其在我国加入世界贸易组织之后，统一的市场规则将对农业生产产生较大的影响，不仅是市场因素的影响增大，而且开发的农产品品种及市场预测变得非常重要，农业信息化的水平高低直接影响到农业生产的效益。

1. 漳州市特色农业发展的基础和条件

漳州市是东南地区最具特色的农业市，农业生产水平在省内居于前列，鉴于福建省在农业尤其是新兴的特色农业方面得到了很快的增长后，对于农业信息化的建设要求较为迫切，急需建设一批能够为地方农业生产管理所用的示范基地，以便将农业信息技术在省内推广和应用，因此本节应用特色农业决策支持系统对漳州市目前较为紧迫的特色农业 SARD 系统优化问题等环节进行分析与研究。

1) 漳州市农业自然资源概况

漳州市位于福建省南部，介于东经 116°53′～118°09′，北纬 23°32′～25°13′；东濒台湾海峡，紧邻厦门特区，并与金门岛隔海相望，东北与泉州市的安溪县和厦门市的同安区接壤，西北与龙岩市的漳平、龙岩、永定三县、市相连，西南毗邻广东省汕头特区。全市土地总面积 12607 平方公里，占全省总面积的 10.39%，辖二区一市八县，总

人口 445.49 万人，其中，农业人口 371.05 万人。漳州市具有优越的自然条件，地貌类型多样，西北有绵长庞大的戴云山脉、博平岭山脉，可阻挡北方南下寒流的侵袭；东南面向台湾海峡，整个地势从西北向东南倾斜，得益于海洋暖湿气流的影响，使之形成了世界上同纬度地区最佳的南亚热带湿润型季风气候，属于农作物的适宜耕作区。

（1）土地资源：漳州市位于西太洋边缘构造带，戴云山西南坡和博平岭南坡。境内中生代地层发育，母岩种类较多，主要有花岗岩、流纹岩、玄武岩、砂岩、石灰岩、石英岩等。其中以花岗岩、流纹岩分布最广。境内受燕山运动和晚期新华夏系构造以及新构造运动的影响，产生大量断裂层，构成复杂多样的地貌组合，主要地貌类型可分为：①中山：海拔 800 米以上，面积 707 平方公里，占总面积 5.63%，大多分布于西北部边缘地段，属戴云山、博平岭支脉的组成部分。②低山：海拔 500～800 米，面积 2347 平方公里，占 18.7%，集中分布在西北部中山前沿，并明显呈丘陵过渡地带，在中部和东南沿海呈不规则隆起，如梁山（海拔 996 米）、玳瑁山（海拔 764 米），其中山地与海岸线相接，构成复杂多样的地貌类型。③丘陵：海拔 50～500 米，面积 6950 平方公里，占 55.01%，其中高丘海拔 250～500 米，大多属中低山延伸的支脉，在境内形成广阔的山前地带，构成罗棋布的山前丘陵盆地小地貌类型；低丘：海拔 50～250 米，主要分布在东南沿海的开阔地带，丘陵起伏，地形破碎，并常见孤立小山岗。相对高度在 50～200 米之间，坡度多在 25°以下。④平原台地：海拔 50 米以下，面积 2596 平方公里，占 20.65%，主要分布于九龙江、漳江、东溪、梅溪、鹿下流地段，流水地貌产生的冲积和滨海沉积及滨海剥蚀地貌。

在上述地形地貌影响下，形成漳州市土壤发育的基本特征。根据 1985 年福建省第二次土壤分类普查，漳州市土壤类型分为 7 个土类、13 个亚类、31 个土属（表 16.1）。各土类的基本特征如下：①砖红壤性红壤：广泛分布于海拔 300～400 米丘陵台地，为漳州市地带性土壤，面积 27.97 万公顷，占总土地面积的 34.5%，土壤风化淋溶作用强烈，表现脱硅富铝发育度较强，土壤呈酸性，对经济作物生长十分有利。②红壤：是漳州市分布最广的土类，面积 48.82 万公顷，占总土地面积的 60.65%，脱硅富铝化过程比砖红壤较弱，土壤呈强酸性反应，湿度较大，土层较深厚，生物资源丰富，其积累随海拔高度的上升而增加。③黄壤：面积 2.68 万公顷，占土地面积的 3.33%，分布于海拔 1200 米以上的中山带，云雾多，气温低，湿度大，生物积累量多，分解率低。土壤有机质含量丰富，高的可达 20%以上，pH 一般为 4～4.8 左右。④紫色土：面积 0.02 万公顷，占总土地面积的 0.02%，主要分布于平和县海拔 240～500 米的部分丘陵山地，土色呈紫色，土层浅薄，植被稀疏，有机质含量低，土壤 pH 一般为 4.8 左右。

（2）生物资源：漳州市生物资源丰富，富有地方特色。①森林资源：仅山地森林植被就有 258 科，1256 属，3091 种。其中，被子植物 206 科，1142 属，2803 种，裸子植物 10 科，25 属，60 种，蕨类植物 42 科，89 属，228 种。包括油茶、汕桐、黑荆、栲胶及橡胶原料林等。用材林有杉木、马尾松、毛竹和以壳斗科、樟科为主的阔叶林。果树则有龙眼、荔枝、香蕉、柑橘、柚子、菠萝、青梅、桃、李、柑等 55 种 325 个品系。饮料植物仅茶叶就有铁观音、奇兰、八仙等 20 多个品种。香料植物有香茅、枫茅、胡椒、八角、茴香、姜、肉桂等。花卉植物有水仙、兰花、一品红、千日红、扶桑等 1200 多种，还有纤维植物、绿肥植物、烟草等等。此外，还有珍稀植物 71 种，其中属于林业部公布的国家珍稀树种一级保护植物 8 种，二级保护植物 11 种，国家环保委公布的国家重点保护植物 28 种。②野生牧草资源相当丰富，主要饲用草类就达 247 种，其中，禾本科是全市天然草场植被组成的第一大科，共 69 种，主要有五节芒、纤毛鸭嘴草、雀稗、狗尾草、白茅等，豆科有葛藤、假地豆、胡枝子、鸡眼草等等。③动物资源：野生动物资源丰富，珍稀种类多，属于国家重点保护的野生动物有 73 种，其中，一级 13 种，二级 60 种，占国家重点保护种类的 19%，常见的约 11 科 30 种。

表 16.1　漳州市土壤普查基本情况表

名　　称	土　　类		名　　称	亚　　类	
	面积/万公顷	%		面积/万公顷	%
砖红性红壤	27.97	34.5	砖红壤性红壤	23.118	82.65
			赤红壤性土	3.0890	11.05
			黄色砖红壤性红壤	1.7630	6.300
红壤	48.82	60.65	红壤	31.680	64.88
			红壤性土	4.0900	8.390
			黄红壤	12.040	24.67
			水化红壤	1.0100	2.060
			暗红壤	31.680	64.88
黄壤	2.68	3.33	黄壤	2.6800	
紫色土	0.02	0.025	酸性紫色土	0.0200	
新积土	0.05	0.058	新积土	0.0500	
风沙土	0.83	1.030	滨海风沙土	0.8300	
盐土	0.13	0.157	滨海盐土	0.1300	

资料来源：漳州市农业区划办公室，1998

除此之外，20 世纪 80 年代初，漳州市开始引进国外优良品种，并取得了良好的经济效益。特别是进入 90 年代以来，引进品种猛增，先后从海外 30 多个国家和地区引进良种 800 多种，其中，大面积推广有 100 多种，并建立了名优水果、食用菌、四季竹笋、蔬菜、畜禽产品、花卉等创汇农业基地。

（3）气候资源：漳州市南北距离 179 公里，跨越纬度 1°26′，从海平面至西北部大芹山主峰绝对高差 1544.8 米，地貌组合类型复杂多样，因此，不同地理位置和地貌组合类型复杂多样，造成明显的气候差异。按其地理位置和地貌类型，主要可分为三个气候类型区，即西北部中低山、中部丘陵和东南沿海三种气候类型区。主要气候要素具有以下特征：①气温：由于受太平洋暖流影响，武夷山脉为屏障，西北冷空气难以南下，常年累计年均气温 20～21.1℃，年极端最高温度 40.9℃，年极端最低气温 −2.1℃，大于 10℃以上的活动积温 5044.9～7811.8℃，年平均日照 1899～2385 小时。山地气温较低，海拔 100～400 米的低丘、高丘地带年平均气温 20.9～19.5℃；海拔 400～700 米的高丘、低山地区在 19.5～18.0℃；海拔 700～800 米以上的低山、中山地区年平均气温在 18.0～16.4℃之间。②活动积温：全市平均值为 5044.9～7811.8℃，持续天数

266～358 天，稳定通过平均初日在 2 月初至 3 月中旬，终日在 12 月 1 日至翌年 1 月 18 日，初日随海拔上升而推迟，终日则反之；山地活动积温较低，平均海拔每升高 100 米，大约降低 4℃，在海拔 700～800 米地区，积温减少到 5600～5000℃；≥15℃积温 在 4201.4～6517.0℃之间，持续天数为 204～271 天，稳定通过的平均初日 3 月 16 日 至 4 月 15 日，终日在 11 月 2 日至 12 月 14 日，初日随海拔上升而推迟，终日则反之。

③降雨量：雨量充沛，全市年均降水量 1103.8～2403.3 毫米，山区降雨量大于沿海，海拔 200 米以下山区雨量在 1202.6～1891.9 毫米，300～800 米山区 1521.1～2403.3 毫米；普通年份降水一般集中在 4～9 月份；下半年（受台风影响除外）逐月减少。

（4）水资源：漳州市地表水及地下水资源均丰富，具有季风气候区的一般水文特征，多数河流属于山地性河流，主要特征是水量丰富，河道平均比降大，水流急，水资源丰富，有利于水力资源的开发利用。径流的年际变化不大，年内的季节性变化却十分明显。漳州市境内水系发达，流域面积在 300 平方公里以上的河流有北溪、西溪、南溪、龙津溪、花山溪、芦溪、九峰溪、漳江、东溪、鹿溪等 10 条；九龙江是福建省第二大河，北溪和西溪是九龙江两大主要支流；船场溪、龙山溪、永丰溪、花山溪等注入九龙江西溪；龙津溪、赤溪、温水溪等注入九龙江北溪；另一条支流南溪，基本上是独流入海，也可算是九龙江的支流之一。根据水文资料测算，全市境内多年平均降水总量约 195 亿立方米，形成地表径流量约 114 亿立方米，由于年际间的降水量有丰、歉之差，故地表径流量也有差别，平水年约 110 亿万立方米；偏枯年约 87 亿立方米；枯水年约 70 亿立方米，多年平均每平方千米年产水量为 85 万立方米左右，若加上每年平均由龙岩、漳平、永定、安溪 4 县（市）流入本土约 81 亿立方米的客水，即多年平均的地表径流总量约可增至 195 亿立方米（表 16.2）。

表 16.2　漳州市水资源基本情况

区、县名称	面积/ 平方公里	年均降水量 /毫米	年均降水总量 /万米³	年径流总量/万米³				产水量/ （万米³/公里²）
				多年 平均	平水年 $P=50\%$	偏枯年 $P=75\%$	枯水年 $P=90\%$	
全市	12607	1103.8～2403.3	1968409	1139856	1099069	867655	696437	85
芗城区	264.2	1550.0	41000	22800	22100	17700	14600	86
龙文区、龙海市	1406.2	1421.4	175942	92210	87790	67049	15506	74
云霄县	1030.9	1624.9	168179	95874	93000	74782	61361	82
漳浦县	1959.8	1350.0	256760	146090	138830	103800	80400	75
诏安县	1236.8	1571.0	199500	112000	107800	84200	65100	88
长泰县	908.2	1567.0	142430	71540	69380	55790	45780	79
东山县	192.5	1157.2	22451	9062	8428	6072	4350	47
南靖县	1965.0	1762.0	344100	216000	208600	167200	136600	113
平和县	2328.5	1726.7	397030	236890	229870	183892	148720	102
华安县	1315.0	1680.8	221020	137390	133271	107170	87940	104
备注	区外（龙岩、漳平、永定、安溪县）客水总量 808260 万米³，产水量仅计算多年平均；当 $P=50\%$，$P=75\%$ 及 $P=90\%$ 时都无计算							

资料来源：漳州市农业区划办公室，1998

根据福建省第一水文工程地质队于枯水季节对境内代表性的地区进行勘探调查，测算出漳州市全年平均地下水资源总量约为 19 亿多立方米。但其中可作中、小型供水源地的开采资源仅有 2 亿多立方米，只占地下水天然资源总量的 10.50%（表 16.3）。

表 16.3　漳州市枯水季节地下水资源一览表

区、县名称	总天然资源/(万米³/年)	可作供水源地的资源		主要分布地区
		天然资源/(万米³年)	开采资源/(万米³年)	
全市	192634	29469	20833	
芗城区	2252	1117	782	北部、西部、天宝等地
龙文区龙海市	36967	2250	1575	白水、榜山、步文、颜厝、过塘等地
云霄县	12286	1142	799	云霄、蒲美、大埔、常山、火田、霞河等地
漳浦县	25051	9310	6517	霞美—古雷、深土—六鳌、城关、石榴、赤湖、佛昙等地
诏安县	13912	3544	2481	县城北部、霞河、西潭东部、太平—大布、南陂等地
长泰县	15200	2009	1406	岩溪、长泰、枋洋、林墩等地
东山县	3169	1935	1556	东部及南部白埕一带
南靖县	28506	2712	1896	靖城、山城、金山、龙山等地
平和县	40791	4891	3427	城关、山格、文峰、板仔、南胜、五寨等地
华安县	14500	599	392	华安、仙都、沙建、汰口、丰山等地

资料来源：漳州市农业区划办公室，1998

2）国民经济与社会发展基本状况

漳州市地处福建省最南端，农业人口占全市总人口的 84%；土地面积广阔，另外有海岸线 631 公里，东南面 7 县（市、区）临海，西北面 4 县多山。福建省第二大河流九龙江横贯漳州全境，下游是福建四大平原之一的漳州平原，具有发展高产优质高效农业和外向型农业的优越条件。

（1）经济区位优越：漳州处于厦门、汕头两个经济特区之间，面对台湾，靠近港、澳，鹰厦铁路穿境而过，高速公路邻接国道 324、319 线横跨漳州南北出境，还有 3.5 万吨级的招银港和 2 个 5000 吨级的东山港码头，交通十分便捷。对外经济技术交流历来比较活跃，是福建省重点侨乡之一，也是全国台胞最主要祖籍地。据统计在台湾现有居民中，祖籍在漳州的占 35.8%。

（2）山海资源丰富：漳州市耕地虽然只有 16.6 万公顷，人均仅 0.037 公顷，但山坡地达 82 万多公顷，海域面积达 1.85 万平方公里。可供直接利用的浅海滩涂、内陆水域达 12 万公顷；农业基础较好。这里四季常青，终年花果飘香，是福建省粮食、甘蔗、水果、水产、蔬菜、花卉、蘑菇、芦笋的主产区，素有"水仙花的故乡"以及"鱼米花果之乡"的美誉。农业在国民经济中一直占有举足轻重的地位。占全市工业产值 73% 的轻工业，其所需原料 74% 来自农业；全市出口创汇产品中，属于农产品及其加工制品的占 63%。1994 年 6 月，国务院正式批准将漳州市列为"国家外向型农业示范区"；

1997 年 7 月，国家农业部、外经贸部、国务院台办又批准漳州市为"海峡两岸农业合作实验区"。改革开放以来，全市农业和农村经济一直保持良好的发展态势。1999 年全市农业总产值 127.5 亿元（1990 年不变价），比 1990 年的 40.7 亿元增长 2.13 倍。粮食生产保持稳定，多年来粮食作物的种植面积和总产量一直稳定在 26.73 万公顷、150 万吨左右。农产品中以水产品和水果生产增长最快，水果总产量 168.9 万吨，水产品总产量 115.8 万吨，"八五"以来分别年均递增 25.5％和 25.9％。水果、水产人均占有量分别为 380 公斤和 260 公斤，居全国地级市前列。蔬菜产量 178.14 万吨，比增 14.49％；食用菌 14.53 万吨，比增 16.33％；肉蛋奶产量 25.05 万吨；乡镇企业总产值 952.4 亿元，比增 21.76％，农民人均纯收入 3378 元，比增 5％。

（3）农业产业化初具规模：近年来，漳州市按照现代农业的要求，大力发展农产品生产基地，以花卉业表现最为突出，目前全市已有花卉种植面积 0.33 万公顷，产值达 8 亿元。漳州市于 1999 年和 2000 年成功地举办了两届花卉博览会，两届花博会上参展花卉及相关农产品商品交易额分别达到 0.89 亿元和 1.42 亿元，签订经贸项目分别达 35 个和 70 个，合同利用外资额分别为 1.33 亿美元和 1.73 亿美元；应邀参展参观的国家从首届的 11 个增加到 14 个，观众则从 20 万人次增加到 35 万人次。以花博会为契机，漳州市近年来积极开发荒山荒地，合计造林种果栽竹达 40 多万公顷，开发水产养殖面积 4.67 万公顷，形成连片规模的荔枝、龙眼、香蕉、柑橘、柚子、杂果、绿麻竹、鱼虾贝藻养殖等六条专业化生产开发带，其中漳州芦柑、官溪蜜柚、坂仔香蕉、青兰茶、八仙茶最为著名。按照"统一规划、连片开发、分户管理、规模经营、规模效益"的要求，已建成水果、食用菌、蔬菜、花卉、水产品、饮料、香料、禽畜等八个具有南亚热带特色的农业产业化生产基地和全省最大的绿色食品基地。这些基地年产值达 70 多亿元，占全市农业总产值 70％左右，年出口创汇 2.7 亿美元。

（4）外向型农业增长较快：漳州与台湾一衣带水，境内东山港距台湾高雄仅 164 海里。改革开放以后，发挥漳州与台湾地域相邻、人缘相亲、语言相通、习俗相近、农业生态环境相似的优势，积极扩大漳台两地的农业合作与交流，截止到 1999 年，全市共引办农业三资企业 981 家，总投资 16.41 亿美元，合同外资 14.74 亿美元，实际到资 6.75 亿美元；其中引进农业台资企业项目 526 个，总投资 7.89 亿美元，合同台资 7.66 亿美元，实际到资 4.8 亿美元，分别占全国农业台资项目总数的 1/10、福建省农业台资实际到资的 1/3 强。在农资企业中，种植 106 个，占总量的 22 ％；养殖业 102 个，占 21％；加工业 274 个，占 57％。1999 年全市台资农业企业产值达 24 亿元，直接出口创汇 1.26 亿美元，在全国地（市）一级城市中居领先地位（有关漳州市农业与农村发展状况详见表（16.4）。

2. 特色农业 SARD 系统优化分析

农业系统优化是指通过有目的的资源利用和部门调整，提高农业生产系统生产能力和经济效益的过程。由于受到生态经济和技术手段等多方面的因素影响，农业系统优化分析用一般的方法很难实现，必须在对当地历史资料进行系统分析的基础上，采用具有趋势预测的动态研究方法来建模和优化。漳州市的农业结构调整和优化，直接关系到特色农业的宏观布局问题，也涉及外来投资对农业生产部门的投入问题，所以，本节采用模型法进行漳州市特色农业的 SARD 系统优化研究，应用这种方法的优点还是十分明显的：①可在定性分析的基础上，对农业内部结构进行定量分析与评价。②可在多方案比较研究的基础上，选择最优的农业结构调整方案；③在生态经济与社会经济协调一致的前提下，对农业生产内部结构调整实施的可行性及环境变化后果进行预测；④对一定时空条件下的某些技术经济因素变动与农业结构变动的关系进行模拟研究。

表 16.4　漳州市农业资源与社会经济现状表（1999）

	地　区	漳州市	芗城区	龙文区	龙海市	云霄县	漳浦县	诏安县	长泰县	东山县	南靖县	平和县	华安县
土地资源/万公倾	土地面积	126.0	2.6	1.2	10.9	10.7	20.0	12.5	9.1	2.4	19.9	23.3	12.9
	耕地面积	15.95	0.49	0.27	2.17	1.22	3.32	1.75	1.12	0.46	1.98	2.28	0.89
	粮食种植面积	25.94	0.50	0.42	4.49	2.31	5.01	3.03	1.75	0.19	2.85	3.94	1.46
	水果种植面积	17.66	0.46	0.05	1.26	1.54	3.24	2.44	1.31	0.19	2.63	3.30	1.24
	茶叶种植面积	0.67	0.01	0.001	0.01	0.05	0.02	0.14	0.05		0.08	0.23	0.08
	海水养殖面积	3.56			0.54	0.43	1.48	0.42		0.69			
	淡水养殖面积	1.56			0.27		0.42	0.17	0.06	0.07	0.12	0.08	0.03
生产水平/万吨	粮食产量	145.03	1.96	2.47	25.36	13.74	29.17	17.97	9.90	1.01	15.58	19.68	8.19
	水果产量	168.93	6.00	0.66	9.61	11.00	34.76	11.71	10.03	0.45	28.66	49.13	6.91
	茶叶产量	1.05	0.015	0.001	0.014	0.049	0.024	0.22	0.09		0.20	0.29	0.15
	食用菌总产量	14.53	0.41	0.35	3.77	0.27	0.75	0.63	3.65		2.24	1.26	1.20
	肉类总产量	21.81			3.61	1.19	3.58	1.82	1.46	0.46	2.35	1.97	1.26
	奶类产量	0.57			0.092	0.001	0.033		0.26		0.01	0.014	0.006
	淡水养殖产量	12.18	0.85	0.47	2.10	1.20	3.14	1.50	0.43	0.80	0.59	0.59	0.25
	海水养殖产量	63.16			11.30	11.61	18.87	11.50		9.89			
	海洋捕捞产量	40.49		0.17	11.13	0.82	5.23	7.50		15.65			
农村劳动力/万人	总人口	445.49	38.12	11.57	40.52	79.34	56.18	18.69	20.06	33.90	53.86	15.09	77.37
	农业人口	371.05			66.87	34.54	72.23	49.98	16.50	13.29	28.99	48.78	13.89
	农村劳动力	174.59	7.51	5.02	32.22	15.18	31.75	26.20	7.61	6.94	14.02	22.42	5.73
	乡镇企业劳力	71.52	3.24	2.57	14.93	5.22	12.01	9.96	3.20	6.28	5.92	6.17	2.02
农村经济/万元	第一产业产值	1851952	56351	30580	312675	148408	303851	248320	87972	163372	198008	221241	81174
	其中：农业	939419	24004	13691	138641	67947	155445	95244	64060	14249	132913	183725	49500
	林业	58994	1375	1417	3579	1409	942	2426	6280	75	26202	4527	10762
	畜牧业	282569	26534	10119	55370	23243	37519	29849	16046	6010	34330	27404	16145
	水产业	570970	4438	5353	115085	55809	109945	120801	1586	143038	4563	5585	4767
	第二产业产值	8647436			1952680	575928	1507379	605560	458695	584665	771745	426029	141920
	第三产业产值	2682782			417726	173258	363800	197646	152837	151839	213496	186135	74518

1）系统建模

在漳州市农业生产系统优化研究工作中，采用多目标线性规划方法进行农业系统优化方案评价。工作的程序设计如下：

（1）评价思路

对于特定的区域，其可持续农业与农村发展（SARD）所处的阶段是客观的，发展的基本模式也是确定的，这给评价工作提供了研究的基础。如果是进行现状评价，可以根据定性和初步的定量分析判断区域 SARD 的发展阶段，在此基础上选定与此阶段相适应的评价指标体系并赋予具有时代特征的权重（不同发展阶段评价指标不尽相同，权重分配也不相同），再通过数学模型就可以得出区域 SARD 的协调度或与最佳状态的偏离度。如果要进行区域 SARD 的预测或规划，则可以现状为基础，通过对选定的 SARD 模式进行定性描述和详细定量，以指标刻画出希望达到的某个目标；同时还可以通过计算机在各种指标间进行协调与平衡，以寻求合意的资源配置途径或方案。

（2）数学模型的构建

按照系统论的观点，系统的功能是组成系统的各个要素通过一系列的耦合作用实现的。SARD 是一个十分复杂的系统，它是由资源、环境、经济、社会等一系列子系统构成。但是我们完全可以对之进行抽象，仅仅从投入与产出间的关系对其进行研究。

① 对产出指标（评价指标）进行处理

a. 用综合分析或相关分析或专家咨询等方法将全体产出指标进行聚类，通过聚类处理可以达到简化模型的目的。

假设全体产出指标共分成 m 类，其中第 i 类评价指标记作：

$$y_i = (y_{i1}, y_{i2}, \cdots, y_{im})', \ i = 1, 2, \cdots, m$$

$$f_i = \sum_{j=1}^{m_i} a_{ij} y_{ij}, \ i = 1, 2, \cdots, m$$

b. 用主成分分析法将各类指标降维处理，由此得到各类的综合评价（此处假定只取第一主成分，若不够要求，可作进一步调整）。

令：$F = (f_1, f_2, \cdots, f_m)', \ Z = (y_{11}, y_{12}, \cdots, y_{1m}, \cdots, y_{m1}, y_{m2}, \cdots, y_{mm})$

则有 $F = AZ$

其中，
$$A = \begin{bmatrix} a_{11}, a_{12} \cdots a_{1m} & 0 \\ a_{21} & a_{22} \cdots & 0 \\ & \vdots & \\ & & 0 \\ a_{m1} & a_{m2} \cdots a_{mm} \end{bmatrix}$$

式中：A 是权重矩阵，它由主成分分析得到；F 是系统的综合评价指标向量；Z 是系统的评价指标量。

② 指标体系进行处理用于产出指标相同的方法将全部投入指标进行聚类。假定全部投入指标共分成 S 类，其中第 l 类的投入指标记作：$X_1 = (X_{11}, X_{12}, \cdots, X_{1n})'$，$l = 1, 2, \cdots, s$

而全体投入指标记作：$X = (X_1, X_2, \cdots, X_s)'$

③ 用回归分析方法建立评价指标与投入指标的回归议程 $y_{ij} = \sum_{l=1}^{s} b_{ij} \chi_i$

其中，$B = (b_{ij})_l$ 为系数矩阵，它由回归分析得到。

④建立综合评价模型

$$\begin{cases} (V_p)F_{\max} = (f_1, f_2, \cdots, f_m) \\ \text{s. t.} \sum_{t=1}^{n_1} X_{1t} \leqslant c_l, l = 1, 2, \cdots, s \\ X_{1t} \geqslant 0, t = 1, 2, \cdots, m \end{cases}$$

其中，c_l 代表第 l 类投入指标的标准量。上述模型是一个多目标规划模型，它既可以作为系统综合评价的数学模型，又可以作为系统规划模型的基础。V_p 表示多目标规划；s. t. ＝subjict to，表示受限制于，即限制条件；$\sum_{t=1}^{nc} X_{1t}$ 是关于投入指标的一个常数，表示其不大于 cl。

2）区域 SARD 系统评价与规划

（1）SARD 系统规划的基本思路

SARD 注重整个农村社会经济发展必须与农业自然资源、生态环境相协调。由于福建省闽西北与闽东南自然条件上的客观差异，区域差异比较明显，两大地区同样面临农业与农村发展的问题，只是在不同发展水平下需要解决的农业生产矛盾的表现形式和内容不尽相同，所以可将 SARD 划分出初级、中级和高级阶段。根据罗守贵等人的研究，SARD 的初级阶段主要矛盾体现在农业方面，由于农业生产水平低，所以主要任务是消除农业生产主导障碍因素，缓解人口和资源消耗造成的生态环境压力，尽快解决农民的温饱问题；中级阶段的主要矛盾已经转向农业与农村发展的协调问题上，此时的工作重点是调整农业区域结构、产品结构和产业结构，提升农村二三产业的整体水平，逐步导入种、养、加结合、贸工农一体的发展策略，提高自然资源利用水平，合理配置资源，使生态环境得到较明显的改善，在中级阶段农民生活水平达到小康；高级阶段实际上是农业现代化的顶级阶段，主要追求农村的持续发展，农业增长依靠农村社会财富的积累，重点是扩大农业经营规模，发展农村二三产业，迅速提高农业劳动生产率和城镇化水平，基本上建成农业现代化，农民生活达到富裕水平。由此看来，福建省农业整体增长实际上已经基本步入 SARD 的中级阶段，只是闽东南地区较闽西北在中级阶段的特征更明显，生产效益更高，所以向高级阶段发展的潜力更大。根据前述分析，本研究提出了建设特色农业以推动闽东南地区向农业现代化发展和过渡的指导思想，并以 SARD 为战略目标，设计了面向闽东南特色农业的漳州市农业决策支持系统，为了更好地体现发展特色农业对与农业结构调整的优越性，也为了加快闽东南地区农业信息化技术的应用，促进闽东南特色农业的整体水平，本节将以此为目标，通过系统中已有的基础数据库，建立起相应的线性规划模型，以便求解未来漳州市特色农业的发展趋势，提出符合 SARD 指导思想的规划方案，为漳州市特色农业建设提供决策支持。

SARD 系统规划与一般规划的不同之处在于它是在现有一定要素的系统，而且总体目标也已经设定情况下，寻求最优途径的过程，即最优投入方案的运筹过程。具体包括以下几个环节：①明确研究的问题和设置研究的目标；②对系统进行研究；③构造数学模型；④在计算机上运行数学模型；⑤利用模型进行实验；⑥对结果进行分析与鉴定。整个研究过程如图 16.2 所示。

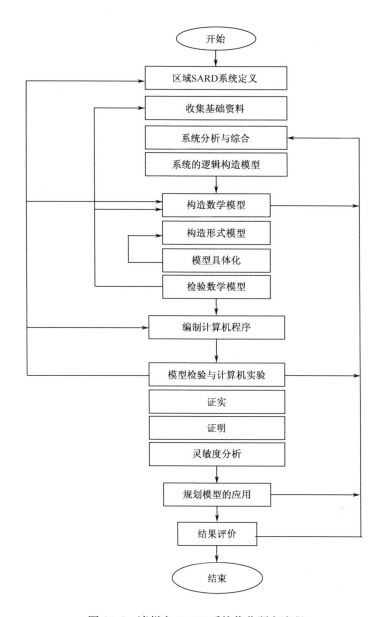

图 16.2　漳州市 SARD 系统优化研究流程

（2）漳州市 SARD 系统指标体系和数据库的构建

漳州市位于经济发达的闽东南地区，自然条件优越，资源丰富。但是 20 世纪 90 年代末以来，耕地资源日渐短缺，人多地少矛盾较为尖锐。1999 年人均耕地面积仅有 0.042 公顷，而且耕地后备资源缺乏，土地垦殖率达 12.95％。虽然位于沿海地区，但是境内水资源状况也不容乐观，人均水资源总量虽然高达 2683.8 立方米，但是污染严重，河流水质都在 Ⅳ—Ⅴ 类，农业生产发展受到较大限制；从另一方面看，漳州市土地肥沃，气候条件优越，而且农业物质装备精良，精耕细作，粮食单产 5400 公斤/公顷，土地生产率水平较高。总体上，漳州市经济总体发展水平也较高，1999 年人均

GDP 已达 10927 元，是福建省平均水平 5933 元的 1.84 倍，是全国平均水平 6534 元的 1.67 倍；乡镇工业和第三产业发展极快，目前第一产业在 GDP 中的比重已经下降到 21.81% 以下，但第一产业就业人员占全社会就业人员的比重仍高达 87.60%，农业的比较效益依然较低。

根据上述对漳州市经济与社会发展状况以及资源环境状况，可以初步判定漳州市 SARD 系统已处于中级阶段向高级阶段过渡的时期。同时根据漳州市已有较为成功的农业开发经验。我们认为漳州市应该选择"高技术、集约化、持续性"的发展模式，大力吸引外来投资投向具有区域优势的特色农业建设中去。立足于漳州市人多地少，资源相对丰富的特点，以增加农民收入为中心，以提高农民生活水平和农村文明程度为目的，实行农业集约化经营，利用高新技术手段对特色农业进行科学决策与管理，提高农业科技含量；以有效的人力投入，适度的资金注入，先进的技术支撑，实现特色农业的高效益产出；科学配置各类生产要素，适时调整农业结构，积极开展多种经营，大力发展农村非农产业，建设生态、经济与社会协调发展的现代化新农村。在发展阶段和主要发展模式确定的基础上，按照系统性、整合性、可操作性、可控性、可预测性等原则，选取并确定了 38 个指标，其中投入指标 20 个，产出指标 27 个（表 16.5）。

表 16.5　漳州市 SARD 评价指标体系

投入指标	产出指标
A 资源利用	X 农业产出水平
A_1 土地垦殖率	X_1 粮食作物产值
A_2 农业人口人均耕地	X_2 经济作物产值
A_3 复种指数	X_3 林业产值
A_4 农业用地比重	X_4 牧业产值
A_5 作物总播种面积	X_5 渔业产值
A_6 粮食作物播种面积比重	X_6 农业劳动力人均粮食产量
A_7 经济作物播种面积比重	X_7 农业劳动力人均油料产量
B 人力投入	X_8 农业劳动力人均甘蔗产量
B_1 农村社会劳动者人数	X_9 农业劳动力人均茶叶产量
B_2 农村第二产业从业人员比重	X_{10} 农业劳动力人均水果产量
B_3 农村第三产业从业人员比重	X_{11} 农业劳动力人均肉类产量
B_4 人口自然增长率	X_{12} 农业劳动力人均禽蛋产量
C 环境成本	X_{13} 农业劳动力人均水产品产量
C_1 废水排放量	X_{14} 农业劳动力
C_2 废气排放量	X_{15} 单位耕地产出粮食
D 直接经济投入	X_{16} 单位耕地产出经济作物
D_1 农业中间消耗占农业总产值比重	X_{17} 单位耕地产出蔬菜、瓜类
D_2 单位耕地面积用电量	X_{18} 单位耕地面积产出率
D_3 单位面积化肥施用量	X_{19} 农民人均纯收入
D_4 人均农机总动力（千瓦/人）	X_{20} 农业总产值年增长率
D_5 农业固定资产（亿元）	X_{21} 农业劳动生产率
D_6 有效灌溉面积	Y 环境质量
D_7 旱涝保收率	Y_1 废水排放达标率

投入指标	产出指标
	Y₂ 废气排放达标率
	Z 社会发展与人民生活
	Z₁ 万人病床数量
	Z₂ 百人电话拥有量
	Z₃ 恩格尔系数
	Z₄ 城市化水平

以该指标为准，我们收集了漳州市 1990～1999 年 10 年的相关统计资料，建立了漳州市持续农业与农村发展数据库。

（3）数据的标准化处理

SARD 战略的基本出发点在于：农业与农村发展是资源、环境、人力、经济等各种投入综合产出的结果。因此我们在指标体系构建时充分贯彻了这一指导思想，即突破了常规的投入产出分析仅仅着眼于经济分析的局限，要把对资源的占用和对环境的荷载亦作为投入要素。同样在产出指标中将不仅有经济和社会因子，也有环境质量作为一种产出结果。由于众多的指标量纲不统一，为此，在进行计算机处理之前，将数据进行预处理，即对所有指标原始数据进行无量纲处理，并在此引入求功效函数的方法。

设变量 U_i（$i=1,2,\cdots,n$）是 SARD 系统序参量，其值为 X_i（$i=1,2,\cdots,n$），a_i，b_i 是系统稳定临界点上序参量的上、下限值。根据协同论可知：①系统始终处于稳定状态时，状态方程为线性；②势函数的极值点是系统稳定区域的临界点；③慢驰豫变量在系统稳定时也有量的变化，这种量的变化对系统有序度有两功效：一种是正功效，即随慢驰豫变量的增大，系统有序度趋势增大；另一种负功效，即随慢驰豫变量增大，系统有序度趋势减小。因而区域 SARD 系统序参量对系统有序的功效可表示为：

$$U_A(u_i) = \begin{cases} \dfrac{x_i - b_i}{a_i - b_i} & U_A(u_i) \text{ 具有正功效时,}(i=1,2,\cdots,n) \\[2mm] \dfrac{b_i - x_i}{b_i - a_i} & U_A(u_i) \text{ 具有负功效时,}(i=1,2,\cdots,n) \end{cases}$$

式中，$U_A(u_i)$ 为变量 u_i 对系统有序的功效，其值介于 0～1 之间，A 为系统稳定区域。

关于漳州市 SARD 系统变量的功效函数，由于采集数据及资料的关系，采用简单的处理方法进行预处理，主要依据是确定到 2010 年漳州市农业基本达到"高技术、集约化、持续性"的 SARD 高级阶段前提下，对照全国以及世界上经济发展水平相当的国家和地区标准，以及漳州市"十五"规划有关指标，运用上述功效函数对前述的基础数据库中的各变量进行正负功效变换，得到优化系统需要的标准化数据库。

3）漳州市 SARD 系统评价与规划

（1）系统的历史评价

借助于前述的多目标规划模型，通过数据库可求出 F_{max}，它是系统可能达到的最佳状态。我们采用线性加权法对综合评价模型求解，得出漳州市 1990～1999 年共 10 年的 F_{max}，而实际产出 F 都是已知的，令：$V = F_{max} - F$。

其中，V 是系统的最佳状态与实际状态的偏差，这个偏差越小，表示系统越优，它就是所求的目标函数。对此偏差函数的求法，我们采用对应向量之差的绝对值加权求和的方法进行计算。将数据库数据转入专用统计软件，标准化之后，因为投入与产出指标总数较多，所以首先采用主成分方法对投入指标降维；其次，利用回归方程将所有产出指标与投入指标进行逐一回归，求得回归系数；第三步是将所求得的 27 维系数矩阵录入 matlab，将线性回归方程写入，经循环数组运算后可求出每一年的 F_{max}；然后将其与真值比较，可求得漳州市 1990～1999 年的 V 值依次为：0.4964，0.0671，0.1234，0.1473，0.3593，0.2673，0.3136，0.3193，0.6460，0.6893。从计算结果可以看出，20 世纪 90 年代以来，1991 年是最优的一年，而 1999 年则是最差的一年。由此多目标线性规划模型，可以对漳州市未来农业生产进行模拟和仿真，只要采集的有关特色农业基础数据完善，这一模型可以对实际的特色农业生产形成不同的规划方案。而且通过系统优化分析，可从指标的数量上找出问题所在，然后再从更高级的定性分析入手，就可以总结工作经验和教训，从而为实现农业的持续发展提供最佳的决策支持。

（2）系统规划

上述的系统综合评价模型的最重要意义在于它的决策分析功能，但在进入计算机运筹之前，必须对该模型的可靠性进行评价，即模型的置信检验。这项工作在前述工作中实际上已经完成，一是在模型构建与指标体系确立过程中结合指标筛选而进行的灵敏度分析时，比较全面地检验了所有参数；二是在分析 1990～1999 年各年度的目标时，就面临寻求满意的投入方案问题。事实上，28 个投入指标中有一些是基本稳定或完全可控的，如土地垦殖率、人均水资源、农用地比重、全社会劳动者人数、人口自然增长率等等。根据 SARD 系统目标的要求，我们设计了三个投入方案（表 16.6）：①是偏重技术经济方案；②侧重人力资源投入的运筹方案；③综合平衡方案（无量纲结果已经还原）。

表 16.6　2010 年漳州市 SARD 投入方案（部分指标）

指　　标	单　　位	方案 1	方案 2	方案 3
农业人口人均耕地	公顷	0.062	0.054	0.051
经济作物面积比重	%	38.24	42.81	45.62
废水排放量	万吨	1654	1532	1459
废气排放量	万标米³	212561	185693	170685
第二产业从业人员比重	%	15.32	16.854	18.17
第三产业从业人员比重	%	20.50	25.25	30.03
农业中间消耗占农业总产值比重	%	52.36	50.21	45.49
化肥施用量	万吨	45.73	40.53	36.59
人均农机总动力	千瓦/人	0.641	0.572	0.513

方案 1 侧重经济技术要素对农业增长的作用，对其规划的主要依据是偏向集约的指导思想。按照现代农业发展的要求，以高投入换取高产出，主要体现为几项指标如化肥施用量、农业装备等方面的高投入，而因此造成的农业中间消耗也会相应增长较快。

方案 2 偏重人力资源的综合开发及农业整体素质的提高，出发点是集约高效。对于漳州市来说，农业经济一直是全市的主要经济支柱，但是农业比较经济效益不高，虽然有较高的农业劳动力投入，但是转化速度较慢，农民对农业生产的积极性没有充分发挥出来。因此，这一规划方案追求加快城镇化进程，减少农业劳动力总量，提高农业劳动生产率，将第一产业从业人员降下来，以便在发展特色农业过程中尽快实现规模经营和农业产业化，所以该方案是通过调整从业人员的数量比例关系和改善质量结构来实现既定的工作目标。

方案 3 是一种综合平衡方案，是依据 SARD 的"集约、持续、高效"模式而设计的。由于方案 1 和方案 2 都有一定的局限性和片面性，并不同程度的受一些客观条件的制约，尽管保证了各产出目标的实现，但综合效益并非最优。为此，在对投入指标进行多次往复调整，在加权分析后选择了一个较为理想的方案，这一方案充分贯彻了系统整体产出最优的原则，最大限度地减少主观因素的影响程度。

另外，还采集了漳州市"十五"期间农业生产的主要发展目标与规划方案进行比较，由于不同的指标体系及指标反映的农业生产信息不尽相同，所以仅作参考。但是从总体上看，漳州市制定的农业发展目标与规划方案提出的综合平衡方案具有类似的特点，强调在漳州市农业总产出的水平提高的基础上，兼顾农业的技术进步和科技含量的增加；强调农业劳动力的转化效率和结构调整（漳州市规划的发展指标如表 16.7 及表 16.8）。

表 16.7　漳州市"十五"期间主要农产品发展目标（单位：万吨）

项　　目	2000 年指标/万吨	"九五"期间年递增率/%	"十五"计划	
			2005 年指标/万吨	年递增率/%
粮食产量	120	−3	114	−1
油料产量	4.80	−0.52	4.68	−0.50
茶叶产量	1.12	6.99	1.57	8.0
水果产量	152.04	10.57	243.24	12.0
蔬菜产量	197.57	17.40	345.75	15.0
食用菌产量	14.50	0.32	18.21	0.50
肉蛋奶产量	26.71	5.70	39.86	8.30
肉类产量	22.90	5.10	32.0	8.0
蛋类产量	3.02	13	5.29	15.0
奶类产量	0.79	51	2.57	45.0
水产品产量	123		160	5.93

资料来源：福建省漳州市现代农业规划，1997

表 16.8　漳州市"十五"及 2010 年农业与农村经济发展总体目标

指　标	单　位	2000 年	2005 年	2010 年
农林牧渔总产值	亿元	136.4	180	220
农民人均纯收入	元	3547	4800	11000
科技对农业贡献率	%	48	55	60
农业劳动力占农村劳动力比重	%	70.3	65	30
农产品商品率	%	83.0	86	90
农产品出口交货总值占农业总产值比重	%	25.0	30	40
水土流失治理程度	%	52.0	60	85
农业现代化园区占总耕地面积比重	%	6.0	37	85
农业产业化龙头企业数	个	109	1680	250

资料来源：福建省漳州市现代农业规划，1997

　　漳州市农业增长是复杂的系统工程问题，虽然目前农业生产水平在福建省内具有比较明显的优势，农民生活已经逐渐迈向小康，但是在当前农业生产比较经济效益的持续走低导致农民的劳动积极性下降，这显然与政府的宏观调控与结构调整有关，农产品的结构性过剩依然对漳州市未来农业增长构成威胁，所以应用现代农业信息技术对漳州市农业进行科学决策，优化漳州市占有优势的农业自然资源配置，实现生态、经济、社会的协调持续发展，是漳州市实现农业现代化的主要目标。

参　考　文　献

[1] 黄季焜.农业科技革命：过去和未来.农业经济问题，1998，(3)：1～10

[2] Gordon Waitt. The Republic of Korea's Foreign Investment in Australia：The Chaebols Down Under. Australian Geographical Studies，1994，32 (2)：191～213

[3] 高新民.信息化和社会经济发展.计算机世界，1996

[4] 薛亮，方瑜.农业信息化.北京：京华出版社.1998

[5] 梅方权.从农业现代化走向农业信息化.北京：中国农业科技出版社.1997

[6] 杨万江，徐星明.农业现代化测评.北京：社会科学文献出版社，2001

[7] 习近平.现代农业理论与实践.福州：福建教育出版社.1999

[8] 吴季松.21 世纪社会的新趋势：知识经济.北京：北京科技出版社，1998

[9] 刘世洪.农业信息系统的应用及其发展.许越先.面向 21 世纪的信息技术与农业.北京：中国农业科技出版社，1998

[10] 汤国安，赵牡丹.地理信息系统.北京：科学出版社，2000

[11] 陈述彭.地球信息科学与区域持续发展.北京：测绘出版社，1995

[12] Pierce. Agricultural Applications of Expert System Concepts. Agricultural Systems，1989，(31)：3～18

[13] Lal H，Jones, J. W. et al. FARMSYS-A Whole-farm Machinery Management Decision Support Systems. Agricultural Systems，1992，(38)：257～273

[14] Kline D. E., Bebder D. A., mcCarl B. A. FINDS：Farm level intelligent decision support system. Applied Engineering in Agriculture，1989，(2)：273～282

[15] Montas H.，Madramootoo C. A. A Decision Support System for soil conservation planning. Computers and Electtronics in Agriculture，1992，(2)：187～202

[16] 曹永华. 农业决策支持系统综述. 中国农业气象, 1997, (4): 46~49

[17] 王亚芬, 任志纯, 兰军. 决策支持系统的发展及前沿问题. 计算机应用, 1992, (1): 32~35

[18] 贾善刚. 中国农业科技信息网络的设计与建设, 梅方权. 中国农业科技信息事业跨世纪的选择. 北京: 中国农业科技出版社, 1997: 193~197

[19] 高文. 智能化农业信息技术示范工程工作汇报. 农业信息化科技工作会议文件汇编. 1998: 1~5

[20] 马蔼乃, 周长发. 地理专家系统的试验研究. 地理学报, 1992, 47 (2): 47~50

[21] 崔伟宏. 区域可持续发展决策支持系统研究. 北京: 宇航出版社, 1995: 57~68

[22] 孙亚梅, 张梨. 空间决策支持系统及其支撑软件的设计与应用. 环境遥感, 1993, (2): 44~48

[23] 阎守邕. 空间决策支持系统通用软件工具的试验研究. 环境遥感, 1996, 11 (1): 21~24

[24] 梁启章等. 基于 GIS 的决策支撑系统实验研究. 中国 GIS 年会论文集, 1995

[25] 冷允法, 谢高地. 农业资源高效利用管理决策支持系统——土地资源管理. 资源科学. 1998, 14 (2): 79~83

[26] 李军, 刘静航. 土壤信息管理系统数据模型与数据结构. 农业工程学报, 1993, 9 (3): 52~57

[27] 章牧, 朱鹤健. 东南沿海地区特色农业评价与信息化技术. 北京: 中国农业出版社, 1998

第十七章 生态环境动态监测与管理
信息系统——以福建省为例 *

生态环境是新世纪人类特别关注的问题之一。《联合国21世纪议程》序言中指出，"把环境和发展问题综合处理并提高对这些问题的注意将会带来满足基本需要、提高所有人的生活水平、改造对生态系统的保护和管理、创造更安全、更繁荣的未来的结果"。1999年12月召开的欧盟国家环境保护部长会议中心议题就是"欧洲区域生态环境监测系统"。研究表明，生态环境问题在许多发展中国家是一个比环境污染更为严重的问题。

中国政府1999年发布《全国生态环境建设规划》之后，2000年11月又颁布了《全国生态环境保护纲要》，要求各省区抓紧制定生态环境保护规划，积极采取措施，加大生态环境保护工作力度，扭转生态环境恶化趋势；要坚持预防为主，保护好那些直接影响国家和地区安全的生态功能区，建设一批经济和生态良性循环的生态示范区，加强自然保护区建设和管理，继续有计划有步骤地实施退耕还林还草工作；要努力提高我国环境保护的能力和水平，加强环境科研、标准、监测、信息、宣传教育工作。

因此，《福建省可持续发展行动纲要》把生态保护、改善和重建摆在重要地位。诸如林草植被遭到破坏，生态功能衰退，水土流失加剧，天然林面积减少，生物资源总量下降，水生生态环境恶化，耕地减少，土地退化等问题，开展对生态环境的变化与恶化进行动态监测，并实施规划、治理、保护与建设的信息化和现代化管理。设计和建立生态环境动态监测和管理信息系统，将推进环境工作的现代化和信息化，以实现信息共享，为制定生态环境保护规划与政府综合决策提供科学依据。系统的研制为实现数字省、生态省的宏伟目标打下坚实基础。这一切，对实现可持续发展战略和生态环境保护纲要均具有重大意义。

第一节 生态环境动态监测与管理信息系统的
设计目标、原则与内容

一、系统设计目标与建设原则

生态环境动态监测与管理信息系统的建立，旨在能动态监测、高效管理、综合分析、适时发布全省生态环境信息，为各级领导决策提供科学依据。系统设计的基本原则：

(1) 实用性原则：系统建设一切从实用出发，做到数据库便于使用管理与数据实时扩充、更新；信息系统易于操作维护与分析应用。

(2) 系统性原则：该系统从生态环境的现状调查，到生态环境的动态监测；从数据

---

* 本章由廖克、陈文惠、沙晋明撰稿

库建设到动态监测体系的建立，乃至生态环境管理子系统的建成，都应考虑生态环境各要素的内容及其相互影响和作用，反映生态环境的综合性与系统性。

（3）先进性原则：系统采用"3S"以及多媒体、虚拟现实、计算机可视化与信息网络等最新技术，在整体结构、数据库平台、系统布局，应用功能与安全可靠性等方面均应达到最先进的水平。

（4）标准化原则：系统设计既要符合全国环保部门关于生态环境现状调查、动态监测与保护建设的统一目标与要求，又要满足"数字福建"网络建设与信息共享的统一原则与标准。采用统一的软件系统与数据编码体系，并执行"数字福建"所制定的网络信息共享的标准与规范。

（5）安全性原则：为保证该系统安全可靠地运行，既要能实现多用户的实时操作，又要能够对用户权限进行严格的限定。网络设计必须强调网络的安全控制能力，关键应用服务器、核心网络设备只有系统管理人员才有操作、控制的权力。

二、系统建设的内容

系统分基础网络平台和应用系统两大部分，基础网络主要包括生态环境监测与管理中心的局域网、主服务器、数据采集平台、数据处理平台、数据库服务器建设，典型监测区的监测设备、数据处理设备、网络设备等。应用系统主要包括全省生态环境动态监测子系统、生态环境数据库子系统、生态环境管理子系统三部分(图 17.1)。

1. 生态环境动态监测子系统

生态环境动态监测子系统由如下三部分组成：

（1）遥感动态监测系统：利用不同时期或不同时相卫星遥感影像对比，分析生态环境各要素与因子的动态变化，并提供全省生态环境动态信息。

（2）地面动态监测系统：建立不同生态环境动态变化的典型监测区，以形成监测网络，并与总监测体系连接。其可根据需要和条件，进一步扩展。

（3）应急响应监测系统：采用微型遥控飞机对小范围的生态环境动态进行实时监测。机载摄像与摄影系统及时获取生态环境质和量的空间信息，完成局部地区生态环境应急监测。

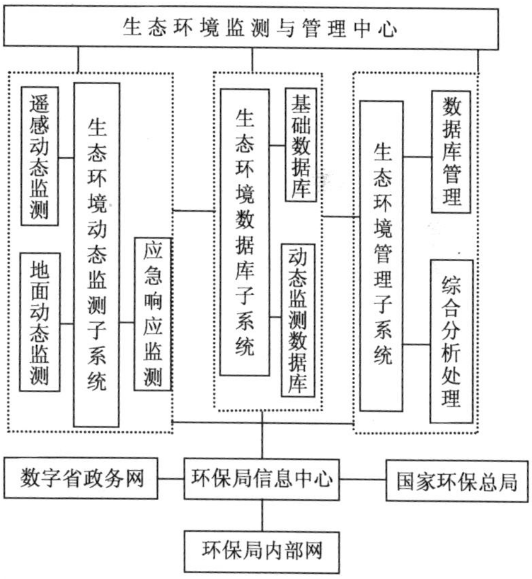

图 17.1　生态环境动态监测与管理系统框架

2. 生态环境数据库子系统

该数据库包括基础数据库（含背景数据和本底数据）和动态数据库两部分。

全省各市、县生态环境调查所搜集的各种资料、数据，各有关部门提供的资料和数据、全省生态环境数字化系列地图，以及各项动态监测的数据是生态环境数据库的主要信息来源。其中全省生态环境综合系列地图不仅是建立全省生态环境动态监测的基础数据库和图形库的基础图件，也是全省生态环境功能区划、规划布局及生态省建设宏观决策的基本依据。多媒体电子地图集以多媒体形式与多维动态可视化技术，形象地显示全省生态的现状及存在的问题。生态环境综合信息图谱将在生态环境数据库与综合系列地图基础上，经过信息挖掘、知识发现、抽象概括、模型分析形成综合性的图形谱系，以反映全省生态环境的时空变化规律。

3. 生态环境决策支持管理信息子系统能够快速检索查询、统计分析与咨询管理

对生态环境信息进行分析评价、预测预警、规划决策，成为环保部门的信息管理系统；同时通过省环保局信息中心的省政务网络分中心提供信息资源共享，为政府各部门查询和提供生态环境信息服务。

第二节　生态环境动态监测与管理信息系统建设的技术路线与实施方案

一、生态环境动态监测子系统的设计与建设

生态环境动态监测提供生态环境实时动态监测数据，既是生态环境动态变化数据库的数据来源，也是生态环境管理信息系统决策支持的科学依据。它以遥感、地理信息系统和全球定位系统技术为基础，由遥感动态监测系统、地面动态监测系统和应急响应监测系统相结合，建立生态环境动态监测体系。

1. 遥感动态监测系统的设计方案

遥感监测重点解决：生态环境要素的时空表现特征、生态要素的时空变化规律等。其中包括：地形地貌、河流水域、土地资源、森林资源、草地资源、湿地资源、自然保护区、森林公园、城市生态等，以及土地退化、干旱、洪涝、地质灾害、资源开发中的生态环境破坏等问题。

过去利用遥感手段进行生态环境监测，以定性分析为主，定量分析不够；以定点观测数据为主，空间区域分析不足；定量分析研究注重单要素，多要素的综合分析和整体评价欠缺。我们这次研究试验尽量克服了这些不足与欠缺。特别是基于遥感信息模型来分析评价生态环境质量、规范出一系列直接表达生态环境质量因子的运算方法、用一组遥感本底值从多方面表示生态环境质量状况，为生态环境遥感动态监测建立一套较完整的方法技术体系。

生态环境的动态变化，采用了 20 世纪 70 年代（MSS）、80 年代（TM）、90 年代（TM）、2001（ETM，局部地区 SPOT）等 4 个时期的卫星影像进行全面对比分析，今后每 2 年左右应用 MODIS、TM、SPOT 影像进行数据更新与对比分析。

遥感图像分析处理采用 ERDAS、ENVI 等软件系统及 SuperMapⅢ的影像集成技术，遥

感图像分析处理过程见图 17.2。通过对 TM 影像的融合处理、滤波、主分量分析、代数运算、缨帽变换等多种处理，获得反映生态环境关键因子植被、热量、水分、土壤等指数。

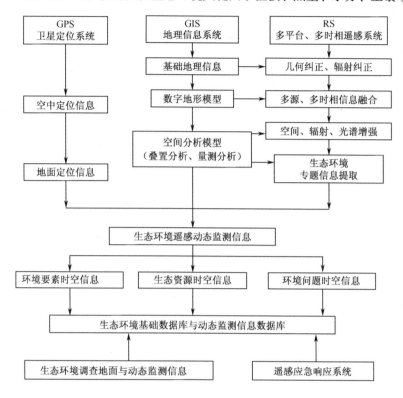

图 17.2　基于 3S 技术的生态环境动态监测分析过程

　　通过上述分析，完成全省 1：25 万森林覆盖度及空间分布、水环境质量、土地资源结构等的动态监测图和制作多时相的 1：25 万福建省生态环境监测图（湿润度等级、土地覆被结构、热温等级等）。目前遥感指数有多种方案，例如植被指数中有 NDVI、GVI、AR-VI 等，可将这些指数分别与遥感本底值进行相关分析，取与植被相关系数最大者作为植被因子参与评价。然后根据多项评价指标，按遥感评价模型进行评价。按上述方法生成不同时期的生态环境评价图，并进行对比与分析，就可以进行生态环境变化的趋势预测。

　　其中归一化植被指数是目前应用最广泛的一种植被指数，该指数对土壤背景的变化较为敏感，在很大程度上消除了地形和群落结构阴影的影响，削弱了大气的干扰，因而大大扩展了对植被覆盖度的监测灵敏度，常用来反映植被状况、植被覆盖、生物量等信息，是反映生态环境的重要指标，故常被用来进行区域和全球的植被状态研究，与植被分布密度呈线性相关，NDVI 值越高，植被覆盖越好。NDVI 适用于早期发展阶段或低覆盖度植被的检测。通过两个时相 NDVI 的比较，就能很好地判断地表植被的变化情况，而植被的变化也就是土地覆盖变化的反映。其中 2001 年的 NDVI 提取结果如图 17.3 所示。

　　对于生态环境遥感本底值评价指标包括：植被指数（NDVI、ARVI、GVI、RVI）、热度指数（Ts）、湿度指数（NDMI、MI、WI）、土壤亮度指数（NDSI、GRABS、BI）、地形数据（DEM、SLOPE）、温度指标（年均温 AAT、10℃积温 AT_{10}）、湿度指

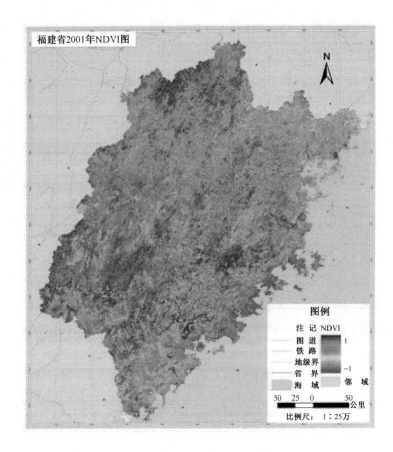

图 17.3 福建省 2001 年归一化植被指数图（NDVI）

标（年降水量 AP、年蒸发量 AE、湿润指数）（表 17.1），这些评价因子都可根据遥感影像按一定模型分析提取，生成各因子等级图（图 17.4、图 17.5）。

表 17.1 福建省生态环境综合评价指标体系

一级指标	二级指标	指数提取公式或方法	相关系数	数据来源
植被指数	NDVI	（TM4－TM3）/（TM4＋TM3）	0.763	ETM 遥感数据
	RVI	TM4/TM3	0.667	
	ARVI	（TM4－TM2）/（TM4＋TM2）	0.686	
	GVI	缨帽变换第二分量	0.798	
湿度指数	NDMI	（TM2－TM5）/（TM2＋TM5）	0.551	
	WI	缨帽变换第三分量	0.757	
土壤指数	NDSI	（TM3－TM2）/（TM3＋TM2）	－0.682	
	BI	缨帽变换第一分量	－0.578	
热度指数	T_6	TM6 辐射定标	－0.76	
地形数据	DEM	TINLATICE 分析	0.853	1∶10 万等高线
	SLOPE	Slope 分析	0.711	
水分指标	AE	气象站的经度（λ）、纬度（φ）、海拔高度（h）与各气象要素进行趋势面拟合	0.687	气象数据 空间分析
	AP		0.792	
温度指标	AAT		－0.758	
	AT		－0.614	

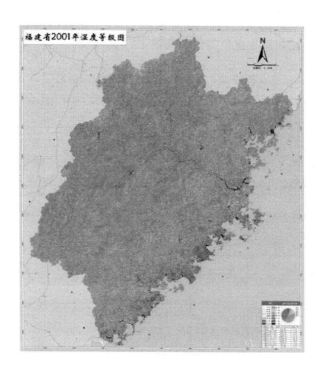

图 17.4　福建省 2001 年湿度等级图

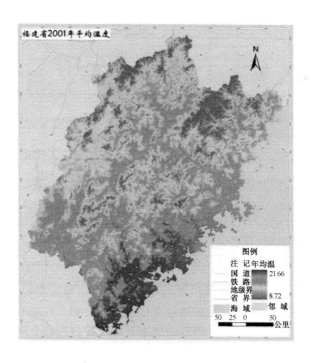

图 17.5　福建省 2001 年年平均温度

根据生态环境优劣指数，将生态环境进行综合评价，按优劣度分为五级（表17.2）。获得生态环境遥感本底值等级图（图17.6）。

表 17.2 生态环境质量优劣度分级标准

级别	优	良	一般	较差	差
指数	≥75	60～75	40～60	20～40	＜20
状态	植被覆盖度好，生物多样性好，生态系统稳定，最适合人类生存	植被覆盖度较好，生物多样性较好，适合人类生存	植被覆盖度处于中等水平，生物多样性一般水平，较适合人类生存，但偶尔有不适人类生存的制约性因子出现	植被覆盖度较差，严重干旱少雨，物种较少，存在着明显限制人类生存的因素	条件较恶劣，多属戈壁、沙漠、盐碱地、秃山或高寒山区。人类生存环境恶劣

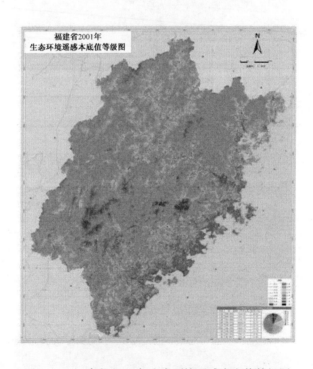

图 17.6 福建省 2001 年生态环境遥感本底值等级图

2. 地面动态监测系统的设计方案

在充分分析生态现状调查资料和野外调查基础上，确定重点监测工作区域和监测点，并对典型监测区进行详查，其成果录入计算机作为动态监测的基础数据。另外，监测结果录入计算机，由生态环境监测管理信息系统进行管理和分析，监测数据和分析结果通过电话线路上网汇入省生态环境监测与管理中心和省环境监测站。

本项建设针对生态破坏-土壤侵蚀-水涵养能力变化、生态恢复过程—生态系统结构动态变化、城镇—郊区的生态环境结构差异及其变化、沿海经济高速发展—海洋生态环境变化等重点内容建立 6 个地面典型监测区，并相应建立动态监测管理信息系统，初步形成全省生态环境地面监测网络。这 6 个典型监测区的范围、建站地点与主要监测指标选择如下：福州仓山（城市生态环境结构及其变化）；长泰县（农业生态环境变化动态监测）；武夷山（生态环境本底及生物多样性变化）；将乐县龙栖山（生物多样性与生态环境保护）；长汀（水土流失及治理过程，生态系统结构动态变化）；宁德（海岸带生态环境变化）。

不同地面监测站其监测内容和指标均有所不同。福州市主要监测指标为城市热岛效应、城市空气质量、水环境质量、城市生态环境变化（绿地面积、土地利用、湿地面积）；长汀县监测指标为水土流失、土壤营养、植被恢复等；长泰县监测指标为农用化学品污染、病虫害、土壤营养、土地退化、外来物种入侵等；武夷山监测指标为生物多样性（对森林、灌丛、草本分别观测）、酸雨、水土流失、土壤营养等；龙栖山主要监测指标为植被保护、生物多样性、水土流失等；宁德监测指标为大米草面积变化、滩涂面积变化、海产品养殖面积变化、近海水质污染状况、赤潮等。

3. 应急响应监测系统的设计方案

其采用无线遥控微型飞机为主要遥感监测平台，通过高分辨率摄影及全球定位系统，对局部区域进行遥感监测，获得 1 米以上分辨率的多波段、彩色或红外遥感图像或摄像以提取监测对象的空间信息，进行适时监测，适合省内生态环境突发事件的监测或小区域生态环境综合调查监测。

该系统的建设主要包括无人驾驶航空遥感系统和地面数据与影像处理系统以及遥控系统 3 个部分，以获得高质量图像，经过卫星定位系统与地形图地面控制将所获取的生态环境动态变化信息直接进入动态数据库。经过广泛深入的调研和比较，以从日本雅马哈公司生产的"空中机器人 RMax"作为飞行器平台较为合适，该无人驾驶小型直升机无需起降跑道，可垂直升降，具有较高稳定性，其起飞重量 98 公斤（任务载荷 30 公斤），飞行高度 200～1600 米，飞行时间 60 分钟，目视飞行区域半径 1～1.5 公里。采用 4 台高清晰相机和数字摄像机分别获取 G、R、IR 多光谱航片与彩红外航片及数字摄像。采用具有 GPS 接收功能、数据传输功能、航线规划功能的导航系统。当然也可以选择其他国产的小型无人驾驶遥控飞机，作为应急响应监测系统的遥感监测平台。

二、生态环境数据库子系统的设计与建设

1. 生态环境的综合调查及系列地图的编制

首先，需要在改造原有数据和调查收集新数据的基础上，进行补充调查，使其不仅符合全国环保部门的规范化标准，而且符合"数字福建"的要求。

然后，以生态环境类型单元为基础、以遥感图像为基本信息源，编制全省 1∶25 万生态环境综合系列地图（包括地势、地貌、植被、土壤、土地利用、生态环境类型等）及 1∶50 万生态环境功能区划图和典型地区 1∶5 万生态环境系列图。根据福建省生态环境的分布特点以气候与地貌为主导因素，考虑植被、土壤、土地利用及人类活动对环境的影响，将福建省生态环境划分为 3 大类、13 个中类和 82 个类型。

该综合系列地图采用遥感制图与计算机制图相结合的方法，通过各有关专业人员野

外路线与典型地段的综合考察，建立影像判读标志与监督分类样本，图像自动分类与人工判读相结合，野外调查与室内分析相结合，利用计算机先编绘生态环境类型单元（或生态景观单元）轮廓界线图，并列表记录各生态环境类型单元的影像特征、各要素类型及其编码，然后计算机自动派生地貌、植被、土壤、土地利用、生态环境类型与生态功能区划等地图。同时将上述各编码和空间数据构成全省 1：10 万和 1：25 万生态环境数据库（图 17.7、图 17.8）地势图采用 1：25 万数字地形模型生成。这一方法不仅能够保证各种地图之间的统一协调，便于地图比较分析和利用，而且提高地图质量和加快编图速度。所建立的生态环境数据库可生成各种比例尺生态环境系列地图，也成为生态环境数据库的图形数据的主要组成部分。

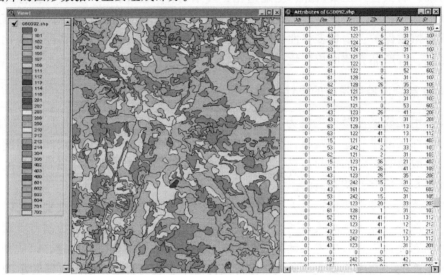

图 17.7　1：10 万生态环境单元图及类型属性编码数据库

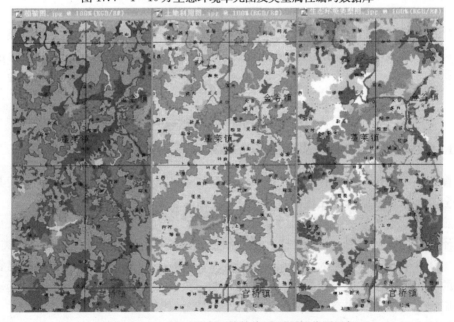

图 17.8　1：25 万生态环境综合系列图部分图局部

2. 生态环境多媒体电子地图集和生态环境综合信息图谱的设计与研制

多媒体电子图集与综合信息图谱不仅是生态环境数据库的基础资料，而且以可视化技术揭示生态环境的空间格局与时空变化规律，可为生态环境规划治理与决策咨询提供深层次的科学依据和具体方案。生态环境多媒体电子地图集制作主要过程为：电子图集设计（图集选题内容设计、界面与结构设计、功能设计等），资料收集、分析与数据整理、编辑，系统集成与功能实现，系统调试与全面审查，复制生产（图 17.9）。生态环境综合信息图谱生成的主要方法和过程是：生态环境综合信息图谱类型的概括与提炼，综合信息图谱指标体系的确定，综合信息图谱轮廓界线的概括与生成，综合信息图谱数据库与检索系统的建立，综合信息图谱的计算机可视化设计与显示，综合信息图谱的数学模型的建立。

图 17.9　多媒体电子地图集界面

上述各种资料和数据是生态环境基础数据库（包括背景数据和本底数据）的主要信息源。数据库由生态环境统计资料数据库、文本数据库、系列地图图形数据库、电子图集数据库、信息图谱数据库、遥感影像数据库、动态数据库等所构成（图 17.10）。共约 40 个专题，数据量约 40G。

3. 生态环境数据建库的技术方案

生态环境数据库的建立拟采用支持管理决策过程的、面向主题的、集成的、稳定的、不同时期的数据集合的数据仓库技术。其一是从各种信息源中提取所需要的数据，经加工处理存储；二是直接在数据仓库上处理用户的查询和决策分析，尽量避免

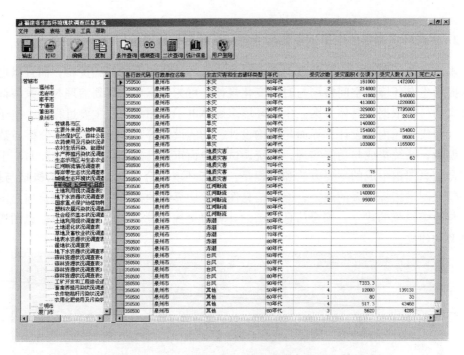

图 17.10　数据库统计数据界面示例

再去访问信息源。数据仓库的体系见图 17.11。属性数据采用 Microsoft SQL Server 2000 中文企业版 25User，空间数据采用 SuperMap 格式输入，并转存至 SQL Server 特定格式。

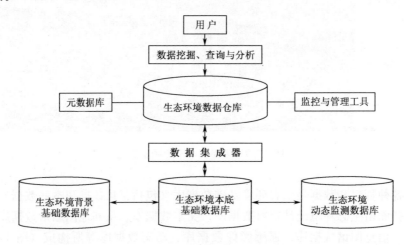

图 17.11　生态环境数据仓库的体系结构

三、生态环境决策支持管理信息子系统的设计与建设

系统采用 SuperMap，包括 SuperMapⅢ，SuperaMap DeskPro 和 SuperMap IS 作

为空间数据处理平台，通过二次开发，实现生态环境监测数据的高效获取、更新、转换、编辑、数据集成、查询分析、空间分析及成果输出等功能，并建立基于地图及地理信息服务网络，使生态监测信息的应用走向全球化和大众化，建立适于生态环境分析、评价、动态监测、预警、规划、决策、咨询与管理的智能化信息管理系统（图 17.12）。

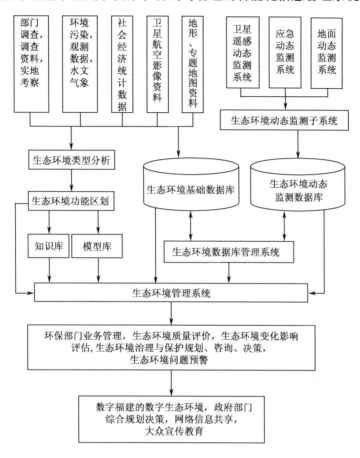

图 17.12　福建省生态环境管理子系统框图

生态环境监测与管理中心的主服务器通过省环保局信息中心与外部网联接（图 17.13）。主服务器负责局域网管理、数据接收和转发、接收服务请求、协调对外服务、下发指令、协同运算等。主服务器内接 3 个处理平台：数据采集平台、数据处理平台、数据库服务器。数据采集平台下设 2 个专用的数据采集平台（微机）：遥感数据采集平台和地面典型监测数据采集平台。全省卫星遥感数据和应急响应动态监测数据，由遥感数据采集平台预处理后，经数据采集平台处理后送入数据库服务器；逐步形成全省生态环境动态监测的网络体系。

四、结　　语

（1）系统为福建省生态环境的规划、治理、保护与建设以及人口、资源、环境与经

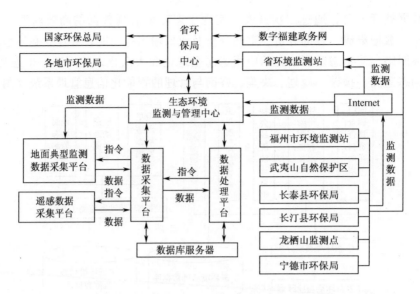

图 17.13 网络建设方案

济社会持续协调发展综合决策提供科学依据，同时也为生态省建设提供坚实基础和技术支撑。推进全省生态环境规划、建设、管理与服务的现代化，大大提高工作效率与生态环境保护功能。该系统能对生态环境破坏与恶化的事件适时作出反映与评估，为领导决策部门及时采取应急对策和防治措施提供先进手段。

（2）该系统将促进数字福建的行业应用，可优先考虑解决环境保护、灾害治理、自然资源保护、经济与社会可持续发展。同时可提供网络信息共享的有关生态环境方面的数据源。

（3）该系统将通过生态环境多媒体电子地图集及互联网上的宣传，对树立全民生态环保意识，让全社会关心和保护生态环境，将发挥重要作用。

参 考 文 献

[1] 陈述彭等. 地理信息系统导论. 北京：科学出版社，2000

[2] 王雷，池天河，王钦敏等. 福建省政务信息平台研究. 地理科学进展，2001，（增刊）：106～112

[3] 廖克. 地球信息综合制图的基本原则和方法. 地理科学进展，2001，（增刊）：29～38

[4] 廖克. 地学信息图谱的探讨与展望. 地球信息科学，2002，4（1）：14～20

[5] 崔伟宏，张显峰. 土地资源的动态监测和动态模拟研究. 地球信息科学，2002，4（1）：79～85

[6] 张文安等. 延河流域生态环境动态监测系统与应用. 地球信息科学，2002，4（3）：85～88

[7] 廖克，郑达贤，陈文惠，沙晋明. 福建省生态环境动态监测与管理信息系统的设计. 地球信息科学，2003，5（1）：22～27

第十八章 中巴卫星遥感数据的应用
——以新疆为例 *

第一节 概 述

一、背 景

地球是人类赖以生存的家园，随着全球资源环境问题的日益严峻，地球资源的永续利用，保护地球环境，已成为人类面临的主要问题。运用现代高科技手段，准确查明资源、环境家底，为国民经济建设和社会发展提供科学决策已势在必行。目前世界上许多国家都在积极地发展和运用以遥感、地理信息系统、全球定位系统为代表的地球信息技术，以数字的方式获取、处理、分析和应用关于地球自然和人文要素的地理空间信息。此外，现在和将来的一段时间里，对太空资源的争夺将成为继陆地、海洋和石油资源之后的第四大战略资源的争夺。而在这其中，各类航天飞行器与传感器的开发和遥感分析解译技术将成为占领争夺制高点的最为关键的要素。近年来，由于国土安全和经济发展的双重压力，国家对空间信息资源的需求超过了历史上的任何时期。为了保证国家国土安全、保持资源与环境的可持续发展，加强国产新型航空航天器的开发利用，建立基于国产卫星系列的空间信息的采集分析平台，准确及时地掌握资源与环境变化状况，进而指导人们正确开发利用自然资源、保护生态环境，已成为国家决策部门和科学界普遍关注的问题。

1999 年 10 月 14 日 11 时 16 分，在我国太原卫星发射中心，长征四号乙运载火箭顺利升空，将我国和巴西联合研制的第一颗地球资源卫星送入轨道。卫星顺利地展开太阳电池阵，建立正确的对地指向和正常的轨道运行工作状态。第二天，我国地面站接收到良好的地面图像。资源卫星的发射成功结束了我国依赖国外资源卫星遥感数据的历史，特别是首次直接获取了我国西部边陲地区的遥感图像资料，为国家西部大开发战略的实施，提供了良好的空间信息资源。

中巴地球资源卫星的国内名称为中巴地球资源（CBERS）1 号卫星，早在 1987 年可行性论证时就按照当时先进的地球资源卫星，即法国 SPOT-3 和美国 Landsat-5 的技术指标作为设计依据，吸取了它们的优点，在遥感谱段设置上与陆地卫星相近但空间分辨率比陆地卫星高。在空间分辨率上与 SPOT 相近（全色谱段我们较低）但谱段比SPOT 多。此外资源卫星设计的另一指导思想是卫星平台的高水平，以及卫星的重要部件由国内研制国产化，改变某些航天关键部件必须进口受制于人的局面。目前，CBERS 卫星数据已经广泛地应用于我国环境与灾害监测、资源调查、测绘制图、城市、军事等诸多领域。虽然中巴影像数据与国外高分辨影像数据相比还有许多不尽如人意的

---

* 本章由李虎撰稿

地方，但它毕竟是我国具有自主知识产权的地球资源卫星，它可以不受时间、地域的限制，接收任何时相的图像。它的清晰度、波谱分辨率有待提高，这也必然会促使处理图像的方法不断研发，更好地为应用服务。

二、中巴资源卫星的研究与应用现状

近年来，对资源卫星的应用是多方面的，进而对影像处理手段与方法及应用也越来越多。总体来看，从 CBERS 卫星获取地球资源到用户应用大致经历"扫描—高度记录装置—传送到地面接收站—分幅—粗处理—精处理—应用"这几个阶段，在处理过程中，以下几种方法已应用于实践中，并取得良好效果。

CBERS-1 是系列的长期稳定运行的中分辨率遥感卫星，是全国的、区域的地理空间信息数据更新的主要遥感数据源。目前中央各有关部门，如国土资源部、农业部、国家林业局、水利部、国家环保总局、国家海洋局等都建立了相关的信息系统，各省（区、市）结合国土资源遥感综合调查也正在建设国土资源信息系统，中巴地球资源卫星遥感数据都可以用于上述信息系统的更新。

在作物估产方面，CBERS-1 卫星结合气象卫星和地面样方，可对种植业、畜牧业、渔业进行动态监测，为国家和省（区、市）农业区划、农业资源合理开发和管理提供基础资料。如 CBERS-1 卫星图像的新疆棉花种植面积遥感监测运行系统的技术体系，实现了新疆棉花种植面积的遥感监测，并为应用 CBERS-1CCD 数据监测我国其他大宗农作物的种植面积提供示范，为后续卫星在农业领域的大规模应用打下基础。

利用 CBERS-1 的 CCD 数据和准同步地面监测数据，结合水体组分的光谱特征，建立了太湖表层水体叶绿素 a 和总氮的遥感信息模型。将模型用于 2000.09.16 太湖表层水体，所得结果较客观地反映了叶绿素 a 和总氮的分布趋势，表明利用 CBERS-1 的 CCD 数据进行湖泊表层水体水质指标监测具有重要的现实意义和应用前景。

CBERS 的数据可以应用于洪涝灾害的监测，一是汛前或汛后提取出作为基础背景的本底水体，二是洪涝灾害发生提取现势水体信息，两者之差即为受淹的范围。利用卫星图像数据，结合地面资料，获取洪涝灾害预报信息。调查和监测洪涝淹没面积，建立洪涝灾害快速评估系统。

利用 CBERS 卫星结合地面干枯物质的覆盖状况、地面湿度状况、地面坡度、风速风向和林相图等辅助数据，利用资源卫星和气象卫星图像数据，可对火灾多发林区进行火灾预警、调查和监测，进行灾后损失评估。

利用我国资源卫星图像数据和其他必要的辅助数据，可对地震活断层的变化状况进行长期研究；通过对地震、泥石流、滑坡等地质灾害多发地区的多时相遥感图像进行长期分析，可以探索和建立地表出现长波辐射异常与地震发生的关系，研究和监测地震活动断层、泥石流、滑坡等地质灾害时间和空间异常的动态变化，为防震工作的布置和减小地震带来的损失提供科学依据。

利用 CBERS-1 并借助气象卫星等遥感图像数据，可调查河流、湖泊、水库等水体的面积，提取水陆界线，监测水体面积的动态变化和水面面积的变化。CBERS-1 数据在水利方面的应用较广。利用 CBERS-1 卫星可进行水资源调查，河口海岸带浅海地貌调查、含沙量和泥沙淤积研究、流域规划、大型水利工程的监测、电站的选址、调水线路的选线、大型水库淹没损失调查、环境水利监测、洪水监测及旱情监测等。玛纳斯湖是新疆北部草鞋形的湖泊，丰水期时长达 57 公里，宽约 10 公里，局部最宽达 18 公里，由于气候干旱湖水逐年收缩，在 CBERS-1 图像上清晰显示出 6 级湖退的痕迹，客观反映了玛纳斯湖的退化演变过程。

利用 CBERS-1 图像数据，在必要的辅助数据（如地形图、林相图、行政区划图等）和地理信息系统的支持下，调查有林地、疏林地、灌木林地、未成造林地的面积；监测各种林地的动态变化及其覆盖率。可制作最有利于各地类、森林类型分类识别的 CBERS 影像图（比例尺为 1：25 万、1：10 万）和森林资源分布图及森林蓄积估测模型。利用 CBERS-1 卫星，配合航空和地面资料，可用两年左右的时间，调查一次森林资源数量、质量、分布及植树造林后效，可满足国家、省（区、市）编制中长期规划和宏观指导管理的需要。每两年一次，建立全国的和省（区、市）的森林资源监测体系，利用这种监测体系，可减少地面工作量 40％，周期可由 5～10 年缩短到 2～3 年。

利用中巴资源卫星图像数据，可以帮助进行国土资源大调查。为国土开发整治规划、国民经济和社会发展中长期规划、地区经济发展规划，对国土资源与环境进行宏观、综合、快速、动态调查，提供基础资料。新疆自治区地域辽阔，需 CBERS-1 卫星 CCD 数据产品 249 景才能覆盖全区。在新疆计委国土处的领导下，建立了以 Landsat TM 和 CBERS-1 卫星资料为主的 1：25 万新疆地球资源卫星数据库和镶嵌图。还在土地资源等方面开展了大量的调查工作，编制了多种比例尺、多种类型的专题调查图件。

CBERS-1 卫星可协助进行新一轮的地质、矿产调查，进行 1：100 万、1：25 万、1：10 万区域地质调查（特别是部边远和高山高寒地区），可进一步深入调查地质情况，与物探、化探结合，进行矿产预测，圈定成矿带，指出找矿方向。缩小找矿地区。研究区域构造和地壳稳定性评价，可为工程地质提供基础资料，通过地质、地貌、第四纪古河道研究，调查地下水情况，计算地下水储量。中国煤田地质总局航测局为适应西部大开发的需要，用中巴地球资源卫星数据为信息源，开展煤炭资源和生境遥感调查。有色金属地质遥感中心应用 CBERS-1 资料在西北某山地的地质调查中认为：CBERS-1 卫星资料对地形特征的显示十分清晰，并可区分该区出露的花岗岩、前震旦灰岩、大理岩、奥陶纪凝灰岩、侏罗纪砂页岩和第三、第四纪的沉积物，主干和次一级的断裂、区域性节理等构造均清楚可见。

利用 CBERS-1 卫星数据可进行旅游景观资源分类、空间分布、面积量算，编制旅游资源图，为编制旅游规划服务。还可与地理信息系统、全球定住系统技术相结合，制作深度旅游线路导览光盘，为旅游业现代化管理服务。

CBERS-1 卫星适合我国 1：25 万、1：10 万比例尺地形图测绘的需要，可制作正射影像图，节省经费，缩短成图周期；用于由于政治、军事等原因难以测绘的国家边界地区的地形图测绘，可以进行西部地区、高寒、高原地区测绘制图。可用于城市规划、城市扩展监测、城市数据库的添加与更新，还可用于城镇体系动态监测、城镇体系规划。利用城镇用地与城镇人口模型可监测城镇人口的空间分布与动态扩展，为人口制图、可持续发展研究提供动态的人口信息。

利用 CBERS 卫星遥感图像的色调和纹理特征，解译各类资源或环境的发生区域，确定其分布范围，利用 GIS 对所研究区域的特点与动态变化进行分析评价。

由于 CBERS 卫星遥感图像获取过程中会有图像退化模糊，可以借助图像中的特定线状目标信息（如桥梁、堤坝等），采用经验拟合的方式提取图像获取、传输过程中的点扩散函数，并利用该点扩散函数结合频域维纳滤波器求解去图像模糊的空域反卷积算子。这样图像质量得到明显的提高，收到了较好的复原效果。

通过计算低分辨率图像上每一个像元对应的高分辨率图像上一组子像元的平均亮度值及二者之差，将该差值与高分辨率图像上相应子像元亮度求和，形成新的图像。该图像具有高分辨率图像的空间细节，又具有低分辨率图像的光谱信息，从而实现融合图像信息保真，在不改变光谱信息的前提下提高 IRMSS 图像的空间分辨能力。

在遥感数据质量评价研究中，可以使用统计分析方法计算得到 CCD 相机图像数据的条纹强度；可以应用结构函数方法计算获得 CCD 的噪声数据；通过功率谱计算，对比分析 CCD 和 Landsat 7 ETM 对应波段图像空间纹理特征。

综观我国 CBERS 应用的诸多成果，涉及到资源环境监测的各个方面，显示了中巴卫星良好的实用性能和应用前景。但相对于国外同类卫星，CBERS 尚需要解决以下问题：

- 图像尚存在一定程度的条纹，数据错位，信噪比和动态范围不够等缺陷，因此在综合图像处理上与美国陆地卫星 TM 数据相比仍有一定的差距，有待于今后改进和提高；
- 尚未在干旱区开展森林资源调查、土地荒漠化监测等方面的系统研究；
- 尚未建立相对系统的基于 CBERS 数据的资源环境监测评价指标体系；
- 尚未建立以中巴卫星为应用主体的干旱区资源环境监测业务化信息系统。

第二节　研究方法与技术路线

一、研　究　内　容

1. 规律研究

从遥感图像的色调、纹理特征和光谱特征，结合地学分析和景观分析，研究不同尺度下的不同地物在中巴卫星影像、气象卫星影像上的信息特征和提取识别规律。通过对数据的合理分割，寻求合理的分割尺度。通过试验，研究影像数据的构网压缩技术。

2. 模型研究

根据不同资源环境特征，确定指征因子和监测尺度，建立指标体系。在此基础上，综合中巴卫星影像、气象卫星影像的地物地学特征、遥感识别特征和数据融合规律，建立遥感信息识别模型或解译标志。

3. 应用理论研究

在沙盘管理系统采用数据的合理分割和数据压缩，从磁盘存储的海量数据中快速的获取显示数据。利用遥感信息识别模型或解译标志，提取识别森林、荒漠化、草地等资源环境的现状和动态信息。利用多元统计分析技术等数量方法，建立资源环境评价分析模型。

二、技 术 路 线

在三个技术平台的支撑下展开：
- 由历史资料构成的历史过程信息采集系统；
- 由野外定位观测、水文气象网站、遥感与 GPS 监测构成的现代资源环境过程数据采集系统；
- 由地理信息系统、数学模型系统和有关的社会、经济、环境、生态理论方法构成的定量分析与评价系统。

在上述技术系统的支撑下，通过对前期相关及专业调查的系统分析，利用遥感图像的色调和纹理特征，解译各类资源的发生区域，圈定其分布范围，计算其分布面积。利用地形地貌、植被的覆盖程度等景观特征，对各类生态环境进行解译研究，提取特征信息，并利用定位观测、实地调查进行验证。将遥感调查的成果输入 GIS，形成带有属性信息的地理空间数据，通过系统分析与模型分析，分析评价资源环境的现状及动态变化。

第三节　研究过程与取得的成果

一、研 究 过 程

1. 研究目标

- 建立基于 CBERS 数据的全国影像库。遥感影像处理方面实现全国范围影像数据的镶嵌。
- 建立基于 CBERS 数据的土地荒漠化、森林资源、水资源的监测评价指标体系。利用上述指标体系和 CBERS 数据，对新疆局部地区的森林资源和土地荒漠化进行监测评价，为今后在全新疆范围内开展此类监测调查奠定基础。
- 研究建立基于国产卫星数据的典型地区资源环境信息监测评价业务化系统；并分别建立相应的资源环境信息子系统，提出重点区域国土资源合理开发和生态环境保护、整治的规划和建议。

2. 主要研究内容与课题分解

根据新疆的具体情况和设计要求，将本项目分解为五个子课题：

（1）全国中巴资源卫星数据电子沙盘研究：该项目使用 CBERS CCD 相机数据为主要数据源进行几何校正及镶嵌，以全国 1：25 万地形图电子数据中的地形等高线及高程点生成 DEM 数据，编制应用管理程序，最终在 PC 机的环境下形成一个能自由浏览并能叠加矢量专题图查询专题图中图元属性的电子沙盘。

（2）基于中巴卫星数据的草地资源、水资源监测评价研究：以 CBERS 数据为基础数据源，对草地资源进行本底区划。以此为基础，利用 MODIS 卫星数据对草地生产力等资源要素进行动态监测与评价。

通过对两期监测数据（1999 年 TM 数据、2004 年 CBERS 数据）的对比分析，在地面调查和地理信息系统的支持下，提取各类水资源与环境指征因子信息。对塔里木河流域的地表（地下）水资源及生态环境进行监测评价。

（3）基于中巴卫星数据的森林资源监测评价研究：利用 CBERS 数据辅以航空像片和地面调查，建立指标体系，以前期森林资源调查数据、专题图为本底，利用遥感图像的处理与识别等技术，从遥感图像上提取森林类型、地类与森林立地信息。在地理信息系统和统一的基础地理数据库支持下，建立森林资源数据库，包括图形图像库与属性数据库。其内容包括全部基础系统图件和综合、专项解译成果图件。

（4）基于中巴卫星数据的土地荒漠化监测评价研究：利用 CBERS 遥感数据、地理信息系统结合抽样调查，对新疆局部地区的土地荒漠化现状及动态变化进行调查监测，编制土地荒漠化及沙漠化遥感调查专题图，对区域土地荒漠化进行系统分析评价，构建荒漠化背景数据库。为今后利用国产卫星数据开展全疆范围的土地荒漠化和沙漠化监测奠定基础。

（5）基于中巴卫星影像的资源环境管理系统开发：结合国内外三维地理信息系统的特点和多年从事地理信息系统开发的经验，采用 SQL SERVER 2000 作为数据库管理系统，以 OpenGL 作为三维渲染引擎，依托 Windows 网络系统，以 Borland Delphi7.0 为开发工具进行开发，最终建立起以客户/服务器方式运行的中巴卫星应用业务化系统。在为各子课题提供遥感解译的最新数据源的同时，汇集各专业研究调查成果，实现查询、分析等各项功能。

二、主要研究结果

1. 全国中巴卫星遥感影像数据库的开发

目前实现该沙盘的环境为：

1）硬件

服务器端硬件：CPU 主频 1.4G，内存 256M，显存 64M。
客户端：CPU 主频 1.8 ～ 2.4G，内存 512M，硬盘 20G 剩余空间，显存 128～256M。
网络：所有相关网络硬件的速度 100M。

2）软件

服务器端：Windows NT Serve、SQL Server；
客户端：Windows98/ Windows 2000 /Windows XP。
目前管理的数据量中影像数据在非压缩情况下 68G，矢量数据 2G，在以上情况下，我们测试在 5 个客户端同时运行可以满足浏览要求，在连续移动场景的情况下，每秒钟显示画面不少于 20 帧，管理影像数据从 10G 增加到 68G 时显示速度未发生明显变化。

因此有理由认为该系统管理数据的数据量仅受存储介质的限制。

该系统具有以下特点：

(1) 管理的影像数据可为无限量。

(2) 该系统实现了客户 \ 服务器环境。

(3) 该系统在实现以上功能的前提下，继承了 GIS 软件的几乎所有浏览功能及属性查询功能。

(4) 遥感影像处理方面实现 1200 余景数据的镶嵌在目前国内是首次。如图 18.1 是全国中巴卫星遥感影像的局部显示图。

图 18.1 中巴资源卫星三维影像图-喀纳斯湖周边地区

2. 基于中巴卫星数据的草地资源、水资源资源监测评价研究

在草地资源监测评价研究方面，以中巴卫星数据为基础数据源，结合地面观测和典型调查，对新疆主要牧区的草地资源进行了本底区划。以此为基础，利用 MODIS 卫星数据对草地生产力等资源要素进行了动态监测与评价。研究区乌鲁木齐地区位于天山北麓，准噶尔盆地南端，地理坐标为：东经 $86°37'33''\sim88°58'24''$，北纬 $42°45'32''\sim44°08'00''$，平均海拔 800 米；东与吐鲁番相邻，西抵头屯河与昌吉市隔河相望，它是世界上离海最远的城市，属中温带大陆性干旱气候。对其进行草地资源监测取得了一定的成果（图 18.2）。

在水资源监测评价研究方面，研究区塔里木河流域包括环塔里木盆地的九大水系共 144 条河流，流域总面积 102 平方公里。通过对两期监测数据（1999 年 TM 数据、2002 年 CBERS 数据）的对比分析，利用 PSF 估计与图像复原技术，使中巴卫星的图像质量得到明显的改善。在地面调查和地理信息系统的支持下，建立了遥感信息提取的指标体系，通过遥感识别模型和卫星解译标志，提取了各类水资源与环境指征因子信息。对塔里木河流域的地表（下）水资源及生态环境进行了监测评价。（表 18.1）

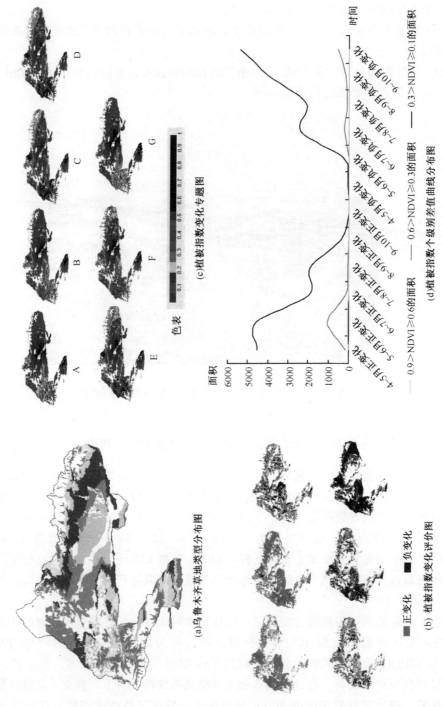

（a）乌鲁木齐草地类型分布图

■ 正变化　■ 负变化

（b）植被指数变化评价图

（c）植被指数变化专题图

色表

0.1　0.2　0.3　0.4　0.5　0.6　0.7　0.8　0.9　1

面积

6000
5000
4000
3000
2000
1000
0

—— 0.9＞NDVI≥0.6的面积　—— 0.6＞NDVI≥0.3的面积
—— 0.3＞NDVI≥0.1的面积

时间

（d）植被指数各个级别差值曲线分布图

图18.2　中巴资源卫星草地资源应用的部分专题图

表 18.1　塔里木河干流中上游生态及绿洲土地耗水变化表

项　目	耗水量/亿米³			耗水增加速度/亿米³		累计增加百分率/%	
	1990	1999	2002	1999～1990	2002～1999	1999～1990	2002～1999
灌溉用水	7.77	9.74	10.04	1.97	0.30	25.41	3.03
水库坑塘	2.04	2.15	2.14	0.12	−0.01	5.68	−0.52
居民点	0.32	0.51	0.58	0.19	0.07	61.14	12.89
绿洲用水	10.12	12.41	12.76	2.28	0.35	22.57	2.83
林地用水	7.81	6.73	6.92	−1.08	0.19	−13.84	2.77
草地用水	11.99	11.93	11.78	−0.07	−0.15	−0.54	−1.22
水域	6.92	6.59	7.20	−0.34	0.61	−4.84	9.26
生态用水	26.73	25.24	25.89	−1.48	0.65	−5.54	2.58

3. 基于中巴卫星数据的森林资源监测评价研究

天山西部林区位于新疆伊犁地区境内，其分布范围为东经 $80°09'42''$～$84°56'50''$，北纬 $42°14'16''$～$44°55'30''$ 之间，森林经营和管护范围包括伊犁地区八个县的九个山区国营林场，是新疆最大的天然林区。利用中巴资源卫星图像数据，在相关专题数据（如地形图、林相图、前期森林调查成果等）和地理信息系统的支持下，依据现有的森林资源调查监测规范和卫星遥感判读区划标准，建立了基于 CBERS 数据的监测指标体系和解译标志，提取了有林地、疏林地、灌木林地、未成造林地等林业用地信息和地形地貌、林分郁闭度等森林立地信息。应用上述成果，对新疆天山西部林区进行了山区国有公益林区划界定和新增林业用地补充调查。共区划林业用地面积 1265 万亩，其中利用中巴卫星遥感图像区划新增林业用地 675 万亩。以此为基础编制了各类专题图及森林资源分布图。

4. 基于中巴卫星数据的土地荒漠化监测评价研究

新疆是中国荒漠化最为严重的省区，而其中的重中之重即为塔里木河流域与艾比湖流域。艾比湖洼地是准噶尔盆地西南缘最低洼地和水盐汇集中心，它不但是中国内陆荒漠中为数不多的荒漠物种集中分布区，而且是指征准噶尔盆地生态环境变化的关键地区。

1）土地荒漠化监测指标体系研究

以现有国家荒漠化监测指标体系为基础，结合中巴卫星和新疆的地域特点，通过大量的论证分析，建立了适宜于新疆区域荒漠化地类特征的区域荒漠化监测指标体系。该指标体系与单一主导因子的荒漠化监测分类系统与监测指标同属多因子指标分级数量化体系。既与国家荒漠化监测体系保持统一，便于成果的比较分析与数据汇总，又比较切合新疆的实地情况，灵活实用，在新疆北疆地区荒漠化监测中发挥了重要作用。

2）土地荒漠化遥感信息提取研究

采用总体控制、遥感判读区划与地面调查并举的技术路线，构建了一整套具有监测精度保证、业务化程度高、可操作性强的荒漠化遥感信息提取技术体系，宏观信息以遥感监测手段为主获取，具体信息以地面核查为主获取。遥感技术解决分类成图和抽样控制，地面监测解决实地核查和定位深层次剖析。

3）土地荒漠化评价

通过研究，提出了荒漠化评价的技术框架。内容包括荒漠化的主要类型和评价类型、荒漠化发展程度的判定标准、荒漠化评价的尺度和技术方法、指标体系建立的依据和方法等。

从荒漠化监测的实际需要出发，提出了包括气候区、外营力、土地利用类型、地表特征和荒漠化程度在内的多因素复叠式荒漠化分类体系。它既可适用于小区域大比例尺的重点监测，又可适用于大区域小比例尺的宏观监测的各荒漠化类型数量化程度判定指标体系和判定方法；适用于各级行政区的荒漠化水平评价方法（图 18.3，图 18.4）。

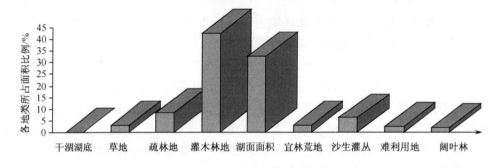

图 18.3　艾比湖洼地土地类型面积比例现状图

5. 基于中巴卫星影像的资源环境管理系统开发

在 Windows 操作系统上开发了全国中巴资源卫星数据电子沙盘管理系统。整个系统采用客户/服务器方式运行，管理系统包括数字高程模型数据、卫星影像数据等栅格数据、河流、公路、地名等基础地理数据。所有数据及其相关信息存储在 SQL SERVER 2000 数据库中。

卫星影像数据主要用来作为地表的贴图材料，它使得高低起伏的地表具有逼真的影像效果。项目采用中巴资源卫星的 2，3，4 波段彩色合成作为数据源，并与 1：25 万地形数据进行几何精校正，该数据的空间分辨率为 20 米。

系统采用客户/服务器方式运行，服务器为每个连接建立线程；客户端发送客户信息（如相机参数、属性请求等）到服务器，服务器根据这些参数从利用数据库中的数据计算出客户场景数据（包括参与构网的顶点数据，地表贴图数据，三维矢量数据），这个过程中要进行视锥检测与分析、地形构网点的动态选取、卫星影像动态 LOD 处理、以及贴图坐标计算等工作，其目的是大幅度减少数据流量，减少网络数据传输造成的延时；处理后的各种数据发送至客户端，客户端采用 OpenGL 三维图形引擎对数据进行渲染，显示出三维场景。

系统主要由数据源管理、视图管理、相机模型、导航操作、图例管理、飞行路线、属性查询等模块组成。

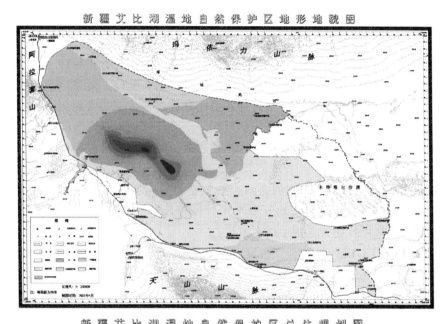

图 18.4　艾比湖土地荒漠化的应用部分专题图

第四节　技术关键与科技创新

一、技 术 关 键

1. 数据处理

由于卫星数据的选取工作量非常大：有些数据的取舍只有在做完几何校正后才能决定，致使数据选用在个别影像上没能做到最好。其次，如何在数据处理中协调图面整体与尽可能保留数据细节这对矛盾是需要系统研究的问题。此外，业务化管理系统的性能有待进一步提高。在实际研究中，通过加入系统管理建模数据的管理功能和各种三维空间分析功能；提高完善业务化管理系统的性能，使系统保持现有性能的前提下朝着浏览器模式发展。同时通过数据压缩和增强，强化数据的取舍并尽可能保留数据中反映主要地理空间信息的变量。

CBERS 图像尚存在一定程度的条纹，数据错位，信噪比和动态范围不够等缺陷，因此在综合图像处理上与美国陆地卫星 TM 数据相比仍有一定的差距。在实际研究中为了提高影像的解译性能，采用了以下方法：

• 信息挖掘与 GIS 分析结合：利用 CBERS 卫星遥感图像的色调和纹理特征，解译各类资源或环境的发生区域，确定其分布范围，利用 GIS 对所研究区域的特点与动态变化进行分析评价。

• PSF 估计与图像复原：借助图像中的特定线状目标信息（如桥梁、堤坝等），采用经验拟合的方式提取图像获取、传输过程中的点扩散函数，并利用该点扩散函数结合频域维纳滤波器求解去图像模糊的空域反卷积算子。这样图像质量得到明显的提高，收到了较好的复原效果。

2. 监测方法与尺度

尺度通常是指观测和研究的物体或过程的空间分辨率和时间单位。生态地理过程在不同的时空尺度上，表现形式是不一样的，特别是空间尺度上，更加明显。由于在不同的尺度上地物的解析程度和时间过程不同，决定了评价资源环境的指标选取，指标阈值不同，调查方法手段也不同。在大尺度下，可以采用卫星遥感的方法获取资料进行评价，中尺度下就要采用航空遥感的方法，较小尺度下则必须结合地面调查、定位调查的技术。

3. 复合荒漠化问题

现实情况中，有些荒漠化土地类型实际上包含或兼容了两种或两种以上的荒漠化类型。其荒漠化的性状常界于两种或两种以上荒漠化指征之间，随着周围环境变化而表现出不同的荒漠化性状与过程。通过研究，发现复合荒漠化地类在景观特点和生态地理区位上与单一主导因子荒漠化差异比较明显，但在遥感指征上常常容易混淆，需要通过地面监测数据的修正。目前国家现有荒漠化监测调查技术标准中，规定采用主导因子界定方法，以风蚀、水蚀、盐渍化、冻融四大主导因子来确定其荒漠化类型，对其他因素则忽略不计。监测结果表明；调查研究区域复合荒漠化类型的占地面积比例为 7.42%。这一监测结果，是在基本无人类活动的保护区，若有人类干扰，估计复合荒漠化的比例将更高。因此复合荒漠化是今后荒漠化监测调查中非常值得重视的问题。

二、科技创新

1. 全国中巴卫星数据电子沙盘系统的建立

在国内外首次实现了 1200 余景 CBERS 遥感影像数据的镶嵌。由于采用了先进的数据压缩技术，系统管理的影像数据可为无限量。同时，该系统实现了客户\服务器环境，继承了 GIS 软件的几乎所有浏览功能及属性查询功能。此部分研究居于国际同类研究的领先水平。

2. 理论创新

对不同尺度下的不同地物在 CBERS 影像上的信息特征和提取识别规律进行了深入研究，得出了不同区域范围 CBERS 数据的合理分割尺度。创造了等边直角网构网压缩技术，解决了在影像管理系统从磁盘存储的海量数据中随机快速的获取少量的屏幕中显示的数据核心的问题。此部分研究居于国际同类研究的先进水平。

在理论研究方面，针对以往的荒漠化研究多以单一的荒漠化现象如风蚀或盐渍化为主，未能对所有的荒漠化类型及程度进行准确指征的问题。对复合荒漠化类型给出了科学的界定和诠释，建立了比较适合实际情况的区域荒漠化监测指标评价体系。通过指标体系及监测尺度的具体分析，确定了不同区域与景观尺度的荒漠化监测调查方法。完善和补充了现有荒漠化监测评价指标体系理论。

3. 技术方法创新

根据不同资源环境特征，确定指征因子和监测尺度，建立指标体系。在此基础上，综合 CBERS 影像的地物地学特征、遥感识别特征和数据融合规律，建立了遥感信息识别模型或解译标志。该项研究在全国处于前沿地位。

在国内外最先以中巴卫星遥感数据作为主要信息源，以林业局 林场 营林区 林班 小班为系统尺度开展了森林资源业务化监测研究。解决了基于 CBERS 技术的森林立地区划的难题。同时摸索出了一整套利用 CBERS 遥感图像的色调和纹理特征，解译各类森林资源及其立地环境的技术方法。

4. 应用方法创新

采用 SQL Server 2000 作为数据库管理系统，以 OpenGL 作为三维渲染引擎，依托 Windows 网络系统，以 Borland Delphi7.0 为开发工具进行开发，建立以客户/服务器方式运行的覆盖全国范围的中巴资源卫星数据管理系统。在此基础上，汇集了草地、森林、水资源及土地荒漠化的监测评价成果，建立了基于中巴卫星数据的资源环境管理信息系统。填补了这一领域的空白。

5. 基于中巴卫星的荒漠化监测技术体系的创新

采用了总体控制、遥感判读区划与地面调查并举的。构建了基于中巴卫星的荒漠化监测技术体系。为今后利用空间信息技术，开展干旱、半干旱地区和荒漠化土地类型的监测评价；提供了一种全新的思路和可借鉴的技术方法。

第五节　成果的应用

一、理论研究成果的应用

在目前的等腰直角三角形动态构网方法中，需要大量的辅助性数据，表示一个点一般要 20 个左右的字节，而且需要把所有原始 DEM 数据调到内存。此类方法一般只适用于本地数据源的方式，如果以网络数据源的方式将增加数据传输这一瓶颈的工作量。通过本次研究创造的等边直角网构网压缩技术，解决了在影像管理系统从磁盘存储的海量数据中，随机快速地获取少量的屏幕中显示的数据的核心问题。

对复合荒漠化类型给出了科学的界定和诠释，建立了比较适合实际情况的荒漠化监测指标评价体系。解决了兼容多种荒漠化性状和指征的荒漠化土地类型的监测解译问题。完善和补充了现有荒漠化监测评价指标体系理论。

完善利用 CBERS 遥感信息提取土地荒漠化、森林立地、水资源的理论与方法，为利用国产卫星技术开展资源环境评价，为新疆的区域经济发展和生态环境保护提交辅助决策依据提供了范例。

二、技术方法成果的应用

通过与 Landsat TM 等国外卫星的性能对比分析，采用了信息挖掘与 GIS 分析结合与 PSF 估计与图像复原技术，使 CBERS 的图像质量得到明显的改善，提高了其遥感分析解译的精度和效率。

建立了基于 CBERS 遥感数据的统一技术平台，实现了数据源管理、视图管理、相机模型、导航操作、图例管理、飞行路线、属性查询等多项功能。可以对森林、草地、水、土地荒漠化等资源环境信息进行分析、评价、预测。为区域社会可持续发展和资源有效配置提供了快速、准确的数字化服务。

从现有技术出发，充分应用较为成熟的先进技术方法，以较少的投入，提供准确的资源环境宏观数据；采用相关专业的最新研究成果和新近的技术手段，逐步提高监测水平，扩展监测内容。采用了总体控制、遥感判读区划与地面调查并举的技术路线，构建了一整套具有监测精度保证，业务化程度高、可操作性强的中巴卫星遥感信息提取技术体系。

三、系统成果应用

全国中巴资源卫星数据电子沙盘管理系统采用 SQL Server 2000 作为数据库管理系

统，以 OpenGL 作为三维渲染引擎，依托 Windows 网络系统，以 Borland Delphi7.0 为开发工具进行开发，最终建立起以客户/服务器方式运行的覆盖全国范围的中巴资源卫星数据系统。

本系统的使用对象主要针对那些非遥感应用专业人员的使用者，这些使用者主要包括各级政府机构，各种非遥感行业的企事业机构大专院校及中学。以上人群的特点是没有遥感影像的处理能力及处理工具，但遥感影像数据是其工作不可缺少的信息，比如政府机构确定各种灾害的分布情况，突发事件的地理位置及对周围的影响，比如教学机构教授地理知识等。遥感影像尤其是电子沙盘形式的遥感影像对于他们是非常有用的，有时是不可缺少的。因此，本系统在局域网络环境中使用，影像能还原成近真彩色，使用方便，有一些读图标注工具等。

第六节　社会经济效益分析

一、综合应用评价

由于本项研究的主要目标之一就是服务于新疆的区域经济和生态环境建设，因此自项目实施以来，即本着边研究、边应用、边服务的原则，积极地为国家、地方政府有关部门、科研单位、大专院校提供技术服务，研究成果得到了广泛的应用。用户涉及国家国防科工委、中国国家卫星应用中心、新疆水利厅、新疆林业局、新疆气象局等政府部门或业务单位。

本项目为利用国产卫星监测资源环境的现状及其发展趋势，建立基于国产卫星数据处理分析的业务化系统，在为我国西部边疆区域社会可持续发展和资源有效配置、领土及资源调配谈判提供基础数据的同时，开发建设以我国民用卫星为应用主体的干旱区资源环境监测业务化信息系统奠定了基础。

本项目研建的全国 CBERS 数据电子沙盘管理系统已经在全国各省区的农业估产、新一轮国土资源大调查、资源环境监测、地形图测绘等领域得到了广泛应用。项目取得的森林、草地、水资源、土地荒漠化、DEM 等成果和数据也得到了全面的应用。同时相关技术方法在多项学术研究和资源环境调查中得到了实际检验。成果的应用领域涉及区域经济、资源环境规划、防灾减灾、国土开发利用与保护等方面，取得了巨大的社会效益和经济效益。如森林资源监测课题利用研究成果，对新疆天山西部林区进行了山区国有公益林区划界定和新增林业用地补充调查。共区划林业用地面积 1258 万亩，其中区划新增林业用地 675 万亩。通过调查，使天山西部林业局增加了 53％的林业用地面积。以国家下拨山区国有公益林管护费用 5 元/(亩·年)计，年经济收益在 3000 万元以上。

二、研究队伍建设与人才培养

本项目在研究过程中，十分注重研究队伍特别是中青年学术带头人的培养。在出成果、出人才、出效益等方面取得了明显的成绩。通过项目工作，培养锻炼了一批学科带头人和科技骨干，促进了科研与业务的结合，推进了科研成果向现实社会生产力的转化，推动了新疆"3S"技术队伍的建设和技术应用。

三、存在的问题和建议

本项目的数据获取、分析、信息系统建设，需要花费较大的投入。虽然本项目在各承担单位和项目研究人员的共同努力下自筹资金，完成了各项研究任务；但经费不足和部分资源调查的前期成果欠佳，仍然是影响本项目研究深度和精度的主要问题。

目前条件下，受到遥感卫星运行周期、天气、季节等多方面因素的制约，个别数据尚难以保证反映资源环境状况时段的一致性，数据的质量也略有差异。建议在今后的工作中完善、修改。

参 考 文 献

[1] 胡如忠. 中巴地球资源卫星及其应用. 北京：遥感应用协会，2002
[2] 来欣. 新疆国土资源环境遥感综合调查. 乌鲁木齐：新疆人民出版社，2004
[3] 雷坤，郑丙辉，王桥. 基于中巴地球资源1号卫星的太湖表层水体水质遥感. 环境科学学报，2004，24（3）：376～380
[4] 齐泽荣，郜海莉. 提高中巴卫星 IRMSS 图像空间分辨能力的光谱保真融合方法. 国土资源遥感，2004，（2）：21～25
[5] 金福杰，王妍，来永斌，佟敬军，徐轶. 遥感和 GIS 技术在土地利用现状调查中的应用. 环境保护科学，2005，31（2）：44～46
[6] 吴美蓉. 遥感和 GIS 技术在土地利用现状调查中的应用. 测绘科学，2000，25（2）：25～29
[7] 刘玉机，胡远满，布仁仓，韩玺山. 中巴地球资源卫星在辽东区域环境监测中的应用评价研究. 测绘科学，2000，25（2）：30～33
[8] 杨忠东，谷松岩，邱红，黄签，范天锡. 中巴地球资源一号卫星 CCD 图像质量评价和交叉定标研究. 遥感学报，2004，8（2）：113～120
[9] 李四海，刘振民，王华，赵冬至. 中巴卫星数据在海岸带环境监测中的应用. 遥感技术与应用，2003，12（8）：66～72
[10] 施晶晶. 中巴资源一号卫星湖泊信息提取—以南京景为例. 湖泊科学，2001，13（3）：280～284
[11] 赵书河，冯学智，都金康. 中巴资源一号卫星水体信息提取方法研究，南京大学学报（自然科学），2003，39（1）：106～112
[12] 刘正军，王长耀，骆成凤. CBERS-1 PSF 估计与图像复原. 遥感学报，2004，8（3）：234～228
[13] 吕迪波，李兴华，杨丽萍，邓晓东，那顺. 中巴资源一号卫星在遥感领域中的应用. 内蒙古气象，2005，（2）
[14] 傅俏燕，王志民，闵祥军，李杏朝，杨雪梅，朱军，罗扬. CBERS-1 林被信息挖掘的 GIS 多元分析. 地球信息科学，2005，7（1）：53～58
[15] 李文华等. 新疆艾比湖荒漠生态保护区建设条件评价及规划. 中国沙漠，2000，20（3）：278～282
[16] 钱云. 艾比湖沿岸生态环境的改变与保护的重要意义. 干旱区地理，1996，19（1）：48～52
[17] 董玉祥. 土地沙漠化监测指标体系的探讨. 干旱环境监测，1993，6（3）：179～182
[18] Paruelo J M, Golluscio R A. Range assessment using remote sensing in Northwest Patagonia (Argentina). Journal of Range Management, 1994, 47 (6): 498～502
[19] Merrill E H, Bramble-Brodahl M K, Marrs R W, et al. Estimmion of green herbaceous phytomass from Landsat MSSdata in Yellowstone. National Park. Journal of Range Management, 1993, 46 (2): 151～157
[20] Ringrose S, Musisi-Nkambwe S, Coleman T, et al. Use of Landsat Thematic Mapper data To assess seasonal

rangeland changes in the Southeast Kalahari, Botswana. Environmental Management, 1999, 23 (1): 125~138

[21] Saltz D, Schmidt H, Rowen M, et al. Assessing grazing impacts by remote sensing inhyper-arid environments. Journal of Range Management, 1999, 52 (5): 500~507

[22] Prince S D. Tucker C J. Satellite remote sensing of rangelands in Botswama II: NOAA AVHRR and herbaceous vegetation. International Journal of Remote Sensing, 1986, 7 (11): 1555~1570

[23] Wylie B K , Harrington Jr. S D, Prince S D, Donda I. Satellite and ground-based pasture production assessment in Niger. 1986~1988. International Journal of Remote Sensing , 1991, 12 (6): 1281~1300

作 者 简 介

（以篇、章撰稿为序）

廖 克 中国科学院地理科学与资源研究所研究员、博士生导师，福建师范大学特聘教授，地球信息科学中心主任，中国科学院研究生院兼职教授，国际欧亚科学院院士，中国地理学会地图学与 GIS 专业委员会名誉主任委员，国际地图学协会国家与区域地图集委员会委员和荣誉奖评选委员会委员。1961 年苏联莫斯科大学地理系毕业，获硕士学位。主编了《云南省丽江纳西族自治县农业综合系列地图》、《青藏高原地图集》、《中华人民共和国国家自然地图集》等，著述了《地图概论》、《农业制图》、《地图学的研究与实践》、《现代地图学》、《中国国家自然地图集的设计与编制》、《中国近现代地图学史》与《中国地图学史》（合著）等著作及论文 140 多篇，主编《专题地图学丛书》与文集 10 部。获国家自然科学二等奖与国家科技进步二、三等奖和中科院及部级一、二等奖共 11 项，被评为"中国科学院有突出贡献的中青年专家"，享受政府特殊津贴；荣获"国际欧亚科学院一级勋章"、"国际优秀地图奖"和"国际地图学协会荣誉奖"。

简灿良 福建省基础地理信息中心主任，教授级高工，福建师范大学兼职硕士生导师，国家测绘局青年学术与技术带头人。1986 和 1993 年分别获武汉测绘科技大学工程测量专业学士学位和硕士学位；2004年就读于武汉大学测绘遥感信息工程国家重点实验室摄影测量与遥感专业博士研究生。中国地理信息系统协会理事、福建省测绘学会副理事长、福建省测绘与地理信息系统协会副会长、福建省遥感学会常务理事。多年来，主要从事 GPS 测量、遥感影像数据处理、空间数据建库、专题地理信息系统应用与集成工作。公开发表了《多尺度空间数据库的数据组织与建设》、《1：2000 数字高程模型（DEM）在高速公路设计中的应用》、《GPS 水准的拟合计算方法及成果分析》等 20 余篇论文。获福建省科技进步三等奖 2 项、福建省建设厅科技进步三等奖 1 项、福建省测绘局科技进步一

等奖 1 项、福建省职工优秀技术创新成果二等奖 1 项，获福建省"五一劳动奖章"。

傅肃性 中国科学院地理科学与资源研究所研究员、博士生导师，中国遥感应用协会专家委员会副主任和《地球信息科学》学报副主编。曾兼任国际数据委员会多种卫星专题制图观察员、中国资源卫星应用中心客座研究员、北京图像图形学会常务理事和中国地理学会地图学与地理信息系统专业委员会副主任。1961 年南京大学地理系毕业。曾赴巴黎法国国家地理研究院留学，并多次出国参加国际学术会议、访问考察和合作研究。参与中国科学院资源与环境信息系统国家重点实验室的创建，主持和承担了国家攻关，部委、院重点项目、国家基金和国际合作课题20 多项；主编《京津地区生态环境地图集》、《京津地区资源与环境要素国土卫片分析系列地图》、《农业统计地图集》，著有（含合著）《遥感专题分析与地学图谱》、《地图概论》、《国土普查卫星资料应用研究》、《中国环境与资源遥感应用》、《区域开发信息系统研究》等，国内外发表论文 100 多篇，荣获国家、部委和科学院重大科技成果奖、科技进步一、二、三等奖共 14 项，享受政府特殊津贴。

池天河 中国科学院遥感应用研究所研究员、博士生导师，国家遥感应用工程技术研究中心主任、"数字福建"专家委员会委员、中国地理学会地图学与地理信息系统专业委员会副主任、中国地理信息系统协会城市地理信息系统专业委员会副主任，中国测绘学会地图学与地理信息系统专业委员会委员。编著了《城市地理信息系统》、《重大自然灾害遥感监测与评估集成系统》、《数字地面模型》、《中国国家自然地图集的设计与编制》等著作四部，在地理信息系统、遥感应用、信息共享与服务等领域共发表论文 100 余篇。曾获中国科学院科技进步一等奖 5 项、二等奖 1 项、三等奖 1 项，国家科技进步二等奖 2 项，云南省科技进步一等奖一项，海南省科技进步一等奖 1 项，福建省科技进步一等奖 1 项、二等奖1 项。

承继成 北京大学遥感与地理信息系统研究所教授、博士生导师，国际欧亚科学院院士，北京大学数字中国研究院学术委员，国家遥感中心顾问，国际"数字地球"协会中国国家委员会成员，原北京大学遥感技术应用研究所副所长，国家遥感中心专家委员会副主任。1955 年毕业于南京大学地理系，1960 年获莫斯科大学理学博士学位。近期发表《国家空间信息基础设施》、《数字地球导论》、《面向信息社会的区域可持续发展导论》、《数字城市纵横》、《数字城市的理论、方法和应用》、《遥感数据的不确定性》、《精准农业技术与应用》、《城市数字化工程》等著作 10 多部及论文 100 多篇。曾获国家科技进步二等奖（名列第一），部委级科技一等奖 5 项（名列第一），享受政府特殊津贴。

钟耳顺 博士/博士后，中国科学院地理科学与资源研究所研究员、博士生导师，国际欧亚科学院院士，现兼任中国科学院地理信息产业发展中心主任、北京超图地理信息技术有限公司董事长，中国地理信息系统协会副会长、中国地理学会地图学与 GIS 专业委员会主任委员。长期从事地理信息技术的研究和产业发展工作。主持中国科学院知识创新方向性项目、国家科技部 863 项目和国家发改委高新技术产业化示范项目等多个国家项目，承担多个地方性地理信息系统工程建设。他主持 SuperMap GIS 软件的设计与产业化工作，经过几年的发展，SuperMap 已经成为系列产品，在众多行业中成功应用，并出口日本等国家。发表"集成化国土资源信息系统研究与应用"、"地理信息系统技术自主创新与产业实践"等论文 40 多篇。1999 年获中国科学技术协会杰出青年科技成果转化奖，2001 年获中国科学院地方科技合作奖，2003 年获北京市科技进步一等奖，2004 年获国家科技进步二等奖，2005 年获得北京市科技进步二等奖。

王劲峰 博士，中国科学院地理科学与资源研究所/资源与环境信息系统国家重点实验室首席研究员、博士生导师，中国 GIS 协会理论方法委员会主任委员、地理学报等杂志编委、国际地理联合会地理系统建模委员会常委和 Journal of Geographical System (Springer) 杂志编委。大学专业为地理学，硕士为传热学，博士为地球信息科学，曾在奥地利、英国、澳大利亚学习和研究。研究领域为空间分析，运用在健康、城市智能交通、保险精算、资源运筹等领域。发表《空间分析》、《遥感信息的不确定性研究——误差传递模型》、《遥感信息的不确定性研究——分类与尺度效应》、《中国自然灾害区划》、《人地关系演进》、《重大自然灾感监测与评估研究进展》《中国自然灾害影响评价方法研究》、《区域经济分析的模型方法》等专著 8 部，以及《Bulletin of World Health Organization，BMC》、《Theoretical and Applied Climatology》、《Water Resources Management》、《Transaction in GIS》等健康、环境、空间运筹、空间分析方面的论文 150 余篇。

何建邦 中国科学院地理科学与资源研究所研究员，博士生导师，国际欧亚科学院院士。地理信息系统（GIS）、计算机自动制图（CAC）专家。1962 年毕业于武汉测绘学院。长期在中国科学院从事地理信息系统（GIS，1980～）、自动制图（CAC，1973～1979）和资源制图（RC，1962～1972）研究。目前主要在中国科学院地理科学与资源研究所资源与环境信息系统国家重点实验室（LREIS，CAS）和国际欧亚科学院中国科学中心（CSC，IEAS）作学术研究和培养研究生。自 1996 年后参与在我国开展和主持地理信息共享环境研究和建设工作，和同事们一起提出地理信息共享环境的概念和内涵，并首先建成中国可持续发展信息共享示范系统（SDinfor），发表了若干这方面的论文和著作，近期的如《地理信息国际标准手册》（中国标准出版社，2004 年），《地理信息国家标准手册》（中国标准出版社，2004 年），《地理信息共享的原理和方法》（科学出版社，2003 年），《地理信息共享法研究》（科学出版社，2001 年）等。

杜道生 武汉大学测绘遥感信息工程国家重点实验室空间信息系统研究室主任、教授、博士生导师，中国测绘学会地图制图专业委员会副主任，中国地理学会地图学与 GIS 专业委员会委员，中国 GIS 协会二委会委员，湖北省测绘学会理事、常务理事，地图制图专业委员会主任，国际制图协会（ICA）空间数据标准委员会委员，国际标准化组织地理信息标准委员会（ISO/TC 211）专家组成员，全国地理信息标准化委员会顾问委员。先后赴英国 TIS、美国爱达荷大学、巴基斯坦测绘局、英国格拉斯哥大学和澳大利亚皇家理工大学进修、高访、讲学和合作研究。主编或合作编著、编译并出版教材和著作《当代地理信息技术》、《地理信息国际标准手册》、《地理信息国家标准手册》、《专题地图的编制与生产》、《计算机地图制图原理》、《黄土高原信息系统研究》、《RS GPS GIS 的集成与应用》和《城市地理信息系统标准化指南》等 9 部，发表或联名发表论文 110 多篇。获国家科技进步奖 3 项，省部级科技进步奖 5 项和优秀图书奖 2 项，校优秀科技成果奖、教学优秀奖多项，享受政府特殊津贴。

陈毓芬 女，博士，解放军信息工程大学测绘学院教授、博士生导师，中国科学院地理科学与资源研究所博士后（2000～2003）。国际地图学协会理论地图学专业委员会委员，中国地理学会地图学与 GIS 专业委员会常务委员。主要研究领域：多媒体电子地图集设计与制作、理论地图学、地学信息图谱、数字地图制图理论与技术。发表学术论文 60 多篇，出版专著和教材 8 部。代表作有：《理论地图学》、《地图设计原理》、《电子地图的空间认知研究》、《电子地图的色彩配合实验》等。曾获军队科技进步三等奖、军队级教学成果三等奖、全军优秀多媒体教材二等奖、河南省水利科学技术进步奖一等奖和'99CIETE 全国多媒体教育软件大奖赛优秀奖。

崔伟宏 中国科学院遥感应用研究所研究员、博士生导师，国际欧亚科学院院士，国家遥感技术研究中心部主任，中国地理学会地图学与 GIS 专业委员会委员，中国 GIS 协会导航专业委员会委员，中国老教授协会海洋分会名誉会长，中关村健翔科技园专家咨询委员会副主任，俄罗斯科学院荣誉教授。1962 年毕业于前苏联莫斯科测绘工程学院（技术硕士），联合国奖学金获得者（1984～1985），美国弗吉尼亚州立大学城市规划系访问副教授（1985～1990）。负责完成《人造卫星工程系列地图》，参加编制《中华人民共和国自然地图集》、《天津环境质量地图集》。发表《空间数据结构研究》（1995）、《数字地球》（1999）、《区域可持续发展决策支持系统研究》（1995）、《微机资源与环境信息系统》（1990）等著作及论文 100 多篇。获国家科技进步二等奖 1 项，中国科学院、农业部、国家环保局等省部级科学技术进步奖 9 项，获"九五"国家科技攻关优秀成果荣誉证书 2 项，被评为中国科学院优秀研究生导师 2 次，享受政府特殊津贴。

周成虎 博士，中国科学院地理科学与资源研究所研究员、博士生导师，中国科学院资源与环境国家重点实验室原主任，国际欧亚科学院院士，中国地理学会环境遥感分会副理事长、中国 GIS 协会第一专业委员会主任、中国地理学会水文专业委员会主任，国际地理联合会地理信息科学委员会委员，国家 863 计划信息获取与处理主题专家组副组长、国家遥感中心专家，任《遥感学报》、《地理研究》、《地球信息科学》等杂志编委、副主编。主要从事地理信息系统与遥感的应用基础和应用研究。目前主持承担了国家 973、863 和自然科学基金等 6 项、国家杰出青年基金一项。发表论文 150 余篇，其中 SCI 论文 40 多篇；发表《地理信息系统概要》、《洪水灾害评估信息系统研究》、《遥感影像的地学理解与分析》等专著 7 部、图集 2 册。获中国青年科技奖、中国青年科学家奖，获国家、中国科学院及省市等科技进步和自然科学成果奖 9 项。

朱鹤健 福建师范大学教授、博士生导师，福建师范大学自然资源研究中心主任，国际欧亚科学院院士，中国自然资源学会常务理事，热带亚热带地区资源研究专业委员会主任，全国高校土壤地理研究会理事长，福建省自然资源学会名誉理事长，福建省人民政府顾问。主要研究领域为土壤地理与土地资源，在资源科学领域的科研创新、服务地方经济建设、学科建设与人才培养以及推进海峡两岸学术交流与合作等方面，作出了突出贡献。主持完成国家、省基金和重大、重点攻关项目 10 余项，出版专著及教材《土壤地理》、《世界土壤地理》、《土壤学与地理学交叉研究》等 17 部（含合作），发表学术论文 130 多篇，曾获国家和福建省科技进步奖、教学成果奖、优秀教材奖 14 项，曾获全国教育系统劳动模范，福建省首届科技优秀专家，2004 年被国家科协评为全国优秀科技工作者。近年的"闽东南特色生态农业"和"山地生态重建"等研究成果，由有关部门立项推广，在区域资源的可持续利用方面发挥重大效益；此外，培养自然资源开发利用研究方向的博士 20 多位。

李　虎 博士/博士后，福建师范大学地理科学学院教授、博士生导师，中国遥感应用协会理事。主要从事遥感与地理信息系统应用研究。参加国家"七五"、"八五"、"九五"科技攻关项目，主持省部级重大科研项目等 10 余项。发表《新疆国土资源环境遥感综合调查研究》等著作与论文 20 多篇，代表性论文有《新疆森林资源动态分析》（地理学报，2003（1））、《新疆土地荒漠化监测分析评价》（地理学报，2004（2））、《新疆艾比湖湿地土地荒漠化动态监测研究》（湖泊科学，2005（2））、《Analysis and assessment of land desertification in Xinjing based on RS and GIS》（Acta Geographica Sinica，2004（3））。先后获省部级科技进步二等奖 3 项，三等奖 1 项，青年科学家奖 1 项。